KUNST UND TECHNIK

GEDÄCHTNISSCHRIFT ZUM 100. GEBURTSTAG VON

MARTIN HEIDEGGER

Hans Kock

KUNST UND TECHNIK

Gedächtnisschrift zum 100. Geburtstag von
Martin Heidegger

Herausgegeben von
Walter Biemel
Friedrich-Wilhelm v. Herrmann

VITTORIO KLOSTERMANN · FRANKFURT AM MAIN

CIP-Titelaufnahme der Deutschen Bibliothek

Kunst und Technik : Gedächtnisschrift zum 100. Geburtstag von Martin Heidegger /
hrsg. von Walter Biemel ; Friedrich-Wilhelm v. Herrmann. –
Frankfurt am Main : Klostermann, 1989 ISBN 3-465-01889-3
NE: Biemel, Walter [Hrsg.]; Heidegger, Martin: Festschrift

Satz und Druck: Hubert & Co., Göttingen
Printed in Germany

Inhalt

Vorwort der Herausgeber

In der zum 100. Geburtstag von Martin Heidegger am 26. September 1989 erscheinenden Gedächtnisschrift haben sich Philosophen, Kunsthistoriker und Literaturwissenschaftler aus neun europäischen und außereuropäischen Ländern unter dem Rahmenthema „Kunst und Technik“ zu gemeinsamer Arbeit des Gedankens vereinigt.

Aus zwei Beweggründen fiel die Wahl des Themas für die Gedächtnisschrift auf „Kunst und Technik“. Zum einen ist es dieser Fragebereich, der seit dem Beginn der dreißiger Jahre in wachsendem Maße in das Blickfeld von Heideggers Denken rückt und dieses bis in seine letzten Texte hinein bewegt. Zum anderen aber ist es die große Bedeutung, die gerade diese von Heidegger gestellten Fragen nach dem Wesen der modernen Technik und der Kunst im Zeitalter der zunehmenden Herrschaft der Technik für unseren geschichtlichen Augenblick haben.

Herausgeber und Verleger hegten den Wunsch, die Gedächtnisschrift unter dem Titel „Kunst und Technik“ monographisch zu gestalten. Dank der zustimmenden Mitarbeit aller Autoren dieses Bandes konnte das gesteckte Ziel erreicht werden. Die in zwei Abschnitte gegliederte Monographie behandelt in ihrem ersten Teil unter dem Titel „Das Wesen der Technik und die Frage nach der Kunst“ Heideggers weitausgreifende Fragen nach dem Wesen der modernen Technik und der zu ihr gehörenden neuzeitlichen Naturwissenschaft, nach dem Wesen der Kunst, des Kunstschaffens und der Kunst-Erfahrung, ferner die geschichtlichen Bezüge seines Fragens nach Technik und Kunst zu Platon und Aristoteles, zu Descartes, Marx und Nietzsche.

Im zweiten Abschnitt „Zur Deutung der Kunst im Horizont des Denkens“ zeigen die ersten vier Beiträge, wie Heideggers denkendes Fragen nach der Kunst für ein Verstehen der Kunstwerke der Plastik und Malerei die Bahn eröffnet. Die hier vereinigten Abhandlungen lassen sehen, wie Heideggers Gedanken zum Wesen der Kunst nicht nur die von ihm selbst thematisierten Kunstwerke erschließen, sondern auch und gerade fruchtbar gemacht werden können für die Deutung von ihm nicht eigens angesprochener Kunstwerke der Tradition sowohl wie auch der Moderne. Zu den Künsten, für deren Deutung Zugänge aus dem Horizont des Heideggerschen Denkens gesucht werden können, gehören außer der Plastik und der Malerei auch die Architektur, die Musik und die Dichtung. Sie werden in eigenen Beiträgen Thema weitreichender Untersuchungen.

Der Band beginnt mit dem Abdruck bisher unveröffentlichter Aufzeichnungen Heideggers aus der Zeit, in der er seinen bedeutsamen Vortrag „Die Frage nach der Technik" (1953) ausgearbeitet hat. Die hier aus dem Nachlaß veröffentlichten Aufzeichnungen hat Heidegger unter dem Titel „Technik und Kunst – Gestell" zusammengefaßt. Die Gedächtnisschrift findet ihren würdigen Abschluß in den beiden Texten „Aisé à porter" des im Jahre 1988 verstorbenen französischen Dichters René Char, die dieser auf den Tod des ihm befreundeten Denkers hin verfaßt hat.

*

Die Herausgeber sprechen Madame Marie-Claude Char ihren aufrichtigen Dank aus für die freundliche Zustimmung zur Wiedergabe der Texte von René Char.

Respektvoller Dank gebührt Herrn Professor Dr. Drs. h.c. Hans-Georg Gadamer für das aus seinem erfahrungsreichen Umgang mit Werk und Person Martin Heideggers verfaßte Geleitwort zu diesem Band.

Herrn Dr. Hermann Heidegger sei herzlich gedankt für die Genehmigung zum Abdruck der Aufzeichnungen aus dem Nachlaß Martin Heideggers.

Ein besonderer Dank geht an die beiden Künstler, Herrn Professor Hans Kock und Herrn Friedrich v. Bömches, für die Erlaubnis zur Wiedergabe der aus ihrer künstlerischen Auseinandersetzung mit Martin Heidegger entstandenen Bildnisarbeiten.

Großen Dank schulden die Herausgeber der Martin-Heidegger-Gesellschaft und ihrem verdienstvollen Vorsitzenden, Herrn Walter v. Kempski, für die großzügige Finanzierung der Abbildungen, die zum Gelingen der Gedächtnisschrift wesentlich beitragen.

An den ersten Planungen zu diesem Band hat Herr Professor Dr. Dieter Jähnig erheblichen Anteil, wofür ihm herzlich gedankt sei. Bei den redaktionellen Arbeiten standen den Herausgebern Herr Professor Dr. Richard Wisser, Herr Dr. Emil Kettering und mit einem hohen Anteil Herr Dr. Hans-Helmuth Gander hilfreich zur Seite. Ihnen gebührt für ihre tatkräftige und umsichtige Unterstützung ein herzlicher Dank. Das Abbildungsverzeichnis sowie das Personenregister wurden mit bewährter Umsicht ebenfalls von Herrn Dr. Hans-Helmuth Gander erstellt, wofür ihm zusätzlich gedankt sei.

Aachen, Freiburg i. Br., im Januar 1989

Walter Biemel
Friedrich-W. v. Herrmann

Friedrich von Bömches

Technik und Kunst – Ge-stell

MARTIN HEIDEGGER

Inwiefern ist die Frage nach dem *Wesen* der *Technik* zugleich die Frage nach der Kunst? Nicht insofern Technik und Kunst das Gleiche sein müßten – das sind sie nicht –, wohl aber insofern das Wesen der Technik, hinreichend bedacht, eine Besinnung auf die Kunst nicht nur ermöglicht, sondern verlangt. Doch woher bestimmt sich das Wesen der Kunst? Ist die „Kunst", wie schon Hegel dachte, wesenhaft am Ende, wenngleich es noch Künstler gibt und deren Schöpfungen und Ausstellungen und Kunstbetrieb jeder Art? Die Kunst und das Dichterische – das Dichterische und die Sprache.

Kunst und Technik: das *„und"* gehört zu dem, was ins Fragwürdige gehört.

Über Kunst kann nur die Kunst entscheiden (nicht außerkünstlerisch Reflexion und Planung). Aber wie entscheidet Kunst über sich selbst? Sie ist selbst nichts Absolutes. *Kunst und Wahrheit – Wahrheit des Seins (des Seienden) – Kunst und Geschick.*

Ob, wenn Kunst metaphysisch am Ende, sie nicht gemäß der Vollendung der Metaphysik in diese Vollendung (im Ge-stell) *sich auflöst*? Was dann und nachher ist? Die Kehre? Etwas Ursprünglicheres als *Kunst* – τέχνη.

Ob innerhalb der heutigen durch die Technik bestimmten Welt, durch diese und für sie, die erst am Beginn der Entfaltung ist, *Kunst* wesentlich und notwendig und darum möglich ist! (Abwandlung der Hegelschen Frage). Zwar gibt es Kunst und Werke innerhalb der „Kultur", aber *wie*? Daneben und trotzdem und im *leeren Raum.* Wir haben *nicht mehr* einen *wesentlichen* Bezug zur Kunst. Wir haben *noch nicht* einen *wesentlichen* Bezug zur Technik. Wir bleiben mit beiden unentschiedenen Bezügen hinter den wesentlichen Entscheidungen und ihrer Vorbereitung zurück.

Kunst und Ge-stell. Was und *wie* die Kunst im Zeitalter des Gestells sein kann? Nicht zu beschließen, nicht irgendwo abzulesen –

nur: „*künstlerisch*" zu entscheiden, so daß in solcher Kunst und in ihr allein die Antwort liegt auf sie selber innerhalb des Ereignisses. Keine Organisation, aber eine Gelegenheit der *maßgebenden und stetigen Besinnung.*

Geleitwort

Wer Martin Heidegger noch als jungen akademischen Lehrer erfahren hat, dem ist, wie viele bezeugt haben, unvergeßlich, wie plastisch die Dinge vor einem erstanden, von denen die Rede war. Er sprach nicht über die Dinge, sondern er zeigte sie vor. Das war gute phänomenologische Tradition, die man in gewisser Weise auch bei Husserl bewundern durfte. Bei Husserl war es eine elegante Biegsamkeit, mit der er eine alte bürokratische und diplomatische Habsburger Tradition zu handhaben wußte, die noch den subtilsten phänomenologischen Deskriptionen eine geradezu sinnliche Anschaulichkeit verlieh. Auch des beginnenden Heidegger urwüchsiges Sprachverhältnis hatte etwas davon und erlaubte ihm manchmal, aus seiner ersten scholastischen Handwerksschulung Fremdworte aus dem Lateinischen mit neuem Gehalt aufzuladen, z. B., wenn er von Reluzenz sprach, um die Aussage zu plastischer Rundheit zu erheben. Aber was bei Husserl mehr wie ein Selbstgespräch und etwas wie eine diskrete Mitteilung war, wirkte wie ein aufregender Appell, der an den Hörer erging, wenn Heidegger sprach, insbesondere, wenn er schräg zum Fenster hinausblickte, als ob er nicht-gesagten Gedanken nachschaute .... Wenn man auf diese Vorlesungen der ersten zwanziger Jahre in Freiburg zurückblickt, deren Text neuerdings der Gesamtausgabe zugewachsen ist, wird es einem immer mehr klar, was die Bannkraft dieser Art des Lehrvortrages so faszinierend machte, schon damals, als gewisse Konventionen des Katheders und akademische Umständlichkeiten die neuen Impulse nicht immer frei ausströmen ließen. Wenn aber der Vortrag durch spontane Wortwahl oder einen neuartig kühnen Ausdruck etwas Gesehenes hinstellte, so daß es frei sichtbar wurde, da war schon damals das da, was das ganze spätere Werk des Lehrers und Autors wie einen Kommentar zu einem einzigen Thema erscheinen läßt. Es ist die Frage, warum und wie Philosophie ‚dichterisch' sein muß, wenn sie wirklich das sein soll, was sie sein kann. Daß Dichtung als Poesie das Denken ständig zu sich einlädt, macht ein Gemeinsames unverkennbar. Weder die philosophische Aussage noch die poetische Redegestalt hat einen Gegenstand, auf den sie sich bezeichnend zubewegen, um sich selber hinter sich zu lassen. Beides nennt Heidegger Wink und Klang. Wink und Klang sind die Einheit der Gebärde, die nicht so sehr etwas Gemeintes bezeichnen, sondern als Wink und Klang selber erscheinen, wie das denkende Wort und wie das Singen. Man könnte beider Wesenheit mittels der Abhebung charakterisieren, mit der Hegel die Reflexion in sich von der äußeren Reflexion unterscheidet. In der Poesie zweifelt niemand daran, daß der Vollzug der poetischen Rede mehr Erinnerung als Äußerung ist. So werden wir diesen Vollzug mit wahrem Recht immer ein Singen nennen dürfen, ein Aufgehen im reinen Vollzug. Wer einen Choral mitsingt oder im weltlichen Bereich etwa eine allen vertraute Nationalhymne mitsingt, ist in den Worten und Tönen selber darin. Es ist nicht mehr so, daß das Wort aus sich herausdeutet. Es enthält und behält, weil es an sich hält. So etwa hat Heidegger gelegentlich mit dem Begriff des ‚Verhältnisses' auszudrücken gesucht, was das Dichterische des Wortes, auch das Wort des Denkenden, ist: Beider Rede ist ein Sichverhalten, ein An-sich-halten, um zu hören, auf das Wort zu hören und Antwort zu finden.

Der Weg Heideggers hatte seine Stationen und war doch ein einziger Weg. Wer Heidegger begegnete, hatte als erstes zu lernen, daß der Gebrauch von Begriffen kein unschuldiges Geschäft ist. Er hatte zu lernen, daß es so etwas wie ‚Begrifflichkeit' gibt, in der wegen ihrer Selbstverständlichkeit eine schwer aufzudeckende Vorgreiflichkeit am Werke ist. Aufdeckung dieser Vorgreiflichkeit war das Geschäft des Denkens, das der junge Heidegger mit ‚Destruktion' bezeichnete. Bei allem revolutionären Elan, von dem der junge Heidegger getrieben wurde, hatte dieses Wort ‚Destruktion' nichts von ‚Zerstörung' an sich, sondern war ‚Freilegung'. Destruktion war die Freilegung der Nennkraft der Sprache. Durch Freilegung des nennenden Wortes bahnt ‚Destruktion' den Weg zum begrifflichen Ausdruck.

Dafür wurde für den jungen Heidegger Aristoteles das große Experimentierfeld, das ‚Stahlbad' seines eigenen Denkens, wie er zu sagen liebte. Sein Denken kämpfte den Kampf um die Ent-latinisierung der traditionellen philosophischen Begrifflichkeit der Metaphysik. Als ihm das mit Hilfe des Aristoteles im Griechischen und am Griechischen gelang, mußte er dann auch in seiner eigenen Muttersprache nach ähnlichen Helfern suchen. Das ist für Heidegger eine Zeitlang wohl Meister Eckhart gewesen und gewiß auch Martin Luther. Beider deutsche Sprachkraft war durch den gleichzeitigen Gebrauch des damaligen Gelehrtenlateins eigentümlich verstärkt. Manchmal hat Heidegger auch dem Latein des Leibniz und seinem Durst nach Existenz (existiturire) neue spekulative Kühnheiten abgewonnen.

Eine ähnliche Rolle dürfte, wie für Heidegger, für uns alle Kant spielen, dessen leise und vorsichtige sprachliche Verhaltensweise es kaum bemerken läßt, daß eine gewaltige Rückübersetzung aus der herrschenden lateinischen Begriffssprache der Schulmetaphysik des 18. Jahrhunderts Kants neue Fragestellung zu tragen wußte. Eine besondere Bedeutung mußte unter dieser Perspektive für uns wie für Heidegger auch Hegel besitzen. Nicht so sehr wegen seiner unleugbaren Sprachkraft, mit der er eine ähnliche Rückübersetzung aus der Sprache der Schule und eine schöpferische Erneuerung seiner Muttersprache zum Einsatz brachte – mehr noch durch die eigenwillige Überformung der Begriffssprache der Tradition, die sein spekulatives Genie einer allumfassenden Synthese von Griechheit und Christlichkeit dienstbar machte. Was er seinen Zeitgenossen, soweit er sie nicht in seinen Bann schlug (und das hat dieser wackre Schwabe selbst in Berlin fertiggebracht), damit zumutete, hat in der Mitte des 19. Jahrhunderts Rudolf Haym geradezu ‚vollendete Barbarei' genannt. Daß auch Heidegger Ähnliches zumutete, ließe sich leicht bestätigen.

Schließlich wurde für Heidegger die Begegnung mit Nietzsche und seinem grenzenlosen Wagemut des Denkens schicksalsvoll – und verband sich mit der Einkehr in den Sprachgeist seiner engeren Heimat und in sein dichterisches Erbe. Es war wie eine heilige Schrift, was sich ihm in der Gestalt des dichterischen und denkerischen Werks Friedrich Hölderlins erschloß. Beides konnte und sollte ihm den Druck der wissenschaftlichen Aufklärung erleichtern, in der er doch wie wir alle lebte. So wurde Hölderlins Welt für den späteren Heidegger fast so etwas wie eine Zielmarke, auf die er seine eigenen Denkversuche ausrichtete, wenn Hölderlin die Götter der heimatlichen Landschaft, die Bildung ihrer Berge, den symbolkräftigen Lauf ihrer Ströme beschwor. „Kolonie liebt und zärtlich Vergessen der Geist."

Es war etwas Gewaltiges, was der Zeitgenosse, der dabei war, wie einen Stoß empfand, als plötzlich in den Vorträgen über das Kunstwerk (1935) das Hölderlinsche Wort ‚Erde' in das Gefüge von Heideggers eigenen Denksetzungen wie ein Begriff Eintritt gewann – und zwar so zwingend und so zwanglos, daß kein Zuhörer dieser Vorträge dabei überhaupt an Hölderlin zu denken brauchte.

Seit Hölderlin und Nietzsche Heideggers Gesprächspartner wurden, beherrschte ihn unablässig die Aufgabe, die er die Überwindung der Metaphysik nannte. Das sollte ganz und gar nicht ein Bruch mit der Tradition sein, sondern eine echte Ergreifung der Denkaufgabe, die sie uns stellt. ‚Überwindung der Metaphysik' schließt die Vollendung der Metaphysik ein, und diese besteht nicht in irgendeiner Rückkehr zu Plato und Aristoteles, Kant oder Goethe, sondern im Begreifen dessen, was heute ist: So sagte es Heidegger schon 1931.

In der Begegnung mit Nietzsche spitzte sich für Heidegger die Aufgabe der ‚Überwindung der Metaphysik' zu der Begegnung mit dem radikalen Denkwagnis zu, das die Metaphysik ganz in Frage stellte und damit nicht nur die Unantastbarkeit der Wissenschaft, sondern den Begriff der Wahrheit selbst. So sah sich Heidegger auf seinem eigenen Denkweg am Ende hinter die Anfänge der Metaphysik zurückgewiesen, zu den Vorsokratikern, aber nicht wie der junge Nietzsche, der sich in einer romantischen Beschwörung des tragischen Zeitalters der Griechen verlor, sondern in dem Versuch, eine Sprache zu finden, die noch hinter den Logos der abendländischen Metaphysik zurückreichte. Das ist die Fragerichtung, der man nicht ausweichen kann und die einen wieder und wieder auf die Frage nach der Wahrheit der Kunst zurückführt.

So werden wir alle das Unsrige versuchen müssen und nach uns werden Jüngere sehen müssen, was ihnen gelingt und ob es ihnen gelingt, die Sprachversuche und die Suche nach Sprache, die Heidegger unternahm, für sich fruchtbar zu machen, je nach dem einem jeden gesetzten Maß an eigener Sprachkraft und eigener Blickschärfe. Am Ende wird es gelten, die Menschheit zu einem neuen Gespräch zu vereinigen, so daß wir „hören können voneinander".

*

Die hier versammelten Beiträge behandeln sehr verschiedenartige Themen. Der große Rahmen, in den sie sich fügen, läßt im Grunde für vieles Raum. Die beiden Begriffsworte, Kunst und Technik, weisen zwar auf die gleiche Herkunft hin, sind aber, beide, Eindringlinge in den heutigen Sprachgebrauch, von entgegengesetzten Richtungen aus. Gerade dadurch bekräftigen sie kraft ihrer gemeinsamen Herkunft unser aller Geschichte und unser aller Geschick. Wenn wir heute von ‚der Kunst' reden, haben wir etwas Hohes und Geheimnisvolles im Sinn, das fast die Stelle des Heiligen besetzt. Das bezeugt vom Gegenteil her das Wort ‚Kunstfrevel' und klingt positiv in dem ehedem von Hegel eingeführten Ausdruck ‚Kunstreligion' für die Untrennbarkeit von Kunst und Religion, die das Wort sagen wollte, noch immer nach. Noch immer ist ‚die Kunst' wie ein Stellvertreter der antiken Diesseitsreligion und bildet im Profanbereich der modernen Zivilisation und allen ihren Künstlichkeiten ein Reservat, wie eine Zuflucht, wie ein Vorbehalt. Wovor? Wogegen?

Gegen die Technik, gegen das Gestelltsein aller Dinge. An diesem kritischen Ausdruck, den wir alle für die Unnatürlichkeit des Dastehens kennen, denke ich unwillkürlich, wenn ich Heideggers Begriffswort vom ‚Gestell' wirklich aufnehmen und die schwindende Seinserfahrung im technischen Zeitalter als ‚Seinsvergessenheit' denken soll. Das Gestellte ist in aller Perfektion seines Dastehens nicht wirklich. Zwar weist uns handwerkliche Kunst so gut wie ingeniöse technische Konstruktion bis auf älteste Kulturwelten der Vorzeit zurück, als Lebensspuren des homo faber. Aber ‚die Kunst' gewinnt ihren hohen Stand gerade dann, wenn sie kein allgemein anerkanntes Heimatrecht besitzt – bis sie am Ende sich mit voller Heimatlosigkeit und entfremdeter Bildung gezeichnet findet.

Umgekehrt ist die ‚Technik' ehedem die erst langsam erwachende Tochter der Wissenschaft und ihrer mathematischen Abstraktionskraft, längst zu der Schicksalsfigur aufgewachsen, die uns alle mit unwiderstehlicher Gewalt dahinreißt, und das so weit, daß selbst die Abgrenzung von Kunst und Technik am Ende zu einer künstlichen Operation werden muß, die natürliche Bande durchschneidet.

Nun könnte man den Rahmen, der diese Sammlung von Beiträgen zusammenhält, zwar gewiß nicht gerade eng finden, aber doch dem Werk eines Denkers wenig angemessen, der die Philosophie in ihrem Tiefsten bewegt und – wer weiß? – unsere Denkweisen insgesamt in

Frage stellt und auf ein ‚neues Denken' hinweist, das sich weder Metaphysik noch gar Philosophie nennen sollte. Wahrscheinlich wird keiner von uns, der hier Dank erstatten wollte, für sich beanspruchen, daß er diesen beiden Weisungen ganz zu folgen vermöchte. Das höchste, was ein jeder von uns versuchen kann, ist, in beiden Richtungen des Fragens und des Wagens den Boden zu prüfen und den Blick zu schärfen, jeder von seinem Standort aus, den er sich im Zeitalter der Wissenschaft erarbeitet hat. Bei dieser Absicht wird ein jeder auf seine Weise spüren und vielleicht auch bezeugen, was er den Anstößen verdankt, die er von Martin Heidegger empfing.

Eine ‚Schule' wie die Hegels, dessen prägende Kraft damals weithin zu spüren war, mochte als die akademische Nachlaßfigur der ‚Hegelinge' Spott und Kritik auf sich gezogen haben, die sie verdiente – ein Jahrhundert hat gleichwohl durch Hegel eine Prägung erfahren, die fortwirkt. So mag mancher auch an Heideggers prägender Kraft Anstoß nehmen oder zur Kritik herausgefordert sein. Ich war gerade 22 Jahre alt, als ich, im Sommer 1922, in einem Münchener Seminar, jemand unverständliche Reden führen hörte, die sich in einem Leerlauf radikalen Fragens verstrickten. Ich fragte den Professor, was das eigentlich war, und erhielt die Antwort: ‚Ach, der ist verheideggert.' – Wer hier durch seinen Beitrag bezeugen möchte, daß er einem großen Denker verpflichtet ist, möchte gewiß nicht so erscheinen. In diesem Sinne begrüße ich die Mitarbeiter dieses Bandes, die einem weit Älteren die Ehre erwiesen, durch dieses Geleitwort seine eigene Verbundenheit bezeugen zu dürfen.

Der Zufall will es, daß ich an meine erste Begegnung mit Heideggers Denken, die im Herbst 1922 stattfand, in diesen Tagen erinnert wurde. Das erlaubt mir am eigenen Beispiel darzustellen, was wir empfangen und was wir schuldig bleiben. Es handelt sich um das Manuskript Martin Heideggers, auf dessen Grundlage Heideggers Berufung nach Marburg im Sommersemester 1923 zustande kam. Heidegger hatte dieses Manuskript als Einleitung zu seinen geplanten ‚Phänomenologischen Interpretationen zu Aristoteles' verfaßt und an Paul Natorp gesandt. Gerade war ich im Sommer 1922 von Natorp promoviert worden. Natorp hatte mir im folgenden Winter das Manuskript zum Lesen gegeben und schließlich überlassen, „da er es nicht mehr brauche". Hatte er den ungeheuren Eindruck bemerkt, den dieser Aufsatz auf mich gemacht hatte? Es ist wahr, ich war fasziniert. Einiges habe ich wohl verstanden und behielt einzelne Wendungen bis zum heutigen Tage im Gedächtnis. Natürlich verlieh ich es auch anderen – bis es mir abhanden kam. Ich nahm an, später, daß es in Leipzig, wie manche meiner Bücher und Manuskripte, die ich dort in meinem Dienstzimmer hatte, mitverbrannt war.

Jetzt ist diese Einleitung mit dem Titel ‚Die hermeneutische Situation' in Marbach aufgetaucht, und durch Hermann Heidegger wurde mir eine Photokopie des verschollenen Manuskripts geschickt. Es ist tatsächlich das vermißte Manuskript, dem wohl nur wenige Seiten fehlen, und enthält zahlreiche handschriftliche Zusätze, doch wohl die gleichen wie das meine. So wurde mir jetzt eine Wiederbegegnung mit dem jungen Heidegger geschenkt. Ein halbes Jahrhundert wird es wohl her sein, daß ich das Manuskript das letzte Mal gelesen hatte.

Als eine Einleitung zu Aristoteles-Interpretationen hat es mit unserem Rahmenthema ‚Kunst und Technik' nichts zu tun, weder mit Kunst noch mit Technik. Oder doch? Vielleicht mit ›Techne‹? Jedenfalls breitet die Arbeit den ganzen Ansatz und den reichen Hintergrund aus, den der junge Revolutionär des Denkens damals unter der Bezeichnung ‚Hermeneutik der Faktizität' in der Auseinandersetzung mit Aristoteles im Auge hatte. Das Manuskript geht ohne Frage der im Sommersemester 1923 in Freiburg gehaltenen Vorlesung, die jetzt durch Käte Bröcker-Oltmanns als Band 63 ediert worden ist, voraus, sozusagen eine gedrängte und umfassende Darstellung des gleichen Themas. Das Manuskript ist von zahlreichen Randnotizen (wie in alten Bibelexegesen) in der winzigen Handschrift des damaligen Heidegger umgeben, von denen ich jetzt, bei der ersten Wiederlektüre, nur einen kleinen Teil mit meinen alten Augen wiederentziffern konnte. (Aber eine Ausgabe des kostbaren Stückes von kundiger Hand wird ja gewiß schon in Vorbereitung sein.)

Als handschriftliches Motto steht über dem Ganzen: ‚Das Leben wird einen Weg finden, auch aus dieser Kritik sich zur Phrase zu retten.' Ein rebellischer Satz – und zugleich ein Beispiel für das, was die Hermeneutik der Faktizität sein sollte, die Heidegger damals als seine Aufgabe ergriffen hatte. Man kann es vielleicht so ausdrücken: Aus der Selbstauslegung des menschlichen Daseins sollte der kategoriale Leitfaden gewonnen werden, zu entfalten, wie das menschliche Leben Gegenstand seiner Sorge ist. Die Schwierigkeit dieser Aufgabe liegt nicht zuletzt darin, daß die Sorge selber davor ausweicht, sich selbst bewußt zu werden. Im Manuskript wird das bereits die Verfallensgeneigtheit des Daseins genannt, und wir wissen ja inzwischen aus den frühen Vorlesungseditionen, daß Heidegger schon früh eben dadurch zur Hermeneutik der Faktizität gedrängt und von dem ‚transzendentalen Bewußtsein' weggetrieben wurde, weil er wußte: ‚Das Leben ist diesig. Es nebelt sich selbst immer wieder ein.'

Das hat den jungen Zwanziger, der ich damals war, wie mit einem elektrischen Schlage getroffen – ein weckender Schlag, der aller Lähmung durch das Angelesene und das akademisch Gelernte ein Ende machte. Wir Jungen von damals vermißten an der Universitätsphilosophie – ich als Schüler so trefflicher Lehrer wie Richard Hönigswald, Paul Natorp und Nicolai Hartmann – Philosophie, die es mit Dostojewskis Romanen, mit Rilkes ‚Malte', mit Kierkegaards ‚Entweder-Oder', auch mit Tschuangtse und nicht zuletzt mit dem Zauber der Dichtung eines Hölderlin, eines Stefan George, Hofmannsthal oder Trakl aufnehmen konnte. Hier in Heidegger verspürte man den neuen Aufbruch und den starken Antrieb, dem Leben trotz allem standzuhalten, und das heißt, auch allen Verschönerungen einer entfremdeten Bildungstradition, aller theologischen oder wissenschaftsgläubigen Dogmatik, oder den ‚logischen Formen' zu mißtrauen und sich selber radikal in Frage zu stellen. Auf diesen eng getippten und von noch engeren Zusätzen umrandeten Seiten war alles zusammengedrängt, wohin es die Bekümmerung des denkenden Lebens in Heidegger trieb. Was ich davon verstand, dunkel genug, war immerhin wohl mehr, als ich wirklich anzueignen und fruchtbar zu machen wußte.

Wenn ich heute diese Seiten überdenke, sehe ich klar, was ich den folgenden fünf Marburger Lehrjahren verdanke, die mir zuteil wurden: Achtsamkeit für die Begrifflichkeiten, die uns vorgreifen, durch geschulten sprachlichen und historischen Sinn. Vor allem, nachdem ich als klassischer Philologe ein neues Handwerkszeug besaß, erlaubte mir das, im Zwischenbereich von Kunst und Geschichte meine hermeneutischen Versuche zu disziplinieren, den Weg zu den Griechen und wieder zurück zu finden und in immer neuen Begegnungen und später auch im Austausch mit dem späten Heidegger mich auf die Probe zu stellen. Aber ebenso deutlich sehe ich, was ich im Angesichte der Hermeneutik der Faktizität und ihrer späteren Entwicklungen in meinen eigenen Versuchen an Radikalität des Fragens schuldig blieb. Was das rebellische Mottowort, das über diesen Blättern steht, ausspricht, stellt eine Herausforderung dar, der wohl kein Mensch voll Genüge tun kann – sofern das Leben sich ständig dagegen wehrt, sich sorgend und denkend selbst in Frage zu stellen. Die Wege des Lebens sind daher immer auch Umwege. Was einer meint, führt in Wahrheit nicht auf das Gemeinte. Hermeneutik muß Verständigung und Einverständnis suchen – und sich selbst verfehlen. Auch Heidegger hat damals seinem Entwurf den Kommentar vorangestellt: „Der folgende Entwurf bewegt sich auf einer mittleren Linie, das heißt, aus dem Geläufigen bestimmter phänomenologischer Fragestellung her zeigt er eine ursprünglichere an." Für den damaligen Heidegger bestand der Umweg seines Denkens in der Zurückführung der aristotelischen Begrifflichkeit, die im Blick auf die Physik und Metaphysik ausgearbeitet war, auf die ursprünglicheren Daseinserfahrungen, aus denen seine Ethik und seine Rhetorik geschöpft haben. So sind Heideggers eigene spätere Interpretationen zur Physik und Metaphysik zugleich die Frucht einer Hinterfragung des griechischen Denkens auf seine ihm selbst verborgenen Grundmotivationen hin. Sie tritt in seinen Studien zur ‚Physis', zu Anaximander, Parmenides und Heraklit besonders hervor.

In meinen eigenen Arbeiten bin ich auf ähnliche Umwege geraten und vor allem in meinen Platostudien auf manche Gegenspur und zu Begegnungen mit Heidegger gelangt. Freilich, Heideggers eigene Umwege haben das Ziel ihrer Gegenwege, wenn sie auch nie das Ziel direkt erreichten, bis zuletzt beharrlich festgehalten. Der frühe Entwurf, dem meine Erinnerung gilt, macht es ausdrücklich. Über den Sorgecharakter des Daseins, die Verfallensgeneigtheit desselben und die konstitutive Todesgewißheit führt er zu der Einsicht: Die Wege des Lebens führen immer über Umwege. Die Aufgabe des Denkens nötigt uns zur Gegenbewegung, bis zur radikalen Konsequenz des ‚methodischen' Atheismus, zu dem sich Philosophie bekennen muß.

Wie weit einen selbst die Gegenbewegung gegen die Formen und die ‚Phrasen des Lebens', und wie weit die Anstrengung des Begriffs einen führt, kann keiner ermessen. Heideggers Wege und Umwege haben ihn über Aristoteles und Hegel und schließlich zu Nietzsche geführt, am Ende zu beständiger Rückkehr ins Gespräch mit Friedrich Hölderlin, dem Dichter wie dem Denker. Wenn die Beiträge dieses Bandes auf ihren Umwegen die Gegenbewegung über die Kunst und Technik gehen und zugleich in die Nähe der Grundentscheidungen der kommenden oder ausgehenden Geschichte der Menschheit führen, so verdankt sich das der Energie, mit der Heidegger seine Wege gesucht hat und uns ins eigene Suchen und Fragen gewiesen hat.

Heidelberg, im Dezember 1988 Hans-Georg Gadamer

Postscriptum:

Noch während der Drucklegung dieses Bandes ist Herrn Dr. Hans-Ulrich Lessing bei Arbeiten an der Dilthey-Ausgabe ein neuer wichtiger Fund gelungen. Das Typoskript Martin Heideggers, Einleitung zu ‚Phänomenologischen Interpretationen zu Aristoteles' vom Jahre 1922, auf dessen einleitenden Teil von 22 Seiten ich in meinem Geleitwort Bezug nehme, ist jetzt (allerdings ohne die oben zitierten handschriftlichen Zusätze Heideggers) im vollständigen Text von 51 Seiten aufgetaucht und wird in einem Vorabdruck umgehend veröffentlicht, dem ich eine kurze Einleitung vorausgeschickt habe. Im Rahmen der Gesamtausgabe Martin Heideggers wird der neue Fund im Band 62 „Phänomenologische Interpretation ausgewählter Abhandlungen des Aristoteles zur Ontologie und Logik" erscheinen.

Heidelberg, im April 1989 Hans-Georg Gadamer

I. Das Wesen der Technik und die Frage nach der Kunst

Wächst das Rettende auch?
Heideggers letzte Wege

OTTO PÖGGELER

Wenn der Geburtstag Martin Heideggers sich zum hundertsten Male jährt, wird unübersehbar daran erinnert, daß Heideggers Leben immer tiefer in die Vergangenheit rückt. Damit Heideggers Denken wirken kann, müssen erst noch die Aufgaben klarer erfaßt werden, vor die er zu führen suchte. Heidegger hat über seine Publikationen auch auf Menschen gewirkt, die nie in eine persönliche Berührung zu ihm kamen. Was ansprach, war immer der konzentrierte Ernst, mit dem er sich selbst und die Mitphilosophierenden in die entscheidenden Fragen menschlichen Lebens zwang. Die systematischen Ausarbeitungen blieben Fragmente; die Auseinandersetzung mit der Geschichte des Denkens war das Gegenteil historischer Gelehrsamkeit, aber oft auch ein Vorbeigehen an der konkreten historischen Wirklichkeit. Doch wirkte Heidegger dadurch, daß er Anstöße gab und dabei auch andere zu bedeutenden Leistungen führte – zu etwas so Gegensätzlichem, wie es der neue theologische Ansatz der Bultmann-Schule und die Philosophie der Mathematik von Oskar Becker waren oder die Bemühungen um die metaphysische Tradition und der Bezug zu einem Maler wie Cézanne. In den Gesprächen, die über die Vorläufigkeiten der ersten Stunden hinauskamen, suchte Heidegger den Partner letztlich immer auf dessen eigenen Weg zu verweisen. Gerade deshalb mögen die schönsten Begegnungen mit Heidegger solche Gespräche gewesen sein.

Aus diesen Gesprächen wird jeder das mitgenommen haben, was dem eigenen Erwartungshorizont entgegenkam. Mehrtägige Gespräche in Freiburg 1959 und 1961 halfen mir naturgemäß vor allem dazu, jene Darstellung vorzubereiten, die dann 1963 unter dem Titel *Der Denkweg Martin Heideggers* erschien. Da diese Darstellung ursprünglich auch einen zweiten Teil mit Auseinandersetzungen über exemplarische Themen enthalten sollte, stellte ich zum Beispiel (jeweils nach Gesprächen mit Oskar Becker in Bonn) zur Diskussion, ob Heidegger nicht den Leistungssinn der Mathematik verkenne und damit auch die Technik in ein schiefes Licht rücke. Diese Fragen interessierten Heidegger so, daß er Becker in Bonn zu einem persönlichen Gespräch aufsuchte.[1] Was die Kunst betrifft, so brachte Heidegger vor allem Bemerkungen zu Paul Klee in die Gespräche ein, ich selbst Hinweise auf die Lyrik Paul Celans. Freilich machte mir meine Frage nach bestimmten Formulierungen in Hölderlins Hymne *Der Einzige* deutlich, daß Heidegger die letzten Schritte Hölderlins nicht mitging. Bei einem Gegenbesuch (der durch die Anwesenheit von Keiji Nishitani bereichert wurde) trug Heidegger 1964 seinen Vortrag *Das Ende der Philosophie und die Aufgabe des Denkens* vor; er verabschiedete sich, indem er die „Eisgeschichte" aus Stifters Erzählung *Die Mappe meines Urgroßvaters* vorlas. Die Feier des achtzigsten Geburtstags von Heidegger in der Heidelberger Akademie fiel (nach schweren Erkrankungen Heideggers) schon in eine Zeit, die den Kontakt mit Heideggers Fragen verloren hatte, so akademische Erörterungen in den Vordergrund schob. Die Offenheit des Gespräches war wieder da in der letzten persönlichen Begegnung im Frühjahr 1972. Von amerikanischen Erfahrungen, aber auch von deutschen Bemühungen aus warf ich die Frage auf, ob die wissenschaftlich-technische Welt nicht aus sich zu einer Prüfung des Notwendigen und des nur noch Gefährdenden kommen könne; Heideggers entschiedene Mahnung war, sich der Auseinandersetzung mit dieser Welt unmittelbar zu stellen – ohne den Umweg in aus- und abschweifende „seinsgeschichtliche" Erörterungen. Die lebhafteste Aufmerksamkeit und Zustimmung fanden Überlegungen über das Verhältnis des Dichters Celan zu Hölderlin. Heidegger konzentrierte sich nun auf den Plan einer Ausgabe seiner Arbeiten. War er aber nicht aus dem, was die Zeit bewegte, herausgerückt? Kurz vor seinem Tode glaubte ich mich mit einem Gruß aus Delphi in angemessener Weise von ihm zu verabschieden.

[1] Vgl. das Nachwort zu der zweiten Auflage meines Buches *Der Denkweg Martin Heideggers*. Pfullingen 1983. S. 355. Die spätere Darstellung *Heidegger und die hermeneutische Philosophie* (Freiburg/München 1983) schließt mit dem Versuch, Heideggers Motive in eine hermeneutische Philosophie zurückzunehmen, also konsequent an die erste Darstellung an.

Als Heidegger seine Nietzsche-Vorlesungen und -Arbeiten edierte, gab er schließlich den Versuch auf, in einer größeren Einleitung den dokumentierten Weg seines Denkens herauszustellen. Damit wurde klar, daß es nicht Heideggers Sache war, den Weg seines Denkens rückblickend zu erfassen und auf die Motive der Zeit zu beziehen. Vielmehr suchte er sein Denken in der unmittelbaren Konfrontation mit den aufgegebenen Fragen weiterzuführen. Dabei ließ er 1959/61 als Siebzigjähriger keinen Zweifel daran, daß seine Aufgabe noch vor ihm liege: jenes eigentliche Hauptwerk zu geben, für das er alle Gedanken zusammen habe, für das ihm aber die Sprache fehle. Der Vortrag *Der Weg zur Sprache* von 1959 sagt von Wilhelm von Humboldt, dieser habe an seiner Abhandlung über die Verschiedenheit des menschlichen Sprachbaus nach einem Wort seines Bruders „einsam, in der Nähe eines *Grabes*" bis zum eigenen Tode gearbeitet. Humboldt konnte über seine Briefe an eine Freundin und über Sonette eine populäre Wirkung finden; doch auch die wegweisende Abhandlung lag bald vor. Ist Heideggers Spätwerk ausgeblieben? Seminarprotokolle, Gelegenheitsarbeiten zeigen noch einmal eine Wandlung des Ansatzes an; darüber hinaus hat Heidegger eine Fülle von Aufzeichnungen hinterlassen. Doch ist das ein Opus postumum? Wir können es heute noch nicht wissen.

In seinen ersten Anfängen hatte Heidegger die Metaphysik des mittelalterlichen Aristotelismus mit Kant und Hegel verbunden. Doch noch im Ersten Weltkrieg hatte er die Armut einer Hermeneutik der faktischen Lebenserfahrung zu seinem Anliegen gemacht und sie durch eine Umgestaltung der phänomenologischen Philosophie entfalten wollen. Aristoteles konnte in neuer Weise ein Lehrer sein, da er im Sechsten Buch der *Nikomachischen Ethik* auch der Orientierung in den Situationen hier unter dem wechselnden Mond ein aletheuein und so einen eigenen Logos zusprach. Konnte eine formalanzeigende Hermeneutik, eine existentiale Begrifflichkeit in die Situation, ja in die Grenzsituation und den unverfügbaren Kairos einweisen? Damit war die Frage nach Sein und Zeit neu gestellt. Doch um 1929 machte Heidegger damit ernst, daß der leitende Sinn von Sein bei Aristoteles nicht (mit Brentano) als ousia bestimmt werden müsse, sondern als eine energeia, die die Möglichkeit in sich trägt und so ein Am-Werk-sein ist. Macht sich dieses Am-Werk-sein nicht als entfesselte Technik geltend, als die totale Mobilmachung aller

Energien (wie Ernst Jünger fragte)? Berührt der Mensch das Mythische, das seinem Leben Sinn gibt, vielleicht noch durch die Kunst, die ihre kultische Verwurzelung nicht einfach abgestreift hat? Heraklit, so unterstellt Heidegger nun, stellte die Frage nach einem Sein, das (wie etwa die Sprachwurzel zeigt, die noch das „Ich bin" trägt) zugleich ein Werden ist – nämlich jene physis, zu der die aletheia gehört. Nietzsche hatte auf diese Dimension hingewiesen, als er das Griechische vom Antagonismus zwischen dem Dionysischen und dem Apollinischen her faßte, also die Gestalten des Seins aus dem Werden selbst gewinnen wollte. Hölderlin hatte diesen Ansatz reiner entfaltet, indem er die Ewigkeit des Göttlichen als den „Vorbeigang" faßte, der jeweils seinen Ort und seine Stunde hat, so nicht der Zeit entgegengestellt werden kann. Als der Kampf der großen Totalitarismen um die Weltherrschaft sich im Zweiten Weltkrieg offen darstellte, analysierte Heidegger in der Nietzsche-Vorlesung von 1940 nicht mehr den „Idealismus" als das Verfehlen der Wahrheit, sondern den „Nihilismus". Die „seinsgeschichtliche Bestimmung des Nihilismus" aus den düsteren Jahren 1944/46 scheint in einer fast mystischen Weise Nichts und Sein zu verbinden. Was hier das „Mystische" besagen kann, machte Heidegger sich genauer klar, als er 1946/47 Laotse zu übersetzen begann. So konnte er seit den Bremer Vorträgen von 1949 die Welt mit ihren heutigen Konstellationen aus dem Antagonismus von Gestell und Geviert auslegen. Ist das, was hier Gestell heißt, immer noch von jener Verfügung über das Seiende im Vorstellen und Zustellen eines Seins her gedacht, die Husserl als Urstiftung der Philosophie durch Platon und Descartes ansprach? Wie kann das Miteinander der Göttlichen und der Sterblichen im Geviert heute auf das Rettende verweisen? Offenbar fühlte Heidegger sich durch die Zeit herausgefordert, seinen Ansatz noch einmal zu überdenken, nämlich der Weltzivilisation und ihrer Technologie oder „künstlichen Intelligenz" die Kunst in einer neuen Weise gegenüberzustellen.

Kann man heute auch noch nichts Verläßliches sagen über die Wege, wie Heidegger sie in den letzten zwölf Jahren seines Lebens gegangen ist, so sollen hier doch zwei Texte aus dieser Zeit kurz betrachtet werden: das Spiegel-Interview von 1966 und die Athener Rede von 1967. Diese Texte sollen sogar dazu benutzt werden, in jener Vorläufigkeit, wie sie eigentlich Gesprächen vorbehalten sein sollte, an Heideggers Denken eine Frage zu stellen: Führt die Sorge um das Eigene und das Eigentliche nicht dazu, die heutige Welt allzusehr als einen Verschlossenheitszusammenhang zurückzustoßen, so aber das Miteinander von Kunst und Technik unangemessen zu bestimmen? Als Heidegger den Ruhm, den *Sein und Zeit* ihm einbrachte, dazu benutzte, aus der akademischen Philosophie auszubrechen, war ihm diese Frage nach Kunst und Technik als eine entscheidende zugefallen. Daß er diese Frage auch auf seinen letzten Wegen noch einmal neu durchdachte, sollen die folgenden Überlegungen deutlich machen.

I. Zwei späte Texte

Am 23. September 1966, drei Tage vor seinem siebenundsiebzigsten Geburtstag, gab Martin Heidegger dem Nachrichten-Magazin *Der Spiegel* ein Interview. Der Verabredung gemäß durfte der Text erst nach seinem Tode veröffentlicht werden; dann aber hatte er wie kaum ein Text sonst ein weltweites Echo. Eine Stelle aus dem Gesprächsprotokoll, die auf Anweisung Heideggers durch eine weniger persönliche Formulierung ersetzt wurde, zeigt den greisen Philosophen an der Arbeit, die eben doch die Mitdenkenden in die wesentlichen Fragen einweisen, so auf einen Weg bringen möchte: „Ich glaube auf dem Weg zu sein, ob ich es noch schaffe, weiß ich nicht ..." Was Heidegger zu dieser Arbeit herausforderte, machte er deutlich, als er im Mai 1976 wenige Tage vor seinem Tode dem Spiegelredakteur Georg Wolff sein Manuskript *Neuzeitliche Naturwissenschaft und moderne Technik* mit der Widmung schickte: „Eine noch nicht bedachte Frage."[2] Die Konfrontation mit der „entfesselten Bestie" Technik (wie Heidegger in seiner letzten Marburger Vorlesung sagte) hatte spätestens seit dem Krisenwinter 1929/30 Heidegger in eine Richtung gedrängt, die auch das zeitweilige Bünd-

[2] *Der Spiegel.* 31.5.1976. S.193ff., S.3; 30.8.1976. S.3. – Zur Frage, wieweit eine praktische oder politische Philosophie an Heideggers Überlegungen über die Bedeutung der Technik anknüpfen muß, gibt es eine Kontroverse zwischen A. Schwan und mir; vgl. dazu das Nachwort zur zweiten Auflage meiner Schrift *Philosophie und Politik bei Heidegger.* Freiburg/München 1974. S.155ff. Vgl. auch meinen Aufsatz *Heideggers politisches Selbstverständnis.* In: *Heidegger und die praktische Philosophie.* Hrsg. von Annemarie Gethmann-Siefert und Otto Pöggeler. Frankfurt a.M. 1987.

nis mit der nationalsozialistischen Revolution möglich machte. Jener Nietzscheanismus schien die Konstellation der Zeit zu erfassen, der Leben und Geist zueinander und auch gegeneinander stellte; aus dem Antagonismus des Dionysischen und Apollinischen heraus sollte für den Schmerz des Werdens eine neue verklärende Gestalt gewonnen werden. Doch suchte Heidegger nicht nur mit dem jungen Nietzsche über die Kunst eine geschichtliche Größe in einer von Mythen umstellten Welt; er nahm auch auf, wie der späte Nietzsche Dionysos gegen die weltverneinende christliche Eschatologie stellte, jedenfalls den Tod des überkommenen Gottes proklamierte. Ernst Jünger gab damals diesem Nietzscheanismus eine letzte Schärfe: in der totalen Mobilmachung aller Energien sollte jene Berührung mit dem „Mythischen" gewonnen werden, die gerade auch im Tod in der Materialschlacht die Identifikation mit einer sinngebenden und überdauernden Gestalt - dem Soldaten und Arbeiter - zu erfahren vermochte. Als Heidegger sein unmittelbares politisches Engagement abbrach, sah er die Konstellation der Zeit gültiger angesprochen in Hölderlins Rede von der Wahrheit, die sich trotz der „langen" Zeit ereignet. Die Deutschen, dieses unruhige und bedrohte Volk in der gefährdeten Mitte Europas, schienen berufen, von der Orientierung an den Griechen her eine neue Zukunft zu finden. Noch ehe der Nationalsozialismus offen den Weg des Kampfes um die Weltherrschaft beschritt, stellte Heidegger aber in der Vorlesung *Einführung in die Metaphysik* vom Sommer 1935 die Rückbindung des nur noch mechanischen Mobilisierens und Organisierens an die Rasse neben die Rückbindung des Bolschewismus an eine „Klasse", aber auch neben die Verabredung der Gruppen im westlichen Liberalismus. Allen diesen veräußerlichten Gestaltungen des gemeinsamen Lebens bescheinigte Heidegger, die eigentlich gestellte Aufgabe gar nicht zu sehen. Das Spiegel-Interview von 1966 wiederholt diese Sicht der Dinge: der Nationalsozialismus, so heißt es, sei zwar „in die Richtung gegangen", ein Verhältnis zum Wesen der Technik zu suchen; „diese Leute aber waren viel zu unbedarft im Denken, um ein wirklich explizites Verhältnis zu dem zu gewinnen, was heute geschieht und seit drei Jahrhunderten unterwegs ist".

Heidegger hat in einer berühmten Anmerkung zur Vorlesung vom Sommer 1935 dem wirklichen Nationalsozialismus dessen „innere Wahrheit und Größe", nämlich den Versuch einer Begegnung mit der modernen Technik, entgegengehalten; eine „innere Wahrheit" reklamiert das Spiegel-Interview immer noch für die Begegnung des Dichtens und Denkens mit dem Geschick, das unsere Zeit bestimmt. Der universale wissenschaftlich-technische Zugriff auf das, was ist (den Menschen selbst eingeschlossen), soll in seine Grenzen gewiesen werden; im Sein des Seienden soll der Entzug gefunden werden, der das Zugewiesene dem Verfügen entzieht und so jenes Sinngebende und Bindende aufleuchten läßt, das mit dem Namen des Heiligen und Göttlichen benannt wurde. Die Metaphysik, die in einer philosophischen Theologie ihre Krönung fand, wird aber als eine Illusion abgetan. So hält Heidegger fest, daß die Philosophie und überhaupt „alles bloß menschliche Sinnen und Trachten" nicht von sich aus eine unmittelbare Veränderung des bestehenden Weltzustandes bewirken können. „Nur noch ein Gott kann uns retten. Uns bleibt die einzige Möglichkeit, im Denken und im Dichten eine Bereitschaft vorzubereiten für die Erscheinung des Gottes oder für die Abwesenheit des Gottes im Untergang; daß wir im Angesicht des abwesenden Gottes untergehen." Heidegger sagt, nur „ein" Gott, das heißt aber: ein „Gott" so, wie er sich etwa hoch über der Stadt Athen in der sinngebenden Gestalt der Athene des Parthenon zeigte und alles Leben in der Polis ausrichtete. Damit kommt als Widerspiel zur technologischen Verfügung eine Kunst ins Spiel, die noch oder wieder eine kultische Bedeutung im Leben hat. Die Frage bleibt, ob uns eine solche Kunst gewährt ist, die das Rettende aufscheinen läßt oder doch eine Bereitschaft für es weckt. Meint Heidegger in dem zitierten Satz, die „Erscheinung des Gottes" könne retten, eine „Abwesenheit des Gottes" aber verstricke in einen Untergang, der nach der Selbstzerstörung Europas als der einstigen Mitte der Welt auch noch das Wesen des Menschen selbst dort verstellt? Ein paar Abschnitte weiter sagt Heidegger von der „Vorbereitung der Bereitschaft des Sich-Offen-Haltens für die Ankunft oder das Ausbleiben des Gottes": „Auch die Erfahrung dieses Ausbleibens ist nicht nichts, sondern eine Befreiung des Menschen von dem, was ich in *Sein und Zeit* die Verfallenheit an das Seiende nannte." Damit ist in jedem Fall angezeigt, daß man die Geschichte nicht auf glückliche und unglückliche Völker oder Zeiten verrechnen kann. Auch der Scheiternde kann erfahren, von woher er hätte leben müssen, auf welche Aufgabe sein Leben eigentlich ausgerichtet war. Noch in seinem Untergang könnte Europa die Welt etwas lehren! Die Griechen wußten davon, daß der Untergang einer tragischen Gestalt kein bloßes Verschwinden ist: Antigone zeigte im Untergang eine neue Erfahrung des Göttlichen, durch die eine andere Zeit getragen werden konnte (wenigstens nach Hölderlins Übersetzung und Umdeutung dieser Tragödie, die für Heidegger maßgeblich war).

Ein halbes Jahr nach dem Spiegel-Interview, am 4. April 1967, nahm Heidegger vor der Akademie der Wissenschaften und der Künste in Athen Abschied vom Wirken in der Öffentlichkeit. Seine Rede *Die Herkunft der Kunst und die Bestimmung des Denkens*[3] erinnerte das Zeitalter der Wissenschaften und der Technik daran, daß die Griechen für die abendländisch-europäischen Wissenschaften und Künste den Anfang gestiftet haben. Der Anfang eines Geschicks sei aber das Größte, das allem Nachkommenden vorauswalte und als das Zukünftige auch auf uns noch warte. Athene, „die einstige Schirmherrin der Stadt und des Landes", soll dem Vortrag das Geleit geben. Was sagt die Göttin, so fragt der erste Schritt, über die Herkunft der Kunst? Athene ist (so bei Homer, so auf der Atlasmetope vom Zeustempel in Olympia) die vielfältig Ratende. Deshalb konnte sie jenen beistehen, die noch keine Techniker waren, aber auch nicht bloße Handwerker, sondern eben Künstler. Mit der techne brauchte der technites ein Wissen, das auf das maßgebende Unsichtbare vorausblickte. Athene kann Rat geben, weil sie das glänzende leuchtende Auge hat, das auch die Nacht durchdringt und Unsichtbares sichtbar macht. Die Ratgebende und Erleuchtende ist zugleich die Sinnende. Sie blickt auf den Grenzstein (so auf dem Weiherelief im Akropolismuseum). Von der Grenze her findet das, was ist, erst in sein Wesen: der Berg und die Insel, der schimmernde Ölbaum als Gabe der Göttin an ihr Land. Die techne gehört in das Aufgehen und das Verweilen, in die physis. Damit physis und techne zusammengehören können, bedarf es eines Elementes, an das auch das frühe Griechentum nur vorsichtig gerührt hat: des Blitzes des Zeus, der alles steuert. Zu dem Haus, in dem dieser Blitz versiegelt und eingeschlossen ruht, bewahrt Athene nach Aischylos den Schlüssel. So konnte die Kunst ihre Herkunft aus dem Walten dieser Göttin gewinnen.

[3] In: *Distanz und Nähe.* Reflexionen und Analysen zur Kunst der Gegenwart, (Festschrift W. Biemel), Hrsg. Petra Jaeger u. Rudolf Lüthe, Würzburg 1983.

Heidegger muß in einem zweiten Schritt feststellen, daß die Götter entflohen sind: „Delphi schlummert." Die Kunst ist nicht mehr Werk im Sinne von Heideggers Kunstwerkaufsatz. Sie gibt nicht mehr „einer Welt des Volkhaften und Nationalen" durch ihre Werke die Orientierung; sie gehört vielmehr mit den Wissenschaften und Techniken in die eine „Weltzivilisation". In der Welt dieser Zivilisation ist nach einem Wort Nietzsches die Wissenschaft selbst durch die Methode besiegt worden, nämlich durch die gesicherte Verfügung über alles, was ist. Die Methode entfaltet sich als Kybernetik. Als Futurologie holt sie auch den Störfaktor, das scheinbar freie Handeln des Menschen, in das Planbare ein. Die Voraussetzung dieser kybernetisch-futurologischen Zugriffe ist die Gesellschaft, die sich als Industriegesellschaft über die Institutionen als die hergerichteten Bezirke der gelebten Welt ausschließlich auf sich selbst und ihre Verfügungsmacht stellt. Woher aber ist – so fragt Heidegger in einem dritten Schritt – ein Denken bestimmt, das in dieser Welt der Herkunft der Kunst nachdenkt? Die Kybernetik schließt den Menschen und seine Weltbezüge ein in den weitesten Regelkreis der Wechselbeziehung zwischen Mensch und Welt; die Futurologie bringt die Gefangenschaft in das Planbare, und die Industriegesellschaft existiert nur „auf dem Grunde der Eingeschlossenheit in ihr eigenes Gemächte". Wird nicht auch die Kunst als moderne dem sich selbst regulierenden Schaffensprozeß anheimgegeben? Dann kommt der Anspruch, aus dem sie lebt, aus der wissenschaftlich-technischen Welt; auch sie wird zu einer eigenen (vielleicht kompensatorischen) Rückkopplung von Informationen im Regelkreis der Industriegesellschaft. Heidegger sucht einen anderen Weg. Zwar muß er fragen, ob die Hoffnung, wie sie von Ernst Bloch als Prinzip aufgestellt wurde, „nicht die unbedingte Eigensucht der menschlichen Subjektivität" sei. Doch auch Heidegger will die Weltzivilisation nicht verleugnen, sondern vor ihr zurücktreten; er will sie aus dem Abstand heraus als ein Geschick annehmen, ohne ihrer Tendenz zum Sichverschließen zu verfallen. Deshalb erinnert er an das Anfängliche, von dem her die Kunst zur Kunst werden konnte, von dem aber auch das Denken in Anspruch genommen wird, wenn es aufnimmt, was ihm in seinem Anfang vorgesagt war, aber ungedacht blieb. Das griechische Licht, das alles in seine Grenzen stellt, verweist auf eine Verborgenheit, die verbirgt, indem sie in den Grenzen entbirgt. Der Zeitraum dieser

Unverborgenheit ist eine Lichtung; doch diese Lichtung ist nicht nur Licht (wie die Licht- und Vernunftmetaphysik meinte), sondern zugleich Dunkel; man kann auch das Dunkel durchschreiten und durchfahren. Das Wort aletheia weist in diese Richtung, doch dieser Verweis muß im Zeitalter der Kernphysik, der Gentechnologie und Astronautik das Geringe und Unscheinbare bleiben. Heidegger kann aber mit Pindars Vers schließen, das Wort bestimme das Leben weiter hinaus in die Zeit als die Taten, wenn die Sprache es heraushole aus der Tiefe des sinnenden Herzens.

II. Technik und Politik

Heideggers Denken sprach an, weil es nicht gelehrte Erörterung, Spezialanalyse, schnelle Aktualisierung blieb, sondern mit konzentriertem Ernst auf erste und letzte Fragen führte, so von der einen und einzigen Seinsfrage her die Möglichkeit von Philosophie selbst zum Problem machte. Mit einer gewissen Notwendigkeit wurde Heidegger dazu geführt, den Anfängen der Philosophie im tragischen Zeitalter der Griechen nachzugehen; er sah diesen Anfang des Denkens aus der Nähe zur Dichtung, vor allem zur Tragödie. An Heideggers Athener Rede fällt auf, daß sie die Griechen anspricht als Stifter unserer Wissenschaft und Künste, dann aber von der Philosophie und von den Wissenschaften bei den Griechen nicht spricht, vielmehr die Bestimmung des Denkens von der Herkunft der Kunst her verdeutlicht. Heidegger verfährt so, weil er in steigendem Maße zu der Überzeugung gekommen ist, daß der Anfang des Denkens seine Anfänglichkeit nicht in sich aufzunehmen und sich so nicht aus dem Ereignis der Wahrheit zu verstehen vermochte. So habe die Philosophie zum metaphysischen Zugriff auf das Seiende werden können; sie sei in sich selbst zusammen mit den Wissenschaften „technisch" bestimmt gewesen. Platons Ideenlehre wird auf diese Weise im Licht von Nietzsches Überlegungen zur Geschichte des Nihilismus gesehen, wenn auch Nietzsche selbst dabei immer mehr zu dem wird, der sich ausweglos in die metaphysische Einstellung verstrickte. Gerade das Denken kann somit nicht „griechisch" bleiben wollen, sondern muß den Anfang, der seine Anfänglichkeit vergaß, zu einem anderen Anfang führen. Eine der letzten Errungenschaften des Bildungsbürgertums, der Tourismus der Kreuzfahrt per Schiff, gestattete es Heidegger im hohen Alter, die Stätten einstigen griechischen Lebens zu besuchen, z. B. auf der ersten Reise im April 1962 einsam die Löwenallee auf Delos zu durchschreiten. Doch gerade die Besuche in Griechenland führten Heidegger zu einer Revision seiner Bemühungen um den Anfang des Denkens: in dem letzten seiner vier *Seminare* (1973 in Zähringen) teilte Heidegger mit, daß er seine Parmenides-Interpretation noch einmal geändert habe. Bei Parmenides gebe es auch nicht die Spur zur Verbergung in der Unverborgenheit und so zum ursprünglichen Wesen der aletheia! Das war ein Widerruf des Ansatzes, mit dem Heidegger 1932 in der Vorlesung über den Anfang der abendländischen Philosophie eine neue Strecke seines Denkwegs artikuliert hatte; ohne jede Abstützung in ausgelöschten frühesten Spuren mußte Heidegger nun sein Thema, die Lichtung für das Sichverbergen, entfalten. War damit aber nicht auch jene einlinige Dramatik der Seinsgeschichte aufgegeben, die diese Geschichte des Denkens noch einmal „substantialistisch", nämlich von der einen gestellten und verfehlten Aufgabe her, sieht? Für Heideggers These, die neuzeitliche Naturwissenschaft sei schon in ihrem Ansatz technisch, kann man parallele Überlegungen bei Max Scheler und im Neomarxismus beibringen. Vor allem ist die Entfaltung der Nuklearwissenschaft und -technik im Zusammenhang von Krieg und Industrialisierung ein schlagendes Beispiel dafür, daß die Wissenschaftler weithin nur noch ohnmächtig und hilflos im Netz der politischen und ökonomischen Tendenzen zappeln. Für den Sieg der Methode über die Wissenschaft kann man eine frühe Vorprägung im Schluß der Hegelschen Logik finden, wo die Methode zur Entfaltung des einen logischen Zusammenhangs verabsolutiert wird. Der junge Marx hat die sich auf sich stellende Industriegesellschaft auf ein utopisches Ziel bezogen, als er in seinen Pariser Manuskripten für die vergesellschaftete Produktion und die humanisierte Natur sogar den ontologischen Gottesbeweis proklamierte. Trotzdem fragt es sich, ob nicht schon die erste These vom Sieg der Methode über die Wissenschaft zu undifferenziert und damit letztlich falsch ist. Wenn Heidegger den technischen Ansatz in der neuzeitlichen Naturwissenschaft in der Mathematisierung findet, dann muß man darauf aufmerksam machen, daß schon die Griechen den Schritt zur reinen Mathematik taten und daß die hellenistische

Astronomie eine mathematische Naturwissenschaft schuf, die nicht technischer Zugriff ist. Der neuzeitliche Ansatz ist in Wirklichkeit charakterisiert durch das analytische Experiment, das zum Beispiel bei Bewegungsphänomenen die einwirkenden Kräfte der Hemmung (wie die Reibung) abzieht und so in einer methodischen Abstraktion zu „reinen" Phänomenen und deren Gesetzen kommt. Die Methode relativiert die wissenschaftliche Arbeit auf das Erfassen abgegrenzter und abstrahierter Züge in der Wirklichkeit; deshalb werden auch Heisenbergs späte Bemühungen verkannt, wenn man sie in einer vulgären Weise als ein Ringen um eine totalisierte „Weltformel" charakterisiert. Heidegger unterstellte in seinem Vortrag *Die Frage nach der Technik* Heisenberg die These, in einer Physik, die den Physiker und seine experimentelle Anordnung mit in Rechnung stellt, begegne der Mensch nur noch sich selbst. Dieser Radikalisierung mußte Heisenberg aber widersprechen: die Physik deutet in methodischer Abstraktion und im kritischen Wissen um ihre Grenzen nur bestimmte Aspekte unseres In-der-Welt-seins; die platonische Ideenlehre und die recht verstandene Mathematisierung hat für diese Erfassung von Wirklichkeit bleibende Gültigkeit und steht durchaus in guter Nachbarschaft zur Weltauslegung durch die Gebilde der Kunst.[4]

Sein und Zeit wollte noch philosophisch in der Auseinandersetzung mit den Griechen eine „Wissenschaft vom Sein" entfalten, so eine logische und existentiale Differenzierung zwischen Wissenschaften wie Physik, Historie und Theologie ermöglichen. Später faßte Heidegger die wissenschaftliche Arbeit stärker als einen einheitlichen Prozeß, der als Zugriff auf die Welt in sich selbst technisch ist und sich so unauflöslich mit der Technik verbindet. Wenn aber der Vortrag *Die Frage nach der Technik* die Technik gerade in ihrem „Wesen" zu erörtern versucht, dann wird die Technik nicht nur anthropologisch und instrumental gedeutet, sondern ontologisch. Die Technik ist eine Erschließung des Seienden nach seinem Sein und verweist so auf die Konstellationen der Wahrheit des Seins

[4] Oskar Becker hat diese Fragen im Hinblick auf Heidegger und Heisenberg genauer durchdacht. Zu Beckers Position vgl. meine zusammenfassende Darstellung *Hermeneutische und mantische Phänomenologie* in dem von mir herausgegebenen Sammelband zur achtzigsten Wiederkehr von Heideggers Geburtstag: *Heidegger. Perspektiven zur Deutung seines Werks.* Köln/Berlin 1969 und Königstein/Ts. 1984. S. 231 ff.

selbst. Die neue Wissenschaft vom atomaren Aufbau wäre ohne die Nukleartechnik nicht möglich; sie ist verknüpft mit den Gefahren der kriegerischen und industriellen Nutzung dieser Technik, erschließt aber auch die Wirklichkeit nach unbekannten Tiefendimensionen hin. Das hier gewonnene Wissen bleibt aber begrenzt auf bestimmte Aspekte unseres In-der-Welt-seins, und nur diese methodische Abstraktion gibt der Erschließung der Wirklichkeit den wissenschaftlichen Charakter. Die Unheimlichkeit der neuerschlossenen Dimension der Wirklichkeit erinnert den Menschen drastisch an seine Ohnmacht und Endlichkeit; der Kampf gegen die Gefährdungen durch die neue Technik verweist darauf, daß diese Endlichkeit des Menschen ihre praktische Dimension hat.

Wenn Heidegger von Kybernetik spricht, dann erinnert er indirekt daran, daß die mathematische Physik die Rolle einer Modellwissenschaft, die ihr früher zuerkannt wurde, nicht unangefochten behalten hat. Wenn die Biologie eine neue Bedeutsamkeit bekommen hat, dann zeigt zwar die Gentechnik das Vordringen mechanistischer Denkweisen; doch neben diesen Tendenzen der Mikrobiologie stehen die holistischen Züge der Makrobiologie, die wiederum von der Einmaligkeit und Unverfügbarkeit des Lebens und seiner „Nischen" sprechen. Auch die Astronautik erinnert den Menschen an die Grenzen seines Ausgriffs in den Weltraum und an die Offenheit und Ungeklärtheit seiner Situation (gäbe es ein Gespräch, ja eine Begegnung mit anderen vernünftigen Wesen im Weltall, dann würde sich die Situation der Menschheit drastisch ändern). Heidegger findet im Spiegel-Interview den selbst im Fernsehen gezeigten Blick vom Mond auf die Erde erschreckend, nämlich einen Hinweis auf die Entwurzelung des Menschen; zeigt dieser Blick aber nicht auch, wie unwahrscheinlich und voller Schönheiten, aber auch voller Gefährdungen die Nische des Lebens hier auf diesem kleinen blauen Planeten ist? Nirgendwo ist die konkrete Technik die Entfaltung des einen Willens zur Macht, der sich ewig wiederkehrend selbst will und so vom Menschen die sich auf sich stellende „Industriegesellschaft" verlangt. Diese totalisierende Rede von der Gesellschaft mag eine Tendenz in der heutigen Menschheit erfassen; eine kritische Gesellschaftsanalyse muß differenzierter vorgehen und kann diese Rede dann nur den vulgären Vorstellungen überlassen, die mit Wissenschaft nichts mehr zu tun haben.

Nietzsche sah in den Philosophen des tragischen Zeitalters der Griechen den Beleg dafür, daß es auch in einem „gesunden" Volk Philosophie geben könne, Philosophie in diesem Sinn aber den einheitlichen Stil einer Kultur voraussetze. Diesen einheitlichen Stil findet Heidegger nur noch in den negativen Zügen der einen Weltzivilisation. Politik bekommt nur Sinn, wenn sie mit ihrer Absicherung abgegrenzter Lebenssphären ein Aufbrechen dieses Unheilzusammenhangs ermöglicht. Vor der Frage, wie die heutige Welt sich in unterschiedliche Mächte aufgliedere, steht also die Frage, wie z.B. dem Gegenüber von Technik und Kunst der nötige Spielraum eingeräumt wird. Das Spiegel-Interview will nicht entscheiden wollen, ob nicht in China und Rußland eines Tages „uralte Überlieferungen" mithelfen werden, „dem Menschen ein freies Verhältnis zur technischen Welt zu ermöglichen"; gedämpfter sind bezeichnenderweise die Hoffnungen für die USA. Heidegger, der 1937 in der letzten öffentlichen Wortmeldung eines Zeitungsartikels „Wege zur Aussprache" mit Frankreich gefordert hatte, setzte nach der Selbstzerstörung Europas weiter auf das deutsch-französische Gespräch; freilich möchte er, der noch in *Sein und Zeit* die leitenden Begriffe der „temporalen Interpretation" mit Worten aus der lateinischen Sprache bildete, die romanischsprachige Philosophie auf ein Denken in der ursprünglicheren griechischen und der diese wiederholenden deutschen Sprache verpflichten. Der Widerstand gegen die „entfesselte Bestie" Technik kann so mit Worten des französischen Dichterfreundes René Char formuliert werden, des „Dichters und Widerstandskämpfers", der im Pathos seiner Gedichte Hölderlin widerklingen ließ und die heimatliche Provence mit dem mediterranen Reich und mit Griechenland verband: „In der Provence werden jetzt Raketenbasen errichtet, und das Land wird in einer unvorstellbaren Weise verwüstet. Der Dichter, der gewiß nicht im Verdacht der Sentimentalität steht und einer Verherrlichung der Idylle, sagte mir, die Entwurzelung des Menschen, die da vor sich geht, ist das Ende, wenn nicht noch einmal Denken und Dichten zur gewaltlosen Macht gelangen." Die Frage bleibt, ob dieses „Gegen" sich in eine besonnene Politik umsetzen läßt. Im Spiegel-Interview hält Heidegger fest: „Es ist für mich heute eine entscheidende Frage, wie dem technischen Zeitalter überhaupt ein – und welches – politisches System zugeordnet werden kann. Auf diese Frage weiß ich keine Antwort." Erschreckend ist der angefügte Nachsatz: „Ich bin nicht überzeugt, daß es die Demokratie ist." Heidegger, der wenigstens seine Schüler in ihren Bemühungen um einen neuen Bezug zwischen Philosophie und Politik unterstützte, hat auch für sich selbst politische Bemühungen nicht gänzlich ausgeschlossen. So hat er sich trotz der Abstinenz, die er sich in diesem Bereich nach der Verirrung von 1933 auferlegte, einer Initiative angeschlossen, die Ende 1975 ein Moratorium im Ausbau der Nutzung der Kernenergie forderte.

Entscheidend bleibt die Frage, ob der Totalitarismus des Nationalsozialismus als Vorspiel einer vielleicht weit schrecklicheren Zukunft gesehen und auf eine Veräußerlichung festgelegt werden darf (auf das Vorherrschen einer instrumentellen Vernunft, wie die Frankfurter Schule parallel zu Heidegger sagte). Ist die „innere Wahrheit", durch die Dichten und Denken einem Geschick zu entsprechen suchen (in einem Aufbruch oder im subversiven Bemühen um unscheinbare Anfänge), wirklich nur der Gegensatz zu den Totalitarismen oder nicht oft auch Motiv für diese? Die Französische Revolution und mehr als hundert Jahre später die Oktoberrevolution wollten den Menschen zu einem besseren Leben verhelfen; die Überzeugung, die Geschichte müsse zu etwas schlechthin Neuem führen, setzte bald auch die Auffassung durch, in dieser Ausnahmesituation sei jeder Terror erlaubt, ja gegebenenfalls notwendig. Dieses Motiv mag auch in der nationalsozialistischen Revolution seine Rolle gespielt haben; gerade mit dem ersten unbestimmten Aufbruch konnte sich so ein Philosophieren verbinden, das sich der Stunde und dem geschichtlichen Umbruch verpflichtet wußte. Im Spiegel-Interview verweist Heidegger darauf, daß seine Vorlesung *Was heißt Denken?* von 1951/52 sich um die innere Wahrheit des Denkens und Dichtens mühe, aber wohl gerade deshalb so wenig gewürdigt werde. Schlägt aber in dieser Vorlesung die innere Wahrheit nicht unvermittelt in eine pervertierte Äußerlichkeit um, wenn mit Nietzsche im Blick auf das Vorbild des alten Rußlands jene Institutionen empfohlen werden, die noch „antiliberal" sein können „bis zur Bosheit"? Von Hölderlin wird die Kurzode zitiert, die Sokrates sich dem Alkibiades zuneigen läßt, also die Weisheit mit der jugendlich-lebendigen Schönheit verbindet. Hölderlin geht von Platons *Symposion* aus, um dann die Schönheit als einen tragischen Prozeß zu denken, doch Thukydides kann uns lehren, wie die übermütige Jugend Athens durch das sizilische Kriegsabenteuer der Stadt den Untergang brachte, wie Alkibiades selbst seine politische Kunst der athenischen, dann der spartanischen und persischen, schließlich wieder der athenischen Seite anbieten konnte. Auch Hölderlins politische Träume endeten damit, daß er durch Sinclair in einen Prozeß wegen Hochverrats gezogen worden wäre, wenn ihn nicht die Geisteskrankheit geschützt hätte. Die Berufung auf Hölderlins Verse wird zur bloßen Schönfärberei, wenn man diese krasse Wirklichkeit nicht sieht und nicht als Mahnung nimmt für den Weg durch das zwanzigste Jahrhundert.

III. Die Kunst und das Rettende

Das griechische Licht, so sagt Heidegger in seiner Athener Rede, stellt das Einfache in seine Grenzen: die Insel, den Berg, den Ölbaum. Kann uns dieses Licht also doch hinführen zu der Lichtung, wie Heidegger sie von der ausgegrenzten Waldlichtung her versteht? Heidegger bezieht das griechische Licht auf den alles steuernden Blitz des Zeus. Im Heraklit-Seminar, das Heidegger mit Eugen Fink abhielt, erinnerte er sich an einen Nachmittag seines Aufenthaltes auf Ägina: „Plötzlich vernahm ich einen einzigen Blitzschlag, auf den dann kein weiterer erfolgte. Mein Gedanke war: Zeus." Zu dem Blitz, der den Aufgang der griechischen Welt steuerte, verwahrte Athene den Schlüssel; doch allenfalls die Kunst, nicht das Denken blieb diesem Geheimnis nah. So ist der Anfang, den die Griechen für die Geschichte machten, erst noch durch einen anderen Anfang des Denkens auf die eigentlich gestellte Aufgabe zu beziehen. Man fragt sich, an welchem Ort der griechischen Geschichte dieser Anfang überhaupt anzusiedeln ist. Daß eine Göttin wie Pallas Athene uns von den Tempeln und aus Gedichten entgegentreten kann, hat dunkle Anfänge, wohl noch im Vorgriechischen: der Schutzgeist von Burgen, die Hilfe im Kampf bekam erst langsam die spätere Gestalt, seit Indogermanen vor viertausend Jahren zur Ägäis kamen. Daß Athene gewappnet aus dem Haupt des Zeus entsprungen sei und das Geheimnis seines Blitzes verwahre, das sind Vorstellungen, die erst sehr spät mit der Göttin verbunden wurden. Sie bekam zuerst vom böotischen, dann attischen Athen ihren Namen und zeigt so an, wie die Götter des Mythos und der Epik doch wieder an bestimmte Orte und Landschaften zurückgebunden wurden. Gibt es überhaupt ein Einfaches und Anfängliches in dieser Geschichte, an das man sich halten kann und das auch uns noch Orientierung gibt?

Den verschiedenen Schüben der einwandernden Griechen mußten die mittelmeerischen Halbinseln und Inseln einerseits wie ein Phäakenland erscheinen; sie mußten andererseits mit Sonnenglut und Sturm, dem überall andrängenden Meer und den Erdbeben überwältigen und Elementargewalten aussetzen. Die Einwanderer brachten ihren obersten Himmelsgott, der auch den Blitz verwahrte, mit; dieser Gott mußte sich mit den vorgefundenen Erd- und Muttergottheiten verbinden. In diesen Verbindungen konnte das Einfache und Unscheinbare seine Rolle spielen. Z.B. lag eines der ältesten Heiligtümer, das Heraion auf Samos, nicht nur in der fruchtbaren Ebene; man fand für es auch die Gottheit im Lygosstrauch, von dem man noch heute Mittel für den Schutz der Fruchtbarkeit gewinnt (ohne solche hormonale Unterstützung würden manche Kinder nicht geboren). Vielleicht kam Zeus als Kuckuck zu dieser Göttin, und das heißt doch wohl: mit dem Frühlingsruf. In jedem Fall ist die samische Hera nicht einfach die Hera von Argos; die Artemis von Ephesos ist nicht (wie Heidegger in seinen Heraklit-Vorlesungen voraussetzt) die Artemis von Delos als Schwester Apolls. Diese göttlichen Gestalten blieben in ständiger Wandlung; sie kamen nur in einer Vielfalt vor, die zu Auseinandersetzungen führte – auch Athene mußte das attische Land erst dem Meergott und Erderschütterer Poseidon abringen. Die Griechen blieben dieser Vielfalt und Gegensätzlichkeit der göttlichen Mächte in den kleinen Poleis ausgesetzt, die ihrerseits in ständigen Auseinandersetzungen lagen und so immer dem Untergang und den Mühen des Neubeginns ausgesetzt blieben. Als die Goethezeit aus einer neuen Lebenserfahrung heraus eine neue Kunst und Literatur suchte, mochte sie sich an Griechenland orientieren; können wir heute diese Orientierung übernehmen, nachdem Nietzsche ihr die Verschärfung zum Tragischen hin gegeben hat?

Als Nietzsche vom Dionysischen und Apollinischen sprach, setzte er voraus, daß Schopenhauer den Blick auf Griechenland und überhaupt die Ästhetik durch die Umkehrung der metaphysischen Tradition gedeutet hatte: die Musik erschließt das Ansich, die idealen Gestalten sind letztlich eine Illusion, die den Schmerz des Werdens erträglich macht. Lassen sich aber wirklich Epik und Plastik auf die Seite des Apollinischen schlagen, läßt sich die Tragödie dann als Vermittlung dieses Elements mit der dionysischen Musik deuten? Für die Helden Homers zählten nur der heroische Kampf und Tod; was mit dem Tode kam, war von keinem Belang. Doch später wurden die Gräber der Heroen und das Andenken der Stifterfiguren wieder gepflegt und die Götter wieder mit dem Land verbunden; so konnten alle jene Tendenzen sich neu melden, zu denen das Dionysische zählte. Trotzdem begann die dionysische Tragödie – in der *Orestie* des Aischylos – mit der Anrufung des Zeus. Als Heidegger im Winter 1929/30 Nietzsches Antagonismus zur Deutung der Auseinandersetzung über „Leben und Geist" heranzog, nahm er auch Nietzsches späte Formel „Dionysos gegen den Gekreuzigten" auf. Der Nietzsche-Freund Overbeck hatte ihm das „Weltverneinende" der christlichen Eschatologie nahegebracht; mit Hölderlin fragte Heidegger deshalb nach den Göttern der Erde und der Heimat und nach dem Halbgott, der wie der Rhein ein ganzes Land fruchtbar und bewohnbar macht.

Als die längst geschehene Katastrophe im Zweiten Weltkrieg offenkundig wurde, blieb das Rettende nur als das Geringe unscheinbarer Anfänge; Hölderlin wurde schließlich von dem Echo her gehört, das er bei Trakl gefunden hat. Läßt Trakl jenen, der in den Untergang gerufen ist, der geistlichen Bläue des Heiligen begegnen, so „realisiert" Cézanne im autonomen Medium der Kunst wie die Natur, indem er unscheinbare Dinge aus den blauen Schatten hervortreten läßt. Nicht die Unruhe von Paris oder der Gegensatz zwischen der Not im Kohlenrevier und der Einsamkeit der Bretagne wurde diesem Maler, der sich in der Provinz einschloß, zum Thema, sondern z. B. die ruhende Montagne St. Victoire. Wenn Heidegger die Provence als Brücke zu Griechenland ansprach, dann fragt man sich, wieweit er nicht Griechenland und das Anfängliche seiner Berge, Inseln und Ölbäume mit den Augen Cézannes sah. Für das Anfängliche in der griechischen Geschichte darf man nicht einen Platz in den vielen Jahrhunderten suchen wollen, in denen z. B. Athene erst zu der wurde, als die sie uns auf den Tempelgiebeln und in den Dichtungen begegnet. Das Anfängliche liegt vielmehr in jenem schmalen Bereich, in dem sich Mythos und Logos, Dichten und Denken voneinander sonderten, nach Heidegger aber immer in der

Nachbarschaft des gemeinsamen Bemühens um ein heimatliches Wohnen auf dieser Erde blieben. Vielleicht jedoch war das Denken auch im tragischen Zeitalter der Griechen vielgestaltiger als Heidegger wahrhaben will, immer aber von einem kolonialen Zug zu einer neuen Welteroberung geprägt, der sich von der überlieferten Einbettung in den Mythos absetzen mußte. So mag auch Platons Ideenlehre in genuiner Weise „griechische" Motive fortführen, die auch für uns heute eine sachliche Relevanz haben. Das Philosophieren ist im übrigen nicht nur bezogen auf Dichtung und auf eine kultische Kunst; es findet seine Anfänge auch in der Abhebung von anderen Lebenssphären. So kann es den einen Anfang für die Philosophie überhaupt nicht geben. Wenn der Industriegesellschaft die Arbeit für alle knapp und die Freizeit zum Problem wird, dann kann die Kunst ihrerseits nicht mehr so in das tätige Leben verflochten sein, wie das einmal in der griechischen Frühe der Fall sein mochte.

Heidegger suchte Athen aus der Nachbarschaft zu Jerusalem, Karthago und Rom herauszulösen; so mußte ihm entgehen, wie Hölderlin mit den letzten Schritten seines Dichtens den Bezug des Deutschen nur zum Griechischen und die Hoffnung auf eine unmittelbare Wiederkehr des Göttlichen relativierte. Noch 1939/41 beseitigte Heidegger die Problematik der Feiertagshymen mit Norbert von Hellingrath durch eine Streichung des fragmentarischen Schlusses; 1959 ließ er aus dem späten Hymnenentwurf *Griechenland* einfach die thematisch vollständigere frühe Fassung weg. Gerade diese Fassung zeigt jedoch, daß der Mythos der Griechen für Hölderlin inzwischen nur eines der Gewänder Gottes geworden war und daß es ihm um den Übergang über die Alpen, ja um hesperische Feste wie die Hochzeit des Württembergischen Thronfolgers in London ging.[5] So werden die Patmosverse von der Gefahr, in der auch das Rettende wächst, von Heidegger ins Gegenteil verkehrt: sie warnen nicht mehr davor, einen Aufbruch und Durchbruch zum Göttlichen um jeden Preis zu suchen, sondern verweisen auf den Nihilismus, in dem jede Spur zum Göttlichen erlischt. Nach der Patmoshymne liegt die Gefahr aber darin, daß die Gipfel der Zeit in be-

[5] Daß die letzten Schritte Hölderlins durch Editionen wie die Beißnerschen und Deutungen wie die Heideggerschen verstellt worden sind, habe ich zu zeigen versucht in der Einleitung zu dem Sammelband *Jenseits des Idealismus. Hölderlins letzte Homburger Jahre.* Hrsg. von Christoph Jamme und Otto Pöggeler. Bonn 1988.

drängender Weise nah sind. Diese Gipfel, die voneinander getrennt bleiben, sind jene, die der Adler in der Hymne *Germanien* überfliegt: die Berge Asiens, wo Patriarchen und Propheten ihrem Gott begegneten, die heiligen Berge Griechenlands und Italiens, die Alpen, die zum nördlichen Europa und seiner Geschichte führen. Nur die Treue, die das eine und das andere behält und alles Gewährte miteinander vermittelt, hilft dem Wachsen des Rettenden. Deshalb fliegt Hölderlin mit dem Genius nicht nur nach Asien zum Taurus, sondern kehrt zur Ägäis zurück: über die schattenlosen Straßen des Meeres, die dem Schiffer bekannt sind, findet er unter den geliebten griechischen Inseln nahe bei Samos und Delos auch Patmos, die Klosterinsel. Dort hat Johannes - in einer Höhle am Abhang des Berges - jene Offenbarung gehabt und niederschreiben lassen, die das Ausharren in dunklen Zeiten lehrt.

Heidegger gab mit Hölderlins Elegie *Brot und Wein* dem Dichter den Auftrag, den Sterblichen die Spur der entflohenen Götter wiederzubringen. Er hat aber nie genauer bedacht, wie Hölderlin in der Hymne *Der Einzige* von der Spur sprach: in der Wüste als dem Ort der Versuchung zur Hybris hält Christus „die Spur eines Wortes" fest, nämlich jenes Gesetzes, das schon geschrieben steht, aber nun erneut zur bloßen Spur wird. Gerade der hesperische Mensch, der in einer offenen Geschichte bestehen muß, darf die helfenden Spuren nicht zurückweisen. Als Heidegger jedoch 1942/43 in seiner Vorlesung *Parmenides* die Entgegensetzung von Mythos und Logos aufzulösen und die tragische Gotteserfahrung zurückzugewinnen suchte, ging es ihm nur um Sophokles und die Griechen; von dem Dichter, der Shakespeare neben Sophokles stellte, heißt es: „Goethe ist ein Verhängnis." Der Humanismus habe das Unvergleichbare ineinandergemischt und das Griechentum „vollends" unzugänglich gemacht. Sicherlich braucht man bei Shakespeare nicht gleich an die Griechen-Persiflage von *Troilus und Cressida* zu denken; doch Shakespeare wie Goethe gehören zu uns. In der Tat fand man Heidegger seit den fünfziger Jahren immer wieder dabei, den Weg zum Einfachen durch ein Goethewort vorzustellen, doch die Geste des Zurückstoßens und des Rückzugs auf ein Eigenes und Eigentliches blieb. So kann Heidegger, der doch die „Destruktion" in die phänomenologische Philosophie einführte, auch im Spiegel-Interview die heutige Literatur nur als „weitgehend destruktiv" ansprechen. Als

Heidegger sich bei einem Besuch in Bremen ausnahmsweise einmal ein Theaterstück – Lorcas *Doña Rosita* – ansah, wurde auf der Bühne Don Martin, der alte Professor, von seinen Schülern grausam verhöhnt, und nur die alte Haushälterin fand dessen Frage: „Was ist eine Idee?" noch bedeutend. Hier flüsterte Heidegger seinem Nachbarn zu: „Ja, das bin ich." Dabei schien er auf sich zu deuten – „mit einer Miene von besiegelter Traurigkeit", wie es in Lorcas Regieanweisungen heißt. Schwerlich jedoch hätte der Kritiker des Humanismus die Humanität Molières aufnehmen können, der in der *École des Maris* dem verstiegenen Sganarelle sagen läßt, es sei „besser, zur Zahl der Narren zu gehören, denn einsam gegen alle anderen weise zu sein". Es ist nicht vorstellbar, daß Heidegger das Groteske jener Sätze aus seiner schon genannten Vorlesung erkannt und anerkannt hätte, die auch in dem düsteren Winter 1942/43 nach der Festlegung der „Endlösung" und angesichts von Stalingrad die Deutschen als „unbesiegbar" darstellen, wenn sie nur den griechischen Anfang wiederholen und das „Volk der Dichter und Denker" bleiben.

In seiner Rektoratsrede von 1933 gab Heidegger den alten Bericht der Griechen wieder, Prometheus sei der erste Philosoph gewesen; mit dem *Prometheus* des Aischylos sagte Heidegger, alles Wissen bleibe der Übermacht des Schicksals ausgeliefert. Inzwischen hat der Mensch in einer anderen prometheischen Tat sich das atomare Feuer angeeignet, aber auch die Aufbauelemente des Lebens, das auf dieser Erde nun im ganzen bedroht ist. Damit ist die Menschheit in eine neue Solidarität und Verantwortung gezwungen, und so kann die Rede vom „Planetarischen" der Weltzivilisation nicht nur negativ als ein Hinweis auf eine Entwurzelung genommen werden. Muß der Mensch nicht sein neues Wissen und Können gerade aus der entstandenen Gefährdung heraus auf Perspektiven beziehen, die Heidegger selbst 1927/28 mit Max Scheler in einer durchaus positiven Weise „metaphysisch" oder „metontologisch" genannt hatte? In dieser Dimension mag das Philosophieren in eine neue Nachbarschaft zur Kunst geraten; diese Nachbarschaft bedeutet aber weder ein Überholen des Mythischen durch den Logos noch das Voraussetzen eines schlechthin Anfänglichen in der Kunst. Hegels Rede vom „Ende der Kunst" behält durchaus ein begrenztes Recht, insofern Kunst und Dichtung nur noch als eine partikulare menschliche Leistung neben anderen Leistungen (zum Beispiel den wissenschaftlich technischen) stehen. Manchmal scheint es so, als habe Heidegger in seinen letzten Lebensjahren über dem Schicksalsgefährten Cézanne Paul Klee vergessen, von dessen theoretischen Schriften her er um 1959 ein „Pendant" zu seinem Kunstwerkaufsatz hatte schreiben wollen. Bei aller Nähe zum Lyrischen, Phantastischen und auch Skurrilen entfaltet Klee ja eine Kunst, die ihre Gebilde bewußt aus einfachsten Elementen konstruiert und komponiert. So nimmt Klee das Technische in seine Kunst auf, um es schließlich zur Annahme der Endlichkeit und Schicksalhaftigkeit zu führen (zum Beispiel der Annahme des eigenen Todes in dem letzten Bild *Tod und Feuer*, das Heidegger im Vorwort zu seinem Vortrag *Zeit und Sein* neben Trakls Gedichte und Heisenbergs Formeln stellte).[6] Das Rettende kann nur wachsen, wenn die Menschheit im ganzen Verantwortung für das immer gefährdete und immer endlich und begrenzt bleibende Leben auf diesem bestimmten Planeten übernimmt. Was der Name des Göttlichen in Zukunft meinen kann, muß sich aus dieser Annahme schicksalhafter Endlichkeit bestimmen. Einfaches und Anfängliches kann nur aus der übergreifenden Situation heraus gefunden werden. Deshalb hat Paul Celan in einem Gedicht, das zuerst ein Hiroshima-Gedicht werden sollte, auch das Einfache der Kirschblüte auf jenes „Hier" bezogen, das durch Hiroshima bestimmt bleibt: „Hier – wo die Kirschblüte schwärzer sein will als dort."

[6] Zu Heideggers Beschäftigung mit Klee vgl. H.W. Petzet: Auf einen Stern zugehen, Frankfurt a.M. 1983, S.154ff. (dort S.199f. der Bericht über die Bremer Lorca-Aufführung). Vgl. auch mein Buch *Die Frage nach der Kunst. Von Hegel zu Heidegger.* Freiburg/München 1984. S.26ff. Über Heideggers Verhältnis zur Malerei vgl. auch meinen Leidener Vortrag *Kunst und Politik im Zeitalter der Technik.* In: Heideggers These vom Ende der Philosophie. Verhandlungen des Leidener Heidegger-Symposions. April 1984. Hrsg. v. R.J.A. van Dijk, M.F. Fresco und P. Vijgeboom (Neuzeit & Gegenwart. Bd.5). Bonn 1988. Über Heideggers Begegnung mit Celan vgl. das Kapitel *Todtnauberg* in meinem Buch *Spur des Worts. Zur Lyrik Paul Celans.* Freiburg/München 1986. S.259ff.

Technik und Kunst im seynsgeschichtlichen Fragehorizont

FRIEDRICH-WILHELM VON HERRMANN

Wenn Heidegger in seinem Vortrag „Die Frage nach der Technik" (1953)[1], der Thematik von Technik und Kunst nachdenkend, nach der Stellung der aus ihrem Wesen erblickten Kunst im Wesen der modernen Technik fragt, dann hält sich diese Fragestellung im Horizont der erstmals in den „Beiträgen zur Philosophie" (1936–38)[2] versuchten seynsgeschichtlichen Ausarbeitung der Seinsfrage. Diese, die sich gegenüber der ersten, der fundamentalontologischen Ansetzung der Seinsfrage als ursprünglicher versteht, fragt nach der Wahrheit und dem Wesen als der „Wesung des Seyns" und denkt diese als „das Ereignis" (I., 1. u. 2.). Das Geschehen des Ereignens, das als „Bezug des Seyns zu dem ihm ereigneten Da-sein" (I., 2.) dieses entspringen läßt, ist „die ursprüngliche Geschichte selbst" (I., 12.), die Geschichte des Seyns. Das seynsgeschichtliche Fragen der Seinsfrage begreift das Wesen und die Wahrheit des Seyns „geschichtlich" (ebd.), wobei sich der Sinn dieses „Geschichtlichen" allein aus dem geschehenden Ereignen als der Wesung des Seyns bestimmt. Das Wesen der Kunst und das Wesen der modernen Technik werden daher aus der geschichtlich erfahrenen Wesung des Seyns erfragt. Die Fragen nach dem seynsgeschichtlichen Wesen von Technik und Kunst folgen aber nicht erst einer ihnen vorangehenden seynsgeschichtlichen Ausarbeitung der Seinsfrage, sondern gehören von vornherein in diese selbst.

[1] Heidegger, *Die Frage nach der Technik.* In: Die Technik und die Kehre. Pfullingen 1962, S. 5–36.

[2] Heidegger, *Beiträge zur Philosophie (Vom Ereignis).* Gesamtausgabe Bd. 65. Hg. F.-W. v. Herrmann. Frankfurt a. M. 1989. Im folgenden wird aus den „Beiträgen zur Philosophie" durch Angabe der die acht Teile bezeichnenden römischen Ziffern und der die 281 Abschnitte zählenden arabischen Ziffern zitiert.

Die „Beiträge zur Philosophie“ gliedern sich in einen „Aufriß“ (I., 1.) von sechs „Fügungen“, die unter sich die „Fuge“ des seynsgeschichtlichen Denkens bilden (I., 39). Im Denken der Grundfrage nach der Wahrheit des Seyns rückt an die Stelle des „Systems“, das nur möglich ist „im Bereich der Geschichte der [metaphysischen] Leitfragenbeantwortung“ (ebd.), die „Fuge der sechs Fügungen“: der Anklang, das Zuspiel, der Sprung, die Gründung, die Zu-künftigen, der letzte Gott. Vorauf geht diesem „Aufriß“ der „Vorblick“, der auf das Ganze der sechs Fügungen vorausblickt, und es folgt auf den „Aufriß“ „Das Seyn“ als rückblickender Versuch, das Ganze der sechsfach gefügten Fuge noch einmal zu fassen. Im Denken des „Anklangs“ wird „die Not der Seinsverlassenheit“ (I., 2.) erfahren, in welcher Erfahrung die Wahrheit des Seyns als „Verweigerung“ (I., 3.) anklingt. Im Denken des „Zuspiels“ spielt sich der erste Anfang zu und bringt darin den anderen Anfang ins Spiel (I., 3.). Das Denken als „Sprung“ springt „in die Wesung des Seyns“ (I., 39.), als „Gründung“ aber gründet es dem Seyn die Wahrheit als das Da-sein (I., 2.). Die denkende Gründung der Wahrheit des Seyns als das Dasein bereitet die „Zu-künftigen“ vor (ebd.), die „die Zugehörigkeit in das Ereignis übernehmen“ (I., 39.) und als solche „vor die Winke des letzten Gottes zu stehen“ kommen (ebd.).

Innerhalb dieser sechs Fügungen der Fuge hat die Frage nach dem seynsgeschichtlichen Wesen der modernen Technik ihren ‚Ort‘ im „Anklang“. Denn das Wesen der Technik wird erfahren als Not der Seinsverlassenheit und gedacht in den Grundworten der „Machenschaft“ (II., 61.–69.) und des „Riesenhaften“ (II., 70.–72.). Für die seynsgeschichtliche Bedeutung der Machenschaft müssen wir die gewöhnliche Bedeutung einer „‚üblen‘ Art menschlichen Vorgehens und der Anzettelung eines solchen“ beiseitelassen. Machenschaft nennt „eine Art der Wesung des Seins“ (II., 61.), nämlich das „Wesen der Seiendheit im neuzeitlichen Denken“ (ebd.), eine „Wesung der Seiendheit“ (ebd.), als solche das „Unwesen der Seiendheit“ (ebd.). Als diese Wesung des Seyns aber entzieht sie sich um so hartnäckiger, je maßgebender sie sich entfaltet (ebd.). Ein Grundzug der Machenschaft ist, „keine Grenzen“, „keine Verlegenheit“, „keine Scheu“ zu kennen (II., 66.). An die Stelle der „Kraft der Verwahrung“ ist „die Übertreibung und Überschreiung und das blinde Anschreien getreten, in dessen Schrei man sich selbst beschreit und sich von der

Aushöhlung des Seienden wegtäuscht" (ebd.). In der Wesung der Machenschaft ist „alles offen und nichts unmöglich" (ebd.). Die Machenschaft ist die „durchgängige berechenbare Erklärbarkeit, wodurch jegliches mit jedem gleichmäßig zusammenrückt und sich vollends fremd, ja ganz anders als noch fremd wird. Der Bezug der Unbezüglichkeit" (II., 67.). Die Seinsverlassenheit in der Weise der Machenschaft vollendet sich in dem, was Heidegger das „Riesenhafte" nennt (II., 70.). Dieses ist die „Quantität als Qualität" und diese als Grundcharakter des Wesens des Seyns selbst (ebd.). Als eine Art der Wesung des Seyns sind die Machenschaft und das Riesenhafte „ein einzigartiges Ereignis innerhalb der verborgenen Geschichte des Seyns" (II., 68.), das „Ereignis der Seinsverlassenheit" (ebd.). Nur denjenigen, die aus dem Ende der Geschichte des ersten Anfangs übergehen in den sich vorbereitenden anderen Anfang, wird das erfahrene Ereignis der Seinsverlassenheit zum Anklang der Wahrheit des Seyns (ebd.).

Während die seynsgeschichtliche Frage nach dem Wesen der modernen Technik in der Fügung des „Anklangs" entspringt, gehört die seynsgeschichtliche Frage nach dem Wesen der Kunst in die Fügung der „Gründung". Der 247. Abschnitt mit der Überschrift „Gründung des Da-seins und die Bahnen der Bergung der Wahrheit" läßt uns wissen, daß „aus diesem Bereich entnommen und deshalb hierher gehörig" sei „die gesonderte Frage nach dem ‚Ursprung des Kunstwerkes'". Dieser Abschnitt gehört in die Gliederungseinheit „Die Wesung der Wahrheit als Bergung", die mit vier vorangehenden Gliederungseinheiten die Untergliederung der „Gründung" bildet. Das Wesen der Kunst wird seynsgeschichtlich erfahren und gedacht als eine ausgezeichnete Bahn der Wesung der Wahrheit des Seyns, zu welcher Wesung das gehört, was Heidegger „die Bergung" der Wahrheit des Seyns im Seienden nennt. Zum Wesen der Kunst gehört daher eine ausgezeichnete Bergung der Wahrheit des Seyns in einem ausgezeichneten Seienden, dem Kunstwerk. Von der Bergung handeln die Abschnitte 243 bis 247. Während in der fundamentalontologischen Ansetzung der Seinsfrage Erschlossenheit (Wahrheit) von Sein und Entdecktheit (Wahrheit) des Seienden in einem Bezugsverhältnis stehen, das als „Bedingung der Möglichkeit" gekennzeichnet ist, wird in der seynsgeschichtlichen Ansetzung derselben Frage dieses Bezugsverhältnis aufgegeben zugunsten einer Zusammengehörigkeit, wonach die Wahrheit des Seyns in ihrer Wesung sich birgt und geborgen wird in der und als die Offenbarkeit des Seienden. Die Wahrheit des Seyns wird in den „Beiträgen" gedacht als die Lichtung des Seyns und d. h. des zögernden Sichverbergens. Um das Geschehen der Lichtung des zögernd sich verbergenden und insofern entbergenden Seyns „nicht zu beseitigen, vielmehr zu bewahren, bedarf es der Bergung dieses *Geschehens*" (V., 244.). Das Geschehen der Lichtung des Sichverbergens „wird verwandelt und erhalten [...] in den Streit von Erde und Welt" (ebd.). In dieser Verwandlung und Erhaltung geschieht die Bergung. Die Bergung der Lichtung des Sichverbergenden geschieht im Zeug und im Naturding, in der Tat und im Opfer und im Kunstwerk (ebd.), aber sie geschieht jedesmal auf eine andere Weise. Die Bergung der Wahrheit des Seyns ist ihr „Zurücknehmen in die Verschlossenheit der Erde", ihr „Zurückwachsen" (II., 245.). Außerhalb solcher Wesung der Wahrheit, zu der ihre Bergung in den verschiedenen Bahnen und unter diesen in der ausgezeichneten Bahn des schaffenden Her-vorbringens und Bewahrens des Kunstwerks gehört, hält sich die „gesteigerte Indienstnahme der Technik" (ebd.). Der 277. Abschnitt, der in „Das Seyn" gehört, sagt, worauf die seynsgeschichtliche Besinnung auf den „Ursprung des Kunstwerks" vor allem abzielt: auf die Vorbereitung einer „geschichtlich übergänglichen Entscheidung" (VIII., 277.). Weil die Kunst eine ausgezeichnete Wesungsweise der Wahrheit des Seyns ist, könnte sie eines Tages zu jenem ausgezeichneten Bereich werden, in dem der seynsgeschichtliche Übergang aus dem Ende des ersten Anfangs, der äußersten Seinsverlassenheit des Seienden im Ganzen und der Seinsvergessenheit des Menschen, in den anderen Anfang der Geschichte des Seyns zu einem Scheinen aus den Kunstwerken käme.

Der seynsgeschichtliche Fragehorizont für das Fragen nach dem Wesen der modernen Technik und dem Wesen der Kunst spannt sich somit in den „Beiträgen zur Philosophie" aus zwischen dem Anklingen der in der Seinsverlassenheit (Machenschaft) verweigerten Wahrheit des Seyns und der denkend zu vollziehenden Gründung der Wahrheit des Seyns als Gründung des Da-seins des Menschen, zu welcher Gründung die Besinnung auf die Bergung der Wahrheit und insbesondere auf die ausgezeichnete Bergung im Kunstwerk gehört. Was in den „Beiträgen zur Philosophie" erstmals als seynsgeschichtliches Wesen von Technik und Kunst und auch als seynsgeschichtliches Verhältnis beider entworfen ist, das findet seine Fortführung, aber auch Vertiefung in dem Vortrag „Die Frage nach der Technik".[3] Einleitend heißt es in diesem, das Fragen solle „unser Dasein dem Wesen der Technik" öffnen.[4] Nicht das animal rationale, sondern das Da-sein bildet somit den Bereich und die Blickbahn für das zu erfragende Wesen der modernen Technik. Das Da-sein als Wesensbereich des Menschen ist hier aber gedacht als der „Bezug des Seins zum Wesen des Menschen" und als „das Wesensverhältnis des Menschen zur Offenheit (‚Da') des Seins als solchen".[5] Nur sofern sich der Bezug des Seins zum Wesen des Menschen entfaltet, kann sich der Mensch in seinem Wesen als Ek-sistenz zur Offenheit (Wahrheit, Lichtung) des Seins verhalten. Das Wesen der Technik muß somit erfragt werden im Bereich des Bezugs des Seins zu unserem Wesen und des aus diesem Bezug eröffneten eksistierenden Verhältnisses zur Offenheit des Seins.

Das Fragen nach dem Wesen der modernen Technik geht aus von einer Vergegenwärtigung der instrumental-anthropologischen Selbstbestimmung der Technik, um von dieser aus in das in dieser Selbstbestimmung noch verhüllte Wesen der Technik schrittweise enthüllend zurückzufragen. Insofern die instrumental-anthropologische Bestimmung der Technik zur Wesensbestimmung des Menschen als animal rationale gehört, ist der fragende Rückgang in das Wesen der Technik zumal das Verlassen dieser Wesensbestimmung des Menschen und das schrittweise Gelangen in das Da-sein als den ursprünglicheren Wesensbereich des Menschen, innerhalb dessen sich auch das gesuchte Wesen der modernen Technik zeigen wird. Ein erster Frageschritt zeigt, daß die instrumental-anthropologische Bestimmung in den Bereich der vier Ursachen (causae) und deren Ursächlichkeit gehört.[6] Daß die von der thomanischen Philosophie gedachte vierfache Kausalität ihre Herkunft aus den vier αἴτια des Aristoteles als vier Weisen des Verschuldens hat, zeigt der zweite

[3] Zur folgenden Interpretation dieses Vortrags vgl. vom Verfasser: *Kunst und Technik.* In: Heidegger Studies. Volume 1. Eterna Press Oak Brook, Illinois 1985, S. 25–62.

[4] *Die Frage nach der Technik.* A. a. O., S. 5.

[5] Heidegger, *Was ist Metaphysik?* Frankfurt a. M. 1981[12], S. 14.

[6] *Die Frage nach der Technik.* A. a. O., S. 7 f.

Frageschritt.[7] Der dritte Frageschritt läßt sehen, daß die vier Weisen des Verschuldens als Weisen des Vor-kommen-lassens des noch nicht Anwesenden in sein Anwesen in einem Her-vor-bringen, in der ποίησις spielen.[8] Das weit gefaßte Her-vor-bringen faltet sich aus in das der φύσις (Natur) und der τέχνη, die ihrerseits handwerkliches Verfertigen und künstlerisches Schaffen ist. Weil nun aber das Her-vor-bringen noch nicht Anwesendes „aus der Verborgenheit her in die Unverborgenheit vor“ bringt[9], schwingt es selbst in einem Entbergen (4. Schritt).[10] Mit diesem Wort übersetzt Heidegger das ἀληθεύειν, als welches Aristoteles die τέχνη kennzeichnet, die τέχνη als eine Weise des ἀληθεύειν. Im Umkreis von „Sein und Zeit“ denkt und übersetzt Heidegger das ἀληθεύειν als Entdecken. Dieses und das Entbergen von Seiendem sind in der Sache dasselbe. Der fragende Rückgang in den Herkunftsbereich der instrumental-anthropologischen Auffassung der Technik führt über das Her-vor-bringen zum Entbergen. Im Entbergen „beruht die Möglichkeit aller herstellenden Verfertigung“[11], somit nicht nur die her-vor-bringende des handwerklichen Herstellens und künstlerischen Schaffens, sondern auch die technisch-industrielle Verfertigung im Sinne der Produktion. Auch das technisch-industrielle Verfertigen hat seine Ermöglichung im Entbergen, ist selbst „*eine* Weise des Entbergens“ (ebd.). Als solche aber ist die moderne Technik nicht auch ein her-vor-bringendes Entbergen, sondern eine Entbergungsweise, deren Grundzug nun allererst zu enthüllen ist. Entbergung von Seiendem geschieht somit nicht gleichförmig, vielmehr in geschichtlich sich wandelnden Weisen. Deren Geschichtlichkeit weist in die Geschichtlichkeit der Wahrheit des Seins.

Nachdem zuerst einmal der Bereich der Entbergung und der so verstandenen Wahrheit als Bereich für das zu enthüllende Wesen der modernen Technik gewonnen ist, kann nun im entscheidenden fünften Schritt das Neuartige und Eigentümliche der Entbergungsweise der modernen Technik zum Aufweis gebracht werden. Dieser fünfte Schritt ist der entscheidende, weil er in drei Teilschritten das ge-

[7] A. a. O., S. 8–9.
[8] A. a. O., S. 10–11.
[9] A. a. O., S. 11.
[10] A. a. O., S. 11–14.
[11] A. a. O., S. 12.

suchte Wesen der modernen Technik als das Ge-stell zur Enthüllung bringt.[12] Der erste Teilschritt gilt dem Eigentümlichen der Entbergungsweise in den technischen Verhaltungen. Das Entbergen, das die Verhaltungen der modernen Technik „durchherrscht, entfaltet sich nun aber nicht in ein Her-vor-bringen im Sinne der ποίησις“, sondern als ein „Herausfordern“.[13] Während das her-vor-bringende Entbergen die Erde „in der Genügsamkeit des Aufgehens und Vergehens aller Dinge im zugemessenen Kreis des Möglichen“ wahrt, zwingt das heraus-fordernde Entbergen „die Erde über den gewachsenen Kreis ihres Möglichen hinaus in solches, was nicht mehr das Mögliche und daher das Unmögliche ist“.[14] Daher ist die Entbergungsweise der technischen Produktionsweisen kein Bringen des zugemessenen Möglichen, sondern ein Fordern des nicht mehr zugemessenen Möglichen. Das herausfordernd-entbergende technische Verhalten stellt der Natur nach und ist als dieses Nachstellen ein Stellen. Hauptzüge dieses Stellens, dieses Herausforderns, sind „Steuerung und Sicherung“.[15] Das herausfordernde Stellen ist das Be-sorgen des technisch Herzustellenden und ist als solches das „Bestellen“.[16] Korrelativ ist dasjenige, was in solchem bestellenden Besorgen entborgen wird, das „Bestellte“.[17]

Galt der erste Teilschritt in der Wesensenthüllung der modernen Technik der eigentümlichen Entbergungsweise der technisch-industriellen Verhaltungsweisen, so blickt der zweite Teilschritt auf die korrelative eigene Entborgenheitsweise des im bestellenden Entbergen entborgenen Seienden. Heidegger nennt sie den „Bestand“ (ebd.), weil hier das Seiende seinen Stand nicht mehr nur aus dem Vorstellungsbezug als Gegen-stand, sondern aus dem Be-stellen erhält, das das Wirkliche als bestellbaren Be-stand entbirgt.

Der dritte Teilschritt wird eingeleitet durch die Frage nach dem Vollzieher des bestellenden Entbergens des Wirklichen in die Entborgenheitsweise des Bestandes. Hier nun zeigt sich: Der Mensch

12 A. a. O., S. 14–23.

13 A. a. O., S. 14.

14 Heidegger, *Überwindung der Metaphysik.* In: Vorträge und Aufsätze. Pfullingen 1954, S. 98.

15 *Die Frage nach der Technik.* A. a. O., S. 16.

16 A. a. O., S. 15.

17 A. a. O., S. 16.

der modernen Technik vermag das bestellende Entbergen nur zu vollziehen, insofern ihm diese Entbergungsweise schon zugesprochen ist. Was Heidegger den „Zuspruch"[18] der Unverborgenheit nennt, das ist der Zuwurf der Unverborgenheit, der Wahrheit des Seins, aus dem der Mensch in die sich zuwerfende Unverborgenheits- bzw. Entbergungsweise *geworfen* wird. Der Zuspruch ist „der Bezug des Seins zum Wesen des Menschen". Daß die in der fundamentalontologisch ausgerichteten Daseinsanalytik aufgewiesene existenziale Seinsweise der Geworfenheit ihre seinsgeschichtliche Herkunft hat aus dem Geschehen des Sichzuwerfens der Wahrheit des Seins, gehört zu den wegweisenden Grunderfahrungen für die seinsgeschichtliche Ansetzung der Seinsfrage. Der Zuspruch als Zuwurf läßt den Menschen allererst eksistieren in der Geworfenheit. Die so sich zusprechende, zuwerfende Unverborgenheitsweise des Bestellens wird von der Ek-sistenz aus der Geworfenheit übernommen in den mitentbergenden Entwurf. Nur sofern der Mensch ek-sistenzial geworfen ist in die sichzuwerfende Unverborgenheitsweise des Bestellens und diese mitöffnend entwirft, entbirgt er bestellend das Seiende als Bestand. Im bestellenden Entbergen des Wirklichen als Bestand müssen wir wiedererkennen die seinsgeschichtlich gewandelte dritte existenziale Weise des besorgend-entdeckenden Seins beim entdeckten Seienden. Die Einheit dieser drei ek-sistenzialen Weisen ist als Ek-sistenz „das Wesensverhältnis des Menschen zur Offenheit (‚Da') des Seins als solchen". Der Mensch vollzieht das bestellende Entbergen in der Weise des dreigegliederten Ek-sistierens. Da dieses aber nur möglich ist aus dem Zuspruch der bestellenden Unverborgenheitsweise, ist das Vollziehen ein „Teilnehmen" am bestellenden Entbergen. In diesem ek-sistierenden Teilnehmen „entsprechen" wir dem Zuspruch (ebd.).

Die Unternehmung

Die eigene Art, wie sich die bestellende Unverborgenheitsweise der Ek-sistenz zuspricht, ist desgleichen ein Herausfordern. Im Sichzuwerfen der bestellenden Entbergungsweise wird der Mensch dergestalt in diese geworfen, daß er herausgefordert wird, das Seiende in die Entborgenheitsweise des Bestandes herauszufordern (ebd.). Dieses als Zuwurf an den Menschen ergehende Herausfordern „versammelt" und „konzentriert" ihn in seiner Ek-sistenz, „das Wirkli-

[18] A.a.O., S.18.

che als Bestand zu bestellen".[19] Die Ganzheit dieses Geschehens, die Ganzheit des Stellens, das als Zuspruch den Menschen herausfordert und stellend versammelt in das bestellende Entbergen des Seienden, heißt daher „das Ge-stell". Hier nennt die Silbe Ge- das Versammelnde und die Silbe -stell sowohl das Stellen, das den Menschen stellt, wie das vom Menschen in seiner Ek-sistenz geworfen-entwerfend-entbergend zu vollziehende Stellen. Das Wesen der Technik als Ge-stell im Bereich des Da-seins erfahren heißt, es erblicken als Zusammengehörigkeit von versammelnd-herausforderndem Zuspruch und geworfen-entwerfend-entbergendem Entsprechen. Gestell ist der Name für das seinsgeschichtlich erfahrene und gedachte herausfordernde Unverborgenheits- und Entbergungsgeschehen in der modernen Technik.

Allein, mit dem Einblick in das Ge-stell als das Wesen der modernen Technik erschöpft sich nicht dieses Wesen. Der sechste Frageschritt, der fragt, „was das Ge-stell als solches selber" sei, zeigt den Geschick-Charakter des Ge-stells auf.[20] Insofern das versammelnde Herausfordern im Ge-stell den Menschen in seiner Ek-sistenz auf den Weg des bestellenden Entbergens bringt, ist es ein Schicken, ein versammelndes Schicken, ein „Geschick".[21] Das Ge-stell ist aber nur *ein* Geschick und nicht etwa *das* Geschick. Denn es ist *eine mögliche* Schickung *des* Geschickes „wie jede Weise des Entbergens" und so auch das her-vor-bringende Entbergen (ebd.). *Das* Geschick ist das anfänglich Schickende, die entbergend-verbergende Unverborgenheit des Seins in ihrem schickenden Walten. Aus diesem schickenden Wesen der Unverborgenheit des Seins, das im Zuschicken (Zuwerfen) von Entbergungsweisen waltet, bestimmt sich das Wesen der Geschichte (ebd.).

Doch auch der Geschick-Charakter des Ge-stells erschöpft noch nicht das Wesen der modernen Technik. Deshalb enthüllt der siebente Frageschritt das Geschick des Ge-stells als „höchste Gefahr".[22] Die *höchste* Gefahr ist eine geschicklich-geschichtliche Weise *der* Gefahr, die als solche zu *jedem* Geschick einer Entbergungsweise gehört. So muß zuerst der Gefahr-Charakter, das Gefährdende einer

[19] A.a.O., S. 19.
[20] A.a.O., S. 23–25.
[21] A.a.O., S. 24.
[22] A.a.O., S. 25–28.

jeden Schickung aufgezeigt werden. Wird der Mensch in jeder Schickung aus dem schickenden Wesen der Unverborgenheit des Seins auf einen Weg des Entbergens gebracht, dann wird er darin zugleich zwischen zwei Möglichkeiten versetzt, sich in seinem Entbergen zu diesem zu verhalten. In jeder geschickten und übernommenen Entbergungsweise geht er „immerfort am Rande der Möglichkeit", nur das im Entbergen Entborgene „zu verfolgen und zu betreiben und von da her alle Maße zu nehmen".[23] Ek-sistiert er in dieser Möglichkeit, dann verschließt sich ihm die andere Möglichkeit, in seinen entbergenden Verhaltungen sich „auf das Wesen des Unverborgenen und seine Unverborgenheit einzulassen" (ebd.). Man sieht unschwer, daß in diesen beiden Möglichkeiten die Uneigentlichkeit bzw. das Verfallen und die Eigentlichkeit, die beiden Grundmodi des existierenden In-der-Welt-seins aus der fundamentalontologisch orientierten Daseinsanalytik, seinsgeschichtlich gewandelt wiederkehren. Weil der Mensch in jedem Geschick der Entbergung am Rande jener Möglichkeit geht, in der er des jeweiligen Wesens des Entborgenen nicht eingedenk ist, ist er aus jedem Geschick, aus dem schickenden Walten der Unverborgenheit des Seins her „gefährdet".[24] Daher ist das „Geschick der Entbergung als solches in jeder seiner Weisen und darum notwendig Gefahr", nicht irgendeine aus dem Seienden, sondern „*die* Gefahr" (ebd.) aus dem Geschick des Seins.

Allein, die zu jedem Entbergungs-Geschick gehörende Gefahr wandelt sich im Geschick des Ge-stells zur „höchsten" (ebd.) und „äußersten Gefahr".[25] Das Höchstmaß an Gefährdung zeigt sich nach zwei Hinsichten. Gemäß der ersten Hinsicht wird das Seiende „ausschließlich als Bestand" entborgen, ist der Mensch „nur noch der Besteller des Bestandes".[26] Jetzt geht er nicht mehr nur am Rande der Möglichkeit, das Entborgene allein zu verfolgen und sich an ihm in dieser oder jener Weise zu versehen, jetzt geht er „am äußersten Rand des Absturzes" (ebd.), abstürzend in die äußerste Verkehrung seines Wesens, in die Möglichkeit, selber nur noch als Be-

[23] A.a.O., S. 25.
[24] A.a.O., S. 26.
[25] A.a.O., S. 27.
[26] A.a.O., S. 26.

stand genommen zu werden. Die erste Hinsicht auf die höchste Gefahr im Ge-stell zusammenfassend, heißt es, das Ge-stell gefährde „den Menschen in seinem Verhältnis zu sich selbst und zu allem, was ist".[27]

Die höchste Gefahr im Entbergungs-Geschick des Ge-stells zeigt sich auch in einer zweiten Hinsicht, die nun von besonderem Gewicht ist für die Frage nach der Stellung der aus ihrem Wesen erblickten Kunst im Wesen der modernen Technik. Geht man dem Entbergungssinn des bestellenden Entbergens und seiner Herrschaft nach, dann zeigt sich dieser darin, daß er jede andere Entbergungsweise „vertreibt" (ebd.). Dieses Vertreiben geschieht als ein Verbergen und Entziehen. Diejenige Entbergungsweise, die das herausfordernd-bestellende Entbergen vor allen anderen vertreibt, ist aber das her-vor-bringende Entbergen (ποίησις), das in seinem Entbergungssinn kein Heraus-fordern über den gewachsenen Kreis des Möglichen hinaus, sondern ein Her-vor-kommen-lassen des Anwesenden in sein ihm zugemessenes mögliches Anwesen ist. Das herausfordernde Entbergen vertreibt und verbirgt das her-vor-kommen-lassende Entbergen dergestalt, daß es „in den entgegengesetztgerichteten Bezug zu dem, was ist" drängt (ebd.). Mehr noch, indem das Ge-stell das her-vor-bringende Entbergen so verbirgt, daß es diesem in seinem Entbergungssinn entgegengesetzt ist, verbirgt es sogar „das Entbergen als solches" (ebd.), es „verstellt das Scheinen und Walten der Wahrheit" (ebd.). Insofern aber das Ge-stell selbst eine Entbergungsweise ist, waltet es als die Selbstverstellung der entbergend-verbergenden Unverborgenheit. Das Bestellen als geschichtliche Entbergungsweise der modernen Technik geschieht so, wie es geschieht, aus dem äußersten Entzug des her-vor-bringenden Entbergens und mit diesem aus der äußersten Selbstverstellung der entbergend-verbergenden Unverborgenheit. In seinem Vortrag „Die Kehre" (1949)[28] denkt Heidegger die in der höchsten Gefahr waltende Selbstverstellung der entbergend-verbergenden Unverborgenheit des Seins als ein dreifach gefügtes Sichkehren: als das Sichkehren des Seins in die Vergessenheit seines Wesens, als ein Sichweg-

[27] A. a. O., S. 27.

[28] Heidegger, *Die Kehre*. In: Die Technik und die Kehre. Pfullingen 1962, S. 37–47.

kehren des Seins von seinem Wesen, als ein Sichkehren gegen die Wahrheit seines Wesens.[29]

Das her-vor-bringende Entbergen, das im herausfordernden Entbergen vertrieben wird, faltet sich aber aus in das Her-vor-bringen der Natur, d.h. des Von-sich-her-Aufgehens, des handwerklichen Herstellens und des künstlerischen Schaffens. Wenn das Ge-stell das her-vor-bringende Entbergen vertreibt, dann gefährdet es das Her-vor-bringen in seinen drei Weisen, dann ist das bestellende Entbergen nicht nur dem Her-vor-bringen der Natur und des handwerklichen Herstellens, sondern auch dem eigentümlichen und ausgezeichneten Her-vor-bringen der Kunst entgegengesetzt. Das Ge-stell als geschicklich-geschichtliche Entbergungsweise gefährdet auch das Wesen der Kunst, bedroht das künstlerische Schaffen in seinem ausgezeichneten Her-vor-bringen.

Hat sich bisher das Ge-stell in seinem höchsten Gefahr-Charakter als eine Selbstverkehrung der Unverborgenheit, der Wahrheit des Seins gezeigt, dann – und das ist der achte Frage-Schritt[30] – zeigt sich auch, daß die so erfahrene höchste Gefahr „das Wachstum des Rettenden" birgt.[31] Ge-stell und höchste Gefahr erwiesen sich bereits als *eine* Schickungsweise *der* schickenden Unverborgenheit des Seins (*des* Geschickes). Das Rettende in der höchsten Gefahr käme nicht von irgendwoher, sondern aus der höchsten Gefahr selbst, aus der in ihr geborgenen Möglichkeit des Kehrens der Selbstverkehrung. Im Vortrag „Die Kehre" heißt es hierzu: Die höchste Gefahr birgt „die Möglichkeit einer Kehre, in der die Vergessenheit des Wesens des Seins sich so wendet, daß mit *dieser* Kehre die Wahrheit des Wesens des Seins in das Seiende eigens einkehrt".[32] Solche Einkehr der Wahrheit des Wesens des Seins in das in der Herrschaft des Gestells seinsverlassene Seiende geschähe auf je eigene Weise in der Natur, im Herstellen von Zeug (Gebrauchsdingen) und *auch* im künstlerischen Her-vor-bringen von Kunstwerken. Im Blick auf das Rettende sind zwei Weisen zu unterscheiden: das im Verborgenen lediglich wurzelnde und insofern geborgene Wachstum, das als solches nicht aufzugehen braucht, und das Aufgehen des Rettenden.

[29] A.a.O., S.40.
[30] *Die Frage nach der Technik.* A.a.O., S.28–29.
[31] A.a.O., S.28.
[32] *Die Kehre.* A.a.O., S.40.

Um nun aber näher zu verstehen, „inwiefern im Walten des Gestells das Rettende sogar am tiefsten wurzelt und von dorther gedeiht“[33], wird im neunten und letzten Frage-Schritt nach dem Wesenssinn in der Rede vom Ge-stell als dem *Wesen* der modernen Technik gefragt.[34] Wesen hat hier nicht die Bedeutung von Gattung und essentia, sondern die des Waltens, des verbal verstandenen Wesens, des Währens. Das Ge-stell ist somit als Wesen das Waltende, Wesende und Währende in der modernen Technik und allem, was zu ihr gehört. Das Währende aber ist als solches ein Gewährtes, das Gewährte eines erstlich Gewährenden, der anfänglich gewährenden Unverborgenheit bzw. Wahrheit des Seins. Das Ge-stell ist als ein Währendes *ein* Gewährtes *der* gewährenden Unverborgenheit des Seins. Als ein Gewährtes, als eine gewährte Entbergungsweise, ist das Ge-stell aber selbst gewährend. Das gilt von jedem Entbergungsgeschick, das sich ereignet „aus dem Gewähren“, dem erstlich Gewährenden, „und als ein solches“, als ein Gewähren.[35] Wie *das* Geschick als das anfänglich Schickende von *einem* Geschick als *einer* Schickung, als *einem* Geschickten zu unterscheiden ist, so müssen auch das Gewährende als das anfängliche Gewähren und das jeweils Gewährte auseinandergehalten werden. Und wie die jeweilige Schikkung selbst ein Schicken ist, sofern es den Menschen in seiner dreigegliederten Ek-sistenz auf den Weg eines Entbergens bringt, so ist auch das jeweils Gewährte des anfänglichen Gewährens selbst ein Gewähren. Auch die aus dem anfänglichen Gewähren gewährte Entbergungsweise des Herausforderns ist ihrerseits ein Gewähren, weil sie allererst den Menschen in das bestellende Entbergen bringt. Das anfängliche Gewähren geschieht wie das anfängliche Schicken als Zu- und Anspruch, als Zuwurf. Das anfängliche Gewähren der herausfordernden Entbergungsweise „trägt dem Menschen erst jenen Anteil am Entbergen zu, den das Ereignis der Entbergung braucht“ (ebd.). Der „Anteil am Entbergen“, hier des bestellenden Entbergens, wird übernommen und vollzogen in der dreigegliederten Ek-sistenz. Dieser ek-sistenziale Vollzug des bestellenden Entbergens gehört in das ganzheitliche Entbergungs-Geschehen, das als dieses ganzheitli-

[33] *Die Frage nach der Technik.* A. a. O., S. 29.

[34] A. a. O., S. 29–34.

[35] A. a. O., S. 32.

che, als Einheit von Zuwurf und geworfen-entwerfend-entbergender Ek-sistenz, das Ereignis der Entbergung ist. Die Weise, wie der eksistenziale Entbergungsvollzug zum anfänglichen Gewähren der herausfordernden Entbergungsweise gehört, kennzeichnet Heidegger schon in den „Beiträgen zur Philosophie“ als das Vereignetsein dem Ereignis. Das Ereignis aber in seinem Ereignen und Vereignen ist das Wesen, die Wesung des Seyns, wie sie erstmals in den „Beiträgen“ gedacht wird.

Inwiefern hat nun die Klärung des Wesenssinnes des Wesens der Technik zu einem tieferen Verständnis dessen, daß im Ge-stell das Rettende am tiefsten wurzelt, geführt? Insofern, als sich das Ge-stell als ein Gewährtes des anfänglich so und so Gewährenden gezeigt hat, so daß dieses Gewährende, das zwar im gewährten Ge-stell in höchster Weise gefährdet, auch das Rettende ist. Es rettet schon jetzt insoweit, als es in der Erfahrung des Ge-stells *als* eines solchen und der höchsten Gefahr *als* solcher den Menschen dieser denkenden Erfahrung in die ihm vorerst entzogene Möglichkeit „der höchsten Würde seines Wesens“ (ebd.) blicken läßt, nämlich „die Unverborgenheit und mit ihr je zuvor die Verborgenheit alles Wesens auf dieser Erde zu hüten“ (ebd.). Die sich in der äußersten Gefahr zeigende Möglichkeit ist der „mögliche Aufgang des Rettenden“, der rettenden Entbergungsweise, zu der wieder ein her-vor-bringendes Entbergen gehört.

Im Blick auf das nunmehr in mehreren Schritten enthüllte Wesen der modernen Technik als des Ge-stells und des Geschickes der höchsten Gefahr, die zumal das Wachstum und den möglichen Aufgang einer anfänglicheren Entbergungsweise birgt, kann jetzt gefragt werden, ob es vielleicht und zuerst der *Bereich der schönen Künste* sei, dem ein solches anfänglicheres Entbergen gewährt wird, das die Künste mitten in der Herrschaft des Ge-stells als „das Rettende zum ersten Scheinen“ bringen.[36] Damit schwenkt der Technik-Vortrag in jenes Wesenswissen von der Kunst ein, das in der Holzwege-Abhandlung „Der Ursprung des Kunstwerkes“[37] ausgearbeitet ist und das, wie wir eingangs sagten, in der vierten der sechs Fügungen

[36] A. a. O., S. 34.

[37] Heidegger, *Der Ursprung des Kunstwerkes.* In: Holzwege. Gesamtausgabe Bd. 5. Hg. F.-W. v. Herrmann. Frankfurt a. M. 1977. Zur Interpretation der Kunstwerk-Abhandlung vgl. vom Verfasser: *Heideggers Philosophie der Kunst.* Frankfurt a. M. 1980.

des seynsgeschichtlichen Denkens der „Beiträge“ seinen Ort hat. Die sprachlichen Wendungen „Das Rettende zum ersten Scheinen bringen“, „die Wahrheit in den Glanz des Scheinenden hervorbringen“, „das Hervorbringen des Wahren in das Schöne“[38] verweisen in das vor dem handwerklichen Herstellen ausgezeichnete künstlerisch-schaffende Her-vor-bringen, wie es in der Kunstwerk-Abhandlung eingehend ausgearbeitet worden ist. Dort wird die Kunst gefaßt als eine ausgezeichnete Weise, wie die Wahrheit als Unverborgenheit des Seins geschehen kann. Zum Wahrheits- als dem Unverborgenheits- oder Entbergungsgeschehen gehört struktural, wie wir schon mit Blick auf die „Beiträge“ gesagt haben, seine Bergung im Seienden. Die ausgezeichnete, die wesentliche Weise dieser Bergung nennt Heidegger in der Kunstwerk-Abhandlung das „Sicheinrichten“ oder die „Einrichtung“.[39] Die Bergung in der wesentlichen Weise des Sicheinrichtens des Geschehens der Wahrheit des Seins in ein Seiendes ist der Grund für den „Zug“ des Entbergungsgeschehens zu dem her-vor-zu-bringenden Kunstwerk.[40] Unverborgenheit des Seins richtet sich nur ein im Her-vor-bringen des Kunstwerkes. Auch dieses Her-vor-bringen muß im Wesensbereich des Daseins als Vollzugsweise der dreigegliederten Ek-sistenz begriffen werden. Darnach ist das künstlerische Her-vor-bringen ein Empfangen der zugeworfen-gewährten Unverborgenheit von Sein in der ek-sistenzialen Geworfenheit, ein mitöffnendes Entwerfen des Gewährten und ein Vor-und-hinein-Bringen des Zugeworfen-Entworfenen in das her-vor-zubringende Seiende, das deshalb ein Werk der Kunst ist (ebd.). Dieses ausgezeichnete Sichbergen als Sicheinrichten des Unverborgenheits-Geschehens im Her-vor-bringen eines Werkes ist das „Sich-ins-Werk-setzen“ des Wahrheits-Geschehens.[41] In solchem Sicheinrichten kommt das Geschehen der Wahrheit des Seins von Seiendem „in das Ständige seines Scheinens“ (ebd.). Dieses Scheinen aber ist die ausgezeichnete Weise, wie die im Sicheinrichten seiend gewordene Unverborgenheit des Seins von Seiendem im Kunstwerk geschieht, ist das Schöne der schönen Künste. Was wir zusammenfassend das Wahrheits-Geschehen nennen, das sich im

[38] *Die Frage nach der Technik.* A. a. O., S. 34.
[39] *Der Ursprung des Kunstwerkes.* A. a. O., S. 48 f.
[40] A. a. O., S. 50.
[41] A. a. O., S. 21.

künstlerischen Schaffen in das her-vor-zubringende Kunstwerk einrichtet (setzt), ist in seiner Fülle gesehen die Ganzheit des geschehenden Urstreites von Unverborgenheit und zwiefacher Verbergung und des darin eingefügten Streites von sichöffnender Welt und sichverschließender Erde. Weil dieser ganzheitliche Streit aus dem seienden Stand heraus geschieht, geschieht im Werk das Eröffnen als das Aufstellen einer Welt und das Hervorkommen als Her-stellen der Erde. Was die Kunstwerk-Abhandlung ‚Geschehnis' nennt, ist der Sache nach das Er-eignen des Ereignisses, worauf auch viele der Randbemerkungen aus Heideggers Handexemplaren hinweisen.[42] Während in den „Beiträgen" die als Wesen der Kunst geschehende Wahrheit bereits aus dem Ereignis gedacht ist, hat Heidegger in der Kunstwerk-Abhandlung das Ereignis noch zurückgehalten. Die aus dem Da-sein vollzogene Wesensbestimmung des künstlerischen Schaffens können wir zusammenfassen als: das Sicheinrichten der geschehenden Unverborgenheit des Seins von Seiendem im schaffenden Bringen dieses Unverborgenheits-Geschehens in das her-vor-zubringende Kunstwerk.

Weil das künstlerische Her-vor-bringen in einem ausgezeichneten ek-sistenzialen Bezug zur Unverborgenheit des Seins steht, kann gefragt werden, ob mitten in der Herrschaft des bestellenden, das Hervor-bringen vertreibenden Entbergens den schönen Künsten hier und da eine anfänglichere Entbergungsweise gewährt wird, die sie als das in der äußersten Gefahr Rettende in das her-vor-zubringende Kunstwerk vor-bringen, so, daß dieses in und aus ihm scheint. Diese Frage schließt das Wissen darum ein, daß das Wesen der Technik, wenn es im Vertreiben des her-vor-bringenden Entbergens beruht, auch das künstlerische Her-vor-bringen gefährdet. Gefährdung heißt hier, daß auch für die Kunst Unverborgenheit und Entbergung als solche sich verstellt und mit dieser Selbstverkehrung das Sichöffnen von Welt und Sichverschließen der Erde sich entziehen. Wären die Künste „in das dichterische Entbergen gerufen", wären sie vom Entbergen-Verbergen der Unverborgenheit des Seins „anfänglicher in den Anspruch" genommen, dann hegten sie „an ihrem Teil das Wachstum des Rettenden".[43] Darin käme die Kunst zu ihrer höch-

[42] A.a.O., S. 1, 25, 31, 32, 39, 41, 42, 43, 62, 64.
[43] *Die Frage nach der Technik.* A.a.O., S. 35.

sten Wesensmöglichkeit und wäre geschichte-bildend. Denn sie nähme teil an der Vorbereitung des Aufgangs eines das Wesen der Technik verwindenden Seinsgeschickes. Diese geschichte-bildende Möglichkeit der Kunst ist es denn auch, der die Frage nach dem Ursprung des Kunstwerks in den „Beiträgen" vorrangig gilt. Im 277. Abschnitt heißt es, daß die Besinnung auf den „Ursprung des Kunstwerks" „eine geschichtlich übergängliche Entscheidung vorbereitet". Ebenso endet auch die Kunstwerk-Abhandlung. Es werde nach dem Wesen der Kunst gefragt, „um eigentlicher fragen zu können, ob die Kunst in unserem geschichtlichen Dasein ein Ursprung ist oder nicht, ob und unter welchen Bedingungen sie es sein kann und sein muß".[44] Daß andererseits die Betonung dessen, worauf die Besinnung vor allem abziele, nicht besagt, das hier im Wesensraum des Daseins enthüllte Wesen der Kunst, des Kunstwerkes und des Kunst-Schaffens betreffe allein die vorbereitende geschichte-bildende Kunst, wird daraus offenkundig, daß das Wesenswissen von der Kunst mit Blick auf große Kunstwerke der Überlieferung gewonnen wird. In der Kunstwerk-Abhandlung von 1935/36 ist es der griechische Tempel, das griechische Standbild, ein Gedicht C.F. Meyers und das Gemälde der Bauernschuhe von van Gogh; in einem Text aus der Mitte der fünfziger Jahre ist es ein herausragendes Werk der christlichen Malerei, die Sixtinische Madonna von Raffael.[45] In allen Epochen der abendländischen Kunst ist, und zwar in geschichtlich sich wandelnden Weisen, die Wahrheit, ist Unverborgenheit des Seins, ist das Geschehen des Urstreits von Lichtung und zwiefacher Verbergung und des Streits von Welt und Erde ins Werk der Kunst gesetzt worden, auch wenn dieses Wahrheitsgeschehen unerfahren im Verborgenen blieb.

Niemand vermöge es zu wissen, antwortet Heidegger auf die von ihm gestellten Fragen, ob der Kunst inmitten der äußersten Gefahr jene höchste, nämlich geschichte-bildende Möglichkeit schon gewährt sei. Aus dieser Antwort spricht jedoch eher der Zweifel daran, daß die Kunstwerke unserer Zeit schon eine gegenüber dem herausfordernden Entbergen anfänglichere und insofern rettende Entber-

[44] *Der Ursprung des Kunstwerkes.* A.a.O., S.66.

[45] Heidegger, *Über die Sixtina.* In: Aus der Erfahrung des Denkens. Gesamtausgabe Bd. 13. Hg. Hermann Heidegger. Frankfurt a.M. 1983, S. 119–121.

gungsweise „zum ersten Scheinen" bringen. In den Umkreis dieses Zweifels gehören Heideggers nachdenksame Hinweise auf die abstrakte, auf die gegenstandlose Kunst unseres Jahrhunderts. In der Vorlesung vom Wintersemester 1955/56 „Der Satz vom Grund" spricht er vom axiomatischen Denken der Neuzeit und neuesten Zeit, das bereits dabei sei, „das Denken des Menschen so zu verändern, daß es sich dem Wesen der modernen Technik anpaßt."[46] Von der technisch-wissenschaftlichen Weltkonstruktion heißt es, sie entfalte „ihre eigenen Ansprüche auf die Gestaltung aller Bestände, die in einer solchen Welt an ihr Licht drängen" (ebd.). Hierauf folgt ein bedeutsamer Satz über eine maßgebliche Kunstrichtung unseres, vom Wesen der modernen Technik bestimmten Jahrhunderts: „Darum hat im Bereich dieser technisch-wissenschaftlichen Weltkonstruktion das, was man mit einem ungemäßen Titel ‚abstrakte Kunst' nennt, seine legitime Funktion" (ebd.). Das will sagen: Die abstrakte, die gegenstandlose oder auch konstruktivistische Kunst ist eine dem Denken der technisch-wissenschaftlichen Weltkonstruktion gemäße Kunst. Gemäßheit kann hier nur heißen, daß ein solches künstlerisches Schaffen dem herrschenden bestellenden Entbergen entspricht. In dieser Entsprechung liegt ihre eigene Wahrheit. Es handelt sich um ein solches künstlerisches Hervorbringen, das selbst bestimmt ist aus dem Ge-stell, aus dem im Ge-stell waltenden Vertreiben des her-vor-kommen-lassenden Entbergens. Denn das her-vor-bringende als das her-vor-kommen-lassende Entbergen bringt den Streit von Welt und Erde vor in das werdende Kunstwerk. Eben dieser Streit von Welt und Erde ist es aber, der in der abstrakten Kunst sich entzieht. Die abstrakte Kunst ist, wie sie ist, aus dem Entzug von Welt aus den innerweltlichen, weltversammelnden Dingen, die als Dinge zur sichverschließenden Erde gehören. In der abstrakten Kunst hat sich das den Streit von Welt und Erde ins Werk setzende Her-vor-bringen entzogen zugunsten eines konstruktivistischen Schaffens.

An einer späteren Stelle derselben Vorlesung bedenkt Heidegger noch einmal die gegenstandlose Kunst. Dort achtet er dessen, daß wir uns in unserem Zeitalter in einer Welt bewegen, „wo es Gegen-

[46] Heidegger, *Der Satz vom Grund.* Pfullingen 1957, S. 41.

stände nicht mehr gibt".[47] Hier ist ‚Gegenstand' im strengen neuzeitlich-ontologischen Sinne gemeint, das Seiende, das aus dem Vorstellungsbezug des Subjekts seine Entborgenheit erhält, in der es als das Vorgestellte dem es vorstellenden Subjekt entgegensteht. In dem Maße, wie sich der die Gegenständlichkeit des Gegenstandes bildende Vorstellungsbezug wandelt in den Bezug des bestellenden Entbergens, wandelt sich auch die Entborgenheitsweise des Gegenstandes in die des Bestandes. Das „Gegen-standlose" ist aber nicht das „Standlose", weil das Seiende als Bestand „eine anders geartete Ständigkeit" bedeutet.[48] Die Kennzeichnung dieser Entborgenheitsweise wie überhaupt die Bestimmung des geschichtlichen Wandels der Entborgenheitsweisen des Seienden sind phänomenologische Aufgaben von großer Bedeutung. Angesichts unserer Welt, „in der das Gegenständige einem Ständigen anderer Art weichen muß", heißt es von der Kunst: „Daß in einem solchen Zeitalter die Kunst zur gegenstandlosen wird, bezeugt ihre geschichtliche Rechtmäßigkeit" (ebd.). In der Wendung von der „gegenstandlosen" Kunst bedeutet allerdings ‚Gegenstand' nicht nur den Gegenstand in dem eben besprochenen neuzeitlichen Sinn, der seinerseits wieder unterschieden ist vom Seienden als Ding oder als Anwesendem, dessen Entborgenheitsweise nicht oder noch nicht die des Gegenstandes ist. Die Gegenstandlosigkeit der „gegenstandlosen Kunst" schließt auch und vor allem das Verschwinden des Dinges, des Anwesenden in der Entborgenheit seiner Innerweltlichkeit ein. So wie es zuvor hieß, daß die „abstrakte Kunst" der Entbergungsweise der technisch-wissenschaftlichen Weltkonstruktion entspreche, so wird jetzt darauf abgehoben, daß die Gegenstandlosigkeit der Kunst dem seinsgeschichtlichen Geschehen eines Verschwindens des Gegen-standes zugunsten des Bestandes gemäß sei. Weil die gegenstandlose Kunst auf ihre eigene Weise dem herrschenden bestellenden Entbergen des Seienden in die Entborgenheit des Bestandes entspricht, verschwindet in ihr der ‚Gegenstand', nicht nur der Gegenstand als das Objekt für das vorstellende Subjekt, sondern der Gegenstand in dem weiten Sinne des innerweltlichen Dinges. Die geschichtliche Rechtmäßigkeit der gegenstandlosen Kunst bezeuge sich vor allem auch dann, „wenn die

[47] A. a. O., S. 65.
[48] A. a. O., S. 66.

gegenstandlose Kunst selber begreift, daß ihre Hervorbringungen keine Werke mehr sein können, sondern etwas, wofür noch das gemäße Wort fehlt" (ebd.). Denn ein Werk im betonten Sinne ist hier ein solches Her-vor-gebrachtes, in das das künstlerische Schaffen das Wahrheitsgeschehen des Streites von Welt und Erde vor- und hinein-gebracht hat, so, daß im Kunstwerk die Unverborgenheit des Seins von innerweltlich Seiendem scheint. Ist demgegenüber ein künstlerisches Schaffen bestimmt aus dem Entzug jenes Streites, dann bringt es auch keine Werke in dem engeren Sinne hervor.

Im 277. Abschnitt der „Beiträge" mit der Überschrift „Die ‚Metaphysik' und der Ursprung des Kunstwerks" handelt Heidegger von der „Kunst-losigkeit". Ein „Augenblick einer *kunst-losen* Geschichte" könne sogar „geschichtlicher und schöpferischer sein ... als Zeiten eines ausgedehnten Kunstbetriebs". Kunst-losigkeit heißt hier nicht, daß es in unserer Zeit keine Hervorbringungen künstlerischen Schaffens gibt, sondern bedeutet das geschichtliche Ausbleiben jener Kunst, in der die Wahrheit des Seyns zur geschichtlichen Entscheidung gebracht wird. Eine solche Kunst wäre diejenige, die mitten in der Herrschaft des Ge-stells im Hervorbringen von Werken „ein anfänglicher gewährtes Entbergen als das Rettende zum ersten Scheinen" brächte.[49]

Bleibt der Kunst in unserem vom Wesen der modernen Technik geprägten Zeitalter vorerst ihre höchste, die geschichte-bildende Möglichkeit versagt, dann bietet sich ihr eine andere Möglichkeit, in deren Ergreifung sie einer möglichen künftigen Gewährung eines anfänglicheren Entbergens entgegengehen kann. Es ist die Möglichkeit der künstlerischen Besinnung auf das Wesen der Technik, die freilich als künstlerische von der fragenden Besinnung der Philosophie unterschieden bliebe. Solche künstlerische Besinnung soll zu einer „entscheidenden Auseinandersetzung" mit dem Wesen der Technik werden.[50] Entscheidend ist diese Auseinandersetzung, wenn sie teilhat an der Entscheidung zwischen dem herrschenden bestellenden Entbergen und einem möglichen künftigen Entbergungs-Geschick, das die zum bestellenden Entbergen gehörende höchste Gefahr verwindet.

[49] *Die Frage nach der Technik.* A. a. O., S. 34.
[50] A. a. O., S. 35.

Um aber in eine solche Besinnung eintreten zu können, müßten die Künste zuerst einmal die Notwendigkeit dieser Besinnung erfahren. Hierfür ist wiederum nötig, auf ihre eigene Weise vom Wesen der modernen Technik angegangen zu werden als einem solchen, daß die Künste in ihrem eigenen Her-vor-bringen bedroht. Auch die Künste – und nicht nur das Denken der Philosophie – müßten allererst die im Wesen der Technik waltende und wachsende Seins-verlassenheit des Seienden und korrelativ die Seinsvergessenheit des Menschen erfahren. Das Seiende ist vom Sein verlassen, wenn die Wahrheit des Seins und mit dieser der Streit von Welt und Erde nicht im Seienden geborgen, verwahrt ist. Seins-verlassen ist das Seiende nicht überhaupt nicht, sondern in einer eigenen Weise. Die Seins-weise der Seinsverlassenheit ist „die Verwahrlosung des Dinges".[51] Die Seinsverlassenheit als Verwahrlosung des Seienden erfahren heißt, von der Entborgenheitsweise des Seienden aus dem Weltentzug angegangen werden. Die Künste müßten in ihrer Besinnung auf das sie selbst bedrohende Wesen der Technik erfahren, daß auch ihr Schaffen von jenem Weltentzug betroffen ist, daß sich ihr Hervorbringen nicht aus eigener Machtvollkommenheit dem Geschick der Seinsverlassenheit und Seinsvergessenheit entwinden kann.

Zur Besinnung der Künste auf das sie selbst gefährdende Wesen der Technik gehörte daher, das eigene Selbstverständnis vom Schaffen und dessen Hervorbringungen auf solche Denk- und Vorstellungsweisen hin durchsichtig werden zu lassen, die selbst zur Denkungsart der modernen Technik gehören und daher vom bestellenden Entbergen bestimmt sind. Mehr noch, die künstlerische Selbstbesinnung wäre zu der wachsenden Einsicht aufgerufen, daß die sie weithin tragenden ästhetischen Grundvorstellungen, die zwar nicht der modernen Technik, wohl aber ihrem Herkunftsbereich, der Metaphysik, entstammen, nicht nur unzureichend sind für ihre Auseinandersetzung mit dem Wesen der Technik, sondern dieser sogar entgegenstehen.

Die fragende Besinnung der Philosophie auf die Stellung der aus ihrem seinsgeschichtlichen Wesen erblickten Kunst im seinsgeschichtlichen Wesen der modernen Technik bedenkt die recht verstandene Kunst-losigkeit. Was Heidegger über diese in den „Beiträ-

[51] *Die Kehre.* A. a. O., S. 44.

gen" denkt, das ist dasselbe, was er im Technik-Vortrag bedenkt als das Ausbleiben einer geschichte-bildenden Kunst, die schon das Rettende in der äußersten Gefahr zum ersten werkmäßigen Scheinen bringt. Die Kunstlosigkeit, so wird betont, entspringe nicht dem Unvermögen und dem Verfall, sondern daraus, daß noch keine „ursprüngliche Notwendigkeit des Wesens der Kunst, die Wahrheit des Seyns zur Entscheidung zu bringen, aus einer Not sich aufzwingt".[52] Im Zeitalter des Ge-stells und der höchsten Gefahr die Wahrheit des Seyns zur Entscheidung bringen, heißt, das Rettende im hervorzubringenden Kunstwerk zu einem ersten Scheinen bringen. Das fragende Denken, das diese geschichtliche Kunst-losigkeit und das geschichtliche Werden von Kunst bedenkt, begreift die Kunst „als ein Ereignis des Seyns" (ebd.). Die Erfahrung des Wesens der Kunst aus dem Ereignis als der Wesung des Seyns entfaltet eine Randbemerkung zur Kunstwerk-Abhandlung: „*Kunst*: Das im Ereignis gebrauchte Her-vor-bringen der Lichtung des Sichverbergens-Bergens ins Gebild."[53] Das philosophierende Wissen um die Kunstlosigkeit und das geschichtliche Werden von Kunst versteht sich selbst in seinem Wesen als zugehörig der „ursprünglichen Ereignung" des Ereignisses, die das Da-sein ist.[54] Aus der „Inständigkeit" des Da-seins bereite sich vor „das Un-gewöhnliche und Un-natürliche eines anderen Ursprungs der ‚Kunst': der Anfang einer verhüllten Geschichte der Verschweigung einer abgründigen Entgegnung der Götter und des Menschen" (ebd.). Mit diesem den 277. Abschnitt abschließenden Satz weist Heidegger in den „Beiträgen zur Philosophie" in jene rettende Ereignisweise der Wahrheit des Seyns, die im Bereich der Kunst gegründet werden muß. Die rettende Ereignisweise der Wahrheit des Seyns ist das, was Heidegger im Vortrag „Die Kehre" als „Kehre der Vergessenheit des Seins in die Wahrheit des Seins", als „Kehre zur Wahrnis"[55], als „Einblitz von Welt in die Verwahrlosung des Dinges"[56] denkt. Mitten in der Herrschaft des Wesens der Technik könnte es der Kunst eines früheren oder späteren Tages gewährt sein, den rettenden „Einblitz von Welt in die Verwahrlosung des Dinges" zu einem ersten werkmäßigen Scheinen zu bringen.

[52] *Beiträge zur Philosophie.* A. a. O., VIII., 277.
[53] *Der Ursprung des Kunstwerkes.* A. a. O., S. 1.
[54] *Beiträge zur Philosophie.* A. a. O., VIII., 277.
[55] *Die Kehre.* A. a. O., S. 42.
[56] A. a. O., S. 43/44.

Technik und Topologie des Seins im Denken Martin Heideggers

EIHO KAWAHARA

1. Der Weg des Fragens

Heideggers Auffassung vom Wesen der modernen Technik, die hauptsächlich in seinen drei Vorträgen „Die Frage nach der Technik" (TK 5ff.; zuerst 1949), „Die Kehre" (TK 37ff.; zuerst 1949) und „Der Satz der Identität" (ID 11ff.; 1957) dargelegt ist, wird heute sowohl in philosophischen Schriften als auch in öffentlichen Diskussionen häufig erwähnt. Sie ist aber, meines Erachtens, nicht nur nicht immer ernstgenommen sondern auch oft als unbefriedigend oder abwegig kritisiert worden. Man hat sie einerseits als apokalyptisch, messianisch, heroisch oder utopisch, andererseits als verzweifelt, trostlos, unverbindlich, esoterisch oder nostalgisch charakterisiert. Man hat teils von antitechnischer Gesinnung oder Technikfeindlichkeit bei Heidegger, teils von Philosophismus oder aber Mystizismus bei Heidegger gesprochen.[1] Diese verschiedenen Charakterisierungen scheinen dadurch bedingt zu sein, daß man keine Klarheit über Heideggers Auffassung vom Wesen der modernen Technik gewinnen konnte und nicht erkannte, daß sie eigentlich ein Weg des Fragens ist und daß dieser Weg, meiner Überzeugung nach, von Anfang bis Ende ein *topologischer* Weg ist.

Zu Beginn seines Vortrags „Die Frage nach der Technik" weist Heidegger darauf hin, daß es gilt, vor allem auf den Weg zu achten. Wahrscheinlich diesem Hinweis folgend hat Friedrich-Wilhelm von

[1] Vgl. u.a. die Aufsätze von S. Müller, H. Rombach, F. Volpi, Y. Kamata und G. Sebba in: Philosophisches Jahrbuch, 90. u. 92. Jg., Freiburg/München 1983 u. 1985; W. Schirmacher: Technik und Gelassenheit, Freiburg/München 1985; A. Baruzzi: Alternative Lebensform? Freiburg/München 1985; ferner T. Fujimoto: Die Zeit der Technologie und die Philosophie (in japanischer Sprache), Kyoto 1987.

Herrmann in seinem Aufsatz „Kunst und Technik“[2] Heideggers Weg des Fragens nach der Kunst und der Technik in zehn Frageschritten nachgezeichnet und erläutert. Gemäß jenem Hinweis und diesem Vorbild soll hier dem Weg des Fragens nach dem Wesen der Technik von Heidegger in den oben genannten Vorträgen in der Form grob zitierender Zusammenfassung, und zwar in 3 Kursen, 4 Strecken und 6 Stationen, nachgegangen werden.

	(I) GESTELL		(II) GEFAHR	
›D. F. n. d. T.‹ ›Die Kehre‹ ›D. S. d. I.‹	i Hervorbringen	ii Herausfordern	iii Geschick	iv Gefahr

(III) KEHRE		(IV) ER-EIGNIS	
v-FT	das Rettende	vi-FT	Geheimnis
v-K	*diese* Kehre	vi-K	Blitz
		vi-SdI	Sprung

(I) i Das Wort τέχνη meint das Sichauskennen in etwas, das Sichverstehen auf etwas. Die τέχνη ist eine Weise des ἀληθεύειν, eines Entbergens. Sie ist also ein Her-vor-bringen (ποίησις). Die Technik west in dem Bereich, wo ἀλήθεια geschieht.

ii Auch die moderne Technik ist ein Entbergen. Aber das in ihr waltende Entbergen ist nicht mehr ein Her-vor-bringen im Sinne der ποίησις, sondern ein Herausfordern, das an die Natur das Ansinnen stellt, Energie zu liefern. Das so Bestellte hat seinen eigenen Stand, der „Bestand“ genannt wird. Doch über die Unverborgenheit, worin sich jeweils das Wirkliche zeigt oder entzieht, verfügt der Mensch nicht. Daß sich seit Platon das Wirkliche im Lichte von Ideen zeigt, hat nicht Platon gemacht. Der Denker hat nur dem entsprochen, was sich ihm zusprach. So ist denn die moderne Technik als das bestellende Entbergen kein bloß menschliches Tun. Jener herausfordernde Anspruch, der den Menschen dahin versammelt, das Sichentbergende als Bestand zu stellen – wird „das Ge-stell“ genannt (soweit TK 12–19).

[2] Vgl. F.-W. von Herrmann: Kunst und Technik, in: Heidegger-Studies, Vol. 1, 1985, 25 ff.

(II) iii Geschieht dieses Entbergen (das Ge-stell) irgendwo jenseits alles menschlichen Tuns? Nein. Aber es geschieht auch nicht nur *im* Menschen und nicht maßgebend *durch* ihn. Das Wesen der modernen Technik (das Ge-stell) bringt den Menschen auf den Weg jenes Entbergens. Auf einen Weg bringen – das heißt: schicken. Wir erfahren das Ge-stell als ein Geschick der Entbergung. Von hier aus bestimmt sich das Wesen aller Geschichte.

iv Das Wesen der Technik beruht im Ge-stell. Sein Walten gehört in das Geschick. Der Mensch geht immerfort am Rande der Möglichkeit, nur das im Bestellen Entborgene zu verfolgen und zu betreiben und von da her alle Maße zu nehmen. Der Mensch steht so entschieden im Gefolge der Herausforderung des Ge-stells, daß er dieses nicht als einen Anspruch vernimmt, daß er sich selber als den Angesprochenen übersieht und damit auch jene Weise überhört, inwiefern er aus seinem Wesen her im Bereich eines Zuspruchs ek-sistiert und darum *niemals* nur sich selber begegnen *kann.* Das Wesen der Technik ist als ein Geschick des Entbergens die Gefahr (soweit TK 23–28).

(III) v-FT „Wo aber Gefahr ist, wächst / Das Rettende auch" (Hölderlin). „Wesen", verbal verstanden, ist das Selbe wie „währen"; Goethe gebraucht einmal statt „fortwähren" das geheimnisvolle Wort „fortgewähren". *Nur das Gewährte währt. Das anfänglich aus der Frühe Währende ist das Gewährende.* Jedes Geschick eines Entbergens ereignet sich aus dem Gewähren und als ein solches; denn dieses trägt dem Menschen erst jenen Anteil am Entbergen zu, den das Ereignis der Entbergung braucht. Das Ge-stell ereignet sich seinerseits im Gewährenden, das den Menschen darin währen läßt, unerfahren bislang, aber erfahrener vielleicht künftig, der Gebrauchte zu sein: zur Wahrnis des Wesens der Wahrheit. So erscheint der Aufgang des Rettenden. Wir sind daraufhin angesprochen, im wachsenden Licht des Rettenden zu verhoffen (soweit TK 28–33).

v-K Wenn das Ge-stell ein Wesensgeschick des Seins selbst ist, dann dürfen wir vermuten, daß sich das Ge-stell als eine Wesensweise des Seins unter anderen wandelt. Das Geschickliche geht in sich jeweils auf einen ausgezeichneten Augenblick zu, der es in ein anderes Geschick schickt. Im Wesen der Gefahr verbirgt sich darum die Möglichkeit einer Kehre, in der die Vergessenheit des Wesens des Seins sich so wendet, daß mit *dieser* Kehre die Wahrheit des Wesens des Seins in das Seiende eigens einkehrt. Vielleicht stehen wir im bereits vorausgeworfenen Schatten der Ankunft *dieser* Kehre. „Wo aber Gefahr ist, wächst / Das Rettende auch“ (Hölderlin). Die Gefahr selber ist, wenn sie *als* die Gefahr ist, das Rettende. Die Kehre der Gefahr ereignet sich jäh (nur unvermittelt). In der Kehre lichtet sich jäh die Lichtung des Wesens des Seins. Das jähe Sichlichten ist das Blitzen (soweit TK 37–43).

(IV) vi-FT Techne hieß auch die poiesis der schönen Künste. Sie war fromm, πρόμος, d.h. fügsam dem Walten und Verwahren der Wahrheit. Warum trug sie den schlichten Namen techne? Weil sie ein her- und vor-bringendes Entbergen war und darum in die ποίησις (die Poesie, das Dichterische) gehörte. „... dichterisch wohnet der Mensch auf dieser Erde ...“ (Hölderlin). Sollten die schönen Künste in das dichterische Entbergen gerufen sein? Je fragender wir jedoch das Wesen der Technik bedenken, um so geheimnisvoller wird das Wesen der Kunst. Denn das Fragen ist die Frömmigkeit des Denkens (soweit TK 34–36).

vi-K Auch noch im Ge-stell als einem Wesensgeschick des Seins west ein Licht vom Blitz des Seins. Auch das Ge-stell ist, obzwar verschleiert, noch Blick, kein blindes Geschick im Sinne eines völlig verhangenen Verhängnisses. Erst wenn das Menschenwesen im Ereignis des Einblickes als das von diesem Erblickte dem menschlichen Eigensinn entsagt und sich dem Einblick zu, von sich weg, ent-wirft, entspricht der Mensch in seinem Wesen dem Anspruch des Einblikkes. Ereignet sich Einblick in das, was ist? Gelangen wir dadurch in das Wesen der Nähe, die im Ding dingend Welt nähert? Wohnen wir einheimisch in der Nähe, so daß wir anfänglich in das Geviert von Himmel und Erde, Sterblichen und Göttlichen gehören? (soweit TK 45–47).

vi-SdI Was wir im Ge-stell als der Konstellation von Sein und Mensch durch die moderne technische Welt erfahren, ist ein *Vorspiel* dessen, was Er-eignis heißt. Das Er-eignis ist der in sich schwingende Bereich, durch den Mensch und Sein einander in ihrem Wesen erreichen, ihr Wesendes gewinnen, indem sie jene Bestimmungen verlieren, die ihnen die Metaphysik geliehen hat. Insofern unser Wesen in die Sprache vereignet ist, wohnen wir im Ereignis. Mehr denn zweitausend Jahre brauchte das Denken, um eine so einfache Beziehung wie die Vermittlung innerhalb der Identität eigens zu begreifen. Dürfen *wir* da meinen, die denkende Einkehr in die Wesensherkunft der Identität lasse sich an einem Tage bewerkstelligen? Gerade weil diese Einkehr einen Sprung verlangt, braucht sie ihre Zeit (soweit ID 29–34).

2. *Der Denker und der Dichter*

Bei der oben dargebotenen Zusammenfassung sind zunächst zwei schlichte Tatsachen zu beachten: Erstens, daß drei Personen genannt werden, nämlich Platon (ii), Hölderlin (v-FT) und Goethe (v-FT). Zweitens, daß das Wort „Wesen" besonders häufig, so in (vi-K) und (vi-SdI), zu finden ist, nämlich in Wendungen wie z. B. „das Menschenwesen", „der Mensch in seinem Wesen" und dergleichen.

„Allein, über die Unverborgenheit, worin sich jeweils das Wirkliche zeigt oder entzieht, verfügt der Mensch nicht. Daß sich seit Platon das Wirkliche im Lichte von Ideen zeigt, hat nicht Platon gemacht. Der Denker hat nur dem entsprochen, was sich ihm zusprach" (ii, TK 17). Diese Sätze entsprechen solchen wie: „Erst wenn das Menschenwesen im Ereignis des Einblickes als das von diesem Erblickte dem menschlichen Eigensinn entsagt und sich dem Einblick zu, von sich weg, ent-wirft, entspricht der Mensch in seinem Wesen dem Anspruch des Einblickes" (vi-K, TK 45), „Das Er-eignis ist der in sich schwingende Bereich, durch den Mensch und Sein einander in ihrem Wesen erreichen, ihr Wesendes gewinnen... Insofern unser Wesen in die Sprache vereignet ist, wohnen wir im Ereignis" (vi-SdI, ID 30). Entsprechungen liegen auch vor in Ausdrücken wie – im Blick auf den Menschen gesagt –: „sich selber als den Angesprochenen", „inwiefern er aus seinem Wesen her im Bereich eines Zuspruchs ek-sistiert" (iv, TK 27).

Wenn wir diese Worte Heideggers, sie zueinander zusammenfügend, lesen, wird ersichtlich, daß Platon nach Heideggers Überzeugung deshalb ein Denker ist, weil er als der vom Ereignis Erblickte in seinem *Wesen* (Menschenwesen) dem Zuspruch und Anspruch des Ereignisses entspricht. Wichtig ist hier vorgreifend festzustellen, daß nur diejenigen, denen das Ereignis sich zu- und sie anspricht, Heidegger zufolge Denker und Dichter heißen, und das Ereignis umgekehrt *ausschließlich nur* den Denker und Dichter, also die Menschen in ihrem Wesen, betrifft (erblickt).

Hölderlin ist für Heidegger der einzige Dichter, der den Dichterberuf dichterisch gedichtet hat (EH 4. Aufl. 182 f.). Er verkündet: „Doch uns gebührt es, unter Gottes Gewittern, / Ihr Dichter! mit entblösstem Haupte zu stehen, / Des Vaters Stral, ihn selbst, mit eigner Hand / Zu fassen und dem Volk ins Lied / Gehüllt die himmlische Gaabe zu reichen" („Wie wenn am Feiertage ..." GA 39, 30; EH 50, 70). Wenige Seiten danach erläutert Heidegger: „Das Wort dieses Gesanges ist nicht mehr eine ‚Hymne an' etwas ..., sondern die Hymne ‚des' Heiligen. Das Heilige verschenkt das Wort und kommt selbst in dieses Wort. Das Wort ist das Ereignis des Heiligen" (EH 76; 1939). Einige Jahre später hat Heidegger schließlich, an den Vers Hölderlins „Und die Liebsten nahe wohnen, ermattend auf / Getrenntesten Bergen" („Patmos" EH 22; 1943) andenkend, formuliert: „Der Denker sagt das Sein. Der Dichter nennt das Heilige" (WiM N 46; 1943).[3]

Seit Heidegger kurz vor Mitte der dreißiger Jahre (gegen 1934) eine starke Zuneigung („einen unumgänglichen Bezug" SI 214) zu Hölderlin zu fassen begonnen hat, geht es Heidegger fast ausschließlich um das Verhältnis von Denker und Dichter. Von da an bis zu seinen letzten Lebensjahren denkt, spricht und schreibt Heidegger bei allen sich bietenden Gelegenheiten, auch auf dem Weg des Fragens nach dem Wesen der Technik, immer in der Nachbarschaft Hölderlins. Nunmehr wohnt er selbst „in dem Bereich, wo ἀλήθεια geschieht", „im Bereich eines Zuspruchs", also im Bereich von „Gottes Gewittern" und „des Vaters Strahl". Er spricht nicht mehr indifferent (sei es eigentlich, sei es uneigentlich) wie in „Sein und Zeit", sondern immer wesenhaft, also eigens aus dem Bereich des Ereignisses, wo die Unverborgenheit geschieht.

Wenn Heidegger seit Mitte der dreißiger Jahre in diesem Zusammenhang das Wort „Mensch" gebraucht, meint er damit nicht den Normalmenschen in seiner Alltäglichkeit, sondern immer das „Men-

[3] Für den Unterschied und die Gemeinsamkeit zwischen Dichter und Denker vgl. Martin Heidegger: Das Wesen der Philosophie. Jahresgabe der Martin Heidegger-Gesellschaft 1987.

schenwesen" oder „den Menschen in seinem Wesen", was in „Sein und Zeit" als die eigentliche Existenz erfahren war. Und das ist jetzt nichts anderes als *der Denker und der Dichter,* was häufig übersehen wird. Wie könnte der Normalmensch dem Zu- und Anspruch des Ereignisses entsprechen![4]

Wer diesen Sachverhalt übersieht, mag sich an den oben im 1. Abschnitt zitierten Stellen Heideggers erheblich stoßen. Ihm mögen die Stellen „esoterisch", „apokalyptisch" oder „mystisch" klingen. Zwar muß die Technik nicht immer dem Wesensbereich gehören; sie kann auch, und sogar meistens, eine alltägliche Sache sein. Aber, das *Wesen* der Technik „ist ganz und gar nichts Technisches" (TK 5). Heidegger spricht vom Wesen der neuzeitlichen Technik, „das mit dem Wesen der neuzeitlichen Metaphysik identisch ist" (HW 69). Die Technik ist „die vollendete Metaphysik" (VA 80). Und die Metaphysik seit Platon „hat nicht Platon gemacht" (ii).

Dies alles sollen die folgenden Zitate belegen: „Der Blickbereich, in den der Denker (Nietzsche – Anm. E. K.) hineinblickt, ist nicht mehr der Horizont seiner ‚persönlichen Erlebnisse', es ist ein Anderes als er selbst, was unter und über ihm hinweggegangen und fortan da ist, was nicht mehr ihm, dem Denker, gehört, sondern jenes bleibt, dem er nur zugehört. Diesem Ereignis widerspricht es nicht, daß der Denker zunächst und sogar auf langehin die Erkenntnis als die seine bewahrt, weil er die Stätte ihrer Entfaltung werden muß" (N I 264; 1961). „Zu den seltsamen Erfahrungen, die ich mit meinem Vortrag mache, gehört auch die, daß man mein Denken danach befragt, woher es seine Weisung empfange, gleich als ob diese Frage nur gegenüber diesem Denken nötig sei. Dagegen läßt sich niemand einfallen zu fragen: woher hat Platon die Weisung, das Sein als ἰδέα zu denken, woher hat Kant die Weisung, das Sein als das Transzendentale der Gegenständlichkeit, als Position (Gesetztheit) zu denken?" (Ein

[4] Schon 1919 zitiert Heidegger als dreißigjähriger Dozent am Anfang seiner Vorlesung in Freiburg den Vers von Angelus Silesius „Mensch, werde wesentlich!" (GA 56/57, 5; 1919), was schlechthin zeigt, wie stark die Wegrichtung nach dem Wesentlichen bei Heidegger eingeschlagen war. Diese Wegrichtung bedeutete aber bei ihm zugleich die Gegenwehr gegen die Ruinanz (GA 61, 131 ff.; 1921/22) des Lebens. Diese Gegenwehr, die er später „Verfallensgeneigtheit des Daseins" genannt hat, nennt Hans-Georg Gadamer „das große Pathos von Heideggers Anfängen". Vgl. H.-G. Gadamer: Der eine Weg Martin Heideggers. Jahresgabe der Martin Heidegger-Gesellschaft 1986, 24.

Brief an einen jungen Studenten VA 184; 1950.) „Nietzsche hat, so wenig wie je ein anderer Denker, seinen Weg weder selbst gemacht noch gewählt. Er ist auf seinen Weg geschickt" (WhD 61; 1951). „... weil das Sicheinlassen auf das Denken in sich etwas Seltenes und wenigen vorbehalten bleibt" (WhD 86; 1951). „Wie schickt sich im Umkreis des kantischen Denkens Sein zu? Die Frage frägt zugleich, wie in dieser Zuschickung Sein sich entzieht" (SvG 131; 1956). „Wenn Platon das Sein als ἰδέα und als κοινωνία der Ideen vorstellt, Aristoteles als ἐνέργεια, Kant als Position, Hegel als den absoluten Begriff, Nietzsche als Willen zur Macht, dann sind dies nicht zufällig vorgebrachte Lehren, sondern Worte des Seins als Antworten auf einen Zuspruch, der in dem sich selber verbergenden Schicken, im ‚Es gibt Sein' spricht" (SdD 9; 1962).

Heidegger wird nicht müde, dem nachzufragen, was denn eigentlich bei den *Dichtern und Denkern* still im Gange ist, wenn die Denker das Sein sagen und die Dichter das Heilige nennen. Wer aber diese Worte Heideggers als einen elitären Gedanken deutet, geht fehl. Denn es ist nicht so, daß es als Faktum die Denker und die Dichter gibt, und sie in Folge dessen erst das Sein sagen und das Heilige nennen. Sondern diejenigen, die dem Zu- und Anspruch des Ereignisses jeweils entsprechen, werden Denker und Dichter genannt. „Die Nähe zum Wesen (bleibt) je nur das Vorrecht, aber auch das Verhängnis der Wenigen" (N II 75f.).

Noch eine kurze Anmerkung ist hier anzubringen: Es handelt sich nicht um ein einseitiges Schicken, Zusprechen und Ansprechen und ein dementsprechendes Empfangen. Nein! Wir haben schon oben (v-K) gelesen, daß das Ereignis den Anteil des Menschen *braucht,* und er daher der zur Wahrnis des Wesens des Seins *Gebrauchte* ist. Es handelt sich hier also durch und durch um ein *„Gegeneinanderüber"* (SvG 158) und *„Zusammengehören"* von „Mensch und Sein".[5]

Was aber, könnte jemand fragen, hat die Technik mit den Den-

[5] Diesen wechselweisen Bezug von Sein und Menschenwesen bei Heidegger hat Emil Kettering in einen eigenartigen Terminus „NÄHE" kristallisiert, und es ist ihm großartig gelungen, mit diesem Terminus als dem „Schlüssel aller Schlüssel" den Denkweg Heideggers, besonders den des späten Heidegger, sehr aufschlußreich zu erhellen. Vgl. E. Kettering: NÄHE. Das Denken Martin Heideggers, Pfullingen 1987; E. Kettering: NÄHE im Denken Martin Heideggers, in: R. Wisser (Hg.): Martin Heidegger – Unterwegs im Denken, Freiburg/München 1987, 111ff.

kern und den Dichtern zu tun? Darauf würde Heidegger gewiß antworten: Alles! Denn „die Technik ist in ihrem Wesen ein seinsgeschichtliches Geschick der in der Vergessenheit ruhenden Wahrheit des Seins“ (Hum 27).

Im Jahre 1986 wurde in den „Heidegger Studies“ ein kurzer, 1946 Jean Beaufret diktierter Text mit dem Titel „Die Grundfrage nach dem Sein selbst“ erstmals veröffentlicht. Diesem ist eine merk-würdige *persönliche* Bemerkung von Heidegger beigefügt: „Ich möchte hier etwas Persönliches bemerken: daß es sich bei diesem Denken im Sinne der Frage nach der Wahrheit des Seins selbst ganz und gar nicht um eine besondere Leistung oder einzigartige Entdeckung eines einzelnen Menschen handelt, sondern daß in dieser Frage selbst das Sein und sein Geheimnis den Menschen der Erde in seiner äußersten Not, d.h., wie ich es nenne, in der Vergessenheit des Seins anruft und zur Besinnung nötigt. Damit ein Mensch (eben) dieser Besinnung dieser Frage auch nur einigermaßen gewachsen sein kann, ist vielleicht ein Schweigen durch zwei oder mehrere Jahrzehnte hindurch notwendig.“[6] Daraus können wir mit Sicherheit schließen, daß Heidegger sich selbst, fest entschlossen oder „heiliggenöthiget“ (EH 58, 76), zu *Denkern* wie Platon, Aristoteles, Kant und Nietzsche gerechnet hat, wie wir schon oben aus seinem „Brief an einen jungen Studenten“ mit großer Wahrscheinlichkeit erschließen konnten. „Etwas Persönliches“ dieser Art (richtiger gesagt, nichts Persönliches, sondern Seinsgeschichtliches) äußerte Heidegger gern wohl nur in seinen Briefen. In demselben Jahr 1946 schreibt er an Jean Beaufret: „Dieses Denken (Heideggers eigenes Denken) ist, insofern es ist, das Andenken an das Sein und nichts außerdem. Zum Sein gehörig, weil vom Sein in die Wahrnis seiner Wahrheit geworfen und für sie in den Anspruch genommen, denkt er das Sein“ (Hum 42). Außerdem dürfte auch allgemein bekannt sein, was Heidegger 1962 an William J. Richardson schreibt: „Demzufolge ist schon im Ansatz der Seinsfrage in ‚Sein und Zeit‘ auch das Denken auf eine Wendung angesprochen, die seinen Gang der Kehre entsprechen läßt.“[7]

Wenn wir diese Stellen aus seinen persönlichen Briefen mit seinen

[6] Heidegger-Studies, Vol. 2, 1986, 2.

[7] Vorwort zu William J. Richardson: Heidegger. Through Phenomenology to Thought, Den Haag 1963, XIX.

oben zitierten Sätzen über das Wesen der Technik (1. Abschnitt) vergleichen, dann wird ersichtlich, daß er als ein *Denker* das Problem der Technik nicht etwa als einen historischen Vorgang objektiv betrachtet, sondern das Wesen der Technik (d. h. der Metaphysik) als das Geschick des Seins selber übernimmt und sich demütig bemüht, auf „der Erde in seiner äußersten Not“, d. h. inmitten dieses Atom- und Raketenzeitalters, im eigentlichen Sinne verantwortungsvoll zu sein.

Der Denker Heidegger ist weder technikfreundlich, noch antitechnisch und auch „*nicht gegen* die Technik“ (IG 73). Er setzt aber die Technik auch nicht absolut: Er sieht „die Lage des Menschen in der Welt der planetarischen Technik nicht als ein unentwirrbares und unentrinnbares Verhängnis“, sondern er sieht „gerade die Aufgabe des Denkens darin, in seinen Grenzen mitzuhelfen, daß der Mensch überhaupt erst ein zureichendes Verhältnis zum Wesen der Technik erlangt“ (SI 214).

3. Die Topologie (die Erörterung) der Technik

„*Der Dichtungscharakter des Denkens ist noch / verhüllt. / Wo er sich zeigt, gleicht er für lange Zeit der / Utopie eines halbpoetischen Verstandes. / Aber das denkende Dichten ist in der Wahrheit / die Topologie des Seyns. / Sie sagt diesem die Ortschaft seines Wesens*“ (EdD 23; 1947). „Aber der Topographie muß eine Topologie voraufgehen: die Erörterung desjenigen Ortes, der Sein und Nichts in ihr Wesen versammelt, das Wesen des Nihilismus bestimmt und so die Wege erkennen läßt, auf denen sich die Weisen einer möglichen Überwindung des Nihilismus abzeichnen“ (ZSF 32; 1955). „Später wird diese Formulierung (‚Frage nach dem Sinn von Sein‘ – Anm. E. K.) aufgegeben zugunsten jener der ‚Frage nach der Wahrheit des Seins‘, – und schließlich zugunsten jener der ‚Frage nach dem Ort oder der Ortschaft des Seins‘, – woraus der Name ‚Topologie des Seins‘ entsprang“ (VS 82; 1969; vgl. auch VS 73).

In den bis heute veröffentlichten Schriften erwähnt Heidegger die Topologie nur viermal (VS 73 mit dazugezählt) und an diesen Stellen nur flüchtig. Aber „Erörterung“ – so übersetzt er Topologie – gebraucht und schreibt er häufiger. Das 1944/45 niedergeschriebene

Gespräch „Zur Erörterung der Gelassenheit" enthält schon im Titel den Ausdruck „Erörterung" (Gel 29ff.), und der Aufsatz „Die Sprache im Gedicht" (UzS 35ff.; 1953) hat nicht nur im Untertitel den Ausdruck „Erörterung", sondern führt auch, anhand der Dichtung Georg Trakls, diese Erörterung, die man lieber „*Erortung*" nennen möchte, musterhaft und ausführlich durch. Ein weiteres musterhaftes Praktizieren einer „Erörterung" – wieder eines Gedichts von G. Trakl – stellt der Vortrag „Die Sprache" (UzS 11ff.; 1950) dar.

Was ist die Topologie (topos sagen) bzw. die Erörterung bei Heidegger? Im Aufsatz „Die Sprache im Gedicht" heißt es: „Erörtern meint hier zunächst: in den Ort weisen. Es heißt dann: den Ort beachten. Beides, das Weisen in den Ort und das Beachten des Ortes, sind die vorbereitenden Schritte einer Erörterung ... Die Erörterung endet, wie es einem Denkweg entspricht, in eine Frage. Sie frägt nach der Ortschaft des Ortes" (UzS 37). „Die Erörterung muß jetzt durch einen zweiten Schritt versuchen, den bisher nur angezeigten Ort deutlicher in die Acht zu nehmen" (UzS 52). „Diesen Ort (die Abgeschiedenheit als der Ort des Gedichtes von G. Trakl – Anm. E. K.) recht zu beachten, gibt schon zu denken. Kaum wagen wir noch zum Schluß, nach der Ortschaft dieses Ortes zu fragen" (UzS 76). „Eine Erörterung seines Gedichtes zeigt uns Georg Trakl als den Dichter des noch verborgenen Abend-Landes" (UzS 81).

Der Name „Ort" (τόπος) bedeutet, Heidegger zufolge, die Spitze des Speers. Dementsprechend meint „Ort" das Versammelnde, den stets verhüllteren Ursprung und also die Quelle (UzS 37f.).

Zusammenfassend läßt sich sagen: Die Topologie bzw. die Erörterung = das denkende Dichten (das dichtende Denken[8]), das dem Seyn die Ortschaft seines Wesens sagt, hat die dreifache Bedeutung von: (1) in den Ort *weisen* (nur weisen, nicht beweisen!), den Ort anzeigen; (2) den Ort beachten, den Ort in die Acht nehmen; (3) als ein Denkweg in eine Frage enden.

Wenn wir, dieses Resümee im Gedächtnis behaltend, wieder auf Heideggers Denkweg des Fragens nach dem Wesen der Technik zurückkommen, dann ergibt sich etwas Merkwürdiges: (A) Am Ende des Vorwortes zum Vortrag „Der Satz der Identität" (1957), wo die Technik, wie schon gesagt, häufig erwähnt wird, heißt es: „Beweisen

[8] Vgl. E. Kettering: NÄHE. Das Denken Martin Heideggers, Pfullingen 1987, 220.

läßt sich in diesem Bereich nichts, aber *weisen* manches" (ID 10). Im Vortrag selbst sagt Heidegger: „Für den Fall, daß an dem Versuch, unser Denken *in den Ort* der Wesensherkunft der Identität zu *weisen*, etwas Haltbares sein könnte ..." (ID 31). (B) In der Schrift „Die Technik und die Kehre" können wir lesen: „Die Technik ist eine Weise des Entbergens. *Achten* wir darauf, dann ..." (TK 12, vgl. i, ii); „damit aber das Menschenwesen *achtsam* werde auf das Wesen der Technik ..." (TK 39); „darum müssen wir *beachten:* Die Kehre der Gefahr ereignet sich jäh" (v-K, TK 43); und schließlich: „Wo aber ist die Gefahr? Welches ist der *Ort* für sie? Insofern die Gefahr das Sein selber ist, ist sie nirgendwo und überall. Sie *hat* keinen *Ort* als etwas anderes zu ihr selber. Sie ist selbst die ortlose *Ortschaft* alles Anwesens" (TK 41 f.). (C) Die zwei Vorträge „Die Frage nach der Technik" und „Die Kehre" *enden* beide *ins Fragen* (vi-FT, vi-K; TK 36, 47; alle Herv. E.K., außer „hat").

Vergleichen wir (1), (2) und (3) mit (A), (B) und (C), dann bestätigt dies weitgehend unsere Annahme, daß Heideggers Denkweg des Fragens nach dem Wesen der Technik auch ein Weg der Topologie, d.h. des dichterischen Denkens ist, was zu Beginn vorgreifend nur behauptet werden konnte.

Diese These läßt sich durch eine Beschäftigung mit dem Problem des „Ortes", das in diesem Zusammenhang von besonderer Wichtigkeit ist, noch weiter erhärten.

a) ORT – Heidegger begegnete dem Wort „Ort" zuerst im Sinne des offenbaren Standortes des Daseins (GA 39; 15, 79, 113, 135, 141) und dann im Sinne des alles versammelnden Ursprungs und der Quelle (EH 11 ff., 145 ff.) wahrscheinlich erstmals gegen 1934 und dann entscheidend gegen 1943 in Hölderlins Dichtungen „Der Rhein" (GA 39, 155 ff.), „Heimkunft / An die Verwandten" (EH 10 ff.) und „Die Wanderung" (GA 39, 191 f.; EH 22 f., 145). Besonders der Vers Hölderlins „Schwer verläßt / Was nahe dem Ursprung wohnet, den Ort" ist seitdem einer der Heidegger liebsten, von ihm vielfach zitierten Verse.

„Das Eigenste und das Beste der Heimat ruht darin, einzig diese Nähe zum Ursprung zu sein, – und nichts anderes außerdem. Deshalb ist auch dieser Heimat die Treue zum Ursprung angeboren. Darum verläßt einer, wenn er es muß, nur schwer den Ort der Nähe. Wenn nun aber darin, der Ort der Nähe zum Freudigsten zu sein, das Eigenste der Heimat beruht, was ist dann die Heimkunft? Heimkunft ist die Rückkehr in die Nähe zum Ursprung“ (EH 23; 1943). „Das Andenken denkt an die Ortschaft des Ursprungsortes im Denken an die Wanderschaft der Wanderung durch die Fremde“ (EH 150; 1943). „Hölderlins denkende Dichtung hat diesen Bereich des dichtenden Denkens mitgeprägt. Sein Dichten wohnt in dieser Ortschaft so vertraut wie kein anderes Dichtertum zu seiner Zeit. Die Ortschaft, in die Hölderlin gekommen, ist eine Offenbarkeit des Seins, die selbst in das Geschick des Seins gehört und aus diesem her dem Dichter zugedacht wird“ (HW 252; 1946).

Wenn dies zutrifft, können und müssen wir jetzt feststellen, daß es für Heidegger mit großer Wahrscheinlichkeit wohl recht natürlich und sogar notwendig („heiliggenöthiget“) gewesen sein muß, 1947 sein eigenes Denken „Topologie“ (Ortschaft sagen) zu nennen und dann 1949 das Wesen der Technik topologisch zu erörtern.

Wir stehen aber dennoch erst auf dem halben Weg. Etwas ganz Entscheidendes bleibt noch zu beachten, und zwar das Hölderlin-Heideggersche Wort „wohnen“, dem wir schon mehrmals, nicht nur im zitierten Vers von Hölderlin, auf unserem Weg begegnet sind, das wir aber jedesmal mit Absicht unberührt gelassen haben.

b) WOHNEN – Es ist weithin bekannt, daß Heidegger in „Sein und Zeit“ darauf hinweist, daß das Wort „Sein“ als Infinitiv des „ich bin“ „wohnen bei...“ bedeutet (SuZ 54). Ein Etymologisieren des Wortes „Sein“ dieser Art wiederholt sich bei Heidegger seitdem häufig – z.B. in EiM 54f. (1935), Hum 42f. (1946), WhD 143 (1951/52) und VA 146f. (1951). In allen diesen Fällen wird „wohnen“ als die ursprüngliche Bedeutung des Wortes „sein“ betont. Weshalb hat Heidegger dies so dauerhaft und häufig wiederholt? Einzig, oder wenigstens hauptsächlich, um die *Vorhandenheit* als den seit Platon immer und überall hingenommenen, angeblich einzigen Sinn des Seins abzulehnen; – *das Dasein ist nicht vorhanden, sondern es ek-sistiert!* Es scheint, als ob Heideggers denkerische Kräfte größtenteils zur Vernichtung der Vorhandenheit aufgeboten worden wären. Das von Heidegger seit „Sinn und Zeit“ am glühendsten gehaßte und deswegen am häufigsten im negativen Sinne gebrauchte Wort ist gerade das Wort „vorhanden“. Welches ist dagegen das von ihm am glühendsten geliebte und deswegen am häufigsten im positiven Sinne gebrauchte Wort? Es ist das Wort „wohnen“ und kein anderes!

Auch Hölderlin gebraucht vielfach das Wort „wohnen" – in seiner gesamten Dichtung wenigstens 83 mal. In den von Heidegger zitierten Versen Hölderlins ist das Wort „wohnen" oft zu finden. Die wichtigsten Beispiele sind: „Voll Verdienst, doch dichterisch wohnet / Der Mensch auf dieser Erde" (GA 39, 36; 1934/35; EH 33; 1936) und „Schwer verläßt / Was nahe dem Ursprung wohnet, den Ort" (GA 39, 192; 1934/35; EH 23; 1943). Den letztgenannten Vers hat Heidegger in die Formel des „Nahe-dem-Ursprung-wohnens" (EH 146 ff.; 1943) gebracht. Das Erstgenannte hat er als den Titel eines Vortrages hervorgehoben (VA 187 ff.; 1951). Die Häufigkeit des Gebrauchs des Wortes „wohnen" in Heideggers Schriften seit Mitte der dreißiger Jahre ist bemerkenswert und bezeichnend. Seit dieser Zeit bis zu seinen letzten Lebensjahren verwendet Heidegger bei jeder Gelegenheit, wenn er etwas schreibt, fast ausnahmslos das Wort „wohnen".[9]

Warum aber hat Heidegger dieses Hölderlin-Heideggersche Wort „wohnen" über 40 Jahre hindurch so unablässig und unentwegt beibehalten? Im Vortrag „Die Sprache" (1950) ist Entscheidendes dazu gesagt: „Die Sprache *erörtern* heißt, nicht so sehr sie, sondern *uns an den Ort ihres Wesens bringen:* Versammlung in das Ereignis ... Der Sprache nachdenken verlangt somit, daß wir auf das Sprechen der Sprache eingehen, um bei der Sprache, d. h. in *ihrem* Sprechen, nicht in unserem, *den Aufenthalt zu nehmen.* Nur so gelangen wir in den Bereich, innerhalb dessen es glückt oder auch mißglückt, daß aus ihm die Sprache uns ihr Wesen zuspricht. Der Sprache überlassen wir das Sprechen. Wir möchten die Sprache weder aus anderem, das nicht sie selber ist, begründen, noch möchten wir anderes durch die Sprache erklären ... Beide (Höhe und Tiefe – Anm. E. K.) durchmessen *eine Ortschaft,* in der wir *heimisch* werden möchten, um *den Aufenthalt für das Wesen des Menschen zu finden*" (UzS 12 f.; alle Herv. E. K., außer „ihrem").

Damit wird zunächst ersichtlich, daß es bei der Erörterung (Topologie) schließlich darum geht, uns selbst an den Ort zu bringen und dort heimisch den Aufenthalt zu nehmen. Dieses „dort heimisch den

[9] Richard Wisser nennt die dritte Frage von „Heideggers vierfältigem Fragen" die „WOHNFRAGE". Vgl. R. Wisser: Martin Heideggers vierfältiges Fragen, in: ders. (Hg.): Martin Heidegger – Unterwegs im Denken, Freiburg/München 1987, 41.

Aufenthalt zu nehmen" bedeutet nichts anderes als „dort zu wohnen". Besagter Vortrag, der eine Erörterung eines Gedichtes von G. Trakl bringt, endet denn auch mit dem Wort „wohnen": „Alles beruht darin, das Wohnen im Sprechen der Sprache zu lernen" (UzS 33). – Nicht nur dieser Vortrag, sondern auch der Aufsatz „Die Sprache im Gedicht" endet mit dem Wort „wohnen" (vgl. UzS 81).

Aus dem Dargelegten dürfte deutlich geworden sein, daß die Topologie, d.i. die „Erörterung" bei Heidegger „die *Ortschaft* des Wohnens des geschichtlichen Menschen auf dieser Erde" (EH 114) zu *sagen* trachtet. Wir müssen uns aber schließlich und endlich auch daran erinnern, daß die drei Technik-Vorträge, „Die Frage nach der Technik", „Die Kehre" und „Der Satz der Identität", ohne Ausnahme mit dem Hölderlin-Heideggerschen Wort „wohnen" geendet hatten (vi-FT, vi-K, vi-SdI; TK 35, 46, ID 30).

Jetzt können wir mit Sicherheit sagen, daß Heideggers Denkweg des Fragens nach dem Wesen der Technik die Topologie (die Erörterung) der Technik ist.[10]

c) PHÄNOMENOLOGIE – An der soeben zitierten Stelle heißt es außerdem: „... daß aus ihm (dem Bereich – Anm. E. K.) die Sprache uns ihr Wesen zuspricht. Der Sprache überlassen wir das Sprechen" (UzS 12). Dieser Sachverhalt wird später im Vortrag „Der Weg zur Sprache" aus dem Jahre 1959 von Heidegger auf die Wegformel gebracht: *„Die Sprache als die Sprache zur Sprache bringen"* (UzS 242). In demselben Vortrag sagt Heidegger: „Es (das Eignen, das Ereignen – Anm. E. K.) erbringt das An- und Abwesende in sein jeweilig Eigenes, aus dem dieses sich an ihm selbst zeigt und nach seiner Art verweilt" (UzS 258). Erinnert das nicht an den Begriff der Phänomenologie in „Sein und Zeit"? (vgl. Suz 34ff.). Allerdings! Nur daß es sich hier nicht mehr um eine Phänomenologie des indifferenten Daseins handelt, sondern ausschließlich um die Phänomenologie des Menschenwesens (der eigentlichen Existenz) qua des Denkers und Dichters, inklusive Heideggers selbst.

[10] Das Problem des „Ortes", „Wohnens" und der „Topologie" bei Heidegger ist vom Verfasser an anderen Stellen in deutscher Sprache behandelt worden. Vgl. E. Kawahara: Hölderlin und Heidegger, in: Jahrbuch der Liter. Abt. des Forschungskurses der Waseda Universität, Bd. 29, Tokio 1983, 1ff.; E. Kawahara: Heideggers Auslegung der Langeweile, in: R. Wisser (Hg.): Martin Heidegger – Unterwegs im Denken, Freiburg/München 1987, 109f.

„Wohin er (der Sprung – Anm. E. K.) uns bringt, dort ist nicht nur die andere Seite, sondern eine völlig andere *Ortschaft* ... Denn was *sich* nur so *kundgibt*, daß es im Sichverbergen *erscheint*, dem entsprechen wir auch nur dadurch, daß wir darauf *hinweisen* und hierbei uns selber anweisen, *das, was sich zeigt*, in die ihm eigene Unverborgenheit *erscheinen zu lassen*" (VA 134; 1952, Herv. E. K.). Hieraus ergibt sich, daß die Topologie bzw. die Erörterung die verwandelte und vertiefte Phänomenologie ist, und zwar des Menschenwesens.[11]

Die Erörterung soll dann – zusammenfassend gesagt – das An- und Abwesende an den Ort, an den Ursprung oder an die Quelle weisen, ihm den Ort (das Ereignis) anzeigen, die Ortschaft sagen (althd. sagan = zeigen; UzS 169) und, dem menschlichen Eigensinn entsagend, sich dem Einblick zu, von sich weg, entwerfend, es ihm selbst überlassen, damit es aus dem Ereignis sich an ihm selbst zeigt, und dann den Ort beachten, ihn bedenken (UzS 37), in die Acht nehmen oder in den besinnlichen Blick heben (UzS 52), weder es (das An- und Abwesende) durch anderes begründen, noch beweisen, noch anderes durch es erklären (UzS 13), sondern erfahren (SdD 57), ob die Ortschaft jeweilig der Seinsvergessenheit (Sein = Vorhandenheit) oder der Nähe zum Sein (sein = wohnen; Hum 26) oder der Nähe zum Ereignis (UzS 264 ff.) gehöre.

Aber das Ereignis selbst „duldet keine Erörterung; denn es ist die Ortschaft aller Orte und Zeit-Spiel-Räume" (UzS 258). Der Ursprung, das Ereignis bleibt ein Geheimnis, es ruht geborgen in der Heimat. Trotzdem, oder vielmehr gerade deshalb, können und müssen wir uns dennoch bemühen, uns selbst an den Ort zu bringen, uns in das Ereignis zu sammeln und nahe-dem-Ursprung zu wohnen. Diejenigen, die es können und müssen, heißen Dichter und Denker. Ihnen, und *eigentlich nur ihnen*, gehört die Gelassenheit zu den Dingen (Ja und Nein zur technischen Welt) und die Offenheit für das Geheimnis (Gel 25 f.).

[11] Friedrich-Wilhelm von Herrmann betont in seinen Schriften mehrfach, daß sich das Denken Heideggers auch in jener Zeit als wesenhaft „phänomenologisch" versteht, in der der Titel „Phänomenologie" in seinen Texten nicht mehr auftaucht. Vgl. u. a. F.-W. von Herrmann: Dichterische Einbildungskraft und andenkendes Denken, in: P. Jaeger u. R. Lüthe (Hg.): Distanz und Nähe, Würzburg 1983, 33; ders.: Heideggers Philosophie der Kunst, Frankfurt a. M. 1980, XV ff., 60 ff.; ders.: Der Begriff der Phänomenologie bei Heidegger und Husserl, Frankfurt a. M. 1981, 51. Zu diesem Problem vgl. auch Walter Biemel: Martin Heidegger, Reinbek 1973, 111.

4. Verhoffen

Sowohl beim Spiegel-Interview als auch später beim Fernsehgespräch mit Richard Wisser hat Heidegger den sogenannten gesellschaftlichen Auftrag der Philosophie zurückgewiesen. Er weiß natürlich, daß die technisch-praktischen Erfolge der Wissenschaften heute ein „Denken, das sich eine für den Tag geforderte Beantwortung praktisch-weltanschaulicher Fragen versagen muß", „mehr und mehr als überflüssig erscheinen lassen". Er bleibt aber unentwegt auf dem Weg des Fragens. Er sagt: „Das Große des zu Denkenden ist zu groß" (vgl. SI 219). „Kein einzelner Mensch, keine Menschengruppe, keine Kommission noch so bedeutender Staatsmänner, Forscher und Techniker, keine Konferenz von führenden Leuten der Wirtschaft und Industrie vermag den geschichtlichen Verlauf des Atomzeitalters zu bremsen oder zu lenken" (Gel 22 f.). Bei den Versuchen und Bemühungen, die Technik zu meistern, „bedient man sich bereits der technischen Mittel" (HW 268). Ist dann nicht ein solches Unternehmen von vornherein verfehlt? Man macht sich die Frage nach dem Problem Technik zu leicht. Man hätte zuerst nach ihrem *Wesen* fragen sollen. Es fehlt dabei am Ernst im Fragen, und von diesem Ernst des Fragens, den Heidegger als „die Frömmigkeit des Denkens" bezeichnet (vi-FT, TK 36), hängt es zum großen Teil ab, ob man im eigentlichen Sinne verantwortungsvoll genannt werden kann. Wer für dieses *Denken als Fragen* vor allen anderen zutiefst verantwortlich sein muß, der heißt erst Denker, in deren Reihe Heidegger selbst einzuordnen ist.[12]

Wie Heidegger diesen Begriff der frommen Verantwortung versteht, darüber gibt uns das folgende Zitat aus dem Spiegel-Interview Aufschluß: „Spiegel: Eine klare Antwort – aber kann und darf ein Denker sagen: Wartet nur, innerhalb von 300 Jahren wird uns wohl etwas einfallen? Heidegger: Es handelt sich nicht darum, nur zu warten, bis dem Menschen nach 300 Jahren etwas einfällt, sondern darum, aus den kaum gedachten Grundzügen des gegenwärtigen Zeitalters in die kommende Zeit ohne prophetische Ansprüche vorzudenken. Denken ist nicht Untätigkeit, sondern selbst in sich das Handeln, das in der Zwiesprache steht mit dem Weltgeschick" (SI 212 f.).

[12] Zum Gedanken des Fragens und der Verantwortung bei Heidegger, und zwar gerade in seinem Fragen nach der Technik, vgl. Richard Wisser: Verantwortung im Wandel der Zeit, Mainz 1967, 275–285.

Seit mehr als zweitausend Jahren bis zur Gegenwart hat man in Europa in einem metaphysisch bestimmten Seinsverständnis das Sein immer nur als Vorhandenheit vorgestellt. In der Neuzeit hat sich die sowohl metaphysisch als auch technisch bestimmte Wissenschaft das Sein des Menschen als die Subjektivität und das Sein des Seienden als die Objektivität bzw. die Gegenständlichkeit (also jedenfalls als Vorhandenheit) vorgestellt. Und heute, zur Zeit der Vollendung dieser Metaphysik, macht man nicht nur das Seiende, sondern auch noch den Menschen selbst zum Bestand. Die Seinsvergessenheit nimmt immer mehr zu.

Seit Anaximander haben mehrere Denker und Dichter zwar dem An- und Zuspruch des Seins jeweils „jäh" im „ausgezeichneten Augenblick" (v-K) je eigens entsprochen. Dieser Blitz des Seins (vi-K) ist aber selten gesehen worden. Das Große des zu Denkenden ist zu groß und kaum gedacht. Das zu Denkende bleibt immer noch als ein Geheimnis in seiner Heimat heimlich gespart (EH 24f.). Nicht nur im allgemeinen, sondern auch im Bereich der sogenannten Philosophie scheint überwiegend die Vorstellung des Seins als Vorhandenheit und die der Sprache als des Mittels der Information zu herrschen. Heideggers Sagen der Ortschaft des Wohnens und des geschichtlichen Menschen auf dieser Erde (EH 114) wird, abgesehen von wenigen Ausnahmen, zumeist überhört. Davon ist Heidegger aber nicht enttäuscht. Gelassen sagt er vielmehr: Die Philosophie wird durch die „Kybernetik" ersetzt (SI 212); „darum gilt es, vom Überwinden (der Metaphysik – Anm. E.K.) abzulassen und die Metaphysik sich selbst zu überlassen" (SdD 25). Allerdings gibt er seinerseits nicht das Denken preis; er verzichtet nicht auf das unentwegt zu Denkende.

Das Walten des Ge-stells der Technik gehört jedoch in das Geschick (iii), worüber der Mensch nicht verfügt (ii). Man muß also eine mögliche, zukünftige und günstige Kehre, d.i. „*diese* Kehre" (v-K, TK 40) abwarten. Sie braucht aber ihre Zeit (vi-SdI). Wie lange? Das weiß niemand. Mehr denn zweitausend Jahre (vi-SdI), dreihundert Jahre (SI 214) oder zwei oder mehrere Jahrzehnte[13]?[14]

[13] Vgl. Heidegger-Studies, Vol. 2, 1986, 2.

[14] Wie Heinrich W. Petzet berichtet, soll Heidegger um das Jahr 1945 vermutet haben, „daß – vielleicht in Jahrzehnten erst – die neuzeitliche Welt des technischen Menschen dem Ende und das heiße: ihrem Höhepunkt zustrebe. (Daß er sich in die-

Weil sich *diese* Kehre aber zugleich nicht ohne das Menschenwesen ereignet und das Ereignis sogar das Menschenwesen braucht (v-FT), kann Heidegger sich „daran abmühen, an schmalen und wenig weit reichenden Stegen eines Überganges zu bauen" (SI 219). Es genügt dabei aber nicht, daß wir diese beinahe hartnäckig zu nennende Bauarbeit Heideggers sozusagen objektiv, als was immer man auch will, zur Kenntnis nehmen. Heidegger erwartet, daß wir sein Sagen als den Ruf an unser Dasein zu uns selbst aufgreifen und uns zu eigen machen.

Das Menschenwesen (vi-K) betrifft beim späten Heidegger, wie schon erwähnt, nur den Denker und Dichter. Gerade deshalb vermißt er insgeheim, aber höchst gespannt *einen zu erwartenden Dichter und Denker.* „Aber die größte Not des Denkens besteht darin, daß heute, soweit ich sehen kann, noch kein Denkender spricht, der ‚groß' genug wäre, das Denken unmittelbar und in geprägter Gestalt vor seine Sache und damit auf seinen Weg zu bringen" (SI 219). „Dann erginge es dem Denken (Heideggers eigenem Denken – Anm. E. K.), das als vorläufiges in das Ereignis vorblickt und nur weisen – d. h. Weisungen geben kann, die die Richtung der Einkehr in die Ortschaft des Ereignisses ermöglichen sollen, ähnlich wie Hölderlins Dichtung, die ein Jahrhundert lang nicht da war – und gleichwohl war" (SdD 57 f.). Selbstverständlich sind diese Worte weder als Ausdruck seiner Unzufriedenheit mit der gegenwärtigen Lage der technischen Welt noch als Schimpfwort auf die Philosophie zu verstehen. Die Rede von der Dürftigkeit des Denkers verrät vielmehr nichts anderes als die Frömmigkeit seines Denkens, das sich darum müht, dem Walten und Verwahren der Wahrheit fügsam zu sein (vi-Ft, TK 34) und das Geheimnis als das Geheimnis zu hüten (EH 24).

Heidegger verhofft (v-Ft, TK 33) wie ein Wildtier im Schwarzwald auf den kommenden Denker. Er zitiert denn auch am Ende des Fernsehgesprächs mit Richard Wisser ein zutiefst fromm gestimmtes Wort Heinrich von Kleists: „Ich trete vor einem zurück, der noch nicht da ist, und beuge mich, ein Jahrtausend ihm voraus, vor seinem Geiste" (IG 77).

ser Vermutung, zumindest ihrem allzu kurzen zeitlichen Ansatz, täuschte, hat er später in einer Meßkircher Rede offen zugegeben.)" Vgl. H. W. Petzet: Auf einen Stern zugehen, Frankfurt a. M. 1983, 55.

Abschließend sei noch angedeutet, daß man im Blick auf Heidegger, der die Ankunft des großen Denkers so heiß ersehnt, sich an Nietzsche erinnert fühlt, was uns aufhorchen läßt und neue Dimensionen zu erschließen verspricht.

Siglenverzeichnis

EdD	Aus der Erfahrung des Denkens. Pfullingen 1954.
EH	Erläuterungen zu Hölderlins Dichtung. 4. erw. Aufl. Frankfurt a. M. 1971.
EiM	Einführung in die Metaphysik. Tübingen 1953.
FT	Die Frage nach der Technik (in TK).
GA	Gesamtausgabe. Frankfurt a. M. 1976 ff.
Gel	Gelassenheit. Pfullingen 1959.
Hw	Holzwege. Frankfurt a. M. 1950.
Hum	Über den Humanismus. Frankfurt a. M. 1949.
ID	Identität und Differenz. Pfullingen 1957.
IG	Martin Heidegger im Gespräch. Hrsg. von Richard Wisser. Freiburg/München 1970.
K	Die Kehre (in TK).
N I, II	Nietzsche. 2 Bde. Pfullingen 1961.
SdD	Zur Sache des Denkens. Tübingen 1969.
SdI	Der Satz der Identität (in ID).
SI	Spiegel-Interview. In: Der Spiegel, 30. Jg., Nr. 23, 1976, 193–219.
SuZ	Sein und Zeit. Tübingen 1927.
SvG	Der Satz vom Grund. Pfullingen 1957.
TK	Die Technik und die Kehre. Pfullingen 1962.
UzS	Unterwegs zur Sprache. Pfullingen 1959.
VA	Vorträge und Aufsätze. Pfullingen 1954.
VS	Vier Seminare. Frankfurt a. M. 1977.
WhD	Was heißt Denken? Tübingen 1954.
WiM	Was ist Metaphysik? 5. erw. Aufl. Frankfurt a. M. 1949.
ZSF	Zur Seinsfrage. Frankfurt a. M. 1956.

Der Bezug zu Platon und Aristoteles in Heideggers Fundamentalverständnis der Technik

FRANCO VOLPI

1. Weshalb „fundamental"?

Schon früh in unserem Jahrhundert hat man das Phänomen der Technik in seiner Tragweite und Relevanz für die zeitgenössische Weltzivilisation philosophisch thematisiert und zum Gegenstand kritischer Analyse gemacht. Ein signifikantes Beispiel für die Intensität, mit der man über das Phänomen nachgedacht hat, ist das „Denken der Krise", das sich in Europa und besonders im deutschsprachigen Raum zwischen den zwei Weltkriegen entfaltete und schon in jenen Jahren zusammen mit der Kritik an den optimistischen Fortschrittsideologien und der positivistischen Wissenschaftsgläubigkeit zum Vorzeichen für ein epochales Unbehagen und zum Vorreiter einer tiefzehrenden Selbsthinterfragung der abendländischen Kultur wurde. Eine ganze Reihe berühmter Diagnosen der geistigen und kulturellen Krise des Abendlandes und Kritiken an seiner wissenschaftlich-technischen Rationalität wurde dadurch veranlaßt oder läßt sich darauf zurückführen. Nur einige der bekanntesten können hier exemplarisch erwähnt werden:

Oswald Spengler gab mit seinem epochemachenden Werk *Der Untergang des Abendlandes* (1918–1922) den Ton an[1], und es erhoben sich alsbald weitere Stimmen, die aus je verschiedener philosophischer oder weltanschaulicher Perspektive ihr Verständnis von Wissenschaft, Rationalität und Technik als Grundfaktoren der okzidentalen Geschichte vorlegten. Düstere Schatten wurden von Theodor Lessing in seiner Schrift *Der Untergang der Erde am Geist* (1924, 1930, ursprünglich 1918 unter dem Titel: *Europa und Asien*) herauf-

[1] Vgl. auch seine spätere Schrift *Der Mensch und die Technik. Beitrag zu einer Philosophie des Lebens* (1931).

beschworen[2], dann von Leopold Ziegler in *Der europäische Geist* (1929), und ferner vom niederländischen Humanisten und Historiker Johan Huizinga in seinen kulturpessimistischen Klageschriften (*In de schaduwen van morgen,* 1935; *Geschonden wereld* 1945). Mit einem an Nietzsches Gedanken des Willens zur Macht inspirierten eisernen Heroismus begrüßte Ernst Jünger den Zerfall alter Ordnungen und Werte und kündigte das Heraufkommen der neuen Leitgestalt des Arbeiters als Sinnbild der technisch durchbestimmten neuen Weltordnung an (*Die Totale Mobilmachung,* 1930; *Der Arbeiter,* 1932).[3] Aus katholischer Weltanschauung stammte die klarsichtige Denunziation der Gefahren einer zum Selbstzweck und somit unkontrollierbar gewordenen Entwicklung der Technik, mit der schon früh Romano Guardini in seinen *Briefen vom Comersee. Gedanken über Technik* (1927) warnte und die er später in den Schriften *Das Ende der Neuzeit* (1950) und *Die Macht* (1952) weiterführte. Die katholische Weltsicht lag auch Max Schelers umgreifendem, auch für das Problem von Wissenschaft und Technik aufmerksamem philosophischem Denkentwurf (*Die Stellung des Menschen im Kosmos,* 1928; *Philosophische Weltanschauung,* 1929) zugrunde. Auch Freud stellte von der Psychoanalyse her seine Überlegungen an (*Das Unbehagen in der Kultur,* 1929). Kurz darauf erschien die wirkungsreiche Gegenwartskritik von Karl Jaspers: *Die geistige Situation der Zeit* (1931), deren Technikpassagen später in *Vom Ursprung und Ziel der Geschichte* (1949) in einer Gesamtanalyse ausgeführt werden sollten. Doch die philosophisch relevantesten Versuche einer Untersuchung und Kritik abendländischer Rationalität und ihrer Entwicklung im technisch-instrumentellen Sinne waren und bleiben *Die Krise der europäischen Wissenschaften* (1936) Edmund Husserls sowie Max Horkheimers *Eclipse of Reason* (1947) und die zusammen mit Theodor W. Adorno verfaßte *Dialektik der Aufklärung* (1944).

Heideggers Verständnis der Technik läßt sich zwar mit den genannten Diagnosen (namentlich mit einigen unter ihnen wie der Husserls, Jüngers, Jaspers' oder gar Horkheimers und Adornos) in Bezug setzen, nämlich insofern, als wir zum einen im nachhinein

[2] Erwähnenswert ist auch das aus einem Vortrag entstandene Bändchen *Die verfluchte Kultur. Gedanken über den Gegensatz von Leben und Geist* (1921).

[3] Vgl. ebenso die Überlegungen des Bruders Friedrich Georg in *Die Perfektion der Technik* (geschrieben 1939, erschienen 1946) und *Maschine und Eigentum* (1949).

Vergleichsbetrachtungen anstellen und Parallelen ziehen können und zum anderen eine tatsächliche historische Verbindung besteht.[4] Es zeichnet sich vor ihnen allerdings dadurch aus, daß Heidegger mit einer philosophischen Radikalität, deren kein anderer nach Hegel und Nietzsche fähig gewesen ist, das Wesen unserer Zeit, und damit das Wesen der Technik, auf seine griechischen Wurzeln zurückgeführt und im Zusammenhang damit das Phänomen der Technik in einem fundamentalgeschichtlichen Gesamtrahmen interpretiert hat.[5] Diese Fundamentalgeschichte ist für Heidegger im wesentlichen eine Seinsgeschichte, und deren Geschehen läßt sich, soweit überhaupt möglich, an der abendländischen Metaphysikgeschichte erkennen. Das Heideggersche Verständnis der Technik mit seiner Grundthese, das Wesen der Technik sei die Vollendung der abendländischen Metaphysik, basiert somit auf seiner Interpretation der Metaphysikgeschichte; steht und fällt mit dieser. Die Radikalität dieses Verständnisses besteht zum einen eben darin, daß es nicht bei epochenimmanenten Ursachenverweisungen stehenbleibt, sondern das Wesen der Technik über den gegenwartsspezifischen epochalen Horizont hinaus bis zu dessen ersten Wurzeln, also bis zu dessen eigentlichem Ursprung und Fundament zurück hinterfragt; in diesem Sinne wird es hier Fundamentalverständnis genannt. Zum anderen aber besteht es auch darin, daß in diesem Gesamtrahmen moderne Technik und griechische Philosophie als zwei verbundene Enden des gleichen Ge-

[4] Wie man weiß, hat sich Heidegger intensiv vor allem mit Ernst Jünger auseinandergesetzt. In seinen Vorlesungen finden sich aber ebenso Spuren einer gründlichen Konfrontation mit den Kulturkritiken von Spengler, Scheler, Ziegler. Zu Husserls Diagnose der Krise der europäischen Wissenschaften hat sich Heidegger kaum geäußert: vgl. allerdings die offensichtlich, aber ohne Namennennung, auch auf Husserl anspielenden Überlegungen über die Krise der Wissenschaften in der Vorlesung des Wintersemesters 1937/38 *Grundfragen der Philosophie. Ausgewählte „Probleme" der „Logik"*, Gesamtausgabe Bd. 45, S. 53 f. Trotz des breiten Verwandtschaftsspektrums, das H. Mörchen in seiner postum inszenierten Kommunikation (*Macht und Herrschaft im Denken von Heidegger und Adorno,* Stuttgart 1980, und *Adorno und Heidegger. Untersuchung einer philosophischen Kommunikationsverweigerung,* ebd. 1981) aufgewiesen hat, blieb dagegen jegliche Diskussion mit Adorno und Horkheimer aus.

[5] Die Fundamentalität und Radikalität von Heideggers Technik-Analyse gegenüber „gängigen Vorstellungen" der Technik wird präzise erfaßt und angemessen hervorgehoben in den zwei besten Gesamtdarstellungen zum Problem: J. Loscerbo, *Being and Technology. A Study in the Philosophy of Martin Heidegger,* Phaenomenologica Bd. 82, The Hague/Boston/London 1981, und G. Seubold, *Heideggers Analyse der neuzeitlichen Technik,* Freiburg/München 1986.

schichtsgeschehens erkannt werden und dieses durch den unsichtbaren, gemeinsamen Nenner, auf den die verschiedenen, an der Oberfläche vernehmbaren Faktoren dieser Geschichte zurückgeführt werden, in seiner Einheitlichkeit erfaßt wird. Heideggers ganze Interpretation der abendländischen Metaphysikgeschichte baut an der Rückführung der wesentlichen Züge und Momente der Metaphysik auf diesen einen fundamentalgeschichtlichen gemeinsamen Nenner. Dieser ist durch den Grundzug der „Subiectität" und durch die onto-theo-logische Verfassung bestimmt: die Subiectität ist im wesentlichen bei Heidegger mit dem Platonismus verbunden, der bis zu Nietzsche als ein durchgehender Charakter der Metaphysik verstanden wird; die onto-theo-logische Verfassung der Metaphysik geht auf Aristoteles zurück und bleibt ebenso für die ganze abendländische Tradition prägend.

2. Platonismus und Aristotelismus als technikhomogene Leitlinien der Metaphysikgeschichte

Heidegger läßt in der Tat das metaphysische Geschick des Abendlandes mit Platon und Aristoteles beginnen. Bei Platon geschehe ein Wesenswandel in der Bestimmung der Wahrheit, die er durch seine berühmte Auslegung des zu Beginn des VII. Buches der *Politeia* erzählten Höhlengleichnisses aufzuzeigen sucht. Wahrheit sei bei Platon einerseits noch im ursprünglichen, ontologischen Sinne von Unverborgenheit als ein Charakter des Seienden selbst verstanden, andererseits aber beginne schon bei Platon die Einschränkung des Sinns von Wahrheit auf Richtigkeit (ὀρθότης) im Sinne der Korrektheit des Blickes, der Seiendes vernimmt, womit Wahrheit auf einen Charakter des Erkennens reduziert wird. Heidegger macht gerade den Umbruchspunkt dieses Wandels namhaft: „Aus einem einzigen Satz des Abschnittes, der Platons eigene Deutung des „Höhlengleichnisses" enthält (517 b,7 bis c,5), läßt sich die Zweideutigkeit der Wesensbestimmung der Wahrheit ablesen. Der leitende Gedanke ist, daß die höchste Idee das Joch spannt zwischen dem Erkennen und seinem Erkannten. Dieses Verhältnis wird aber in zweifacher Weise gefaßt. Zuerst und daher maßgebend sagt Platon: Bestimmung der ἡ τοῦ ἀγαθοῦ ἰδέα sei πάντων ὀρθῶν τε καὶ καλῶν αἰτία,

„von allem Richtigen sowohl als auch von allem Schönen die Ur-sache" (d. h. die Ermöglichung des Wesens). Dann aber heißt es, die Idee des Guten sei κυρία ἀλήθειαν καὶ νοῦν παρασχομένη, „Herrin, die Unverborgenheit aber auch Vernehmen gewährt". [...] Beide Sätze sagen vom Vorrang der Idee des Guten als der Ermöglichung der Richtigkeit des Erkennens und der Unverborgenheit des Erkannten. Wahrheit ist hier noch zumal Unverborgenheit und Richtigkeit, wenngleich auch die Unverborgenheit unter dem Joch der ἰδέα steht."[6] Kurz zuvor hatte er die gleiche Bestimmung der Idee des Guten so kommentiert: „Die ἀλήθεια kommt unter das Joch der ἰδέα. Indem Platon von der ἰδέα sagt, sie sei die Herrin, die Unverborgenheit zulasse, verweist er in ein Ungesagtes, daß nämlich fortan sich das Wesen der Wahrheit nicht als das Wesen der Unverborgenheit aus eigener Wesensfülle entfaltet, sondern sich auf das Wesen der ἰδέα verlagert. Das Wesen der Wahrheit gibt den Grundzug der Unverborgenheit preis."[7] Mit diesem Wandel in der Wesensbestimmung der Wahrheit wird für Heidegger eine Leitbahn der Metaphysik gebrochen, nämlich diejenige, die er in den Nietzsche-Vorlesungen als „Subiectität", von der die neuzeitliche Subjektivität nur die verstärkte Gestalt ist, zu erfassen sucht. Sie ist durch die Vorrangstellung des Menschen inmitten des Seienden bestimmt, und zwar als desjenigen, der jeweils als animal rationale, Geist, Ichheit, Subjekt, Bewußtsein erkenntnismäßig und operativ das Seiende zu beherrschen beansprucht. Gerade dieser Zug der Metaphysik finde seine vollendete Gestalt in der Technik als höchster Form von Subjektivität.

Was Aristoteles angeht, so ist er Heidegger zufolge derjenige, der die von Platon eröffnete Bahn der abendländischen Metaphysik bezüglich aller wesentlichen philosophischen Probleme und Termini

[6] *Platons Lehre von der Wahrheit,* in *Wegmarken,* Gesamtausgabe Bd. 9, S. 232. Auf die gleiche Bestimmung der Idee des Guten (*Politeia,* 517c 3f.) weist Heidegger schon in der Vorlesung des Sommersemesters 1927 über *Die Grundprobleme der Phänomenologie* hin, in der eine erste Auslegung des Höhlengleichnisses enthalten ist. Hier sagt er: „Das ἀγαθόν ist μόγις ὁρᾶσθαι, kaum zu sehen. Zweitens sagt Plato vom ἀγαθόν: ἔν τε νοητῷ αὐτὴ κυρία ἀλήθειαν καὶ νοῦν παρασχομένη. Sie ist dasjenige, was im Erkennbaren herrscht, und dasjenige, was Erkenntnis und Wahrheit ermöglicht" (Gesamtausgabe Bd. 24, S. 404). Vgl. auch die späteren Überlegungen zur Platonischen Bestimmung der Idee des Guten in *Nietzsche,* Bd. II, S. 223ff.

[7] *Platons Lehre von der Wahrheit,* a. a. O., S. 230.

systematisch erschließt und ausbaut. Dies gilt zunächst einmal für die mit Platon ansetzende metaphysische Wesensbestimmung der Wahrheit. Zu seiner soeben erwähnten Interpretation der Zweideutigkeit in der Platonischen Wahrheitsbestimmung fügt Heidegger hinzu: „Die gleiche Zweideutigkeit in der Wesensbestimmung der Wahrheit herrscht auch noch bei Aristoteles. In dem Schlußkapitel des neunten Buches der Metaphysik (Met. Θ, 10, 1051 a 25 sqq.), wo das aristotelische Denken über das Sein des Seienden die Gipfelhöhe erreicht, ist die Unverborgenheit der alles beherrschende Grundzug des Seienden. Zugleich aber kann Aristoteles sagen: οὐ γὰρ ἐστι τὸ ψεῦδος καὶ τὸ ἀληθὲς ἐν τοῖς πράγμασιν ... ἀλλ'ἐν διανοίᾳ (Met. E, 4, 1027 b 25 sq.) ,Nicht nämlich ist das Falsche und das Wahre in den Sachen (selbst) ... sondern im Verstand'"[8].

Zur Reihe der weiteren Probleme und Bestimmungen, für die Aristoteles – wie Heidegger immer wieder betont und gerne zeigt – eine metaphysikgeschichtliche Grundlegungsfunktion hat, kann man hier nur generell sagen, daß sie das ganze Spektrum des Philosophierens abdeckt: Lehre vom Logos und der Kategorialität, Seinslehre, Theologie, Kosmologie, Physik, Psychologie, Poetik, Rhetorik. Doch für die Interpretation der Metaphysikgeschichte kommt es Heidegger vor allem auf den einen wesentlichen Grundzug an, den Aristoteles prägt: es ist die onto-theo-logische Verfassung, die die Metaphysik in ihrem Innersten – also in ihrer Leitfrage nach dem Seienden – durchzieht. Seit der Aristotelischen Bestimmung der Ersten Philosophie zugleich als Lehre vom Ganzen des Seienden im Sinne seiner allgemeinsten Züge (ὂν καθόλου = κοινόν) und als Lehre vom Ganzen des Seienden im Sinne des höchsten, also göttlichen Seienden (ὂν καθόλου = ἀκρότατον, θεῖον) ist die abendländische Metaphysik durch den zweifachen Charakter der Ontologie und der Theolo-

[8] Ebd. S. 232. Es ist interessant, zu verfolgen, wie Heidegger bei seinen wiederholten Aristoteles-Interpretationen zunächst die eine, dann vorwiegend die andere Seite akzentuiert. Auf den früheren Versuch einer positiven Aneignung der Aristotelischen Wahrheitsbestimmung in ihrem ontologischen Potential in der Marburger Vorlesung des Wintersemesters 1925/26 (Gesamtausgabe Bd. 21) und in der Freiburger Vorlesung des Sommersemesters 1930 (Gesamtausgabe Bd. 31) wird noch zurückzukommen sein. Exemplarischer Beleg für die kritische Einstellung ist hingegen die Vorlesung des Wintersemesters 1937/38, in der Aristoteles zugeschrieben wird, die Wahrheitsauffassung als Richtigkeit der Aussage aufgestellt zu haben (Gesamtausgabe Bd. 45, S. 56 ff.).

gie, der zugleich die ausschließliche Dominanz des Seienden und Vergessenheit des Seins implementiert, wesentlich geprägt. Heidegger hat an verschiedenen Stellen die These von der onto-theo-logischen Verfassung der Metaphysik erläutert: eine erste, ausführliche Darstellung findet sich in der Freiburger Vorlesung des Wintersemesters 1929/30 über *Die Grundbegriffe der Metaphysik. Welt-Endlichkeit - Einsamkeit*[9]; es finden sich dann immer wieder mehr oder minder ausführliche Hinweise wie etwa in der *Einleitung zu: „Was ist Metaphysik?“* (1949)[10]; aber die bekannteste Darstellung enthält der Aufsatz *Die onto-theo-logische Verfassung der Metaphysik*.[11]

Selbst wenn man sich auf diese knappen Hinweise beschränkt, liegt es auf der Hand, daß im Heideggerschen Verständnis die abendländische Metaphysik im wesentlichen Platonismus und Aristotelismus ist. Wenn nun aber die Metaphysik ihre Vollendung im Wesen der Technik hat, so liegt die Frage nahe: läßt sich dann transitiv behaupten, daß die zwei Grundzüge des Platonismus und Aristotelismus metaphysikgeschichtlich als die allerersten Urstadien der Technik gedeutet werden können? Und wenn ja, inwiefern? Das ist die Frage, die im folgenden erörtert werden und deren Beantwortung zugleich klären soll, in welchem Bezug Heideggers Fundamentalverständnis der Technik zu Platon und Aristoteles steht.

3. Platon: Wahrheit, „Subiectität“, Technik

Was Platon und den Platonismus angeht, so enthält die Platonische Metaphysik eine ganze Reihe von Aspekten und Elementen, die mit der nachfolgenden Entwicklung in Richtung Technik homogen sind und mit ihr in einer Kontinuität stehen. Heidegger hat dies von Anfang an, d.h. auch zu einer Zeit, als seine Analyse der Technik noch gar nicht so ausgebaut worden war[12] wie zuletzt, klar gesehen und herausgestellt. Man braucht nur etwa die wichtige Marburger

[9] Gesamtausgabe Bd. 29/30, §§ 8–15.

[10] In *Wegmarken*, Gesamtausgabe Bd. 9, S. 378 ff.

[11] Es handelt sich um den Text eines am 24. Februar 1957 in Todtnauberg gehaltenen Vortrags, der aus einer Seminarübung des Wintersemesters 1956/57 über Hegels *Wissenschaft der Logik* gewonnen und in *Identität und Differenz* (1957) veröffentlicht wurde.

[12] In *Sein und Zeit* kommt das Wort „Technik“ nur zweimal vor.

Vorlesung des Sommersemesters 1927 heranzuziehen[13], um dies bestätigt zu finden. Im Kontext einer Analyse der Seinslehre der mittelalterlichen Ontologie, die am Seienden eine (bei Thomas, Duns Scotus und Suárez je anders konzipierte) Unterscheidung zwischen essentia und existentia statuiert, führt Heidegger diese Unterscheidung bis auf ihre griechischen Ursprünge bei Aristoteles zurück und erörtert dabei unter anderem auch die Platonische Seinslehre, um herauszustellen, daß diese – wie überhaupt die griechische Philosophie – auf der impliziten, unhinterfragten Voraussetzung eines Vorrangs des Horizonts des ποιεῖν bzw. des herstellenden Verhaltens aufbaut. Dies insofern, als das Herstellen das Verhalten ist, in dem eine vorgängige Unterscheidung des εἶδος, der essentia im Sinne der Form und des Vorbilds, vom Moment ihrer Verwirklichung vorausgesetzt ist, denn das Herstellen wird eben als die Tätigkeit bestimmt, die einer Form konkrete Existenz im Material verleiht. Selbst Platons Idee des Guten ist nach Heidegger, der sich freilich diesbezüglich nicht über einen Hinweis hinauswagt, im Horizont eines Vorrangs des Herstellens konzipiert. Er schreibt: „Es sieht so aus, als würde unsere These, die antike Philosophie interpretiere das Sein im Horizont des Herstellens im weitesten Sinne, in gar keinem Zusammenhang mit dem stehen, was Platon als die Bedingung der Möglichkeit des Seinsverständnisses fixiert. Unsere Interpretation der antiken Ontologie und ihres Leitfadens scheint willkürlich zu sein. Was soll die Idee des Guten mit dem Herstellen zu tun haben? Ohne darauf näher einzugehen, geben wir nur den Hinweis, daß die ἰδέα ἀγαθοῦ nichts anderes ist als der δημιουργός, der Hersteller schlechthin. Das läßt bereits sehen, wie die ἰδέα ἀγαθοῦ mit dem ποιεῖν, πρᾶξις, τέχνη im weitesten Sinne zusammenhängt".[14] Die unhinterfragte Voraussetzung des Horizonts des Herstellens wirkt also gar im Kulminationspunkt von Platons Denken. Das Herstellen ist aber andererseits der Grundzug, der als epochaler Bestimmungsgrund im Wesen der modernen Technik auftritt; denn das Herstellen ist das Verhalten,

[13] *Die Grundprobleme der Phänomenologie,* Gesamtausgabe Bd. 24, s. 400–405.

[14] Ebd., S. 405. In der von Heidegger selbst veröffentlichten Auslegung des Höhlengleichnisses wird dieser Hinweis nicht mehr vertieft. Womöglich geschieht dies in der im Erscheinen begriffenen Vorlesung des Wintersemesters 1931/32 *Vom Wesen der Wahrheit. Zu Platons Höhlengleichnis und Theätet*, Gesamtausgabe Bd. 34, auf der der Aufsatz *Platons Lehre von der Wahrheit* fußt.

das im Zeitalter der Technik gemäß der von Heidegger „Ge-stell" genannten epochalen Konstellation zum Grundverhalten wird. Gewiß, antike τέχνη und moderne Technik sind nicht ein und dasselbe; gleichwohl stehen sie zueinander in einem fundamentalen Zusammenhang. Also wird hier der technik-homogene Charakter des Platonismus deutlich.

Deutlich tritt dieser Charakter auch in der Vorlesung des Wintersemesters 1937/38 *Grundfragen der Philosophie. Ausgewählte „Probleme" der „Logik"*[15] ans Licht, und zwar dort, wo Heidegger die bereits in der Auslegung des Höhlengleichnisses behandelte Platonische Wahrheitsbestimmung im Kontext einer Erörterung der Entgegensetzung von τέχνη und φύσις wieder aufgreift. Schon früher, nachdem er sich etwa seit Beginn der Dreißiger Jahre angeschickt hatte, das Problem der Technik anzugehen, hatte Heidegger die griechische Auffassung der τέχνη behandelt, und zwar als die Grundhaltung, durch die die Griechen das als φύσις erfahrene Sein aufzudecken und in dieser Aufdeckung festzuhalten suchen. In einer der ersten Vorlesungen, in der das Problem der τέχνη genannt wird, in der des Sommersemesters 1930 *Vom Wesen der menschlichen Freiheit*[16], behauptet Heidegger, daß „τέχνη von früh an und lange Titel des ganzen Erkennens, des Offenbarmachens des Seienden selbst ist. τέχνη bezeichnet weder ‚Technik' als *praktische* Tätigkeit, noch ist sie nur auf handwerkliches Sichauskennen zunächst beschränkt, sondern sie meint alles als *Herstellen* im weitesten Sinne und die dieses leitende ‚Erkenntnis'. In ihr spricht sich der Kampf um die *Anwesenheit* des Seienden aus".[17] In der Vorlesung des Sommersemesters 1937/38, in der sich die hier in Frage stehende Stelle findet, thematisiert Heidegger das griechische Seinsverständnis als φύσις und Anwesen in bezug auf die „technische" Erschließung von dessen Sinn; er geht also auf das Verhältnis zwischen φύσις und τέχνη, wie er sich dies in der Vorlesung des Sommersemesters 1935 *Einführung in die Metaphysik* vorgenommen hatte.[18] Er interpretiert die φύσις als die

[15] Gesamtausgabe Bd. 45. Die Bedeutung der Vorlesung rührt nicht zuletzt daher, daß sie auf das von Heidegger in den *Beiträgen zur Philosophie* Gedachte gründet.

[16] Gesamtausgabe Bd. 31.

[17] Gesamtausgabe Bd. 31, S. 72.

[18] Gesamtausgabe Bd. 40, S. 19: „Das wesentlich Selbe in φύσις und τέχνη ließe sich nur in einer besonderen Betrachtung verdeutlichen".

Grundhaltung, „in der sich die Bewahrung des Er-staunlichen, der Seiendheit des Seienden, entfaltet und zugleich aber auch festlegt“[19], als die Disposition, in der der Mensch der φύσις gemäß wird, dies jedoch nicht als „eine Angleichung in dem Sinne, daß der Mensch einfach φύσις sei, sondern im Gegenteil als ein sich Unterscheiden, aber ein gemäßes, d.i. ein solches, das sein Maß, die φύσις, festhält und demgemäß sich verhält und das Verhalten einrichtet. Wenn anders der Mensch gerade nicht das Seiende im Ganzen selbst ist, wohl aber der in das Inmitten des Seienden Versetzte als der Bewahrer seiner Unverborgenheit, dann kann sich dieses Vernehmen und Bewahren nicht wieder als φύσις bestimmen, sondern es muß das der φύσις gemäße, sie freigebende und doch fassende Andere sein“.[20] Das ist eben die τέχνη, die also bedeutet: „das von sich her aufgehende Seiende in dem, fassen, als was es sich zeigt, in seinem Aussehen, εἶδος, ἰδέα, um diesem gemäß das Seiende selbst zu pflegen und wachsen zu lassen bzw. durch Herstellung und Aufstellung von Entsprechendem innerhalb des Seienden im Ganzen sich einzurichten“.[21]

Nun erklärt Heidegger in diesem Zusammenhang, daß die τέχνη den Grund für die Möglichkeit jenes mit Platon erfolgenden Wesenswandels in der Bestimmung der Wahrheit darstellt, nämlich für die Reduktion von Wahrheit auf Richtigkeit und Angleichung: „Die Grundhaltung zur φύσις, die τέχνη, als Vollzug der Notwendigkeit der Not des Erstaunens ist nun aber zugleich der Boden, auf dem sich die ὁμοίωσις, die Umbildung der ἀλήθεια als Unverborgenheit in die Richtigkeit, zur Geltung bringt. Mit anderen Worten, im Vollzug der Grundstimmung selbst liegt die *Gefahr* ihrer Verstörung und Zerstörung. Denn im Wesen der von der φύσις selbst geforderten τέχνη als des vorgehenden und einrichtenden Waltenlassens der Unverborgenheit des Seienden liegt die Möglichkeit des *Eigenmächtigen*, der losgebundenen Zwecksetzung und damit des Heraustretens aus der Notwendigkeit der anfänglichen Not“.[22] Damit deckt Heidegger abermals hinter einem Platonischen Grundgedanken den

[19] Gesamtausgabe Bd. 45, S. 178.

[20] Ebd.

[21] Ebd., S. 179. Vgl. auch die Interpretation des griechischen Begriffs τέχνη in der Vorlesung des Sommersemesters 1944 *Logik. Heraklits Lehre vom Logos,* Gesamtausgabe Bd. 55, S. 201–204.

[22] Ebd., S. 160.

vorausgesetzten Vorrang der τέχνη auf und weist also eine hintergründige Affinität zwischen Platonismus und „Technik" auf. Freilich meint hier τέχνη nicht Technik, wie Heidegger selbst deutlich hervorhebt: „Von diesem griechischen Wort [τέχνη] müssen wir aber das heute gebräuchliche und sprachlich davon abgeleitete Wort ‚Technik' und alle Bedeutungszusammenhänge, die der Name ‚Technik' denkt, fernhalten. [...] Die τέχνη ist die Weise des Vorgehens *gegen* die φύσις, aber *hier* noch nicht, um Nutzung und Berechnung zum Grundsatz zu machen, sondern umgekehrt, um das Walten der φύσις in der Verborgenheit zu halten".[23] Es bleibt dennoch der wesentliche Zusammenhang bestehen, den Heidegger aufgedeckt hat und wodurch sein Verständnis der Technik zu einem Fundamentalverständnis wird. Deshalb präzisiert Heidegger sogleich: „Allerdings – *daß* es zur neuzeitlichen und modernen Technik kommen konnte und mußte, ist im Anfang gegründet und durch das unumgängliche Nichtfesthaltenkönnen des Anfangs begründet. Damit ist gesagt: Die heutige Technik – nämlich als eine Form der ‚totalen Mobilmachung' *(Ernst Jünger)* – ist nur zu begreifen aus dem Anfang der abendländischen Grundstellung zum Seienden als solchem im Ganzen, gesetzt, daß wir ein ‚metaphysisches' Begreifen anstreben und uns nicht damit begnügen, die Technik in die politische Zwecksetzung einzuordnen".[24] Und er schließt die ganze Überlegung damit: „Aber das Aushalten der Anfangsstellung im Sinne der τέχνη führt zu einem Abfall vom Anfang. Das Seiende wird, überspitzt gesagt, zum Gegenstand des nach diesem sich richtenden Vor-stellens. Jetzt wird auch nach der ἀλήθεια gefragt, aber nunmehr aus dem Gesichtskreis der τέχνη, und die ἀλήθεια wird zur Richtigkeit des Vorstellens und Vorgehens".[25] Damit ist offensichtlich die Bahn gebrochen, die gemäß der Heideggerschen Interpretation durch den metaphysikgeschichtlichen Platonismus hindurch bis zum Wesen der neuzeitlichen und modernen Technik führt.

Eine ähnliche Kongruität mit dem Wesen der Technik läßt sich feststellen, wenn man die Grundzüge der Geschichte des Platonismus betrachtet, so, wie Heidegger sie in den Nietzsche-Vorlesungen

[23] Ebd., S. 179–180.
[24] Ebd., S. 179.
[25] Ebd., S. 181.

herausschält. Hier, wo es darum geht, für Nietzsches Denken samt der Lehre vom Willen zur Macht und der ewigen Wiederkehr des Gleichen die wesentliche Zugehörigkeit zur abendländischen Metaphysik aufzuweisen und es selbst als umgekehrten Platonismus, also als „zügelloseste" Form von Platonismus zu enttarnen, achtet Heidegger besonders auf jene Aspekte des Platonismus wie die Zwei-Welten-Lehre und die damit einhergehende Wertung, die diese seine These nahelegen. Dadurch wird die Kontinuität und Einheitlichkeit der Metaphysikgeschichte und ihrer durchgehenden Grundzüge von Platon bis zu Nietzsche und zum Wesen der Technik, vor allem des Grundzugs der Subiectität-Subjektivität[26], zutage gefördert. Heidegger tut das in einem Maße, daß man zuweilen den Eindruck hat, seine Kritik der abendländischen Metaphysik, worauf denn auch seine Kritik der Technik gründet, sei im Grunde eine Kritik des Platonismus.[27]

4. Aristoteles' Ambivalenz in der Metaphysikgeschichte

Anders ist es um Heideggers Einschätzung von Aristoteles im Horizont seines Verständnisses der Metaphysikgeschichte und der Technik bestellt. Gewiß, auch Aristoteles gehört – freilich in all seiner, von Heidegger oft und gern betonten Größe – in die Geschichte der Metaphysik, also in die Geschichte der Seinsvergessenheit zugunsten der Dominanz von Seiendem. Auch sein Denken setzt den unausgesprochenen, unhinterfragten Vorrang der Präsenz voraus, wonach dasjenige im höchsten Grad als Seiendes gilt, was am stabilsten Anwesenheitscharakter besitzt, und woraus denn auch der ausdrücklich gelehrte Vorrang der Theorie, die ein zur Beschauung gegebenes, ständig Anwesendes voraussetzt, erklärt werden kann. Ja, seit Aristoteles bekommt die Frage nach dem Seienden diejenige Struktur, die dann zur onto-theo-logischen Verfassung für die

[26] Vgl. insbesondere *Nietzsche*, Bd. II, S. 450–454.

[27] Ein signifikanter Rückbeweis dafür ist, daß in Loscerbos erwähnter Untersuchung der Heideggerschen Technik-Analyse, die ausführlich auf den Bezug zum griechischen Denken eingeht, Platon zentral ist, während Aristoteles außer acht gelassen wird. Ebenso wird in Seubolds zitierter Rekonstruktion, für die allerdings das Verhältnis zu den Griechen nicht zum abgesteckten Untersuchungsfeld gehört, Platon eher als Aristoteles in Erwägung gezogen.

ganze abendländische Metaphysik wird. Wenn dann die Metaphysik im Wesen der Technik ihre Vollendung und Bewahrheitung hat, so kann man wie schon für Platon und den Platonismus sagen, daß auch das Aristotelische Denken „technikhomogen" sei in dem Sinne, daß es ein Urstadium derjenigen Entwicklung sei, die bis zur Technik führt. Man kann weiterhin argumentieren, daß Wissenschaft und Technik erst auf dem Boden der Entwicklung einer ganzen Reihe von Grundentscheidungen möglich sind, die auf Aristoteles zurückgehen: etwa die Auslegung der Theorie im Sinne des konstatierenden, beschreibenden Verhaltens zum Seienden, die Reduzierung der Wahrheit auf die Richtigkeit der Aussage bzw. des Urteils, die einschränkende Interpretation des Logos im Sinne der Kategorialität, die Entfaltung der Lehre von der αἰτίαι im Sinne der Kausalität und dergleichen, alles Vorgänge, auf die Heidegger wiederholt sein Augenmerk gerichtet hat.

So sehr Aristoteles' Zugehörigkeit zur Metaphysikgeschichte, ja seine fundierende Erschließungsfunktion für die ganze abendländische Metaphysik außer Zweifel steht, so sehr liegt andererseits auf der Hand, daß Heidegger Aristoteles gegenüber insgesamt anders eingestellt und gestimmt war als Platon gegenüber. Daß in seinem Denken die Auseinandersetzung mit dem Stagiriten einen erheblich größeren Raum einnimmt, kommt wohl nicht von ungefähr. An anderer Stelle habe ich versucht, im einzelnen zu zeigen, wie stark Heideggers frühe Entwicklung von der Auseinandersetzung mit Aristoteles und dem vor allem als Immunisierung gegen den neuzeitlichen und modernen Subjektivismus wirksamen Bemühen einer positiven Aneignung von dessen philosophischen Grundintuitionen geprägt ist; dabei bin ich zu der provokativen These gelangt, daß sich die Terminologie von *Sein und Zeit* als eine „Übertragung" der Terminologie der *Nikomachischen Ethik* verstehen läßt.[28]

In der Zeit, als Heideggers Haltung gegenüber der Metaphysik und seine Auseinandersetzung mit fundierenden Hauptmomenten ihrer Geschichte (außer Aristoteles vor allem Descartes, Leibniz, Kant, Hegel und Husserl) im Sinne der phänomenologischen De-

[28] Vgl. F. Volpi, *Heidegger e Aristotele,* Padua 1984; ders., *Dasein comme praxis. L'assimilation et la radicalisation heideggerienne de la philosophie pratique d'Aristote,* in *Heidegger et l'idée de la phénoménologie.* Phaenomenologica Bd. 108, Dordrecht/Boston/London 1988, S. 1–41.

struktion bestimmt wird, fällt der Versuch einer produktiven Aneignung von Aristoteles (und dann von Kant) besonders auf. Da ist etwa die Hinterfragung von Husserls Bestimmung der Seinsweise der transzendentalen Subjektivität anhand der Analyse von ausschließlich theoretischen Erkenntnisakten, bei der Heidegger auf Aristoteles' vollumfängliche Darlegung der Grundhaltungen menschlichen Daseins (θεωρία, πρᾶξις, ποίησις) zurückgreift. Zentral ist auch die Analyse der Aristotelischen Bestimmung des Seienden im Sinne des Wahren (ὂν ὡς ἀληθές): sie wird zwar letztlich auf den unhinterfragten metaphysischen Horizont der Präsenz zurückgeführt, doch bemüht sich Heidegger unausgesetzt darum zu zeigen, daß sie noch ganz in einer ontologischen Fülle gedacht und die Spur eines vormetaphysischen Wahrheitsverständnisses sei, das später in der erkenntnistheoretischen Wahrheitsauffassung verlorengehe. Dies etwa bei der Analyse der Aristotelischen Wahrheitsauffassung in Met. Θ 10 in der Marburger Vorlesung des Wintersemesters 1925/26[29] oder in der Freiburger Vorlesung des Sommersemesters 1930[30], wo Heidegger gegen die Aristoteles-Forschung (A. Schwegler, W. Jaeger, W. D. Ross) den ontologischen Charakter der Wahrheitsauffassung von Met. Θ 10 aufzeigt und die Kohärenz dieser Lehre mit dem Lehrgehalt des Buches Θ nachweist. Dementsprechend bestreitet Heidegger in *Sein und Zeit* die These, daß die traditionelle Auffassung der Wahrheit als adaequatio intellectus et rei, welche im Urteil ihren Ort habe, auf Aristoteles als deren Urheber zurückgeführt werden könne.[31]

Aber auch im Falle einer metaphysischen Grundentscheidung, für die Aristoteles eindeutig als Urheber anzusehen ist, wie für die philosophische Bestimmung vom Wesen der Zeit, weiß Heidegger hinter Aristoteles' scheinbar chronometrischer, naturalistischer Zeitdefinition einen Sinn zu entdecken, der jenseits seines eigentlichen metaphysischen Zugehörigkeitsrahmens weist. Dies etwa bei der Analyse der Aristotelischen Zeitabhandlung der *Physik* Δ 10–14 in der Marburger Vorlesung des Sommersemesters 1927[32], wenn er hinter der

[29] *Logik. Die Frage nach der Wahrheit,* Gesamtausgabe Bd. 21.
[30] *Vom Wesen der menschlichen Freiheit,* Gesamtausgabe Bd. 31.
[31] *Sein und Zeit,* § 44 (Gesamtausgabe Bd. 2). Vgl. auch Gesamtausgabe Bd. 21, S. 128.
[32] *Die Grundprobleme der Phänomenologie,* Gesamtausgabe Bd. 24, § 19.

scheinbaren Tautologie der Aristotelischen Zeitdefinition (τοῦτο γάρ ἐστιν ὁ χρόνος, ἀριθμὸς κινήσεως κατὰ τὸ πρότερον καὶ ὕστερον, 219b 1–2) einen impliziten Bezug zur zählenden (und „jetzt" sagenden) Seele entdecken möchte, der dann in der bekannten Aporie der Abhängigkeit der Zeit von der Existenz der Seele (πότερον δὲ μὴ οὔσης ψυχῆς εἴη ἂν ὁ χρόνος ἢ οὔ, 223 a 21) voll an den Tag gebracht wird: diese geahnte, wesentliche Zusammengehörigkeit von Zeit und Seele (will sagen: Dasein) durchbreche wenigstens in einem Punkt den Horizont des naturalistischen Zeitverständnisses, das Aristoteles für die ganze nachfolgende Metaphysik kodifiziert. An einer Stelle der Vorlesung des Sommersemesters 1926 über *Die Grundprobleme der antiken Philosophie* geht Heidegger anscheinend so weit, zu denken, Aristoteles habe in gewisser Weise die Grundentdeckung der Bestimmung des Daseins als ursprünglicher Zeitlichkeit vorausgeahnt, und zwar in einem Passus von *De anima* Γ 10, wo Aristoteles den Menschen von anderen Lebewesen durch die Zeitwahrnehmung (αἴσθησις χρόνου) auszuzeichnen scheint. Heidegger paraphrasiert diesen Passus so: „Der Gegensatz von Trieb und eigentlich entschlossener, vernünftiger Handlung ist eine Möglichkeit nur bei lebendigen Wesen, die die Möglichkeit haben, Zeit zu verstehen. Sofern das Lebendige dem Trieb überlassen ist, ist es bezogen auf das, was gerade da ist und reizt, τὸ ἤδη ἡδύ; darauf strebt der Trieb hemmungslos, auf das gegenwärtige, Verfügbare. Aber dadurch, daß im Menschen die αἴσθησις χρόνου liegt, hat der Mensch die Möglichkeit, sich τὸ μέλλον zu vergegenwärtigen als das Mögliche, um dessen willen er handelt".

Aber nicht nur in der Zeit der phänomenologischen Destruktion der herkömmlichen Ontologie, sondern auch später, als die Forderung, „der Metaphysik ins Gesicht zu sehen"[33], im Sinne der „Überwindung" und „Verwindung" verschärft und vertieft wird, ließe sich zeigen, wie sehr Heidegger davon überzeugt war, daß die Größe des Aristoteles nicht nur darin bestand, groß innerhalb der Metaphysik zu sein, sondern auch darin, daß er in seinem Denken etwas vom großen vormetaphysischen Anfang zu bewahren wußte. Es wäre interessant, zu verfolgen, wie Heidegger immer wieder versucht hat,

[33] So der von Heidegger selbst verwendete Ausdruck (vgl. *Die Grundbegriffe der Metaphysik. Welt – Endlichkeit – Einsamkeit,* Gesamtausgabe Bd. 29/30, S. 5).

im Denken des Aristoteles Grundintuitionen zu erkennen, die, wenn auch innerhalb der Metaphysik gedacht, in gewisser Weise doch über das Joch der Metaphysik hinausdeuten, insofern sie etwas noch Vormetaphysisches bewahren. Ein ausgezeichnetes Beispiel hierfür ist Heideggers Analyse des Aristotelischen Gedankens der φύσις im Aufsatz *Vom Wesen und Begriff der* φύσις. *Aristoteles, Physik B 1* (geschrieben 1939, veröffentlicht 1958), in dem zugleich Heideggers ambivalente Einschätzung des Aristoteles zutage tritt. Darin werden notorisch in der Aristotelischen Wesensbestimmung der φύσις die Nachklänge der ursprünglich gedachten φύσις (also des Seins) wiedererkannt; zugleich meint aber Heidegger, daß bei der begrifflichen Bestimmung des Aristoteles die ursprüngliche φύσις zu einer Art von Seiendem (γένος τοῦ ὄντος) herabgesetzt und daß diese Verminderung ihrer anfänglichen Fülle ausschlaggebend für die abendländische Metaphysik werde.

5. Aristoteles als „Rückschwung in den Anfang des griechischen Denkens": φύσις, ἐνέργεια, τέχνη

Welche Folgen hat nun diese Ambivalenz für Heideggers Urteil über Aristoteles' Zugehörigkeit zum metaphysischen Geschick, das bis zur modernen Technik führt, und damit für Heideggers Fundamentalverständnis der Technik überhaupt? Bei einer aufmerksamen Betrachtung der Problemstellung des φύσις-Aufsatzes läßt sich nahelegen, daß sie für die Entwicklung von Heideggers metaphysikgeschichtlicher Interpretation und Kritik der Technik von großer Bedeutung war. Die Problematik, die hier im Mittelpunkt steht, ist nämlich die Aristotelische Bestimmung der φύσει ὄντα (Heidegger übersetzt: Gewächse) und ihre Abgrenzung gegenüber den ποιούμενα oder ἀπὸ τέχνης ὄντα bzw. θέσει ὄντα (Heidegger übersetzt: Gemächte). Die Relevanz dieser Unterscheidung für die Aristotelische Seinslehre, ja für das ganze Aristotelische Denken ist kaum so entschieden betont worden wie – zu Recht – von Heidegger. Heidegger hat diese Hervorhebung so weit getrieben, daß er die Bestimmungen „φύσει ὄντα" und „ἀπὸ τέχνης ὄντα" nicht als ontische Kennzeichnung von verschiedenartigem Seienden, sondern als ontologische Determination von Seinsweisen des Seienden ausgelegt hat (also in der gleichen Art und Weise, wie er auch sonst andere wichtige Aristotelische Grundtermini interpretiert). Dies ist ein indirektes Zeichen der großen Bedeutung, die er dieser Aristotelischen Unterscheidung beimißt. Als ontologische Unterscheidung von Seinsweisen des Seienden ist sie erst durch die Umkehrung des Blickes von der natürlichen nur für Ontisches offenen Einstellung zu einer philosophischen Sichtweise möglich, als welche Heidegger - freilich mit einer für die Aristoteles-Philologie unzulässigen Forcierung - die Aristotelische ἐπαγωγή interpretiert.[34] Diese erschließt dadurch ein phänomenales Blickfeld, das der natürlichen Weltsicht versperrt bleibt.

Gerade die Erschließung dieses phänomenalen Feldes, durch die allein Naturdinge und Artefakta in ihrem Wesen erfaßt werden können, ist von Bedeutung, um die Relevanz dieser Aristotelischen Grundunterscheidung für Heideggers Fundamentalverständnis und Kritik der Technik herauszustellen. Wichtig ist dabei weniger die Heideggersche Auslegung der Aristotelischen Bestimmung der φύσις anhand seiner genauen, Zeile für Zeile, ja Wort für Wort durchgeführten Textanalyse von *Phys.* B 1, sondern in erster Linie die Gesamtbewegung, die sich in der ontologischen Erfassung und Gliederung des Seienden aus der Aristotelischen Unterscheidung von φύσει ὄντα und ἀπὸ τέχνης ὄντα ergibt, und zwar in bezug zum einen auf die vorausgegangene, „vorsokratische“ Gleichung von Sein und φύσις, zum anderen auf die nachfolgende progressive Einschränkung der „Natur“ durch die Entgegensetzung zur Übernatur, zur Kunst, zur Geschichte und zum Geist[35] bis zu deren Auflösung im Wesen der Technik, in der die Natur durch das „Ge-stell“ zum bloßen „Bestand“ für das Herstellen und die „Machenschaften“ des Menschen wird.

Bekanntlich waltet Heidegger zufolge am Anfang der abendländischen Geschichte die φύσις-Fülle des Seins. Das vormetaphysische Denken weiß diese Fülle in seinem Wesenszug der Unverborgenheit, der Ἀ-λήθεια, zu verwahren. Gegenüber der anfänglichen Fülle, in

[34] Vgl. *Vom Wesen und Begriff der φύσις,* in *Wegmarken,* Gesamtausgabe Bd.9, S. 244.

[35] Vgl. ebd., S. 239. Über diese vierfache Entgegensetzung und über das schicksalhafte Sichwiederholen der Zahl Vier bei Heidegger vgl. J.-F. Mattéi, *L'étoile et le sillon: l'interprétation heideggerienne de l'être et de la nature chez Platon et Aristote,* im Sammelband *Heidegger et l'idée de la phénoménologie,* a. a. O., S. 43–66.

der das Sein selbst als φύσις waltet, bedeutet hingegen die Aristotelische Bestimmung der φύσις in der Entgegensetzung von φύσει ὄντα und ἀπὸ τέχνης ὄντα einen Verlust oder zumindest den Beginn eines Verlustes: φύσις ist nicht mehr majuskel, also als Sein selbst gedacht, sondern minuskel, nämlich als eine Seinsweise der Seienden.[36] Vor allem verleiht Aristoteles den Artefakta, einem der φύσις gegenüber eigentlich nur scheinbar Seienden, den ontologischen Rang von Seiendem. Das heißt für Heidegger: Aristoteles sanktioniert in gewissem Sinne die Einschränkung der anfänglichen φύσις-Fülle durch die ontologische Anerkennung der von der τέχνη hervorgebrachten ποιούμενα. Wenn man dies innerhalb der von Heidegger erkannten metaphysikgeschichtlichen Dynamik sieht und einordnet, so bedeutet es den Ansatz einer Bewegung, die dann im Verlauf und in der Vollendung der Metaphysikgeschichte bis zur φύσις-Leere der Technik führt.

Heidegger legt allerdings ebenso nahe, daß Aristoteles durch seine Bestimmung der φύσις, deren philosophische Schärfe er wiederholt lobend hervorhebt, etwas von der ursprünglich gedachten φύσις bewahrt, ja daß sein Denken innerhalb der Metaphysik den ernsthaftesten Versuch darstellt, den Gedanken der φύσις vor der restlosen Auslieferung der τέχνη zu retten. Daß es sich tatsächlich so verhält, geht daraus hervor, daß Aristoteles – wie Heidegger plastisch aufzeigt – bei der Bestimmung der φύσις die eigentümliche Bewegtheit der φύσει ὄντα, die in ihnen selbst die ἀρχή ihrer Bewegung haben, gegenüber der „heteronomen“ Bewegtheit der ποιούμενα erfaßt und die beiden voneinander so subtil und deutlich unterscheidet wie kein anderer vor ihm. Damit bringt Aristoteles zugleich die Grenzen der Bewegtheit der τέχνη im Verhältnis zur Selbstbewegtheit der φύσις so klar wie noch nie zuvor ans Licht. Seine Beispiele sind nicht zufällig aus dem Bereich der Medizin gewonnen, aus einer „Technik“, die in einer ganz besonderen Verbindung zur „Natur“ steht: das Gelingen der τέχνη ἰατρική setzt nämlich immer das Wirken der sogenannten „vis naturalis“ im zu behandelnden Körper voraus, also die natürliche Selbstbewegtheit des Körpers, der zur Gesundung tendiert, ohne welche jegliche ärztliche Technik ohnmächtig bliebe und von Anfang an zum Scheitern verurteilt wäre. Die ἰάτρευσις, d.h. die

[36] *Vom Wesen und Begriff der φύσις,* in *Wegmarken,* Gesamtausgabe Bd. 9, S. 299 f.

Verarztung als τέχνη, kann in der Tat die ὑγίασις, d.h. den Gesundungsprozeß als φύσις mehr oder minder fördern, aber niemals ersetzen. Hierzu bemerkt Heidegger: „Das träfe nur dann zu, wenn das Leben als solches zu einem ‚technisch' herstellbaren Gemächte würde; in demselben Augenblick aber gäbe es auch keine Gesundheit mehr, so wenig wie Geburt und Tod."[37] Daran kann er unmittelbar seine Kritik an der Technik als der Grundlage des gegenwärtigen Zeitalters anschließen: „Bisweilen sieht es so aus, als rase das neuzeitliche Menschentum auf dieses Ziel los: daß *der Mensch sich selbst technisch herstelle;* gelingt dies, dann hat der Mensch sich selbst, d.h. *sein Wesen als Subjektivität* in die Luft gesprengt, in die Luft, in der das schlechthin Sinnlose als der einzige ‚Sinn' gilt und die Aufrechterhaltung dieser Geltung als menschliche ‚Herrschaft' über den Erdkreis erscheint."[38] Und er schließt diese Bemerkung mit der für seine Einschätzung von Aristoteles wichtigen, zu unterstreichenden Behauptung, daß dies „das äußerste Unwesen zu φύσις-οὐσία", also zum Aristotelischen Gedanken der φύσις sei.[39]

Ein weiterer wichtiger Punkt des Aufsatzes, an dem Heideggers positive Einschätzung von Aristoteles deutlich ans Licht tritt, ist die Analyse des scheinbar „nichtssagenden Gemeinplatzes", mit dem Aristoteles den Unterschied zwischen der Entstehung (γένεσις) von φύσει ὄντα und der Entstehung von ποιούμενα veranschaulichen will. Der in Frage stehende Satz heißt: „Außerdem entsteht ja ein Mensch aus einem Menschen, aber nicht ein Bettgestell aus einem Bettgestell" (ἔτι γίγνεται ἄνθρωπος ἐξ ἀνθρώπου, ἀλλ'οὐ κλίνη ἐξ κλίνης, 193 b 8–9). Dieser scheinbar nichtssagende Gemeinplatz hebt in aller Offenbarkeit die Bedeutung des von Aristoteles getroffenen Unterschieds zwischen φύσει ὄντα und ποιούμενα hervor und versperrt durch unmittelbar einleuchtende Evidenz die Möglichkeit, die φύσις als „ein sich selbst machendes Gemächte", also als eine Art von Technik auszulegen, so, wie es die neuzeitliche Metaphysik unternimmt, die „die ‚Natur' als eine ‚Technik' begreift, so daß diese das Naturwesen ausmachende ‚Technik' den metaphysischen *Grund* abgibt für die Möglichkeit oder gar die Notwendigkeit, die Natur

[37] Ebd., S. 257.
[38] Ebd.
[39] Ebd.

durch die Maschinentechnik zu erobern und zu meistern"[40]. Dieser metaphysischen Mißdeutung der φύσις folgt Aristoteles nicht. Heidegger bemerkt zunächst: „Welche Bewandtnis es auch damit haben mag, der scheinbar allzu selbstverständliche Satz des Aristoteles über das verschiedene Entstehen von Mensch und Bettgestell zwingt zu einer entscheidenden Besinnung, in der sich jetzt überhaupt klären muß, welche Rolle der gleich zu Beginn des Kapitels [*Phys.* B 1] ins Spiel gebrachten und alle Erörterungen durchziehenden Abhebung der Gewächse gegen die Gemächte zukommt."[41] Er fragt sich demnach: „Versteht also Aristoteles die φύσει ὄντα als sich selbst machende Gemächte, wenn er die Gewächse immer wieder aus der Entsprechung zu den Gemächten kennzeichnet?"[42] Die Antwort lautet dann eindeutig: „Nein!" Freilich präzisiert Heidegger gleich, daß Aristoteles wohl die φύσις als ein „Sich-selbst-Herstellen" versteht, daß aber „Herstellen" hier nicht gleich „Machen" bedeutet, denn „das Machen, die ποίησις, ist *eine* Art des Herstellens, das ‚Wachsen' (das In-sich-zurück-, Aus-sich-Aufgehen), die φύσις, eine *andere.* ‚Her-stellen' kann hier dann nicht ‚Machen' besagen, sondern: in das Unverborgene des Aussehens stellen, Anwesen lassen, Anwesung. Von der so begriffenen Her-stellung aus bestimmt sich erst das Wesen der Ent-stehung und seiner verschiedenen Arten".[43]

Diese Entziehung der Aristotelischen Bestimmung der φύσις einer restlosen Vereinnahmung in den metaphysischen Horizont ist in der Perspektive des Vergleichs und der Abhebung gegenüber Platon um

[40] Ebd., S. 289. Vgl. aber auch den Aufsatz *Die Frage nach der Technik,* in dem diese Unterscheidung nicht getroffen wird (siehe Anmerkung 43).

[41] Ebd.

[42] Ebd.

[43] Diese Differenzierung und Abgrenzung von „Her-stellen" und „Machen" verschwindet freilich an anderer Stelle, wo Heidegger generalisierend die griechische Auffassung von φύσις und τέχνη überhaupt, also ohne ausgeführte und unmittelbare Bezugnahme auf Aristoteles, darstellt. So schreibt er etwa im Aufsatz *Die Frage nach der Technik* (in *Vorträge und Aufsätze,* 1954, dann in *Die Technik und die Kehre,* 1962): „Ein Her-vor-bringen, ποίησις, ist nicht nur das handwerkliche Verfertigen, nicht nur das künstlerisch-dichtende zum-Scheinen- und ins-Bild-Bringen. Auch die φύσις, das von-sich-her Aufgehen, ist ein Her-vor-bringen, ist ποίησις. Die φύσις ist sogar ποίησις im höchsten Sinne. Denn das φύσει Anwesende hat den Aufbruch des Her-vorbringens, z. B. das Aufbrechen der Blüte ins Erblühen in ihr selbst (ἐν ἑαυτῷ). Dagegen hat das handwerklich und künstlerisch Her-vor-gebrachte, z. B. die Silberschale, den Aufbruch des Her-vor-bringens nicht in ihm selbst, sondern in einem anderen (ἐν ἄλλῳ), im Handwerker und Künstler" (*Die Technik und die Kehre,* S. 11).

so signifikanter. Denn der Gedanke der φύσις ist bei Platon eher mit technischen Komponenten kontaminiert. Heidegger stößt direkt auf diese Kontaminierung in seinen Nietzsche-Vorlesungen bei der Erörterung des von Platon thematisierten „Abstandes der Kunst (Mimesis) von der Wahrheit (Idee)".[44] Er bespricht hierbei eine Stelle der *Politeia* (597), an der am Beispiel des Bettgestells (also des gleichen Exempels wie Aristoteles, *Phys.* B 1) der Unterschied zwischen Kunst und Wahrheit veranschaulicht wird. Das Bettgestell im Sinne der Idee des Bettgestells wird von dem vom Tischler hergestellten und dem vom Maler gebildeten Bettgestell unterschieden. Das Bettgestell als Idee heißt dabei ἡ φύσει κλίνη (für Aristoteles ein Ungedanke!), und dementsprechend wird der δημιουργός, der alles herstellt (ὃς πάντα ποιεῖ), auch ein φυτουργός genannt. Heidegger versucht zwar, auch hier dem Terminus „Her-stellen" die griechische, nicht neuzeitliche und moderne Bedeutung zu unterstellen, aber die Kontamination der φύσις mit ποιεῖν und τέχνη ist trotzdem offensichtlich.

Heideggers unterschiedliche Einschätzung von Platon und Aristoteles kommt ferner auch bei der Interpretation des Gedankens der ἐνέργεια bzw. ἐντελέχεια zum Ausdruck. Dieser Gedanke gehört zumindest deshalb zum Hintergrund von Heideggers Fundamentalverständnis und Kritik der Technik, weil er „autotelische" Bewegtheit überhaupt anzeigt und so den Gegensatz zur „heterotelischen" Bewegtheit der τέχνη darstellt. Daraus versteht man, weshalb Heidegger diesem Gedanken so große Bedeutung beimißt, wie die sogleich zu zitierenden Stellen zeigen werden. Ἐνέργεια bzw. ἐντελέχεια ist denn auch im Urteil Heideggers der Grundgedanke von Aristoteles, dessen ursprünglicher philosophischer Gehalt in der nachfolgenden Metaphysik durch die Übersetzung mit *actualitas* verlorengeht. So schreibt Heidegger im Aufsatz *Vom Wesen und Begriff der φύσις*: „Der von Aristoteles selbst geprägte Name [ἐντελέχεια] ist das Grundwort seines Denkens, und es enthält jenes Wissen vom Sein, in dem sich die griechische Philosophie vollendet. Die ἐντελέχεια umschließt jenen Grundbegriff der abendländischen Metaphysik, an dessen Umdeutung am schärfsten die Entfernung der nachkommenden Metaphysik vom anfänglich griechischen Denken abgeschätzt

[44] Vgl. *Nietzsche*, Bd. I, S. 210 ff.

werden kann, ja eingesehen werden muß."[45] In den zwischen 1936 und 1946 aufgezeichneten Texten *Überwindung der Metaphysik*, die 1954 in *Vorträge und Aufsätze* veröffentlicht wurden, erwähnt Heidegger den Aristotelischen Gedanken der ἐνέϱγεια in dessen Ausnahme-Stellung innerhalb der Metaphysik mit einem signifikanten Lob. Er schreibt: „Kennzeichnend ist für die Metaphysik, daß in ihr durchgängig die existentia, wenn überhaupt, dann immer nur kurz und wie etwas Selbstverständliches abgehandelt ist. [...] Die einzige Ausnahme bietet Aristoteles, der die ἐνέϱγεια durchdenkt, ohne daß jemals dieses Denken künftig in seiner Ursprünglichkeit wesentlich werden konnte."[46]

Eine eindeutig positive Einschätzung von Aristoteles' metaphysikgeschichtlicher Stellung wird dann – wieder in einem ausdrücklichen Vergleich zu Platon – in der 1940 abgefaßten Vorlesung *Der europäische Nihilismus,* die später in den Nietzsche-Vorlesungen veröffentlicht wurde, ausgesprochen. Am Schluß einer Überlegung zum Platonischen Gedanken des Seins als ἰδέα und als ἀγαθόν schreibt Heidegger: „Hier wäre eine Gelegenheit, die metaphysische Grundstellung des Aristoteles zu bestimmen, wozu allerdings die übliche Gegenüberstellung zu Platon gerade nicht genügt; denn Aristoteles versucht noch einmal, obzwar im Durchgang durch die Platonische Metaphysik, das Sein in der anfänglich griechischen Weise zu denken und gleichsam jenen Schritt zurückzutun, den Platon mit der ἰδέα τοῦ ἀγαθοῦ vollzogen hat, wodurch die Seiendheit die Kennzeichnung des Bedingungshaften und Ermöglichenden, der δύναμις erhält. Dem entgegen denkt Aristoteles – wenn solches gesagt werden darf – griechischer als Platon das Sein als ἐντελέχεια. [...] Was dies bedeutet, läßt sich in wenigen Worten nicht sagen. Nur dies kann vermerkt werden, daß Aristoteles weder ein verunglückter Platoniker ist, noch der Vorläufer des Thomas von Aquin. Seine philosophische Leistung erschöpft sich auch nicht in dem ihm oft zugeschriebenen Unsinn, die Ideen Platons aus ihrem Ansichsein herabgeholt und in die Dinge selbst gesteckt zu haben. Die Metaphysik des Aristote-

[45] *Vom Wesen und Begriff der φύσις,* in *Wegmarken,* Gesamtausgabe Bd. 9, S. 282–283. Vgl. auch *Hegel und die Griechen,* in *Wegmarken,* Gesamtausgabe Bd. 9, S. 437.

[46] Vgl. auch *Vorträge und Aufsätze,* „Überwindung der Metaphysik", Teil I, S. 68–69.

les ist trotz des Abstandes vom Anfang der griechischen Philosophie in wesentlichen Hinsichten noch einmal eine Art Rückschwung in den Anfang innerhalb des griechischen Denkens."[47]

Kurz darauf, in der 1941 geschriebenen Abhandlung *Die Metaphysik als Geschichte des Seins,* die ebenso später in den Nietzsche-Vorlesungen veröffentlicht wurde, stellt Heidegger erneut Aristoteles über Platon. Er würdigt nämlich den in seiner Bedeutung schon hervorgehobenen Aristotelischen Gedanken der ἐνέργεια in seinem Stellenwert innerhalb der beginnenden Metaphysik folgendermaßen: „Das selbe Wesen des Seins, das Anwesen, das Platon für das κοινόν in der ἰδέα denkt, begreift Aristoteles für das τόδε τι als die ἐνέργεια. Sofern Platon das geeinzelte Seiende nie als das eigentlich Seiende zulassen kann, Aristoteles aber das Geeinzelte in das Anwesen einbegreift, denkt Aristoteles griechischer, d.h. dem anfänglich entschiedenen Wesen des Seins gemäßer als Platon."[48]

Gewiß, Heidegger schränkt zuweilen diese positive Einschätzung des Aristoteles ein. Etwa an der eben erwähnten Stelle fährt er mit folgender Einschränkung fort: „Gleichwohl hat Aristoteles wiederum nur im Gegenzug zur οὐσία als ἰδέα die οὐσία als ἐνέργεια denken können, so daß er dann auch das εἶδος als nachgeordnete Anwesenheit im Wesensbestand des Anwesens des Anwesenden überhaupt beibehält. Daß Aristoteles in der genannten Weise griechischer denkt als Platon, besagt jedoch nicht, er komme dem anfänglichen Denken des Seins wieder näher. Zwischen der ἐνέργεια und dem anfänglichen Wesen des Seins (ἀλήθεια – φύσις) steht die ἰδέα."[49] Doch die zitierten Passagen aus den Abhandlungen in den Nietzsche-Vorlesungen sprechen für sich. Sie bezeugen eindeutig, daß Heidegger im Aristotelischen Denken die Anwesenheit von Grundintuitionen und -perspektiven wahrnimmt, die von ihrer Ortung innerhalb der Metaphysik aus hinter die Metaphysik zurück,

[47] *Nietzsche,* Bd. II, S. 228. Ebenso signifikant ist die Fortsetzung dieser Stelle, die Aristoteles vom Platonismus (als durchgehendem Zug der Metaphysikgeschichte von Platon bis Nietzsche) indirekterweise klar abgrenzt: „Daß Nietzsche niemals – von den Gedanken über das Wesen der Tragödie abgesehen – einen inneren Bezug zur Metaphysik des Aristoteles gewann, entsprechend seinem nie aussetzenden Verhältnis zu Platon, diese Tatsache wäre wichtig genug, um nach ihren Wesensgründen durchdacht zu werden" (ebd.).

[48] *Nietzsche,* Bd. II, S. 409.

[49] Ebd.

und das will zugleich sagen: über die Metaphysik hinaus deuten. Das Nachdenken über diese Intuitionen und Perspektiven hat daher gleichsam eine *transmetaphysische* Potentialität, insofern als sie zur Infragestellung gewisser metaphysischer Grundentscheidungen, die dann in das Wesen der Technik eingehen, verhelfen können.

6. *Φύσις als Maß der Technik?*

Gerade die Aristotelische Bestimmung der φύσις mit der Abhebung der φύσει ὄντα gegen die ποιούμενα kann diese transmetaphysische Potentialität – zumal für das zeitgenössische Denken – im höchsten Grade entwickeln. Heidegger beharrt zwar durch sein Fundamentalverständnis und seine Kritik der Technik auf einer gegenläufigen Bewegung gegenüber der metaphysischen Bahn, die Aristoteles mit seiner Verminderung der anfänglichen φύσις auf eine Seinsweise des Seienden und mit Zuerkennung ontologischen Rangs an die ἀπὸ τέχνης ὄντα eröffnet. Für eine Epoche, die im Wesen der Technik die Vollendung der Metaphysik erfährt, stellt der Aristotelische Gedanke der φύσις gleichwohl ein potentielles Regulativ und Korrektiv dar. Denn er schlägt zwar schon die Leitrichtung der Metaphysik zur Technik ein, hält aber an der φύσις noch fest; er erschließt das eine, ohne sich für das andere zu verschließen; er hält einen Horizont offen, in dem zugleich das eine und das andere erfaßt werden und deren Kontraposition ausgetragen wird.

Wie Heidegger gesehen hat, liegt dabei die Stärke des Aristotelischen Denkens darin, daß es bei der Anerkennung der ἀπὸ τέχνης ὄντα gleichwohl im Ganzen die ontologische Schwerkraft bei der φύσις zu belassen weiß. Im Rahmen der Heideggerschen Auslegung, der zufolge Aristoteles innerhalb des metaphysischen Horizonts der Präsenz bleibt, wird nämlich der ontologische Vorrang der φύσις gegenüber der τέχνη noch stärker hervorgehoben. Dies deshalb, weil die φύσει ὄντα eine stabilere Anwesenheit haben als die ἀπὸ τέχνης ὄντα[50]: Obwohl beide Seiendes sind, das auch anders sein kann als es

[50] Ähnlich haben ἁπλά, ἀσύνθετα, ἀδιαίρετα – genau in der Reihenfolge – eine stabilere Anwesenheit und einen höheren ontologischen Rang als die συμβεβηκότα. Vgl. Heideggers Auslegung in der Vorlesung des Wintersemesters 1925/26 *Logik. Die Frage nach der Wahrheit,* Gesamtausgabe Bd. 21, § 13 b und in der Vorlesung des Sommersemesters 1930 *Vom Wesen der menschlichen Freiheit,* Gesamtausgabe Bd. 31, § 9.

ist (ἐνδεχόμενα ἄλλως ἔχειν), ist doch das Geschehen der φύσει ὄντα beständiger; daher sagt auch Aristoteles, sie hätten eine gewisse Regelmäßigkeit, nämlich die Regelmäßigkeit des zumeist Geschehenden (τὰ ὡς ἐπὶ τὸ πολύ), wodurch sie zum Gegenstand einer theoretischen Wissenschaft werden können. Wenn Heideggers Interpretation der (auch von Aristoteles vorausgesetzten) Metaphysik der Präsenz stimmt, dann ergibt sich von selbst, daß die φύσει ὄντα innerhalb dieses Horizonts ontologisch höher gestellt werden müssen als die ἀπὸ τέχνης ὄντα. Über das von Heidegger Gesagte hinaus wäre es diesbezüglich interessant, der Relevanz des φύσις-Gedankens im gesamten Denken des Aristoteles nachzuspüren[51], denn oft genug – etwa im Bereich der praktischen Philosophie (man denke an die Funktion des δίκαιον φύσει gegenüber dem δίκαιον νόμῳ) oder in der Rhetorik (man denke an die Bedeutung des πιθανὸν φύσει für die gute Rhetorik) – versteht Aristoteles die φύσις als Korrektiv zu den „Machenschaften" des Menschen.

Gewiß, der Aristotelische Gedanke der φύσις ist nicht das, wodurch man ein ganz Anderes gegenüber der Technik in Aussicht stellen kann, und zwar gerade deshalb, weil er mit der Technik die Vermittlung und Versöhnung, also die Koexistenz sucht. Er bildet aber wohl ein Gegengewicht und eine Verankerung.

Die Ausschau nach dem ganz Anderen tut sicherlich in der Zeit der Vollendung der Metaphysik im Wesen der Technik not. Doch in einer Epoche, die kaum bereit zu sein scheint, dem ganz Anderen – welcher Art auch immer – Raum zu gewähren, ist die Suche nach der Verwurzelung in einem Maße, das hier und heute auf Erden möglich sein soll, genauso nötig. Der Aristotelische Gedanke der φύσις – den uns vor Augen zu führen Heidegger verstanden hat – hält eine solche Möglichkeit offen; das Nachdenken über ihn verspricht die bestmögliche Vorbereitung für uns, um das Heideggersche Fundamentalverständnis der Technik dort wiederaufzunehmen, wo Heidegger es uns als schwerlastende Erbschaft hinterlassen hat.

[51] Daß Heidegger selbst Interesse für eine Ergründung dieser Art gehabt hat, ist durch den Umstand bezeugt, daß er bei seinen Schülern einige Untersuchungen in diesem Sinne initiiert hat: vgl. etwa K. Ulmer, *Wahrheit, Kunst und Natur bei Aristoteles. Ein Beitrag zur Aufklärung der metaphysischen Herkunft der modernen Technik,* Tübingen 1953; F. Wiplinger, *Physis and Logos. Zum Körperphänomen in seiner Bedeutung für den Ursprung der Metaphysik bei Aristoteles,* Freiburg/München 1971.

Techne als Erfahrung der menschlichen Existenz
Aristoteles – Marx – Heidegger

BRANKO BOŠNJAK

Der Mut der Wahrheit, der Glaube an die Macht des Geistes ist die erste Bedingung der Philosophie.

Hegel

1

Alles, was geschichtlich „gemacht" wird, kann unter der Idee des Fortschritts beurteilt werden. Dazu ist stets ein Wissen von sich nötig, d.h. Selbstbewußtsein, und es muß die Überzeugung herrschen, daß in jedem Tun ein Wille zur Lebenserhaltung wirksam ist, der von Natur aus immer ethisch positiv gewertet werden muß.

Zugleich besagt die Idee des Fortschritts, daß der Beginn jeder Sache in sich aufhebt, was nicht imstande war, auf die gleiche Weise weiter zu existieren. Insofern bedeutet Anfang jeweils die Negation des zuvor Bestehenden.

Unter dieser Perspektive wird man folglich auch die Technik zu erfahren und zu beurteilen haben. Die Sache, die mit dem Terminus techne (τέχνη) bezeichnet wird, beginnt dann schon mit dem mythischen Bewußtsein, sobald diesem einleuchtet, daß die Menschen von den Göttern nicht in der Weise abhängig sind, wie dies zuvor der Fall war. Im Mythos von Prometheus wird diese Einsicht bekanntlich derart umschrieben, daß er den Göttern heimlich das Feuer entwendet und an die Menschen weitergegeben hat. Kein Wunder, daß er deswegen hart bestraft wurde, was den Bruch mit den Göttern nur um so deutlicher zum Bewußtsein bringt. Durch das Feuer hat der Mensch nunmehr aber ein mächtiges Mittel an der Hand, um sein Leben auf eigene Faust zu führen. Es kann die gewaltige Umwälzung des Lebens beginnen, denn jetzt ist der Mensch beweglich und geschickt, er vermag auf- und emporzusteigen und das bisher gleichförmige Leben anders zu gestalten.

Bereits bei Theophrastos (372–287 v. Chr.) findet sich – und dadurch kommt nun auch Bewegung in den Mythos – eine allegorische Deutung des „göttlichen" Prometheus-Feuers. Sie besagt: Was die Menschen da von oben bekommen haben, das war kein physisches Feuer, es war vielmehr – die Philosophie. Das Neue, das qualitativ Andere beginnt folglich mit der Philosophie. Bisher war alles unsicher, weil das „Denken" noch unentwickelt war. Mit der Philosophie jedoch hebt ein neues Leben an: *Incipit vita nova.*

Seitdem geht es um das Denken und mit dem *Denken* um das Denken, denn denkend schafft und erzeugt das Denken sich aus sich selbst. Ein erster Höhepunkt ist erreicht, sobald der Mensch zu philosophieren begann und beginnt. Seitdem weiß der Mensch, daß er in der Natur einen ihm zukommenden eigenen, seinen eigenen Platz hat und sich daher selbst behaupten kann. Doch auch hier läßt sich eine Entwicklung erkennen.

Für die Griechen war die ganze Natur Ausdruck einer obwaltenden Weisheit. Diese galt es zu denken und zu erleben. Die Frage lautete daher: Was können wir von der Natur lernen? Und die Antwort hieß: Alles, dessen wir fähig sind. Anders gesagt: Die Natur ist das Vorbild für das ganze Leben. Demzufolge war sie bei den Stoikern moralisches Prinzip und höchster Lebenssinn.

Das theoretische Wissen ging folglich einher mit einem Verhältnis zur Praxis. Wie der Mensch denkt, so lebt er, und wie er lebt, so denkt er. Schaffen und Denken korrespondieren einander. Schaffen fordert bewußtes Nachdenken über alle Dinge, und Denken intendiert tätiges Erschaffen.

Lange Zeit hindurch war die Natur das Vorbild für menschliche Tätigkeit. Aber im menschlichen Tun entstand etwas, das nicht von der Natur selbst ausging. Indem der Mensch die Natur durch das Neue, durch die τέχνη, bearbeitete, wurde er zum τεχναστός, zu einem, der fähig ist, durch Kunst (im allgemeinsten Sinne) die Natur zu bereichern und zu vermehren (τεχνάζω). Künstlich bearbeiten (τεχνάω) bedeutet mehr, als lediglich mit etwas Vorgegebenem umzugehen. Es meint zugleich „erinnern", und zwar in des Wortes bester Bedeutung.

Techne oder Kunst zu brauchen, ist ein Zeichen des vernünftigen Verhaltens gegenüber der Natur überhaupt. Τέχνη hängt sowohl mit τεύχω wie mit τίκτω und τεκνόν zusammen. Gemeint ist zunächst (bei Homer) die Kunst als Handwerk, z. B. die Metallverarbeitung, die Schiffsbaukunst, die Kochkunst u. ä. Jeweils geht es um ein Wissen, wie man aus einem Stoff ein Handwerk zu machen vermag. So ist z. B. die Heilkunst ein Wissen, das aus einem kranken Körper einen gesunden macht.

Die Techne unterscheidet sich somit von dem, was von der Natur gegeben bzw. vorgegeben ist, und die menschliche Tätigkeit ist folglich ein *Artefakt* (durch die Kunst entstanden).

Der Begriff τέχνη (lat. ars), das heißt Kunst („Können"), bedeutet in solchem Sinne ein Verhältnis des Menschen zur Arbeit überhaupt, und zwar zur wesentlich menschlichen Arbeit, in der ein Tun als ein Werk (opus) offenbar wird. Solcherart ist die „Kunst" schöpferische Betätigung.

Sprechen wir in einem allgemeinen Sinne von der Techne als einer Kunstfertigkeit, dann ist diejenige Fähigkeit gemeint, die ein Wissen in die Praxis umsetzt. Das, was durch die Kunst, d. h. durch das Kunstwerk bereitet und dargeboten wird, erweist sich als „wissenschaftliche" Bearbeitung, als Theorie, die sich in einem Werk, das vor uns steht, zeigt. In ihm hat sich die zuvor gesehene Idee durchgesetzt und ist offenbar geworden.

Bei den Griechen bedeutet das – wie gesagt – theoretisch und praktisch eine Anpassung an die Natur, solange die Natur als Vorbild gilt. Demzufolge ist die schöpferische Natur des Menschen eine zweite Natur, und zwar – was verblüffen vermag – als eine Harmonie für den Menschen. Was das bedeutet, kommt zutage, wenn man sich auf die Etymologie des Wortes ‚Harmonie' einläßt. Das Wort *ars* (ar-s) steht in Zusammenhang mit ἁρμονία (ar, har...). *Ars* ist die Fertigkeit, etwas zusammenzufügen (vgl. ἄρω, zusammenfügen, fest zusammendrängen). Wenn wir dabei an Kunst, an Handwerk oder an Gewerbe denken, geht es letztlich bei diesen Tätigkeiten um ein intellektuelles Ver-hältnis, denn es ist dabei gerade nicht im voraus eine Fertigkeit gegeben, sondern ein Wissen wirksam, das eine „wissenschaftliche" Formierung ausübt. Eine Theorie im voraus verwirklicht sich in der Praxis (res facultate).

In der Kunstfertigkeit sind im übrigen auch Geschicklichkeit und Tüchtigkeit inbegriffen, Eigenschaften, die sich auf Denk- und Handlungsweisen beziehen. Auf solche Weise läßt sich ablesen, was angemessen ist, d.h. was als kunstreich zusammen-gefügt ist. Und das wiederum solches bedeutet, was fest in seinem Geiste ist, d.h. besonnen vorauszusehen war, als was und auf welche Weise etwas zu tun ist. Dieser Zusammenhang ist wesentlich, und er darf nicht aufgesplittert werden.

In solchem Sinne bedeutet Verstehen sinnvolle Anpassung und etwas zu machen, was der Künstler entdeckt hat. Und Techne (ars) kann als Ausdruck für die *menschliche* Anwesenheit in der Welt genommen werden. Wie aber sieht diese Anwesenheit aus?

Es liegt auf der Hand, daß die Natur für den Menschen zu hart ist und daß es schwer ist für den Menschen, in der Natur sein Leben zu fristen und zu sichern. Folglich muß der Mensch für sich eine zweite Natur (Welt) schaffen, um überleben zu können. In dem Sinne ist Techne stets eine, ja *die* menschliche Notwendigkeit und ein ontologischer Imperativ für die menschliche Existenz überhaupt. Deswegen ist sie auch immer ein philosophisches Problem gewesen. Es ist aufschlußreich, die Auffassung des *Aristoteles* etwas näher zu beleuchten.

2

In der aristotelischen Philosophie wird Techne als Kunst im weitesten Sinn neben Theorie und Praxis als eine besondere Form der menschlichen Tätigkeit verstanden. Kunst und Erfahrung stehen in Zusammenhang, und durch die Erfahrung sind Wissenschaft und Kunst entstanden (Met. A 1). Erfahrung bedeutet Kenntnis der Einzeldinge, die Kunst (τέχνη) Kenntnis des Allgemeinen. Deswegen – sagt Aristoteles – ordnen wir Wissen und Verstehen mehr der Kunst als der Erfahrung zu und halten die Künstler für weiser als die Männer der Erfahrung (ibid.). „Die Männer der Erfahrung kennen nur das Daß, aber nicht das Warum. – Die Künstler kennen das Warum und die Ursache“ (τὸ διότι καὶ τὴν αἰτίαν; Met. A 1, 981 a 29 sq; aus dem Griechischen übersetzt von Friedrich Bassenge, Berlin 1960).

Es sind also die Künstler (die Techniker), die den Begriff (λόγος) und die Ursachen erkennen. „Deshalb glauben wir, daß die Kunst mehr Wissenschaft ist als die Erfahrung, denn die Künstler sind vermögend zu unterrichten, die Männer der Erfahrung nicht" (Met. A 1, 981 b 9). Das Lehren ist nur möglich von der Kenntnis der Ursachen aus. Aber auch das Handeln ist davon abhängig, daß wir zuerst den Begriff erkennen, der es ermöglicht, sinnvoll handeln zu können.

Daß die Kunst von der Wissenschaft unterschieden werden muß, geht daraus hervor, daß es verschiedene Künste gibt und daß Kunst am ehesten dort entsteht, wo freie Zeit (σχολή) für die Theorie vorhanden ist (z. B. die mathematischen Künste in Ägypten, dessen Priesterkaste der Muße überlassen war).

Bisher Gesagtes zeigt, daß die Erkenntnis stufenweise vonstatten geht, weshalb es für Aristoteles wichtig ist herauszufinden, wie sich der Begriff bildet. Der Mann der Erfahrung (ὁ ἔμπειρος) gilt für weiser als jemand, der nur Sinneswahrnehmungen hat. Der Künstler (ὁ τεχνίτης) aber gilt für weiser als der Handwerker. In diesem Zusammenhang kann man sagen, daß die betrachtenden Künste höher stehen als die hervorbringenden (Met. A 1, 982 a 32) und daß Weisheit (ἡ σοφία) eine Wissenschaft (ἡ ἐπιστήμη) von Ursache und Warum ist.

Kunst ist eine Weise, durch die etwas entsteht. Die Arten der Entstehung heißen Hervorbringungen (ποίησις). Alle Hervorbringungen beruhen – Aristoteles zufolge – entweder auf Kunst oder auf Vermögen oder auf Überlegung (… ἀπὸ διανοίας Met. Z 7, 1032 a 27). Durch Kunst entsteht das, dessen Gestalt (τὸ εἶδος) in der Seele ist. „Als Gestalt bezeichne ich das jeweils zugehörige Sein des Einzelnen und das erste Wesen" (εἶδος δὲ λέγω τὸ τί ἦν εἶναι ἑκάστου καὶ τὴν πρώτην οὐσίαν. 1032 b 1). In dem Sinne kann man sagen, daß die Heilkunst die „Gestalt" der Gesundheit ist und die Baukunst die „Gestalt" des Hauses. Überall gilt dasselbe: im Hervorbringenden liegt die „Gestalt" in der Seele, und die Gestalt des Hervorgebrachten ent-steht durch die Kunst.

Die Rede, daß das εἶδος, auf Grund dessen etwas gemacht oder hergestellt wird, sich in der Seele befindet, darf nicht dahingehend mißverstanden werden, als sei die Seele etwas a priori, als Fertigkeit Gegebenes. Sie ist vielmehr als Potenz verstanden, die sich selbst stets von neuem schafft. Mit Recht sagte Heraklit: „Der Seele Grenze kannst du im Gehen nicht ausfindig machen, und ob du jegliche Straße abschrittest, so tiefen Sinn (λόγος) hat sie" (Diels, Fr. 45).

Die Seele ist nicht nur das, was ist, sondern auch alles, was noch werden kann. In ihr ist somit die menschliche Entwicklung inbegriffen. Was jemand für ein Mensch ist und wird, hängt mit seiner Seele zusammen. Deshalb sagte schon Heraklit: „Schlimme Zeugen sind den Menschen Augen und Ohren, sofern sie Barbarenseelen haben" (Diels, Fr. 107). Heraklit zufolge haben solche Menschen Barbarenseelen, die den Weltlogos nicht kennen.

Dementsprechend ist in der griechischen Philosophie als solcher der Gedanke wirksam, daß die Seele philosophisch erzogen werden muß, damit sie richtig denken, urteilen und handeln kann. Einzig die „philosophische" Seele kann in sich das εἶδος richtig erblicken und folglich im echten Sinne schaffen, d. h. „Gestalt" in der Techne hervorbringen. Seele ist dann der allgemeine Name für die geistige und praktische Tätigkeit des Menschen.

Wenn wir im Sinne der Deutung des Theophrastos das prometheische Feuer als „Philosophie" verstehen, wird vorrangig die Frage: Wie ist die Welt zu „machen" und zu „schaffen", auf daß sie für den Menschen *menschlicher* wird? Wenn das εἶδος von allem in der menschlichen Seele ist, dann ist jedes Suchen und Entdecken des εἶδος, aber auch jedes Gestalten der „Gestalt" ein Beweis dafür, daß unter allen bekannten Wesen einzig der Mensch sein eigener Welt-Meister ist. Es liegt auf der Hand, daß allerdings nicht alle Epochen einander gleich sind.

3

Als eine Zeit der Begeisterung für alles, was als neu empfunden wurde, gilt paradoxerweise das Renaissancezeitalter. Aus einer den Ursprüngen nahen Wiedergeburt erwächst ein *faustischer Geist*, der nirgends stehenbleibt und unermüdlich voranzukommen trachtet. Dieser schaffend bewegte und bewegt schaffende Geist ist in Goethes „Faust" dargestellt.

Es gilt viel, ja alles Erdenkliche zu unternehmen, um das Ziel zu erreichen, und Faust beschwört den Geist, der ihm dabei helfen soll.

Doch Faust erträgt diesen Geist nicht, der ihn in seine Schranken weist:

> „Da bin ich! – Welch erbärmlich Grauen
> Faßt Übermenschen dich! Wo ist der Seele Ruf?
> Wo ist die Brust, die eine Welt in sich erschuf?"
> (I, 489–491)

Faust versucht zwar, selbstbewußt standzuhalten:

> „Ich bin's, bin Faust, bin deinesgleichen!" (I, 500),

wird aber zurechtgewiesen:

> „Du gleichst dem Geist, den du begreifst,
> Nicht mir!" (I, 512f.)

Und doch: was ist vom Übermenschen zu erwarten? Er muß „der Seele Ruf" haben, muß auf sich selbst vertrauen und stets offenbleiben für Neues, denn:

> „Wer fertig ist, dem ist nichts recht zu machen,
> Ein Werdender wird immer dankbar sein." (I, 182f.)

Der „faustische" Geist trägt in sich eine ewige Unruhe, er will mehr und mehr wissen und handeln, erkennen und schaffen. Er „macht" eine Welt, die „seine" Welt ist. Und er ist davon überzeugt, daß „die" Welt ohne einen *solchen* Geist keine Welt ist. Selbstvertrauen bedeutet, zu leben wissen.

Dieser „faustische" Geist hat geschichtlich gesehen die ganze Welt erobert und verändert. Nichts ist beim alten geblieben. Im „Manifest der Kommunistischen Partei" hat *Karl Marx* diesen Vorgang als eine große Leistung der bürgerlichen Gesellschaft geschildert: „Die Bourgeoisie hat in der Geschichte eine höchst revolutionäre Rolle gespielt" (Karl Marx: Die Frühschriften. Hrsg. von Siegfried Landshut, Stuttgart 1953, 527). „Sie schafft sich eine Welt nach ihrem eigenen Bilde" (530). „Die Bourgeoisie hat durch ihre Exploitation des Weltmarktes die Produktion und Konsumtion aller Länder kosmopolitisch gestaltet" (529). Alles das hat die *neu geschaffene* Technik ermöglicht. Und für die meisten brachte diese Entwicklung die Herabsetzung des Menschen zur Maschine.

Auf alle Fälle hat hier die Techne eine welthistorische Rolle übernommen, insofern sie überall die Maschinerie der industriellen Produktion ermöglicht hat. Die moderne Groß-Industrie entwickelte sich, wurde beherrschend und hat alle Märkte an sich gerissen. Dadurch wurde die Welt gründlich verändert und umgestaltet, und der Weg zurück (im Sinne von Rousseau) war nicht mehr möglich. Die alte Welt, so scheint es, ist total verschwunden.

Goethe hat deutlich vor Augen geführt, daß Faust die eigene Seele aufs Spiel gesetzt hat, um weiter und weiter, um immer weiter zu kommen. *Oswald Spengler* hat in „Der Untergang des Abendlandes" (München 1918) die abendländische Kultur überhaupt als „faustisch", im Unterschied zur griechischen Kultur, die Spengler „apollinisch" nennt, gedeutet. Heute mehren sich die Stimmen, die nach dem Preis fragen. Faust hat, um alles zu erreichen, seine Seele verloren. Hat auch Europa seine Seele verloren? Schon Marx schreibt im „Manifest": „Die fortwährende Umwälzung der Produktion, die ununterbrochene Erschütterung aller gesellschaftlichen Zustände, die ewige Unsicherheit und Bewegung zeichnet die Bourgeoisepoche vor allen anderen aus" (528 f.).

Die Welt hat sich durch die Veränderungen verändert, der Mensch ist in eine Entfremdung geraten. Der großartige Aufstieg ist zugleich ein Tiefpunkt in der Menschlichkeit des Menschen. *Die Techne, verstanden als Maschine und in der Form der Maschine, hat den Menschen unterjocht.*

Die kosmopolitische Umwälzung der Welt ist durch die Notwendigkeit der Arbeitsteilung gezeichnet, und diese hat die verkehrten Verhältnisse zu Wege gebracht, ein Vorgang, der sich unserer Kontrolle entzieht. Dergestalt muß nach Karl Marx das Wesen der bisherigen geschichtlichen Bewegung gekennzeichnet und verstanden werden.

Es hängt hiermit aber – und wir erinnern an oben Gesagtes – auch die Frage zusammen: Wie verhalten wir uns nunmehr zur Natur? Um die Produktion zu erhöhen, also diese Form der Techne weiter zu entwickeln, haben alle alles unternommen, um die Natur mehr und mehr auszubeuten. Das kann noch eine Zeit dauern, aber was ist, wenn die Ressourcen erschöpft sind und die Natur ihre Kraft einbüßt? Marx hatte eine Ahnung von dieser Gefahr und er hat davor gewarnt und gemeint, daß Humanismus und Naturalismus zusammengehören und eine Einheit bilden.

Die Lösung des Problems ist, Marx zufolge, nicht einfachhin der Mensch, sondern der *menschliche* Mensch: die neue Gesellschaft. In

„Nationalökonomie und Philosophie" schreibt Marx schon 1844: „Dieser Kommunismus ist als vollendeter Naturalismus = Humanismus, als vollendeter Humanismus = Naturalismus; er ist die *wahrhafte* Auflösung des Widerstreits zwischen dem Menschen mit der Natur, und mit dem Menschen, die wahre Auflösung des Streits zwischen Existenz und Wesen, zwischen Vergegenständlichung und Selbstbestätigung, zwischen Freiheit und Notwendigkeit, zwischen Individuum und Gattung. Er ist das aufgelöste Rätsel der Geschichte und weiß sich als diese Lösung" (235).

Humane Natur ist das *natürliche* Wesen des Menschen. Hier hat die Techne eine geschichtliche Tendenz, die humanistisch und zugleich natürlich zu sein hat. Sie ist in einer *menschlichen Natur*-Wissenschaft begründet, und auf ihrer Grundlage muß die Lösung gefunden werden. In dem Sinne spricht Marx von der „wahren anthropologischen Natur", in der eine Einheit zwischen den Menschen und der Natur herrscht (vgl. 245).

Rousseau tendierte dahin, die alte Natur als Ideal wiederherzustellen und den Menschen von der inzwischen eingetretenen negativen Entwicklung zu befreien. Marx erkennt, daß inzwischen jedoch die Natur dem Menschen gerade durch die Industrie gegeben ist und daß folglich das Problem anders gelöst werden muß: „Die in der menschlichen Geschichte" – dem Entstehungsakt der menschlichen Gemeinschaft – „werdende Natur ist die *wirkliche* Natur des Menschen" (245).

Die ganze Industrie ist als *Techne* des modernen Menschen zu verstehen. Marx zufolge ist dieser Weg allerdings in Form der Entfremdung vor sich gegangen, insofern und solange der Mensch in den Lohnverhältnissen ausgebeutet wird und bleibt.

4

Seit Marx ist einige Zeit vergangen. Heute ist die Technik so etwas wie ein Weltgeschick geworden. Weltgeschick in welchem Sinne? Als planetarischer Vorgang *oder* als „Ge-stell"? Eine reiche Sekundärliteratur hat sich mit *Martin Heideggers* „Ge-stell" beschäftigt, und es scheint, daß dieser Gedanke – oder sollen wir besser sagen: diese Erfahrung des Denkens – viele Wege eröffnet. Weshalb soll es, selbst wenn Heidegger das „Ge-stell“ seinsgeschichtlich verstanden wissen will, nicht möglich sein, auch einen Blick auf das zu werfen, was der *Mensch* als ein universales Ge-stell aufgestellt hat, dem die Tendenz auf eine planetarische Einheit innewohnt, die der Mensch als ein mythischer Atlas auf seine Schulter genommen hat?

Wenn man Ge-stell in *diesem* Sinne versteht, heißt das, daß die Technik als Ge-stell immer weitergeht, weil jede Technik eine neue Technik erzwingt und hervorbringt. Wenn es zutrifft, daß in diesem Sinne sich die Technik durch Technik entwickelt, dann ist Ge-stell Form und Inhalt des menschlichen Daseins auf der Erde. Dann kann man aber mit Heidegger, wenn auch anders motiviert als er, in Unsicherheit darüber sein, ob diese Erde überhaupt als Wohnsitz des Menschen noch geeignet ist. Wenn *ein* Ge-stell das *andere* hervortreibt, fällt die Antwort negativ aus, d. h. der Mensch hat dann seinen sinnvollen Platz auf Erden verloren (vgl. Spiegel-Gespräch mit Martin Heidegger, 1976, 206f.). Ersichtlich dominiert nicht mehr der alte (rousseausche) Mensch, sondern der Mensch der Technik, und das Ge-stell in dem von uns geschichtlich vor Augen geführten Sinn ist die Form der menschlichen Gegenwart. Eine Welt ohne das Gestell scheint nicht mehr möglich, selbst wenn es durchaus noch möglich sein dürfte, in der Welt so zu handeln, daß die *Vernunft* der *Sinn* des Ge-stells wird. Eine *solche* Philosophie müßte *entwickelt* werden. Sie läuft darauf hinaus, daß praktische Vernunft als Vernunft und theoretische Vernunft als Praxis schöpferisch wird, obwohl die Kunst lang und das Leben kurz ist.

Gerade auch das Denken Heideggers erweist sich als ein Weg. Heidegger zufolge ist das Telos des Menschen die *„Jemeinigkeit“*, und damit ist auch das Bewußtsein von sich selbst und die Einheit des jeweils einzelnen angesprochen. „Zum existierenden Dasein gehört die Jemeinigkeit als Bedingung der Möglichkeit von Eigentlichkeit und Uneigentlichkeit. Dasein existiert je in einem dieser Modi, bzw. in der modalen Indifferenz ihrer“ (Sein und Zeit, Halle 1927, 53). Somit ist auch die „Alltäglichkeit“ ein Seinsmodus des Daseins. Das „In-der-Welt-sein“ enthält in sich: Mitsein, Selbstsein und das Man (113). Die Selbstverlorenheit ist schon so wie „das Man“. „Das Aufgehen im Man bedeutet die Herrschaft der öffentlichen Angelegenheit“ (222). In dem Sinne hat später Herbert Marcuse von dem „eindimensionalen Menschen“ gesprochen.

Das Verfallen des Daseins an das Man nennt Heidegger die Flucht, und die Welt hat dann den Charakter völliger Unbedeutsamkeit. Diese Lage, die als Un-zuhause zu verstehen ist, stellt eine Nivellierung der Daseinsmöglichkeiten dar, die eine Entindividualisierung oder Entpersönlichung des Menschen zur Folge hat. Auch wenn man Heidegger anders auslegt und ihn nicht in die Entwicklung einbezieht, die wir oben umrissen haben, wird man nicht darüber hinwegsehen, daß die planetarische Bewegung der neuzeitlichen Technik eine große Macht ist, und daß es eine offene Frage ist, wie wir uns mit dieser Tatsache auseinandersetzen. Manches weist darauf hin, daß die Technik in ihrem Wesen etwas ist, was der Mensch von sich aus nicht zu bewältigen vermag. Und sogleich fällt einem die Geschichte vom Zauberlehrling ein, der zwar fähig ist, dem Geist, dem Meister zu dienen, ja ihn anzurufen, aber Schiffbruch erleidet, wenn er ohne ihn auszukommen versucht. Heute weiß niemand, wie es möglich ist, die herstellende Technik unter Kontrolle zu bringen. Der weitere Weg bleibt unsicher.

Heidegger hat aufgewiesen, daß die heutige Technik den Menschen immer mehr von der Erde losreißt und ihn entwurzelt. Er hat zugleich auf das Problem aufmerksam gemacht, daß wir noch keinen Weg haben, der dem *Wesen* der Technik entspricht: „Das Walten des Ge-Stells besagt: Der Mensch ist gestellt, beansprucht und herausgefordert von einer Macht, die im Wesen der Technik offenbar wird und die er selbst nicht beherrscht" (Spiegel-Gespräch, 209). Indem Heidegger dieser Macht nachfragt, verwindet er die anthropologische Selbstbezogenheit, aber doch wohl auch um des Menschen willen. Für Heidegger – und ich erinnere an Theophrastos' Prometheus-Deutung – ist die Philosophie am Ende und sie wird, meint Heidegger, durch die Kybernetik abgelöst. Damit steht die kommende Zeit vor der planetarischen Übermacht des ungedachten Wesens der Technik, und die Aufgabe ist folglich, das Denken als Aufgabe zu erfahren.

Aber Denken und Dichten sind zugleich Mittel, um den Lebenssinn zu „sichern". Heideggers Vortrag „Die Frage nach der Technik" klingt mit dem Satz aus: „Denn das Fragen ist die Frömmigkeit des Denkens" (Die Technik und die Kehre, Pfullingen 1962, 36). Das fragende Denken soll ein freies Verhältnis zur technischen Welt ermöglichen, und das Denken wird nur durch das Denken verwandelt. Im Bereich des Denkens liegt die mögliche Lösung. Hier ist der Übergang, der auf die Zukunft verweist. Heidegger hat recht, es kommt auf das Denken an. Aber, so ist zu fragen, nur auf das „andere Denken“?

5

Versagt Hegels „Denken“? Er, der gesagt hat: „Ich appelliere hierbei vorläufig an das alte Vorurteil, daß im Wissen Wahrheit sei, daß man aber vom Wahren nur insofern wisse, als man nachdenke, nicht so, wie man gehe und stehe; daß die Wahrheit nicht erkannt werde im unmittelbaren Wahrnehmen, Anschauen, weder in der äußerlich sinnlichen noch in der intellektuellen Anschauung (denn jede Anschauung ist als Anschauung sinnlich), sondern nur durch die Mühe des Denkens“ (Werke, Bd. 18: Vorlesungen über die Geschichte der Philosophie, Frankfurt a. M. 1971, 33).

Die Idee des Denkens intendierte stets, das Wesen richtigen Suchens ausfindig zu machen und auf die rechte Weise voranzuschreiten. Demokrit schreibt: „Gegen das Herz anzukämpfen ist zwar schwer; aber Sache des Mannes, des wohl überlegenden, ist es, den Sieg zu gewinnen (... ἀνδρὸς δὲ τὸ κρατέειν εὐλογίστου, Diels, Fr. 236); und: „Viel Denken, nicht viel Wissen soll man pflegen“ (πολυνοΐην, οὐ πολυμαθίην ἀσκέειν χρή; Diels, Fr. 65; vgl. Heraklit B 40).

Hinzu kommt, daß das Denken nicht stehenbleiben darf. Heidegger weiß, wovon er spricht, wenn er schreibt: „Der weitere Anschein kommt hinzu, als beschränke sich die geschichtliche Betrachtung auf das, was gewesen ist, und habe nicht den Mut und vor allem nicht das Vermögen, selbst etwas ‚Neues‘ zu sagen. Dieser Anschein bleibt solange bestehen, als noch niemand ahnt und es vor allem noch niemand in seiner Tragweite abschätzen kann, daß trotz der Übermacht der Technik und der gesamttechnischen ‚Mobilisierung‘ des Erdballs, also trotz einer sehr bestimmten Vorherrschaft der eingefangenen Natur, eine ganz andere Grundmacht des Seins heraufkommt: die *Geschichte*, die jedoch nicht mehr von der Historie aus als deren Gegenstand vorgestellt ist“ (Nietzsche, I, Pfullingen 1961, 450 f.).

Damit ist etwas anderes gemeint als das, was wir als ein mehr oder weniger geglücktes Ergebnis der Technik vor uns und um uns sehen.

Immerhin hat die angewandte Forschung bis jetzt viel geleistet. Wir haben durch die Raumfahrttechnik einen vergleichsweise klaren Blick in den Weltraum gewonnen. Die Technik der Planetenforschung weitet unsere Umgebung ins All aus. Die Frage ist, ob dies eine Chance für den Sprung in eine Zukunft abgibt, die menschlicher sein kann, als es die Vergangenheit war und die Gegenwart ist. Immerhin, die Umwelt ist Planungsfaktor in allen Hinsichten geworden.

Feststeht, daß die entwickelte Wissenschaft den großen Sprung der Zivilisation ermöglicht hat. Trotz mancher gegenläufiger Bewegung ist auch die Entmythologisierung der Welt in vollem Gange. Karl Jaspers und Rudolf Bultmann haben dieses Problem diskutiert, ohne eine Synthese zu erreichen. Und doch war beider Bemühung ein Beitrag zu weiterem Suchen und Forschen.

Gewiß, das wissenschaftliche Terrain gleicht dem mythischen Meergott Proteus, der die Fähigkeit hatte, immer neue Gestalten anzunehmen. Es ist, als ob es immer mehr Rätsel gibt, je mehr gelöst werden.

Pascal wußte, woran das liegt: der Mensch ist weder Engel noch Tier. Und man darf ergänzen: er erreicht, was ihm aufgegeben ist, wenn er „Hirt des Seins" ist, denn dann wird er auch die eigene Welt besser machen. Dazu gehört in erster Linie, daß er seine eigene Geschichte nicht mißdeutet, konkret gesagt, daß er das Zeitalter der Neuzeit nicht als eine Endzeit mißversteht, sondern als einen Vorgang innerhalb der planetarischen Welt erkennt. Dazu gehört, daß er diese Welt als eine neue Aufgabe für den Menschen begreift. Das Wichtigste aber ist, einzusehen, daß – um es mit Heidegger zu sagen – die Wahrheit in ihrem Wesen immer auf das Sein bezogen ist. Das ist für den Denkenden die Entscheidung katexochen.

Wann aber und wie denken wir die Wahrheit des Seins? Schon bei Parmenides findet diese Frage eine Antwort. Das Sein *ist*, und wir denken dann, wenn wir das, was ist, auf jene Weise, in der es ist, denken. Plato und Aristoteles untersuchen den Begriff Wahrheit. Wann sagen wir die Wahrheit und wann nicht? Die Antwort scheint klar auf der Hand zu liegen: Wenn wir sagen, das, was ist, ist, und das, was nicht ist, ist nicht, dann *sagen* wir die Wahrheit. Die Unwahrheit dagegen sagen wir, wenn wir behaupten, daß das, was ist, nicht ist, und das, was nicht ist, ist. Daraus geht hervor, daß Wahrheit und Unwahrheit nicht den Dingen eignet, sondern unserem Denken.

Im Blick auf Heideggers These vom Denken des Seins als fundamentalontologischem Gebot sei folgender Satz aus der Metaphysik des Aristoteles angeführt: ὥσθ' ἕκαστον ὡς ἔχει τοῦ εἶναι, οὕτω καὶ τῆς ἀληθείας (993b 30–31): Wie sich also das Einzelne zum Sein verhält, so verhält es sich auch zur Wahrheit. Aristoteles betont, daß wir den Denkern, die vor uns gelebt haben, dankbar sein müssen, weil sie zur Entwicklung unserer Fähigkeiten beigetragen haben, denkt hierbei jedoch in erster Linie an solche Denker, die über die Wahrheit gesprochen haben. Aristoteles macht auf solche Weise einsichtig, daß die Denker sich gegenseitig möglich machen.

Es sei richtig, meint Aristoteles, die Philosophie als das Wissen von der Wahrheit zu bestimmen, denn das Ziel (τέλος) der theoretischen Untersuchung sei die Wahrheit, das der praktischen Bemühung das Werk (ἔργον). Wir erkennen das, was etwas ist, nicht, wenn wir nicht auch seine Ursache kennen. Das Feuer zum Beispiel ist die Ursache für den Wärmezustand anderer Dinge. Alles Einzelne verhält sich einzeln zum Sein, denn das, was ist, ist seinem Sein gemäß. Wenn Aristoteles aber sagt, daß die Art des Verhaltens zum Sein auch das Verhalten zur Wahrheit prägt, so heißt das nichts anderes, als daß wir am Sein teilhaben, insofern wir in seiner Wahrheit anwesen.

Heidegger zufolge bewirkt der Mensch nicht das Sein sondern etwas. Aber alles etwas ist bezogen, und zwar nicht nur auf etwas anderes, sondern auf das, was in der Suche nach der Wahrheit des Seins als Ganzheit erscheint, in der jede Einzelheit ihren Platz einnimmt. Die Wahrheit des Seins zu denken, ist folglich die beständige Forderung an das Denken, alles das zu denken, was ist, aber nicht nur als solches, was Unterschiede aufweist, sondern im Blick auf die Wahrheit des Seins, auf das Eine, dem kein anderes zugesellt ist.

6

Gelangt das Denken auf die Stufe der Wahrheit des Seins, ist es in das eigentliche Wesen vorgedrungen. Wir legen Heideggers verschiedene Bezeichnungen: „Hüter des Seins“, „Hirt des Seins“, „Haus des Seins“ u.ä. als Versuch aus, diese Seinsweise zu benennen. Was aber bedeutet das, daß der Mensch „Hirt des Seins“ ist? Wer ist und was macht ein Hirte? Der, der sich um seine Tiere kümmert und ein jedes Tier in seiner Herde kennt. Der, der zugleich weiß, was der Herde gefährlich werden kann, der in Sorge und nicht nur besorgt ist. Der, der die Erfahrung besitzt, daß ein Wolf einfallen, ein Blitzschlag die Herde vernichten, jemand ein Tier stehlen kann. Was unternimmt also ein Hirte? Er gibt, noch bevor Schaden entstanden ist, acht und er bemüht sich immerfort, diesen zu vermeiden.

Im Gespräch des Sokrates mit Kritias über dessen Gewalt-Politik, derentwegen zahlreiche Athener die Stadt verlassen haben, fragt Sokrates zunächst, ob jener Hirte, dessen Viehbestand sich verringere, wohl ein guter Hirte sei. Kritias gibt zu, daß dem nicht so ist. Daraufhin hält ihm Sokrates vor, daß die Einwohnerzahl Athens unter seiner Tyrannenherrschaft zurückgegangen sei, und er folgert: Hirten wie er seien also schlechte Hirten. Man sieht, daß das Hirtenthema keineswegs zeitgebunden ist und jederzeit Anwendung finden kann.

Heideggers Rede vom Hirten bringt das Ziel der Untersuchung in jeder Existenz in den Blick. Hirt des Seins sein bedeutet, das Sein zu denken und in seiner Wahrheit zu stehen. Daß das Sein nicht zur Unwahrheit verkehrt werden darf, darin sehen wir den Sinn des Wortes vom Hirten.

Wir meinen nun allerdings, daß in den Bereich des Seins auch die Techne als menschliches Werk und Geschick gehört, Techne als die Form des menschlichen Universalismus. Der Inhalt dieses Universalismus mag sehr verschieden angesprochen werden. Die Grundstruktur ist überall wesentlich dieselbe: Es ist der *Mensch*, der das alles geschaffen hat. Und die Frage angesichts dieser neuen ontologischen Dimension ist, ob und wie das alles mit seiner Weltordnung (ordo) zusammenpaßt. Welche Möglichkeiten sind da noch vorhanden, um die Veränderung der alten Ordnung in einer sinnvollen Tendenz aufzubewahren? Der Rückblick auf die Geschichte kann da nicht helfen, einzig die menschliche Vernunft ist fähig, die Zukunft sinnvoll zu gestalten, und das heißt, geschichtliche Praxis in Gang zu halten.

In der alten Philosophie war ein Spruch des Protagoras sehr verbreitet: „Aller Dinge Maß ist der Mensch, der seienden, daß (wie) sie sind, der nichtseienden, daß (wie) sie nicht sind“ (Diels, Fr. 80, B 1). Gemeint ist: Der Mensch ist als Mensch fähig, jedes Ding *ontolo-*

gisch zu bestimmen und es an den rechten Platz zu stellen. Der Satz besagt, daß alles, was ist, und was nicht ist, vom *menschlichen* Tun und Denken abhängig ist. Heideggers Übersetzung des Satzes von Protagoras versucht, ihn griechisch zu denken: „Aller ‚Dinge' (derer nämlich, die der Mensch im Gebrauch und Brauch und somit ständig um sich hat – χρήματα, χρῆσθαι) ist der (jeweilige) Mensch das Maß, der anwesenden, daß sie so anwesen, wie sie anwesen, derjenigen aber, denen versagt bleibt, anzuwesen, daß sie nicht anwesen." Heidegger legt aus: „Vom Seienden und dessen Sein ist hier die Rede. Gemeint ist das Seiende, das von sich aus im Umkreis des Menschen anwest" (Nietzsche, II, Pfullingen 1961, 135f.).

Setzen wir an die Stelle von „Dingen" die „Techne", also das, was für den Menschen im Gebrauch steht und Brauch geworden ist, das Ge-stell, wie wir es sehen, das heißt das, was und wie der Mensch es will, dann besagt der Satz für uns, es liegt am Menschen, ob etwas anwesend ist, und es liegt auch an ihm, ob etwas nicht existiert.

Aus dieser Form einer ontologischen Deutung des Satzes geht klar hervor, daß die Techne eine die Gegenwart des Menschen bestimmende Angelegenheit ist, aber des Menschen als des denkenden Wesens.

Wir können dies auch so ausdrücken, daß wir sagen: Das Ziel ist die *Anthropokratie*, der Mensch soll als *Mensch* herrschen. Der Satz hat universelle Bedeutung: Wenn wir den Menschen solcherart als Aufgabe verstehen, dann ist auch die Techne nur in diesem Verhältnis legitim.

Ist, was wir sagen, vielleicht eine letzte Utopie? Das mag sein. Aber es bleibt doch die Kraft der Anthropokratie als Zukunftsprogramm. Ihm zufolge wird dann auch die *Entwicklung* der Techne eine *menschliche „Gravitation"* haben und nicht als eine entfremdete Macht über die Menschen herrschen. Dann steht der Mensch vor einer Aufgabe, die er selbst, eingedenk eines Wortes von Menander: „Es lebt nur der, der lebend sich am Leben freut", *lösen* kann.

Heidegger lecteur de Descartes

JACQUES TAMINIAUX

Si l'on parcourt les titres des livres et des articles publiés par Heidegger de son vivant, on a vite fait de s'apercevoir que le nom de Descartes ne figure dans aucun d'entre eux, et même qu'aucun d'eux – livre ou article –, à défaut de signaler Descartes dans son titre, ne semble centré sur un thème notoirement cartésien. Ces titres, soit qu'ils les nomment expressément, soit qu'ils les visent, semblent retenir, à titre privilégié, plusieurs noms anciens – Anaximandre, Parménide, Héraclite, Platon, Aristote – et plusieurs noms modernes – Leibniz, Kant, Hegel, Schelling, Nietzsche – mais pas celui de Descartes.

Cette lacune même pourrait paraître significative. Je veux dire qu'elle pourrait éveiller le soupçon qu'il n'y a pas chez Heidegger d'héritage cartésien. Plus précisément, puisqu'il aimait dire que ses écrits et ses leçons n'avaient pas statut d'œuvres mais de chemins ou de jalons au fil d'une marche, cette lacune pourrait faire croire qu'à aucun moment le chemin de pensée heideggerien ne s'est réclamé de Descartes. De tous les penseurs évoqués, on pourrait dire qu'à un moment ou à un autre de ce chemin, voire même continûment, ils ont été des interlocuteurs favoris, dignes d'une écoute pensante, c'est-à-dire d'une certaine reprise ou appropriation eu égard à ce qui faisait l'enjeu de la pensée selon Heidegger, la question de l'être. Qu'il suffise de se rappeler ici les cas les plus évidents de cette reprise. A l'époque où s'articule l'ontologie fondamentale, à l'époque donc où Heidegger recherche l'unique horizon d'intelligibilité des sens divers de l'être, et le découvre dans la temporalité propre à l'étant que nous sommes, deux interlocuteurs s'imposent au premier plan: Aristote chez les anciens, Kant chez les modernes. Aristote puisque c'est au fameux τὸ ὄν πολλαχῶς λέγεται que la question de l'être a dû son impulsion, que c'est chez lui que Heidegger a aperçu que la vérité n'a pas pour essence l'adéquation mais le découvrement, et que le lieu de ce découvrement n'est pas le seul jugement mais tout le comportement de l'étant que nous sommes. De plus, c'est la distinction aristotélicienne entre l'activité de ποίησις ou de production et l'activité de πρᾶξις qui confère à l'analytique du *Dasein* son articulation, sa polarité entre l'inauthenticité de la préoccupation quotidienne et l'existence dans le souci individué qui la détermine en propre: à cet égard le οὗ ἕνεκα de l'*Ethique à Nicomaque* anticipe le *worumwillen* de *Sein und Zeit.*

Kant, d'autre part, car si l'on admet que la *Critique de la raison pure* ambitionne moins d'édifier une théorie de la connaissance que de fonder la métaphysique, le centre même de cette fondation – la déduction transcendantale – fait voir dans la doctrine du schématisme de l'imagination, que le temps est au cœur de notre compréhension a priorique de l'être de ce qui est.

Mais à ces deux reprises les plus manifestes on pourrait en ajouter d'autres, moins apparentes il est vrai mais non moins réelles: celle de Platon et celle de Hegel. Les pages sur le „on" dans l'analytique du *Dasein* doivent beaucoup à la satire platonicienne des πολλοί et des sophistes et, d'autre part, la notion de l'ἐπέκεινα τῆς οὐσίας est saluée dans les cours de Marbourg comme la première anticipation de la transcendance du *Dasein*. Reprise aussi de Leibniz, s'il est vrai qu'il est possible par déconstruction après avoir reconnu chez lui une tentative de fonder la logique de l'identité sur la métaphysique monadologique de la substance, de reconnaître dans la notion même de monade comme unité d'*intuitus* et d'*appetitus*, l'anticipation, fût-elle obscure et maladroite, de l'ouverture du *Dasein* à son monde.

Reprise de Hegel enfin, s'il est vrai, comme le montre le cours de 1930 sur la *Phénoménologie de l'Esprit*, que la description hégelienne du mouvement de la conscience de soi se meut tout entière sur le terrain de la transcendance, même si elle porte au compte de l'absolu tous les emblèmes de la finitude.

Mais parmi toutes ces répétitions, tantôt affichées, tantôt discrètes, dont se soutient l'effort d'édifier une ontologie fondamentale, Descartes ne semble pas figurer. Tout se passe comme s'il était indigne d'être réapproprié. Et il le semble davantage encore, à partir du moment où Heidegger se déprend de son projet initial d'une science de l'être pour méditer l'histoire de l'Occident comme histoire du retrait de l'être. Cette méditation se fraye à la faveur d'un long débat avec

Nietzsche; l'écoute qu'elle prête aux paroles pré-socratiques ne l'empêche pas de continuer à dialoguer avec Platon et Aristote, avec Leibniz, avec Kant et avec Hegel. Mais elle tient Descartes à distance. Alors que le *Nihil sine Ratione* de Leibniz se prête à une écoute qui y fait vibrer le retrait de l'être, on cherche en vain sous la plume de Heidegger vieillissant mention d'un propos de Descartes susceptible d'un même traitement.

Non pas du tout que les écrits gravitant autour de l'histoire de l'être et de son oubli ignorent Descartes. Loin de là. Ils le nomment, le citent et l'interprètent très fréquemment, non moins d'ailleurs que ne le faisaient les écrits de l'ontologie fondamentale. Mais, dans les deux cas, le traitement réservé à Descartes semble relever de la *démarcation* et non de la *réappropriation*.

Mon propos étant ainsi situé, je rappelle les thèmes les plus insistants de cette démarcation. Je procéderai rétrospectivement à partir des écrits qui méditent l'histoire de l'être. Pour l'essentiel, c'est dans un cours sur Nietzsche, datant de 1940, que ces thèmes s'expriment avec le plus de netteté et de cohésion. Le titre même du cours indique sans équivoque l'allure spécifique des analyses qui y sont consacrées à Descartes. Ce titre est: „*Le nihilisme européen.*“ La formule est de Nietzsche, à qui Heidegger reconnaît le mérite d'avoir reconnu que le nihilisme constitue le mouvement de l'histoire occidentale moderne, sans que Nietzsche fût pourtant capable, en dépit de sa perspicacité, d'en comprendre l'essence. Le nihilisme, au sens nietzschéen, c'est la dévalorisation des plus hautes valeurs. C'est justement parce qu'il ne pense le nihilisme qu'à partir de la notion de valeur que Nietzsche, selon Heidegger, ne peut pas appréhender l'essence du nihilisme. Et si Nietzsche pense de la sorte c'est parce qu'à son insu, en dépit de ses déclarations anti-métaphysiques, il pense métaphysiquement. Entendons que son seul projet reste de déterminer la relation de l'homme à l'étant comme tel et en totalité, sans que l'Etre et, par conséquent, le rapport de l'homme à l'Etre soient pour lui dignes de questions, sans donc que la différence être-étant lui paraisse mériter d'être interrogée. En dépit de son anti-platonisme affiché, Nietzsche reste donc platonicien. Il reste tributaire du geste par lequel Platon aplatissait l'εἶναι sur l'οὐσία, l'Etre sur l'étantité *(Seiendheit)*, c'est-à-dire sur l'ἰδέα. De l'idée platonicienne à la valeur nietzschéenne il y a continuité. „Parce que la philosophie de Nietzsche est de la métaphysique et que toute métaphysique est du platonisme, il faut qu'à la fin de la métaphysique l'Etre soit pensé en tant que valeur, c'est-à-dire calculé au titre de conditionnement simplement conditionné de l'étant. *(Bloß bedingten Bedingung des Seienden).* L'interprétation métaphysique de l'Etre en tant que valeur se trouve préfigurée par le début de la métaphysique. Car Platon concevait l'être en tant qu'ἰδέα: or, la plus haute des idées – ce qui veut dire du même coup l'essence de toutes – est l'ἀγαθόν, pensée au sens grec de ce qui rend apte *(was tauglich macht)*, ce qui donne à l'étant la capacité et la possibilité d'être de l'étant. Etre a le caractère de la possibilisation, est la condition de la possibilité – Etre, pour parler avec Nietzsche, est une valeur" (trad. N II, p. 177 – texte allemand II, p. 222).

En quoi cette citation concerne-t-elle mon propos? En ceci que dans le développement qu'elle évoque et qui va de l'Idée platonicienne à la Volonté nietzschéenne de puissance, en tant que position de valeurs, et, par-delà, jusqu'au règne contemporain de la manipulation calculatrice et technologique de l'étant en totalité, Descartes marque une étape capitale. De telle sorte que Nietzsche est non moins l'héritier de Descartes, en dépit de son anti-cartésianisme, qu'il n'est l'héritier de Platon, en dépit de son antiplatonisme. Ce qui signifie que si Platon „préfigure" Nietzsche de loin, Descartes le préfigure de près. La page que je citais continue comme suit: „Ainsi Platon, demande Heidegger, aurait-il pensé pour la première fois en valeurs? Cette opinion serait excessive. La conception platonicienne de l'ἀγαθόν est aussi essentiellement distincte du concept nietzschéen de valeur que la conception hellénique de l'homme l'est de l'interprétation moderne de l'essence de l'homme en tant que sujet" *(id.)*. C'est chez Descartes que cette interprétation fait irruption. La lecture heideggerienne de Descartes eu égard à l'histoire de l'être sera donc conduite sur deux versants. D'une part elle relèvera dans Descartes ce qui, nonobstant la continuité du platonisme, se marque d'écart par rapport aux conceptions helléniques. D'autre part, elle déchiffrera dans Descartes ce qui „préfigure" la volonté nietzschéenne de puissance et, au-delà de Nietzsche, la volonté de volonté inhérente au règne contemporain de la technique, qui est le règne du nihilisme au sens heideggerien car, dans le régime de la machination calculatrice, il ne saurait être question de l'Etre et tout se passe comme s'il n'était rien. Voyons donc le premier versant.

Heidegger entend manifester l'écart qui sépare le cartésianisme des conceptions helléniques en analysant les propos du penseur grec en apparence le plus semblable à Descartes: Protagoras. A première vue, le *cogito ergo sum* cartésien et la sentence du sophiste – l'homme est la mesure de toutes choses – expriment la même chose qui est la primauté de l'homme. „Et, cependant, dit Heidegger, la sentence de Protagoras dit quelque chose de fort différent du contenu de la proposition de Descartes" (109 trad.; p. 135). „Les points de vue *(Hinsichten)* susceptibles de faire ressortir cette différence sont au nombre de quatre. C'est par eux que se détermine l'essence d'une position métaphysique fondamentale" *(durch die sich das Wesen einer metaphysischen Grundstellung sich bestimmt)* (II, 137), à savoir:

„1. Par la manière dont l'homme en tant qu'homme est *lui-même* et se sait lui-même à cet égard;
2. Par le projet de l'étant sur l'Etre;
3. Par la délimitation de l'essence de la vérité de l'étant;
4. Par la façon dont l'homme à chaque fois prend la „mesure" et la donne pour la vérité de l'étant" *(id.)*.

Analysant la sentence de Protagoras dans ces quatre perspectives, Heidegger observe que:

„1. Le ‚Je' se détermine pour Protagoras par l'appartenance *(Zugehörigkeit)* chaque fois limitée au non-occulté *(ins Unverborgene)* de l'étant. L'Etre-soi *(Selbstsein)* de l'homme repose dans la fiabilité *(Verläßlichkeit)* de l'étant non-occulté et de son entourage *(Umkreis)*.
2. L'Etre a pour caractère essentiel la présence, l'*Anwesenheit*.
3. La vérité est éprouvée en tant que état dévoilé *(Unverborgenheit)*.
4. La mesure a le sens d'une modération consistant à s'en tenir au dévoilé."

Par contre, les mêmes perspectives appliquées au *cogito ergo sum* cartésien font ressortir dans les quatre cas une teneur toute différente:

1. L'homme en tant qu'homme est désormais lui-même à titre de „fondement insigne *(ausgezeichnete)* sous-jacent à toute re-présentation *(Vor-stellen)* de l'étant et de sa vérité, fondement sur lequel toute représentation et ce qui lui est re-présenté *(Vor-gestelltes)* sont posés et doivent l'être s'ils doivent avoir tenue et consistance. L'homme est *subjectum* dans ce sens insigne." Ce *subjectum*, l'homme est le seul étant à l'être, de telle sorte que tout étant autre que lui est un objet pour ce seul sujet (136, 168).

2. L'être n'a plus pour caractère essentiel la présence *(Anwesenheit)* mais la propriété d'être la *Vorgestelltheit* pour un sujet qui s'en assure: „Etre est la re-présentéité posée avec sûreté dans la représentation calculante, représentéité par laquelle est assurée à l'homme de procéder *(Vorgehen)* en tous sens au sein de l'étant, de l'explorer, de le conquérir, de le maîtriser et de l'apprêter de telle sorte que lui, l'homme, puisse être à partir de lui-même le maître de son assurance et de sa certitude propres" (136–137; 169).

3. La vérité n'est plus éprouvée en tant que non-occultation ou découvrement auquel l'homme est confié. Désormais „le vrai n'est que ce qui est assuré, certain. La vérité est certitude, pour laquelle il demeure décisif que, en elle, à chaque fois, l'homme soit certain et sûr de lui-même. C'est pourquoi pour s'assurer de la vérité en tant que certitude, il n'est pas nécessaire en un sens d'aller de l'avant *(Vor-gehen)*, de mettre en sûreté au préalable *(das Im-voraus-sichern)*", comme le souligne Descartes dans la quatrième des *Regulae* qui stipule que la méthode – au sens de cette anticipation même – *necessaria est ad rerum veritatem investigandam* (pp. 137–38; 170).

4. Enfin, la notion de mesure subit une mutation radicale par rapport au sens qu'elle avait chez les Grecs. Elle n'a plus rien à voir avec la modération, le juste sens des limites, consistant à s'en tenir au dévoilé. Parce que l'homme est le seul sujet, parce que l'être est représentéité, parce que la vérité est certitude méthodique, l'homme s'engage, face à l'étant, „dans la voie d'une effraction *(Einbruch)* qui ne connaît plus aucune borne à sa représentation calculatrice". Devenu centre de l'étant en totalité, le *subjectum*, au sens nouveau, est visée de „conquête et de souveraineté universelles" (138; 171).

Ce quadruple relevé de ce qui sépare Descartes de Protagoras indique l'essentiel de ce qui rapproche Descartes de Nietzsche. Celui-ci a beau faire profession d'anti-cartésianisme, habilitant ainsi les historiens à dégager entre lui et Descartes de nombreux indices d'une différence historique *(historische Verschiedenheit)*, cette différence même est pour celui qui médite l'histoire de l'Etre, je cite: „l'indice le plus accusé de ce qu'il y a d'identique pour l'essentiel" *(das schärfste Anzeichen für die Selbigkeit im Wesentlichen)* (121; 149–150).

Aux yeux de Heidegger, les objections que Nietzsche adresse à Descartes tantôt tombent à vide, tantôt trahissent un accord profond avec Descartes. Lorsque Nietzsche, par exemple, reproche à Descartes d'avoir fait du *je suis* une conclusion syllogistique et donc d'avoir appuyé sa soi-disant certitude première sur un certain nombre de présupposés inaperçus relatifs à la *cogitatio* et à l'*existentia*, il méconnaît qu'à cette objection Descartes avait répondu par avance dans les *Principia Philosophiae* („Ubi dixi hanc propositionem *ego cogito, ergo sum*, esse omnium primam et certissimam, (...) non ideo negavi quid ante ipsam scire oporteat, quid sit cogitatio, quid existentia, quid certitudo ..." [Adam et Tannery, VIII, 8]). De même, lorsque Nietzsche est d'avis que le *cogito ergo sum* pose le „moi" et le „sujet" pour condition du „penser" et que lui Nietzsche soutient à l'inverse que le penser est condition du „sujet", de même que de l'„objet", de la „substance" et des catégories en général, il méconnaît, dit Heidegger, que ce qu'il objecte à Descartes, „à savoir que les ‚catégories' résultent de la ‚pensée', constitue précisément la position de Descartes lui-même" (145–146; 180–181). Plus profondément, lorsque Nietzsche croit parler contre Descartes, en contestant que l'*ego cogito* soit une certitude immédiate, et en faisant découler l'*ego cogito* cartésien d'une volonté de vérité, donc d'un *ego volo*, il méconnaît que le *velle*, entendu comme volonté de puissance et conçu comme un caractère fondamental de l'étant en totalité „n'a pu devenir possible autrement que sur le terrain de la position fondamentale de Descartes" (p. 146; 182). Alors même qu'il croit s'opposer à Descartes, Nietzsche donc en réalité „adopte entièrement la position métaphysique fondamentale de Descartes" (146–149; 184). „Cette adoption va si loin que Nietzsche identifie l'être avec la *Vorgestelltheit* et celle-ci avec la vérité." Pour lui comme pour Descartes „vérité" et „être" énoncent la même chose: soit „ce qui est établi dans la représentation et la mise en sécurité" *(id.)*.

Est-ce à dire que Nietzsche reproduisait purement et simplement Descartes sans s'en apercevoir? Non pas.

Pour Descartes, l'homme est sujet au sens de l'égoité de l'entendement qui se représente, alors que pour Nietzsche il est *sujet* au sens des impulsions du corps.

Pour Descartes, l'être se définit comme *représentéité*. Pour Nietzsche aussi mais l'être n'a plus pour lui le sens d'une stabilité. Elle n'est qu'une apparence du devenir et celui-ci est essentiellement volonté croissante de puissance.

Chez Descartes, vérité est synonyme de certitude pour un entendement qui perçoit en toute clarté ce qu'il dispose devant lui. Pour Nietzsche, elle consiste à tenir pour vrai, c'est-à-dire à fixer toute espèce de stabilité provisoirement requise pour s'assurer la puissance. Est vrai ce que veut la volonté.

Enfin, pour Descartes, l'homme est mesure de l'étant en totalité dans les limites des possibilités de certitude. Il y a, insiste Heidegger, s'appuyant sur la quatrième *Méditation*, au cœur même de la représentation cartésienne, une possibilité d'erreur et d'errance qui restreint l'essence du sujet et fait de l'homme un *medium quid inter Deum et nihil.* La connaissance humaine reste conditionnée par la connaissance absolue. Chez Nietzsche, en revanche, une telle limitation n'a plus cours. La volonté n'est plus soumise aux possibilités de certitude d'un entendement fini. Elle dispose absolument et inconditionnellement du vrai et du faux, de sorte que la distinction même du vrai et du faux devient caduque, emportée qu'elle est dans le mouvement d'une subjectivité qui „ne se trouve pas seulement affranchie de toute limite (mais qui) elle-même dispose désormais de toute espèce de limitation *(Beschränkung)* et d'affanchissement *(Entschränkung)*" (159; 199).

Nietzsche ne reproduit donc pas simplement Descartes puisqu'avec lui la subjectivité s'est rendue absolument inconditionnelle. Mais pour le penseur de l'histoire de l'Etre, il reste que nous eûmes Descartes pour disposer à Nietzsche, c'est-à-dire à l'accomplissement dans la Volonté de Puissance d'un processus historial dont on peut repérer les phases successives chez Leibniz, chez Kant, puis chez Hegel, mais dont le commencement fit irruption dans le *cogito* cartésien.

Que la mise en lumière de ce processus historial n'implique pas de réappropriation de Descartes, il suffit pour s'en convaincre de relever que la seule appropriation véritable qu'elle connaisse – l'*Ereignis* – concerne l'appartenance de l'homme à un secret de l'Etre qu'il est essentiel à la métaphysique comme telle et plus encore à la métaphysique de la subjectivité de méconnaître.

***

Si l'on considère, à partir de là, le traitement que Heidegger réserve à Descartes dans les écrits antérieurs à la méditation de l'histoire de l'Etre, c'est-à-dire dans les ouvrages et les leçons qui s'inscrivent dans le projet d'une ontologie fondamentale, on est tenté d'abord de penser qu'eux non plus n'affichent aucune dette envers Descartes. Heidegger n'a-t-il pas indiqué, à diverses reprises, que le cartésianisme dont s'était réclamé Husserl après les *Recherches Logiques* avait été pour beaucoup dans leur désaccord, eu égard à la tâche de la phénoménologie?

Et si l'on passe en revue, dans *Sein und Zeit*, les allusions faites à Descartes ou les analyses de certaines de ses thèses, c'est bien la mise à distance de Descartes qui semble y prévaloir d'abord. Lorsque, par exemple, dans l'introduction de l'ouvrage, Heidegger reconnaît à Kant le mérite d'avoir été le premier et le seul „philosophe à lier, dans la doctrine du schématisme, le problème ontologique à celui de la temporalité", c'est pour ajouter aussitôt que deux entraves pesèrent d'entrée de jeu sur la découverte kantienne: une absence d'interrogation sur le sens de l'être et le défaut d'une ontologie du Dasein. La première entrave trahit le poids de toute la tradition depuis les Anciens. La seconde est dûe au fait, je cite, que Kant *„assuma tout-à-fait dogmatiquement la position de Descartes"*. Entendons qu'il est prisonnier du *Cogito* cartésien (p. 24 ed. allemande).

Et le dogmatisme de Kant à cet égard renvoie au dogmatisme de Descartes puisqu'un peu plus loin, au seuil de l'analytique du *Dasein*, Heidegger reproche au *Cogito sum* cartésien d'avoir laissé „complètement indéterminé le sum, même si celui-ci était considéré comme non moins primordial que le cogito" (p. 46). Plus précisément il est reproché à Descartes de n'avoir donné au *sum* d'autre mode d'être que la *Vorhandenheit*, c'est-à-dire d'avoir attribué à l'étant que nous sommes le mode d'être des étants naturels (p. 203), des choses en général.

Enfin, on sait que la seule analyse détaillé de la position cartésienne dans *Sein und Zeit* concerne le concept cartésien du monde comme *res extensa*. Le titre même sous lequel cette analyse est conduite exprime une démarcation. Il s'énonce, en effet: „Die Abhebung der Analyse der Weltlichkeit gegen die Interpretation der Welt bei Descartes." Je rappelle brièvement les points sur lesquels l'analyse fait ressortir cette démarcation, cette *Abhebung*.

Tout d'abord la distinction de l'*Ego cogito* et de la *res corporea*, qui sera déterminante historiquement pour la distinction qu'établira la philosophie moderne entre nature et esprit, reste indéterminée dans ses fondements ontologiques, puisque quand Descartes définit l'être de ces deux étants, il le fait à l'aide d'un seul et même mot: *substantia.* Ensuite, ce mot lui-même est indéterminé car il désigne tantôt l'être d'un étant, sa substantialité, tantôt cet étant même (89–90), envisagé dans ses propriétés ontiques, par exemple les modes de l'extensio: la *divisio,* la *figura,* le *modus,* la *capacitas mutationum.* De plus, la substantialité elle-même, en admettant qu'il soit possible de l'envisager ontologiquement et non pas ontiquement, reste indéterminée: tantôt elle vise le statut ontologique d'un étant qui n'a besoin d'aucun autre pour exister, l'*ens perfectissimum,* tantôt elle vise le statut ontologique d'étants qui ont besoin de cet *ens perfectissimum* pour exister, de telle sorte que l'être, comme substantialité, a un sens si dilaté qu'il „embrasse une différence ‚infinie'" (92), celle qui sépare le créateur, d'une part, et ce qu'il crée d'autre part. La question ontologique de la substantialité reste, dès lors, éludée comme Descartes lui-même l'a reconnu dans les *Principia*: „nulla eius nominis significatio potest distincte intelligi, quae Deo et creaturis sit communis" (93). L'être même des étants, précise Descartes, selon Heidegger, „per se nos non afficit" et dès lors ne saurait être perçu ni faire l'objet d'une problématique.

Enfin, en fonction même de ces indéterminations de principe, l'ontologie cartésienne du monde n'en est pas une. Elle ne s'enquiert nullement du phénomène du monde, et ne parvient en rien à déterminer suffisamment l'étant intramondain pour y faire apercevoir ce phénomène.

Les étants intramondains sur lesquels Descartes prend appui pour faire apercevoir leur mondanéité, définie par lui comme *extensio,* sont des étants d'emblée privés de toute charge proprement mondaine, c'est-à-dire existentiale. Ce sont des étants d'emblée arrachés au rapport que, quotidiennement, nous entretenons avec notre environnement dans le registre de la préoccupation. Ce sont des étants dépourvus de maniabilité, des étants qui ont perdu leur *Zuhandenheit* et avec lesquels nous n'avons d'autre relation que celle de la pure *intellection mathématique.* Cette intellection, Descartes lui assigne un statut originaire dans l'accès à l'être du monde au sens où il l'entend. Heidegger, par contre, entend montrer que le statut de l'intellection n'est nullement originaire mais dérivé, comme l'est du reste toute forme de contemplation qu'elle soit sensible ou intellectuelle. Elle dérive, par déperdition, de la vue pragmatique qui, quotidiennement, nous rapporte à des étants maniables sur le fond de divers contextes référentiels. Parce qu'il ne connaît d'autre accès aux étants intramondains et au monde même que la contemplation intuitive, Descartes ne leur attribue d'autre statut ontologique que la *persistance constante*, statut que Heidegger appelle la *Vorhandenheit*, à savoir un mode d'être qui n'est nullement celui du monde – lequel est un existential – mais celui de la nature.

En procédant de la sorte, Descartes est beaucoup moins original qu'il n'en a l'air et le prétend. Peu importe qu'il critique la sensation et lui oppose *l'intellectio,* s'il continue de définir cette dernière comme une *perceptio*, c'est-à-dire un νοεῖν, en accord avec toute la tradition depuis Parménide, avec lequel en définitive il s'accorde aussi pour poser qu'il n'est d'autre sens de l'être que la *Vorhandenheit.*

***

De ce double parcours il ressort que l'*Abhebung*, la démarcation, est donc ce qui semble, tant dans l'ontologie fondamentale que dans la méditation de l'histoire de l'être, caractériser le rapport de Heidegger à Descartes.

On ne saurait pourtant en rester là et c'est ici que mon propos rebondit pour bientôt s'inverser.

La confrontation même des deux démarcations donne à réfléchir. Ce qu'en définitive l'ontologie fondamentale reproche à Descartes c'est d'être resté prisonnier des Grecs, c'est-à-dire du privilège non-interrogé du νοεῖν et d'un concept non-interrogé de l'être: la *Vorhandenheit.*

Ce qu'en revanche la méditation de l'histoire de l'être souligne chez Descartes, c'est ce qu'il y a chez lui d'écart par rapport aux Grecs et ce qui anticipe le thème contemporain de la volonté de volonté.

Cette disparité même éveille le soupçon. Elle invite à se demander si l'insistance avec laquelle Heidegger en vint, à partir d'un certain point, à distancier Descartes des Anciens, n'a pas partie liée avec l'insistance qu'il avait mise d'abord à rapprocher Descartes des Anciens.

Elle invite, dès lors, à se demander si l'ontologie fondamentale, en dépit des critiques qu'elle adresse à Descartes, n'est pas beaucoup plus cartésienne qu'elle ne le prétend. Relevons-y pour conclure quelques indices qui confortent ce soupçon.

Que l'on considère, par exemple, la séquence suivante, typique du rapport de Heidegger à l'histoire de la métaphysique à l'époque de l'ontologie fondamentale. Il s'y agit du lien entre la question de l'être et la question de l'homme, c'est-à-dire du *Dasein*. Je cite: „Pour Parménide, l'éclaircissement de l'être s'accomplit sur la voie d'une méditation sur le penser, le νοεῖν, la connaissance de l'étant. La découverte platonicienne des Idées qui sont des déterminations de l'être, s'oriente sur le dialogue de l'âme avec elle-même (ψυχή-λόγος). Dirigé par la question de l'οὐσία, Aristote conquiert les catégories en prenant en vue la connaissance énonciatrice qui est celle de la raison (λόγος-νοῦς). A la recherche de la *substantia*, Descartes fonde expressément la philosophie première sur la *res cogitans*, l'*animus*. La problématique transcendantale, c'est-à-dire ontologique, de Kant, laquelle est orientée sur l'Etre (la question de la possibilité de l'expérience) se meut dans la dimension de la conscience, du libre sujet agissant (la spontanéité de l'ego). Pour Hegel, la substance se détermine à partir du sujet. Le combat pour l'être se pousse sur le terrain du penser, de l'énonciation, de l'âme, de la subjectivité. Bref le *Dasein* humain se presse vers le centre" (*Metaphysische Anfangsgründe der Logik*, p. 18–19). Cette séquence indique non seulement qu'il n'y a nulle discontinuité radicale entre les Anciens et les Modernes mais encore que l'histoire de la métaphysique doit être envisagée comme une maturation progressive de l'ontologie fondamentale, maturation dont l'avant-dernier stade est la conquête moderne de la subjectivité au sens du *cogito*.

A y regarder de plus près en effet, la critique adressée à Descartes d'être resté prisonnier de la corrélation initialement parménidienne du νοεῖν et de la *Vorhandenheit* ne vise nullement à écarter le *cogito sum* cartésien mais à l'approprier radicalement. Ce qui reste non radical dans le *sum* cartésien, c'est que sa mienneté, sa *Jemeinigkeit*, est en quelque sorte neutralisée puisque Descartes ne lui confère d'autre mode d'être que celui des étants de la nature, donc projette sur lui, par réflection au sens optique, un statut ontologique qui provient des choses, méconnaissant ainsi d'entrée de jeu qu'il appartient à l'existence du *Dasein* d'être à chaque fois strictement mienne, d'être *Jemeinig.* Ce qui reste non-radical dans le *cogito* cartésien c'est de même sa neutralisation. La clarté dont il bénéficie dans la *clara et distincta perceptio* est flottante et déracinée. C'est celle d'une pure *intellectio* détachée de l'ouverture, de l'apérité, de l'*Erschloßenheit* inhérente à un exister qui est à dessein de soi *(Umwillen seiner)* et en souci de soi. On encore, ce qui reste non-radical dans le *cogito* cartésien et qui justifie la préférence que Heidegger accorde à Leibniz sur Descartes c'est que l'*intellectio* dont le *cogito* est titulaire est détachée de l'*appetitus* inhérent à la *Jemeinigkeit* de l'exister. Autrement dit encore, le *cogito* cartésien est non-radical parce qu'insuffisamment monadique, au sens où la monade soude étroitement ce que Descartes dissocie: intelligence et volonté.

Mais alors, si l'*Abhebung* à l'égard de Descartes est moins rejet que radicalisation, il y a bel et bien un héritage cartésien au cœur de l'ontologie fondamentale. Et on voit mal en effet, comment l'ontologie fondamentale aurait pu se centrer sur la mienneté du *Dasein* sans être tributaire en rien de l'irruption cartésienne de l'*ego sum.* Qu'il y ait héritage, j'en relève brièvement trois signes supplémentaire avant de conclure.

Premier signe. J'ai fait tout à l'heure allusion au rapport de Heidegger à Husserl et au reproche qu'il lui adressait d'avoir après les *Recherches Logiques* opté délibérément pour une reprise du cartésianisme. Ce reproche même est étonnant. Tout d'abord, pour être fondé, ce reproche supposerait que l'on admette que les *Recherches Logiques* n'attestent aucune espèce d'héritage cartésien, ce qui paraît bien improbable. Mais en outre le reproche est d'autant plus étonnant que lorsqu'il reprit ce qui était à ces yeux le plus important dans les *Recherches Logiques* – à savoir la doctrine de l'intuition catégoriale et en particulier de l'intuition catégoriale de l'être en tant que celui-ci n'est pas un prédicat réal – Heidegger, lorsqu'il se réappropria cette découverte, en la métamorphosant dans la compréhension a priorique de l'être par le *Dasein*, l'associa très étroitement à un *Sich-selbst verstehen*, c'est-à-dire à un motif d'origine cartésienne.

Deuxième signe. On sait que la partie non publiée de *Sein und Zeit* devait être consacrée à la *Destruktion* de l'histoire de l'ontologie. Cette *Destruktion* devait porter sur trois penseurs capitaux. Deux d'entre eux firent manifestement l'objet d'une réappropriation heideggerienne. Il s'agit de *Kant* et d'*Aristote*. Or le troisième est Descartes. On voit mal comment Heidegger aurait pu entendre cette *Destruktion* comme déconstruction et réappropriation dans le cas des deux premiers et l'entendre comme démolition pure et simple dans le cas du troisième.

Dernier signe enfin. Lorsque l'ontologie fondamentale établit la généalogie de la notion de *Vorhandenheit*, c'est-à-dire du mode d'être de la nature, elle réfère cette notion qui est le seul concept d'être de la tradition, à un comportement du *Dasein* qui est le comportement producteur caractéristique de la quotidienneté. C'est parce qu'ils ont abordé l'être dans la seule optique de ce comportement producteur que les Grecs ont imposé à la tradition ce concept d'être comme *Vorhandenheit*. „Il appartient, dit Heidegger, au sens de l'appréhension spécifique du comportement producteur à l'égard de quelque chose, de prendre ce à quoi (il) se rapporte comme quelque chose qui, dans et à travers la production, doit être à même soi-même subsistant *(vorhanden)* en tant que quelque chose de prêt." (*Die Grundprobleme der Phänomenologie*, p. 159). Une telle généalogie n'a évidemment pas de place chez Descartes. Mais elle partage avec Descartes l'idée que la nature n'a d'autre mode d'être que la subsistance, et l'on peut se demander si elle ne consiste pas à projeter rétrospectivement dans le monde grec une appréhension technique et proprement cartésienne de la φύσις, je veux dire l'idée que la nature se prête par essence à la maîtrise et à la possession de l'homme.

Dans ces conditions, il conviendrait de relire la méditation de l'histoire de l'être comme une auto-critique de l'ontologie fondamentale, c'est-à-dire notamment comme une critique par Heidegger de la manière dont initialement il s'était réapproprié Descartes.

Que la méditation de l'histoire de l'être ait statut d'auto-critique, cela n'est certes pas proclamé dans les cours sur Nietzsche. Mais c'est pourtant suggéré avec assez de netteté. Il nous paraît significatif à cet égard que dans le cours sur le "Nihilisme européen" la section qui suit immédiatement la mise en lumière de la cohésion interne des positions fondamentales de Descartes et de Nietzsche comporte une page qui évoque la démarche de *Sein und Zeit*, ce maître-ouvrage de l'ontologie fondamentale. Cette page déplore d'une part que l'ouvrage n'ait été acueilli que par une profonde incompréhension en raison de „l'inextirpable habitude, se fixant de plus en plus, de la manière moderne de penser l'homme en tant que sujet", mais d'autre part Heidegger y reconnaît que la raison de cette incompréhension réside aussi „dans la tentative elle-même". Cette tentative, dit-il, „puisque tout de même il se pourrait bien qu'elle soit issue d'une croissance historiale et ne soit nullement quelque chose de „fabriqué", provient de ce qui a eu cours jusqu'alors. Pourtant elle lutte pour s'en extraire mais par là même elle renvoie encore nécessairement et constamment au sentier battu de ce qui avait cours jusqu'alors, et appelle pour ainsi dire celui-ci à l'aide pour lui faire dire tout autre chose. Mais surtout cette voie s'interrompt en un endroit décisif. La raison de cette interruption est que, contre sa volonté, la tentative qui s'est frayée sur cette voie court le danger de n'être à nouveau qu'un remplacement de la subjectivité, le danger d'empêcher elle-même le pas décisif, c'est-à-dire une présentation satisfaisante de ce qu'est ce pas dans son accomplissement essentiel."

On ne peut mieux suggérer qu'il y avait dans l'ontologie fondamentale de quoi renforcer l'héritage de Descartes.

The Question of Technology and Will to Power

PARVIS EMAD

To the memory of my mother

> This distress, which is that of being itself, ... would we be able simply to state it, in the same way that we say that the sun is shining or that we are in a good mood?
>
> Heidegger, *Hegel's Phenomenology of Spirit*

One way of characterizing Heidegger's work on Nietzsche is to say that, rather than confronting Nietzsche with a pre-meditated thesis, he lets Nietzsche's thinking unfold from within, phenomenologically. Heidegger offers a phenomenological interpretation of Nietzsche's entire philosophy when he shows that value in Nietzsche arises out of the interpenetration of the five basic themes of will to power, nihilism, eternal return, overman, and justice and is essentially an unfolding and manifesting of time. Moreover, he proceeds phenomenologically when he shows that the manner of showing and manifesting which inheres in Nietzsche's concept of the will is peculiar to modern technology.

Given the phenomenological character of Heidegger's interpretation of Nietzsche, the inquiry into will to will and technology must proceed by carefully formulating the question which guides that inquiry. We cannot ask straightaway how technology relates to will to power because, by putting the question in this way, we mistakenly take the two *relata* as already known and circumscribed. Instead we must ask what it is that as will to power manifests technology. Using the phrase „will to will" as representative of Nietzsche's entire philosophical position, Heidegger states that it is „will to will" which manifests itself and unfolds as technology. It is the task of the following discussion to elucidate the precise character of this manifesting/unfolding.

It should be noted that the characterization of this manifesting/unfolding occurs many years before Heidegger specifically and explicity works out the essential character of modern technology and that this characterization is quite brief. Because of the brevity of this characterization, it calls for an interpretative reading. By letting this characterization unfold in such a reading, we shall see that both will to will and technology are involved in the ontological difference. We shall try to understand this involvement against the background of an experience which Heidegger calls „the fundamental experience of *Being and Time*"[1] and which he considers to be essential for understanding his entire interpretation of Nietzsche.

However, before we attend to these tasks, two points should be made clear with regard to Heidegger's language. First, it is well-known that the English word *technology* has come to be the accepted term for the rendition into English of Heidegger's word *die Technik*. However, because the word *technology* is increasingly associated with an instrument of progress and because in speaking of *Technik* Heidegger does not intend this meaning at all, we shall in the course of this discussion leave the term *Technik* untranslated. Secondly, the danger in translating the word *Technik* points to the broader danger, namely that, in translating Heidegger's language into another language, we leave behind the territory of his thinking. To leave the language proper to Heidegger's thinking behind and to transpose his thought into a language other than his own, which might be understandable by everyone, presupposes that a language exists which is untouched by thinking and is neutral to it. But a language standing there ready for use by thinking does not exist. If it did, it would be possible to bring Heidegger's language into the realm of the neutral language. (If such a language does exist, one wonders what kept Heidegger from using it?) Thus the following discussion deliberately remains within the territory in language which Heidegger has appropriated for his thinking – to the extent that this territory can be reflected in English and within the limits set by Heidegger's territory of thinking.[2]

[1] M. Heidegger, *Nietzsche*, (Pfullingen: Neske Verlag, 1961) II, 260.

[2] On this point see the Translators' Foreword in: M. Heidegger, *Hegel's Phenomenology of Spirit*, trans. Parvis Emad and Kenneth Maly, (Bloomington: Indiana University Press, 1988) xii–xiii.

I

The characterization which succinctly captures the showing and manifesting which occur as will and *Technik* appears in an essay which is written between 1936 and 1946 and which carries the title *Überwindung der Metaphysik* [„Overcoming of Metaphysics"].[3] It reads as follows:

Der Wille zum Willen erzwingt sich als seine Grundformen des Erscheinens die Berechnung und die Einrichtung von Allem, dies jedoch nur zur unbedingt fortsetzbaren Sicherung seiner selbst. Die Grundform des Erscheinens, in der dann der Wille zum Willen im Ungeschichtlichen der Welt der vollendeten Metaphysik sich selbst einrichtet und berechnet, kann bündig die „Technik" heißen.[4]

The will to will coerces calculation and arrangement of everything as its basic form of manifesting – and this only for the sake of its own continual and unconditional self-securing. We may appropriately call this *Technik*: the basic form of manifesting into which, then, the will to will settles and calculates itself, in what is unhistorical and as such belongs to the world of completed metaphysics.

We shall attempt to unfold interpretatively what this passage states by constantly returning to the original German. We shall do so not simply because all translations (including the one attempted here) are inadequate but, more importantly, because in a very root sense thinking needs to go through the translated text to what is essentially untranslatable.

We shall deal separately with the two sentences that make up this passage. Moreover, our interpretation shall begin with a simple paraphrasing of each sentence, in order to identify and then to address individually the various issues that are of importance to translating/thinking.

(1) By way of paraphrasing what is stated in the first sentence, we can say that the will to will manifests itself by forcefully taking calculation and arrangements as basic forms for manifesting everything. The two terms that play a significant role in this sentence and in our paraphrase are *Grundformen* and *Erscheinen*. We begin by considering a number of issues which pertain to translation/interpre-

[3] Cf. M. Heidegger, *Vorträge und Aufsätze*, (Pfullingen: Neske Verlag, 1959) 71–99.
[4] *Ibid.*, 80.

tation of *Erscheinen.* We render this word as *manifesting* rather than as *appearing.* This choice is based on the character of the term *Erscheinen* and on inadequacies of the term *appearing* for the English rendition of the word *Erscheinen.*

We should note first that the term *Erscheinen* can be used in German without referring to an object. Secondly, as a verb that does not require an object, this word indicates the movement of manifesting or appearing. To reflect this movement, we opt for „manifesting" rather than „appearing." The latter has a Kantian meaning which is not intended here, because there is nothing behind *Erscheinen* (like a thing-in-itself) that would relate to the realm of appearances. To avoid the slightest possibility of taking the word *appearing* as signifying „appearance of something from somewhere," we must not use the word *appearing.* Because of its Kantian connotations the word *appearing* could suggest that there is something else behind appearing.

In contrast to the meaning inhering in the word *appearing,* the word *Erscheinen* speaks of a self-showing manifesting. The use of the addendum „self-showing" is justified in view of *Erscheinen,* which means a manifesting and does *not* mean an appearing. If there would be something behind *Erscheinen* that would appear, then *Erscheinen* would not be a „self-showing." But because *Erscheinen* is simply that – *Erscheinen* a manifesting – it is manifesting that is manifest. Hence the expression „self-showing manifesting."

In our paraphrase we referred to *Grundformen* as „basic forms." But strictly speaking, *Grundformen* should be interpreted as „basic ways." This is so because the German term *Form* means, among other things, *Erscheinungsweise,*[5] i. e., the way things become manifest. Taken in this sense, the word *Form* indicates an occurrence, *ein Geschehnis.* Following from these considerations, *Grundformen des Erscheinens* means „basic ways in which self-showing manifesting occurs *(geschieht).*"

But here an alternative translation/interpretation of the German word *Form* should be considered, insofar as this word also means kind *(Art),* class, or type. Given the fact that Heidegger speaks of

[5] See the entry *Form* in: G. Wahrig, ed. *Wörterbuch der deutschen Sprache* (München, dtv, 1985).

Grundformen, i. e., of the plural of *Form*, should we not take the word *Form* to mean „kinds or classes of manifesting"? But if *Erscheinen* were to have kinds and classes, then there would be several kinds of manifesting; and *Erscheinen* would be understood according to kinds and degrees. This would strengthen the assumption that there is something behind *Erscheinen* which „appears" in kinds and degrees. Since there is nothing behind *Erscheinen*, there is nothing to „appear" according to kinds and degrees. This means that *Grundformen des Erscheinens* should be translated/interpreted as „basic ways of self-showing manifesting" and not as „basic kinds of manifesting."

Having laid out the translation/interpretation of the significant component *Grundformen des Erscheinens* as *basic ways of self-showing manifesting*, we now turn to the first sentence, in order to present its full interpretation. This sentence can be fully interpreted as saying:

> Will to will (self-showing manifesting) occurs in that the will to will imposes upon everything its basic ways of self-showing manifesting, i. e., calculation and arrangement. This occurs in order for the will to continue unconditionally its own self-securing.

In brief, will's basic ways of self-showing manifesting are calculation and arrangement.

At this point we must address the question which has been in the background all along and has a bearing on this sentence, i. e. the so-called question of being *(Seinsfrage)*. Does will as self-showing manifesting refer to being *(Sein)*? The answer has to be in the affirmative insofar as „self-showing manifesting" brings to mind essential words such as φύσις, rising, and unconcealing. However, to see why the answer has to be in the affirmative, we shall again take up, this time in a different way, the main component of the first sentence, namely *Grundformen des Erscheinens*, the basic ways of self-showing manifesting.

This time we shall translate back into German our interpretation of the main component of the first sentence. That sentence then reads as follows:

> Der Wille zum Willen erzwingt sich als die Grundweise des Erscheinens seiner selbst die Berechnung und Einrichtung von Allem ...

> The will to will coerces for itself calculation and arrangement of everything as the basic ways of its self-showing manifesting ...

If we place the original of this sentence alongside this present form, we find that we can understand calculation and arrangement as will's basic ways of manifesting everything only if we take the will as self-showing manifesting. It is quite important to see that the original formulation of the first sentence as well as our reformulation of it takes the will to will as self-showing manifesting. Since various references to being as φύσις, rising, and unconcealing also talk about being's „self-showing manifesting" in being's withdrawal, then will to will as self-showing manifesting involves being. In the course of this discussion we shall see how this involvement occurs. We shall also see that our interpretative reading of the second sentence of this passage will arrive at the same conclusion.

(2) Briefly paraphrased, the second sentence states that the basic occurence (*Form* understood as *Erscheinungsweise*, as a *Geschehnis*) in which the will to will manifests and calculates itself as it settles itself in the world of completed metaphysics, is called *Technik*. This sentence, like the one preceding it, makes use of the terms *Grundform des Erscheinens* in a very decisive manner. Following our deliberations with regard to the German words *Form* and *Erscheinen*, we translate/interpret *Grundform des Erscheinens* as „the basic occurrence of self-showing manifesting." Following this rendition, the second sentence will be interpreted to read:

> We may appropriately call the basic occurrence of self-showing manifesting: *Technik*. The will to will resides and calculates itself in this occurrence as it occurs in the world of completed metaphysics.

When we compare what this sentence says with what the previous sentence states, we notice an important difference. It is important to note that the basic *ways* in which self-showing manifesting, the will to will, occurs is not called *Technik*, but only the basic *occurrence* of self-showing manifesting is called by that term. In the world of completed metaphysics ways of self-showing manifesting, i.e., calculation and arrangement occur and manifest everything as calculable and subject to arrangement. But this is not identical with *Technik*. It is only the occurrence in the world of completed metaphysics of self-showing manifesting as such which is designated as *Technik*. The subtle difference between „ways in which self-showing manifesting, the will occurs" and „the occurrence of self-showing manifesting, the will" is a significant difference which is reflected in the difference between Grund*formen* (basic ways) and Grund*form* (basic occurrence). The basic occurrence in the world of completed metaphysics of self-showing manifesting, the will, is called *Technik.* The basic *ways* in which self-showing manifesting occurs in the world of completed metaphysics are called calculation and arrangement as these are the ways in which everything there is becomes manifest in that world.

The first sentence talks about basic ways in which self-showing manifesting manifests beings in the world of completed metaphysics as calculable and subject to arrangement. The second sentence talks about the basic occurrence of self-showing manifesting in that world. Taken together, these sentences articulate a difference between manifesting and manifested. What kind of a difference is this difference? In the world of completed metaphysics manifesting is different from manifested insofar as the occurrence of self-showing manifesting is not exhausted in *a* being. Manifested is different from manifesting insofar as what is manifested in the world of completed metaphysics is a calculable being which can be arranged. The difference then in the world of completed metaphysics between manifesting and manifested is the same as the difference between being and beings. This means that the world of completed metaphysics in which this difference occurs is a world structured around a particular version of the ontological difference.

To sum up the results of our interpretative unfolding of the two sentences from *Überwindung der Metaphysik*, we can say that the term *Technik* designates the occurrence in the world of completed metaphysics of self-showing manifesting, the will. This occurrence is different from ways of manifesting beings as calculable and subject to arrangement. Thus these two sentences articulate a version of ontological difference which is peculiar to the world of completed metaphysics.

But is the difference between will to will (*Technik*, self-showing manifesting) and beings (calculable and subject to arrangement) thought at all in the world of completed metaphysics? Had this difference been thought at all, the question would have been raised as to how this version of the ontological difference involves being *(Sein).* By briefly characterizing what he calls „the basic metaphysical position of a thinker," Heidegger provides a significant indication as to how this involvement is to be thought.

II

At a crucial juncture where Heidegger attends to the task of interpreting the five basic Nietzschean themes, he circumscribes the basic metaphysical position of a thinker as

> the manner in which one who is called upon to preserve truth ... takes over this rare dispensation ... through the preceding existential-ecstatical projection ...
>
> Die Art ... wie ein zur Wahrnis der Wahrheit Gerufener die seltene Fügung ... im vorangehenden existenzial-ekstatischen Entwurf übernimmt ...[6]

This characterization makes clear that the basic metaphysical position of a thinker is to be understood in terms of „existential-ecstatical projection," i.e., in terms of central issues in the fundamental analysis of Dasein. If we wish to grasp the involvement of being in that version of the ontological difference which is peculiar to the world of completed metaphysics, we must return to the analysis of Dasein and find out how that analysis makes room for what we have referred to so far as „self-showing manifesting."

To what do terms like „existential-ecstatical projection" refer? They refer to the entire idea of existentiality of existence of Dasein and its ecstatic temporality. Specifically, these terms refer to the existential structure of Dasein, i.e. to thrownness *(Geworfenheit)* and projection *(Entwurf)*. These two existentials are not attributes of an isolated subject but occurrences of opening to the world, to beings in totality and to being as such. Since Dasein is thought from within the disclosure of being, the existentials of thrownness and projection are openings to being. Both are basic ways by which Dasein keeps open to the disclosure of being, its showing, manifesting. But the role assumed in this process by thrownness is different from the role assumed by projection. As thrown into disclosedness, Dasein keeps open to the disclosure of being by being subjected to and conditioned by disclosedness. As projection, Dasein keeps open to being

[6] M. Heidegger, *Nietzsche*, II, 258.

by initiating disclosedness. Thrownness and projection are co-original *(gleichursprünglich)*, which means that they are not sequential occurrences. Dasein's conditionedness by disclosedness does not occur first in order then for projection to take place. Dasein is co-originally conditioned by and is initiating disclosedness.

After the turn *(Kehre)* a significantly new thought is articulated regarding the existential of thrownness, while the existential of projection remains the same.[7] To be sure, Dasein keeps open to being's disclosure (its showing and manifesting) by being thrown into disclosedness and thus being conditioned. To be sure, Dasein keeps open to being by initiating disclosedness. But in addition to keeping open to being's disclosure (its showing, manifesting), Dasein also receives and projects being's disclosure. After the turn thrownness is thought in its full phenomenological import in that thrownness is described as the openness wherein being's showing and manifesting arrives, is received, and is projected.

This fuller understanding of the existential of thrownness must be presupposed if we wish to come to terms with the question: How does the version of ontological difference which is peculiar to the world of completed metaphysics involve being? Considering thrownness as the opening into which being's disclosure arrives and wherein this disclosure is received and projected, we can say that self-showing manifesting, the will, originates in being's showing and manifesting insofar as the latter arrives in and is received by thrownness and is projected. The Nietzsche-lectures build on this character of thrownnes when they consider, in specific terms, the position that a thinker occupies in the realm of metaphysics.

The basic position that a thinker occupies in metaphysics is defined in terms of how he brings about disclosedness through the existential of projection. Heidegger does not mention here thrownness but only projection. But given the co-originality of thrownness and projection, he has thrownness in mind as well. He also does not mention that thrownness and projection are ways by which a thinker

[7] On this point see, M. Heidegger, *Holzwege*, Gesamtausgabe Band 5 (Frankfurt am Main: Klostermann, Verlag 1977), 59. Regarding a careful and issue-oriented interpretation of this passage, which is decisive for the present attempt, see F.-W. von Herrmann, *Heideggers Philosophie der Kunst* (Frankfurt am Main: Klostermann Verlag, 1980), 192.

keeps open to the disclosure of being, its showing manifesting – but he has this opening in mind. Furthermore, Heidegger does not mention here that this opening as it occurs in thrownness is the opening wherein being's disclosure, its showing manifesting, arrives, is received, and is projected. But because the Nietzsche-lectures are thought after the turn, he has in mind the arrival in this thrownness of being's disclosure, the reception of this disclosure and its projection. All of this is implied in the terms „existential-ecstatical projection." What these terms imply with regard to the basic metaphysical position of a thinker is that this position is defined by the manner in which he projects, i.e. discloses, beings according to being's disclosure. And this projection cannot be executed without the arrival and reception in thrownness of being's disclosure, its showing and manifesting. In Nietzsche the arrival of being's disclosure, its showing manifesting is received and this manifesting is projected as will to will.

The version of ontological difference which is peculiar to the world of completed metaphysics is initiated in this reception and projection. This version of ontological difference involves being because it is being's arrival and its reception and projection that initiates this version. That being is involved in this version of ontological difference is born out by the choice of word which characterizes the manner of self-showing manifesting, the will. Heidegger designates this manifesting with the word *Technik*, which is reminiscent of the Greek τέχνη and indicates bringing forth and unconcealing. The manifesting which essentially constitutes the will to will is „technical" – has to do with *Technik* – because this manifesting is one which unconceals beings and in this sense brings them forth.

Having interpretatively unfolded the statements from *Überwindung der Metaphysik*, we saw that both articulate a version of ontological difference which is peculiar to the world of completed metaphysics. Having subsequently traced this difference back to Dasein's existential structure, we saw that the will to will, unbeknown to Nietzsche, involves being. We shall now try to understand this involvement against the background of „the fundamental experience of *Being and Time*."

III

With the straightforwardness of a thinker who is keenly interested in being understood, Heidegger begins his interpretation of the five basic Nietzschean themes not only be delineating the basic metaphysical position of a thinker, but also articulating an experience which determines his entire output on Nietzsche. He says:

Der folgende Versuch kann zureichend nur aus der Grunderfahrung von „Sein und Zeit" mitgedacht werden.

The only adequate way to follow along in this attempt is to do one's thinking from out of the fundamental experience of *Being and Time.*[8]

Although the „attempt" that Heidegger here means specifically is the interpretation of the five Nietzschean themes, „the fundamental experience of *Being and Time*" would not be fundamental if it did not extend to the entirety of Heidegger's output on Nietzsche, which includes the characterization of the will to will as „technical," i. e., related to *Technik.* This means that the discovery of a version of ontological difference in the thinking of the will to will is also determined by the fundamental experience of *Being and Time.*

What kind of an experience is this experience of *Being and Time*? By saying that the entirety of his interpretation of Nietzsche can be adequately followed in thought only from out of the fundamental experience of *Being and Time,* Heidegger is suggesting that (1) this experience is not an experience which is accessible only to the author of *Being and Time* and (2) that this experience is not just a matter of familiarity with a book called *Being and Time.*

(1) If experience of *Being and Time* were an experience which is accessible only to the author of this work, this experience would be closed off and inaccessible to others. Were this the case, how could Heidegger refer to this experience as one which determines his entire output on Nietzsche? By specifically indicating that this experience is a fundamental experience for the whole of his interpretation of Nietzsche, Heidegger indicates that this experience has a range which encompasses the author of *Being and Time* and extends beyond him.

(2) This experience is not just a familiarity with a book called

[8] M. Heidegger, *Nietzsche,* II, 260.

Being and Time. Were it the case that the experience of *Being and Time* meant only a familiarity with that book, then this experience would be as varied and manifold as individual readers of that book. In that case a varied and manifold experience could never determine the entirety of Heidegger's interpretation of Nietzsche.

What then is this experience if it is neither solely the experience accessible to the author of *Being and Time* nor the varied experiences of the readers of this work? We shall respond to this question first by indicating the direction which this experience takes and then by attending to that experience itself.

The direction which the fundamental experience of *Being and Time* takes is to pull the one who experiences it into the occurrence called metaphysics – as is shown in a careful translation/interpretation of the passage in which Heidegger speaks of this experience:

> Der folgende Versuch kann zureichend nur aus der Grunderfahrung von „Sein und Zeit" mitgedacht werden. Sie besteht in der ständig wachsenden ... Betroffenheit von dem einen Geschehnis, daß in der Geschichte des abendländischen Denkens ... das Sein des Seienden gedacht worden ist, daß jedoch die Wahrheit des Seins als Sein ungedacht bleibt und als mögliche Erfahrung dem Denken nicht nur verweigert ist, sondern, daß das abendländische Denken als Metaphysik eigens ... das Geschehnis dieser Verweigerung verhüllt.[9]

> The only adequate way to follow along in this attempt is to do one's thinking from out of the fundamental experience of *Being and Time.* This experience consists in an ever-increasing ... *Betroffenheit* with the singular occurrence that, in the history of Western thinking, the being of beings was thought but that the truth of being was left unthought – that not only was thinking denied this truth as a possible experience but also Western thinking as metaphysics expressly concealed the occurrence of this denial.

To see how the fundamental experience of *Being and Time* takes the direction of increasingly pulling the one who experiences it into the occurrence of metaphysics, we must focus on the word *Betroffenheit*, which is the only word in this passage which we deliberately leave untranslated.

It is quite possible to take the word *Betroffenheit* to mean „bewilderment," „amazement," and the like. Taking the word *Betroffenheit* to mean „bewilderment" and remembering that the first sentence

[9] *Ibid.*, 260.

refers to Heidegger's entire output on Nietzsche, we can paraphrase/translate the first sentence as follows:

The only adequate way to follow along in this attempt to interpret Nietzsche is to think from out of the fundamental experience of *Being and Time*. This experience consists in increasing bewilderment at the one occurrence called metaphysics.

It is clear that this paraphrase/translation takes the fundamental experience of *Being and Time* to be bewilderment at the occurrence of metaphysics.

But can *Betroffenheit* mean only bewilderment? Does the word *Betroffenheit* not have to mean more than a subjective state (like bewilderment) if *Betroffenheit* is on the one hand to constitute the fundamental experience of *Being and Time* and, on the other hand, to be a factor which determines Heidegger's entire work on Nietzsche? The *Betroffenheit* which for Heidegger constitutes the essence of the fundamental experience of *Being and Time* and is determining his entire interpretation of Nietzsche does not add up simply to being bewildered at what transpires as metaphysics. The fundamental experience of *Being and Time* consists in being *betroffen* or *einbezogen*,[10] i.e., being pulled into the occurrence which is called metaphysics. The word *Betroffenheit* indicates the direction which the fundamental experience of *Being and Time* takes as the direction of being pulled into the occurrence which as metaphysics manifests beings as calculable and as subject to arrangement. The experience of *Being and Time* is called a fundamental experience because it directs the one who experiences it into the occurrence called methaphysics.

Given this interpretation of the word *Betroffenheit*, we can now translate/interpret our previously paraphrased sentence to read:

The only adequate way to follow along in this attempt to interpret Nietzsche is to think from out of the fundamental experience of *Being and Time*. This experience consists in being increasingly pulled into the one occurrence which is called metaphysics.

If the experience of *Being and Time* is fundamental because it directs and pulls the one who experiences it into the occurrence called meta-

[10] See the entry *betroffen* in: *Der Sprach-Brockhaus*, siebente Auflage (Wiesbaden: F. A. Brockhaus, 1959).

physics, then how must this experience itself look? With this question we move away from considerations given to the *direction* of this experience and attend to the experience itself.

We suggest that the fundamental experience of *Being and Time* is the experience of being – an experience which gives rise to the question of being and to the work *Being and Time*. It is possible to get a glimpse of this experience by taking a quick look at *Being and Time*, since this work is the first systematic articulation of the experience of being.

In at least two essential respects *Being and Time* reflects the experience of being. For the first time and systematically, this work begins an inquiry into the meaning of being. Furthermore, this work presents a concept of man which is in complete accord with that inquiry.

For *Being and Time* to inquire into the meaning of being, this work must have being in view. Hence the experience of being gives rise to the inquiry of this work. *Being and Time* also presents a concept of man which is in complete accord with the experience of being and with the inquiry into its meaning insofar as this work thinks of man as Dasein, i.e. a being whose being is disclosed to itself from within the disclosure of being.

Were *Being and Time* to be a work which would lack an experiential foundation – were this work to emerge, let us say, from theoretically weighing one philosopheme against another philosopheme, in order to formulate a theoretical position – this work would have been assimilated by philosophy and its place would have been determined long ago. Philosophy's continued interest in this work and its bewilderment (not *Betroffenheit*) about it – not knowing what to do with this work – points to philosophy's failure to consider the experience of being as that which gives rise to this work.

We may glean two features of the experience of being from Heidegger's work in general and from *Being and Time* in particular. The most important feature of this experience is that this experience does not seem to cease, as isolated experiences do, but is ongoing and enduring throughout Heidegger's career of thinking. This feature is alluded to in a passage from the Nietzsche-lectures of 1940. Speaking of *Being and Time* and briefly referring to various philosophical forms of subjectivity, Heidegger unequivocally refers to the ongoing feature of the experience of being when he says:

Die Einsicht in diese Zusammenhänge *ist* (nicht: war) der Anstoß für die Abhandlung „Sein und Zeit."[11]

The thrust behind the treatise *Being and Time is* (not: was) the insight into these interconnections.

The emphasis which is put on „is" and the explicit parenthetical remark „not was" show clearly that thirteen years after its publication the thrust behind the work *Being and Time* – a thrust coming from the experience of being – is ongoing and enduring.

The other feature of the experience of being which we glean from *Being and Time* is that the experience of being is an historically verifiable experience. We see this in the Foreword[12] to *Being and Time* which is written for *both* the first *and* the second half of this work and is a prelude to the inquiry into the meaning of being and as such is *the very first* articulation of the experience of being. In this Foreword Heidegger draws attention to Plato's *The Sophist* and intimates that the experience of being is part of the history of thinking. In the Introduction to *Being and Time*, which like the Foreword is written for the whole work and is a decisive articulation of the experience of being, Heidegger alludes to the unity of analogy in Aristotle, thereby intimating that the experience of being that Aristotle had is part of the history of thinking. Perhaps a brief remark on *The Sophist* suffices to clarify this point. When Plato, who takes ὄν and εἶναι interchangeably, nevertheless expresses through the Eleatic Stranger some reservations about understanding being in terms of beings, he (Plato) offers a testimony in favour of the experience of being.

Having laid out the direction that the experience of being takes and having attended to its significant features, we are now in a better position to understand why the experience of *Being and Time* is a fundamental experience and why this experience is decisive for Heidegger's whole output on Nietzsche. The experience of *Being and*

[11] M. Heidegger, *Nietzsche: Der europäische Nihilismus*, Gesamtausgabe Band 48 (Frankfurt am Main: Klostermann Verlag, 1986), 260.

[12] What secondary literature in English sometimes referes to erroneously as the „untitled page," is actually designated by Heidegger as the Foreword. See: M. Heidegger, *Was ist Metaphysik?* (Frankfurt am Main: Klostermann Verlag, 1963) p. 20. See also: F.-W. von Herrmann, *Hermeneutische Phänomenologie des Daseins* (Frankfurt am Main: Klostermann Verlag, 1987) I, 1. Regarding the following remarks on Plato and Aristotle, see: F.-W. von Herrmann, *ibid.*, 3–9 and 31–36.

Time as an experience of being is fundamental because the experience of being is the experience which gives rise to the inquiries into the question of being and its various historical formations, including that of Nietzsche. When in the course of interpreting Nietzsche a version of ontological difference comes to the fore that is peculiar to the world of completed metaphysics, this occurrence originates in the experience of being. It is then quite natural for Heidegger to suggest that, in order to grasp fully his interpretation of Nietzsche, the experience of being, i. e. the fundamental experience of *Being and Time*, should be our point of departure.

The version of ontological difference which is peculiar to the world of completed metaphysics involves being because in the final analysis we owe the discovery of this version of ontological difference to „the fundamental experience of *Being and Time*," i. e., to the experience of being. It is this experience which allows will's self-showing manifesting to be experienced in terms of being's manifesting, its disclosure. If this disclosure is what arrives in Dasein's thrownness and is then projected as will's manifesting of beings, can we not say that will's manifesting *is* and *is not* being's disclosure, its manifesting? Will's manifesting appears to be being's disclosure because will's manifesting discloses beings, brings them forth as calculable and subject to arrangement. But will's manifesting appears also to be different from being's disclosure because this disclosure need not necessarily disclose beings as *only* calculable and subject to arrangement. Since both ways of disclosure involve being, can we not see something like a distress *(Not)* present in being? That this distress claims man's being in a special way, and that this distress may bring about a turn in being itself, are among the most significant thoughts of Heidegger about this distress. We on our part will do better by not talking about this distress in the same every-day manner in which we talk about „the sun shining" or „being in a good mood."

Heideggers Nihilismus: Nietzsche als Interpret Heideggers

GIANNI VATTIMO

Das Problem des Verhältnisses zwischen Heidegger und Nietzsche neu aufzuwerfen, soll kein Anlaß sein, noch einmal von seiten der Philologie ein Thema anzugehen, das von Forschern des einen und des anderen Denkers schon intensiv behandelt wurde. Es stellt statt dessen einen Weg dar, ein Problem zu diskutieren, das, vom Standpunkt der westeuropäischen Philosophie aus, ein zentrales oder m.E. sogar *das* zentrale Thema der aktuellen philosophischen Debatte darstellt. Welche auch immer die Aspekte sein mögen, die bei der heideggerschen Nietzsche-Interpretation auf der Ebene der Philologie und Historiographie noch untersucht und geklärt werden können, so soll an dieser Stelle das Problem hauptsächlich mit theoretischem Interesse erörtert werden. Hierbei wird von der schon angedeuteten Hypothese ausgegangen, wonach die Beschäftigung mit dem Verhältnis Heidegger–Nietzsche bedeutet, ein Problem oder *das* zentrale theoretische Problem der gegenwärtigen Philosophie zu stellen und zu entwickeln. Ausgangspunkt hierfür kann ein nichtkontroverses Faktum sein, nämlich: daß die Entwicklung eines großen Teils der westlichen Philosophie der letzten 25 Jahre – um einmal eine zeitliche Grenze festzulegen – im Rahmen der Diskussion zweier miteinander verbundener Themen stattgefunden hat: Die Bedeutung des Denkens Nietzsches, zu dem das Studium und auch textphilologische Forschungen zu Beginn der 60er Jahre mit großer Intensität wiederaufgenommen wurden; und die Philosophie des „zweiten Heidegger", die ebenfalls gegen Ende der 50er Jahre in breitem Umfange bekannt wurde.

Der Erfolg des zweiten Heidegger und die Nietzsche-Renaissance sind allerdings keine nur zeitlich zusammenfallenden philosophischen Ereignisse. Es ist ja bekannt, daß ein determinierender, wenn auch nicht der einzige Faktor der Nietzsche-Renaissance gerade die

Veröffentlichung der beiden Bände Heideggers zu Nietzsche war, die die Universitätsvorlesungen und andere Schriften aus den Jahren 1935–1946 umfassen. Das Interesse Heideggers an Nietzsche ist nicht nur ein Aspekt seines Zurückgehens in die Geschichte der Metaphysik unter anderen; Nietzsche stellt für ihn ein Konfrontationspunkt dar, der hinsichtlich seiner Wichtigkeit nur mit den Vorsokratikern und vielleicht mit Hölderlin verglichen werden kann. Obwohl die Nietzsche-Renaissance sicherlich auch durch philologische Aspekte gekennzeichnet ist, die von den von Heidegger gestellten Interpretationsproblemen absehen (so steht die Arbeit der Herausgeber der kritischen Ausgabe, Colli und Montinari, der Diskussion der Thesen Heideggers gänzlich fremd gegenüber, auch dort, wo sie sich die Aufgabe eines philosophischen „Kommentars" zu den Werken Nietzsches stellt), ist sie doch zu einem sehr großen Teil mit dem Erfolg des Denkens des zweiten Heidegger verflochten. Wer Nietzsche liest, kann die von Heidegger aufgestellte Interpretation nicht unberücksichtigt lassen, und er findet sich somit vor die Aufgabe gestellt, den ganzen philosophischen Entwicklungsweg Heideggers zu durchlaufen, weil Nietzsche eben nicht nur ein, wie man es nannte, historiographisches „Thema" ist, mit dem sich Heidegger beiläufig beschäftigt hätte. Andererseits sehen sich die Heidegger-Forscher dazu veranlaßt, auf die Texte Nietzsches zurückzugehen, gerade wegen der entscheidenden Wichtigkeit, die ihnen Heidegger in der Geschichte der Metaphysik zuschreibt. Auf diese Weise entwickelt sich in vielen zeitgenössischen europäischen Philosophien eine Hin-und-Herbewegung zwischen Heidegger und Nietzsche, die – und dies wird eben meine These sein – sich nicht darauf beschränkt, Nietzsche unter Heranziehung der Interpretationsarbeit Heideggers zu verstehen zu versuchen, wie es zu erwarten wäre. Es liegt auch die entgegengesetzte Bewegung vor: jenseits der expliziten, von Heidegger aufgestellten Thesen bei seiner Nietzsche-Interpretation neigt der Sinn der Philosophie Heideggers dazu, durch Nietzsche aufgenommen und verstanden zu werden. Man darf somit nicht nur von Heidegger als Nietzsche-Interpret, sondern man muß auch von Nietzsche als Interpret Heideggers sprechen. In dieser Rolle als Interpret und nicht als Interpretierter stimmt Nietzsche durchaus nicht mit dem Bild überein, das Heidegger in seinem Werk von ihm entworfen hat. Es tritt somit eine paradoxe, aber sehr verbreitete Situation ein, vor allem in Italien und Frankreich: viele Anhänger Heideggers lesen Nietzsche in einer Perspektive, die sich zwar auf das Denken Heideggers beruft, die aber nicht, oder nur zum Teil, die speziellen Thesen Heideggers zu Nietzsche anerkennt. Ich möchte zeigen, daß dies keine Folge einer unvollständigen oder oberflächlichen Kenntnis des Denkens Heideggers auf seiten seiner Interpreten ist; vielmehr besteht eine gewisse Notwendigkeit, Heidegger bei seiner Nietzsche-Interpretation zu „verraten", will man seinen authentischsten Intentionen treu bleiben.

Zugunsten dieser These spricht die Tatsache – die ich hier allerdings analytisch zu belegen nicht beabsichtige –, daß zum großen Teil für den zeitgenössischen Heideggerianismus Nietzsche nicht nur als einer der Autoren der metaphysischen Tradition gilt, die zu „überwinden" ist (wie z.B. im Falle von Descartes oder Hegel), sondern vielmehr ein Denker ist, der, wie Heidegger, schon auf dem Wege eines Seinsdenkens sich befindet, welches die Metaphysik hinter sich gelassen hat. Es ist offensichtlich, daß solch eine „privilegierte" Stellung Nietzsches in einem bestimmten Maße von Heidegger vorhergesehen wurde. Da er in ihm den letzten metaphysischen Denker sieht, bei dem die Seinsvergessenheit ihren Höhepunkt erreicht, stellt er ihn auch in eine Wendepunktsituation: „Wo aber Gefahr ist, wächst das Rettende auch" – wie es in einem von Heidegger so häufig zitierten Vers von Hölderlin heißt. Unzweifelhaft ist aber, daß Heidegger Nietzsche zutiefst von sich entfernt fühlt in dem Maße, in dem dieser doch noch der Geschichte der Metaphysik angehört und das Sein theoretisch als Wille zur Macht faßt. Es ist nun gerade diese Distanz zwischen Heidegger und Nietzsche, die häufig in einem an Heidegger orientierten Denken zu verschwinden neigt. Dies gilt im Grunde auch für einen Autor wie Gadamer, bei dem die heideggersche Thematik der Überwindung der Metaphysik allerdings nur eine sehr begrenzte Entfaltung erfährt: an einem sehr heiklen und zentralen Punkt von *Wahrheit und Methode*[1], wo die Bedeutung der heideggerschen Erneuerung des Problems des Seins behandelt wird, wird Nietzsche als Vorläufer Heideggers bezeichnet und als solchem der Vorzug vor Dilthey und Husserl gegeben. Und man kann, um im Bereich der „klassischen" Interpreten Heideggers

[1] H.-G. Gadamer, *Wahrheit und Methode,* Tübingen 1960, S. 243.

zu bleiben – diejenigen der ersten Heidegger-Generation –, begründeterweise die Hypothese aufstellen, daß auch Löwith Nietzsche und Heidegger als im wesentlichen gleichgerichtete Denker versteht, die von den gleichen Intentionen geleitet sind: es ist bekannt, daß Löwith die heideggersche Kehre der 30er Jahre als ein hauptsächlich politisch motiviertes Nachgeben ohne echte theoretische Gründe begreift. Wenn er dann aber Nietzsche als denjenigen beschreibt, der auf dem Höhepunkt der Modernität versucht, eine griechische Auffassung des Seins wieder zurückzugewinnen und in diesem Versuch scheitert, beschreibt er damit nicht auch mit theoretischen und nicht mehr nur politischen Begriffen die Anstrengung Heideggers, die Metaphysik zu überwinden, und, wie ihm scheint, dessen Scheitern? Die Stellung Löwiths ist eine gänzlich besondere, und sie gehört nicht ganz zu unserem Diskurs, weil man Löwith sicherlich nicht als „Heideggerianer" bezeichnen kann – auch wenn vielleicht dieses Problem im Licht der hier aufgestellten Hypothese in neuen Begriffen zu überdenken wäre. Klar ist hingegen, daß eine Nähe zwischen Heidegger und Nietzsche in mehr oder weniger weitem Umfang von der ganzen heutigen Hermeneutik unterstellt wird, d.h. von derjenigen Philosophie, die als Fortführung Heideggers auftritt und die sich unter dem besonderen Gesichtspunkt der Interpretation Nietzsches von vielen Schlußfolgerungen des Meisters abwendet. Ich möchte an dieser Stelle nicht diskutieren, ob und bis zu welchem Punkt Autoren wie Foucault und Derrida oder wie Richard Rorty der Hermeneutik im vollen Wortsinne zuzurechnen sind: bei allen scheint mir aber, mehr oder weniger explizit, eine Sicht Nietzsches auffindbar zu sein, die ihn in eine substantielle Kontinuität mit Heidegger stellt, eine Kontinuität, die weit darüber hinausgeht, was Heidegger selbst zuzugeben bereit gewesen wäre. Das Denken Foucaults könnte man sogar als eine Summe oder „Synthese" von Nietzsche und Heidegger beschreiben, deren Realisierung aber vorzugsweise vom Standpunkt Nietzsches aus erfolgt, indem er den ontologischen Intentionen Heideggers wenig Raum läßt. In einem gewissen Maße kann man das gleiche über das Bild von Nietzsche und Heidegger sagen, das in den Werken Derridas und seiner Anhänger (Sarah Kofman, B. Pautrat) und davor bei Deleuze zu finden ist (nicht nur in seinem Buch über Nietzsche, sondern auch in *Différance et Répétition*): das Heidegger und Nietzsche Trennende wird nie betont, beide werden, mit unterschiedlicher Bedeutung und in verschiedenem Maße, zu den Denkern gerechnet, die den Weg zu einem Denken eröffnet haben, das die Metaphysik überschreitet. Auch die Wiederaufnahme von Nietzsche in das italienische Denken der letzten Jahrzehnte ist im Zusammenhang mit Heidegger erfolgt. Eine zentrale Stellung hat hierbei das Problem der Technik eingenommen: auch und vor allem als „Denker der Technik" sind Nietzsche und Heidegger als in substantieller Kontinuität stehend sichtbar geworden (Ich denke an die Arbeiten von Massimo Cacciari, aber auch an die von Emanuele Severino, der allerdings eine polemische Einstellung Heidegger gegenüber einnimmt, wobei er, mit guten Gründen, wie wir noch sehen werden, Nietzsche und Heidegger durch die gleiche nihilistische Perspektive verbunden sieht).[2]

Die ich hier kurz erwähnt habe, sollen nur als Beispiele einer Tatsache gelten, die mir im westlichen Denken weit sichtbar zu sein scheint: in weiten Bereichen entwickelt sich dieses Denken, indem es Nietzsche und Heidegger als bevorzugte Bezugspunkte nimmt; auch wenn es als Fortführung der Philosophie Heideggers auftritt, so „nimmt" es nicht alle Implikationen der heideggerschen Nietzsche-Interpretation „ernst", sondern neigt dazu, zwischen Heidegger und Nietzsche eine Kontinuität zu sehen, die im Kontrast zu der expliziten, von Heidegger in seinen Werken gegebenen Interpretation Nietzsches steht. Ich würde die Hypothese aufstellen, daß dieses Paradoxon als ein theoretisch bedeutungsvolles Problem aufzufassen ist, wobei zu klären ist, warum man Heideggerianer sein kann (und m. E. sein muß), ohne Heidegger in seiner Nietzsche-Interpretation zu folgen; daß man sogar, um das zu Ende zu führen, den tiefliegenden Intentionen Heideggers nur dann folgen kann, wenn man sein Verhältnis zu Nietzsche neu in Begriffen liest, die verschieden von denen sind, mit denen er selbst es gesehen hat.

Die von Heidegger vor allem durch seine 1961 erschienenen umfassenden Studien herbeigeführte Wende in der Nietzsche-Interpretation bestand in dem Vorschlag, Nietzsche in Beziehung zu Aristo-

[2] Von M. Cacciari s. vor allem *Krisis. Saggio sulla crisi del pensiero negativo da Nietzsche a Wittgenstein,* Milano, Feltrinelli, 1976. Von E. Severino s. z. B. *Gli abitatori del tempo,* Rom, Armando, 1978; *Storia della filosofia contemporanea,* Milano, Rizzoli, 1986.

teles zu stellen[3] und ihn somit als einen Denker zu lesen, dessen zentrales Thema das Sein ist; als einen metaphysischen Denker und nicht nur als Moralisten, „Psychologen“ und „Kulturkritiker“. Auf der Basis dieser interpretativen Entscheidung bezog sich Heidegger vorwiegend auf die späten Schriften Nietzsches, vor allem auf die Aufzeichnungen, die ursprünglich für den *Willen zur Macht* herangezogen werden sollten, und neigte hingegen dazu, ein Großteil der eher „essayistischen“ Produktion Nietzsches, Werke wie *Menschliches, Allzumenschliches, Morgenröte* und *Die fröhliche Wissenschaft* unberücksichtigt zu lassen. Dabei waren es gerade diese Werke, zusammen mit aphoristischen Büchern der letzten Periode wie *Jenseits von Gut und Böse* und dem „Poem“ *Zarathustra,* die das vorherrschende Bild von Nietzsche in den ersten Jahrzehnten des 20. Jahrhunderts bestimmt haben, dieses Bild, das Dilthey in seiner kurzen Schrift über *Das Wesen der Philosophie* (1907) zusammenfaßte, wobei er Nietzsche neben „philosophische Schriftsteller“ wie Carlyle, Emerson, Ruskin, Tolstoj und Maeterlinck stellte. Diese Figuren wurden von Dilthey als emblematisch für eine Situation gesehen, in der, nachdem die große Zeit der Metaphysik beendet war, die Philosophie dazu tendierte, „Lebensphilosophie“ zu werden - nicht in dem Sinn von „vitalistischer Metaphysik“, wie wir das Wort heute verstehen, vielmehr im Sinn einer Reflexion auf die Existenz, die nicht mehr danach strebt, veranschaulichende Geltung zu haben, sondern die Merkmale des subjektiven Ausdrucks, der Poesie und der Literatur annimmt. Die Beschreibung, die Dilthey von Nietzsche gibt, ist unter vielen Aspekten derjenigen von Heidegger radikal entgegengesetzt. Gleichwohl stimmen die beiden Perspektiven in einem wesentlichen Punkt überein. Sowohl für Dilthey als auch für Heidegger ist der Charakter der Philosophie Nietzsches durch den Umstand bestimmt, am Ende der Metaphysik zu stehen. Für Dilthey drückt sich diese „Endstellung“ oder epigonale Stellung Nietzsches in dem Faktum aus, daß bei diesem ein literarischer Ansatz, man könnte auch umfassender von einem „essayistischen“ oder „kulturkritischen“ Ansatz sprechen, bei der Behandlung philosophischer Probleme vorherrschend wird; während für Heidegger, Nietzsche in Beziehung zur Geschichte der Metaphysik zu sehen, bedeutet, bei ihm vorwie-

[3] Vgl. M Heidegger, *Nietzsche,* Pfullingen 1961, Bd. I, S. 76 ff.

gend Thesen und Aussagen zu den großen Themen der traditionellen Metaphysik zu suchen: das Sein, Gott, die Freiheit, das Subjekt ... Dilthey scheint hier radikaler und kohärenter als Heidegger zu sein: wenn Nietzsche am Ende der Metaphysik steht, dann heißt das nicht nur, daß er das Sein und die anderen metaphysischen „Objekte“ in einer von Plato und Descartes verschiedenen Weise sieht, sondern auch, daß die innere Gestalt des Denkens anders ist. Mit anderen Worten: Dilthey sieht viel klarer als Heidegger, daß die „Metaphysik“ Nietzsches an den Stellen gesucht werden muß, die schon ihren ersten Lesern als die charakteristischsten und bedeutungsvollsten erschienen waren, in seinen psychologischen und „kulturkritischen“ Seiten. Dies stellt eine Interpretationsperspektive dar, die durchaus nicht gegen die Grundlagen der heideggerschen These verstößt und die gleichwohl nicht von Heidegger entwickelt wurde. Bei ihm bleibt stets ein Hiatus zwischen den echt metaphysischen Themen Nietzsches – Nihilismus, Wille zur Macht, Ewige Wiederkehr, Übermensch, Gerechtigkeit, gemäß der Liste der Leitworte, die er in seinem Werk absteckte – und seiner Kritik der Moral, der Religion, des Subjekts etc. Warum verbindet Heidegger diese zwei Aspekte bei Nietzsche als dem letzten Denker der Metaphysik nicht in seiner Interpretation?

Man darf vermuten, daß ein plausibler Grund hierfür in dem Mißtrauen zu suchen ist, das Heidegger, mit guten Gründen, der „Philosophie der Kultur“ neokantianischen Zuschnitts (wie die von Cassirer und Dilthey) und der hegel-marxistischen „Ideologiekritik“ entgegenbrachte. Aber es ist schwierig, sich mit dieser Erklärung zufriedenzugeben, vor allem, wenn man berücksichtigt, daß sich das, was Dilthey über Nietzsche sagt, wenigstens in einem bestimmten Sinne auch auf den Stil des Denkens von Heidegger selbst übertragen läßt. Die Nähe von Philosophie und Literatur, die Artikulierung des philosophischen Diskurses gemäß einem eher „erhebenden“ als beweisenden und wissenschaftlichen Rhythmus und auch die Identifizierung der Philosophie mit einer Reflexion auf die Geschichte der Kultur (die bei Heidegger mit der Seinsgeschichte und dem Seinsgeschick in eins fällt), all dies sind Züge, die Heidegger mit Nietzsche gemein hat und die von Dilthey als der Lebensphilosophie eigene beschrieben werden – obwohl diese bei Dilthey die Bedeutung eines subjektivistischen und impressionistischen Denkens annimmt; dies aber nur deshalb, weil Dilthey am Traum einer „strengen“ Philosophie weiterhin festhält, Erbe der Metaphysik in seiner „kritischen“, kantianischen Form, die als „transzendentale Psychologie“ oder Typologie der Weltanschauungen neu gefaßt wurde. Ist aber dieser noch metaphysische Traum erst einmal, wie bei Heidegger, beseitigt, dann ist die Lebensphilosophie von Nietzsche durchaus nicht so weit vom „Seinsdenken“ entfernt, das Heidegger zu entwickeln versucht. Wenn man einmal die verschiedenen Weisen in Betracht zieht, mit denen Dilthey und Heidegger Nietzsche als letzten Denker der Metaphysik beschreiben, dann erkennt man, so meine ich, daß Heidegger dazu neigt, den Zusammenhang zwischen dem metaphysischen Nietzsche und dem Nietzsche als „Kulturkritiker“ nicht zu sehen, weil dieser Zusammenhang, einmal als solcher anerkannt, ihn dazu „zwingen“ würde, auch seine eigene Nähe zu Nietzsche anzuerkennen. Eben diese Nähe wird vom gegenwärtigen „Heideggerianismus“ in weitem Umfange wahrgenommen, auch wenn er noch kein explizites Diskussionsthema daraus gemacht hat.

Was bedeutet es tatsächlich, daß die Ontologie Nietzsches aufs engste mit seiner „genealogischen“ Neufassung der Geschichte der Moral, der Religion, des europäischen Geistes, d.h. mit seiner „Archäologie des Wissens“ verschränkt ist? Diese Archäologie hat nichts mit der „Ideologiekritik“ zu tun, d.h. mit einem Denken, das von sich behauptet, die „menschlichen, allzumenschlichen“ Lügen der Metaphysik – die Wertesysteme, die Institutionen, die Kunst – aufdecken zu können, um sie schließlich auf einen echten Grund zurückzuführen. Den Irrtümern der Kultur der Vergangenheit und ihren metaphysischen Ansprüchen gegenüber betreibt Nietzsche diese noch metaphysische Entlarvung nicht, weil er selbst noch die Idee einer Wahrheit, eines „Grundes“, auf dem man „stehen“ könnte, demaskiert. Die Archäologie Nietzsches feiert der Metaphysik gegenüber vielmehr „Gedächtnisfeste“, sie durchläuft die Geschichte dieser Irrtümer als eine „Geschichte des Seins“.

Seit *Menschliches, Allzumenschliches* ist sich Nietzsche dessen bewußt, daß das Aufdecken des Gewordenseins und der Interessen, die hinter dem stehen, was sich als „ewige“ Wahrheit, „ewiger“ Wert, „ewige“ Schönheit präsentiert, nicht bedeutet, all diese Dinge zu beseitigen, sondern zu entdecken, daß sie alles in allem die einzige Substantialität sind, über die wir verfügen, die einzigen „Rahmen“, auf

Grund deren unsere Erfahrung mit der Welt einen Sinn erhalten kann. Es handelt sich hierbei um das, was er die „Notwendigkeit des Irrtums“ nennt und was er in einem Aphorismus der *Fröhlichen Wissenschaft* beschreibt als „das Bewußtsein, daß ich eben träume, und daß ich weiterträumen muß, um nicht zugrunde zu gehen“. Das Sein, von dem die Metaphysik gesprochen hat, ist ein „Irrtum“; aber der Irrtum – die von den Kulturen im Laufe der Zeit erzeugten symbolischen Formen – ist das einzige Sein überhaupt, und wir *sind,* nur insofern wir in Verbindung mit all dem stehen. Ist nun der Heidegger, der das post-metaphysische Denken als *An-denken* begreift, als ein Eingedenken und Zurückgehen durch die Metaphysik, so weit von dem Nietzsche der „Gedächtnisfeste“ entfernt? Die beiden Gedanken sind sich in Wahrheit sehr ähnlich. Sie sind dadurch miteinander verbunden, daß sie das Sein nicht als Struktur oder Grund, sondern als Ereignis denken. Wenn Heidegger diese Nähe nicht wahrnimmt, dann deshalb, weil er es ablehnt, die nihilistischen Implikationen seiner „Konzeption“ des Seins zu akzeptieren und auszuformulieren. Wie für Nietzsche ist auch für ihn das Denken ein *An-denken* und nicht Repräsentation oder Begründung, weil es kein anderes Sein als die geschichtlich-geschicklichen Öffnungen gibt, von denen aus je und je die Erfahrung einer geschichtlichen Menschheit ermöglicht wird; und der Umstand, daß diese geschicklichen Öffnungen keine Manifestationen einer festen Struktur sind, sondern Ereignisse, verurteilt sie nicht zur Beseitigung; er verleiht ihnen im Gegenteil die Würde, die die Metaphysik dem festen und ewigen Sein gegeben hatte; wie bei den „Gedächtnisfesten“ Nietzsches …

Es bildet sich somit zwischen beiden Denkern eine komplizierte Verflechtung heraus – nicht auf der Ebene der philosophischen Geschichtsschreibung im historischen Sinne, sondern auf der Stufe einer *geschichtlichen* Antwort auf ihren Appell. Heidegger ist von ausschlaggebender Bedeutung, wenn es darum geht, dem Denken Nietzsches Sinn zu geben – einen Sinn, der gerade auf der Suche der *historischen* Rekonstruktion der Texte und ihrer Zusammenhänge untereinander von der philosophischen Geschichtsschreibung nur schwer auszumachen ist, im besonderen wenn man die fast unauflöslichen Widersprüche in Erwägung zieht, die um solche Konzepte wie Ewige Wiederkehr, Wille zur Macht, Übermensch, aktiver und reaktiver Nihilismus herum entstehen. Heidegger liefert sicherlich keine

Instrumente, um diese Widersprüche miteinander zu versöhnen, weder auf der logischen noch auf der so häufig von der Nietzsche-Kritik bevorzugten „psychologischen" Ebene (der „Wahnsinn" Nietzsches). Aber er gibt einen Rahmen, innerhalb dessen alle diese Begriffe einen Sinn als Aspekte einer Geschichte des Seins im Zeitalter des Endes der Metaphysik bekommen. Um nur ein Beispiel zu geben: der fast undenkbare Begriff der Ewigen Wiederkehr des Gleichen wird schon um einiges weniger unfaßbar, wenn man ihn als Beschreibung der „ahistorischen" Zeitlichkeit der technischen Welt sieht, des *Ge-Stells,* worin sich die Metaphysik als totale Organisation der Welt vollzieht, indem sie die Geschichtlichkeit als nicht-geplante und nicht-beherrschte Neuheit ausschließt.

Welche auch immer die noch offenen und vielleicht unlösbaren philosophischen Probleme für die historiographische Rekonstruktion des Denkens Nietzsches sind, so ist es doch eine Tatsache, daß dieses Denken für uns bedeutungsvoll wird, d. h. daß es dazu in der Lage ist, in der gegenwärtigen philosophischen Situation produktiv mitzusprechen, und dies ist – fast – ausschließlich das Verdienst Heideggers: Begriffe wie der Wille zur Macht, die Ewige Wiederkehr, der Übermensch erwerben Sinn als Weisen des Sich-ereignens des Seins am Ende der Metaphysik, während sie voller unlösbarer Widersprüche erscheinen, wenn man sie als metaphysische Beschreibungen eines Seins „out there" sieht. Auf der Ebene einer noch metaphysischen Deskriptivität bleibt z. B. eine Interpretation Nietzsches, die sich darauf beschränkt, seine Philosophie als eine „Enthüllung" der *Tatsache* zu sehen, daß das Sein Wille zur Macht ist und demzufolge eine Moral der Stärke, des Kampfes und des Zusammenstoßes aufstellt (es handelt sich hierbei um die „faschistische" Lesart von Nietzsche; Spuren einer ähnlichen Interpretation sind allerdings auch bei Foucault zu finden).

Wenn aber Heidegger dem Denken Nietzsches als Philosophen des Endes der Metaphysik seinen Sinn verleiht, dann weist uns auf der anderen Seite die Analogie zwischen den „Gedächtnisfesten" Nietzsches und dem *An-denken* Heideggers darauf hin, daß umgekehrt Nietzsche dem heideggerschen „Sein" erst seinen authentischen Sinn gibt. Was bedeutet es denn, daß das Sein, für Heidegger, als *Ereignis* zu denken ist? Bedeutet es vielleicht nur das, was Reiner Schürmann das *Principe d'Anarchie* genannt hat? Nach Schürmann definiert dieser Ausdruck das Ergebnis der Destruktion der Geschichte der Metaphysik durch Heidegger, weil er aufdeckt, daß all das, was in der Geschichte des Denkens als *arché,* Grund, als das eine Kultur bestimmende und beherrschende Fundament erschien (man kann hier auch noch an die *epistemai* Foucaults denken), nichts anderes als „Position", Ereignis ist.[4] Was ergibt sich aber aus dieser These? Wenn sie auf die bloße und einfache Erkenntnis hinausläuft, daß jede *arché* nur das Resultat eines Spiels der Kräfte ist, nur Wille zur Macht, dann kehrt man zum „entlarvenden" Nietzsche zurück, was Heidegger wörtlich nehmen würde. Will man diesen Schluß vermeiden, was m.E. auch Schürmann will, so besteht die Gefahr zu glauben, daß mit der Entdeckung, daß die *archai* nur Ereignisse sind, ein alternativer Zugang zum Sein möglich wäre, verschieden von dem von der Metaphysik verwendeten Zugang, der auf der Annahme von *archai* und Gründen basiert. In diesem Fall würde jedoch die Überschreitung des metaphysischen Denkens zu einer Art negativer oder mystischer Theologie führen, die der Illusion anhängt, auf irgendeine Weise das Sein noch in seiner Differenz und Irreduzibilität im Vergleich zu den vorgestellten Prinzipien und Fundamenten der Philosophie der Vergangenheit zu erfassen. Es ist dies eine Gefahr, die mir in der Arbeit von Schürmann nicht vollständig gebannt zu sein scheint – es hat den Anschein, als ob sie zwischen einem foucaultschen (die *epistemai* als bloße Wirkungen eines Kräftespiels) und einem „mystischen" Interpretationsresultat oszillierte. Letzteres ist natürlich weitgehend von Heidegger selbst gerechtfertigt, und zwar genau in dem Maße, in dem in seinen Schriften neben dem Andenken des Seins als Ereignis auch stets das Streben nach einem Zustand anzutreffen ist, wo das Sein wieder „in persona" zu uns spricht (ich denke hier an die abschließenden Seiten von *Zeit und Sein*[5]). Gleichwohl verbirgt sich hier ein mögliches Selbstmißverständnis bei Heidegger: wenn wir, uns *jenseits* seiner Ereignisse begebend (die *archai,* die je und je die Metaphysik beherrscht haben), auf irgendeine Weise, sei es auch nicht begründend, das Sein erreichen müssen – dann endet das Unternehmen der Überschreitung der Metaphysik in

[4] Vgl. R. Schürmann, *Le principe d'anarchie. Heidegger et la question de l'agir,* Paris, Seuil, 1982.
[5] Vgl. M. Heidegger, *Zur Sache des Denkens,* Tübingen 1969, S. 25.

einer neuen Metaphysik, in einer neuen „Repräsentation" oder einem neuen Begriff des Seins. Das *An-denken,* an das uns Heidegger gemahnt, kann aber nicht als ein Wiedererinnern verstanden werden, welches das Sein „zurückgewinnt" als eines, dem wir direkt gegenübertreten können. Die Wiedererinnerung gedenkt des Seins als einem, das man nur erinnern, das man aber nicht re-präsentieren kann. Das ist gleichbedeutend mit der von Heidegger häufig aufgestellten Behauptung, daß das Ereignis des Seins nicht nur im subjektiven Sinn des Genitivs zu verstehen ist, sondern auch, untrennbar mit diesem verbunden, im objektiven Sinn: das Sein ist nichts anderes als seine Ereignisse. Das bedeutet jedoch, daß das Sein nicht denkbar ist als eine feste Struktur, die die Metaphysik bloß vergessen hätte und die es wiederzufinden gälte. Denkt man das konsequent zu Ende, haben wir genau das vor uns, was man meiner Meinung nach den „Nihilismus" Heideggers nennen kann. Die Überschreitung der Metaphysik kann, wie Heidegger über den Nihilismus Nietzsches schreibt, nur in dem Maße verwirklicht werden, wie „es mit dem Sein selbst nichts mehr ist".[6] Die Überschreitung der Metaphysik ist nicht die Umkehrung der metaphysischen Seinsvergessenheit, es ist vielmehr diese Vergessenheit selbst, die in ihre extremen Konsequenzen getrieben wird. Heidegger kann sich diesem Schluß nicht entziehen, will er sich nicht dabei wiederfinden, das Sein als *arché,* Grund, feste Struktur zu denken.

Wenn Heidegger Nietzsche Sinn verleiht, indem er zeigt, daß der Wille zur Macht sozusagen „Seinsgeschick" ist (und nicht bloßes Spiel von Kräften, die mit Hilfe der Ideologiekritik zu entlarven sind), dann gibt Nietzsche Heidegger Sinn, indem er klärt, daß das Seinsgeschick (wenn es außerhalb der Metaphysik gedacht werden soll) der Nihilismus ist; d.h. das Sein nimmt Abschied von seiner metaphysischen Gestalt nicht (nur), wenn es die *archai* als Masken, als Ereignisse enthüllt, sondern wenn es in der Form dessen *geschieht,* was nicht *ist,* sondern (immer schon) *gewesen ist*; und es besteht nur als Gedächtnis, in einer verblaßten und „schwachen" Form.

Zu diesem Schicksal der Seinsschwächung – die die autoritäre und im Grunde gewalttätige Form auflöst, in der sich das Fundament dargestellt hat – gehört der in Heidegger I und II so zentrale Zusam-

[6] Vgl. M. Heidegger, *Nietzsche,* Bd. II, S. 338.

menhang von Seinsereignis und Sterblichkeit des Menschen (da ja die geschicklichen Öffnungen, in denen die Dinge zum Sein kommen, befristet und nicht „ewig" sind; und dies nur deshalb, weil die Generationen, das „Dasein", für die und durch die sie erstrahlen, nicht ewig sind); ihm gehört ebenfalls der Zerfallsprozeß an, den Nietzsche im Kapitel „Wie die ‚wahre Welt' endlich zur Fabel wurde" aus der *Götzendämmerung* beschreibt, d. h. die Auflösung der *archai* und der behaupteten Objektivitäten, die die Entwicklung der westlichen Philosophie kennzeichnet. Das Sein, das, wie Nietzsche in einem von Heidegger zitierten Abschnitt schreibt, „verdampft", ist nicht nur ein falsches Bild, welches durch ein kräftigeres und wahreres ersetzt werden müßte; es ist nach Nietzsche gerade dieses Sein, das sich im post-metaphysischen Denken als nicht mit dem Objekt, der *arché,* dem Fundament identifizierbar erweisen kann, sondern als eine „Schickung", auf die das Denken mit dem *An-denken* erwidert oder indem es „Gedächtnisfeste" feiert.

Die Frage nach dem Wesen der Kunst bei Heidegger und Nietzsche

JIRO WATANABE

I. Kunst und Ästhetik

Es ist bekannt, daß für Heidegger nach der Veröffentlichung von „Sein und Zeit" allmählich eingangs seiner späteren Periode die Kunst und vor allem die Dichtung eine große Bedeutung gewinnen, was ja eindrucksvoll auch durch seine Kunstwerk-Abhandlung[1] und Hölderlin-Erläuterungen belegt wird. Will man aber diese Versuche Heideggers gründlich verstehen, so muß man sich zunächst darüber klar werden, daß die Grundgedanken Heideggers über die Kunst mit seiner kritischen Position gegenüber der modernen Ästhetik eng zusammenhängen. Für die moderne Ästhetik ist charakteristisch, daß sie einerseits in dem subjektiven Erlebnis des Menschen die Quelle der Kunst findet und zum andern die Schönheit als das Ideal der Kunst ansieht. Nach Heidegger aber ist die Kunst „aus der für sich genommenen Schönheit so wenig zu begreifen wie aus dem Erlebnis" (UK 94).[2]

[1] Über die Kunstwerk-Abhandlung Heideggers ist von Friedrich-Wilhelm von Herrmann eine eingehende Untersuchung vorgelegt worden: F.-W. von Herrmann, Heideggers Philosophie der Kunst, Frankfurt am Main 1980. Ders., Kunst und Technik, in: Heidegger Studies, vol. 1, Eterna Press Illinois, U.S.A., 1985, p. 25–61.

[2] In dieser Arbeit werden Werke Heideggers und Nietzsches mit Verwendung folgender Abkürzungen zitiert; die auf Abkürzungen folgende Zahl nennt die Seitenzahl der jeweiligen Ausgaben:

UK = Heidegger, Der Ursprung des Kunstwerkes, Philipp Reclam Jun. Stuttgart 1965.
VA = –, Vorträge und Aufsätze, Pfullingen 1954.
EM = –, Einführung in die Metaphysik, Tübingen 1953.
SZ = –, Sein und Zeit, Tübingen ⁷1953.
UH = –, Über den Humanismus, Frankfurt am Main 1947.
GT = Nietzsche, Die Geburt der Tragödie, Kröners Taschenausgabe Bd. 70, Stuttgart 1955.
WL = –, Über Wahrheit und Lüge im außermoralischen Sinne, in: Unzeitgemäße Betrachtungen, Kröners Taschenausgabe Bd. 71, 1955.

Die neuere Ästhetik nimmt das Kunstwerk als „einen Gegenstand und zwar als den Gegenstand der αἴσθησις, des sinnlichen Vernehmens", d.h. des ästhetischen „Erlebens" (UK 91); „doch [sagt Heidegger] vielleicht ist das Erlebnis das Element, in dem die Kunst stirbt" (UK 91). Das Kunstwerk bestehe keineswegs in dem „Umkreis des bloßen Erlebens" und spiele auch keine „Rolle eines Erlebniserregers" (UK 77); der moderne Subjektivismus mißdeute das Schöpferische „im Sinne der genialen Leistung des selbstherrlichen Subjektes" (UK 87). Dieser Subjektivismus des Erlebnisses in der Ästhetik ist nach Heideggers Ansicht total irreführend.

Worin besteht jedoch die Täuschung dieser geläufigen Ästhetik? Eine große Hilfe für dieses Verständnis bieten uns unerwarteterweise einige Passagen aus dem Erstlingswerk Nietzsches „Die Geburt der Tragödie" - unerwarteterweise, wenn man darauf achtet, daß Nietzsches Gedanken von Heidegger selbst einer „vorletzte[n] Stufe" (VA 81) der neuzeitlichen Metaphysik des Subjektivismus zugewiesen sind.[3] Aber gegen „die neuere Ästhethik", welche etwa in einem griechischen Lyriker wie Archilochus nur den „ersten ‚subjektiven' Künstler" als einen Typus des „dem ‚objektiven' Künstler" entgegengestellten sieht, sagt Nietzsche: „Uns ist mit dieser Deutung wenig gedient, weil wir den subjektiven Künstler nur als schlechten Künstler kennen und in jeder Art und Höhe der Kunst vor allem und zuerst Besiegung des Subjektiven, Erlösung vom ‚Ich' und Stillschweigen jedes individuellen Willens und Gelüstens fordern, ja

FW = –, Die fröhliche Wissenschaft, Kröners Taschenausgabe Bd. 74, 1956.
GD = –, Götzen-Dämmerung, in: Götzendämmerung, Der Antichrist, Ecce Homo, Gedichte, Kröners Taschenausgabe Bd. 77, 1954.
ZS = –, Also sprach Zarathustra, Kröners Taschenausgabe Bd. 75, 1960.
UW I = –, Die Unschuld des Werdens, Der Nachlaß I. Teil, Kröners Taschenausgabe Bd. 82, 1956.
EH = –, Ecce Homo, in: Götzendämmerung, der Antichrist, Ecce Homo, Gedichte, Kröners Taschenausgabe Bd. 77, 1954.
MM II = –, Menschliches Allzumenschliches II, in: Menschliches Allzumenschliches, Kröners Taschenausgabe Bd. 72, 1954.
MR = –, Morgenröte, Kröners Taschenausgabe Bd. 73, 1952.

[3] In dieser Arbeit kann der Verfasser leider nicht auf die Ansicht Heideggers über die Kunstauffassung Nietzsches eingehen, die im ersten Band des großen Interpretationswerkes Heideggers „Nietzsche, 1961", und zwar in dessen erstem Teil: „Der Wille zur Macht als Kunst" zum Ausdruck kommt. Im folgenden wird sich der Verfasser bemühen, entgegen der Heideggerschen Interpretation doch mindestens einige bei Nietzsche auffindbare Gemeinsamkeiten mit Heidegger herauszuheben.

ohne Objektivität, ohne reines interesseloses Anschauen nie an die geringste wahrhaft künstlerische Erzeugung glauben können" (GT 66).[4] Also, im Unterschied zum landläufigen Begriff, nach dem der Lyriker immer „ich" sagt und seine subjektiven „Leidenschaften" vor uns absingt (GT 66), behauptet Nietzsche: „seine Subjektivität im Sinne der neueren Ästhetik ist eine Einbildung" (GT 68). Nietzsche betont, „daß der ganze Gegensatz, ... der des Subjektiven und des Objektiven, überhaupt in der Ästhetik ungehörig ist, da das Subjekt, das wollende und seine egoistischen Zwecke fördernde Individuum nur als Gegner, nicht als Ursprung der Kunst gedacht werden kann" (GT 71). Der Künstler sei in seinem Schaffen bloß scheinbar als Subjekt oder Ich tätig, in Wirklichkeit sei es nach Nietzsches Ansicht „bereits von seinem individuellen Willen erlöst und gleichsam Medium geworden, durch das hindurch das eine wahrhaft seiende Subjekt" (GT 71) zum Ausdruck kommt. „Jener subjektiv wollende und begehrende Mensch" könne „überhaupt nie und nimmer Dichter sein" (GT 69). Die Ichheit des Dichters sei „nicht dieselbe, wie die des wachen, empirisch-realen Menschen, sondern die einzige überhaupt wahrhaft seiende und ewige, im Grunde der Dinge ruhende Ichheit" (GT 67). Der lyrische Genius sehe „bis auf den Grund der Dinge" hindurch (GT 67). „Das ‚Ich' des Lyrikers tönt also aus dem Abgrund des Seins" (GT 67f.), weil der Lyriker „als dionysischer Künstler" „gänzlich mit dem Ur-Einen" „eins geworden" sei (GT 67). Nietzsches Auffassung nach bedeutet dies, daß der Künstler „seine Subjektivität bereits in dem dionysischen Prozeß aufgegeben" hat (GT 67). In der Heideggerschen Ausdrucksweise gesagt meint das, daß der Künstler eben die Wahrheit des Seins schafft und bewahrt. In diesem Sinne darf die Kunst sowohl bei Heidegger als auch bei Nietzsche keineswegs etwa vom Standpunkt der neuzeitlichen Ästhetik her so ausgelegt werden, daß sie ein Ausdruck eines noch so genialen, doch sinnlichen und subjektiven Erlebnisses wäre.

Aber die Kunst sollte bei Heidegger nicht nur nicht als Äußerung eines subjektiven ästhetischen Erlebnisses begriffen, sondern auch ferner nicht für ein Mittel gehalten werden, die Schönheit zum Ausdruck zu bringen. „Bislang hatte es die Kunst doch mit dem Schönen

[4] Der Begriff „interesseloses Anschauen" stammt von Kant und Schopenhauer; der Verfasser kann sich jedoch mit der Geschichte der neueren Ästhetik hier nicht weiter befassen.

und der Schönheit zu tun und nicht mit der Wahrheit"; deswegen ist diese Schönheit „der Ästhetik aufbehalten" (UK 33). Die Sache der Ästhetik ist in der Neuzeit eben die Betrachtung über das Schöne bzw. über die Art und Weise, wie die Schönheit im Erlebnis des Menschen zustande kommt. Jedoch, nach Heideggers Ansicht gibt es das Schöne niemals für sich allein; „die Schönheit kommt nicht neben der Wahrheit des Seins vor" (UK 93). „Wenn die Wahrheit sich in das Werk setzt, erscheint sie. Das Erscheinen ist - als dieses Sein der Wahrheit im Werk und als Werk - die Schönheit" (UK 93). Die Kunst entsteht, indem die Wahrheit des Seins gelichtet ist. „Das so geartete Licht fügt sein Scheinen ins Werk. Das ins Werk gefügte Scheinen ist das Schöne. Schönheit ist eine Weise, wie Wahrheit als Unverborgenheit west" (UK 61). Also, die Schönheit ist sowenig ein Ideal der Kunst als vielmehr nur ein Resultat und eine Weise, wie die Wahrheit des Seins im Kunstwerk zum Vorschein kommt.[5]

Bei Nietzsche ist dies auch der Fall; die Kunst hat es auch bei Nietzsche nicht mit dem Schönen, sondern mit der Wahrheit des Seins, die aber bei ihm die „dionysische Wahrheit" (GT 100) genannt wird, zu tun. Der Grundgedanke des jungen Nietzsche über das Dionysische läßt sich dort am deutlichsten erblicken, wo er sich in seinem geplanten Vorwort zu seiner Erstlingsschrift über die griechische Kunst sehr metaphorisch so geäußert hat - Nietzsche schreibt: die Menschen könnten meinen, daß sie „in das hellste, von der Sonne durchschienene Seewasser sehen und den Grund des Sees ganz in der Nähe wähnen, als ob er mit der Hand zu erreichen wäre. Uns hat die griechische Kunst gelehrt, daß es keine wahrhaft schöne Fläche ohne eine schreckliche Tiefe gibt" (GT 196). Diese schreckliche Tiefe wird bei Nietzsche „der Abgrund des Seins" (GT 68) genannt, aus dem der Lyriker singt, dessen Wahrheit, d. h. die „dionysische Wahrheit" (GT 100), der Künstler und Philosoph mit der „dionysischen Weisheit" (GT 138, 160) oder mit der „dionysischen" „tragischen Erkenntnis" (GT 130, 137) zu bewahren bemüht sein muß. Sich von der oberflächlichen Schönheit distanzierend, sieht der

[5] Man denke in diesem Zusammenhang an die Auseinandersetzung Heideggers mit E. Staiger im Hinblick auf die Interpretation eines Verses Mörikes. Vgl. E. Staiger, Ein Briefwechsel mit Martin Heidegger, in: Die Kunst der Interpretation, Zürich 1955, S. 34–49; B. Allemann, Hölderlin und Heidegger, Zürich 1954, S. 173; Heidegger, Der Satz vom Grund, Pfullingen 1957, S. 102.

echte Künstler in den wahrhaften Abgrund des Seins, und auf dessen Grund kann er die schönen Blüten der tragischen Kultur blühen lassen. In Anlehnung an Heidegger gesagt sollte der Künstler, auf dem abgründigen Seinsboden[6] stehend, d.h. die Lichtung des Seins mit dessen Verbergung zusammen im Blick haltend, die Wahrheit des Seins ins Werk setzen und schaffend bewahren.

II. Kunst und Wissenschaft

Die Kunst hat sich bisher in ihrem negativen Wesen gezeigt, das nie mit dem Begriffsapparat der modernen Ästhetik, d.h. dem der Schönheit und des subjektiven Erlebnisses behandelt werden kann. Gleichzeitig damit rückt bereits ihr positives Wesen ungefähr in unseren Blick, daß sie nämlich, vom Heideggerschen Standpunkt her gesehen, eigentlich mit der Wahrheit des Seins zu tun hat. Jetzt soll unsere Aufmerksamkeit gerade diesem positiven Wesen der Kunst gelten.

Bekanntlich geht Heidegger in seiner Kunstwerk-Abhandlung so vor, daß er zunächst zum Zweck der Exposition der Dingheit im Kunstwerk die geläufigen drei Auslegungen der Dingheit aufgreift, dann den in unserem Zeuggebrauch beheimateten Begriff des Dinges als des geformten Stoffes wegen der Zwischenstellung des Zeugs zwischen dem Ding und dem Werk als den geeignetsten Ausgangspunkt für seine Betrachtung über das Kunstwerk wählt und dann die Frage nach dem Zeug, was das Zeug in Wahrheit sei, stellt. Um die Antwort darauf zu finden, nimmt Heidegger als Beispiel ein bekanntes Gemälde van Goghs von einem Paar Bauernschuhe und zeigt, daß wir, was das Schuhzeug in Wahrheit ist, erst dadurch wissen können, daß wir uns vor das Gemälde van Goghs bringen. So kommt es zur wichtigen Einsicht, daß „das Kunstwerk zu wissen gab, was das Schuhzeug in Wahrheit ist" (UK 32), daß „van Goghs Gemälde die Eröffnung dessen ist, was das Zeug ... in Wahrheit *ist*" (UK 32f.), daß dieses Seiende in jenem Gemälde „in die Unverbor-

[6] Bezüglich des Begriffs „Abgrund" bei Heidegger erinnere sich der Leser an den eindrucksvollen Gedankengang Heideggers in seinem wichtigen späteren Werk „Der Satz vom Grund" (1957), wo er in Anlehnung an einen Spruch des Angelus Silesius vom „Ab-Grund" des Seins spricht.

genheit seines Seins heraustritt" (UK 33), daß also „im Werk ... ein Geschehen der Wahrheit am Werk ist" (UK 33), daß „im Werk der Kunst sich die Wahrheit des Seienden ins Werk gesetzt hat" (UK 33).

Auf diese Weise wird das Wesen der Kunst nach Heideggers Ansicht kurz und bündig als „das Sich-ins-Werk-Setzen der Wahrheit des Seienden" (UK 33, 38, 68, 81, 82, 85, 89) bestimmt. Mit anderen Worten, „was im Werk am Werk ist", ist „die Eröffnung des Seienden in seinem Sein: das Geschehnis der Wahrheit" (UK 36); also, „im Werk ist das Geschehnis der Wahrheit am Werk" (UK 40, 63, 67). Aber natürlich ist die Kunst „*ein* Werden und Geschehen der Wahrheit" (UK 81), weil das Kunstwerk „auf *seine* Weise" das Sein des Seienden eröffnet (UK 37); „das Werkwerden des Werkes ist *eine* Weise des Werdens und Geschehens der Wahrheit" (UK 67); „im Werk ist *ein* Geschehen der Wahrheit am Werk" (UK 33); umgekehrt gesagt, „*eine* der Weisen, wie Wahrheit geschieht, ist das Werksein des Werkes" (UK 60 – Sperrung durch Verfasser). Das bedeutet, daß es selbstverständlich „andere" Weisen des Geschehens der Wahrheit gibt (UK 68 f.); darauf kommen wir später noch zu sprechen.

Beim Geschehnis der Wahrheit im Kunstwerk ist im übrigen zu beachten, daß das Kunstwerk nicht von sich selbst her als Werk zustande zu kommen vermag. Das Kunstwerk muß durch den Künstler „geschaffen" und „hervorgebracht" werden (UK 63, 64, 66, 69, 70). „Das Schaffen als ein Hervorbringen" ist nichts anderes als „die Einrichtung der Wahrheit ins Werk" (UK 69). Aber „so wenig ein Werk sein kann, ohne geschaffen zu sein, so wesentlich es die Schaffenden braucht, so wenig kann das Geschaffene selbst ohne die Bewahrenden seiend werden" (UK 75). Das Kunstwerk muß sowohl geschaffen als auch bewahrt werden. „Bewahrung des Werkes heißt: Innestehen in der im Werk geschehenen Offenheit des Seienden" (UK 76). Infolgedessen bedarf es zur wirklichen Entstehung eines Kunstwerkes einmal des Schaffens als des „Hervorbringens der Unverborgenheit des Seienden" und zum andern der Bewahrung als des „in Gang- und ins Geschehen-Bringen des Werkseins" (UK 81). „Also ist die Kunst: die schaffende Bewahrung der Wahrheit im Werk" (UK 81). Dies ist die endgültige Bestimmung des Wesens der Kunst bei Heidegger.

Aber hier erhebt sich notwendig die folgende Frage. Was ist denn die Wahrheit, die in der Kunst geschaffen und bewahrt werden soll? Auf welche Weise erfolgt dies Geschehnis der Wahrheit in dem Kunstwerk, und zwar insbesondere im Unterschied zu den Wissenschaften? Denn nach Heidegger ist die Wissenschaft „kein ursprüngliches Geschehen der Wahrheit" (UK 69). Die Wissenschaft ist zwar ein Geschehen der Wahrheit, jedoch kein „ursprüngliches"; und wenn die Wissenschaft zur „wesentlichen Enthüllung des Seienden als solchen kommt, ist sie Philosophie" (UK 69). Jedoch, „in derselben Ordnung ist die Philosophie und ihr Denken nur mit der Dichtung" (EM 20); und die Dichtung ist eben „das Wesen der Kunst" (UK 82, 85, 86). Also, die Philosophie bzw. ihr Denken und die Kunst im Sinne der Dichtung allein können inmitten der „ursprünglichen" Offenheit und „wesentlichen" Enthüllung des Seienden als solchen stehen. Die Wissenschaft nimmt in dieser Hinsicht keinen entsprechenden Rang neben der Philosophie und Kunst ein. Das könnte einen jedoch befremden, in der Art, daß man meinte, trotzdem sei nur die Wissenschaft imstande, die Wahrheit der Dinge zu erkennen, und die Kunst habe nichts mit der Wahrheit zu tun, sondern einzig und allein bloß mit dem Schönen. Allein, wie wir schon erwähnt haben, setzt sich Heidegger von diesem ästhetischen Subjektivismus gänzlich ab.[7] Was ist dann aber die Wahrheit, die sich im Kunstwerk ins Werk setzen will, und auf welche Weise geschieht diese Ankunft der Wahrheit im Kunstwerk, verschieden von den Wissenschaften?

Um dies aufzuweisen, weist Heidegger am Beispiel eines griechischen Tempels darauf hin, daß es im Werksein des Werkes überhaupt „zwei Wesenszüge", d.h. „das Aufstellen einer Welt und das Herstellen der Erde" (UK 43, 49) gibt. Das Werk „eröffnet" und „stellt eine Welt auf" (UK 44, 45f.); dadurch kann sich der Mensch „im Offenen des Seienden" aufhalten (UK 45). „Indem eine Welt sich öffnet, bekommen alle Dinge ihre Weile und Eile, ihre Ferne und Nähe, ihre Weite und Enge" (UK 45); diese Welt „weltet" (UK 45). Andererseits ist die Erde als „der Bergende" „das, wohin das

[7] Dem Verfasser scheint es, daß die Überlegungen H.-G. Gadamers zur Kunst, welche im ersten Teil seines großen Hauptwerkes „Wahrheit und Methode" (1960) zur Darstellung gelangen, durch Übernahme und eigene Entwicklung dieser Heideggerschen Grundposition über die Kunst zustande gekommen ist.

Aufgehen alles Aufgehende und zwar als ein solches zurückbirgt" (UK 42); sie ist „das wesenhaft sich-Verschließende" (UK 48). Im Werk wird diese Erde hergestellt. Das Herstellen heißt: „sie ins Offene bringen als das sich Verschließende" (UK 48). Infolgedessen sagt Heidegger: „auf die Erde und in sie gründet der geschichtliche Mensch sein Wohnen in der Welt" (UK 47). Kurz, auf diese Weise sind „Welt und Erde wesenhaft voneinander verschieden und doch niemals getrennt. Die Welt gründet sich auf die Erde, und Erde durchragt Welt" (UK 50). Dieses „Gegeneinander von Welt und Erde ist ein Streit", und das Kunstwerk ist eben „eine Anstiftung dieses Streites" (UK 51).

Aber sehr wichtig ist, daß nach Heidegger in diesem Streit von Welt und Erde gleichzeitig „die Wahrheit geschieht" (UK 52). Dabei bleibt zu beachten, daß die Wahrheit „das Wesen des Wahren" (UK 52), und zwar dessen „wesentliches Wesen" (UK 53), d.h. das, „was das Seiende in Wahrheit *ist*" (UK 53), anders ausgedrückt, die „Unverborgenheit, 'Αλήθεια des Seienden" (UK 53) bedeutet. Diese Unverborgenheit besteht zugleich aus der Lichtung bzw. Offenheit und der Verbergung. Es ist nämlich einmal so, daß „inmitten des Seienden im Ganzen eine offene Stelle west" (UK 56) und so „eine Lichtung ist" (UK 56), daß „dank dieser Lichtung das Seiende in gewissen und wechselnden Maßen unverborgen ist" (UK 57). Gleichwohl ist zum andern diese Lichtung „in sich zugleich Verbergung" (UK 57), weil sich das Seiende uns „auf eine zwiefache Art" „verbergen", d.h. „versagen" und „verstellen" kann (UK 57). „Das Wesen der Wahrheit, d.h. der Unverborgenheit, wird von einer Verweigerung durchwaltet" (UK 58). „Zur Unverborgenheit als Lichtung gehört das Verweigern in der Weise des Verbergens" (UK 59), das entweder „ein Versagen" oder „nur ein Verstellen" sein kann (UK 58). „Die Wahrheit ist in ihrem Wesen Un-wahrheit" (UK 58).

Jene bei dem griechischen Tempel als einem Kunstwerk aufgewiesenen beiden Momente, die Welt und die Erde, entsprechen diesen jetzt genannten beiden Momenten der ursprünglichen Wahrheit des Seienden, der Lichtung und der Verbergung. Also, eine der Weisen, wie diese Wahrheit geschieht, ist das Werksein des Kunstwerkes. Dann aber stellt sich um so dringender eine Frage, warum die Wissenschaft „kein ursprüngliches Geschehen der Wahrheit" ist (UK 69).

Der Grund dafür findet sich in der Heidegger eigenen Überzeugung, daß die Wissenschaft so wenig mit der ursprünglichen „Wahrheit" des Seienden als vielmehr bloß mit der „Richtigkeit" des Seienden bzw. mit der „Gewißheit" als deren Abwandlung zu tun hat. Die Wissenschaft ist nach Heidegger jeweils nur „der Ausbau eines schon offenen Wahrheitsbereiches und zwar durch das Auffassen und Begründen dessen, was in seinem Umkreis sich an möglichem und notwendigem *Richtigen* zeigt" (UK 69 – Sperrung durch Verfasser). Die Wissenschaft setzt zum einen eine offene Dimension des Seienden voraus, welche sie aber, solange sie eine positive Wissenschaft ist, keineswegs zum Problem machen kann, weil sie sich, wie bereits in „Sein und Zeit" nachgewiesen, nur „ontisch" verhält und somit die ontologischen „Grundbegriffe" der jeweiligen Sachgebiete, in denen sie wurzelt, nie in Betracht zu ziehen vermag (SZ 8–11). Also, aufgrund dieses schon offenen, „unumgänglichen" (VA 62 ff.) Seinsbereiches kann sich die Wissenschaft zum andern erst nach etwas *richten* und fragen, ob ihre Erkenntnis mit der Sache übereinstimmt. Jedoch ist diese seit langem bekannte Wahrheitsdefinition als „Übereinstimmung der Erkenntnis mit der Sache" (UK 54) Heideggers Überlegung zufolge sehr oberflächlich. Das ist schon in „Sein und Zeit" dargetan, leitet aber zugleich die Grundhaltung Heideggers in der Kunstwerk-Abhandlung. Damit die Erkenntnis und der Satz sich nämlich der Sache anmessen kann, „muß doch die Sache selbst sich als solche zeigen", „aus der Verborgenheit herausstehen" und „in Unverborgenheit stehen" (UK 54). „Der Satz ist wahr, indem er sich nach dem Unverborgenen, d. h. nach dem Wahren, *richtet.* Die Wahrheit des Satzes ist immer und nur diese *Richtigkeit*" (UK 54 – Sperrung durch Verfasser). Die neuzeitliche Wahrheit als „Gewißheit" ist nur eine Abwandlung dieser „Richtigkeit" (UK 54). Wenn wir die Richtigkeit einer „Aussage" belegen wollen, müssen wir „auf etwas zurückgehen, was schon offenbar ist" (UK 55). Aber „nicht wir setzen die Unverborgenheit des Seienden voraus [so sagt Heidegger], sondern die Unverborgenheit des Seienden (das Sein) versetzt uns in ein solches Wesen, daß wir bei unserem Vorstellen immer in die Unverborgenheit ein- und ihr nachgesetzt bleiben. Nicht nur das, *wonach* eine Erkenntnis sich *richtet,* muß schon irgendwie unverborgen sein, sondern auch der ganze *Bereich,* in dem dieses „*Sichrichten* nach etwas" sich bewegt, und ebenso dasjenige, *für* das eine Anmessung des Satzes an die Sache offenbar wird, muß sich als Ganzes schon im Unverborgenen abspielen. Wir wären mit all unseren *richtigen* Vorstellungen nichts, wir könnten auch nicht einmal voraussetzen, es sei schon etwas, wonach wir uns *richten*, offenbar, wenn nicht die Unverborgenheit des Seienden uns schon in jenes Gelichtete ausgesetzt hätte, in das alles Seiende für uns hereinsteht und aus dem es sich zurückzieht" (UK 55f. – Sperrung von „richten" und „Richtigkeit" durch Verfasser).

Dieser Gedanke Heideggers ist in der Hauptsache schon in „Sein und Zeit" bei seiner kritischen Prüfung des Wahrheitsphänomens zur Abhebung gekommen, worauf wir hier leider nicht eingehen können. Jedoch ist soviel jetzt klar, daß im Gegensatz zum oberflächlichen Wahrheitsbegriff der Wissenschaften, denen nur an der Richtigkeit und Gewißheit viel liegt, die Philosophie und die Kunst allein in der Unverborgenheit des Seienden stehen und diese Wahrheit bewahren können. Bei der Kunst geschieht das freilich in der Weise, daß sich die ursprüngliche „Offenheit" „in das Offene ein*richtet* (UK 68) oder die Wahrheit „sich in das Seiende ein*richtet*" (UK 69). Aber diese „Ein*richtung* der Wahrheit ins Werk" (UK 69) bedeutet keinesfalls „das Organisieren" im technischen Sinne, sondern deutet darauf, daß „die Wahrheit inmitten des Seienden, selber werkhaft seiend, seiend werde" (UK 98). In der Tat, „im Gemälde van Goghs geschieht die Wahrheit", nicht deshalb, weil hier „etwas Vorhandenes *richtig* abgemalt" ist (UK 60), sondern deshalb, weil mit dem Schuhzeug eine „Welt" als das „Offene des Seienden" (UK 45), worin sich die Bäuerin aufhält, bzw. das „Seiende im Ganzen", „in die Unverborgenheit" (UK 60) gelangt ist. Ganz verschieden von der erkenntnistheoretischen *Richtigkeit „richtet"* sich die Wahrheit im Kunstwerk in dem Seienden „ein" (UK 68), und diese Weise ist gerade das Sich-ins-Werk-Setzen der Wahrheit in dem Kunstwerk. Die Kunst ist eine der Weisen, wie die ursprüngliche Enthülltheit des Seienden geschieht, d.h. durch den Künstler geschaffen und bewahrt wird. Die tiefere Wahrheit des Seienden kommt im Kunstwerk mehr als in den Wissenschaften zum Vorschein und ans Licht und kann auf diese Weise erst als etwas Schönes scheinen. „Das Stehen des Standbildes ist anderes als das Stehen des Gegenstandes im Sinne des Objektes" (UK 96). Es offenbart die Wahrheit des Seienden im Ganzen, und daher kommt die Schönheit im Kunstwerk zustande (Sperrung von „richten“ usw. in diesem Absatz durch Verfasser).

Im übrigen mag es wahrscheinlich keiner langen Worte bedürfen, um deutlich zu machen, daß es auch dem jungen Nietzsche genau um den Kampf zwischen der Kunst und der Wissenschaft ging. Wie Nietzsche selbst zugesteht, war das, was er in seiner Erstlingsschrift zu fassen bekam, „das Problem der Wissenschaft“ (GT 31); er hat „die Wissenschaft zum ersten Male als problematisch, als fragwürdig gefaßt“ (GT 31). Was dort der Wissenschaft entgegengestellt wurde, war die Kunst, welche als die tragische die dionysische Wahrheit ans Licht bringt. Diese tragische Kunst ist jedoch inzwischen durch den Sokratismus zerstört worden, der die dionysische Wahrheit völlig außer acht ließ und das größte Gewicht auf das Wissen und die Wissenschaft legte. Das Thema der ersten Schrift Nietzsches war also eben der „Kampf zwischen der theoretischen und tragischen Weltbetrachtung“ (GT 141). Wie Nietzsche selber in seinem letzten Jahr eingesteht, enthält sein Erstlingswerk „die zwei entscheidenden Neuerungen“, nämlich „das Verständnis des dionysischen Phänomens“ und das des „Sokratismus“ (EH 348). Nietzsche hat, wie er selbst sagt, „die Wissenschaft unter der Optik des Künstlers“ kritisch gesehen, „die Kunst aber unter der des Lebens“ (GT 32), d.h. aus der Dimension der ursprünglichen Unverborgenheit des Seienden im Ganzen her gesehen. Der theoretische Mensch glaubt „an eine Korrektur der Welt durch das Wissen“ und „an ein durch die Wissenschaft geleitetes Leben“ (GT 146). Trotzdem, unter der Idee der durch Wissenschaft geleiteten, glückseligen und fortschrittlichen Zivilisation auf der Erde gähnt „der Abgrund des Seins“ (GT 68, 128), „eine schreckliche Tiefe“ (GT 196) des Seins, an dessen „Unaufhellbares“ (GT 130) die Wissenschaft scheitern und in die Tiefe starren muß. Die dionysische Wahrheit beschließt in sich die ursprüngliche Lichtung und zugleich Verbergung im Heideggerschen Sinne. Bei Heidegger und Nietzsche kann die ursprüngliche Wahrheit einzig und allein durch die Philosophie und Kunst bewahrt werden. Die Wissenschaft spielt sich bloß auf dem Abgrund des Seins ab, indem der Mensch, „in der Gleichgültigkeit seines Nichtwissens, und gleichsam auf dem Rücken eines Tigers in Träumen hängend“ (WL 607), mit der Oberflächlichkeit beschäftigt ist, oder indem er mit der Richtigkeit und Gewißheit der Vorstellungen zu tun hat. Die Einsicht in die Unmöglichkeit, die ursprüngliche Wahrheit durch rationale Wissenschaft zu ergründen und zu erhellen, bildet den gemeinsamen Boden, worauf die beiden Denker, Heidegger und Nietzsche, ihre eigene Gedankenwelt aufbauen konnten. Die Wissenschaft ist nicht in der Lage, sich vor diese ursprüngliche Wahrheit zu bringen; Philosophie und Kunst sind allein befähigt, diese Offenbarung des Seins zu betrachten.

III. Kunst und Dichtung

Unter die Kunst zählt man normalerweise sehr verschiedene Arten: Baukunst, Bildkunst, Tonkunst, Sprachkunst usw. Welche aber nimmt eine ausgezeichnete Stellung im Ganzen der Künste ein?

Zunächst sagt Heidegger, daß die Kunst als das „Sich-ins-Werksetzen der Wahrheit", d.h. als „Geschehenlassen der Ankunft der Wahrheit des Seienden", wobei unter der Wahrheit „die Lichtung und Verbergung des Seienden" verstanden wird, nichts anderes als „die Dichtung" ist (UK 82). „Dichtung aber ist kein schweifendes Ersinnen des Beliebigen und kein Verschweben des bloßen Vorstellens und Einbildens in das Unwirkliche" (UK 82). Dichtung ist positiv als „lichtender Entwurf" (UK 82), d.h. „lichtendes Entwerfen der Wahrheit" (UK 83) gedacht. Die Wahrheit wird in der Kunst „gedichtet" (UK 82); alle Kunst ist in diesem Sinne wesentlich „Dichtung" (UK 82, 85). Das Dichten im weiteren Sinne besagt das „lichtende Entwerfen der Wahrheit" (UK 83).

Nun, „die Poesie ist nur eine Weise des lichtenden Entwerfens der Wahrheit, d.h. des Dichtens in diesem weiteren Sinne. Gleichwohl hat das Sprachwerk, die Dichtung im engeren Sinne, eine ausgezeichnete Stellung im Ganzen der Künste" (UK 83). Denn „die Sprache bringt das Seiende als ein Seiendes allererst ins Offene. Wo keine Sprache west, wie im Sein von Stein, Pflanze und Tier, da ist auch keine Offenheit des Seienden und demzufolge auch keine solche des Nichtseienden und des Leeren" (UK 84). „Die Sprache selbst ist Dichtung im wesentlichen Sinne", „deshalb ist die Poesie, die Dichtung im engeren Sinne, die ursprünglichste Dichtung im wesentlichen Sinne" (UK 85).

Jedenfalls „ist das Wesen der Kunst die Dichtung" (UK 86); „die Kunst geschieht als Dichtung" (UK 89). Und „das Wesen der Dichtung ist die Stiftung der Wahrheit", wobei das Stiften „in einem dreifachen Sinne", d.h. als „Schenken", „Gründen" und „Anfangen" gedacht wird, und zwar zusammen mit der „Bewahrung" (UK 86). Diese Seite der Dichtung ist in den Hölderlin-Erläuterungen Heideggers noch näher dargetan, worauf wir uns jedoch leider hier nicht einlassen können.

Es besteht kein Zweifel, daß in der Kunstwerk-Abhandlung ausdrücklich von Heidegger der Sprache und der Dichtung die höchste Bedeutung im Hinblick auf die Enthüllung der ursprünglichen Wahrheit zugemessen wird. Hier steckt bereits im Keim der spätere Gedanke Heideggers, daß die Sprache „das Haus des Seins" ist, daß „in ihrer Behausung der Mensch wohnt", daß „die Denkenden und Dichtenden die Wächter dieser Behausung sind" (UH 5).

Beachtenswert ist, daß dabei die „landläufige Vorstellung" der Sprache als „eine Art von Mitteilung", als ein Mittel „zur Unterredung, Verabredung und zur Verständigung" abgelehnt wird (UK 83). „Die Sprache ist nicht nur und nicht erstlich ein lautlicher und schriftlicher Ausdruck dessen, was mitgeteilt werden soll" (UK 83). „Zwar gebraucht auch der Dichter das Wort, aber nicht so wie die gewöhnlich Redenden und Schreibenden die Worte verbrauchen müssen, sondern so, daß das Wort erst wahrhaft ein Wort wird und bleibt" (UK 49). Hier wird die Sprache, das Wort, völlig von der gewöhnlichen mitteilenden Dimension abgewehrt, und das wahrhafte Phänomen des reinen und genuinen Wortwerdens wird scharf ins Auge gefaßt.

Aber man muß sich darüber klar werden, daß diese Auffassung des Wortes bereits in der Grundhaltung des bahnbrechenden Hauptwerkes Heideggers, in „Sein und Zeit", angelegt ist. Die Kunstwerk-Abhandlung ist sowenig fern von den Grundgedanken des frühen Hauptwerkes konzipiert, als vielmehr Heidegger darin selbst und mit Recht auf die Kontinuität seines Denkens aufmerksam macht. Die ganze Abhandlung „Der Ursprung des Kunstwerkes" bewege sich „auf dem Weg der Frage nach dem Wesen des Seins", und die Besinnung auf die Kunst sei nur „aus der Frage nach dem Sein" bestimmt (UK 99). Im Zusammenhang damit wird nachdrücklich unterstrichen, daß „die in ‚Sein und Zeit' gedachte Ent-schlossenheit"

„nicht die decidierte Aktion eines Subjekts, sondern die Eröffnung des Daseins aus der Befangenheit im Seienden zur Offenheit des Seins“ ist (UK 76), daß das Wesen der Existenz „das ausstehende Innestehen im wesenhaften Auseinander der Lichtung des Seienden“ ist (UK 76), daß es also einzig stets bei Heidegger auf „das ekstatische Sicheinlassen des existierenden Menschen in die Unverborgenheit des Seins“ angekommen ist (UK 76).

Es ginge nicht zu weit, wenn man sagte, daß ein wichtiges Anliegen Heideggers in „Sein und Zeit“ darin besteht, in die tiefere Dimension der menschlichen Spracherfahrung, wie sie inmitten des In-der-Welt-seins möglich ist, einzudringen und sie an den Tag zu bringen. Dort heißt es: „das existenzial-ontologische Fundament der Sprache ist die Rede“ (SZ 160), und „die Hinausgesprochenheit der Rede ist die Sprache“ (SZ 161). Aber die hinausgesprochene Sprache wird dann ein „eigenes ‚weltliches‘ Sein“ haben, so daß die Sprache eventuell wie ein „Zuhandenes“ vorfindlich wird, ja sogar in „vorhandene Wörterdinge“ zerschlagen werden kann (SZ 161). Die traditionelle Logik, von der die Sprachwissenschaft und Grammatik stammt, gründet eben in dieser „Ontologie des Vorhandenen“ (SZ 165). Deswegen ist die Befreiung der Grammatik und der Logik von dieser Ontologie des Vorhandenen unumgänglich; das bedeutet, daß man in der Rede als Existenzial allein das Fundament der Sprache sehen soll.

Eng mit diesen Gedanken hängt zusammen die Grundposition Heideggers in „Sein und Zeit“, daß die sprachliche Aussage als „mitteilend bestimmende Aufzeigung“ (SZ 156) nur ein „abkünftiger Modus“ der Auslegung (SZ 153, 157) ist, die aber wiederum ihrerseits erst als „Ausbildung“ des ursprünglichen Verstehens (SZ 148) möglich ist. Also, erst aufgrund der ursprünglichen verstehenden Auslegung, welche aber noch „vorprädikativ“ (SZ 149) sein kann, kommt die mitteilend-prädizierende sprachliche Aussage zustande. Jedoch tritt mit dieser Aussage eine wichtige „Modifikation“ (SZ 157f.) heraus, die sogar eine „Nivellierung“ (SZ 158) der ursprünglichen verstehenden Auslegung bedeutet. Im Entwerfen des Verstehens, das durch „Vorhabe, Vorsicht und Vorgriff“ (SZ 150) konstituiert wird, ist ein Seiendes in seiner Möglichkeit ursprünglich erschlossen und kommt so zu Verständnis; dadurch ist es im Hinblick auf seinen „Sinn“ des „Seins“ verstanden (SZ 151). „Sinn ist das, worin sich Verständlichkeit von etwas hält" und so „das durch Vorhabe, Vorsicht und Vorgriff strukturierte Woraufhin des Entwurfs, aus dem her etwas als etwas verständlich wird" (SZ 151). Erst aufgrund der „Vor-Struktur des Verstehens" wird die „Als-Struktur der Auslegung" ermöglicht (SZ 151), die „Etwas als Etwas", wenn auch noch „vorprädikativ", so doch „ausdrücklich" auseinanderlegt (SZ 149). Aber dieses „existenzial-hermeneutische Als" wird mit der mitteilenden prädikativen Aussage plötzlich zum bloßen „apophantischen Als" umschlagen (SZ 158); damit geht der lebendige Sinn der ursprünglichen verstehenden Auslegung verloren, und dadurch kommt eben die „theoretische Aussage über Vorhandenes" vor (SZ 158). Beispielsweise hat der Satz „der Hammer ist schwer" in dem lebendigen umsichtigen Besorgen noch keine Bedeutung, wie etwa: „das Hammerding hat die Eigenschaft der Schwere", sondern ganz im Gegenteil, unter diesem scheinbar „theoretischen" Satz liegt eine ursprüngliche Auslegung versteckt, die lautet: „der Hammer ist zu schwer" oder einfach „zu schwer", also „den anderen Hammer!" (SZ 157). „Der ursprüngliche Vollzug der Auslegung liegt nicht in einem theoretischen Aussagesatz, sondern im umsichtig-besorgenden Weglegen bzw. Wechseln des ungeeigneten Werkzeuges, ‚ohne dabei ein Wort zu verlieren'" (SZ 157). Aber mit der Aussage tritt das theoretische Urteil in den Vordergrund, und auf diese Weise modifiziert und nivelliert sich die ursprüngliche verstehende Auslegung in die theoretische Aussage über ein Vorhandenes. Die lebendige Umwelt wird somit „entschränkt" (SZ 362), und infolgedessen entsteht die theoretische objektive „Thematisierung" (SZ 363) eines jeweiligen Vorhandenen; auf diese Weise vollzieht sich „die Modifikation des umsichtigen Besorgens zum theoretischen Entdecken des innerweltlich Vorhandenen" (SZ 356).

Aber die theoretische Wissenschaft und die hinausgesprochene Dimension der Aussage machen überhaupt kein ursprüngliches Phänomen der Sprache aus, sondern viel tiefer und fundamentaler liegt die Dimension der Rede. Die Tat der Rede besteht im „λόγος" (SZ 32f.); der λόγος besagt ein „Sehenlassen", „ἀληθεύειν", d.h. „das Seiende, wovon die Rede ist, ... aus seiner Verborgenheit herausnehmen und es als Unverborgenes (ἀληθές) sehen lassen" (SZ 33). Die Rede als Existenzial hat ihre Auszeichnung genau darin, die „befindliche Verständlichkeit" des In-der-Welt-seins sehen zu lassen und so sinnhaft-bedeutungsvoll zu artikulieren (SZ 161).

Übrigens bildet die Rede „gleichursprünglich" „mit Befindlichkeit und Verstehen" das dritte Moment des In-der-Welt-seins, das für die „Existenz" des Daseins „konstitutiv" ist (SZ 161). Jedoch hat sie merkwürdigerweise in der dreigliedrigen Sorgestruktur, die die ganzen Momente des In-der-Welt-seins in sich beschließen soll, keinen Platz gefunden.[8] Das „Sich-vorweg" der Sorgestruktur entspricht nämlich dem Verstehen, das „Schon-sein" der Befindlichkeit und das „Sein-bei" dem Verfallen; also, diese drei Momente des In-der-Welt-seins sind in der Tat in der Sorgestruktur zusammengefaßt. Aber die Rede allein, die doch „ursprüngliches Existenzial der Erschlossenheit" (ZS 161) ist, hat keine ausdrückliche Stelle in der Formulierung der Sorgestruktur gefunden, welche das In-der-Welt-sein korrekt reflektieren soll. Der Grund für diese merkwürdige Sachlage ist vielleicht der, daß die Rede sowenig bei der Formulierung der Sorge außer Acht gelassen ist als vielmehr so sehr das befindliche Verstehen des Daseins bestimmt, daß sie fast der Existenz einverleibt worden ist. Die Rede ist so wesentlich für die Existenz im Ganzen konstitutiv, daß Befindlichkeit und Verstehen völlig „durch die Rede bestimmt" sind (SZ 133), daß die Rede allein, umgekehrt gesagt, die Wahrheit des In-der-Welt-seins sinnhaft-bedeutungsvoll sehen zu lassen und zu artikulieren vermag. Gleichwohl könnte man auf der anderen Seite sagen, daß Heidegger zu der Zeit, da er „Sein und Zeit" schrieb, noch nicht in voller Klarheit den Gedanken über die Tragweite der Rede erfaßt habe. In der Tat ist das Problem der Rede und Sprache in ihrem Zusammenhang mit der Zeitlichkeit und dem Sein hinsichtlich seiner entschiedenen Lösungen meistens in „Sein und Zeit" offen gelassen (SZ 160, 349 und 349 Anm.). Jedoch muß man sagen, daß das Problem der Rede in „Sein und Zeit" für die ganzen Gedankenentwicklungen Heideggers von entscheidender Bedeutung ist. Man könnte sogar behaupten, daß seine späteren Gedanken zu einem Teil zweifellos so entstanden sind, daß er das Pro-

[8] Der Verfasser ist der Meinung, daß es in „Sein und Zeit" im Hinblick auf den Grundgedankengang einige Merkwürdigkeiten gibt, deren eine mit dem hier erwähnten Problem der Stellung der Rede als Existenzial in der Sorgestruktur zu tun hat. Jedoch macht die merkwürdigste Schwierigkeit gerade das Verhältnis der Eigentlichkeit des Daseins zur Uneigentlichkeit aus. Zu diesem Problem sei hier auf eine Abhandlung des Verfassers hingewiesen: Jiro Watanabe, Eigentlichkeit und Uneigentlichkeit bei Heidegger, in: Journal of the Faculty of Letters, The University of Tokyo, Aesthetics, vol. 11, 1986, S. 61–75.

blem der Rede und Sprache, über das er sich selbst in „Sein und Zeit" noch nicht gänzlich klar war, nachher weitergedacht hat und so erst seiner unermeßlichen Tiefe und Tragweite innegeworden ist.

In „Sein und Zeit" gähnt eine schroffe Kluft zwischen der ursprünglichen Rede und der hinausgesprochenen Aussage, die zum Teil als theoretische, zum Teil als Gerede in der öffentlichen Ausgelegtheit, ohne eigentliches Verständnis, weiter gesagt zu werden pflegt. Im Gegensatz dazu bringt sich das Dasein in der Rede vor die Wahrheit seines eigenen In-der-Welt-seins und artikuliert sinnhaft-bedeutungsvoll dessen Erschlossenheit. In der Rede wird die Wahrheit der Existenz offenbar. Unter der Rede darf „nicht nur und nicht erstlich ein lautlicher und schriftlicher Ausdruck dessen, was mitgeteilt werden soll" (UK 83), verstanden werden, sondern „die befindliche Verständlichkeit spricht sich als Rede aus", so daß die Wahrheit des In-der-Welt-seins in der Rede „zu Wort kommt" (SZ 161). Die Rede ist sowenig Schwätzen als vielmehr zu ihr „Hören und Schweigen" gehören (SZ 161). Das Hören ist nicht nur „das existenziale Offensein des Daseins als Mitsein für den Anderen", sondern auch und vorwiegend „die primäre und eigentliche Offenheit des Daseins für sein eigenstes Seinkönnen" (SZ 163). Ferner, „das weitläufige Bereden verdeckt und bringt das Verstandene in die Scheinklarheit, d.h. Unverständlichkeit der Trivialität"; im Schweigen könnte man „über eine eigentliche und reiche Erschlossenheit seiner selbst verfügen" (SZ 164f.). Nicht bloß Hören und Schweigen, sondern das „Rufen" muß als „Modus der Rede" gefaßt werden (SZ 271), sagt Heidegger. Ja, der Gewissensruf bildet sogar gerade die tiefste Dimension der Rede und der durch die Rede bestimmten Existenz; der Gewissensruf macht die tiefste Rede aus, die selber Hören und Schweigen in sich beschließt. Denn der Gewissensruf „sagt nichts aus, gibt keine Auskunft über Weltereignisse, hat nichts zu erzählen"; „das Gewissen redet einzig und ständig im Modus des Schweigens" (SZ 273). Der Ruf bricht weiter „das sich überhörende Hinhören des Daseins auf das Man", indem er „ein Hören weckt" (SZ 271). „Was dergestalt rufend zu verstehen gibt, ist das Gewissen" (SZ 271). Den Aufruf des Gewissens zu verstehen besagt: „Gewissen-haben-wollen" (SZ 288), und „Gewissen-haben-wollen ist als Sichverstehen im eigensten Seinkönnen eine Weise der Erschlossenheit des Daseins“ (SZ 295). „Diese ausgezeichnete, im Dasein selbst durch sein Gewissen bezeugte eigentliche Erschlossenheit“ heißt „Entschlossenheit“ (SZ 296f.). Diese „Entschlossenheit“ ist nichts anderes als „die ursprünglichste, weil eigentliche Wahrheit des Daseins“ (SZ 297).

Also, in der Rede und dem Gewissensruf als deren tiefster Dimension kommt die Wahrheit des In-der-Welt-seins ans Licht. Die Rede ist der Ort, in dem das Dasein sich über die Wahrheit seines eigenen Seins klar wird, wo die Unverborgenheit des Seins offenbar wird. Die Rede ist eben die Urquelle, aus der alles Sagen und Sprechen den echten Sinn schöpfen soll. In der Rede verbirgt sich der Keim der eigentlichen Sprache; dort ist die echte Sprache im geheimen tätig. Da aber die theoretischen Wissenschaftler, die nur am Vorhandenen orientiert sind, aus dieser tiefen Dimension der Rede ausgeschlossen sind, und das vulgäre Verständnis des Man absolut keine Ahnung von dieser Eigentlichkeit hat, so müßte angenommen werden, daß es nur die Denkenden und Dichtenden sind, welchen diese Wahrheit des Seins offenbar und sichtbar werden kann. Damit aber ist schon der Weg zur späteren Gedankenwelt Heideggers gebahnt, der sagt, die Denkenden und Dichtenden seien die Wächter des Hauses des Seins.

In „Sein und Zeit“ ist das hinausgesprochene äußerliche Sein der mitteilenden Sprache der tiefen Dimension der Rede entgegengestellt; hier ist die Sprache mehr oder weniger aus ihrem vulgären „weltlichen“ Sein her (SZ 161) aufgefaßt. Aber in der tiefen Dimension der Rede müßte auch eine ursprüngliche Sprache irgendwie schon wirksam sein; allerdings liegt das Wirken dieser ursprünglichen Sprache einzig und allein darin, das Seiende als ein solches „sehen zu lassen“ (SZ 32f.), in dessen „Lichtung“ „ausstehend innezustehen“ (UK 76) und so „das Seiende als ein Seiendes allererst ins Offene zu bringen“ (UK 84). Diese in der Kunstwerk-Abhandlung sehr deutlich zum Ausdruck gebrachte Auffassung der Sprache bildet eine überbrückende Station, die sich zwar an das Problem der Rede in „Sein und Zeit“ anschließt, von der man aber auch eine klare Aussicht auf die differenzierten Ausprägungen des Sprach- und Seinsdenkens Heideggers in seiner späteren Periode gewinnen kann. In diesem Sinne ist die Kunstwerk-Abhandlung für das Verständnis der Heideggerschen Gedankenwelt im Ganzen äußerst wichtig.

Zum Schluß müssen wir ganz kurz Nietzsches Ansicht über die Sprache in Betracht ziehen. Natürlich enthält sein Gedanke über die Sprache von Heidegger verschiedene Aspekte. Aber man darf sich darüber nicht hinwegsetzen, daß in Nietzsches Gedanken ein Punkt gegeben ist, der das oben herausgestellte Wesen der Sprache bei Heidegger berührt.

Nietzsche bringt zwar auf der einen Seite oft seinen Vorbehalt gegen die Sprache zum Ausdruck: Er sagt zum Beispiel: „man kann auch seine Gedanken nicht ganz in Worten wiedergeben“ (FW 172); „wir schätzen uns nicht genug mehr, wenn wir uns mitteilen. Unsre eigentlichen Erlebnisse sind ganz und gar nicht geschwätzig. Sie könnten sich selber nicht mitteilen, wenn sie wollten. Das macht, es fehlt ihnen das Wort. ... Die Sprache, scheint es, ist nur für Durchschnittliches, Mittleres, Mitteilsames erfunden ...“ (GD 148). Hier kommt am deutlichsten die Geringschätzung Nietzsches gegenüber der mitteilenden Rolle der Sprache zum Ausdruck. Nietzsche ist sich darin der Oberflächlichkeit der mitteilenden durchschnittlichen Sprache bewußt. Jedoch, wenn man bedenkt, daß er sich lebenslang auf das „Schreiben mit Blut“ (ZS 41), d.h. das Schreiben mit Wahrhaftigkeit, konzentriert und ja auch eine große Anzahl Bücher geschrieben hat, so kann man annehmen, daß Nietzsche trotzdem auf der anderen Seite an die Wahrhaftigkeit seiner eigenen Bemühung um das sprachliche Schaffen geglaubt hat. In der Tat, wie er sagt, ist der Philosoph „einmal für sich“, zum andern „für andere“ (UW I 84). Und erst wenn man für sich allein wird, also ganz fern von dem „Markt“, wo man „betäubt vom Lärme der großen Männer und zerstochen von den Stacheln der kleinen“ (ZS 54) ist, in die eigene „Einsamkeit“ (ZS 54, 204) zurückkehrt, findet man hier allein die echte fruchtbare „Heimat“ (ZS 204) seines Geistes. So sagt Zarathustra in der Tat: „hier springen mir alles *Seins Worte* und Wortschreine auf: alles *Sein* will hier *Wort werden*, alles Werden will hier von mir *reden* lernen“ (ZS 204 – Sperrung durch Verfasser). In der Einsamkeit, die aber keine isolierte Verschlossenheit gegen jede menschliche Beziehung bedeutet, sondern vielmehr die genuine Eröffnung des Geistes zur Wahrheit des Seins besagt, will „alles Sein Wort werden“; hier also vollzieht sich ein echtes „Wortwerden des Seins“ und die Enthülltheit des „Seins“ wird in der „Sprache“ bewahrt. Vielleicht mag für Nietzsche in dieser Einsamkeit als einer

Begeisterung angesichts der Unverborgenheit des Seins „plötzlich, mit unsäglicher Sicherheit und Feinheit, etwas sichtbar, hörbar" geworden sein, „etwas, das einen im Tiefsten erschüttert und umwirft" (EH 375); das ist genau der Augenblick der „Offenbarung", der „Inspiration" (EH 375). Es ist gerade in der Weise geschehen, daß Zarathustra Nietzsche „überfiel" (EH 373), so gesteht er selbst zu. Für Nietzsche bedeutet die „Originalität" des Menschen: „Etwas sehen, das noch keinen Namen trägt, noch nicht genannt werden kann, ob es gleich vor aller Augen liegt" (FW 175). Die Wahrheit des Seins, welche doch am offenbarsten für alle ist und die doch niemand als solche denkt und ausspricht, ist das ewige Thema der Denkenden und Dichtenden, die sich mit vortrefflicher ‚Feinheit' der Sprache bedienen. „Es ist der Ehrgeiz des Intellektes, nicht mehr individuell zu erscheinen" (MM II 74). Nicht das individuell Subjektive, sondern die Wahrheit des Seins muß das Ziel sein des denkenden und dichtenden Schaffens. Zwar sind Worte „Regenbögen", „Scheinbrücken zwischen Ewig-Geschiedenem" (ZS 240 f.); doch mit Worten „tanzt unsre Liebe auf bunten Regenbögen" (ZS 241). Das Sprachwerk, das auf diese Weise „sein stilles Auge der Ewigkeit" (MR 288) bekommt, zu schaffen, muß der Ehrgeiz der Denkenden und Dichtenden sein.

Heidegger's Poetics: The Question of Mimesis

JOHN SALLIS

Poetics.

The title translates – or, rather, reinscribes – the title of the text by Aristotle: Περὶ Ποιητικῆς.

Poetics would be, then, a discourse concerning poetry. Or, rather, in the case of Aristotle it would concern a series of forms which, though gathered under ποιητική, correspond only quite roughly to what one would today call poetry. Indeed, Aristotle's list cannot but seem somewhat heterogeneous: epic poetry, tragedy, comedy, dithyrambic poetry, most flute-playing and harp-playing (1447 a 13–16). A rather odd assortment from the standpoint of modern aesthetics: a bit of poetry, a bit of drama, a bit of music. Also, perhaps, a warning against too easily assimilating poetics (first of all, Aristotle's) to aesthetics, a mark of their heterogeneity.

Heidegger will radicalize a connection already evident in Aristotle's enumeration: the connection with language, quite direct except in the musical forms. Not only poetics but also poetry is a form of discourse, so that poetics would be a discourse on discourse, language folded back upon itself, added to itself. To the extent that poetry is essentially narrative, bound to a story, a plot (μῦθος) – the most essential element in the constitution of tragedy, according to Aristotle (1450 a 38–39) – poetics would be a λόγος concerning μῦθος, a mythology. It would be a theoretical discourse (θεωρία) concerning poetical discourse, a theory of poetry.

Heidegger will radicalize also the question of such addition of discourse to discourse. He will ask: What occurs in the space between these two discourses? What is the relation of thinking to poetry? He will radicalize these questions beyond the closure of aesthetics, at a limit where the very determination of thinking as theory and, hence, of poetics as theory of poetry can no longer remain simply intact. Poetics will no longer be bound to recover a sighting in advance, proceeding thus to an essence of poetry that would be had in common by all poetry, essence as τὸ κοινόν; rather, it will attend to such essence as is poetized when, as with Hölderlin, the poet poetizes the essence of poetry. Effacing itself before the poem, poetics would listen and respond to what speaks in the poem, to the speaking of language in which it is said what poetry is.

For Aristotle, too, it is a matter of saying what poetry is. Poetics is a discourse concerning poetry itself (the first words of Aristotle's text: περὶ ποιητικῆς αὐτῆς); poetics is to say what poetry itself is, before then going on to speak of its various forms (τε καὶ τῶν εἰδῶν αὐτῆς). Indeed, this is how Aristotle's text begins, according to nature (κατὰ φύσιν), taking first things first, saying, first of all, what poetry itself is, saying what not only is common to all those forms enumerated but also constitutes them as poetry, determining them and in that sense preceding them, the *a priori* of poetry.

Aristotle's text says it in one word: μίμησις.

This word, too, comes to be reinscribed, the name carried on. As such, it names that determination that has come to govern the theory of poetry and of art in general ever since Aristotle. Not that opposition cannot be found. Not that this determination is just emptily and dogmatically repeated in the history of the theory of art. And yet, even where the mimetic determination of art is most vigorously opposed, it is almost invariably a matter of rejecting a false mimesis for the sake of recovering genuine mimesis in its art-determining form. This gesture assumes one of its most subtle and complex – though still unmistakable – forms in the *Critique of Judgment.* For example, in rethinking art as the product of genius, Kant writes: „Everyone is agreed that genius is to be wholly opposed to the *spirit of imitation [Nachahmungsgeiste].*“[1] And yet, in the same context he also writes: „Nature is beautiful if it also looks like art; and art can only be called beautiful if we are conscious of it as art while yet it looks like nature *[als Natur aussieht].*“[2]

The relation between Heidegger's poetics and the determination of art as mimesis will prove to be at least equally complex. Heidegger's opposition is explicit, for instance in *The Origin of the Work of*

[1] *Kants Werke: Akademie Textausgabe* (Berlin: Walter de Gruyter, 1968), 5: 308.
[2] Ibid., 5: 306.

Art[3] where he speaks of the „opinion, which has fortunately been overcome, that art is an imitation and depiction of reality *[eine Nachahmung und Abschilderung des Wirklichen]* (GA 5: 22). His opposition to mimesis is equally explicit in deed: at a strategic point in this same text he takes a Greek temple as his example of a work of art – chooses it, as he says, intentionally *(mit Absicht)* – precisely because it is not mimetic, or at least not representational *(nicht zur darstellenden Kunst gerechnet wird)* (GA: 5: 27). The question will be whether there is also in play in Heidegger's poetics a more originary sense of mimesis. Is Heidegger's opposition to mimesis in its traditional forms also matched by a recovery of a more originary mimesis? Or rather, since Heidegger does not thematize any such recovery, can his opposition to mimesis be shown to have as its other side an unmarked recovery of mimesis? Can Heidegger's poetics carry on the name *mimesis* ? Can one hear an echo of mimesis rebounding from that limit that marks the end of metaphysics and of aesthetics.

A trace of the gesture that I have just sketched can be discerned in the circling with which *The Origin of the Work of Art* begins. The first of the circles joins artist and work of art: on the one side, the work of art is ordinarily taken to arise through the activity of the artist, so that the artist would be the origin of the work; yet, on the other side, the artist is what he is only by virtue of the work, so that the work would be equally the origin of the artist as artist. Hence: „The artist is the origin of the work. The work is the origin of the artist" (GA 5: 1).

Heidegger's first intervention is to open this circle: „Nevertheless, neither is the sole support of the other." Specifically, then, the work of art is not such as to be completely, essentially determined by its relation to the activity of the artist, not even if, in turn, determining the artist as artist. In a work of art there is essentially something more than its being produced by a certain kind of activity, something more than its correlation with the productive artist, an excess that opens the circle.

[3] All references to works by Heidegger are to the *Gesamtausgabe* (Frankfurt a. M.: Vittorio Klostermann, 1975 ff.). Such references will be indicated by „GA" and given in the text by volume number and page number.

One way of determining this excess would be to refer to the mimetic character of the work of art, taking this character as an opening toward an other, which by imitation of the other would serve to disclose that other. Hence, the very beginning of *The Origin of the Work of Art* may be regarded as opening what could be (and traditionally would be) determined as a space of mimesis, an opening by virtue of which the work of art, mimetically disclosing an other, would essentially exceed the circle of production.

And yet, Heidegger does not move to such a determination, resisting it even at the risk of moving instead within mere tautology, merely compounding the system of circles. For what he calls the excess, both on the side of the work of art and on that of the artist, is simply *art*:

> In themselves and in their correlation *[Wechselbezug]* artist and work *are* by virtue of a third thing, which is the first, namely, that which gives artist and work of art their names - art (GA 5: 1).

The question is whether there remains a trace of mimesis in this opening. Can mimesis be recovered within the tautological origination of the work of art?

Heidegger's initial move is to enter the system of circles: He begins with the work of art and proposes to move toward the discoverey of what art, the excessive origin, is. *The Origin of the Work of Art* will continue throughout to circle within this circle joining art and work of art; even when, in the final section of the text, the turn is made from the work of art to the artist, it turns out to lead almost immediately back to the work of art, back into the circling between work of art and art. And it is a matter not just of moving within this great circle but of circling within it: „Not only is the main step from work to art, as the step from art to work, a circle, but every particular step that we attempt circles in this circle" (GA 5: 3).

There can be no question here of reconstituting this circling in all its compoundings and intracacies. Instead, I shall attempt to move as economically as possible to that complex of turns within which I shall propose a certain reinscription of mimesis, a reinscription that will follow the lines of a trace of mimesis discernible in those turns in Heidegger's text.

Beginning with the work of art, moving through the traditional concepts by which the work's thingly substratum would be interpreted and yet also obstructed, turning then to a description, without theory, of a pair of peasant shoes, or rather, to the shoes as depicted in Van Gogh's painting, Heidegger shows that the painting serves to disclose what the shoes are in truth. Thus, the work of art is shown to involve a happening of truth. Art is, then, to be determined as: truth's putting itself (in)to (the) work *(das Sich-ins-Werk-Setzen der Wahrheit)* – that is, to bring out the double sense: truth's putting itself to work in putting itself into the work of art.

Heidegger poses immediately the possibility of recovering mimesis in this determination of art as the happening of truth; yet he poses it ironically, characterizing the mimetic theory of art as „that opinion, which has fortunately been overcome." If art is a matter of truth and if truth means, as it has since Aristotle, correspondence with reality, then one might suppose art to be an imitation or depiction of reality. But does Van Gogh's painting simply depict some particular actual pair of shoes, doubling in the artistic imitation something actually existing? Heidegger is emphatic: „By no means."

And yet, as Aristotle recognized in differentiating between the poet and the historian (1451 a 36–1452 b 7), artistic mimesis need not pertain to particular, actually existing things. Thus, Heidegger continues, his irony slightly more veiled: „In the work, therefore, it is not a matter of the reproduction *[Wiedergabe]* of some actually present particular being, but, on the contrary, a matter of the reproduction of the universal essence of the thing" (GA 5: 22). Art would be put forth as mimesis of essence or of universal truth, were not essence, universality, and truth so utterly in question. Heidegger invokes this questionableness: „But then where and how is this universal essence, so that works of art are able to correspond to it? To what essence of what thing should a Greek temple correspond?" (GA 5: 22). Here, then, it is a matter of opposing the determination of art as happening of truth *to* the mimetic determination, displacing the latter for the sake of the former. And yet, is it a matter of simple opposition, of simple displacement? Or do the opposition and the displacement perhaps inevitably retain a trace of that which would be opposed and displaced, a trace that would hold open the possibility of a recovery of mimesis. If truth happens in art and if it is – to borrow the phrase from von Herrmann[4] – a matter of an ontological happening, in distinction from all interaction among beings, a matter of a happening in which, in Heidegger's words, „the Being of beings comes into the steadiness of its shining *[das Sein des Seienden kommt in das Ständige seines Scheinens]*" (GA 5: 21), then can art simply no longer be determined as mimetic? Or is it possible to think mimesis ontologically? Can art be determined as mimesis of the happening of Being? Can art even always have been, beneath the interpretations given it by aesthetics, determinable as mimesis of the clearing in which Being can shine forth, as mimesis of truth as ἀλήθεια?

Indeed, truth and its happening are rethought in *The Origin of the Work of Art* as, ἀλήθεια, as that happening of clearing and concealing that first makes it possible for beings to come to presence; this text thus appropriates all the resources that are released by the crossing of the essence of truth and the truth of essence that is most rigorously developed in „On the Essence of Truth." Art is, then, one of the ways in which truth – as the strife of clearing and concealing – can happen. It is a way in which truth puts itself to work, becomes effective, comes into play. In art truth happens as the strife of world and earth. This is, then, precisely what Heidegger sets out to think: the artwork (its *Insichstehen*) in its relation to world, to earth, and to the strife of world and earth.

Let me attempt to sketch as economically as possible the main lines of this complex.

World, neither a totality of things nor a framework cast over them, is not anything that could come to presence in such a way that one might intuit it. It is, rather, that which first lets things be, lets them come to presence: „By the opening up of a world, all things gain their lingering and hastening, their remoteness and nearness, their scope and limits" (GA 5: 31). World is, in Heidegger's phrase, *die waltende Weite der offenen Bezüge* (GA 5: 28): the governing expanse of the open relational complex, the expanse of the connections that hold sway for a historical people. As such, world so exceeds all beings that Heidegger will say, not that it *is,* but rather that *world worlds (Welt weltet),* thus again venturing tautology in the domain of the excessive and originary.

[4] F.-W. von Herrmann. *Heideggers Philosophie der Kunst* (Frankfurt a. M.: Vittorio Klostermann, 1980), 94.

Earth, on the other hand, is thought in relation φύσις; it is thought as that which harbors such things as come forth in that emergence *(Aufgehen)* that the Greeks experienced as φύσις. Earth is that which harbors such things in such a way as to secure and conceal them. As such, earth shatters every attempt to penetrate it, withdraws from all efforts to disclose it. It is essentially undisclosable, self-secluding, closed off.

In the relation of the work of art both to world and to earth there is operative a certain reciprocity. The Greek temple belongs to a world, is set within it; while, on the other hand, it also opens up a world, lets the expanse of its connections hold sway. Heidegger thinks this reciprocal relation more precisely as *Aufstellen* (setting up). The work of art is *set up* within a world; it is set up, not in the sense of „a bare placing," but rather „in the sense of erecting a building, raising a statue, presenting a tragedy at a holy festival" (GA 5: 29–30). And yet, thus set up within a world, the work of art itself sets up that world, opens and sustains it: „Towering up within itself, the work opens up a *world* and keeps it abidingly in force" (GA 5: 30). The Greek temple does not just occupy a space but, belonging to the Greek world, opens and sustains that world: „It is the temple-work that first fits together *[fügt]* and at the same time gathers *[sammelt]* around itself the unity of those paths and connections in which birth and death, disaster and blessing, victory and disgrace, endurance and decline acquire the shape of destiny *[die Gestalt seines Geschickes]* for human beings" (GA 5: 27–28).

The similarly reciprocal relation between the work of art and earth Heidegger thinks as *Herstellen* (producing, setting forth). The work of art is, as we say, *made out of* some earthy material such as stone, wood, or color; it is thus set forth, produced, from earth. But in the work of art the material is not assimilated to a function or use, as with equipment, but rather is allowed to show itself as material: „But contrast, the temple-work, in setting up a world, does not cause the material to disappear, but rather causes it to come forth for the very first time and to come into the open of the work's world" (GA 5: 32). Thus, in being set forth from earth, the work of art is set back into earth in such a way as to set forth earth, that is, in such a way as to bring the earth into the open, the clearing, while still preserving its character as self-secluding, undisclosable. By its way of being made out of an earthy material, of being *set forth* from earth, the work of art, in turn, *sets forth* earth, brings it into the open precisely as undisclosable.

The work of art can, then, be described as involving two essential features or connections *(Wesensbezüge)*: the setting up of world and the setting forth of earth, each taken in its essentially reciprocal character. These connections belong together in the work of art, and it is precisely their unity that constitutes the *Insichstehen* of the work. But how do world and earth belong together such that the setting up of world and the setting forth of earth can belong together in the unity of the work? Heidegger's answer is decisive: world and earth belong together *in opposition.*

The world, in resting upon the earth, strives to surmount it. As self-opening it cannot endure anything closed. The earth, however, as sheltering *[als die Bergende]* tends always to draw the world into itself and keep it there. The opposition of world and earth is a strife *[Streit]* (GA 5: 35).

The opposition is a strife (πόλεμος), not in the sense of mere discord and disorder, but rather in the sense of what Heidegger calls essential strife, that is, a strife in which each draws the other forth into the very fulfillment of that other's essence. Thus world can be as world only in its opposition, its strife, with earth, and vice versa. The work of art, setting up a world and setting forth earth, instigates such strife, lets happen such a happening of truth.

The work of art thus lets truth put itself to work. And yet, as *das Sich-ins-Werk-Setzen der Wahrheit,* art involves also another moment: truth puts itself to work in putting itself *into* the work of art. The happening of truth that is instigated by art takes place *in* the work of art. The question thus comes into focus: How is it that truth can (and, in art, must) happen in something like a work, in a being that is brought forth, created, by an artist? In Heidegger's more precise formulation: „To what extent does truth, on the basis of its essence *[aus dem Grunde ihres Wesens]* have an impulse to the work *[Zug zum Werk]*" (GA 5: 48). It is a question, then, of the *Zug zum Werk*: a question of how truth is drawn toward the work; a question of how it is so aligned as to be inclined toward the work in which it will put itself to work; a question of how truth is trained on the work (as one trains one's gaze on something) and indeed even pulled toward putting itself into the work.

In a sense this is the pivotal question of Heidegger's poetics. Its development will gather up all the resources that *The Origin of the Work of Art* has prepared and will open upon Heidegger's thinking of poetry, also upon that trace of mimesis have I have proposed to mark. And yet, in the development of this question, it will not be a matter simply of arriving at an answer with which everything will then be settled. For the question is essentially unsettling, in Heidegger's term *ein Rätsel.* In approaching it nothing could be more appropriate than to incant the opening words of the Afterword to *The Origin of the Work of Art*:

The foregoing reflections are concerned with the riddle *[Rätsel]* of art, the riddle that art itself is. They are far from claiming to solve the riddle. The task is to see the riddle (GA 5: 67).

To see it, first, in the establishing of truth in the open. It is a question of the site of truth, of the open space in which the strife of clearing and concealing can take place:

The openness of this open, that is, truth, can be what it is, namely, *this* openness, only if and as long as it establishes *[einrichtet]* itself in its open. Hence, there must always be in this open a being in which the openness takes its stand and attains its constancy *[ihren Stand und ihre Ständigkeit nimmt].* In occupying the open, the openness holds open the open and sustains it (GA 5: 48).

Truth requires the open; it must be established *in the open* in order to be the openness it is. But to be established in the open is to take a stand *in a being,* in which, then, truth sustains the open. This need for coming to stand in the open is, in the case of art, the *Zug zum Werk.* Yet, how does this *Zug* arise from the essence of truth? One may say, as Heidegger does, that openness can be what it is only by establishing itself in the open, that there is need for truth to have a site, an open space, a *Da.* But this is only to reiterate the riddle: that the essence of truth prescribes, in the case of art, the *Zug zum Werk,* the establishing of truth in a being. To attempt to see further into the riddle at this level would require showing how the connection with a being is essential to the essence of truth – that is, how there belongs to the essence of truth another counter-essence *(Gegenwesen)* like the turn into errancy,[5] but one which in closing

[5] „Die Irre ist das wesentliche Gegenwesen zum anfänglichen Wesen der Wahrheit." *Vom Wesen der Wahrheit* (GA 9: 197).

the difference would – in a way that errancy does not – serve to reopen and sustain it. Such a turn to beings would be such as to reopen the difference within a being, even though it could not but always risk falling into complicity with errancy – which is to say that art and truth would always have to be thought in connection with art and error.

Heidegger does not extend the question in this direction. In any case, it remains questionable whether such an extension would really extend toward anything that could be characterized as an answer or whether it would not again come face to face with the riddle that art is, compounding the latter with the riddle of a truth to which manifold untruth essentially belongs. Remaining still within tautology.

But there is another step that Heidegger does venture toward the riddle. It is a kind of step back, a step that retracts an order that the initial step would seem to have posited. What has to be taken back is the apparent priority that truth would have with respect to the establishing of that truth at a site, in a being. In other words, it is not as though there were first a truth in itself which then only subsequently would come to be established in a being. Rather, truth and its establishment in a being *belong together*:

> But truth is not in itself present beforehand, somewhere among the stars, ony later to descend elsewhere among beings ... Clearing of openness and establishment in the open belong together. They are the same one essence of the happening of truth (GA 5: 49).

It is not a matter of truth's going over into a being that it stands over against in advance; rather, truth is nothing apart from its coming to be established in a being. It is not as though there is, first, difference, which then comes to be mediated; rather, difference first occurs precisely at the site of the happening of truth.

The work of art is such a site, a being that is brought forth so as to establish truth, so as to bring about truth as the strife of world and earth. Such bringing-forth *(Hervorbringen)* is a form of ποίησις. Heidegger identifies it as that creating that is properly artistic, though he insists, on the other hand, that it not be construed merely as an activity of a subject. For here too it remains a matter of excess, of art's exceeding the circle of production so decisively that all creating must remain also receptive.

It is, then, in the work of art that the riddle – the riddle that art is – is to be seen. The work of art is the being in which truth, occurring as the strife of world and earth, is to have its site. This strife is not to be resolved in the work of art nor even just housed there. Rather, it is precisely there that the strife is to be opened, instigated. But the work of art can itself release the stife only if it embodies it: „This being must therefore have in itself the essential features [or lines – *Wesenszüge*] of the strife" (GA 5: 50).

What, then, is the strife? What are its *Wesenszüge*? Heidegger says that the strife is a *Riss* and stresses by this word that the strife is not a matter simply of opposition but rather is such that the opponents belong to one another in their very opposition. He draws this out expecially in the words *Grundriss, Umriss, Aufriss,* drawing, as it were, the essential lines of the strife. The opponents belong together by having a certain common ground or origin – that is, strife as *Riss* is *Grundriss.* Also, they belong together by virtue of a certain operation of measure or limit by which they are brought into an outline – that is, strife as *Riss* is *Umriss.* But as opposed they open the space of the emergence (*Aufgehen,* φύσις) of things – that is, strife as *Riss* is *Aufriss.*[6]

These essential lines of the strife must be embodied in the created being brought forth as work of art. More precisely, the strife (as *Riss* – one could say: rift) must be *set into* that being; it must be established, set firmly *(festgestellt)* into the being that is thus to be a work of art. The question is: How does this setting *(Stellen)* occur? How does it come about? Heidegger's answer gathers up virtually all the resources that have been prepared by *The Origin of the Work of Art*: truth can establish itself in such a being only if „the strife opens up in this being, i. e., this being is itself brought into the rift *[Riss]*" (GA 5: 51). What appears here to be merely an equation is not such at all but, instead, is the hinge on which the entire matter turns: the stife (rift) is set into the being (work of art)/the being is itself brought (set) into the rift (strife). It is not that these two moments are identical; nor is one the ground of the other. Rather, it is a matter of gathering up those reciprocal connections that, earlier in the text, have been thought as *Aufstellen* (being set up in a world/setting

[6] Cf. von Herrmann. *Heideggers Philosophie der Kunst,* 259–260.

up a world) and as *Herstellen* (being set forth out of earth/setting forth earth). Now it is a matter of thinking these together, of thinking the reciprocity that joins the work of art and the strife of world and earth: the strife set into the work of art/the work of art set into the strife. It is not a matter of explaining these settings *(Stellen),* nor of explaining one setting by means of another. The point is not to secure the settings but rather to discern and preserve their reciprocity, thus to see a bit further into the riddle that art is.

The issue of such reciprocal *Stellen* Heidegger names *Gestalt.* It is imperative not to surrender the word to its ordinary senses (for instance, by translating it immediately and without reserve as *shape* or *figure*) but rather to understand it, first of all, from its connection to *Stellen,* to understand it as what issues from that reciprocal *Stellen* by which strife is set into a being and that being, in turn, is set into strife. Such *Stellen* is, says Heidegger, a *Feststellen.* In the *Addendum* to *The Origin of the Work of Art,* he proposes to interpret *Stellen* as ϑέσις, as bringing-forth,[7] hence, as a form of ποίησις. He proposes also to interpret the *fest-* of *Feststellen* as: outlined, admitted into the limit, into the boundary in the sense of πέρας. Interpreted in this sense, limit is not such as simply to exclude and block out but rather gathers in such a way as to let something be brought forth, to let it shine forth; for example, „by its contour *[Umriss]* in the Greek light the mountain stands in its towering and repose" (GA 5: 71).

It is, then, as Gestalt that the rift occurs within a being (the work of art) that is also, in turn, set into the rift. Hence: „The createdness of the work means: truth's being set in outline *[Festgestelltsein]* in the figure *[Gestalt]*" (GA 5: 51). The *Gestalt* that issues from the reciprocal *Stellen* as *Feststellen,* this figure of truth, is also the place of the shining of truth – that is, of the beautiful:

> Beauty does not occur alongside and apart from this truth. When truth sets itself into the work, it appears *[erscheint].* The appearing *[Erscheinen]* – as this Being of truth in the work and as work – is beauty. Thus the beautiful belongs to the self-eventuation *[Sichereignis]* of truth (GA 5: 69).

Rethought in its Platonic determination, the beautiful is τὸ ἐκφανέστατον.

[7] „Stellen und Legen haben den Sinn von: *Her-* ins Unverborgene, *vor-* in das Anwesende bringen, d.h. vorliegenlassen." GA 5: 70.

Truth happens, shining forth as the beautiful, when a being is brought forth in such a way that truth (as strife, as rift) is set into that being and that being is set into truth. Such setting issues in the *Gestalt.* Through such bringing-forth, truth is set in outline, set within its limit (πέρας), in the *Gestalt.* It is not, however, as though a being were first brought forth, only then to be made object of the reciprocal setting, becoming the setting for truth and being itself set into truth. Rather, the bringing-forth and the setting are one and the same: in being brought forth, the work is set into truth and becomes the setting for truth; and, conversely, in undergoing the reciprocal setting and thus issuing in the *Gestalt,* the work is brought forth. Bringing-forth *(Hervorbringen)* is – that is, is Heidegger's translation of – ποίησις. That ποίησις that is the same as the θέσις of truth Heidegger calls *Dichtung.* It may also be called – reinscribing Aristotle's title once again – *poetry* in an originary sense. *Truth happens in art as poetry*: „*All art,* as letting the advent of the truth of beings happen, is as such *essentially poetry [Dichtung]*" (GA 5: 59). Correspondingly, all philosophy of art – to say nothing of aesthetics – must become a thinking of poetry, that is, *poetics.*

Poetic thus reinscribed could also reinscribe *mimesis.* Of course, it could not be, any more than in Aristotle, a matter of simple imitation, as though the work of art were an image simply reproducing within certain limits some actually existing beings. But also it could not be a matter of imitating something universal, of representing within an individual being some universal form or truth by which being would, in the classical sense, be determined. The work of art does not imitate any being, whether individual or universal; it does not imitate anything that would simply *be* prior to the imitation, that would be set over against the imitation, which, then, would only double something already subsisting in itself. Indeed, one could say that the work of art *imitates nothing,* though one would need to regard such imitation of nothing, not as dissolving the riddle of mimesis (relegating it perhaps to some previous thinking of art that is now overcome), but rather as posing that riddle in the most unsettling way. Need it be said, after Heidegger, that the nothing is nothing simple? Indeed, one could say even that truth is nothing as long as it has not found a setting; and even in its setting, differentiated in the manifold reciprocity from the being in which it is set, it is (as differentiated from beings) still nothing.

It is, then, in the relation of the work of art to truth that a trace of mimesis is to be discerned: art as mimesis of truth. It would be a mimesis not preceded by truth, a mimesis that would take place precisely in giving place to truth, in that setting of truth into the work that is also a setting of the work into truth, that setting of truth into its limit. It would be a mimesis that would take place in and as the *Gestalt* in which truth would be set into the work, placed there, without having preceded the work and yet in such a way as to be doubled in the play of reciprocity between the work of art and the strife of world and earth. It is in this doubling – by which the Greek temple once brought into play the strife of world and earth into which it was, in turn, set – that mimesis can be rethought and reinscribed within Heidegger's poetics.

Imaging Hinting Showing: Placing the Work of Art

KENNETH MALY

In Heidegger's essay „... *dichterisch wohnet der Mensch* ..." (given as a lecture in 1951, published in 1954), there is a sentence that reads:

Das Wesen des Bildes ist: etwas sehen zu lassen.[1]

This sentence has been translated into English, correctly, as:

The nature of the image is to let something be seen.[2]

But there is a certain metaphysical bent in the word *nature* – hard to avoid in *any* translation of the word *das Wesen*. To speak of the „nature of image" is to move in a direction where image is taken to *have* a „nature" that could be anticipated, grasped, and figured out. What I want to do here is to read this sentence in a way that is not caught within metaphysics and does not take its cue from one or another of the numerous „theories of imagination" – or from the „nature of imagination" as such. Thus, on the way to reading this sentence and letting its fundamental significance unfold, I offer this first and provisional translation:

The root-character of image is: to let something be seen.

This present essay is a phenomenological meditation *(Besinnung)* on this one sentence from Heidegger – words that, taken together,

[1] M. Heidegger, *Vorträge und Aufsätze* (Pfullingen: Neske Verlag, 1954), p. 200 (II, 74).

[2] See the published English translation in M. Heidegger, *Poetry, Language, Thought*, trans. A. Hofstadter (New York: Harper and Row, 1971), p. 226. Throughout my essay, in the following footnotes, I have made reference to the English translations of Heidegger's works, whenever they are available. Acknowledging the work of these published translations and having consulted them in most cases, I offer here in each case my own translation. In the kind of radical thinking that Heidegger's words call for, *no* translation is sufficient unto itself.

can properly be called a saying, a saying that lets something be manifest, or: that shows.

Meditation: an attentive hearing of the words, a listening, a quieting of thought, a heeding of that which shows itself in the saying.

Phenomenological: dealing with the appearance of what shows itself as it shows itself (a self-showing), dealing with the matter to which the saying refers or points, dealing with that which the saying itself *is* not, but which the saying shows (the saying/showing of what is not said/shown). Being phenomenological, this meditation is not a reflection on mere statements without a connectedness beyond themselves, nor is it a reflection on expressions of a (prior) experience that is „expressed" in them but which is not an intimate part of the words. Being phenomenological, this meditation concerns the saying (words) that always already shows beyond itself.

Within the complex of images so far unfolded in this essay, there is already shown, albeit implicitly and somewhat hidden, that radical unfolding (unfolding in its root) of what takes place in genuine poetry, and with that in all art:

The root-character of image is: to let something be seen.

The work of art, in and of itself, images. It images „truth" – the emergence of what is in its sheer beingness, or disclosure. The work-character of a work of art is to image in this way, the way of self-showing. To think how this imaging works in the work of art is the task of this piece of writing. This work will be done as a phenomenological meditation on, and within the space opened up by, the saying from Heidegger:

The root-character of image is: to let something be seen.

Art is the „highest kind of demonstrating/showing" because it „lets the hidden shine forth."[3] As such, art is „setting into motion *[Ins-Werk-Bringen]* the disclosure of being."[4]

How does *image* or *imaging* work in this arena? How does the word *imaging* serve thinking as an image for this work of letting the

[3] M. Heidegger, *Erläuterungen zu Hölderlins Dichtung,* Gesamtausgabe Band 4 (Frankfurt am Main: Vittorio Klostermann Verlag, 1981), p. 162.

[4] M. Heidegger, „Die Kunst und der Raum," in *Aus der Erfahrung des Denkens,* Gesamtausgabe Band 13 (Frankfurt am Main: Vittorio Klostermann Verlag, 1983), p. 206.

self-showing emerge in the work of art? Granted that the work of art participates in this highest work of letting what is be manifest in its beingness, how does the work of imaging take place?

In the addendum to *Der Ursprung des Kunstwerkes (The Origin of the Work of Art)* Heidegger offers a careful caveat: not to read his words in terms of grammatical correctness or normal usage, but rather to let the words say/show from out of the energy/movement of what is at stake in the showing: the hidden, or the disclosure as such. (These two converge, though they are not the same.) Thus the caveat is intended to open up the matter for thinking *via* words, but words as saying – not imprisoned within grammatical correctness and normal usage, but rather allowed to show beyond themselves and to resonate in the work of emergence or self-showing.

I

In English we have the verb *to image*. The gerundive form of this verb is: *imaging*. Although there is an English noun *image*, it is the verbal sense that fits the unfolding necessary to the work here. This verb *to image* and the gerund *imaging* belong within English usage. (They do not need to be „coined“ specifically for our thinking here.) However, though a part of common usage, they have not been worn out by common usage. Thus the word *imaging* is a fortuitous gift to us for the work that we do here.

If we hear Heidegger's words as a saying and a showing – rather than being limited by their grammatical correctness – and if the English word *image* can be used in this verbal sense – as indeed it is – then we might let the saying from Heidegger be opened up a bit. It seems appropriate to release the word *image* (as noun) into *imaging* (as verb) – to think the noun *das Bild* in the verbal sense that it clearly carries with it in this saying:

Das Wesen des Bildes is: to let something be seen.

The root-character of imaging is to let be seen.

The root-unfolding of/in imaging is letting be seen or be manifest.

The root way in which imaging unfolds is in how it lets be seen in self-showing.

The words *image* (n.), *to image* (v.), and *imaging* (gerund) have their roots in the Latin *imago* (n.) and *imaginari* (v.), which in turn are rooted in the Greek τὸ εἶγμα (n.), ἡ εἰκών (n.), and εἴκειν (v.). The German words *das Bild* (n.) and *bilden* (v.) have been used to translate the Latin and therefore Greek words in this family.

In Heidegger as well as in German usage, the word *das Bild* is used in the same way as the words *imago*, *image*, and *icon*. That is, they are all somewhat correct translations of the Greek τὸ εἶγμα. But these noun forms have their roots in the verbal forms. This rootedness in the verbal form can be shown for each language.

Central to the movement of imaging is a unique kind of joining, gathering together, fitting. Emergent self-showing is a conjoining. When imaging unfolds at root, it lets be seen in that a connectedness is shown – whose showing is definitely more than merely intellectual. This play of imaging unfolds in the root-meaning of the Greek word εἴκειν: to be similar, related; to cross over; to appear like ... In its impersonal form, ἔοικε or εἶκε, it carries the meaning: it is proper, fitting; it beseems, suits; it comes to pass, unfolds, yields. It is what is understood from itself, of itself („naturally"). 'Εἴκειν also means: to yield, give, grant, allow, readily yield.

Various compound verbs show this same joining, unfolding, showing/self-showing:

εἰκονίζειν	to express *via* image
	to fashion
εἰκονολογία	saying in images *(Bilder)*
	saying-imaging
εἰκονοποιεῖν	to create in images
εἰκάζειν	to show
	to draw together, gather
	to interpret in images/imaging.

The same images of joining, unfolding, showing are at play in the Latin words:

imago	resemblance, likeness
	vision
	echo, reverberation of a sound
	resonance
	apparition (of a ghost)
imaginari	(from the Greek εἰκονίζειν)
	to cast back one's image, mirror

	to appear, show to be related in appearance to mirror, be mirrored
imaginatus	fashioned
imaginarius	one who is good at imaging (as in σκιαγραφία: painting in light and shadow).

Though the German word *Bild* (n.), *bilden* (v.), mhd. *bilde* (adj.) is not etymologically related to εἴκειν, *imaginari*, and *imaging*, still in its historical unfolding it carried such nuances. For example, along the way *bilde* meant *Entsprechendes* (co-responding, in accordance, fitting), *Gehöriges* (belonging/conjoining, appropriate/proper), then *entsprechend Geformtes* (fittingly shaped, fitted in shaping, joining shaping). (Only later did *Bild* come to mean *Gleichnis*: simile, image, allegory.)[5]

Under *Bild* in Wahrig's *Deutsches Wörterbuch*[6] one can find, here and there, definitions/descriptions of the word that still fit this root-meaning that *Bild* shares with εἴκειν:

Bild:	*Erscheinungsform*	outward shape, manifestation (literally: the shape of appearing)
bilden	*erzeugen*	to bring forth, evoke, give rise to
	hervorbringen	to generate, throw up/out to give rise to to let appear
sich bilden:	*entstehen*	arise, unfold
	sich entwickeln	unfold, develop
	sich schicken	let itself go, release itself, yield up
(ahd.) *biliden*:	*einer Sache Gestalt und Wesen geben*:	to give something shape and root-form to let something become imaged in form and character to image in form

The English verb *to image* (gerund: *imaging*) works very well in saying this root-sense of εἴκειν, *imaginari*, and *bilden*. To image is to show, make manifest, reveal. To image is to show belongingness, to

[5] H. Paul, *Deutsches Wörterbuch* (Tübingen: Max Niemeyer Verlag, 1966).
[6] G. Wahrig, *Deutsches Wörterbuch* (Gütersloh: Bertelsman Lexicon Verlag, 1975).

join. To image is to portray (show) and to describe (let be seen). Imaging means: making an image of, forming an image by mirroring, resembling (being an image of).

Imaging is first of all and at root a showing. Showing in which a thing comes to show itself *takes place as imaging.*

Das Wesen des Bildes ist: etwas sehen zu lassen.

The root-work of imaging is: letting be seen.

With that we release the word *image (Bild)* in the saying unto the word *imaging.* What the saying says/shows with the word *Bild* is not image (n.), but imaging (v.).

Given the intimacy of imaging with showing (letting be seen, self-showing) and given the root-meanings of imaging, joining, and showing in the root-words εἴκειν, *imaginari* and *to image*, it is clear

1 a) that this work (of imaging/showing) cannot be said with a static substantive (noun), therefore

1 b) that imaging shimmers beyond the limitation of the noun-image and

1 c) that imaging has nothing to do with image as metaphor – indeed nothing to do with metaphor as such, where metaphor means that one thing/item/image stands for and is applied to another thing/item/original-object;

2 a) that in the root sense of imaging in this saying there is no such thing as an image in consciousness which represents on original outside consciousness,

2 b) that, in this root sense of imaging, consciousness does not correlate the image to an original, i. e., does not establish the object as image of the original, and

2 c) that there is not a perceptual image serving as the *medium* between consciousness and the „thing itself“[7];

[7] This point outlines briefly Husserl's critique of the image-theory *(Bildertheorie)* in *Logische Untersuchungen* (Tübingen: Max Niemeyer Verlag, 1968), II/1, 421–424. Husserl says: „In presentation in images *[im bildlichen Vorstellen]* we *mean* the imaged object on the basis of the appearing image“ (p. 422). Thus there is not an image within consciousness that substitutes for the object outside consciousness. Of course, Husserl's critique remains always within the intentional experience of consciousness and thus goes nowhere near the notion of imaging as self-showing. For a fine analysis and critique of this issue in Husserl, see Chapter 5, „Image and Phenomenon,“ in John Sallis, *Delimitations* (Bloomington: Indiana University Press, 1986).

3 a) that the root-character of imaging is not to be taken from the character of image, i. e., how an image is in actuality – as imaging *or* announcing – but rather the root-character of imaging shines forth in its connection with self-showing, thus

3 b) that imaging is freed from the substantive character inhering in image, even the announcing image, and

3 c) that the imaging of imaging is not the shimmering of an image that „betrays“ the image, showing it to be „mere image“ and *not* the original – rather the image-original dichotomy collapses completely, in favor of disclosing/revealing/showing as such.

The resonance at work in letting something be seen – something *gets* disclosed, is *in process* of being seen – mirrors how the heart of *Bild* is not image, but imaging, joining, showing.

II

We are now ready to read more fully the saying from Heidegger:

Das Wesen des Bildes ist: etwas sehen zu lassen.

Das Wesen for Heidegger means more than the usual, static „essence“ or „nature.“ Rather it needs to be heard in its verbal sense of emerging, root-unfolding. In this sense we could rewrite the saying as: *Das Bild west als ...*: how *Bild* is in its root sense, how *Bild* works in its core, the work at the heart of *Bild*, how *Bild* unfolds at its root. Holding all of these nuances somehow in one, we might say:

Moving at the heart of *Bild* is: letting be seen.

Now, unfolding from the last section's thinking on imaging – how the gerundive (verbal) form of the word *image* suits Heidegger's saying better than a noun – we say:

The heart of imaging is: letting be seen or become manifest.

In the passage in which this saying appears, Heidegger is working through some lines of poetry from Hölderlin:

Was ist Gott? unbekannt, dennoch
Voll Eigenschaften ist das Angesicht
Des Himmels von ihm. Die Blize nemlich

Der Zorn sind eines Gottes. Jemehr ist eins
Unsichtbar, schiket es sich in Fremdes ...[8]

What is god? unknown, yet
Full of attributes in the sky's
View of him. For the lightnings
Are the wrath of a god. The more something
Is invisible, the more it yields to what it is not.

This saying, about the heart of imaging, is embedded in the passage that follows these lines from Hölderlin. I present now what can perhaps be called a translation, but is really an interpretive reading of that passage. My intention, then, is not merely to render Heidegger's words into English, but rather to let those words resonate in such a way that they get released into the matter being thought. This is the work of thinking, the work of imaging.

First the German:

Der Dichter ruft in den Anblicken des Himmels Jenes, was im Sichenthüllen gerade das Sichverbergende erscheinen läßt und zwar: *als* das Sichverbergende. Der Dichter ruft in den vertrauten Erscheinungen das Fremde als jenes, worein das Unsichtbare sich schicket, um das zu bleiben, was es ist: unbekannt.

... Das Wesen des Bildes ist: etwas sehen zu lassen. Dagegen sind die Abbilder und Nachbilder bereits Abarten des eigentlichen Bildes, das als Anblick das Unsichtbare sehen läßt und es so in ein ihm Fremdes einbildet. Weil das Dichten jenes geheimnisvolle Maß nimmt, nämlich am Angesicht des Himmels, deshalb spricht es in „Bildern". Darum sind die dichterischen Bilder Ein-Bildungen in einem ausgezeichneten Sinne: nicht bloße Phantasien und Illusionen, sondern Ein-Bildungen als erblickbare Einschlüsse des Fremden in den Anblick des Vertrauten. Das dichtende Sagen der Bilder versammelt Helle und Hall der Himmelserscheinungen in Eines mit dem Dunkel und dem Schweigen des Fremden.[9]

Now the interpretive reading:

From out of how the sky looks in its various looks, the poet calls forth that which in its very self-disclosing lets the self-concealing show itself, and indeed *as* self-concealing. From out of what appears intimately and close at hand, the poet calls what is away, namely that into which the invisible lets itself unfold – in order to stay what/where it is: unknown.

... What moves at the heart of imaging is: letting something be seen, letting become manifest. By contrast copies and imitations have already degenerated from imaging proper, which as look lets the invisible be seen and

[8] *Vorträge und Aufsätze*, p. 200; *Poetry, Language, Thought*, p. 225.

[9] *Ibid.*

images it thus into something that is not it (is away from it) *[in ein ihm Fremdes]*. Since poetry [and with that all art] does its measuring „in the look of the sky," therefore it speaks in „images." This is why poetic [and art's] images are imagings-into *[Ein-Bildungen]* in an eminent sense: They are not mere fantasies and illusions, but rather imagings-into as visible inclusions of what is away in the look of what is intimate [of what the intimate and familiar is not, shown in the look of the intimate]. (They visibly image what is away *into* the look of what is intimate; poetic images image what draws away *into* and *within* what is most intimate and familiar.) The poetic saying of imagings [*Bilder*, but now more than a substantive noun] gathers the brightness and sound of „heavenly appearances" into one with the darkness and silence of what is away.

The first sentence of the paragraph just read tells how and from what hold this imaging takes place: This imaging takes place in that the saying „*submits* to appearances as what is not there (what is away) *[Erscheinungen als dem fremden sich fügen]* into which the unknown god has ‚yielded.'"[10] Imaging gets its measure from the fact that the withdrawal that is behind everything and all appearance shows itself as withdrawing (*das Fremde*: what is away, not near, estranging), as not-showing. And it shows this *not*-showing in its manner of self-*showing*. Thus it gathers the light *and* the dark, the sound *and* the silence - what becomes manifest *and* what remains hidden, the disclosure *and* the closure.

We might say that this imaging is a shimmering. Imaging is shimmering in that within itself as imaging it crosses over from light to dark and dark to light without leaving either one behind. It shimmers in that it crosses over from letting be seen to what at its heart remains hidden - without leaving either one behind. Imaging shimmers in that it shines with a certain unsteadiness - namely, whereas it is always at something like a boundary, it can never cross that boundary, even as it is always moving „across" the boundary.

One can also speak of this phenomenon as one of converging in which several layers of manifesting/not-manifesting come over one another, in and out of one another, „press down" one on the other. This phenomenon might then be called a thickening. The „individual" moments of poetic imaging are somehow connected, where each „one" merges or converges with each other one, where there is at root no sharp distinction to be made. This thickening lights up each

[10] *Ibid.*

of the moments – it images each one – as well as lets the connectedness be manifest.

In this thickening/shimmering there is no coming to rest. There is simply: self-showing manifesting. There is no „place," on one side or the other, where thinking might stop. If such a place of rest were to exist, it could be only at the expense of that root-place that imaging shows: the gathering of the manifest and non-manifest in the self-showing manifesting that is the heart of imaging. In order for there to be a place of coming to rest, imaging would have to be shunted out of its root-place in that thickening/shimmering.

The *place* of the self-showing of the work of art is not something that existed before or exists separately from the imaging. It is precisely in the imaging that the manifesting takes place. Place is set-up or brought about *via* imaging.

Moving at the heart of imaging is letting be seen, letting become manifest,

in such a way that the imaging submits to what withdraws in the very showing that the imaging images. That is why Michelangelo did not „shape his sculptures," but rather released the shape/form that already dwelled in the block of marble: To image is to let *be* seen. That is why the potter does not „shape the pot," but rather releases the clay unto the pot that is „forming itself." The potter as well as the one who appreciates or uses the pot participate in the imaging in that each one participates in the gathering that is the work of art, in the way unique to each one.

One might say: Imaging joins, unfolds, shows, lets be manifest. But it is more precise to say: *In* imaging – *in* the converging, thickening, shimmering – there is joining, unfolding, showing.

Another way to say this imaging that is always at work, that joins without dissolving the places that are joined, that *in its joining* holds the whole of what is and keeps any part from falling out into something static or in any way discrete, that lets the non-manifesting become manifest in its very self-showing, that shimmers in thickening convergence – another way to say this imaging is: regioning *(die Gegend, das Gegnen, die Gegnet)*. In *„Zur Erörterung der Gelassenheit"* („Conversation on a Country Path") regioning is described as expanding and coming together. Regioning is open and dynamic; it is always at work. „Regioning gathers ... each to each and each to all, into dwelling, while staying in itself. Regioning is a gathering and re-sheltering into the expanding/open staying in the dwelling place."[11] As such a gathering, regioning receives and takes into account the staying-hidden within the self-showing that takes place in regioning.

Regioning is imaging. What takes place in regioning takes place in imaging. This regioning/imaging takes place in poetry (and with that in all art). Thus when, later in the same dialogue, the teacher says: „... regioning, regioning all, gathers everything together and lets everything return to itself, into a staying in itself proper to it" and when the scientist responds: „Then the regioning *itself* would be nearing and distancing,"[12] now we can read „imaging" as the same: Imaging, imaging all, gathers everything together and lets everything return to itself, into a staying in itself proper to it – imaging itself would be nearing and distancing.

The joining, unfolding, showing in imaging is in regioning in the same way. It is another way to say the coming together of one with the other, the movement of one in and out of the other, the pressing down and „compacting" of one manifesting with another, in such a way that the very density/convergence releases imaging.[13]

The convergence of what Heidegger calls *regioning* and what we here call *imaging* is manifest in a passage from „*Das Wesen der Sprache*" in *Unterwegs zur Sprache (On the Way to Language)*: Heidegger focuses on the character of the way, the Tao, and the meaning of way and way-making – in contrast to „today's reign of method." (First is the German; then is an interpretive reading, which weaves together the way of regioning and the way of imaging.)

[11] M. Heidegger, *Gelassenheit* (Pfullingen: Neske Verlag, 1959), pp. 41 f.; *Discourse on Thinking*, trans. J. Anderson and E. Freund (New York: Harper and Row, 1959), p. 66.

[12] *Ibid.* p. 68; ET, p. 86.

[13] The way in which things come together in imaging is imaged in Heidegger's word *Riss*/rift. In *Der Ursprung des Kunstwerkes* Heidegger speaks of the tension between the world, which „lets beings attain to the open," and the earth, which „strives to keep itself closed." „This tension/strife is not a rift *[Riss]* as a ripping open of a mere cleft; rather it is the intimacy with which the ones in strife *belong* to each other. This rift carries the ones in strife together into the source of their unity by virtue of their unifying/common/proper *[einig]* ground." M. Heidegger, *Holzwege*, Gesamtausgabe Band 5 (Frankfurt am Main: Vittorio Klostermann Verlag, 1977), p. 51; *Poetry, Language, Thought*, p. 63.

Für das sinnende Denken dagegen gehört der Weg in das, was wir die Gegend nennen. Andeutend gesagt, ist die Gegend als das Gegnende die freigebende Lichtung, in der das Gelichtete zugleich mit dem Sichverbergenden in das Freie gelangt. Das Freigebend-Bergende der Gegend ist jene Be-wëgung, in der sich die Wege ergeben, die der Gegend gehören.[14]

For meditative thinking ... the way belongs in what we call regioning/imaging. ... imaging/regioning is the clearing that frees up; in this clearing what shows forth in the clearing as well as what conceals itself attain the open/free. The freeing-sheltering character of regioning/imaging is that way-making movement in which those ways unfold which belong to regioning/imaging.

This way-making movement of regioning/saying is poetic saying. Saying is showing.

Saying is showing: letting appear, letting be seen, heard.[15]
Saying is showing: letting appear, freeing up in clearing and concealing, proffering that which we call world.[16]
The heart of imaging is: letting be seen, letting become manifest.

Saying/showing is this proffering, this imaging, this regioning.

III

In the imaging of a work of art something gets revealed, but there is no „absolute" truth revealed, no „absolute" point of view. It is precisely the working of imaging that holds such „absolutes" at bay. Imaging is the way of manifesting and self-showing in which nothing gets sifted out of the converging/shimmering/thickening as *an* image unto itself. There *is* not image as such, just as there is no original in and of itself. Thus Heidegger calls the words of this imaging thinking: *Winke*: hints. And the imaging that is proper to this kind of thinking is: hinting.

In *Aus der Erfahrung des Denkens* there appears a series of poems under the heading *Winke*: Hints. At the end of these poems Heidegger tells what these „*Winke*" are:

[14] M. Heidegger, *Unterwegs zur Sprache* (Pfullingen: Neske Verlag, 1959), p. 197; *On the Way to Language*, trans. P. Hertz (New York: Harper and Row, 1971), p. 91.
[15] *Unterwegs zur Sprache*, p. 252; *On the Way to Language*, p. 122.
[16] *Unterwegs zur Sprache*, p. 200; *On the Way to Language*, p. 93.

words of a thinking that in part needs this expression *(Aussagen)*, but does not come to full fruition in it ... In contrast to the word of poetry, the saying of thinking is without images *(bildlos)*. And wherever an image seems to be ... it is only the sheet anchor of an imagelessness that was attempted but did not succeed.[17]

We can say: The way of imaging is a hinting precisely because in its pith there is no room for images. Images carry with them a directness that this thinking needs to stay clear of, although it does so with great difficulty, if at all. Thus the grave danger of falling into images and leaving behind the hinting-character of imaging.

We have now come full circle, in that, in its character as attending to the self-showing, the heart of imaging – to let be seen, to let become manifest – has no room at all for images (as metaphors, as substantives, or as in any way discrete or separated out). Rather, imaging is always at work (in movement), always connected/joined, always regioning but never regioned. Image must be released *entirely* into imaging.

In Chapter 41 of the *Tao Tê Ching* the last four lines read:

> Great music is without sound.
> The great image is without form.
> Tao is concealed and without name.
> Nevertheless Tao furnishes and fulfills all things.[18]

The work if imaging/hinting/showing involves letting words as images „be given back into the keeping of the source of their being."[19] It is only in being given back into the source that the artist is able to let the inner working of the work of art be manifest. It is only in thinking's being joined, converging, shimmering in the self-showing manifesting of imaging that things first come to be in their root-sense.

If one holds to the inner tension of music without sound, image without form, the Tao that furnishes and fulfills all but is itself concealed and without name, then one's thinking is held there where there is simply imaging: emergent emerging. There is nothing else but showing self-showing. In a little text on Parmenides that Hei-

[17] M. Heidegger, *Aus der Erfahrung des Denkens*, p. 33.

[18] Chang Chung-yuan, *Tao: A New Way of Thinking* (New York: Harper and Row, 1975), pp. 105 f.

[19] *Unterwegs zur Sprache*, p. 207; *On the Way to Language*, p. 100.

degger wrote in 1972–73 and read during the 1973 Zähringer Seminar, he gives the words of Parmenides ἔστι γὰϱ εἶναι in German as *anwest nämlich Anwesen*: Emerges (unfolds, shows itself), that is to say, emerging (unfolding, self-showing). He further gives the words of Parmenides ἐὸν ἔμμεναι in German as *Anwesend Anwesen selbst*: The movement of emergent self-showing as it emerges/shows itself. Heidegger ends that little text with the following sentence:

This, the movement of emergence itself, emerging, permeates the encircling disclosure/self-showing, which discloses/shows it as it unfolds of itself.[20]

There is a converging of „opposites" on a higher level of non-differentiation that is not a unity, but an ongoing thickening shimmering that does not reduce form to formlessness, withdrawal to revealed, image to original – or vice versa. Rather imaging frees all from rigid forms (images).

This calls for an attitude of releasement *(Gelassenheit)* and renunciation *(Verzicht)* on the part of the thinker. In Chapter 4 of the *Tao Tê Ching* renunciation is expressed as „dulling the Tao's sharpness, releasing its entanglements, tempering its light, and unifying with the earth."[21] The heart of renunciation is not in denial to oneself nor in the act of refusal, but rather consists in „the transformation of saying [showing] into the barely audible, whispering, song-like echo of an unsayable saying."[22] Renunciation lets the movement get underway; it lets what is imaged in imaging get drawn away *into* its source: saying not-saying, showing not-showing, withdrawing disclosing and disclosing withdrawing. When thinking renounces its hold as such, then the heart of imaging unfolds: letting be seen, letting become manifest. Renunciation is a holding back such that the free space of self-showing opens up. „Renunciation commits itself to the higher rule of the word, which first lets a thing be as thing. The word makes the thing into a thing – it ‚bethings' the thing. We should like so call this rule of the word ‚bethinging' *[Bedingnis]*."[23] Thus nearness nearing (in converging thickening releasing self-

[20] M. Heidegger, *Seminare*, Gesamtausgabe Band 15 (Frankfurt am Main: Vittorio Klostermann Verlag, 1986), pp. 395–399 and 403–407.

[21] Chang Chung-yuan, *op. cit.*, p. 13.

[22] *Unterwegs zur Sprache*, p. 232; *On the Way to Language*, p. 150.

[23] *Unterwegs zur Sprache*, p. 232; *On the Way to Language*, p. 151.

showing) *is* the thinging of the thing *is* the imaging of the image=imaging.

Thus in its final wording we can say:

Moving at the heart of imaging is: *letting* be seen or *letting* become manifest.

Imaging/hinting/showing is at its core a *letting*, an active, attentive letting be seen.

Nichts, nirgend, nie,
vor jedem Etwas, vor dem Dann und Dort,
entragt das Wort
dem Abgrund, der verlieh,
was jedem Grund
mißglückt,
weil nur der Bund
mit dem Gesagten
jeglich Ding zum Ding bestückt ...[24]

[24] M. Heidegger, *Aus der Erfahrung des Denkens*, p. 25.

Zu Heideggers „Welt"-Begriff in „Der Ursprung des Kunstwerkes"

GABRIEL LIICEANU

In *Der Ursprung des Kunstwerkes* ist „Welt" kein *morphologischer* Begriff, Heidegger gibt keine Definition der Welt, sondern bestimmt sie *durch ihre Auswirkungen*; er sagt also nicht, was die Welt *ist*, sondern nur was sie *tut*. Die Bestimmung der Welt bleibt im Umkreis ihrer Aktionen, und um diesen Umstand hervorzuheben, bildet Heidegger das Tätigkeitswort „welten". Das Maß der Aktion ist jedoch gerade ihre Wirkung, und die Wirkung dieses weltenden Verhaltens ist *die Versetzung des gesamten Seienden, der gesamten Wirklichkeit* (des Steins, der Pflanze, des Tieres, des Menschen), *in das strahlende Licht des Seins.* Die „Welt", so könnten wir sagen, ist ein peratologischer Begriff: sie befreit das Seiende aus seinen *Beschränkungen als Seiendes* und versetzt es in die *Schrankenlosigkeit des Seins.* Wenn es sich um die vom Tempel geschaffene Welt handelt, so ist *der Gott* der Schöpfer dieser Schrankenlosigkeit („Geräumigkeit", „Weite", sagt Heidegger, oder „das Freie des Offenen"), es ist aber eine Schrankenlosigkeit, die nicht die Unordnung des Un-definierten, sondern eine höhere Ordnung, ein Einräumen, ein Einrichten mit sich führt: den Raum des Geistes, der Geschichte, der Kultur.

Alles, was in den Umkreis dieser Ordnung eintritt, die das Dasein, dieses ausgezeichnete Moment in der Geschichte des Seins, mit sich bringt, alles verwandelt sich (wird „seiender", sagt Heidegger), beginnt eigentlich erst jetzt zu *sein*. Der Fels ist, bevor er zum Fundament des Tempels wird, bloß ein gewöhnliches Seiendes, ein einfacher Fels. Erst durch die Errichtung des Tempels oder durch die Gründung einer Stadt, entfaltet sich der Fels zu seinem *Sein* und bewahrheitet sich in seinem Sein (Wahrheit = Sein) als heimatlicher Grund. Der Felsgrund jenes Tempels ist in seinem Sein zu griechischer Erde geworden. Ebenso ergeht es auch anderen Seienden, die keine eigene Welt haben und deshalb ihr Sein erst durch Teilnahme an einer Welt erhalten, die durch eine wesentliche Tat des Menschen eröffnet wird. Erst durch die von dem Tempel eröffnete Welt gehen „der Baum und das Gras, der Adler und der Stier, die Schlange und die Grille in ihre abgehobene Gestalt ein und kommen so als das zum Vorschein, was sie sind." (31)*

Aber selbst der Mensch gelangt zu seinem Sein erst durch eine von ihm selbst eröffnete Welt. Bleiben wir bei dem Beispiel der durch ein Kunstwerk eröffneten Welt, d.h. bei dem Beispiel des Tempels, so wird erst in der Welt der Götter *dieses* Tempels das bloße Seiende eines Menschen zur Kohärenz eines geschichtlichen Geschicks geführt, wird Teil einer Gemeinschaft und ihrer Geschichte, erhält, um es kurz zu fassen, sein Sein. So, wie der Fels durch das Kunstwerk, das der Tempel ist, sich in der Wirklichkeit des heimatlichen Grundes selbst überwindet, so schwingt sich das menschliche Seiende in der Wirklichkeit jener Götter über sich selbst hinaus und erwirbt, zum Beispiel, das Sein eines Griechen.

Im Lichte dieser Beispiele und Auslegungen wird Heideggers Text verstehbar: „Welt ist nicht die bloße Ansammlung der vorhandenen abzählbaren oder unabzählbaren, bekannten und unbekannten Dinge. Welt ist aber auch nicht ein nur eingebildeter, zur Summe des Vorhandenen hinzu vorgestellter Rahmen. Welt weltet und ist seiender als das Greifbare und Vernehmbare, worin wir uns heimisch glaubten. Welt ist nie ein Gegenstand, der vor uns steht und angeschaut werden kann. Welt ist das immer Ungegenständliche, dem wir unterstehen, solange die Bahnen von Geburt und Tod, Segen und Fluch uns in das Sein entrückt halten. Wo die wesenhaften Entscheidungen unserer Geschichte fallen, von uns übernommen und verlassen, verkannt und wieder erfragt werden, da weltet die Welt. [...] Indem eine Welt sich öffnet, bekommen alle Dinge ihre Weile und Eile, ihre Ferne und Nähe, ihre Weite und Enge. Im Welten ist jene Geräumigkeit versammelt, aus der sich die bewahrende Huld der Götter verschenkt oder versagt. Auch dieses Verhängnis des Ausbleibens des Gottes ist eine Weise, wie Welt weltet" (33–34).

Das Sich-Verschließen der Welt: das Werk als Überrest (das Gewesene). Jetzt wird auch die Behauptung Heideggers verständlich, daß

* Die in Klammern stehenden Seitenzahlen beziehen sich auf Martin Heidegger, *Holzwege*, Frankfurt am Main [5]1972.

das Werk als solches „einzig in den Bereich, der durch es selbst eröffnet wird", gehört (30). Wir können das Werksein des Werkes nur solange erkennen, als wir uns in die von ihm eröffnete Welt versetzen können. In diese Welt können wir uns aber nur versetzen, solange sie wirklich da ist, solange sie offen ist. Heidegger sagt in bezug auf den griechischen Tempel: „Der Tempel gibt in seinem Dastehen den Dingen erst ihr Gesicht und den Menschen erst die Aussicht auf sich selbst. Diese Sicht bleibt solange offen, als das Werk ein Werk ist, so lange als der Gott nicht aus ihm geflohen" (32).

Kehrt man diesen Satz um, so ergibt sich, daß das Werk aufhört ein Werk zu sein, sobald sich die Sicht verschließt. Aber diese Sicht ist an den Geschehnischarakter der Wahrheit gebunden, an den Umstand, daß sie erscheint und dann – so, wie ein Gott, der seinen Tempel für immer verläßt – verschwindet, die Sicht verschließt sich also früher oder später. Nach Heidegger ist das Kunstwerk so stark in dem Bedeutungskontext verankert, den es selbst durch die von ihm eröffnete Welt erschafft[1], daß bei Verschwinden dieses Kontextes das *Sein* des betreffenden Werkes für immer verschwindet. Beim Verschwinden der „Gedanken, Taten und Leidenschaften", die ihre Bedeutung durch die von dem Werk eröffnete Welt bekamen und von der das Werk selbst eine Bedeutung erhielt, verliert das Kunstwerk sein Werksein, fällt aus seinem ontologischen Status und wird zum Seienden eines ästhetischen Objektes. Als Überrest, als Gewesenes ordnet es sich jetzt einem Kunstbetrieb ein, der mit der als Autonomie des Kontextes, als Selbstgenügsamkeit verstandenen Existenz des Kunstwerkes nichts mehr gemein hat.

Verlorengehen der Kontinuität zwischen Vergangenheit und Gegenwart des Kunstwerkes (vom „Werksein" zum „Gegenstandsein"). Vereinzelt in der Welt seiner von ihm selbst geschaffenen geschichtlichen Bezüge gelangt das Kunstwerk so, wie Heidegger es denkt, in eine seltsame Situation. Wie kann es noch aus der Tiefe der Vergan-

[1] Siehe auch W. H. Bossart, *Heidegger's Theory of Art,* in „Journal of Aesthetics and Art Criticism", Bd. XXVII, 1, 1968, S. 62: „Die Selbstgenügsamkeit des Werkes besteht in der Tatsache, daß jener Kontext, in dem es sich aufstellt, von dem Werk selbst eröffnet wird. Deshalb ist es nicht der Einfluß der geschichtlichen Ereignisse auf die Kunst, der die Kunst mit der Geschichte verbindet, sondern die Funktion der Kunst als ursprüngliche Geschichte, als Ereignis, das erst das Auftreten der Geschichte ermöglicht."

genheit zu uns aufsteigen, wie kann es uns noch erreichen, wenn sein Sein einer Welt angehört, die sich verschlossen hat? Wenn die Selbstgenügsamkeit des Werkes in eins mit dem Geschehnischarakter der Wahrheit gedacht wird, so ist jede Möglichkeit der Kommunikation zwischen dem Werk und jenen, die nicht der Welt seiner Bezüge angehören, ausgeschlossen. Die Heideggerinterpreten sind sich dieser Schwierigkeit bewußt geworden. Bossart, beispielsweise, schreibt: „... jedes Kunstwerk bleibt für sich, selbstgenügsam und verständlich nur in jener geschichtlichen Welt, die durch das Kunstwerk selbst geschaffen wird [...] Heidegger bestreitet, daß das Kunstwerk die geschichtliche Welt eines anderen Volkes in einer anderen Epoche eröffnen kann, denn jede Welt ist der Entwurf eines bestimmten geschichtlichen Volkes. [...] So eröffnet ein Kunstwerk die Welt, in der es steht, nur für dasjenige Publikum, für das es von Anfang an geschaffen worden ist. Und da jedes Kunstwerk in seiner eigenen geschichtlichen Welt verstanden werden muß, ist die Kunst der Vergangenheit für uns unwiederbringlich verloren."[2]

Auf die gleiche Schwierigkeit weist auch Ch. S. Nwodo hin: „... die Welt, so, wie sie im *Ursprung des Kunstwerkes* beschrieben wird, ist die kulturelle Welt, die ‚geistige Atmosphäre' eines bestimmten Volkes in einer bestimmten geschichtlichen Epoche. [...] Sie ist nie eine Welt im allgemeinen, und auch nicht ewig. Der griechische Tempel unterscheidet sich von der römischen Basilika, die Gotik unterscheidet sich vom Barock, weil jedes eine spezifische Welt eröffnet. Welt ist die Wirklichkeitsauffassung eines bestimmten Volkes, ist *seine* Öffnung zum Sein."[3]

Heidegger gibt uns immer wieder zu verstehen, daß die Welt des Kunstwerkes eine *eigentliche Beziehung zum Sein* herstellt, daß sie im Wesen ein *Geschick* ist, daß sie also nur im Rahmen der *geschichtlichen* Bezüge von Dasein und Sein erfahren werden kann. Durch ihre wesensmäßige Bindung an das Geschick wird die Welt des Kunstwerkes zu einem Bedeutungszusammenhang, der *gelebt* werden muß. Dieses Erleben kann sich aber nicht von *außerhalb* des Geschicks vollziehen, das das Kunstwerk durch seine Welt eröffnet. Man kann nur sein eigenes Geschick erleben, das Geschick eines an-

[2] W. H. Bossart, op. cit., S. 63–64.

[3] Ch. S. Nwodo, *The Work of Art in Heidegger: a World Disclosure,* in „Cultural Hermeneutics", 4, 1976, S. 72.

deren läßt sich nicht erleben. Der griechische Tempel, zum Beispiel, kann nur für die Gemeinschaft der Griechen richtungsweisend sein, nur ihr verleiht er Sinn, nur für sie allein ist er Mittelpunkt und geistige Achse. Er stellt den eigentlichen Bezug des *griechischen Menschen* zum Sein dar, also ein Stück Eigentlichkeit, das als solches unwiederholbar ist. So, wie die Welt des Tempels eine Erscheinung für sich ist, so droht ihr auch ein plötzliches Verschwinden, *un écroulement en soi-même*. Dieses Insichselbst-Zusammenfallen der Welt des Kunstwerkes bedeutet *ein Herausfallen des Werkes aus seiner Innerlichkeit in seine Äußerlichkeit*. An die Stelle des Werkseins tritt das Gegenstandsein. Indem das Werk sein Sein verliert, wird es, gleich einem beliebigen Gegenstand, zu einer leeren Hülse. Wer nicht in die Welt des Kunstwerks gehört, ist dazu *verurteilt,* in der Äußerlichkeit zu verbleiben, die das Werk den Nachfahren zuwendet. Damit wird jeder Bezug zum Kunstwerk, der nicht ein Leben in der Welt des Werkes ist, zu einem bloßen *Kunstbetrieb* – eine Tätigkeit, die das Werk bloß in seiner Äußerlichkeit, d.h. als Gegenstand, betrifft. Die Ästhetik, die Kunstwissenschaft und die Kunstgeschichte sind uneigentliche Tätigkeiten, insofern ihnen das Kunstwerk nur noch seine Uneigentlichkeit ausliefert: sein Gegenstandsein statt seines Werkseins, seine Äußerlichkeit statt seiner Innerlichkeit, die *Spur* eines Geschicks statt des Geschickes selbst.

Bei dem Versuch, das „In-sich-Ruhen" und das „In-sich-Stehen" des Kunstwerkes zu verdeutlichen, ist Heidegger auf die *Welt* des Kunstwerks als auf ein wesentliches Merkmal ihres Werkseins gestoßen. Allein dieser Grundzug – die Eröffnung, die Aufstellung einer Welt – hat die Kontinuität von Vergangenheit und Gegenwart des Werkes abreißen lassen. Wenn Heidegger im dritten Teil seiner Schrift erklären wird, daß zum Wesen eines Kunstwerkes sowohl seine Schöpfer als auch seine Bewahrenden gehören, so stellt sich von neuem die Frage, wie es möglich ist, eine Welt offen zu halten oder wieder zu eröffnen, die in der von ihr selbst eröffneten und ermöglichten Geschichte in sich selbst zusammenfällt. Wer sind diese Bewahrer, die sich wohl grundlegend von den gewöhnlichen, „uneigentlichen", Empfängern oder Auslegern des Kunstwerkes unterscheiden?

Theoretische Implikationen des „Welt"-Begriffes. Die Bestimmung des Werkseins als „Welt" stellt die Kunsttheoretiker vor eine Reihe sehr wichtiger Fragen. Wir wollen sie gleich nennen, um sie dann nacheinander zu behandeln. Die erste Frage betrifft die *Dimension des Rätselhaften und Geheimnisvollen,* die das Kunstwerk paradoxerweise gerade dadurch erwirbt, daß es eine „Welt" eröffnet. Die zweite Frage betrifft das *Verhältnis zwischen dem „Welt"-Begriff* und der am weitesten entwickelten Methode zur Erforschung der Kunst der Vergangenheit, der *ikonologischen Methode.* Die dritte Frage schließlich richtet sich auf den *Bezug von Kunst und Geschichte* im Lichte der „weltlichen" Komponente des Kunstwerkes.

Die erste Frage entsteht also auf paradoxe Weise. Mit jedem Kunstwerk, sagt Heidegger, erscheint eine Welt, die Wahrheit wird ins Werk gesetzt, das Sein kommt zum Vorschein, entbirgt sich und tritt ins strahlende Licht. Die Welt ist damit ein Begriff der Offenbarung, der geeignet ist, jedes Geheimnis, jede Verbergung, jede Verhüllung zu tilgen. Dieses sich Aufstellen des Werkes im Lichte seiner eigenen Welt ist jedoch kein dauernder Zustand. So, wie sich das Werk in der von ihm eröffneten Welt aufstellt – eine Aufstellung, die zugleich den Erwerb des Werkseins bedeutet –, so geht es auch unter und verschwindet, sobald diese Welt in sich zusammenfällt und sich verschließt. „Diese Sicht [sagt Heidegger] bleibt solange offen, als das Werk ein Werk ist..." (32). Aber das Werk bleibt nicht für immer ein Werk, denn die von ihm aufgestellte Welt bleibt nicht für immer offen. Indem sie sich verschließt, indem sie die von ihr zu einem bestimmten Zeitpunkt auf die Dinge und auf die Menschen eröffnete Sicht verbaut, entzieht die Welt dem Werk sein Werk*sein,* das sie selbst ihm ursprünglich verliehen hatte. Die Dimension des Geheimnisvollen, die jedem Kunstwerk eignet, verdankt sich dem Umstand, daß *seine Welt* nicht mehr *unsere Welt* ist. Jedes Kunstwerk der Vergangenheit steht vor uns umhüllt von dem Geheimnis einer Welt, die sich verschlossen hat. Die gleiche Welt, die dem Werk sein Sein verlieh, drängt dieses Werk, sobald sie sich verschließt, in die Stummheit einer reinen Äußerlichkeit. Das Werk wird auf diese Weise seine eigene Folgeerscheinung, die gegenständliche *Spur* eines abwesenden Geistes. Den Eindruck von *figé*, den uns jedes Werk der Vergangenheit vermittelt, könnte man als Leblosigkeit beschreiben: das Werk zeigt sich uns in seinem Entgegenstehen, nur noch sein Gegenstandsein ist an ihm wahrnehmbar. Das Werk ist aus seinem Bedeutungszusammenhang geflohen und tritt uns nur noch mit jenem Schweigen entgegen, das jedes Herausfallen aus der Innerlichkeit begleitet.

Aber die Welt des Kunstwerkes verschwindet nicht „spurlos", und gerade dieses Überdauern der Spur zeitigt das Geheimnis des Werkes. Jede Spur ist geheimnisvoll, insofern sie von einer Abwesenheit kündet. Die Spur ist ein Anwesendes, das von seinem eigenen Verschwinden berichtet. Das aus seiner eigenen Welt geflohene Werk erinnert an den Text in dem Mythos, den Plato in seinem *Phaidros* erzählt. Beurteilt Plato die Schrift als eine entartete Form des Logos, so ist das gerade darauf zurückzuführen, daß der Text eine Rede ist, die verstummt ist, d.h. er ist die Spur des Gesprochenen selbst. Der Ursprung des lebendigen Sinnes befindet sich in dem Logos des Autors, aber dieser überantwortet ihn, indem er den Text verfaßt, entweder einem „tautologischen Schweigen" oder einem ausschweifenden Polysemantismus, der der Vielfalt der ungelenkten Rezeptionen entspringt.[4] Das zum Gegenstand heruntergekommene Werk ist in der Situation des Textes, der befragt, jede beliebige Antwort oder immer die gleiche Antwort geben kann. In beiden Fällen hat der Text/das Kunstwerk den Beistand des ursprünglichen Logos eingebüßt; diese Verbergung des Ursprungs des Sinnes in einer gewaltigen Tautologie oder in einer in aller Ewigkeit zweideutigen Antwort verleiht sowohl dem Kunstwerk als auch dem Text seinen rätselhaften Charakter.

Die zweite Frage, die wir aufwerfen wollen, hängt auf das Innigste mit der ersten zusammen. In der Kunsttheorie gibt es eine Methode – die Ikonologie –, die es sich zur Aufgabe macht, die das Kunstwerk befallende Stummheit zu überwinden. Das Hauptanliegen der Ikonologie ist es, das Werksein *wiederzubeleben,* indem sie in die von ihm eröffnete Welt eindringt. Die Ikonologie betrachtet das Werk im Grunde genommen als einen Text, der durch kombinierte Untersuchungsmethoden wieder zum Sprechen gebracht werden kann. Das Gegenstandsein des Werkes ist für die Ikonologie bloß einer der Wege, die zu dem Ursprung des Werkes führen.

Der Vergleich, den wir zwischen der Welt des Kunstwerkes so, wie sie Heidegger kennzeichnet, und der Welt des Kunstwerkes so,

[4] Siehe auch H. Joly, *Le renversement platonicien. Logos, épistémè, polis,* Paris, 1974, S. 119.

wie sie von der ikonologischen Methode aufgefaßt wird, anstellen, ist keineswegs willkürlich. Wenn De Waelhens Heideggers „Welt" als „eine charakteristische Totalität von Gedanken, Ideen, Überzeugungen, Sitten und Gefühle, die einer bestimmten geschichtlichen Epoche angehören"[5], bezeichnet, so handelt es sich nicht nur um eine Umgestaltung von Husserls Begriff der *Lebenswelt* (der als theoretischer Vorläufer des Heideggerschen „Welt"-Begriffes aufgewiesen wurde), sondern zugleich um die ganze Aura von Konnotationen, die der panofskische *Zeitgeist* mit sich führt. Dieser stellt das Endziel eines jeden Ikonologen dar, der den Anforderungen seiner Methode auf das Genaueste entsprechen will. Oder wenn ein anderer Kommentator, S. L. Bartky, erklärt, daß in der Auffassung Heideggers „Welt" sich eigentlich „in ihrer Philosophie, in ihrer Wissenschaft, in ihren politischen Institutionen und in ihrer Kunst manifestiert, und eine neue Welt aufkommt, sobald alle diese Bereiche und vielleicht auch andere tiefgreifenden Veränderungen unterliegen nach einem Gesetz, das Heidegger niemals erläutert", oder, weiter, daß die „Welt" „ein veränderliches metaphysisches, moralisches, psychologisches, soziologisches und politisches Medium ist"[6], dann dürfte es zulässig sein, gerade an jene Schicht der „innewohnenden Bedeutungen" zu denken, die nach Panofsky aus jedem Kunstwerk ein *Dokument,* also einen Schnittpunkt aller geistigen Bahnen einer geschichtlichen Epoche machen, den der Forscher durch das zusammenhängende Studium der Literatur, der Religion, der Philosophie und des politischen Denkens jener Epoche herauszuarbeiten sucht.

Der Ikonologe weiß, daß jedes Kunstwerk den „Möglichkeitshorizont" der Epoche mit sich führt, in der der Künstler lebt und den er unbewußt zum Ausdruck bringt. Wenn die Ikonologie deshalb von dem Symbolismus des Kunstwerkes spricht, so bezieht sie sich nicht nur darauf, daß der Künstler hinter dem Abbild einen geistigen Sinn untergebracht hat, sondern vor allem darauf, daß das Werk als Ganzes mehr oder weniger von dem „Geist seiner Zeit" in sich speichert. Das Werk hört auf, ein Symbol in dem Sinne zu sein, daß es etwas anderes aussagt als es darstellt, und wird zu einem Symbol in dem

[5] A. De Waelhens, *La philosophie de M. Heidegger,* Louvain, 1967, S. 285.

[6] L. S. Bartky, *Heidegger's Philosophy of Art,* in „British Journal of Aesthetics", IX, 4, 1969, S. 358–359.

Sinne, daß es auf seine Möglichkeitsbedingung hinweist. Als Symbol oder Symptom ist das Werk nicht länger als „ästhetisches Objekt", sondern als Brücke zu der ihm eigenen Welt interessant. Sein Schwerpunkt wurde in die Welt verlegt, auf die es durch einen Akt spontaner Selbsttranszendierung hinweist. Dieser hetero-ästhetische Gehalt ist das erklärte Anliegen des ikonologischen Kunsthistorikers.

Demnach wird also auch hier, genauso wie in Heideggers Auffassung, die traditionelle Ästhetik des Kunstwerkes überwunden: das Kunstwerk ist nicht mehr referentielles Gebilde (das Bild *stellt* einen realen Gegenstand *dar*) und auch nicht mehr ästhetisches Objekt (das Kunstwerk als Anlaß ästhetischer Rührung). In beiden Fällen ist das Werk in seine „Welt" eingebettet, und der Optimismus der ikonologischen Methode geht überdies so weit, daß sogar an die Möglichkeit geglaubt wird, diese Welt wieder auferstehen zu lassen, daß es also eine Technik der Wiederbelebung des Kunstwerkes durch aufmerksame Sichtung *aller* geistigen Produkte seiner Epoche gibt.

Trotzdem, selbst wenn diese Parallele nicht willkürlich ist, so ist sie doch, genauer gesehen, nicht richtig. Die Ikonologie überwindet sowohl den überlieferten Formalismus in der Auslegung des Kunstwerkes (Hervorhebung der stilistischen Mittel) als auch den ikonographischen Positivismus (der Gehalt des Kunstwerkes zu einem bloßen „Motiv" heruntergekommen), strandet dafür aber bei einer anderen Banalität: das zum *Dokument* gewordene Kunstwerk ist nur eine andere Formel für den Gemeinplatz, daß das Kunstwerk eine historische Wirklichkeit, und sei es auch die historische Wirklichkeit des *Geistes* einer Epoche (Kunstgeschichte als Geistesgeschichte), widerspiegelt. Daß sich in einem Kunstwerk die Welt, in der es entstanden ist, offenbart und daß dadurch diese „Welt" zu einem Bestandteil des Werkes wird, ist keine besonders subtile Feststellung. Daß die Geschichte der Kunst die spontane Begleiterscheinung einer umfassenderen Geschichte ist, stellt keineswegs eine überraschende Entdeckung dar. Diese Maxime stellt das künstlerische Phänomen zwar auf einen sicheren Grund, kann jedoch die Besinnung über das Wesen des Phänomens nicht sehr weit führen.

Die „Welt" der Ikonologie ist ein geistiges *pattern,* das von einer bestimmten Epoche geprägt wird, und im Grunde genommen heißt das nichts anderes, als daß eine historische Epoche ihre eigenen

Kunstwerke hervorbringt. Bei Heidegger dagegen geht das Bestimmungsverhältnis nicht von der Geschichte zur Kunst, sondern von der Kunst zur Geschichte: die „Welt“ des Kunstwerks zeitigt Geschichte und nicht umgekehrt. Und damit sind wir zu der *dritten Frage* gelangt.

Für Heidegger ist die Welt des Kunstwerkes nicht ein Widerschein der Geschichte, sondern die Welt ist die Geschichte in ihrem Wesen selbst als „Bezug des Daseins zur Unverborgenheit des Seins“ (62). Die Geschichte darf also nicht als zufällige Reihung von Begebenheiten, sondern muß als Offenbarung der Wahrheit in geschichtlicher Form verstanden werden. Die Kunst selbst, die durch die Welt des Kunstwerkes eine der Modalitäten des Wahrheitsgeschehens ist, wird zu einer Möglichkeitsbedingung der geschichtlichen Erfahrung. „Immer wenn Kunst geschieht [sagt Heidegger] [...] fängt Geschichte erst oder wieder an. Geschichte meint hier nicht die Abfolge irgendwelcher und sei es noch so wichtiger Begebenheiten in der Zeit. Geschichte ist die Entrückung eines Volkes in sein Aufgegebenes...“ Und weiter heißt es: „die Kunst ist [...] wesenhaft geschichtlich. Das heißt nicht nur: die Kunst hat eine Geschichte in dem äußerlichen Sinne, daß sie im Wandel der Zeiten neben vielem anderen auch vorkommt und sich dabei verändert und vergeht und der Historie wechselnde Anblicke darbietet, sondern *die Kunst ist Geschichte in dem wesentlichen Sinne, daß sie Geschichte [...] begründet.*“ (64)

Durch die Welt des Kunstwerks bekommt die Kunst also einen *transzendentalen Wert.* Sie ist keine Erfahrung unter anderen, die der Geschichte des Menschen untergeordnet werden könnte, sondern eine *Voraussetzung aller geschichtlichen Erfahrung.* Heideggers Kommentatoren haben diese transzendentale Bedeutung der Kunst so, wie er sie auffaßt, erkannt und dem Problem der *Notwendigkeit der Kunst,* dessen Ursprung in der ästhetischen Reflexion Hegels gesucht werden muß, zugeordnet. B. Taureck, zum Beispiel, schreibt: „Für den Menschen wird die Kunst zu einem Urquell der Geschichte. Insofern der Mensch wesentlich geschichtlich existiert, ist die Kunst für ihn Apriori. Heidegger hat also nur die transzendentale Bedeutung der Kunst behauptet. Aber diese Bedeutung kann und muß in Frage gestellt werden. Warum soll gerade der Kunst der Vorrang in der Bildung der Geschichte zukommen und nicht der

Politik oder der Religion? An einer anderen Stelle seiner Schrift hatte Heidegger selbst behauptet, daß die Kunst bloß *eine* der Weisen des ‚Sich-ins-Werk-Setzens der Wahrheit' neben (unter anderen) der Politik und der Philosophie ist. Wenn aber die Kunst nur als eine der Weisen der Wahrheit erscheint, dann kann auf Grund dieser Tatsache nicht die Notwendigkeit der Kunst als eine geschichtsbildende Kraft behauptet werden."[7]

Lief der Standpunkt der Ikonologie letztlich auf den Gemeinplatz eines sanktionierten Bezugs hinaus, so sieht sich der Standpunkt Heideggers, der das gewohnte Verhältnis zwischen Kunst und Geschichte umkehrt, mit dem Risiko konfrontiert, vor das sich jedes umfassende metaphysische Unterfangen gestellt sieht: das Risiko, seine Deutungskraft einzubüßen, je mehr sich die Deutung in ihr Objekt vertieft oder je weiter sie in die Sphäre des Paradoxes hineingetrieben wird. Das Verhältnis von Kunst und Geschichte ist eines der schwierigsten von dem Denken Heideggers aufgeworfenen Probleme, und es ist erst dann richtig zu verstehen, wenn dessen gesamte Geschichtsauffassung, angefangen mit *Sein und Zeit,* ausführlich entfaltet wird. Daher konnten wir bloß einige Fragen andeuten und keineswegs den gesamten Horizont dieser komplizierten Problematik ausschreiten.

[7] B. Taureck, *Die Notwendigkeit der Kunst; Fragestellung und die Antwort Heideggers,* in „Wissenschaft und Weltbild", 1, 1972, S. 44.

II. Zur Deutung der Kunst im Horizont des Denkens

„Der Ursprung des Kunstwerkes" und die moderne Kunst

DIETER JÄHNIG

I

Gibt es oder gab es „moderne Architektur" so, wie es barocke Architektur gab? Waren die Bauten Schinkels oder Sempers im selben Wortsinn „Architektur" wie diejenigen ihrer Vorbilder? Bleiben in dem Streit über „postmoderne" und „moderne Kunst" nicht beide Seiten an das „Neue" des 18. Jahrhunderts gebunden? War die moderne Kunst überhaupt schon da, wenn Dasein heißt, Ankunft bei den Adressaten?

Ob zum Verständnis der modernen Kunst die Lektüre von Gedanken eines Philosophen zur Kunst, eines Nichtfachmannes also, und da auch noch (anders als etwa bei Adorno oder Gehlen) mit dem

Von den Schriften über Heideggers Gedanken zur Kunst seien hier hervorgehoben: *W. Perpeet:* Heideggers Kunstlehre. In: O. Pöggeler (Hrsg.): Heidegger – Perspektiven zur Deutung seines Werks, 1969, S. 217–241. – *F.-W. von Herrmann:* Heideggers Philosophie der Kunst. Eine systematische Interpretation der Holzwege-Abhandlung „Der Ursprung des Kunstwerkes", 1980. – *Peter B. Kraft:* Das anfängliche Wesen der Kunst. Zur Bedeutung von Kunstwerk, Dichtung und Sprache im Denken Martin Heideggers, 1984. – Zu „Heideggers Begegnung mit der Provence": *Curd Ochwadt* in seinem Nachwort zu: M. Heidegger, Vier Seminare, 1977, S. 139–149. – Zu Heideggers Begegnung mit Cézanne, Paul Klee und Chillida: *H. W. Petzet,* Auf einen Stern zugehen, 1983, S. 139 f. und 149–152; 154–159; 164–167.

Schriften von Freunden des Verfassers, die das hier Gesagte fundieren und erläutern können: *Gerhard Faden:* Der Schein der Kunst. Zu Heideggers Kritik der Ästhetik, 1986. – *Gerhard Glaser:* Das Tun ohne Bild. Zur Technikdeutung Heideggers und Rilkes, 1983. – *Dieter Rahn:* Raumdarstellung und Zeitbezug in der Malerei. Zur Kunst und Kunstgeschichte André Massons, 1982. – Mein besonderer Dank gilt Dieter Rahn für die Möglichkeit, aus seiner Vorlesung „Grundprobleme der Plastik" vom Winter 1985/86 an der Hochschule der Künste in Berlin die Manuskriptteile zu Brancusi und Giacometti lesen zu können.

Zu Brancusi: *Friedrich Teja Bach:* Constantin Brancusi. Metamorphosen plastischer Form, 1987. – Zu Giacometti: *Gottfried Boehm:* Das Problem der Form bei Alberto Giacometti. In: L. Aragon u. a.: Wege zu Giacometti, 1987, S. 39–66.

Schwergewicht auf Beispielen alter Kunst wie dem griechischen Tempel eine Hilfe sein kann, wird sich nur am Versuch entscheiden lassen. Zwei Erwägungen sollten aber vorausgehen. Die eine zur Frage des Gebiets, an das man mit dem Namen „moderne Kunst" denkt, die andere zu Heideggers persönlichem Verhältnis zu moderner Kunst.

Daß die Arbeit Picassos, zumindest seit 1907, das Œuvre Kandinskys, spätestens seit 1911, der modernen Kunst zugehören, die Werke Hodlers oder Klimts dagegen nicht, das ist mit dem Wortgebrauch „moderne Kunst" entschieden. Und das Recht dieser Entscheidung wird nicht beeinträchtigt durch die Unsicherheit über den Beginn. Sind die Gemälde des Impressionismus, die Skulpturen Rodins oder auch die Bilder der „blauen" und der „rosa Periode" Picassos, vielleicht auch die letzten Werke Paula Modersohns (zwischen 1905 und 1907) schon „moderne Kunst" oder (ganz abgesehen von ihrem eigenen Rang) nur Vorläufer? Diese Fraglichkeit des *Anfangs* bezeugt zwar die Dunkelheit über *den Kern* (über das Wesen) der modernen Kunst. Sie widerspricht aber nicht dem Einvernehmen über das Gebiet „moderne Kunst".

Ein Schlüsselpunkt der Anfangs- und damit Wesensfrage innerhalb des Einvernehmens über das Gebiet ist das Werk *Cézannes* und damit der Beginn dessen, was für Cézanne (im Anschluß an Pissarro und Delacroix) unmittelbar vorbildlich war: die (in ihrem eigenen Gepräge) um 1810 beginnenden Arbeiten *Constables* und *Turners.*

Es befinden sich hier also zwei Einschnitte im Bunde: der Beginn der ausdrücklich „modernen Kunst" mit den ersten „fauvistischen" Werken von Matisse *1905,* dem „Frühkubismus" Picassos und Braques *1907* und den ersten Werken der „Brücke"-Maler in Dresden (Ernst Ludwig Kirchners zumal) ebenfalls *1907* auf der einen Seite, die Vorbereitung der großen französischen Malerei des 19. Jahrhunderts seit *1810* in England auf der anderen Seite. (Keinerlei Bedeutung kommt den beiden Jahrhunderteinschnitten zu. „Um 1800", „um 1900" gibt es weder einen Generations- noch einen Struktureinschnitt.) Mit *1905 bis 1910* und *1810* läßt sich in einem engeren und einem weiteren Sinn das Gebiet umgrenzen, noch bevor man sich darüber zu verständigen sucht, wie dieses Gebiet beschaffen ist, an was für Merkmalen sein Grundzug hervortritt.

Eben damit läßt sich, auch schon vor einer Wesenserkenntnis, die Verwechslung des Modernen der modernen Kunst mit dem Modernen der modernen Zeit vermeiden. Wie immer auch die eine und die andere „Moderne" selbst beschaffen sein mögen, ob die Ähnlichkeiten oder die Unterschiede zwischen ihnen schwerer wiegen: die moderne Zeit, die (jetzt zu globaler Ausdehnung tendierende) europäische „Neuzeit" hat ihre Anfänge wesentlich früher, wahrscheinlich schon in der Nachbarschaft zwischen Hobbes, Descartes und Galilei, spätestens in der Nachbarschaft der drei Kritiken Kants mit dem Beginn des modernen Geschichtsbewußtseins in den Natur- wie den Kulturwissenschaften. (Ein Zeitalter nach Zeugnissen der Philosophie und Wissenschaft zu umschreiben, ist in diesem Fall angemessen: diese Zeugnisse sind schon als Bereich ein „Basis"-Merkmal der Epoche.)Von den verschiedenen Kunstgattungen (die seit 1750 in dem Namen der „schönen Künste" verbunden werden) empfiehlt es sich, im Falle der modernen Kunst die im Sprachgebrauch schon angezeigte Dominanz der bildenden Künste, deren Orientierungsdominanz zumindest, anzunehmen. (Die Problematik des neuzeitlichen „Systems der Künste"[1] braucht hier nicht besprochen zu werden. Daß bei moderner Kunst auch an Joyce und Beckett, an Strawinsky oder Diagileff, an Eisenstein oder Antonioni gedacht werden kann, wird auch vom jeweiligen Fachverständnis nicht bestritten werden.)

Für das Verständnis der modernen Kunst ist es aber angebracht, auf den Unterschied der Arten (oder Gattungen) innerhalb der bildenden Künste zu achten. Nach dem Ende des Barock gab es große, künstlerisch bedeutende Bildkunst nur in der Malerei. (Thorvaldsen ist nicht mit Caspar David Friedrich und auch Christian Daniel Rauch nicht mit Constable zu vergleichen. Ähnliches gilt von der Architektur zwischen der Mitte des 18. und dem Ende des 19. Jahrhunderts.) Die moderne Kunst dagegen ist ohne die Zeugnisse der Plastik nicht angemessen zu denken. (Die Neigung, allein an Malerei zu denken, wenn über moderne Kunst philosophiert wird, zeugt bereits von der Allmacht konventionell-ästhetischer Kunstblindheit.) Die große Zahl großer Plastiker seit Rodin und Brancusi steht im Bunde mit denjenigen großen Malern, die zugleich auch große Plastiker

[1] S. *P. O. Kristeller:* Das moderne System der Künste. In: Ders.: Humanismus und Renaissance, 1976, Bd. II, S. 164–206.

waren wie Picasso und Matisse (auch Braque und Mirò, Ernst Ludwig Kirchner und Max Ernst sind hier zu nennen), und Plastikern, die zugleich auch Maler waren wie Hans Arp und Giacometti. Diese Erneuerung der Plastik nach ihrem langen Schlaf im 18. und 19. Jahrhundert beginnt gleichzeitig mit Rodin und dem Maler Degas.

Der Gedanke Hegels, in der Plastik (mit dem Blick auf die alten Griechen) die Erfüllung der „höchsten Bestimmung" der Kunst und damit das Paradigma für das Künstlerische aller Künste dokumentiert zu sehen, könnte uns einen Wink geben, beim Denken an moderne Kunst als erstes darauf zu achten, daß *Kunst* hier wieder etwas mit *Plastik* zu tun hat, – vielleicht sogar: dafür bereit zu werden, in diesem Wandel gegenüber dem Vorausgegangenen dem Grundzug des Modernen der modernen Kunst zu begegnen. Die Vorläuferschaft der Kunst Cézannes steht dem nicht im Wege. Sie beruht in der eignen plastischen Struktur dieser Malerei. (Im Wege steht einer solchen Bereitschaft nur die wesenhafte Verschlossenheit der Ästhetik – von Plato an – gegenüber dem Plastischen der Kunst als Kunst.)

Wie kann aber der Grundzug von etwas „Modernem" in der Annäherung an Ältestes beruhen? Muß das Moderne der modernen Kunst nicht notwendigerweise in der Abkehr von dem beruhen, was vordem Kunst war? Zu fragen bliebe dann nur, mit welchem Recht hier wie dort von Kunst gesprochen wird. Eine erste Antwort auf dieses Dilemma, die Einsicht, daß hier nur ein Scheindilemma vorliegt, kann der Umfang und die Intensität der Überlieferungsstudien großer Meister der modernen Kunst geben. Die Aufenthalte Cézannes während der Wintermonate im Louvre, die „Meninas"-Variationen Picassos, die Bedeutung der persischen Miniaturen und der Ikonenmalerei für Matisse, die Zeichnungen nach Werken alter Meister in allen Arbeitsphasen Giacomettis, die Skulpturengruppe nach den beiden Giebeln des Zeustempels von Olympia (und andere Skulpturen nach griechischen Werken) von Anthony Caro (1987), aber auch die Konzentration Paul Klees auf Mozart und Bach in seinem Musizieren sind dafür exemplarisch.[2] Ausgesprochen ist jener Schein ei-

[2] S. dazu: *Gertrude Berthold:* Cézanne und die alten Meister. Die Bedeutung der Zeichnungen Cézannes nach Werken alter Meister, 1958. – *Alberto Giacometti:* Be-

nes Dilemmas in der Äußerung Cézannes: „Poussin nach der Natur.“[3] (Joyce's Berufung auf Vico mit „Finnegans Wake“ gibt mit dem Vorbild zugleich auch eine Erläuterung des Traditionsbezuges seiner Dichtung überhaupt, wenn man dabei auf Vicos Anspruch, „der Entdecker des wahren Homer“ zu sein, achtet.[4])

Heidegger scheint nach einigen Äußerungen in Zeugnissen moderner Kunst nur die Abkehr vom Anfang zu sehen, also eine Modernität, die darin aufgeht, sich dem Anspruch des Früheren zu verschließen. Das gilt zumal im Blick auf solche Zeugnisse moderner Kunst, die man via negationis unter dem Merkmal „gegenstandslos“ zusammenfaßt.[5] In der dritten Stunde der Vorlesung „Der Satz vom Grund“ vom Winter 1955/56 sagt Heidegger: „Im Bereich der technisch-wissenschaftlichen Weltkonstruktion“ habe „das, was man mit einem ungemäßen Titel ‚abstrakte Kunst‘ nennt, seine legitime Funktion“ (S. 41). In der fünften Stunde: die „gegenstandslose Kunst“ entspräche der Zuspitzung der neuzeitlichen Vergegenständlichung zur technischen Bestandsicherung (s. S. 66). In dem Vortrag „Das Ende der Philosophie und die Aufgabe des Denkens“ von 1964 ist die Rede von Künsten, die der Informatik entsprechen: Die „neue Grundwissenschaft“ der Kybernetik ist „die Theorie der Steuerung des möglichen Planens und Einrichtens menschlicher Arbeit. Die Kybernetik bildet die Sprache um zu einem Austausch von Nach-

gegnung mit der Vergangenheit. Kopien nach alter Kunst (Einführung von L. Carluccio), 1968. – Den Giacometti-Abschnitt in: *Pierre Schneider:* Das Lächeln der Mona Lisa. Spaziergänge im Louvre, 1975, S. 63–78 (jetzt auch in der oben genannten Sammlung von L. Aragon u. a., 1987). – *Anthony Caro:* The Greek Series (Katalog), introduktion by John Dorsey, André Emmerich Gallery, New York, 1988. – „*Paul Klee* und die Musik“ (Ausstellungskatalog Oslo 1985, Paris, Frankfurt 1986), Schirn Kunsthalle Frankfurt und Cosmopress Genf, 1986.

[3] Èmile Bernard (in Erinnerungen an Begegnungen mit Cézanne 1904 bis 1906), s. Paul Cézanne: Über die Kunst, hrsg. v. Walter Hess, 1980, S. 89. Dort auch die ähnlich lautenden Äußerungen in den (fiktiven) Gesprächen mit Gasquet: S. 28, S. 63–65; s. auch den Verweis Cézannes auf den „Lokalton“ „ähnlich wie bei Poussin“ (Hess, S. 14). Vgl. dazu in dem Cézanne-Buch von *Kurt Badt,* 1. Aufl. 1956 (das Heidegger außerordentlich geschätzt hat), den Schlußpassus über Cézanne und Poussin (bes. S. 238 f., zu Delacroix bes. S. 230 f.).

[4] Zu Joyce und *Vico* s. Richard Ellmann: James Joyce, Band II, stw 1979, S. 833 f., 851, 1037. S. auch den Aufsatz Becketts von 1929: „Dante ... Bruno. Vico ... Joyce.“ In: Beckett, Auswahl in einem Band, 1967, S. 9–29. – „Die Entdeckung des wahren Homer.“ Vico: Die neue Wissenschaft..., übersetzt und eingeleitet von Erich Auerbach, 1924 und 1965, S. 48–50, 313–345.

[5] Vgl. zum Folgenden bei *Petzet:* S. 152–154, 159–161.

richten. Die Künste werden zu gesteuert-steuernden Instrumenten der Information“ (Zur Sache des Denkens, S. 64). Und in dem am 4. April 1967, wenige Monate vor dem Beginn der Militärdiktatur, vor der Akademie der Wissenschaften und Künste in Athen gehaltenen Vortrag „Die Herkunft der Kunst und die Bestimmung des Denkens“ wird sogar das Ganze der modernen Kunst als ein Abschied von dem, was einstmals Kunst war, deklariert. Der Vortrag verbindet eine Erinnerung an die Kunst im Verständnis des griechischen Mythos (von Heidegger erläutert an der Göttin Athene) mit einer Besinnung auf die heutige Wirklichkeit, indem er diese als die Verwandlung der altgriechischen τέχνη (der „Kunst“) in die moderne wissenschaftliche Technik erklärt. Deren Anspruch aber und nicht dem, unter dem einstmals „die Kunst in Hellas stand“, entspräche „die moderne Kunst in allen ihren Bezirken“ (Denkerfahrungen, S. 140).

Zu Zweifeln an der Apodiktizität solcher Äußerungen zur *Kunst* unserer Epoche auch für jemanden, den Heideggers Diagnosen des *Zeitalters* überzeugen, gibt Heidegger selbst Anlaß.

Zusammen mit René Char hat er dessen Freund *Georges Braque* 1954 im Atelier besucht. Die Nähe René Chars zu Dichtern und Malern des *Surrealismus* wird Heidegger sowenig unbekannt geblieben sein wie Erhart Kästners Bewunderung von *Max Ernst.* Einer der Begründer (und späterer Kritiker) des Surrealismus, *André Masson,* hat mit Heidegger im September 1956 in Aix-en-Provence Gespräche über den Mythos, über Nietzsche und über Cézanne geführt. Von dem außerordentlichen Eindruck, den seit einer großen Ausstellung bei Beyeler in Basel 1959 *Paul Klee* auf Heidegger gemacht hat, berichtet H. W. Petzet. In der Galerie Beyeler und der „Erker“-Galerie in St. Gallen – zwei der markantesten Sammler und Aussteller moderner Kunst in Europa – war Heidegger häufig zu Gast, in enger Gesprächsverbundenheit mit den Leitern und manchen Künstlern beider Galerien, darunter (in St. Gallen) dem venezianischen Maler *Santomaso.* Ein Höhepunkt der Aufenthalte in St. Gallen war die lithographische Zusammenarbeit Heideggers mit dem „gegenstandslosen“ Bildhauer *Chillida* 1968. Im Falle Chillidas wie auch dem des in den meisten seiner späteren Werke ebenfalls „ungegenständlichen“ Bildhauers *Bernhard Heiliger* ist ein intensives und zustimmendes Interesse Heideggers an deren Arbeit bezeugt. In der noch auf gemeinsame Schuljahre (in Freiburg) zurückgehenden Freundschaft mit *Julius Bissier* wird Heidegger auch dessen künstlerische Arbeit bekannt geworden sein, die vom Studium der ostasiatischen Tuschmalerei und Kalligraphie geprägten Miniaturen und Tuschen der Nachkriegszeit zumal, die schon durch die Wendung zur „Gegenstandslosigkeit" während der Kriegsjahre vorbereitet wurden. Aus diesen Jahren liegen jetzt in Briefen Bissiers an Oskar Schlemmer Zeugnisse der wechselseitigen Zuneigung zwischen ihm und Heidegger vor.[6] Eine in den späteren Jahren nur noch mit den Griechenlandreisen vergleichbare Bedeutung kommt Heideggers Begegnung mit *Cézanne* zu, mit dessen Werk: seit einer großen Ausstellung in Zürich im Herbst 1956, mit dessen Land: seit dem ersten Aufenthalt bei René Char in der Nähe von Aix-en-Provence ebenfalls 1956 (der sich bis 1969 noch fünfmal wiederholte).[7] Beides, das Werk und das Land, und der Zusammenhang von beidem sind in der Aufzeichnung „Cézanne" innerhalb einer Reihe von Aphorismen Heideggers „Gedachtes – Für René Char in freundschaftlichem Gedenken" von 1970 angesprochen. Und wo schließlich liegt die Grenze zwischen alter und moderner Kunst bei den „Schuhen" van Goghs?

Der Ambivalenz in Heideggers Äußerungen zu Personen und Tendenzen der modernen Kunst soll hier aber nicht nachgegangen werden. Es ist vielmehr das Gewicht, das für Heideggers Erörterung der *modernen Wirklichkeit* – die mit der Auswirkung der „Kehre" um 1934/35 anhebt – dem Gedanken an *die „Herkunft" oder den „Ur-*

[6] Erhart Kästner über *Max Ernst:* in der Sammlung „Offener Brief an die Königin von Griechenland" (die auch drei Texte Erhart Kästners über Martin Heidegger enthält), Suhrkamp Taschenbuch 1973, S. 63–72, 155–157. – *André Masson:* Eine Kunst des Wesentlichen. Essays, 1961, S. 72. – *André Masson:* Le rebelle du surréalisme, Écrits (F. Will-Levaillant), Paris 1976, S. 138, S. 197. Dialog/dialoque – André Masson/ Demosthenes Davvetas, Zürich 1987, S. 24 f. – Zu *Bernhard Heiliger* s. hier Anm. 12. – „*Julius Bissier* – Oskar Schlemmer." Briefwechsel (hrsg. v. Matthias Bärmann), Erker-Verlag St. Gallen 1988, die Briefe Bissiers vom 15. März 1941 und vom 14. Februar 1942.

[7] Zur *Provence:* Ochwadt und Petzet (hier in der Einleitungsanmerkung). Zu der Ausstellung in *Zürich:* ein Brief Heideggers an Boss, in: M. Heidegger: Zollikoner Seminare, hrsg. v. Medard Boss, 1987, S. 317. S. dort auch Heideggers Vergleich der „Lichtung" mit „Cézanne's Mont St^{e} Victoire" (S. 344). Dem (von Gotthard Jedlicka eingeleiteten) Katalog nach zeigte die Zürcher Ausstellung 93 Gemälde, 57 Aquarelle und 63 Zeichnungen Cézannes.

sprung" der Kunst zukommt. Aus diesem Zusammenhang kann *der Leser* Einblicke auch in das Verhältnis der modernen Kunst zu der modernen Zeit gewinnen, ganz unabhängig davon, was die Kunsterzeugnisse, die ihm als exemplarisch erscheinen, für Heidegger bedeutet haben oder bedeutet hätten.

Über Brancusi und Giacometti, von denen die beiden hier gewählten Beispielpaare stammen, ist dem Verfasser keine Äußerung Heideggers - weder positiv noch negativ - bekannt.[8]

Das Werk *Brancusis,* das spätere (nachsurrealistische) Werk *Giacomettis* sind hier gewählt, um Brücken in einer Notlage zu finden: erstens in dem Dilemma, entweder von allem und damit von nichts zu sprechen oder aber mit nur einem einzigen Beispiel (oder Beispielkreis) das Spannungsgefüge der kontroversen „Richtungen" moderner Kunst zu verleugnen, und zweitens in der Divergenz zwischen akzeptablem Vorverständnis (dem Einvernehmen im Gebiet) und persönlicher Erfahrung (die sich auf die Akzentuierung im Detail auswirkt). Unter einer kleinen Zahl von Künstlern, denen - auch im Vergleich mit alten Meistern - der höchste Rang zukommt (neben Brancusi und Giacometti mit Sicherheit Picasso und Matisse, vermutlich auch Mondrian, Braque, Paul Klee und Max Ernst) berücksichtigt die Wahl Brancusis und Giacomettis die Bedeutung der Plastik für die moderne Kunst; und ihre Verbindung schlägt eine Brücke zwischen zwei polaren Zügen der modernen Kunst: „Abstraktion" im „Bild der Welt" und „Destruktion" im „Bild des Menschen".

II

Die Schrift *Vom Ursprung des Kunstwerkes* ist der Text dreier Vorträge von November und Dezember 1936, die die erweiterte Fassung eines Vortrags vom November 1935 „in der Kunstwissenschaftlichen Gesellschaft zu Freiburg i. Br." darstellen. Der ersten Veröffentlichung, 1950 (in den „Holzwegen"), hat Heidegger ein „z. T. später"

[8] Heidegger könnte von Giacometti gehört haben durch Jean Beaufret oder René Char, er könnte Werke von ihm gesehen haben bei Beyeler in Basel. (1963 stellte die Galerie Beyeler 173 Werke Giacomettis aus der Sammlung Thompson aus, die dann später in die „Giacometti-Stiftung" übergingen.)

als 1935/36 geschriebenes vierseitiges *Nachwort* beigefügt, einer erstmals 1960 erschienenen Einzelausgabe (bei Reclam) einen 1956 geschriebenen sechsseitigen *Zusatz*, der „einige Leitworte erläutert“. In dieser Ausgabe ist der Text der „Holzwege“, wie Heidegger in der Vorbemerkung notiert, „neu durchgesehen“ (und stärker unterteilt); es handelt sich dabei aber an keiner Stelle um Veränderungen, etwa Angleichungen an spätere Denk- und Sprachschritte. Die Reclamausgabe ist mit einer „Einführung“ von H.-G. Gadamer versehen und mit einer Widmung Heideggers: „Theodor Hetzer zum Gedächtnis.“ Der Text der „Gesamtausgabe“ (Band 5, 1977, „Holzwege“) entspricht dem der Reclamausgabe; er verzeichnet zusätzlich die handschriftlichen Marginalien Heideggers in Handexemplaren (zumeist der Reclamausgabe). Wir zitieren hier nach der am leichtesten zugänglichen jüngsten Auflage (1982) der Reclamausgabe.

Sucht man im Geflecht des Gedachten und Gezeigten dieser Schrift nach einem Orientierungspunkt, dann bietet sich zuerst der eine Satz an, der ausdrücklich als Hauptsatz formuliert ist: „Die Kunst ist das Sich-ins-Werk-Setzen der Wahrheit“ (erstmals am Schluß des I. Teils, S. 34, ähnlich schon S. 30). Doch jedes dieser drei Worte: „das Werk“, „das Setzen“, „die Wahrheit“, ist durch eine so wesenhafte Zweideutigkeit gekennzeichnet, daß der Satz, um zu sprechen, das Verständnis des Textes viel eher voraussetzt, als daß er selber die Lektüre fördern könnte. Er hemmt sie eher, wie die Rezeptionsgeschichte lehrt.

Der nächste Weg, der sich anbietet, ist nicht weniger verfehlt: nämlich der, im Schlußstück das Fazit oder doch im letzten der drei Teile die höchste Stufe in einem aufsteigenden Argumentationsprozeß zu suchen. Das letzte Stück (73–81) beantwortet zwar die Titelfrage: inwiefern ist „die Kunst“ „Ursprung“? Die Antwort lautet: „*Alle Kunst* ist ... im *Wesen Dichtung*“ (73 f.). Doch was sagt die Rede vom „dichtenden Wesen der Kunst“, wenn man nicht das an den beiden vorausgehenden Stücken dieses dritten Teils über das „Schaffen“ und „Bewahren“ Gesagte schon verstanden hat? Und ist dieser ganze letzte Teil – über das „Dichten“ (das „Stiften“) „der Wahrheit“ durch „die Kunst“ – wirklich ein Aufstieg gegenüber den beiden vorausgehenden Teilen: „Das Ding und das Werk“ und „Das Werk und die Wahrheit“? Ist denn nicht das „Stiften“ der „Wahrheit“ eben jener Aufschluß über die Dingheit des Dings, also über das Sein des Seienden, den Heidegger im ersten Teil mit dem Beispiel eines *Bildes* von einem Ding (den „Bauernschuhen" van Goghs) gegeben sieht? Im Schluß so etwas wie ein Resultat zu sehen, das würde die Art dieses Weges, seinen „Kreisgang"-Charakter (8 f.), zu einem Prozeß verfälschen.

Es gibt aber eine Bemerkung, von der aus man zumindest eine unbedachte Fehlorientierung vermeiden kann, kein Schlüssel, wie der Satz vom „Ins-Werk-Setzen der Wahrheit", der sich – unbedacht – ähnlich liest wie Hegels Rede vom „Scheinen" „der Wahrheit" (in Hothos Formulierung: dem „sinnlichen Scheinen der Idee"), aber eine Schwelle. Das sind die beiden ersten Absätze des „Nachworts" (83). Dem ersten Absatz nach geht die Schrift „das Rätsel der Kunst an, das Rätsel, das die Kunst selbst ist". „Zur Aufgabe steht, das Rätsel zu sehen." Der zweite Absatz sagt, was mit dieser Aufgabe verlassen werden muß. Das ist die Ästhetik.

Deren – selber unbefragtes – Vorverständnis ihres Themas kennzeichnet Heidegger nach zwei Seiten: dem Verständnis des Kunstwerkes und dem der Kunsterfahrung. „Die Ästhetik nimmt das Kunstwerk als einen Gegenstand." Es handelt sich dabei um einen besonderen Bereich von Gegenständen, die Gegenstände „der αἴσθεσις, der sinnlichen Wahrnehmung". In der Alltagsrede und dem Alltagsmeinen „nennt man dieses Vernehmen das Erleben". Es ist „die maßgebende Quelle" „nicht nur für den Kunstgenuß, sondern ebenso für das Kunstschaffen". Die Quelle dafür, daß das Kunstwerk als Objekt verstanden wird, ist die Subjektivität, die dem Gegensatzpaar Produzent und Rezipient gemeinsam ist. Das Verhältnis von Kunstwerk und Kunsterlebnis entspricht der europäisch-neuzeitlichen Dichotomie von Natur und Geist, die in Wahrheit ein Bedingungsverhältnis ist: der Geist ist die Quelle der Natur.

Im Falle der Ästhetik spricht sich dieses Bedingungsverhältnis darin aus, daß der Ursprung der Kunst im Künstler gesucht wird, allenfalls im Auftraggeber, im Leser, im Publikum, also im Kunstbetrachter. Als Zeichen einer Schwelle bewährt sich jener Anfang des Nachworts, indem er den Schwellenpunkt bemerkbar werden läßt, dem im Gang der Schrift die Wendung in der Titelfrage zukommt. Der Ursprung des Kunstwerks: nicht der schaffende oder empfangende Mensch, *sondern das Werk.* Dem Nachwort-Kommentar: zur Aufgabe stehe, das Rätsel, das die Kunst ist, zu sehen, entspricht das Fazit des ersten Teils (zu dem Beispiel der Bauernschuhe van Goghs): Es sei nötig, daß „die Schranken des Selbstverständlichen fallen und die geläufigen Scheinbegriffe auf die Seite gestellt werden" (34). Die in ihrer Geläufigkeit massivste dieser Schranken ist die Gewohnheit der Ästhetik, „das Kunstwerk als einen Gegenstand" zu nehmen (83).

Als was soll es dann genommen werden? Als etwas Ungegenständliches? Wenn gegenstandslos „abstrakt" heißt, dann natürlich nicht. Die „Bauernschuhe" sind sowenig abstrakt wie der griechische Tempel, der das Hauptbeispiel des zweiten Teils ausmacht. Nur ist auch eine Skulptur *Caros* oder ein Bild *Mondrians* sowenig abstrakt wie ein griechischer Tempel. Gegenstandslos ist jedes große Kunstwerk in der Tat, wenn gegenstandslos *nicht-vorstellbar* heißt. Die Alternative zur Gegenständlichkeit ist nicht die Abstraktheit. (Die erfüllt nur – wie „das Geistige" Kandinskys – das Motiv aller Vergegenständlichung, das in dem „Konkreten" der entwerfenden Tathandlung liegt.) Die Alternative zur *Vorstellung von Gegenständen* (dem ästhetischen Begriff des „Bildes") ist *das Aufstellen von Welt.* Es ist zweierlei, ob man einen griechischen Tempel (wie der Klassizismus) nach dem Muster eines „Bildes" oder ob man die „Bauernschuhe" (wie Heidegger in dieser Schrift) nach dem Muster eines Bauwerks „liest". In dem einen Fall ist das Lesen die zielgerichtete Bewegung einer Folge, ein Prozeß, in dem anderen das Sichverwandeln eines Sammelns (λέγειν), ein Bezug. Für das „Bild"-Verständnis hat das „Werk" – wie eine Werkzeug – seinen Zweck erfüllt, wenn die Schrift entziffert ist; für die Bau-Erfahrung ist das Werk der Ort, der uns Raum und Zeit gibt.

Der Gedanke des ersten Teils: an einem Bild wie den „Bauernschuhen" van Goghs lasse sich das „Ins-Werk-setzen der Wahrheit" zeigen, kann in diesem Teil selber noch ästhetisch mißverstanden werden. „Die Welt der Bäuerin": eine Aussage des Bildes, eine Bedeutung seines Inhalts, das – herauszulesend oder hineinzulesend – „Dargestellte". Wir bleiben dann dabei, allein darauf zu achten, wovon dieses Kunstwerk handelt (auf seinen „Bild"-Charakter), statt zu sehen, was es selbst *ist.* Diese Frage, die Kernfrage der ganzen Schrift, wird erst im Mittelteil ausdrücklich bedacht und zwar in Gestalt der Frage: „Wohin gehört das Werk?" (37).

Dabei nun tritt Heidegger mit seinem zweiten Hauptbeispiel der Gefahr des bloßen „Bild"-Verständnisses von Kunst, die mit dem ersten Beispiel noch in Kauf genommen werden mußte, ausdrücklich entgegen. Nach dem ersten „Versuch": aus dem Aufschluß, den ein Werk über ein Ding gibt (das Bild: über die Schuhe), „das Geschehnis der Wahrheit" (33 und 37) zu zeigen, lautet die Frage des zweiten Versuchs: „wie Wahrheit geschehen könne?" (37). Und dazu werde nun „mit Absicht ein Werk gewählt, das nicht zur darstellenden Kunst gerechnet wird" (37).

Die damit eingeleitete ausführliche Erörterung des zweiten Teils beginnt: „Ein Bauwerk, ein griechischer Tempel, bildet nichts ab. Er steht einfach da inmitten des zerklüfteten Felsentales."

Diejenige Kunstgattung, an die wir beim Reflektieren über Kunst zuletzt denken und an die die griechischen Philosophen, wenn sie von Mimesis sprachen, überhaupt nicht dachten, wird hier sogleich mit einem ganz bestimmten Werk angesprochen, einem griechischen Peripteraltempel, und zwar, wie die Bemerkung über sein Dastehen in einer offenen Bergwildnis erkennen läßt, dem Apollontempel von Bassä, dem „einsamsten aller griechischen Tempel", „in dem wilden Gebirge des südwestlichen Arkadien gelegen", noch in den Jahren dieser Schrift „nur dem Wanderer oder Reiter auf schmalem Saumpfade erreichbar".[9]

Ein Bauwerk wie dieses bildet nichts ab. Es drückt aber auch nichts aus. Auf einen Künstler kann ein griechischer Tempel schon darum nicht zurückzuführen sein, weil ein „Erfinder" dieses Baugedankens nicht bekannt ist und jeder einzelne Bau, auch der Zeustempel von Olympia oder der Parthenon, in seiner individuellen Gestalt stets eine Vielfalt von Faktoren verbindet: mit dem oder den Architekten die Eigenart der Region oder der Polis (beim Parthenon: in der Person des Perikles), das Vorbild der Tradition, die Individualität der Gottheit, der der Tempel geweiht ist.

[9] *Gerhard Rodenwaldt:* Griechische Tempel (1. Aufl. 1941), in der 2. Aufl. von 1951 S. 32. – Bei dem Plan einer dritten Griechenlandreise (einer „Kreuzfahrt") 1966 war Heidegger, wie aus zwei Briefen hervorgeht, der Besuch dieses Tempels das wichtigste. (An Medard Boss am 20. September 1965, Zollikoner Seminare – hier Anm. 7 –, S. 340; an Erhart Kästner am 17. Mai 1966, Martin Heidegger – Erhart Kästner, Briefwechsel 1953–1974, 1986, S. 87, s. auch S. 143.)

„Er steht einfach da ..." Er herrscht nicht über die Umgebung wie ein barockes Schloß; er schmiegt sich auch nicht in die Landschaft ein wie die antike Ruine in einem Englischen Garten; aber er negiert auch nicht das von Natur aus Gegebene wie ein römischer Viadukt. „Natur" ist hier weder Umgebung, noch Landschaft, noch auch bloße Unterlage. Sie bleibt selber, was sie ist. Sie ist aber von dem Bau nicht wegzudenken, ohne diesem zu nehmen, was er ist. Das gilt von den benachbarten Heiligtümern, den Sportanlagen und dem Land, „in" denen der Zeustempel von Olympia stand, genauso wie von der Steilküste und der Brandung, denen der Poseidontempel von Kap Sunion zugehörte, oder der Stadt mit der Nachbarschaft des Meeres und den Olivenhainen, auf die einstmals der Parthenon blickte.

Ein griechischer Tempel reduziert auf die „Wirklichkeit" des Bauwerks selbst, ohne die Erde, auf der er steht, und den Himmel, unter dem er steht, ist wie ein Delphin ohne Wasser, wie ein Vogel im Museum. Mit einer solchen Erwägung wird nicht etwas von Haus aus Technisches romantisiert, sondern vielmehr an die – seit der Romantik in Vergessenheit geratene – *Welt* erinnert, in der der Bau *den Menschen* gut war, von diesen so gebraucht wurde, wie er sie brauchte. „Er steht einfach da": das gilt auch von seinem Gebrauch. Es ist kein Schutzraum und auch kein Versammlungsraum. Es ist nur „das Haus der Gottheit". Aber diese „wohnt" so „in ihm" (in der Cella), daß sie mit ihm, in dem Säulenumgang, in dem Gefüge von Basis, Säulen und Giebel, in dem Spiel zwischen Bau-Werk und Bild-Werk hervortritt. Dieses Doppelte der Begrenzung: das Umschließen und Eröffnen und beides im Selben ist uns heute freilich nur noch indirekt zugänglich als das zwar von Schriften und vielen Bildern Berichtete, aber von uns doch nicht mehr zu Hörende, zu Sehende. Die Tempel sind nicht nur leer geworden, weil die „Götterbilder" in der Cella geraubt und zerstört worden sind. Sie sind auch stumm, weil uns ihre Sprache fern gerückt ist.

Das Ausmaß dieser Ferne resultiert daraus, daß uns das Entferntsein selber noch fern gerückt ist. Wir spüren diese Ferne gar nicht, wenn wir den kunst- und kulturhistorischen Abstand registrieren. Das ist die in ihrer Unbemerklichkeit am schwersten wirkende jener „Schranken des Selbstverständlichen", die „fallen zu lassen" der erste Teil der Schrift versuchte. Ohne den damit erlangten Gewinn eines Schwellen-Gespürs müßte im Mittelteil schon die zweite Bemerkung zum griechischen Tempel, die dem Hinweis auf das „einfache Dastehen" folgt, zu einem unüberwindlichen Hindernis für den Leser werden: „Das Bauwerk umschließt die Gestalt des Gottes und läßt sie in dieser Verbergung durch die offene Säulenhalle hinausstehen in den heiligen Bezirk" (37).

Eine solche Bemerkung scheint nur so sich ernst nehmen zu lassen, daß man sie nicht ernst nimmt, sie ironisiert: Rückfall in die Mythologie – wie man das vom späteren Heidegger ja ohnehin erwartet. Oder ließe sie sich doch auch noch anders ernst nehmen? So nämlich, daß an dem Erhaltenen und uns noch Anziehenden der Tempelreste das Verlorene und Verstummte des „Götterbildes" zumindest als dieses Verlorene und Verstummte spürbar wird. Was sagt denn der Fortgang, der in den Gedanken vom „Streit" zwischen „Welt" und „Erde" als dem „Geschehen" im Dastehen des Tempels mündet? Er zeigt, was auch noch ein Torso wie der des Apollontempels von Bassä oder des Athenatempels der Akropolis uns sagt. Das Aufruhen „auf dem Felsgrund", das Aufragen in „das Licht des Tages, die Weite des Himmels, die Finsternis der Nacht" sind ein kontrapunktisches Zusammenspiel polarer Tendenzen, nicht anders als im Dastehen der Mädchen- und Jünglingsstatuen, die in den Jahren dieser Schrift noch unter der Sonne und neben den Säulen der Akropolis standen, der Polarität zwischen aufgerichtet-ausgreifender Stand-Kraft und dem aufnehmend-leuchtenden Blick von Augen und Leib.

Wenn der „Weltentzug" und „Weltzerfall", der sich in dem Verstummen und Verlust der Götterbilder ausspricht, „nicht mehr rückgängig zu machen ist" (36), so ist es doch zweierlei, ob das in einem Vorstellen besiegelt wird, das von dem Tempel nur den (musealen) Gegenstand – gleichgültig ob realistisch-nüchtern oder klassizistisch schwärmend – wahrnimmt, oder ob wir das Einfachste und Nächste annehmen: statt auf den Tempel zu starren, mit ihm zu sehen, also den Bau nicht uns zu eigen machen, sondern seinem Anspruch folgen: zwischen der Wildnis des Gebirges und der Ferne des Himmels (in Bassä), zwischen der bewohnten Stadt und dem bebauten Land, zwischen dem Land und dem Meer (in Athen) Beziehung zu stiften, indem gezeigt wird, geklärt wird, errichtet wird, worin Beziehung überhaupt besteht. Das hieße: den Stand des Tempels auf der Erde, in der Welt, *sein* Dasein also, sein zu *lassen*. Und *das* hieße: unsern, den uns zur Gewohnheit gewordenen Stand zu verlassen, den Stand der Selbst- und damit Weltbestimmung. Die Rede vom „Weltentzug“ und „Weltzerfall“ erscheint uns doch nur darum so dunkel, weil wir den römisch-neuzeitlichen Stand des Immer-Drüberstehen-Müssens für unsere, die menschliche Natur ansehen.

Heideggers spätere Rede vom „*Geviert*“ als dem „Spiegel-Spiel“ nicht nur zwischen Himmel und Erde, sondern auch zwischen Gottheit und Mensch macht in der Bereitschaft, damit zunächst nur Spott und Zorn zu ernten, mit der Erfahrung ernst, daß wir Menschen nicht diejenigen sind, die das, was war und kommt, selbst machen. Am Kunstwerkaufsatz läßt sich mit dem Gedanken des „Gevierts“ eine Schwierigkeit beheben, in die hier der „Welt“-Begriff geraten ist. Mit „Welt“ ist besser das Ganze des „Streites“, seine Einheit benannt als nur der eine Pol. Von dem späteren Gedanken des „Gevierts“ her (wie er in den Aufsätzen „Das Ding“ an einem Krug, „Bauen, Wohnen, Denken“ an Brücken und dem Schwarzwälder Bauernhof, „Die Sprache“ an einem Trakl-Gedicht umschrieben wird) läßt sich das im Kunstwerkaufsatz an den „Bauernschuhen“ van Goghs, dem „Römischen Brunnen“ C. F. Meyers und dem Apollontempel von Bassä Gesagte präzisieren, wenn man statt „Welt und Erde“ „Himmel und Erde“ sagt (und dabei lieber den Vorwurf des Naturalismus in Kauf nimmt) – „Himmel“ als Name für alles naturhaft und schicksalhaft, zyklisch und geschichtlich Erde und Mensch Verwandelnde –, und diese Polarität mit der anderen, halb analog, halb quer dazu stehenden verbindet, an die die älteren Kulturen dachten, wenn sie die Menschen „die Sterblichen“ nannten, die am Gang der Welt (an ihrem Auf- und Untergang) Beteiligten und insofern Mitverantwortlichen, aber nicht ihn Steuernden. (In diesem Fall muß in Kauf genommen werden, daß die Erinnerung an die alte Rede von Gott und Göttern den Vorwurf des Mythologismus provoziert.)

Die drei Bauten, die *Brancusi* zwischen 1937 und 1939 in *Tirgu Jiu,* dem Ort seiner rumänischen Heimat in der Nähe der Karpaten, für ein Kriegerdenkmal errichtete, auf einem von West nach Ost durch einen Hain zum Fluß hinführenden Weg, sind, senkrecht aufragend, „die unendliche Säule“, Vertikale und Horizontale verbindend, die „Pforte des Kusses“ und, nahe am Fluß, „der Tisch des Schweigens“. Statt des Kriegsruhms der Kuß, statt einer Siegesfeier die Versammlung des Schweigens und für das Gedenken der Toten der pulsierende Aufstieg der Säule.

Was ein Kunstwerk bei Brancusi ist, sei hier an einer der von Brancusi selber stammenden Fotografien des „*Vogels im Raum*“ (Abb. 1) angedeutet. Es handelt sich dabei um eine der späteren Fassungen (von 1930) aus einer wie häufig bei Brancusi über Jahre und Jahrzehnte hinweg abgewandelten Reihe von Versuchen, die stets und in allen Einzelheiten, nicht zuletzt auch der vielfach variierenden Kombination von Sockelteilen und der Politur, eigenhändig gearbeitet sind. (Technische Wiederholungen wären, so nahe das auch bei Bronzewerken zu liegen scheint, für Brancusi undenkbar gewesen.)

Dieses plastische Werk ist nicht das Abbild eines fliegenden Vogels, also ein Ausschnitt aus einer Folge von Zeitmomenten (und schon gar nicht irgendein innerer Ausdruck, etwa des Fliegenwollens in einer Wiedergabe des Flugbeginns). Es *ist* ein Vogelflug, das Spiel zwischen Schwerkraft und Luft (im Unterschied zu dem automobilen Motorflug oder gar dem „Raumflug“). Wir *sehen* diese Bewegung, den Aufstieg „im Raum“ – im Unterschied zu der *Vorstellung* eines Vorgangs in der „konzeptuellen“ Ergänzung des Davor und Danach bei einem günstig gewählten Ausschnitt –, wenn wir uns auf die *plastische Bewegtheit* (die κίνησις) dieser Gestalt einlassen, zu der das rhythmische Motiv, die „Vibration“ des Vogelkörpers in seiner Kontur (in die die Kraft des Flügelschlages eingegangen ist) ebenso gehört wie der Kontrast zu dem schwerelosen (geometrisch exakten) kleinen Zylinder des oberen und dem massiven und rauhen des unteren Sockelteiles. Ein drittes, die Impulsivität und Spontaneität des Auffliegens noch mehr betonendes Kontrastmoment kommt der Standfestigkeit und Unbeweglichkeit der Kiste auf dem Foto zu, mit der Brancusi den Mangel der Fotografie an Räumlichkeit um ein Geringes ausgleicht. Ähnliches gilt von dem dunklen Hintergrund des Fotos, der hier eine Hilfe für die Erfahrung derjenigen Bewegung darstellt, die bei der wirklichen Plastik in dem Spiel des Lichtes beruht, in das sich der „Werkstoff“ verwandelt, bei dieser Fassung: der Glanz des weißen Marmors, bei anderen Fassungen: die Politur der Bronze.

Die „kombinatorische Gestaltung“ des Sockels ist an der eigenen, strukturellen Aufwärtsbewegung der Skulptur beteiligt, indem sie das Motiv des dreifach geschwungenen Schaftes vorbereitet, der seinerseits den Rhythmus der Figur im ganzen trägt. Einem Bericht nach arbeitete Brancusi „ein Jahr an Entwurf und Ausführung dieses lebendig pulsierenden Schaftes ..., der, wie er sagt, ebenso schwierig zu finden war wie die Vogelform selbst“.[10]

Vogel *„im Raum“*, das heißt gerade nicht: „in“ einer vom Betrachter zu konstruierenden perspektivischen Raum-Schachtel festgestellt, sondern: fliegend Raum öffnend, „Vogel“ sein.

Für einen Kreis englischer Plastiker und Maler, an ihrer Spitze *Anthony Caro,* ist die Kunstwerkschrift Heideggers zu einer Bestätigung ihrer Orientierung an dem Beispiel Brancusis in der Abkehr von dem einstigen Vorbild Henry Moore geworden. Ich erinnere[11] an die drei Grundmerkmale dessen, was nach dem Verständnis dieser Praktiker und Lehrer von Praktikern *„Skulptur ist“*: Thingness, Earthbound, Worldliness.

Ob – wie bei *Brancusi* – an Figürliches erinnernd oder gegenstandslos – wie in den tektonisch-statuarischen Gebilden aus Eisen oder Stahl, aus Marmor, aus Alabaster, aus Ton von *Chillida* seit 1951 oder den das Menschen-Maß aufrufenden, dezentralisierend-horizontalen Raumgeflechten *Caros* seit 1959: sie sind selbst *„dinghaft“*, statt über etwas, was sie selber nicht sind, nur zu informieren. Ihr Stand und nicht die „Schrift“ ist hier entscheidend.

Ein Zeichen dieser eigenen „Dingheit“ ist die *„Erdlastigkeit“* solcher Werke. Sie sind nicht vorstellbar. Sie sind nur dann recht wahrzunehmen, wenn das Aufruhen, das Auflasten auf dem Boden, demselben Boden, auf dem wir auch stehen, das Tragen eigner Lasten und dem entsprechend auch ihre Leichtigkeit, das ragende, federnde, schwingende Ball- und Bogenspiel gesehen wird. Dieses Sehen ist ein Mitgehen, Mitspielen, kein Draufgucken.

Solche Werke sind nicht vorstellbar (auch wenn sie nicht verhindern können, wie Gegenstände beschrieben und dann „abstrakt“ ge-

[10] Zitiert nach *Fr. T. Bach,* S. 53, auf dessen Bemerkungen zur „kombinatorischen Gestaltung des Sockels und der plastischen Figur“, S. 30–62, hier verwiesen sei.

[11] *William Tucker:* What sculpture is. In: Studio international of modern art 1974, S. 232–234. S. auch: W. Tucker: The language of sculpture 1974 (London). Vgl. v. *Verf.:* Kunst und Wirklichkeit. In: Ders. Welt-Geschichte: Kunst-Geschichte, 1975 (zu Tucker S. 15); Die Kunst und der Raum. In: Erinnerung an Martin Heidegger (hrsg. von Günther Neske), 1977 (S. 138 f.).

nannt zu werden), so wenig, wie sie autonom sind. In sich ruhend, sind sie *„welthaltig"*: Proportionen bildend, Beziehungen, Unterscheidungen, Überschneidungen gebend, die, den Maßen unsres Standes, unsrer Schritte gemäß, „betretbar" sind wie ein barockes Treppenhaus, ein Hof der Renaissance, – keine „zweite Welt" in der hiesigen, sondern dem Hiesigen Raum gebend: Welt stiftend.

Zum Vorbild wurde das Werk Brancusis auch für die Arbeit *Bernhard Heiligers* (seit einem Aufenthalt 1938 in Paris). An ihn schreibt Heidegger in einem Brief von 1964: „Sie zeigen das Aufgehen der Erde in den uns noch erfüllten irdischen Himmel. Ihre Werke stellen nichts mehr dar – sie stellen uns in den Aufenthalt im Irdischen von Erde und Himmel – die ins befreiende Freie wachsende *Bewegung selber* und gerade *sie* wird offenbar – eine ‚Verklärung' (nicht Idealisierung) des Seins – aus einem verborgenen Grunde."[12]

Aufstellen statt darstellen: besteht darin die „dinghafte" Verfassung des Werkes, dann entspricht dem für „uns", die Sehenden, Hörenden ein *Hineinstellenlassen* (in den Raum, den das Werk einräumt) statt eines Vorstellens (von Gegenständen und ihrer Bedeutung), bei dem wir, immer nur Zuschauer, vom Geschehen selber ausgeschlossen bleiben. Beides: das Aufstellen als der Grundzug des „Schaffens" wie die „Inständigkeit" als der Grundzug des „Bewahrens" (68), meint in dem letzten Teil der Kunstwerkschrift Heideggers Rede vom „Dichten". Das Dichten: ein Anfangen und insofern *„Ursprung"*. Dieses vielgeschmähte „Sein-und-Zeit"-Wort hat in dem Titel der Kunstwerkschrift den einfachen Doppelsinn der beiden Fragen: woraus geht das Werk hervor, was muß zusammenkommen, damit Kunst entsteht? und: was geht aus ihr hervor, inwiefern ist Kunst selber Ursprung? Das Zweite, ihre „Welthaltigkeit" (Heidegger: Welt-„Stiftung"), auf dem in dem Schlußteil das Hauptgewicht liegt, kann, ergänzend zu dem Eingangsbeispiel, ein weiteres Werk Brancusis erläutern: *„Der Neugeborene"* (hier in einer Fassung von 1925 und wieder einer eignen Fotografie Brancusis, Abb. 2).[13]

[12] *„Bernhard Heiliger"*, Katalog der Galerie im Erker, St. Gallen, 1964 (Einleitung von Georg Schmidt), S. 18.

[13] Die Zitate im Folgenden: nach *Fr. T. Bach* (s. hier die Einleitungs-Anm.) S. 16–27.

Durch die Mulde an der einen Spitze ist das eiförmige Gebilde nicht nur Oberfläche, sondern zugleich auch Masse, „Schale" also und „Substanz" zugleich, einem Lebewesen ähnlich und nicht nur seine „tote" Form. Daran, daß einem solchen Werk, wie Brancusi sagt, der „Schock der Wirklichkeit" zukommt, ist das ebenso umspannende wie ausstrahlende Hervortreten der Rundung in der – schräg zur Vertikale verlaufenden – Rippe beteiligt. Vor allem aber gehören dazu die – schon das natürliche Ei von der Kugel unterscheidende – *Asymmetrie* und die *Politur*. In dem einen beruht der Grundzug *lebendiger* Einfachheit, der ein Werk Brancusis in den äußersten Gegensatz zu der rationalen Eindeutigkeit stereometrischer Grundformen stellt. In dem anderen beruht die doppelte Verwandlung: eine solche Skulptur ist „nicht mehr beleuchteter Gegenstand, sondern selbst leuchtende Figur" und zugleich: „nicht reduktive, sondern produktive Form. Sie hat nicht die Präzision des Geometrischen, sondern die Prägnanz – im ursprünglichen Wortsinn: das Gebärende, sich Fortzeugende – des Lebendigen." In dem Grundzug der Asymmetrie ist diese Kunst das Gegenteil der Minimal Art (die sich zu Unrecht auf Brancusi beruft), in dem der Prägnanz das Gegenteil aller „Konzept"-Kunst (und „Konzept"-Theorien moderner Kunst). Diese Korrektur des neuzeitlichen Cartesianismus in dem einen, des europäischen Platonismus in dem anderen dieser beiden Grundzüge läßt sich an dem Beispiel illustrieren.

Von dem Einfachen, das die qualitative Fülle des Anfangs ist, im Unterschied zu den Molekülen und Atomen quantitativer Konstruktionen, sagt Brancusi selber: „Simplicité est la complexité ellemême." Der Kern dieses Unterschiedes liegt in der Unvereinbarkeit zweier Zeiterfahrungen: der äußeren Kombination von Kontinuum und Jetztpunkt im einen, der inneren Zusammengehörigkeit von verweilendem Umblick und blitzartigem Einblick im anderen Fall. Fr. T. Bach erinnert bei der Forderung Brancusis: „Kunst muß auf einmal, plötzlich den Schock des Lebens geben, die Empfindung des Atmens", an Marcel Proust.

Der „Neugeborene" ist ein Zeichen desjenigen „Anfangs", den Heidegger in dem Kunstwerkaufsatz „Schenkung" und „Gründung" nennt: „Der Anfang enthält schon verborgen das Ende." „Der Anfang ... enthält immer die unerschlossene Fülle des Ungeheuren ..." (78 f.)

Brancusis „Anfang“, Heideggers „Ursprung“, das ist der griechische, der altgriechisch-vorplatonische (Heraklitische) Gedanke des *Begrenzens*: ein Umgrenzen, das Abgrenzen und Verbinden in einem ist, das Konträre scheidend (sein Geschiedensein zeigend) und damit das sich gegenüber Stehende zusammenbringend, das Stiften des „Streites“ *als* das Geschehen der Einheit, – das Feuer Heraklits, das Wasser des Thales.[14]

Was hier *Einheit* heißt, das ist bei einem Beispiel wie dem „Neugeborenen“ an dem Zusammenhang zwischen der Prägnanz des Konturs und dem Glanz der Politur zu erkennen. Der reflektierende Hochglanz ist „nicht nur letzte Konsequenz und Steigerung der Klarheit und Strenge des von seinem Kontur geprägten Volumens, sondern hebt dessen Geschlossenheit zugleich wieder auf, irritiert die Klarheit der strengen Formgebung durch die Vielzahl der Reflexionen, die die Konturlinie umspielen“. (Ein Sachverhalt, der sich jeder Abbildung entzieht.) „Im spiegelnden Glanz der Oberfläche öffnet sich die Form der Zeit. Sie lebt durch den Widerschein des Zufälligen, das sie umgibt.“

Man könnte nun versuchen, diesen Sachverhalt zu umschreiben, indem man sagt: „Sie öffnet sich dem Umraum, der zusammen mit dem Betrachter in ihr widerscheint.“ Doch damit wäre gerade das Entscheidende verfehlt: Brancusis Skulptur macht eigens „die Problematik einer Raumkonzeption deutlich, von der her allererst von ‚Umraum‘ gesprochen werden kann: die Vorstellung eines meßbaren Raumkontinuums, in dem Freiraum und Gegenstand unvermittelt aneinandergrenzen wie Leerstelle und Besetzung über dem Grundriß eines karierten Linienblatts. Brancusis Skulptur reagiert nicht nur auf ihren Umraum, sondern ist selbst räumlich aktiv, entfaltet ihre eigene Räumlichkeit. Sie betrachten heißt daher nicht, in der Fixierung auf den Umriß einer fraglichen Idealgestalt den schon immer

[14] S. dazu in der Vorlesung „*Einführung in die Metaphysik*“ (vom Sommer 1935) den Abschnitt „Zur Grammatik des Wortes ‚sein‘“, besonders S. 45–47. – S. 46: „... das in sich hoch gerichtete Da-stehen, zum Stand kommen und im *Stand* bleiben, verstehen die Griechen als Sein.“ Darin beruht das Seinsstiftende der Grenze (πέρας): „Grenze und Ende sind jenes, womit das Seiende zu *sein* beginnt.“ Der Wandel seit 420 v. Chr. läßt sich dann so bezeichnen: „Das In-sich-da-Stehende aber wird, von der Betrachtung her gesehen, zum Sich-dar-Stellenden, das sich in dem, wie es aussieht, darbietet.“ (Vgl. dazu: *Bernhard Schweitzer:* Platon und die bildende Kunst der Griechen, 1953, S. 58–88.)

vorgängigen Außenraum mit einem ersten Blick gegen den Eigenraum der Plastik durchzusetzen, sondern vielmehr, sich zurückzustellen, diesen Eigenraum gleichsam kommen zu lassen, sich auf die je eigene Räumlichkeit der Skulptur einzulassen."

Was bei den polierten Bronzewerken Brancusis von dem Verhältnis zwischen Spiegelung und Kontur gilt, das gilt bei einem Werk wie der *„Unendlichen Säule"* von dem Verhältnis zwischen dem Kontur der einzelnen ihrer gleichförmigen Elemente und dem Rhythmus ihres Aufstiegs: „Unendlich" heißt diese Säule ja nicht, weil das Ausgeführte, romantisch, als Fragment zu deuten wäre, dem die Vorstellungskraft eine endlose Fortsetzung gibt. Die Unendlichkeit beruht hier in der Ausstrahlung der in sich abgeschlossenen Elementenfolge, die durch die Form und Größe der einzelnen Segmentgebilde vorgegeben ist. Das oberste Segment beschließt einem rhythmisch-proportionalen Gesetz gemäß die Säule unabänderlich. Die Säule ist *in* ihren Grenzen „unendlich".

Das Mißverständnis des Konzeptualismus ist hier nicht weniger gravierend als das des Minimalismus. „Gerade als ‚geschlossenes Volumen' ist Brancusis Skulptur raumschaffend; ihre Geistigkeit impliziert die Anerkennung von Material. Eine Klassifikation von Skulptur, die vom bloß Faktisch-Gegenständlichen aus vorgenommen wird, muß diesen Zusammenhang verfehlen." „Die ganze Problematik des Verständnisses von Brancusis Skulptur als platonischer Form wird von hier aus noch einmal deutlich. Als ‚Mythos der idealen Form' verfehlt die platonische Interpretation nicht nur die Bedeutung des Asymmetrischen, der Abweichung, sondern vor allem die Präsenz der Skulptur. Sie insistiert auf der Dominanz der Form gegenüber dem Material, das sich als ein nur Störendes im Prozeß der Formgebung zum Verschwinden gebracht denkt. Sie unterschlägt das für Brancusis Skulptur wesentliche Moment der Erscheinung."

Das größte Hindernis für einen unbefangenen Gebrauch der Kunstwerkschrift im Hinblick auf das „Schaffen" und „Bewahren" von Kunst ist nicht der vermeintlich „mythische" oder „poetische" Sprachduktus Heideggers seit der „Kehre", sondern sein Versuch, das „Sein-und-Zeit"-Wort *„Wahrheit"* zu bewahren. Der Unterschied zwischen dem gewohnten Wortfeld dieses Namens: der Theorie, der Forschung, der Begründung, und dem von Heidegger im Blick auf die altgriechische ἀλήθεια damit gemeinten Handlungs-

oder Geschehenscharakter einer Zusammengehörigkeit von „Entbergung“ und „Verbergung“ ist aber so groß, daß gerade ein Denken, das, wie dies Heidegger verlangt, sich auf die jeweils angesprochne Sache einzulassen sucht, durch den Zwang zu ständig erneutem, hier nun ganz eindeutig gegen den Wortklang ankämpfen müssenden Rückerinnern und Rückübersetzen belastet wird. Der Sachverhalt der eigenen Dinghaftigkeit des Werkes, die Prägnanz der Skulptur, das Ereignis der Erscheinung, das Aufstellen von Welt, *diese* Werk-tätigkeit des Werkes ist von dem Mißverständnis der Ausdrucks- und Erlebnis-Ästhetik schwer frei zu halten, wenn mit dem Geistbegriff der „Wahrheit“ das antipodische Mißverständnis der Informatik und Symbolik evoziert wird, also der Hegelsche Begriff des Scheinens der Wahrheit. (Auch Hegels „Klassik“ und „Romantik“ sind doch nur Abwandlungen seines logischen „Symbol“-Begriffs von Kunst.)

Mut zu einer solchen „Güterabwägung“ macht Heidegger im Alter selbst. In einer Randnotiz seiner Reclamausgabe der Kunstwerkschrift nennt er diesen „Versuch“ „unzureichend infolge des ungemäßen Gebrauchs des Namens ‚Wahrheit‘ für die noch zurückgehaltene Lichtung und das Gelichtete“ (GA 5, S. 1). („Lichtung“ nun nicht mehr als Hellwerden, sondern als Freiwerden verstanden.) Er verweist in dieser Notiz auf einen aus dem Jahre 1964 stammenden Vortrag: „Das Ende der Philosophie und der Anfang des Denkens.“ Darin erklärt er: „Die Frage nach der ἀλήθεια, nach der Unverborgenheit als solcher, ist nicht die Frage nach der Wahrheit. Darum war es nicht sachgemäß und demzufolge irreführend, die ἀλήθεια im Sinne der Lichtung Wahrheit zu nennen. Die Rede von der ‚Wahrheit des Seins‘ hat in Hegels ‚Wissenschaft der Logik‘ ihren berechtigten Sinn, weil Wahrheit hier die Gewißheit des absoluten Wissens bedeutet. Aber Hegel fragt auch nicht, sowenig wie Husserl, sowenig wie alle Metaphysik nach dem Sein als Sein, d. h. die Frage, inwiefern es Anwesenheit als solche geben kann.“ Und er merkt noch ausdrücklich an: „Wie der Versuch, eine Sache zu denken, zeitweise wegirren kann von dem, was ein entscheidender Einblick schon gezeigt hat, wird durch eine Stelle aus ‚Sein und Zeit‘ (1927) S. 219 belegt: ‚Die Übersetzung (des Wortes ἀλήθεια) durch das Wort 'Wahrheit' und erst recht die theoretischen Begriffsbestimmungen dieses Ausdrucks (Wahrheit) verdecken den Sinn dessen, was die Griechen als vorphilosophisches Verständnis dem terminologischen Gebrauch von ἀλήθεια ‘selbstverständlich’ zugrunde legten.‘“ (Zur Sache des Denkens, S. 77.)

Ein Weg der Frage, inwiefern es Anwesenheit als solche geben kann, ist die nach dem „Ursprung des Kunstwerkes“. Dabei kommt der Abkehr von dem „Bild“-Gedanken der Ästhetik (dem platonischen Begriff der Mimesis) durch Heideggers Zuwendung zum Bau-Charakter als des *architektonischen Grundzugs* aller Künste (das Paradigmatische des griechischen Tempels für Heidegger ähnlich wie des Homerischen Epos für Hölderlin) ein ebenso großes Gewicht zu wie der Korrektur des neuzeitlichen Produktivitäts-Maßstabs, der dem Theoriebegriff von Kunst als „Schöpfung“ seit der Renaissance zugrunde liegt, in Heideggers Besinnung auf die altgriechische Deutung von Kunst als einer Sache der „Musen“, d.h. der Mnemosyne, mit seinem Gedanken des „Stiftens“ von Beziehungen als des *dichterischen Grundzugs* aller Künste.

Bei *Brancusi* steht die Heraklitische „Kombinatorik“ der plastischen Struktur in einer inneren Affinität zu der poetischen „Esoterik“ in der bildlichen Thematik seiner Werke, die hier nur – ergänzend zu dem Ensemble von Tirgu Jiu (und ähnlich wie bei früherer Gelegenheit im Falle Chillidas[15]) – mit einigen Titeln vermerkt werden kann: „Der Weltenanfang“, „Adam und Eva“, „Prometheus“, „Fliegende Schildkröte“, „Die Weisheit der Erde“, „Der Kuß“ und auch (mit Bezug auf das Wappentier Frankreichs, in vielen Fassungen) „Der Hahn“.

Der Bezug zum Bild in den Titeln und den Namen vieler großer Werke des *Kubismus* (Picassos, Braques und Juan Gris’), die am Anfang der modernen Kunst unseres Jahrhunderts stehen, besteht nicht darin, daß ein solches Bild den Gegenstand neu herstellt, indem es ihn mehr oder weniger „kubisch“, analysierend und synthetisierend, zerlegend und simultan vorstellt (wie die verhängnisvolle Stilbezeichnung suggeriert), sondern in dem damit aufgerufenen *Geschehen,* dem musikalischen, erotischen, bei Picasso auch dramatischen, also: *der Welt,* die in dem Bild zum Stand gelangt, zum Tanz gelangt, zur Spiel-Einheit des bildnerischen Rhythmus. Diese in sich

[15] S. dazu den Chillida-Passus in dem (unter Anm. 11 genannten) Beitrag des *Verf.* „Die Kunst und der Raum“, dort S. 143–146.

schon poetisch-musikalische Bild-Wirklichkeit wird hier mit den verschlüsselten Anklängen an Figürliches im tektonischen Geflecht des Bildes oder den überdeutlichen (primär jedoch dem Kontrasteffekt zur Dreidimensionalität des Bildraums dienenden) Collagen von Gedrucktem noch zusätzlich bekräftigt. Unter den kubistischen Werken Braques finden sich neben zahlreichen „Themen" mit Musikinstrumenten oder Musizierenden „Namen" im Bild wie „Aria de Bach", „Sonate", „Duo", „Mozart - Kubelik". Nicht das Faktum einer Violine, sondern das Spiel einer Violine, das „Sein" dieses Instrumentes wird hier „zum Bild", d.h. zu etwas analog zum Hören, beispielsweise einer Bachschen Fuge, rhythmisch-räumlich einheitlich zu Sehendem.

Die wenigen Jahre des Kubismus als einer Entwicklungsperiode (der „klassische Kubismus" Picassos und Braques: 1907–1914) waren kein „Korsett", von dem man sich, wie nach der Meinung der Stilgeschichten Picasso, so bald wie möglich wieder befreien mußte. In diesen Jahren entstand die Grammatik dessen, was von da an, auch bei Picasso, „moderne Kunst" war: „réalisation" statt Information. (Spuren davon unterscheiden im Bildbau auch die „realistischsten" Zeichnungen Picassos *nach* dem Kubismus von den expressivsten Versuchen davor.)

III

Wenn damit aber nur „ursprünglich" Altes - wie zum Beispiel der Zusammenhang von Bau und Welt bei den älteren griechischen Tempeln - erneuert wird, was heißt dann „modern"? Es heißt dann auf jeden Fall nicht: Negation des Alten, Innovation. „Poussin nach der Natur" - das könnte ein Leitwort der Modernität dieser Moderne, der modernen *Kunst* in allen ihren „ursprünglichen" Zeugnissen sein.

Diese Möglichkeit wahrzunehmen, verlangte als erstes, den ästhetischen Maßstab der „Stil"-Merkmale aufzugeben und sich im *Umgang* mit den Zeugnissen, in der Verwandlung der „Exponate" zu Werken, darin zu üben, die Gemälde und Skulpturen von Matisse seit 1905 nicht nur von dem Titel, sondern auch von der Gruppe der „Fauves", die Arbeiten Mondrians von den übrigen Vertretern der

„De-Stijl“-Bewegung zu unterscheiden oder in den Bildern Sophie Taeubers, den Schriften, Bildern und Skulpturen Hans Arps, den „Merz“-Bildern von Schwitters nicht nur Artikulationen, sondern auch die eigne große künstlerische Legitimation der „Dada“-Kritik an dem nationalistischen und rationalistischen Geist des ersten Weltkriegs zu erkennen.

Das Moderne der modernen Kunst zu treffen, ist darum schwer, weil es das Einfache eines Vorgangs ist, der zwei Seiten hat. Die eine Seite, das ist der – nur dem Umgang mit der Kunst zugängliche – *Gewinn* an Dasein, der der Erneuerung der Dimension von Kunst jenseits der Ästhetik zugehört. Die andere Seite, das ist die – auch den Theorien und Diskursen zugängliche – Artikulation des *Fehlens* dieser Dimension in der modernen Wirklichkeit. Das eine wird nur erfahrbar im Horizont des anderen. Aber jede der beiden Seiten kann jeweils mehr oder weniger hervortreten. Das macht die irritierenden Differenzen zwischen exemplarischen Zeugnissen moderner Kunst aus, extrem z. B. zwischen Mondrian und Duchamp, weniger konträr zwischen Paul Klee und Max Beckmann, Matisse und Picasso.

Die Verwechslung der modernen Kunst mit der modernen Wirklichkeit äußert sich darin, daß wir, wir Theoretiker und Kritiker, Historiker und Philosophen, in Deutschland zumal, diejenige der beiden Seiten, die sich der Position des „Zuschauers“ allein darbietet, für das Ganze halten, – das Schreckliche, das Schmerzliche, das Dissonante (das „Nichtmehrschöne“) allein als echt akzeptieren, gegen den „Riß“ des Gegenwärtigen dagegen mit den Einwänden des Formalismus und Hedonismus abgesichert sind. Der späte Monet wird (in Deutschland) belächelt, Picasso ist der Meister der Zerstückelung und Giacometti Existentialist.

Daß *die Kunst* in der modernen Kunst zu einem eignen, großen *Thema* wird, ist kein Zeichen des Verfalls: Kompensation des Weltverlustes, Selbstbespiegelung im Abschied, sondern eine Konsequenz jener Zweiseitigkeit. Mit dem, *was* Kunst aufstellt, muß sich jetzt die Erinnerung daran, *wie* sie aufstellt, verbinden. „Poussin nach der Natur“, das heißt doch: das zu Poussins Zeit noch ungefragt und ungesagt verständliche Gefüge eines Bildes muß nun – in der veränderten, „naturgegeben“ Mythos-fernen Situation – ausdrücklich aufgerufen, angesprochen werden. Die „Atelier“-Bilder Picassos und des späten Braque, bei Brancusi die Einrichtung und die Fotos des Ateliers selbst, die Orpheus-Sonette Rilkes, Joyce's „Porträt des Künstlers als junger Mann", aber auch „Le sacre du printemps" und die Psalmensymphonie Strawinskys (hier beidemale alte Festfunktionen der Künste als Thema eines modernen musikalischen Kunstwerks) oder das Lebenswerk Karl Orffs sind ähnlich wie die geschichtlichen Besinnungen Hofmannsthals, des jungen Beckett, André Massons, vor allem aber das hier schon zu Beginn genannte Studium von Werken der Tradition bei Matisse, Picasso oder Giacometti Beispiele dieser modernen *Antwort auf die Krise* in der Hervorhebung dessen, was vor ihr - vor dem 18. Jahrhundert, vor der Renaissance, vor dem alten Rom, dem Hellenismus und außerhalb „Europas" - unausdrücklich, unbenannt (bis hin zum Fehlen eines eignen Namens) *Kunst* war.

Den Anfang dieses Zugs „moderner Kunst", nicht zufällig erst um 1905 (durch den Georgeschüler Norbert von Hellingrath) erkannt, stellen Hölderlins Studien der Homerischen Epen unter der Frage, wie *wir* „das Altertum anzusehen haben", und seine Sophokles-Übersetzungen dar. Die „parataktische" Verfassung seiner Sprache bedeutet den Versuch einer Erneuerung des Wirklichkeitscharakters der altgriechischen Sprache.[16] Diese Standfestigkeit, dieses wesenhafte „In-sich-Stehen", das hier der Sprache des Gedichtes vom Musikē-Charakter der Sprache selber her zukommt, hat zu seinem Korrelat das Angewiesensein auf die eigne Aktivität des Hörens oder Lesens. Die Einheit des Gedichtes, der Strophe, des Verses liegt nicht vor, sie muß, lesend, hörend, je und je „geschaffen" werden. Beides, Standfestigkeit und Spiel, macht das Korrelatverhältnis zwischen „Schaffen" und „Bewahren" aus, von dem der dritte Teil der Kunstwerkschrift handelt.

Am Unterschied des Kunstwerks zum Handwerk hebt Heidegger hier den Grundzug einer gleichsam potenzierten Anwesenheit hervor. Ist ein Gebrauchsding um so besser, je mehr das Angefertigtsein

[16] S. dazu *Thrasybulos Georgiades:* Der griechische Rhythmus. Musik, Reigen, Vers und Sprache, 1977 (erstmals 1949), bes. S. 72–75: zum „Prinzip der erfüllten Zeit" in der griechischen „Quantitätsrhythmik", und S. 131–140: über die „sozusagen rundplastische Wirklichkeit des altgriechischen Wortes" (131). Bei der griechischen Wortstellung entsteht „die Einheit des Sinnzusammenhangs" „erst in uns, durch unsere geistige Aktivität" (137).

in der „Dienlichkeit“ zurücktritt, so ist ein Kunst-„Ding“ um so besser, je entschiedener das Geschaffensein am Werk hervortritt. „Das Hervorkommen des Geschaffenseins aus dem Werk meint nicht, am Werk soll merklich gemacht werden, daß es von einem großen Künstler gemacht sei ... Nicht das N.N. fecit soll bekanntgegeben, sondern das einfache ‚factum est‘ soll im Werk ins Offene gehalten werden: dieses ... daß solches Werk *ist* und nicht vielmehr nicht ist“ (65f.). Im Werk *tritt* – wie an der archaischen Grabskulptur eines jungen Mädchens oder jungen Mannes – *hervor,* was Dasein heißt.

„Was ... ist gewöhnlicher als dieses, daß Seiendes ist? Im Werk dagegen ist dieses, daß es als solches *ist,* das Ungewöhnliche. Das Ereignis seines Geschaffenseins zittert im Werk nicht einfach nach, sondern das Ereignishafte, daß das Werk als dieses Werk ist, wirft das Werk vor sich her und hat es ständig um sich geworfen. Je wesentlicher das Werk sich öffnet, um so leuchtender wird die Einzigkeit dessen, daß es ist und nicht vielmehr nicht ist. Je wesentlicher dieser Stoß ins Offene kommt, um so befremdlicher und einsamer wird das Werk. Im Hervorbringen des Werkes liegt dieses Darbringen des ‚daß es sei‘“ (66).

Worin beruht das Eigentümliche der großen stehenden Frauen- und schreitenden Männer-Plastiken *Giacomettis?* Vor dem Irrtum, hier unnatürlich-„moderne“ Stilmerkmale finden zu wollen, schützt die Kenntnis des fast ständig geäußerten Grundsatzes Giacomettis, auf nichts anderes aus zu sein, als zu *kopieren.* Diesem Grundsatz folgte er, von den zehn Jahren der Annäherung an den Surrealismus 1925–1935 abgesehen, sein Leben lang in einer bis zum Ende (er starb im Januar 1966) nur noch wachsenden Entschiedenheit. Die meisten seiner Arbeiten – Zeichnungen, Gemälde, Porträt- und Figuren-Plastiken – sind, oft in tagelangen, wochen- und monatelangen Sitzungen „vor dem Motiv“, „nach der Natur“ entstanden. Dieser Grundzug der „Ähnlichkeit“ gilt auch von den überlebensgroßen, auf den ersten Blick abstrus dünn und lang, in den Konturen aufgelöst, zerstört erscheinenden Figuren der Stehenden und Schreitenden, die Giacometti nach dem letzten Krieg berühmt gemacht haben. (Hier die „Femme debout“ oder „Grande figure“ von 1948, 183 cm hoch; Abb. 3.)

In einem zweiten, einem angemessneren Blick sieht man aber, daß mit einem solchen Werk in der Tat auf Ähnlichkeit, auf Kopie hin abgezielt ist. Es ist dies ein Blick, der darauf verzichtet, Einschnitte zu fixieren und zu kombinieren, dem Umriß der Figur Stück für Stück, von oben nach unten, von unten nach oben nachzugehen. Er läßt sich vielmehr von ihr anblicken und wird damit der – der wirklichen, der natürlichen Erscheinung dieser Frau entsprechenden – Leichtigkeit ihres Standes, Geistigkeit ihrer Haltung inne. Dazu gehört, den Blick gleichsam stereoskopisch, mit beiden Augen also, so durch die Figur hindurchgehen zu lassen (mit dem Schwerpunkt – der aber kein Fixpunkt sein darf – im oberen Drittel), daß das fast schwerelos Ragende dieses Gesammelt-Aufrechtstehens durch das schattenhaft mit spürbare Gewicht von Sockel und Füßen zu einem ebenso ungreifbaren wie unabweisbaren Angeblicktwerden wird.

Die hier von der „Inständigkeit" des Sehens verlangte *Einheit* des Blicks entspricht *dem* Blick, nach dem zu kopieren das Ziel der Arbeit einer solchen Plastik war. Was wir sehen, wenn wir „in Wirklichkeit" einen Menschen sehen, gar noch wie in fast allen Fällen von Giacomettis „Figuren" oder „Köpfen", den Freund, den Bruder, die Mutter, die Geliebte, das ist doch nicht die Anatomie und auch nicht der Organismus. Gleichwohl ist es wirkliches Sehen, kein Vorstellen. Die Arbeit seines Lebens resümierend, schreibt Giacometti nach der Rückfahrt mit dem Schiff von einem Besuch in New York im Herbst 1965: diese Arbeit, die unaufhörliche Bemühung, zu kopieren, war das Mittel, „um mir überhaupt klar zu werden, was ich sehe". Die fotografisch-optische Genauigkeit trifft gerade das nicht, was wir *sehen*. Es waren Krisen, allerschwerste Krisen und alles andere als Avantgarde-Ambitionen, die Giacometti – in der Zeichnung seit 1936, in der Plastik erst seit 1946 – einen Weg aus *der* Notlage heraus haben finden lassen, die Sartre 1948 in die Frage gefaßt hat: „Wie läßt sich aus Steinen ein Mensch bilden, ohne ihn zu versteinern?"

Ähnlichkeit, Kopie – das heißt: das Werk muß zeigen, was wirklich erscheint. Aus einem Gespräch von 1941, also noch den Jahren verzweifelter, mißlingender Versuche in der Plastik, notiert Simone de Beauvoir: „Ein Gesicht, sagte er zu uns, sei ein unteilbares Ganzes, ein Sinn, ein Ausdruck; aber die leblose Materie, Marmor, Bronze oder Gips, sei unendlich teilbar. Jedes Teilchen stehe für sich, widerspreche dem Ganzen, zerstöre es. Er versuche, der Plastik die Materie bis an die Grenzen des Möglichen zu nehmen." Und

1947, nach dem Neubeginn der plastischen Arbeit, erklärt er, warum seine Figuren so lang und schmal geworden sind: „Ein Mensch, der auf der Straße vorbeigeht, hat kein Gewicht, er ist jedenfalls viel leichter als derselbe Mensch, wenn er tot oder ohnmächtig ist. Er hält sich mit seinen Beinen im Gleichgewicht. Man fühlt sein Gewicht nicht. Das habe ich – ohne daran zu denken – wiedergeben wollen, diese Leichtigkeit, und zwar, indem ich die Körper so schmal machte." „Mit der Zeit habe ich begriffen, was es mit der Bildhauerei auf sich hat. Ich habe neue Dinge begriffen und ich habe alte Dinge auf neue Art angeschaut – wie soll ich es ausdrücken? Haben Sie bemerkt, daß ein Werk, je wahrer es ist, um so mehr ‚Stil' hat? Das ist zwar seltsam, denn Stil entspricht ja nicht der Wirklichkeit der Erscheinung, und doch: Die Köpfe, die am ehesten dem Kopf von irgend jemandem, den ich auf der Straße sehe, gleichen, sind jene, die am wenigsten naturalistisch sind: die Skulpturen der Ägypter, Chinesen, der archaischen Griechen und Sumerer."[17]

Ungesagt bleibt hier, daß *wir* die „Stile" jener alten Zeiten nicht erneuern können, weil für unser Sehvermögen ihre Sprache stumm geworden ist. Das schwerste Hindernis ist hier das *nach* der griechischen Archaik, zur Zeit der „klassischen" griechischen Philosophie aufgekommene Wirklichkeits- und Kunstverständnis nach dem Schema des *geformten Stoffes,* und das heißt: nach dem Muster des Handwerks. In dem Kunstwerkaufsatz macht der Versuch, über diesen geschichtlichen Sachverhalt aufzuklären, den Hauptzweck des ersten Teils aus.

Die plastische Arbeit Giacomettis seit dem Neubeginn 1946 ist nicht ein Ausdruck des Existentialismus, sondern eine Befreiung von dem Stoff-Form-Schema, das das „Existenz"-Verständnis Europas seit der griechischen Philosophie leitet. (Diesen künstlerischen Grundzug des späteren Giacometti erstmals dargelegt zu haben, scheint mir die außerordentliche Bedeutung des – in den Anmerkungen genannten – Beitrags von Gottfried Boehm auszumachen.) Was man in der Plastik Giacomettis (mit Boehm) *Entmaterialisierung* und (ergänzend dazu) *Entformalisierung* nennen kann, läßt sich – in der

[17] Die Zitate in dem vorhergehenden und diesem Absatz. *Giacometti 1965:* Giacometti, Begegnung mit der Vergangenheit (hier Anm. 2), S. 10. *Sartre 1948:* Reinhold Hohl, Alberto Giacometti, 1971, S. 277. *Simone de Beauvoir 1941:* Hohl, S. 274. *Giacometti 1947:* Hohl, S. 277.

Terminologie Heideggers – umschreiben als eine Überwindung der „Seinsvergessenheit". Sie besteht hier darin, daß Giacomettis Werk (seit 1936 in der Malerei, seit 1946 in der Plastik) den Angelpunkt des nichtästhetischen, Welt „stiftenden" Grundzugs der Kunst in der besonderen Situation unseres Zeitalters ausdrücklich macht. Ein Werk Giacomettis *ist* nur im Sehen. Das „nur" muß hier hervorgehoben werden, um die Sonderstellung Giacomettis innerhalb der modernen Kunst zu bezeichnen. (Damit ist keine hierarchische Gipfelstellung gemeint, so wie auch Giacometti selber einige seiner künstlerischen Zeitgenossen aufs höchste bewundert hat, uneingeschränkt und unablässig: Matisse, den er noch in dessen letzten Lebenswochen, 1954, mehrmals porträtiert hat, und Braque, den er auf dem Totenbett, 1963, gezeichnet hat.[18]) Die großen stehenden und schreitenden Figuren Giacomettis ebenso wie die Porträtköpfe werden nur „sichtbar" in dem ihnen angemessnen Akt des Sehens, einem „Akt", der selber freilich eher Passion als Aktion ist, den Blick des Porträts, den Blick der Figur empfangend, kein Beäugen.

Für dieses „Geschehen" sind zwei Korrelate gleichermaßen bezeichnend. Das eine: Die *Nähe* des Erscheinens (die Erfahrung der Unteilbarkeit) hat zu ihrer Bedingung eine unaufhebbare *Entfernung*. (Daß die Klobigkeit der Fußpartie nicht als klobig empfunden wird, ist dafür ein Maß.) Sartre hat dafür das Wort von der „absoluten Distanz" geprägt. Die Figuren und Porträts *sind* nur, indem sie unberührbar bleiben. Das meint Genets Rede von der „Heiligkeit" dieser Frauen. Das andere: Die Figur, auch die einer „Stehenden", *ist* nur in dem Zeitereignis des Zum-Erscheinen-*Kommens*. Und dabei handelt es sich um das Kommen eines Entschwindens, das Aufgehen eines Vergehens.

Georges Braque hat diesen Sachverhalt einer Anwesenheit, die weder als Objekt zu denken, noch auch im Subjekt zu suchen ist, umschrieben, wenn er von den Werken *Cézannes* sagt, sie seien nicht „Zuschauer", „sie stehen nicht außerhalb der Dinge. Cézanne ist in die Handlung verstrickt."[19] Diese Alternative zu dem neuzeitlichen

[18] *Bildnisse Matisse:* s. den Katalog „Alberto Giacometti" Berlin/Stuttgart (München: Prestel 1988) S. 37 f. und die Abbildungen 164 und 165. *Zeichnung Braque:* s. hier die Anm. 25.

[19] *Georges Braque:* Vom Geheimnis der Kunst. Gesammelte Schriften (Zürich: Die

Bedingungsschema der Subjekt-Objektivität ist das Gegenteil von Vermischung, ein Äußerstes an Unterscheidung, nur eben diejenige Unterscheidung, die Menschen Menschen und Dinge Dinge sein läßt. Diese – mit Heidegger zu sprechen – „Seinserfahrung" ermöglicht eine Ranggleichheit der Plastik mit der Malerei. Daß Giacometti in beiden Arbeitsweisen, wie die Werkübersichten aus allen seinen Arbeitsphasen und Arbeitsfeldern seit der Jugend zeigen, gleichermaßen „genial" begabt war, erklärt noch nicht die innere Gleichgewichtigkeit zwischen Malerei und Plastik, wie sie sich im späteren Werk herausgebildet hat.

Die *Bleistiftzeichnung Diegos* (im Kunstmuseum Bern, Abb. 4) aus dem gleichen Jahr 1948 wie die große Stehende (im Kunsthaus Zürich) kann das hier erläutern. (Der Bruder Diego war fast lebenslang Albertos Nachbar im Pariser Atelier und ständiges „Modell".)

Die Zeichnung zeigt, was Giacomettis Rede meint: das eigentlich zu Kopierende des Modells sei sein Blick. Und der sei nur zu kopieren, wenn man nichts, auch nicht die Augen und gerade sie nicht – wie im Sehen, im sehenden Gespräch zum Beispiel, auch – fixiere. Was *dieses* „nicht" positiv besagt, zeigt die Zeichnung. Es ist nicht nur das Ganze der Figur, wodurch der Kopf uns „leibhaft" anblickt, es ist vielmehr auch das Ganze, die unteilbare Einheit des Bildraums. Die wenigen, meist senkrechten und waagerechten, die Achsen des Bildes betonenden Striche lassen die Massivität der Figur aus der Leere des Raumes hervorkommen. Sie sind mitsamt dem gestrichelten Rahmen genauso unentbehrlich wie die Plastizität des Kopfes, das Raumausgreifende des Körpers. Die Bleistiftstriche (in den Gemälden die des Pinsels) bezeichnen nicht Umrisse von „Formen", sondern evozieren – in dem durchlaufenden Gewebe – die Einheit von Hintergrund und Vordergrund, „Körper" und „Umgebung" als den einen Vorgang des Erscheinens, die Gegenwart des Bruders.

Die Figur ist nicht „im" Bild; Bildraum und Blick sind vielmehr dasselbe. Und dieses Eine gewinnt nur Existenz in unserm Sehen. „Ein Gemälde existiert ja nur durch den Blick des Betrachters", sagt Giacometti in einer Kritik an der „Kunst"-Kritik Duchamps 1941.[20]

Arche 1958), S. 57. – Dazu v. Verf.: Realisation (Zum Kubismus von Georges Braque). In. Ders.: Welt-Geschichte, S. 197–218.

[20] Hohl (hier Anm. 17), S. 171.

Damit ist – mit allen zeitbedingten, zeitbezogenen Unterschieden – Giacomettis Nähe zum Werk *Cézannes* und seinem Begriff der *réalisation* genannt.[21]

Ein Gemälde, ein Aquarell Cézannes, eine Plastik, eine Zeichnung Giacomettis haben ihre „Realität" allein im Augenblick der jeweiligen Realisation des vom Künstler Realisierten durch den Betrachter. Das „Geschaffene" ist ohne den „Bewahrenden" nur eine Partitur. (Und mancher glaubt, ein Bild Cézannes zu analysieren, indem er die Optik – den „Stil" – der Partitur beschreibt.) *Das Werk ist* die Jeweiligkeit *der Aufführung,* – sofern mit diesem Wort nicht nur das Spiel des Orchesters (oder das Spiel auf der Bühne) allein gemeint ist, sondern die Geschehenseinheit, die sich „zwischen" Orchester und Publikum abspielt. Diesen musikalischen Vergleich könnte man auf das „Sprachkunstwerk" ausdehnen. *Ist* nicht auch ein Gedicht allein im „Lesen", also im (lauten oder leisen) Erklingen, während alles Reden von „Texten" nicht bedenkt, daß damit allenfalls die Anweisung zum Spiel der Sprache, aber niemals dieses selbst berührt ist?

Im Europäischen gibt es für dieses einfache Spiel-Verhältnis, die „Ereignis"-Struktur des „Seins" kein Wort. In Indien ist dieses uns nur als Bezugsverhältnis zu umschreibende einfache Spiel des Hörens und des Sehens mit dem Grundwort für die Erfahrung des Theaters, dem (bislang meist mit „Geschmack" auch mit „sentiment" übersetzten) Sanskrit-Wort *„rasa"* gemeint.[22]

Dieser einen Wirklichkeit des Werkes, diesem einen Geschehen dient das „Schaffen" ebenso wie das „Bewahren". Dabei umschließt der Name „Schaffen" die Vielfalt von der Anonymität des Tempelbaus bis zur Individualität einer Tragödienaufführung durch den „Regisseur und Theologen" Aischylos, eines Liedes der Tanz-, Musik- und Sprach-Lehrerin Sappho, einer Schale des Töpfers und Malers Exekias.

Die Auszeichnung dieser, der „schaffenden" Beteiligung am Vorgang des Werkes war, wie die Griechen in ihrem Mythos von den Musen zeigten, nicht so sehr die Kraft des Verfertigens als vielmehr

[21] S. dazu *Boehm* (hier in der Einleitungs-Anm.) S. 55–61.

[22] Ich verweise dazu auf eine Magisterarbeit an der Fakultät für Kulturwissenschaften der Universität Tübingen. *Angelika Heckel:* Untersuchungen zur Rasa-Lehre im Nāṭyaśāstra, 1986. Ein Aufsatz: „Rasa – the stage and audience", erscheint in: Journal of arts and ideas, Delhi 1989.

die Fähigkeit des „Empfangens" und „Entnehmens", an die Heidegger mit seiner Betonung des *Bringens* im „Hervorbringen" zu erinnern sucht (62, 66). Dieser Passions-Charakter des „Schaffens" äußert sich in der Biographie Giacomettis in den Einbrüchen des unabweisbar Unerwarteten. „Nichts war so, wie ich es mir vorgestellt hatte", schreibt er beispielsweise in einem Brief 1948 zur Vorbereitung einer Ausstellung an Pierre Matisse (das ist der Sohn des Malers, der eine Galerie in New York hatte) im Gedanken an die Krise seiner Arbeit in dem Jahrzehnt zwischen 1935 und 1945. Und entsprechend dann zur Wendung mit den ersten großen Skulpturen seit 1946: Die Ähnlichkeit fand sich „zu meiner Überraschung", wenn die Figuren „lang und dünn waren".[23] Dieser Zug des „Empfangens" und „Entnehmens" im Schaffen äußert sich – parallel zu der surrealistischen Phase in Giacomettis Arbeit – in dem Verfahren des „Automatismus" bei *André Masson,* in der dem Ethos des Zen-Buddhismus folgenden Malerei *Bissiers* und *Marc Tobeys,* aber auch in demjenigen Sinn malerischer „Aktion", der die Größe der geglückten (der erhaltenen) Werke *Jackson Pollocks* ausmacht: Gelingen und Mißlingen hingen davon ab, erklärt er, ob „ich *in* meinem Bild bin". Das Bild habe „sein eignes Leben". „Das versuche ich hervorkommen zu lassen. Nur wenn ich den Kontakt mit dem Bild verliere, wird das Ergebnis verworren. Sonst besteht reine Harmonie, ein müheloses Geben und Nehmen, und das Bild gelingt."[24]

Von Giacomettis Werk seit der Wendung in den Jahren zwischen 1935 und 1945 könnte das Gedenkwort gelten, das Heidegger am 16. September 1963 nach dem Tod *Georges Braques* für René Char geschrieben hat und das in der Gedenkschrift der Galerie Maeght wenige Seiten nach der Zeichnung des Toten durch Giacometti im Faksimile wiedergegeben ist.[25] Heidegger spricht zu Beginn von der „Vollendung" des Werkes „in das Geringe Einfache" und fährt fort: „Sie geschieht durch die Verwandlung des Mannigfaltigen in die

[23] Der *Brief an Pierre Matisse* ist im Faksimile des Originals und in Übersetzung zuletzt wiedergegeben in dem in Anm. 18 genannten Katalog S. 336–344, die beiden Zitate S. 344.

[24] Das *Pollock*-Zitat nach: Jürgen Claus: Theorien zeitgenössischer Malerei, 1963 (rde), S. 63.

[25] „Hommage à Georges Braque." Derrière le Miroir Nr. 144–146, Mai 1964, S. 7 (Giacometti), S. 15 (Heidegger). Der Text Heideggers jetzt in: Denkerfahrungen 1983, S. 115.

Einfalt des Selben, darin das Wahre erscheint. – Die Verwandlung des Mannigfaltigen in die Einfalt ist jenes Abwesenlassen, wodurch das Einfältige anwest. – Abwesen entbirgt Anwesen – Tod erbringt Nähe."

In dem Gang von Heideggers Denken bezeichnet der Kunstwerkaufsatz zusammen mit der gleichzeitigen Vorlesung „Einführung in die Metaphysik" die Wendung in seinem Verhältnis zur Geschichte. Erst von da an gibt es bei ihm eine ausdrückliche, epochal verstandene *Zeitkritik,* eine Distanzierung gegenüber den Maßstäben des eigenen Zeitalters aus der Einsicht in ihren geschichtlichen Horizont.

Dieser hat zwei wesentliche Angel- oder Schwellenpunkte: in dem Einschnitt um 420 v. Chr. in Griechenland und zu Anfang des 18. Jahrhunderts, philosophisch in Erscheinung tretend bei Plato und bei Leibniz. Bei Plato und dessen Nachbarschaft zur Sophistik: das Aufkommen des Maßstabs der Herstellung, bei Leibniz und dessen Nachbarschaft zu Newton: die Erfüllung dieses Maßstabs im Programm der Automatik, vorbereitet in dem Sicherungsprinzip Descartes', ausgeführt in der Verbindung von Ökonomie und Industrie seit dem späteren 18. Jahrhundert.

In der Korrektur des Theorieüberhangs, der der Orientierung am „Vorhandenen" zukommt, durch die Orientierung am „Zuhandenen" in „Sein und Zeit" war das cartesianisch-neuzeitliche Konzept von Wirklichkeit als Gegenständlichkeit noch nicht in seiner *epochalen* Dignität erkannt. Das Seiende (das Ding): ein Zeug, diese Ansatzwendung blieb – wie Heideggers damalige Zustimmung zu Leibniz bezeugt – in ihrem Verhältnis zu dem römisch-neuzeitlichen Gedanken der Verfügbarkeit von Welt, der „Dienlichkeit" der Dinge für den sich selbst als Grund, als „Subjekt" Setzenden, den Menschen, noch unentschieden. Der Kunstwerkaufsatz hat nicht darin sein Motiv, daß das Kunstwerk als das in sich ruhend auf „Inständigkeit" Verwiesene lediglich vom Gebrauchsding abgehoben wird, sondern darin, daß er das, was ist, schlechthin am Maß des „Werkes" mißt und somit alle „Dinge" vom Gesetz der Brauchbarkeit befreit.

Daß mit diesem „seinsgeschichtlich"-zeitkritischen Motiv der Kunstwerkschrift keine Vermischung von „Kunst" und „Leben" intendiert ist, liegt an der *wesenhaften* Partikularität der Künste: zuweilen, zuzeiten „das Leben“ zu „feiern“ – wie mit den Spielen in Olympia und Epidauros, mit den Stelen und Gesängen am Grab (auch die Ilias war, wie ihr Schluß bezeugt, ein Grabgesang). Eine „Kunstreligion“ gab es allenfalls – und hier nun in der Tat als Kompensation – zu Hegels und nach Hegels Zeit.

Die Besinnung auf solche „Bräuche“ wie den Bau des Tempels oder die Aufführung der Tragödie („Einführung in die Metaphysik“) markiert in Heideggers Fall – ähnlich wie 1907 die Begegnung mit Cézanne in Rilkes Fall, die Einsicht in Cézanne während der Krise um 1935 bei Giacometti[26] – die „Wendung“ (Rilke) oder „Kehre“ (Heidegger) in der Anerkennung dessen, was bei Heidegger so mißverständlich *Erde* heißt. Die Erläuterung des damit gemeinten Sachverhalts, für den in „Sein und Zeit“ noch kein Platz war, ist aber unmißverständlich. „Das Werk läßt die Erde eine Erde sein.“ Damit ist der Unterschied zur Herstellung von „Zeug“ bezeichnet. „Das Zeug nimmt, weil durch die Dienlichkeit und Brauchbarkeit bestimmt, das, woraus es besteht, den Stoff, in seinen Dienst. Der Stein wird in der Anfertigung des Zeuges, z. B. der Axt, gebraucht und verbraucht. Er verschwindet in der Dienlichkeit. Der Stoff ist um so besser und geeigneter, je widerstandsloser er im Zeugsein des Zeuges untergeht. Das Tempel-Werk dagegen läßt ... den Stoff nicht verschwinden, sondern allererst hervorkommen“ (42). Diesen Unterschied des „Her-stellens der Erde“ im Werk der Kunst zum Herstellen von „Zeug“ kennzeichnet Heidegger als ein sich in die Erde „*Zurückstellen*“ (43). Die Erde eine Erde sein lassen, besagt demnach: die Undurchdringlichkeit, die Unerschließbarkeit, die mit zur Welt gehört, nicht anzutasten.

Zerschlagen wir den Stein in seine Bestandteile, dann ist es nicht mehr der Marmor, der leuchtet oder lastet, die Bronze, die aufragt und uns anblickt. „Die Erde versagt sich jedem Eindringen in sie.“ Zerlegen wir die Farbe „in Schwingungszahlen“, „ist sie fort“. „Sie zeigt sich nur, wenn sie unentborgen und unerklärt bleibt. Die Erde läßt so jedes Eindringen in sie an ihr selbst zerschellen. Sie läßt jede nur rechnerische Zudringlichkeit in eine Zerstörung umschlagen. Mag diese den Schein einer Herrschaft und des Fortschritts vor sich

[26] S. dazu das Öl-Porträt der Mutter von 1937 (Katalog Berlin/Stuttgart Abb. 61) im Vergleich mit Akt- und Bildniszeichnungen von 1922-24 (Katalog Abb. 4-9).

hertragen in der Gestalt der technisch-wissenschaftlichen Vergegenständlichung der Natur, diese Herrschaft bleibt doch eine Ohnmacht des Wollens. Offengelichtet als sie selbst erscheint die Erde nur, wo sie als die wesenhaft Unerschließbare gewahrt und bewahrt wird, die vor jeder Erschließung zurückweicht und d.h. ständig sich verschlossen hält." „Die Erde her-stellen heißt: sie ins Offene bringen als das sich Verschließende" (43 f.).

Dem hier zuerst genannten Grundzug des Kunstwerks: *Auf-stellen von Welt und nicht Vorstellung von Gegenständen,* korrespondiert der andere: *Her-stellen der Erde und nicht* (mit einem Ausdruck von Leibniz) *Zustellung von Energie oder Information.*

Sowenig nun wie ein Apfel vermenschlicht wird, wenn er in einem Bild Giacomettis selbst Blick gewinnt, uns anspricht wie ein Porträt, sowenig werden die Dinge ästhetisiert, wenn sie, auch als Gebrauchsdinge, nicht mehr im Verbrauch aufgehen: die Bauernschuhe van Goghs, der Krug in dem Vortrag „Das Ding" ähnlich wie der Schild des Achill im 18. Buch der Ilias oder die sechs Kaki-Früchte Mu-Chi'is, der römische Brunnen in dem Gedicht C. F. Meyers nicht anders als beispielsweise der Neubau der Staatsbibliothek in Berlin durch Hans Scharoun 1978.

In dem Athener Vortrag „Die Herkunft der Kunst und die Bestimmung des Denkens" wird die Erinnerung an das, was Kunst im alten Griechenland war, „der Eingeschlossenheit des Menschen in seiner wissenschaftlich-technischen Welt" (Denkerfahrungen 146) konfrontiert. Der „modernen Kunst" traut Heidegger hier freilich nur das Vermögen einer „Rückkoppelung von Informationen im Regelkreis der Industriegesellschaft und der wissenschaftlich-technischen Welt" zu (145 f.). Am Schluß des Vortrags, bei der als Frage formulierten Besinnung auf das zu Beginn Gesagte, stellt sich dem Leser jedoch die Frage, warum *das Denken* in seiner gegenwärtigen „Bestimmung" ohne Nachbarschaft mit dem „Schaffen" *der Kunst* bleiben sollte. „Muß das Werk nicht als Werk in das dem Menschen nicht Verfügbare, in das Sich-verbergende zeigen, damit das Werk nicht nur sagt, was man schon weiß, kennt und treibt? Muß das Werk der Kunst nicht das beschweigen, was sich verbirgt, was als das Sichverbergende die Scheu wachruft im Menschen vor dem, was sich weder planen noch steuern, weder berechnen noch machen läßt?" (148).

Im Horizont der Zeit
Heideggers Werkbegriff und die Kunst der Moderne

GOTTFRIED BOEHM

I

In den Dialog mit Heideggers Kunstwerkaufsatz ist die Kunstgeschichte – in den fünfzig Jahren seit seiner Niederschrift (1936) – bislang kaum eingetreten. Dies gilt gleichermaßen von den kleineren Arbeiten zur bildenden Kunst späteren Datums.[1] In den Schriften einiger Freunde bzw. Zeitgenossen des Philosophen finden sich Spuren eines Austauschs, so bei Hans Jantzen, Kurt Bauch, Kurt Badt, Georg Schmidt, bei dem Archäologen Ernst Buschor und bei Theodor Hetzer, dessen Gedächtnis die Separatausgabe der Abhandlung (bei Reclam) gewidmet ist.[2] Weiterführende Wege zeichnen sich an-

[1] Die Kunst und der Raum, St. Gallen 1969; Denkerfahrungen, Frankfurt/M. 1983, darin besonders: Über die Sixtina (1955) und: Die Herkunft der Kunst und die Bestimmung des Denkens (1967). In: Vorträge und Aufsätze 1954, „Bauen Wohnen Denken“ (S. 145 ff.), Das Ding (S. 163 ff.) und: „... dichterisch wohnet der Mensch ...“ (S. 187 ff.). Wichtige Zeugnisse auch bei: H. Buchner, Fragmentarisches, in: Günther Neske (Hg.), Erinnerungen an Martin Heidegger, Pfullingen 1977, S. 47 ff. und bei Heinrich Wiegand Petzet, Auf einen Stern zugehen, Begegnungen und Gespräche mit Martin Heidegger 1929–1976, Frankfurt 1983.

[2] „Theodor Hetzer, mit dem ich am Freiburger Gymnasium auf derselben Bank saß und dem ich ein verehrendes Andenken bewahre, hat so Erleuchtendes zur Sixtina gesagt, daß jeder seinem denkkräftigen Anschauen nur immer danken kann ...“ Diese Bemerkung Heideggers (bei: Marielene Putscher, Raphaels Sixtinische Madonna. Das Werk und seine Wirkung, Tübingen 1955, S. 174; auch in: Denkerfahrungen a. a. O., S. 69) weist auf einen Dialog zwischen dem Philosophen und dem Kunsthistoriker. Der Fortgang von Heideggers Argumentation (S. 175) macht auch die Differenz deutlich: im Lichte von Raphaels Sixtina. – A. Gethmann-Siefert, Martin Heidegger und die Kunstwissenschaft (in: A. Gethmann-Siefert/O. Pöggeler, Hg., Heidegger und die praktische Philosophie, Frankfurt/M. 1988, S. 251 ff., besonders S. 282–285) gibt weitere Hinweise und Materialien zum Thema; weitere Reflexe Heideggers bei H. Lützeler, Wege zur Kunst, Freiburg/Basel/Wien 1967, S. 140–145; Georg Schmidt, Naturalismus und Realismus. Ein Beitrag zur kunstgeschichtlichen Begriffsbildung, in: Festschrift zu Martin Heideggers 70. Geburtstag, Pfullingen 1959 (wiederabgedruckt in:

sonsten kaum ab. Die mangelnde Resonanz im Felde der Kunstgeschichte teilt die Schrift Heideggers mit anderen Theorien der Nachkriegszeit, die selbst dann, wenn sie zentrale Probleme bildender Kunst diskutierten, wie beispielsweise diejenige Merleau-Pontys, ohne weitere Folgen blieben. Die Gründe dafür sind vielfältig, vor allem haben sie mit dem Mangel einer gemeinsamen Basis zu tun, auf der sich die unterschiedlichen Erkenntnisinteressen hätten kritisch, aber gleichwohl fruchtbar begegnen können.

Meyer-Schapiros Kritik an Heideggers Van-Gogh-Interpretation illustriert diesen unbefriedigenden Zustand der Diskussion. Deren Scharfsinn richtet sich auf den Nachweis, Heidegger habe übersehen, daß es sich (bei dem im übrigen nicht näher identifizierten Bild) nicht um die Darstellung der Schuhe einer Bäuerin, sondern um die des Künstlers selbst gehandelt haben müsse. Damit entfalle aber die Grundlage der ganzen Deutung, sie entpuppe sich als eine bloße Projektion des Philosophen: „La nature morte comme objet personnel.“[3] Nicht eine bäuerliche Welt steige auf, sondern das „Fragment eines Selbstporträts“, welches sich der eher urbanen Künstlerexistenz und ihren sozialen Nöten zuordnen lasse. Derrida hat in seiner Metakritik dieser Kontroverse darauf hingewiesen, daß Meyer-Schapiros ikonographische Argumente an den theoretischen Intentionen des Philosophen unbeirrt verbeihören, ihre eigenen Prämissen aber – „trois dogmes dans le credo de Schapiro“ – unerkannt und ungeklärt bleiben. Der Beitrag Derridas hat das Verdienst, diese ausgefallene Diskussionsebene zu rekonstruieren. Es zeigt sich dabei, daß Meyer-Schapiro seinen eigenen Kunstbegriff unbeleuchtet läßt, ihn van Goghs Gemälde aber gleichwohl unterlegt, in Gestalt einer Intention, die auf Deskription, Imitation oder Reproduktion von Wirklichkeit zielt. Seine kritischen Anmerkungen träfen ins Zentrum, wenn van Gogh in seinen diversen Stilleben von Schuhen die Absicht verfolgt hätte, deren physisches Aussehen zu dokumentie-

Georg Schmidt, Umgang mit Kunst, Ausgewählte Schriften 1940–1963, Basel 1976, S. 27–36 und 320) u. a.

[3] Die Debatte Meyer-Schapiro/Derrida, in: macula 3/4 (1978), S. 6 ff.: Meyer-Schapiro, La nature morte comme objet personnel, S. 11–37: Jacques Derrida, Restitutions de la vérité en pointure. Meyer-Schapiros Beitrag zuvor in: M. L. Simmel (Hg.), The Reach of Mind, New York 1968: „The Still Life as a Personal Object – A note on Heidegger and van Gogh.“

ren. Über diesen Fall hinaus arbeiten Historiker der Kunst nicht eben selten mit der unreflektierten Prämisse eines illustrativen Kunstverständnisses, wenn sie die Spiegelung äußerer Realität im Werk für dessen Ziel und Absicht halten und als eigene Arbeitsgrundlage benutzen. Der Verzicht auf eine nähere Analyse des Kunst- oder Werkbegriffs vermeidet diese Schwierigkeiten nicht, sondern liefert sich ihnen aus. In jedem Fall handelt es sich um keine „neutrale" oder „objektive" Prämisse, sondern um eine ausdrückliche Ästhetik, deren Recht fragwürdig ist, zumindest der Prüfung bedarf, – gerade dann, wenn es sich um Künstler wie van Gogh oder auch Cézanne handelt, die erklärtermaßen an einer Neubegründung der Malerei (und damit ihres Wirklichkeitsbezuges) gearbeitet haben. Heideggers Kunstwerkaufsatz hätte für eine solche Überprüfung Gelegenheiten geboten. Er wendet sich unmißverständlich gegen die Auffassung, Kunst verdoppele die Realität (nach dem Modell von Abbild, Spiegelung odgl.), er ersetzt sie durch eine spezifische Repräsentationsleistung, die dem Werk die Eröffnung einer eigenen Wahrheit zugesteht.

Mißglückte Kontroversen wie die genannte sind dennoch von Nutzen. Sie verdeutlichen die Bedingungen und Voraussetzungen einer sinnvollen Debatte, zu denen die Bereitschaft zu zählen ist, die eigenen Grundlagen in Frage zu stellen. In diesem Sinne ist Heideggers Kunstwerkaufsatz eine Herausforderung geblieben. Ihr zu entsprechen bedeutet in jedem Falle, Heideggers Einsichten ausdrücklich in den eigenen Diskurs zu übersetzen. Eine „Anwendung" der Philosophie Heideggers auf die Kunstgeschichte erscheint unfruchtbar.[4] Die nicht geringen Schwierigkeiten spitzen sich weiter zu, wenn der Versuch gemacht werden soll, Heideggers Text im Hinblick auf die moderne Kunst weiterzudenken. Das Recht eines solchen Versuchs erscheint zweideutig, obwohl der Autor offenbar selbst daran gedacht zu haben scheint, seine Schrift in diesem Sinne zu ergänzen. So liegen gegenüber Künstlern und Werken der Moderne nur verstreute Zeichen und Reaktionen vor, u. a. solche allergrößter Hochachtung gegenüber Cézanne, der Faszination angesichts der Bilder Klees, der Nachdenklichkeit gegenüber Picasso und

[4] Vgl. A. Gethmann-Siefert a. a. O., die im übrigen auch eine Abhängigkeit Heideggers von der Kunstgeschichte sieht.

Braque, der Teilnahme aber auch gegenüber Künstlern wie Chillida und anderen.[5] Die Folge dieser Namen bezeugt keine systematische Erprobung moderner Kunst. Es waren wohl persönliche Konstellationen, wie H. W. Petzets Erinnerungen zeigen, die Heidegger auf die Spur moderner Künstler brachten. Sein Verhältnis gegenüber der abstrakten Kunst erscheint zwiespältig. Persönliche Erinnerungen beschreiben ihn offen und aufgeschlossen, einzelne schriftliche Äußerungen lassen eher auf Skepsis schließen.[6]

Aber auch der Kunstgeschichte mangelt es an einem zureichenden Kanon hinsichtlich der Diskussion des Werkbegriffes wie der modernen Kunst. Diese Umstände müssen einen Gesprächsversuch erschweren. Wenn wir ihn dennoch riskieren, dann in der Erwartung, daß Heideggers Denken unausgeschöpfte Einsichten zu den Grundlagen von Kunst enthält. Im Folgenden soll ausschließlich die temporale Fassung des Werkbegriffs in diesem Sinne erörtert und auf moderne Kunst bezogen werden.

II

Diese temporale Deutung des Werkbegriffs hat ihren sachlichen Ort nicht in einer Ästhetik oder Kunstphilosophie. „Die Besinnung darauf, was die *Kunst* sei, ist ganz entschieden aus der Frage nach dem *Sein* bestimmt."[7] Die Wahrheit, so sagt Heidegger an anderer Stelle[8], ereigne sich zu Zeiten „als" Kunst. Damit ist aber auch angedeutet, daß er das kunstphilosophische Denken der Tradition (einschließlich der Geschichte der Künste selbst) in eine bestimmte Seinsdeutung verflochten sieht, die nicht imstande ist, der Realität von Kunst wirklich zu entsprechen. Auch das ästhetische Denken vergißt, daß jedes Seiende, das vor Augen tritt, einen Bereich der Of-

[5] Vgl. D. Jähnig, Die Kunst und der Raum, in: G. Neske (Hg.), Erinnerungen an Heidegger, S. 131–148, H. W. Petzet a. a. O. und H. Buchner a. a. O.

[6] Vgl. die Zeugnisse bei Petzet, Buchner u. a. Skeptisch auszulegende Äußerungen in: Die Herkunft der Kunst und die Bestimmung des Denkens (a. a. O.), Der Satz vom Grund, Pfullingen 1957 (S. 66), und im Interview: Nur ein Gott kann uns retten, Spiegel 23 (31. 6. 1976), S. 193–219.

[7] Martin Heidegger, Der Ursprung des Kunstwerkes. Mit einer Einführung von Hans-Georg Gadamer, Stuttgart 1960 (Reclam), S. 99 (= KW) Zitate danach.

[8] KW S. 62.

fenheit voraussetzt, in dem es sich zeigen, sein Dasein sich herausbilden kann. Dieser Ermöglichungshintergrund, in den alle Dinge verknüpft sind, ist nicht seinerseits vom Charakter des Seienden. Er hat temporale Qualität und teilt diese „als" Ereignis, „als" Anwesen-lassen, „als" Ins-Werk-setzen mit, d. h. im Horizont von Zeit.

Wir folgen diesem Gedanken leichter, wenn wir ihn in Erfahrungen übersetzen, die sich an Kunstwerken machen lassen. Zu diesen gehört, daß das jeweilige Werk nichts konstatieren, keine Wirklichkeit nur wiederholen möchte, im jeweiligen Ausschnitt vielmehr eine Ganzheit zustande bringt, die wir auch die „Welt" dieses Werkes nennen. Werke, in denen wir derart eine Totalität aufgehen sehen, bringen nicht nur etwas Verständliches hervor, sondern lassen auch etwas Neues ins Dasein kommen. Kunstwerke sind in diesem Sinne *Ereignisse.*

Heideggers direkte Verknüpfung der Wahrheitsfrage mit der Kunst folgt dieser Spur. Für jene Erfahrung, die ein Werk uns erschließen kann – terminologischer gesprochen: für jede Wahrheit, die sich als Werk ereignet –, gibt es im Grunde keine Substitute in einer Welt des Denkens und der Begriffe. Schon deshalb verbietet sich der Umweg über die philosophische Ästhetik, wenn wir uns diese künstlerische Evidenz zueignen wollen. Denn die Kunstphilosophie hat, in ihrer Geschichte von Kant über Schelling zu Hegel, die Kunst mit der Aufgabe einer Begründung des philosophischen Systems verflochten.[9] Wenn Heidegger dagegen die Wahrheit der Kunst als Ereignis beschreibt, dann nicht in der Erwartung, sie in einem höheren theoretischen Begriff allererst noch zu vollenden. Denken und künstlerisches Schaffen („Dichten" in diesem weiteren Sinne) sind gleichberechtigte Wege, die sich wechselseitig nicht subordinieren lassen. Diese Loslösung der Kunst aus dem systematischen Gebäude der Ästhetik gibt dem Werk erst die Schlüsselfunktion zurück, die ihm gebührt. Alles Denken über Kunst kann doch nicht übersehen, daß es die Existenz gelungener Werke voraussetzen muß. Die Werkbeziehung des Denkens darf man deshalb nicht mit besonderer

[9] Hinzuweisen ist u. a. auf Schellings Erörterungen im „Transzendentalen System" (von 1800), 6. Hauptabschnitt. Gegenüber dieser emphatischen Vollendung der Einheit der Philosophie in der Kunst als ihrem Organon, hat Hegel die Kunst in eine Vorläuferrolle gerückt, sie als einen Pretext behandelt, den der philosopische Begriff zu Ende schreibt, indem er die Idee denkt (nicht nur symbolisiert oder anschaut).

„Kunstsinnigkeit" verwechseln. Es ist vielmehr der Versuch, der Kunst eine Erkenntnisbedeutung zurückzugewinnen, die sie unter ästhetischen Prämissen eingebüßt hatte. Der Werkprozeß erschließt eine Wahrheit, die sich nicht relativieren läßt. Eine Relativierung aber war der Preis, den die Kunst in ihrer Funktion innerhalb der philosophischen Systematik entrichten mußte. Die Auskunft der Ästhetik hatte doch gerade darin bestanden, die Versöhnung der Idee mit der Wirklichkeit in ein fiktives Feld des Scheins zu verlegen, das von der Prosa des Lebens nicht irritiert war. Diese „Sinnbildlichkeit" der Kunst unterwirft sie dem Begriff, der ihre unvollkommene Redeweise klärt, der dasjenige, was unter Modalitäten des Scheins ausgedrückt war, allererst in Modalitäten eines wirklichen Erkennens überträgt. Eine derartige ästhetische „Zweiweltenlehre" raubte der Kunst ihre Erkenntnisbedeutung.

Heideggers Werkdenken hat diese Erfahrung auf seiner Seite. Wer Kunst nur als Beleg verstünde, hätte sie noch nicht als Werk wahrgenommen. Denn als Werk weist sie nicht von sich weg, ist sie weder Zeichen noch Zeichenmenge, die fortdeutet, keine Durchgangsstation des Erkennens, sondern: Welt. Das Werk weist auf sich zurück, will ganz es selbst sein, besitzt Entwurfscharakter.

Wichtiger noch als die Abgrenzung gegenüber der Ästhetik ist die Kritik des objektivierenden wissenschaftlichen Denkens. Heidegger zeigt, daß dessen scheinbar unvoreingenommene Sachlichkeit auf Prämissen beruht, die den Ermöglichungsgrund der Dinge nach dem temporalen Muster der Präsenz deutet, die Wirklichkeit des Seienden damit fixiert denkt. Das ontologische Modell, welches Realität als Gegenstand faßt, basiert auf dem metaphysischen Denken der Neuzeit. Danach sind Dinge der Gegen-Wurf (wie es Albrecht Dürer nannte) eines Subjektes. Zwischen beiden etabliert sich eine abstrakte Distanz.[10] Zählt das Subjekt zu den Dingen und ihrer Welt, oder ist es selbst weltlos, die bloße Rückseite der Objektivität? Diese Abspaltung der Erfahrungsform von den Dingen vertreibt beide aus einer gemeinsamen Welt, deren Rekonstruktion und Analyse Heidegger in „Sein und Zeit" unternommen hatte.

[10] Das perspektivtheoretische Vokabular, das Dürer beschäftigte, ist im übrigen gut geeignet, das neuzeitliche Modell von Ding und Bild zu charakterisieren. Die Korrelation der weltlosen Größen Flucht- und Augenpunkt und die konstitutive Rolle der Distanz sind aussagekräftige Beschreibungen. Vgl. dazu vom Verf. Studien zur Perspektivität, Heidelberg 1969, S. 36 ff. u. ö.

Der Weltverlust der Dinge zeigt sich weiterhin darin, daß sie hinsichtlich eines materiellen Unterbaus bestimmt werden, der höhere Werte oder Empfindungen fundieren soll. Diese Struktur kennzeichnet Heidegger nach drei Hinsichten:

1. Als Träger von Eigenschaften, nach dem Muster einer zugrunde liegenden Substanz und zugesprochenen Akzidenzien. Dingbau und Satzbau geraten in eine Analogie: „... ist der Bau des einfachen Aussagesatzes (die Verknüpfung von Subjekt und Prädikat) das Spiegelbild zum Bau des Dinges (zur Vereinigung der Substanz mit den Akzidenzien)?“[11]

2. Als Einheit einer Empfindungsmannigfaltigkeit, wobei vor allem die Differenz zwischen primären (d.h. meßbaren) und sekundären (deswegen ihrem Erkenntnisgehalt nach defizitären) Sinnesqualitäten für die Kunst eine entscheidende Rolle spielte. Der neuzeitliche Gegensatz zwischen disegno und colore, der die Entwicklung der Kunst bis ins 20. Jahrhundert begleitete, hängt mit dieser Unterscheidung eng zusammen.

3. Als Form und Stoff.[12]

Alle drei Ausdeutungen des Dinges verhindern einen sinnvollen Werkbegriff. Aus alltäglicher kunsthistorischer Arbeit könnte der widersprüchliche Charakter dieser Modellvorstellungen gleichfalls bekannt sein. Ihr Ungenügen zeigt sich spätestens dann, wenn die Frage nach der Einheit der angewendeten Reflexionsbegriffe gestellt wird. Was begründet die Einheit des materiellen Unterbaus mit dem geistigen Überbau, was diejenige von Stoff und Form? Zuvor schon zeigte es sich als unrealisierbar die Stoff- gegenüber der Formbestimmung trennscharf abzugrenzen. Wollen wir aber die Werkfrage an die dingliche Realität der Kunst richten, so kann sie nur in Gesichtspunkten der Einheit Antwort bekommen. Was immer man an Momenten des Werkes zu Zwecken der Analyse trennen will, was ihre Werkqualität ausmacht, liegt darin, wie sie sich als eines, als ein Ganzes zeigen.

Für die Wissenschaftsgeschichte der Kunstgeschichte äußerst folgenreich – da in seiner scheinbaren Plausibilität nahezu unausrottbar – war der Versuch, Kunstwerke als eine Abfolge von Schichten

[11] KW S. 16.
[12] KW S. 14–23.

aufzufassen. Dieses neukantianische Modell benutzte u. a. Erwin Panofsky zur Begründung der Ikonographie.[13] Wie groß der analytische Wert einer Präparierung von Schichten im einzelnen auch sein mag, die Wirklichkeit des Werkes ist damit nicht einzuholen. Ganz formal argumentiert: worin besteht die Einheit dieser Schichten? Eine Schicht kann sie wohl ihrerseits nicht sein – was aber ist sie dann? Aus diesem Scheitern läßt sich schon die Vermutung gewinnen, daß eine wirkliche Bestimmung des Werkbegriffs ihr Augenmerk auf die Momente der Verbindung, auf die Struktur der Übergänge konzentrieren sollte, den „Welt"-Charakter zur Leitlinie ihrer Überlegungen machen muß.[14]

Heideggers Analyse zeigt, daß das bloße Ding (der Gegenstand) eine Abstraktion darstellt gegenüber einem Verweisungszusammenhang des lebendigen Menschen, in dem Dinge, Seiendes überhaupt, nicht lediglich vorkommen, sondern „dienlich" sind. Das Ding als „Zeug" zu beschreiben, deckt diese Um-zu-Struktur auf, ruft die Analyse der Weltlichkeit des Daseins aus „Sein und Zeit" in Erinnerung. Es sind intensive Wechselbeziehungen, die das Dasein dort mit seiner Welt zu einem Ganzen verknüpfen. Der Ausdruck deutet bereits an, daß es temporale Bestimmungen sind, sich artikulierende Formen von Zeitigung, welche den Zusammenhang einer Welt gewährleisten, zu der sich der Mensch nicht exzentrisch verhält, sondern die er existierend bewohnt. Festzuhalten gilt generell die temporale Struktur von Welt, wie sie in „Sein und Zeit" ausgearbeitet und später auf das Kunstwerk übertragen wird.[15]

[13] E. Panofsky, Zum Problem der Beschreibung und Inhaltsdeutung von Werken der bildenden Kunst (1932), in: Aufsätze zu Grundfragen der Kunstwissenschaft, Berlin 1964, S. 85 ff.

[14] Vgl. vom Verf., Zu einer Hermeneutik des Bildes, in: Gadamer/Boehm, Die Hermeneutik und die Wissenschaften, Frankfurt/M. 1978, S. 444 ff. – ferner: O. Bätschmann, Einführung in die kunstgeschichtliche Hermeneutik, Darmstadt 1984, passim.

[15] Sein und Zeit, 9. A., Tübingen 1960, §§ 12–27; Einzelne Gesichtspunkte von „Sein und Zeit", die im Kunstwerkaufsatz nicht wieder aufscheinen, wären für die Analyse des Weltbegriffs weiterhin zu diskutieren, z. B. derjenige der „Stimmung" (§ 29), welcher den Zusammenhang von „Weltanschauung" und „Lebensbestimmung" (in der Sprache Diltheys) darstellt; hierzu vom Verf., Studien zur Perspektivität, a. a. O., S. 63 ff. (vor allem unter Rückgriff auf die Analysen von Fritz Kaufmann: Die Bedeutung der künstlerischen Stimmung, 1929, in: ders., Das Reich des Schönen, Stuttgart 1960, S. 96–125).

III

Heidegger entwickelte das Konzept von Welt im Kunstwerkaufsatz weiter, brachte es überhaupt erst mit Kunst in Verbindung. Sein Ansatzpunkt war das innere Gefälle, die zeitliche Spannung, die eine Welt auszeichnen. Statische Modelle beschreiben sie nicht in ihrem entscheidenden Gesichtspunkt. Weder als Summe von Elementen noch als Rahmen oder gar als uniforme Einebnung aller Unterschiede hätten wir sie angemessen erfaßt. Welt ist nichts Dingliches, sie ist „das immer Ungegenständliche, dem wir unterstehen“[16], darin aber nichts Diffuses, keine verblasene Dreingabe, sondern die primäre Erfahrung von Wirklichkeit. Sie ist „seiender als das Greifbare und Vernehmbare, worin wir uns heimisch glauben.“[17] Diese Qualität ist uns aus Kunstwerken besonders vertraut. Sie zeigen sich als Totalitäten, darin unerschöpflich, lebendig oder vieldeutig, sie präsentieren sich nicht als fixe Sachverhalte, sondern als gleichsam aktive und reaktive Größen. Dies verweist auf bindende und artikulierende Kräfte, auf temporale Momente, die das Werk begründen. Alles Einzelne, was wir unter Werkbedingungen sehen, zeigt sich im Lichte von Verweisen, die es als ein Ganzes erkennbar machen. Heidegger deutet die Welt des Werkes als ein Geschehen, welches wir vor dem Hintergrund der ontologischen Differenz, die er nach der Kehre weiterdenkt, betrachten sollten. Es vollzieht sich zwischen der Welt und der Erde, deren Wechselspiel sowohl die Einheit des Werkes bedingt, wie jenen Spielraum öffnet, in dem das jeweilige Gebilde sein Gesicht zeigt, seine Besonderheit und Eigenart. Das kategoriale Bedeutungsfeld von „Erde“ versteht man besser, wenn man im umgangssprachlichen Wort den griechischen Begriff „Physis“ mithört. In vielem stimmen Heideggers Aussagen über Erde mit solchen über Physis zusammen. So, wenn er Erde gleichermaßen tragend, bergend und hervorbringend nennt.[18] Damit kommt die zeitli-

[16] KW S. 45.

[17] A. a. O.

[18] „Die Erde ist das zu nichts gedrängte Mühelose – Unermüdliche“ (a. a. O. S. 47) – das „eigenwüchsig aufgehende Seiende“ wiederum ist auch Physis (a. a. O. S. 46). Auch die Analyse der Aristotelischen Physis, in der „Physik“, – die Heidegger das verborgene und nie zureichend durchdachte Grundbuch der abendländischen Philosophie nannte – unterstreicht die Kinesis als entscheidendes Moment der Physis. Vgl.

che Doppeldeutigkeit in den Blick, die in der Potentialität von Physis enthalten ist: ein Hervorkommen, das sich nicht völlig entäußert, vielmehr an sich hält, eine unauflösliche Verborgenheit bewahrt, in allem, was sich zeigt. „Das Herauskommen und Aufgehen selbst und im Ganzen nannten die Griechen frühzeitig ‚Physis' ..., wir nennen es die Erde. Vom dem, was das Wort hier sagt, ist sowohl die Vorstellung einer abgelagerten Stoffmasse als auch die nur astronomische eines Planeten fernzuhalten. Die Erde ist das, wohin das Aufgehen alles Aufgehende, und zwar als ein solches, zurückbirgt. Im Aufgehenden west die Erde als das Bergende."[19]

Das Gegen- und Miteinander von Erde und Welt unterscheidet sich grundlegend von ästhetischen Reflexionsbestimmungen wie Stoff und Form oder Vielheit und Ganzheit, aber auch von kunstwissenschaftlichen Modellvorstellungen, die ein Bild nach Stil und Ikonographie beschreiben oder als eine Abfolge von Schichten, bzw. eine Zeichenmenge behandelt sehen möchten. Die Eigenart dieser Verknüpfung zeigt sich am deutlichsten, wenn Heidegger vom „herstellen der Erde" spricht, eine überraschende Formulierung, die beschreibt, wie sich Erde unter Bedingungen des Werks zeigt. Nur beiläufig sei vermerkt, daß sie sich auch in anderer Weise manifestieren kann, z.B. im theoretischen Denken, in Religionen oder Staatsgründungen. Natürlich meint das Herstellen der Erde keine Art von physikalisch-chemischer Produktion, von Ausgangs- oder Endstoffen. Die Formulierung weist auf einen künstlerischen Akt, der den jeweiligen Stoff nicht verbraucht oder verarbeitet, am erfolgreichsten etwa dann, wenn er im entstandenen Produkt reibungslos funktioniert.[20] Die Wendung weist auf geeignete Maßnahmen, die ihn ins Spiel bringen, so, daß er in seiner Eigenart aufscheint. Unter Werkbedingungen tritt das Materielle in seiner Fülle und Qualtität erst heraus. Marmor z.B. zeigt sich in dem, was er ist, in der Gestalt des Tempels oder der Skulptur, mehr, denn als unbehauener Block. Das

M. Heidegger, Vom Wesen und Begriff der Physis. Aristoteles Phyisk B 1, in: Il Pensiero 1958, III, S. 130 ff.

[19] KW S. 42.

[20] „Der Stoff ist um so besser und geeigneter, je widerstandsloser er im Zeugsein des Zeuges untergeht. Das Tempel-Werk dagegen läßt, indem es eine Welt aufstellt, den Stoff nicht verschwinden, sondern allererst hervorkommen, und zwar im Offenen der Welt des Werkes: der Fels kommt zum Tragen und Ruhen und wird so erst Fels ..." (KW S. 46 f.).

gleiche gilt von den anderen Materialien künstlerischer Arbeit. Am Werkgefüge, z. B. am Tragen und Lasten, Aufragen und Ruhen, lesen wir ab, was Erde „ist". Ihr „Sein" ist mit temporalen Verweisen unauflöslich verknüpft, die sich in verbalen Wendungen am deutlichsten zu erkennen geben. Die Materie ist also nicht Grundlage oder Voraussetzung der künstlerischen Gestaltung, die der Akt der Formgebung erst in einem neuen, völlig veränderten, nämlich dem Werkzustand verschwinden läßt. Stein, Bronze, Farbe enthüllen ihre Potenz vielmehr, indem sich die Welt des Werkes vermöge ihrer zu öffnen vermag. Im Werk stellen sie sich allererst in dem heraus, was sie sind, bzw.: *vermögen.* Die Farbe schimmert, leuchtet, verhüllt, zeigt; der Stein verschließt sich, er verkörpert sich zur Figur, er widersteht, ist schwer usw. So sehr sich die Erde im Werk sinnlich verschwendet, sie enthüllt sich niemals definitiv. Denn im Umkreis des Werkes sind Stein, Bronze, Holz, Papier, Farbe nicht bloße Rohstoffe, eher könnte man sie ein Organ nennen, in dem sich die Sinn- und Bedeutungslinien einer künstlerischen Welt abzeichnen. Der wirkliche Künstler arbeitet nicht gegen sein Material. Wie immer er damit umgeht, er bringt es zum Tragen, denkt und wirkt im Strome dessen, was die Physis ermöglicht, er lenkt und steuert ihn, staut ihn auf. Nur deshalb kann auch gesagt werden, das Dastehen des Werkes gebe dem Stoff, den Dingen, erst ein Gesicht und dem Menschen erst eine Aussicht auf sich selbst.[21]

Das Herstellen der Erde, das sich niemals definitiv manifestiert, enthält in sich eine implizite Gegenwendung. Wir bemerken sie, wenn Heidegger vom Tempel z. B. sagt, er eröffne dastehend eine Welt und stelle sie zugleich zurück auf die Erde, die gerade darin als tragender, heimatlicher Grund herauskomme. Her- und zurück, vor- und gegen, solche Präpositionen oder verbale Richtungsindikatoren veranschaulichen den temporalen Kreislauf des Werkes. Er hat die paradoxe Eigenart, seine Bewegung niemals aufzugeben und doch: dazustehen, in sich zu ruhen. Erde ist in diesem Prozeß dasjenige, was das Kunstwerk in ihm selbst hervorkommen läßt, und zwar so, daß die eröffnete Welt darein zurückgestellt wird.[22] Verbale Formen

[21] KW S. 42 f.

[22] F. W. von Herrmann, Heideggers Philosophie der Kunst, Frankfurt/M. 1980, S. 161: „Das Kunstwerk, das die Erde her-stellt, bringt sie als das Sichverschließende ins Offene der in ihm aufgestellten Welt. Es läßt die Erde nicht nur überhaupt, sondern

wie: tragen, ragen, aufruhen, hervorkommen, bergen, enthüllen: beschreiben die prozessuale Existenzform des Werkes, die eine sinnliche und sinnvolle Erscheinung besitzt. Denn im Geschehen artikuliert sich die Bedeutung, der wir begegnen. Das Material trägt sie nicht (wie eine Unterlage), es „ist" (auf zeitliche Weise) derjenige Sinn, der sich künstlerisch hervorgebracht so oder so zeigt. Deshalb erfassen theoretische Modelle, wie das naheliegende einer Dialektik widerstreitender Momente, die zeitliche Einheit des Werkes im Sinne Heideggers nicht. Es ist keine Synthese, die sich aus einer bestimmenden Negation herausbilden würde, noch ist sie transzendental konstituiert. Das Rätsel der Erde ist der aufhellbare Zug von Absenz, der sich in aller Luzidität der Artefakte durchhält.[23] Wie fügt sich dann aber das Werk zur Einheit? Welche Bewegung fügt das Aufstellen einer Welt und das Herstellen der Erde zusammen? Sie ist einerseits phänomenal und doch nicht empirisch (Bilder oder Statuen bewegen sich faktisch nicht). Ihr Prozeß beschreibt die Zeitigung eines Sinnes, er ist ontologischer Natur. Folgen wir seinem Bewegungsmuster in Heideggers Formulierungen. Danach gründet die sich öffnende Welt auf der Erde. Diese durchragt die Welt, indem sie aber in deren Offenheit hervortritt, verschließt sie sich gleichermaßen. Sie braucht den offenen Bereich, um sich als verschließende zu zeigen. Diese wechselseitige Angewiesenheit beschreibt Heidegger auch als die sich bestreitende Entgegensetzung von Welt und Erde. Wiederum hören wir in der beschriebenen Kinetik, in der Neigung der Erde sich hervorkommend zu verschließen, im Trachten der Welt sich öffnend zu gründen und zurückzunehmen ein Denken von Potentialität mit. Heidegger hat selbst in seinen Aristoteles- oder Leibniz-Kommentaren solche Verbindungen hergestellt.[24] Natürlich

in der ausgezeichneten Weise des Herstellens in ihre Offenheit einrücken. Das Kennzeichnende ihrer Offenbarkeit ist das Sichverschließen."

[23] Heidegger erläutert das Unaufhebbare dieser Verborgenheit, wenn er z. B. darauf hinweist, daß sich etwa die Schwere des Steins jedem Eindringen versagt. „Versuchen wir solches, indem wir den Fels zerschlagen, dann zeigt er in seinen Stücken doch nie ein Inneres und Geöffnetes. Sogleich hat sich der Stein wieder in das Dumpfe des Gesteins und des Massigen seiner Stücke zurückgezogen." (KW S. 47 f.).

[24] Zu Aristoteles vgl. Anm. 18, zu Leibniz: M. Heidegger, Aus der letzten Marburger Vorlesung, in: „Zeit und Geschichte", Dankesgabe an R. Bultmann zum 80. Geburtstag, Tübingen 1964, S. 491–507. – Adornos prozessuale Fassung des Kunstwerkes (in: „Ästhetische Theorie") wäre in ihrer Differenz gegenüber Heidegger im einzelnen zu erörtern.

kann man die Neigung der Erde oder das Trachten der Welt nicht direkt in den conatus oder nisus der Leibnizschen Monade (die Welt spiegelt und Welt ist) übersetzen. Aber gerade die Unterschiede machen deutlich, daß die Dynamis des Werkes in jenem Gefälle ausgelegt wird, das „Sein und Zeit" als ontologische Differenz charakterisierte, der Kunstwerkaufsatz als die Prozeßform eines unauflöslichen Streites. Dieser Streit zielt weder auf Unterwerfung noch auf Schlichtung. Er meint nicht die Identität einer Substanz in der wechselnden Fülle ihrer Eigenschaften - wie immer man diese Substanz auch auslegen mag. Er zielt auf einen Differenzierungsprozeß, in dem gerade die Unterschiede den Umschlag in ein unauflösliches Sichgehören induzieren. In diesem Sinne *bedürfen* Erde und Welt einander. Die Offenheit der Welt bedarf des Sichverschließens, wenn sie sein will, was sie ist, u.u.; Erde und Welt gehören sich, - so gesehen. Das Kunstwerk stiftet, indem es eine Welt aufstellt und die Erde herstellt, einen Streit an, in dem sich das Offene im Sichverschließenden, das Präsente im Absenten manifestiert. Die „Innigkeit", anders gewendet: die Intensität dieses Streites, erscheint letztlich als die Garantie, daß das Geschehen kein sinnloses Prozedieren, kein chaotisches Vagieren, auch kein leerer Umtrieb ist, sondern sich zu einer - wie immer vieldeutigen - Sinnlinie fügt, darin zur Ruhe kommt.

Die Analyse der Temporalität des Werkes ist das zentrale Bemühen des Kunstwerkaufsatzes. Ihm dient auch die mit dem Streit verbundene Begrifflichkeit des *Risses.* Sie spielt einerseits auf „reißen" im Sinne von trennen an, zugleich aber auch auf das Hervortreten einer scharfen Unterscheidungslinie, wie wir es aus dem alten Sprachgebrauch noch kennen, der mit Riß die Zeichnung meint bzw. die Visierung.[25] Riß und Visierung: hieran verdeutlicht sich die starke visuelle Orientierung dieser Kategorie. Heidegger arbeitet mit der Doppeldeutigkeit der Linie, die trennt und verbindet.[26] Ihr Streit ist ein Riß, der ein „auseinander" und ein „zusammen" meint. Er artikuliert sich als Grundriß, Aufriß und Umriß. Als Grundriß, sofern er

[25] Vgl. Albrecht Dürers ‚Unterweisung der Messung' und die ‚Proportionslehre' im Hinblick auf die Begriffe Riß und Visierung, sowie deren Gebrauch, in: Schriftlicher Nachlaß, hg. von H. Rupprich, Berlin 1956f., 3 Bde.

[26] Vgl. vom Verf., Die Dialektik der ästhetischen Grenze, in: Neue Hefte für Philosophie Nr. 5 (1973), bes. S. 120ff., Das Paradigma der Linie.

die gegeneinander Gefügten (Erde und Welt) „in die Herkunft ihrer Einheit aus dem einigen Grunde" zusammenreißt. Als Auf-Riß, insofern er „die Grundzüge des Aufgehens der Lichtung des Seienden zeichnet". Als Umriß, sofern sich Welt und Erde in allem, worin sie sich wechselseitig bestreiten, doch in eine Fügung zurückgebunden, von einer gemeinsamen Linie umfaßt finden. „Dieser Riß läßt die Gegenwendigen nicht auseinander bersten, er bringt das Gegenwendige von Maß und Grenze in den einigen Umriß."[27] Heideggers Terminologie gewinnt zusätzliche Plausibilität, wenn wir uns daran erinnern, daß das „reißen" ehedem das Ziehen der Linie beschrieb, wie es in Worten wie „Reißbrett" noch gegenwärtig ist, oder in Wendungen wie: jemand „umreiße" ein Problem. Für unseren Zusammenhang ist vor allem von Interesse, wie sich im Geschehen des Werkprozesses, in der Ausbildung eines offenen Spielraums, eine Sinnlinie ausbildet. Sie kommt nicht irgendwie „dazu", sie ist als Form einem bloßen Stoff nicht aufgeprägt, sondern sie ist dasjenige, was sich im Streit der entbergenden Erde und der offenen Welt zeigt, sich abzeichnet. Die Sinnlichkeit des Werkgeschehens ist vom Sinn, den es hervortreibt, schlechterdings unabtrennbar. Künstler haben immer sehr genau gewußt, daß ihre Arbeit nicht darin besteht, ein bestimmtes Material zu „benutzen", sondern seine eigene Sprache zu entwikkeln. Nur ein sehr reduzierter und literarischer Kunstbegriff kann dies übersehen. Es ist einfach nicht der gleiche „Sinn", wenn eine Figur in die Kupferplatte geritzt oder mit Tusche auf Papier gezeichnet wurde. Es ist nicht der gleiche Sinn, wenn es dieses oder jenes Papier ist. Schon die Veränderung des Formates verändert den Charakter der Präsenz eines Bildes. Belege dafür gibt es in überwältigender Fülle. Die gleiche Farbe (im physikalischen Sinne) ist nicht die gleiche, wenn sie auf Leinwand oder Karton aufgetragen wird, wenn sie ihr Quantum und ihre Nachbarschaft verändert. Die Physis des Werkes ist etwas anderes als sein Stoff. Was wir an künstlerischer Logik im Gebilde entdecken, es kommt von jenem Ursprung her, wo der Riß, im Gegen- und Miteinander von Welt und Erde, eine Gestalt, eine Physiognomie umzirkelt. Die Wahrheit, von der Heidegger im Hinblick auf das Werk spricht, ist jenes „Gefüge, als welches der Riß sich fügt."[28]

[27] KW S. 71.
[28] A. a. O.

So sehr sich Heideggers Überlegungen auf konkreten Kunsterfahrungen abstützen, man würde sich gründlich irren, wenn man darin eine regionale Theorie erblicken würde. Der Werkprozeß möchte nicht nur angemessener beschreiben, was die Kunst ist, er wird zum Ort einer Wahrheit, die mehr als diese oder jene Einsicht beinhaltet. Das Aufstellen einer Welt und das Herstellen der Erde im Streit des Werkes zielt auf eine Wahrheit, in der es um die Unverborgenheit des Seienden im Ganzen geht. „Im Werk ist die Wahrheit am Werk, also nicht nur ein Wahres. Das Bild, das die Bauernschuhe zeigt, das Gedicht, das den römischen Brunnen sagt, bekunden nicht nur, was dieses vereinzelte Seiende als dieses sei, falls sie je bekunden, sondern sie lassen Unverborgenheit als solche im Bezug auf das Seiende im Ganzen geschehen."[29] Die Wahrheit des Werkes zeigt sich als eine der Weisen, wie Wahrheit überhaupt geschieht, der Streit von Welt und Erde hat nämlich teil am „Urstreit von Lichtung und Verbergung", an der Seinsgeschichte. Er hat teil, das meint: er kann verschieden ausgetragen werden. „Eine dieser Weisen, wie Wahrheit geschieht, ist das Werksein des Werkes."[30] Es ist der Horizont von Zeit, in dem sich die Kunst zeigt und äußert.

Damit ist aber auch der geschichtliche Zusammenhang markiert. Heideggers Theorie zielt auf keine „allgemeinen Modelle" oder Prinzipien, die das Werk „definieren" möchten. Sie denkt nicht „zeitlos" oder „anthropologisch", noch im Sinne einer verallgemeinerbaren Struktur. Das Werk ist geschichtlich konzipiert, nicht nur weil es jeweils einen Ort in der Geschichte besäße, sondern gegebenenfalls selbst Geschichte eröffnet, Geschichte „macht". Dies vermag es nur, sofern es eine Wahrheit vermittelt, die – mehr denn partikular – das Seiende im Ganzen betrifft. Der „innere" Werkprozeß (von Welt und Erde) und der „äußere" Prozeß der Gründung von Geschichte sind ununterscheidbar, jedenfalls dann, wenn das Werk eine Kraft aktualisiert, die als ein „Stoß" erfahren werden kann.[31]

[29] A.a.O., S.60.
[30] A.a.O.
[31] Heidegger beschreibt des öfteren, wie die Historisierung und Vergegenständlichung der Kunst dieser Geschichte eröffnenden Macht widerstreitet. Nicht zufällig sind die zustimmenden Zitate über das „Ende der Kunst" im Sinne Hegels (vgl. hierzu: Gerhard Faden, Der Schein der Kunst, Zu Heideggers Kritik der Ästhetik, Würzburg 1986). Nicht zufällig rechnet der Kunstwerkaufsatz das Bewahren zu den konstitutiven Aspekten der Wahrheit des Werkes. Auch im Text zu Raffaels Sixtina

Anders gesagt: das Werk kann durch sein bloßes Vorkommen, durch sein eigenes Dasein zum Ereignis werden, welches alles Bisherige abtut, die Konventionen bricht, eine bestehende Orientierung umstößt, uns neu sehen läßt. Dabei öffnet es eine Welt bislang unbekannten Gepräges. Sie war nicht gewesen, sie wird auch zukünftig nicht entstehen, aber gerade jetzt ist sie da. Diese Wahrheit ist nicht Resultante einer subjektiven Empfindung, keine Sache eines Erlebnisses oder der Rezeption. Sie verdankt sich der Existenz des Werkes, das nicht als Zeichen auf dieses oder jenes verweist, nicht fortdeutet, sondern sein eigenes Sein so darstellt, daß der Betrachter oder Hörer in den Umkreis dieser Erfahrung gerät. Die Verdichtung, die sich im Prozeß des Werkes abzeichnet (in diesem Sinne nennt Heidegger „Dichtung" das Wesen aller Künste), formt nicht um, formuliert nicht nach, bildet nicht ab, – sie ist selbst Entwurf, dessen Wahrheit und Verbindlichkeit sich zeitlich konstituiert und geschichtlich enthüllt.

IV

Heideggers temporale Interpretation des Werkes erlaubt auch den Übergang ins Feld der modernen Kunst. Vielfach wurde ein solches Weiterdenken als Möglichkeit bestritten, zum Teil unter Hinweis auf die erwähnten Äußerungen Heideggers selbst. Geht man die Einwände durch, so wollen sie nicht wirklich überzeugen.[32] Aber auch eine vordergründige „Anwendung" auf neuere Kunstwerke

(a.a.O., S.175) berührt Heidegger dieses Problem: „Wo immer künftig dieses Bild noch ‚aufgestellt' sein mag, dort hat es seinen Ort verloren. Es bleibt ihm versagt, sein eigenes Wesen anfänglich zu entfalten, d.h. diesen Ort selber zu bestimmen. Das Bild irrt, verwandelt in seinem Wesen als Kunstwerk, in der Fremde. Dem musealen Vorstellen, das seine eigene geschichtliche Notwendigkeit und sein Recht behält, bleibt dieses Fremde unbekannt. Das museale Vorstellen ebnet alles ein in das Gleichförmige der ‚Ausstellung'. In dieser gibt es nur Stellen, keine Orte."

[32] Vgl. vor allem W. Perpeet, Heideggers Kunstlehre (1953), in: O. Pöggeler (Hg.), Heidegger, Perspektiven zur Deutung seines Werkes, 2.A., Königstein 1984, S.217ff., S.238: „Es ist, als ob Hesiod und Kierkegaard zur Synthese gebracht werden sollten"; O. Pöggeler, Philosophie und Politik bei Heidegger, Freiburg/München, 2.A. 1974, S.157: „Dieser Aufsatz ist ferner in sich selbst romantisch, weil er die Kunst nicht in Bezug zur heutigen technischen Welt sieht und eine Erörterung moderner Kunst nicht ermöglicht (weshalb Heidegger ein Pendant plante, das sich vor allem mit den Grundzügen der modernen Kunst beschäftigen sollte)".

wäre der theoretischen Intention der Schrift nicht angemessen. Heidegger hat selbst im Umgang mit philosophischen Positionen ihren Geist wichtiger genommen als den bloßen Buchstaben. In diesem Sinne versuchen wir, die Zeitlichkeit des Werkes als Kerngedanken der Schrift herauszuschälen und im Hinblick auf einige moderne Werke zu erproben. Seine Tragweite erscheint bei weitem nicht erschöpft. Der Kunstwerkaufsatz trägt zweifellos Spuren seiner Entstehungszeit, der Vorlieben und des Geschmackes seines Verfassers, der Grenzen seiner künstlerischen Bildung. Aus diesen unvermeidlichen Limitationen sollte man weder eine konservative noch restaurative These zur modernen Kunst herauslesen wollen. Es geht nicht nur um die Vergangenheit der Kunst, sondern auch um ihre Gegenwart und Zukunft.[33]

Die vieldiskutierte Van-Gogh-Passage bekundet zunächst, daß Heidegger bereits einen der anerkannten Patres der Moderne in seine Überlegungen einbezog. Die Schrift ist darin offen für avancierte Phänomene. Die Deutung des Bildes bleibt gleichwohl hinter Heideggers eigenen Einsichten ein signifikantes Stück zurück. Dies hängt mit dem Ort der Van-Gogh-Analyse im Gedankengang des Kunstwerkaufsatzes zusammen. Sie dient dazu, die Bestimmungen von Ding und Zeug in diejenigen von Welt und Erde überzuleiten. Diese illustrierende Funktion des Gemäldes nennt Heidegger ausdrücklich.[34] Damit erklärt sich aber auch die Art und Weise seiner Beschreibung, die ihren Akzent völlig auf den Inhalt des Bildes verschiebt. Heidegger will erläutern, was Zeug ist, und wählt dazu die Darstellung von Schuhzeug. Im Zuge der Analyse entdeckt er am Zeug jenseits seiner Dienlichkeit Aspekte dessen, was er danach un-

[33] F.W. von Herrmann, a.a.O., S.XXII: „In der Analyse des Werkseins dieser Kunstwerke werden jedoch formal-allgemeine Grundzüge gewonnen, die nicht nur an die älteren und ältesten Kunstepochen gebunden, sondern geschichtlich modifikabel sind. Es wäre eine reizvolle Aufgabe, mit Hilfe der in der Kunstwerk-Abhandlung gewonnenen Wesenseinsichten moderne Kunst und ihre theoretische Selbstauslegung analytisch zu befragen. Wem ein solcher Versuch gelänge, der dürfte von sich selbst sagen, daß er nicht nur interpretatorisch, sondern sachaufweisend zu philosophieren vermag."

[34] „... da es doch auf eine unmittelbare Beschreibung ankommt, mag es gut sein, die Veranschaulichung zu erleichtern. Für diese Nachhilfe genügt eine bildliche Darstellung ... ein bekanntes Gemälde von van Gogh, der solches Schuhzeug mehrmals gemalt hat." KW S.28.

ter den Begriffen Erde und Welt in seine Untersuchung einführen wird. Sein Konzept von Werk, insbesondere die es begründende Zeitigung, gewinnt erst gegen Ende des Textes seine volle Deutlichkeit. Dieser allmählich geklärte Gedanke wirkt auf die Betrachtung des Van-Gogh-Stillebens aber nicht mehr zurück. Es bedürfte eines neuen Gedankenganges, um diese Einsicht zur Geltung zu bringen, das Gemälde nicht nur als Illustration des Übergangs von Zeug zur Welt zu benutzen, sondern als Werk selbst ernst zu nehmen. Heideggers Beschreibung ist, im Lichte seiner eigenen Einsichten, im Grunde zu eng und zu literarisch. Wer eine Phänomenologie des Streites von Erde und Welt geben will, der muß das Bild „wörtlicher" erfassen (Abb. 5). Denn was wir sehen, ist nicht allein ein Sachgehalt (das „Schuhzeug" in seiner „Verläßlichkeit"), sondern auch das Sichtbare der Farbe, ihre Erscheinungsweise hinsichtlich Auftrag und Materialität. Die Zeitigung des gesamten Bildes entfaltet sich aus dieser Potenz. Wenn wir die Augen öffnen, sehen wir auch, daß die dargestellten Dinge kein Anfang sind, sondern Ergebnis eines bildlichen Geschehens, das im übrigen darin auch nicht zu Ende kommt. Terminologischer gesprochen: die thematische Charakterisierung von „Zeug" blendet die Präsenz und Rolle der bildnerischen Mittel aus und damit den eigentlichen Grund des Bildes.

Es geht jetzt nicht darum, Formqualitäten gegen Inhalte anzumahnen, in alte Aporien zurückzufallen. Der Widerstreit von Erde und Welt zeigt sich gleichwohl nicht erst in der „dunklen Öffnung des ausgetretenen Inwendigen des Schuhzeuges"[35], sondern bei einer bildgerechten Sehweise bereits in der Evokationskraft der Farbe, der ihr eigentümlichen Fügung im Sinne dessen, was Heidegger in der Wendung vom Herstellen der Erde umschrieb. Ein Künstler wie van Gogh hat die Möglichkeiten von Farbe ganz neu entdeckt, ihnen eine bis dahin unerhörte Sprache abgelesen. Es sind also phänomenologische Gründe, die uns veranlassen, auf dieses Bild und ein anderes des Künstlers zurückzukommen.

Wir beobachten, daß in allem, was wir als Schuhzeug oder – im Bild „Landstraße mit Zypressen und Stern (Saint Rémy)" (vom Mai 1890) (Abb. 6) – als dingliche Elemente ausmachen können, stets die Mitwahrnehmung von farbigen Flecken oder Farbstrichen eine un-

[35] A. a. O., S. 29.

auflösliche Rolle spielt. Diese artikulierte farbige Materie des Bildes sehen wir in allem Dargestellten der Bilder mit. In einer bloßen Dienstfunktion geht sie nicht auf. Heidegger notiert diese denkwürdige Leere und Bedeutungsindifferenz seinerseits, wenn er die Schuhe in einem leeren Umraum vorfindet: „um dieses Paar Bauernschuhe herum ist nichts, wozu und wohin sie gehören könnten, nur ein unbestimmter Raum."[36] Aber auch an den wiedererkennbaren Dingen läßt sich nicht jeder Fleck, jedes Stück bildevozierender Materie mit etwas Dargestelltem eindeutig identifizieren.

Würden wir uns die Zeit nehmen können, van Goghs kühnes Bilddenken auch in seinen schriftlichen Zeugnissen zu verfolgen, die Briefe an den Bruder Theo in Konkordanz lesen, so vernähmen wir auch auf diesem Wege, was wir am Gemälde beobachteten. Van Gogh entdeckte die außerordentliche Potenz der Farbe, ihr Vermögen, eigene Einsichten in Wirklichkeit vorzutragen. Er bemerkt, daß dieses Arbeitsfeld um so fruchtbarer gedeiht, je weniger er die Farbe abbildlich denkt, den Versuch macht, die Farben in der Natur (d.h. den Lokalton) im Gemälde nachzubilden.[37] Er versenkt sich in das eigentümliche Vermögen der Farbe nicht um formaler Etuden willen oder eines Desinteresses an der Realität. Im Gegenteil: je mehr er sieht, was die Farben austragen, je besser er sie zur Sprache bringen kann, wenn er sie untereinander befreundet und verfeindet, in spezifische Beziehungen bringt (z.B. Komplementärkontraste) – um so tiefer reichen sie in das Wesen der Wirklichkeit. Der Rang bedeutender Kunst bemißt sich vermutlich auch daran, daß sie Realität nicht als bekannt voraussetzt, sondern ihrerseits deutet. Sie gibt zu erkennen, was nicht erkannt war.

An van Goghs Bildern wird deutlich, was man über sie hinaus einen Grundzug moderner Malerei nennen kann. Er besteht in der Schärfung des Sinnes dafür, *woraus* der Künstler arbeitet. Dieses *Woraus* ist im Laufe des 20. Jahrhunderts in den verschiedensten Hinsichten erkundet worden: hinsichtlich der bildnerischen Mittel, der Erfahrungen des Künstlers selbst, des Zufalls, kollektiver, unbewußter etc. Möglichkeiten. Die Klärung der Prämissen, die Auslotung des Möglichen, verschafft der künstlerischen Arbeit einen

[36] A.a.O.
[37] Vgl. K. Badt, Die Farbenlehre van Goghs, Köln 1961.

neuen Ort und einen veränderten Sinn. Ein eigenständiges Entdekken gehört zu ihrer Aufgabe. Das Ernstnehmen der Farbe (und der eigenen gefährdeten Existenz) war van Goghs Art und Weise, sich in das zu vertiefen, woraus die Malerei arbeitet. Wir beobachten diesen Vorgang, formelhaft gesprochen, in einer gesteigerten Potentialität der Bildsprache. Der einzelne Farbstrich („virgule"), ganze Passagen des Gemäldes, bleiben in ihrer distinkten Bezeichnungsfunktion offen. Sie verweisen mindestens in dem Maße auf sich zurück, wie sie dazu beitragen, im eröffneten Spielraum der Malerei eine Sinnlinie zu entwerfen, die wir in ihrem wiedererkennbaren Teil als Schuh, Baum, Weg oder Wolke lesen, in ihrem vorgegenständlichen Zusammenhang als eine gedeutete Welt.

Die gesteigerte Potentialität der bildlichen Elemente, der wir bei van Gogh, Seurat, Monet, Cézanne u. a. in der verschiedensten Weise begegnen, läßt sich am eindrucksvollsten daran ablesen, daß die einzelnen Elemente jeweils *gar nichts Bestimmtes* bedeuten. Die Farbe zeigt sich in ihren Qualitäten, sie legt Sichtbares aus, zugleich aber bleibt sie ein ganz deutungsloses Phänomen. Die Alterität der gestaltenden Farbmaterie gegenüber allem, was sie bedeutet, ist unaufhebbar. In ihrer Eigenart meldet sich Undurchschaubares, Absenz. Erst über den Kontext entstehen wiedererkennbare Sachverhalte, wird die kleine Welt eines Stillebens oder die Offenheit einer Landschaft mit Wegen, Feldern, Horizont, Himmel und Licht präsent. Der latente Rückzug der bildnerischen Materie aus einer dominanten Darstellungsfunktion ist verbunden mit ihrer wachsenden Vieldeutigkeit. Die Bildelemente erscheinen dynamisiert: mannigfaltig untereinander verknüpfbar, vielfältig zum Bildganzen zu fügen, ohne daß im einzelnen Detail mehr als die Spur des Bildzusammenhanges angelegt wäre. Diesen Befund als „Offenheit" zu beschreiben, bleibt nichtssagend. U. a. suggeriert dieser Begriff die Veränderbarkeit des bildlichen Zustandes. Zum Rätsel moderner Werke gehört aber, daß sie in aller Deregulation unüberbietbar präzise sind, so wenig vage und beliebig, wie bedeutende Kunst auch sonst. Wir wissen jetzt sehr viel genauer, daß mit der Steigerung der potentiellen Natur der bildnerischen Mittel Zeitlichkeit zum regierenden Zentrum der Malerei wird.

Diese Potentialität, z. B. der Farbe, kommt dann ins Spiel, wenn ihr der Maler selbst etwas zugesteht, sie nicht fix instrumentiert, sondern darauf hört, was im Strome ihrer materiellen Möglichkeiten ihm von ihr zugespielt wird. Dieser Strom der Physis enthüllt, aber er bleibt auch ganz undurchdringlich, weil wir hinter das, was die Farbe mitteilt, niemals gelangen können. Sie ist immer Oberfläche, immer Vorderseite, immer Phänomen - von sich selbst. Eine Analyse van Goghs - aber auch anderer Meister der klassischen Moderne - gerät unwillkürlich an diesen Punkt. Spätestens hier aber muß die exemplarische Erhellungskraft von Heideggers temporaler Interpretation des Werkes einleuchten. Die anschauliche Interpretation mündet in einen Weg ein, den der Kunstwerkaufsatz seinerseits eröffnet.

Das von einer jeweiligen Bedeutungsführung freigestellte farbige Element ist doppeldeutig in seinem zeitlichen Status: es veranschaulicht, bringt hervor, zeigt an, zugleich aber bleibt dieses Hervorkommen durchwirkt von Verborgenheit. Alles, was sich im Bilde zeigt, vermöge der Farbe bzw. aller denkbaren bildnerischen Mittel, bleibt einbehalten in einen unaufhellbaren Stau des Möglichen. In diesem Sinne läßt sich der phänomenologische Gehalt dessen, was Heidegger mit Erde bezeichnet, sehr genau angeben, Bild für Bild präzisieren. Aber auch die Charakteristik von Welt läßt sich interpretatorisch konkretisieren. Gerade van Gogh hat das „Ungegenständliche" daran, das Nicht-Ding, die Nicht-Figur aufgespürt, auf eine neue Weise gestaltet. Die Schwächung der statischen Individualität des Dinges, seines fiktiven Volumens und Raumes - zugunsten eines farbigen Striches, der sich zu übergeordneten Passagen, zu Bildfeldern neuer Ordnung zusammenschließt - verdeutlicht, daß es *Kräfte* sind, welche die Wirklichkeit des Bildes, wie diejenige der Natur, bestimmen. Mit Bewegungen, die wir dem Motiv ablesen, haben sie wenig zu tun. Die Bahnen der Farbstriche erscheinen wie ausgerichtet nach einem unsichtbaren Magneten. Die aufstrebende Zypresse, der flußartig gefügte Weg, die gestreuten Strichlagen des Feldes etc. - sie bilden ein Parallelogramm von Kräften aus. Schwingung und vektorielle Energie der Farbe, ihre mitunter dithyrambische Konvulsion (in den Gestirnen) lassen keinen Zweifel daran, daß sich die Einheit des Werkes wie der von ihr ausgelegten Natur einer Kraft (Dynamis) verdankt. Natur ist keine Summe von Dingen, sondern - entdeckt vom Blick des Künstlers - ein vor- oder ungegenständlicher Kontext von Energien. Werden, d.h. immer: Anderswerden, und Intensität (Farbkontraste etc.) konstituieren die Phänomene. Die Kräfte rechnen nicht primär zum sichtbaren „Motiv“ des Bildes, sie binden sich an vorgegenständliche Farbelemente und bedingen den Bildprozeß. In ihm gestaltet sich die malerische Materie aus: zu Strichen, Strichbündeln, Bildzonen, Kontexten, Dingen. In ihm läuft sie aber auch in sich zurück, zeigt sich als „bloße“ Farbe, bewahrt ihre Potentialität. Eine derartige zirkuläre Verfassung des Bildes ist uns der Sache nach aus Heideggers Streit von Erde und Welt, von Lichtung und Verbergung vertraut.

Unter den Protagonisten der Moderne zeichnet sich Cézanne durch die Luzidität seines Bilddenkens besonders aus. Dies gilt in erhöhtem Maße für sein Spätwerk. Heidegger hat dessen Rang erkannt und ganz unmißverständlich ausgesprochen: „Diese Tage in der Heimat Cézannes wiegen eine ganze Bibliothek philosophischer Bücher auf. Wenn einer so unmittelbar denken könnte, wie Cézanne malte!“[38] In einem Text für René Char wendet er sich einem der Spätwerke besonders zu: „Das nachdenksam Gelassene, das inständig / Stille der Gestalt des alten Gärtners / Vallier, der Unscheinbares pflegte am / chemin des Lauves“.[39] Es folgt eine Formulierung, die von einer „geheimnisvollen Identität“ spricht, welche das Spätwerk des Malers auszeichne. Den Werkprozeß charakterisiert er dann mit der Wendung der „Zwiefalt von Anwesendem und Anwesenheit“, die „einfältig geworden“ sei, „‚realisiert‘ und verwunden zugleich.“ Leitgedanke ist für den Philosophen jetzt die Nähe von Dichten und Denken, die er in dieser Kunst verspürt.

Versucht man, jener temporalen Struktur näherzukommen, die das Bild beherrscht, so stoßen wir auch hier auf die Präsenz einer farbigen Materie, die alles, was wir sehen, durchwirkt. Man hat sich schon längst daran gewöhnt, diesen Befund mit dem Terminus des „tache“ zu kennzeichnen und abzufertigen. Dabei verliert sich aber leicht auch der Zugang zum Außerordentlichen dieser Kunst. Cézannes sogenannte Modernität hängt mit der Zurücknahme des Dargestellten in einen vorgegenständlichen Zustand zusammen, der sich in allem, was wir sehen, mitzeigt. Der jeweilige Fleck repräsen-

[38] H. Buchner, Fragmentarisches, a. a. O., S. 47.

[39] „Cézanne“, zu einer Folge von Gedichten gehörend, unter dem Titel „Gedachtes. Für René Char in freundschaftlichem Gedenken“, wiederveröffentlicht in: Denkerfahrungen, a. a. O., S. 161 ff.

tiert diesen Aspekt der Malerei. Als stilistische Eigentümlichkeit wäre er unterschätzt, als der Baustein eines Ganzen im Grunde ebenfalls verkannt. Das hängt mit seinen denkwürdigen anschaulichen Eigenschaften zusammen, die wir im Hinblick auf das Bild des Gärtners Vallier (London, Tate Gallery) (Abb.7) ansprechen möchten.

Zunächst: jeder dieser Flecken ist völlig individuell (er wiederholt sich nicht). Deshalb ist auch die fast unvermeidliche Rede von den „Elementen" dieser Malerei ein verfälschender Notbehelf. Jeder „tache" repräsentiert einen vorgegenständlichen Zustand, und er fügt sich einem Kontext ein, der mit der Metapher des Teppichs oder der Textur halbwegs umschrieben ist. Der einzelne Zug im Bild ist einerseits Farbmaterie, in der sich die Qualitäten des jeweiligen Farbsatzes zeigen: das Schattige der Olivbrauntöne, das Grelle des Chromoxydgrüns, die erdige Wärme des Ockers etc. Aber schon diese Kennzeichnungen zeigen, daß die Materie auf dem Wege zu einem Ausdruck ist. Sie wurde vom Künstler in einem komplexen Prozeß der „Realisation" in einen Zustand überführt, in dem sie Sinn hervorbringt, ohne aber nur entfernt mit der Abstraktion von Schrift oder gar Alphabet verglichen werden zu können. Was wir im Bilde sehen, ist seinem zeitlichen Charakter nach unterwegs zwischen dem Pigment (auf der Fläche) und dem aus ihm „hergestellten", aus ihm aufsteigenden Bildsinn. Cézanne hat alles darauf gewendet, dem einzelnen Fleck die ihm gehörige Stelle zu geben. Die Präzision dieses Gefüges – das stets in Korrespondenz zur Erkenntnis sichtbarer Wirklichkeit vor Augen steht – ist unüberbietbar. Nur ein Irrtum, so meinte er, und alles sei verloren. Zugleich aber ist dieses so genau plazierte, vom Auge anzuvisierende Element ganz vieldeutig. Es „bedeutet" für sich nichts. So gesehen könnte man es defizitär nennen. Zugleich aber gibt ihm diese Freistellung eine ungeahnte Ausdrucksfülle. Es kann zugleich vieles sein: der Hinweis auf Blatt, Ast, Stamm, Licht, Raum, Nähe, Ferne etc. Betrachten wir das bildliche Gefüge, das den Gärtner umgibt, oder betrachten wir ihn selbst, dann wird deutlich, wie der Verlust an individualisierender Genauigkeit, den das farbige Element erfährt, mit dem Gewinn potentieller Verweise aufgewogen wird. Es stiftet mannigfache innerbildliche Korrespondenzen, die nicht einer festen Regel gehorchen, deren Ziel nicht darin besteht, nur ein bestimmtes und eindeutiges Etwas zu veranschaulichen. Was wir sehen, den Gärtner, den Stuhl, die Natur, die ihn umgibt, die Ecke der Hauswand, den Ausblick auf Himmelsblau, all dies kommt vom Prozeß seiner bildlichen Genese niemals frei. Das Bild ist deshalb nicht auf reine Gegenwart angelegt, es ist vielmehr präsentierend: d. h. es holt in die Gegenwart, liefert ihr aber nichts aus. Es ist dieses Unkorrumpierbare, vom Hintergrund seiner Genese stets Gehaltene, was Cézannes Bilder auszeichnet. Die Ruhe des Gärtners Vallier verdankt sich nur vordergründig seinem Sitzen mit übergeschlagenen Beinen und in den Schoß gelegten Händen, die Augen von der Hutkrempe verschattet. Es ist kein idyllisches Motiv, welches den Blick lenkt, sondern ein Bildbau, der vermöge seiner vorgegenständlichen Ebene zu erkennen gibt, daß alles, was ist, zurückverweist in einen Prozeß des Hervorkommens. Alles mündet in Absenz zurück. Sie trägt, sie bringt hervor, sie verschlingt. Figur und Gesicht Valliers, die besonnte Hauswand hinter ihm – in allem sehen wir die farbige Physis mit, die das Sichtbare begründet. Das Bild zeigt beides zugleich und in einem. Vermutlich waren es solche Beobachtungen, die Heidegger veranlaßten, von der „Zwiefalt von Anwesendem und Anwesenheit" zu sprechen, die „einfältig geworden" sei, „‚realisiert' und verwunden zugleich, verwandelt in eine geheimnisvolle Identität."[40]

Diese Identität bildet sich auf eine spezifische Weise. Es gehört zu den wiederkehrenden Beobachtungen an Cézannes Bildern, daß die Festigkeit des Bildbaus, die Tektonik, welche der tache erwirkt, einhergeht mit temporalen Impulsen, die aus der Vieldeutigkeit resultieren. Was nicht eine Bedeutung trägt, hält viele Bedeutungen, d. h. ein Potential bereit. Diese Balance, in der Bewegungskräfte und Ruhe konvergieren, „Werden" und „Sein" eine paradoxe Verbindung eingehen, darf man zu Recht klassisch nennen. Was zur Ruhe kommt, findet seinen Ort im Horizont der Zeit, vor dem es sich zeigt und deutet.[41]

[40] Vgl. zu Heideggers Cézanne-Interpretation, zu seiner Kunstdeutung insgesamt: Günter Seubold, Der Pfad ins Selbe. Zur Cézanne-Interpretation Martin Heideggers, in: Philosophisches Jahrbuch, 94. Jg. 1987, S. 62–78.

[41] Vgl. vom Verf., Cézanne – Montagne Sainte Victoire, Frankfurt/M., 1988, und: Kunsterfahrung als Herausforderung des Ästhetik, in: W. Oelmüller (Hg.) Kolloquium Kunst und Philosophie I, Aesthetische Erfahrung, Paderborn etc. 1981, S. 13–28. Zum allgemeinen Problemhintergrund: ‚Bild und Zeit', in: H. Paflik (Hg.), Das Phänomen Zeit in Kunst und Wissenschaft, Weinheim 1987, S. 1–23.

Der angesprochene paradoxe Befund, den eine sorgfältige Beschreibung dieser Malerei zutage fördert, ließe sich weiter auslegen, z.B. hinsichtlich des Verschwindens der geläufigen Unterscheidung zwischen dem festen Ding und daran sichtbaren, wechselnden Eigenschaften. Die Deregulation der Distanzen macht auch die konventionelle Differenz zwischen primären (d.h. meßbaren) und sekundären Sinnesqualitäten hinfällig. Damit büßt desgleichen die Zuordnung von Stoff und Form ihre anschauliche Plausibilität ein. Cézanne unterläuft ferner die Differenz zwischen Innen und Außen, zwischen Erscheinung und Existenz. Wir sind gewohnt, das Bild einer Sache als eine ihrer Erscheinungsformen zu betrachten. Dies aber setzt voraus, daß das Bild die Identität eines sachlichen Vorbildes, eines Dinges, dem man sich bildnerisch nähert und welches sich erscheinend so oder so zeigt, selbst zur Geltung bringt. Cézannes Rekurs auf eine vorgegenständliche Matrix aber erlaubt nicht mehr zu sagen, es gebe ein Ding, und unter diesem und jenem Hinblick sei es dargestellt. Wie es sich erscheinend zeigt, so „ist“ es. „Hinter“ diese Erscheinung ist nicht zu kommen. Keine Frage, daß für diesen anschaulichen Befund Heideggers Kritik am Dingkonzept der europäischen Tradition, wie sie der Kunstwerkaufsatz vorträgt, lehrreich und produktiv sein kann.

V

Der Transformation des Werkes, wie sie van Gogh und Cézanne vollzogen, folgten weitere Vorstöße, deren wichtigster im Felde der Malerei die abstrakte Kunst gewesen sein dürfte. Lange Zeit schien es so, als sei die ungegenständliche Kunst der eigentliche Angriff auf den Kunst- bzw. Werkbegriff. In der Zeit nach dem Zweiten Weltkrieg haben sich mit der Ästhetik des nichtrelationalen Bildes (in den USA), mit den gattungsauflösenden Tendenzen der Objektkunst, dem erweiterten Kunstbegriff (der die Grenze zwischen Kunst und Leben niederlegen möchte), der gedanklich orientierten Konzeptkunst etc. weitere gravierende Veränderungen an den Fundamenten eingestellt. Wenn wir im Folgenden nur die Position der abstrakten Malerei berühren, dann nicht, weil hier eine definitive Grenze gesetzt wäre, über die hinaus sich die Intentionen Heideggers nicht verlängern ließen, sondern vor allem, weil eine konsistente Diskussion zeitgenössischer Phänomene nur mit einem rahmensprengenden Aufwand zu gewinnen wäre.

Sind abstrakte Bilder, z. B. Mondrians oder Tobeys (dem Heidegger in Basel selbst noch begegnete), keine Werke im Umkreis des Kunstwerkaufsatzes? Heideggers Bemerkungen von 1967 scheinen darauf hinzudeuten: „Wie steht es mit der Kunst innerhalb der Industriegesellschaft, deren Welt eine kybernetische zu werden beginnt? Werden die Aussagen der Kunst zu einer Art von Information in dieser Welt und für sie? ... Kann, wenn es so steht, das Werk noch Werk bleiben?“[42] Oder zuvor 1955: „Daß in einem solchen Zeitalter die Kunst zur gegenstandslosen wird, bezeugt ihre geschichtliche Rechtmäßigkeit, und dies vor allem dann, wenn die gegenstandslose Kunst selber begreift, daß ihre Hervorbringungen keine Werke mehr sein können, sondern etwas, wofür noch das gemäße Wort fehlt.“[43] Wofür fehlt das gemäße Wort?

Mondrians abstrakte Kompositionen (Abb. 8) sind in den Jahren entstanden, in denen Heidegger den Kunstwerkaufsatz niederschrieb. Einem ersten Blick mögen sie als Abbilder einer konstruierenden Zivilisation erscheinen, als Dokumente der technischen Welt und ihres Geistes. Achtet man freilich auf ihre Bildlichkeit, dann stellt sich sehr schnell eine höchst komplexe Wahrnehmung ein. Wiederum lassen wir die Künstlertexte beiseite und halten uns an die Bilder. Wir beobachten zunächst eine Rückgang auf einfache Sprachmittel, die sich sehr genau benennen lassen. Sie ähneln einer Kalkülsprache. Die offenen Ränder, der struktiv-unpersönliche Charakter dieser Malerei tun ein übriges, um diesen Hinblick zu stärken. Versucht man aber wenigstens, die Hypothese festzuhalten, es könne sich hier doch um Werke handeln, d. h. um Gebilde, in denen sich „Welt“ etabliert, ein Ganzes, das wir nach Regeln vergeblich zu erreichen versuchen, so gelangen wir auf einen anderen Weg. Blickt man auf das Ganze des Bildes, dann zeigen sich im kalkulierten Aufbau verwirrende Instabilitäten. Da verschieben die primärfarbigen Elemente ihre Position im virtuellen Bildraum – je nach der Energie

[42] „Die Herkunft der Kunst und die Bestimmung des Denkens“, in: Denkerfahrungen, a. a. O., S. 145.

[43] Der Satz vom Grund, a. a. O., S. 66.

ABBILDUNGEN

Abb. 1

Abb. 2

Abb. 3

Abb. 4

Abb. 5

Abb. 6

Abb. 7

bb.8

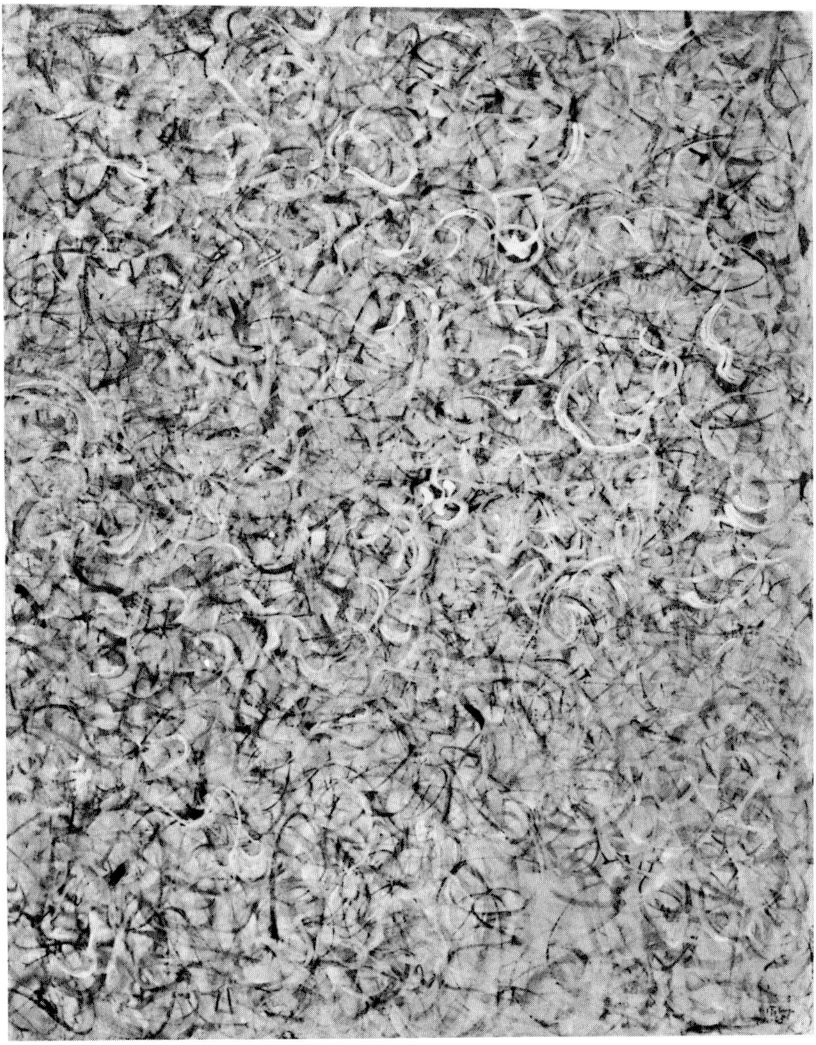

Abb. 9

Abb. 10

Abb. 11

Abb. 12

Abb. 13

Abb. 14

Abb. 15

Abb. 16

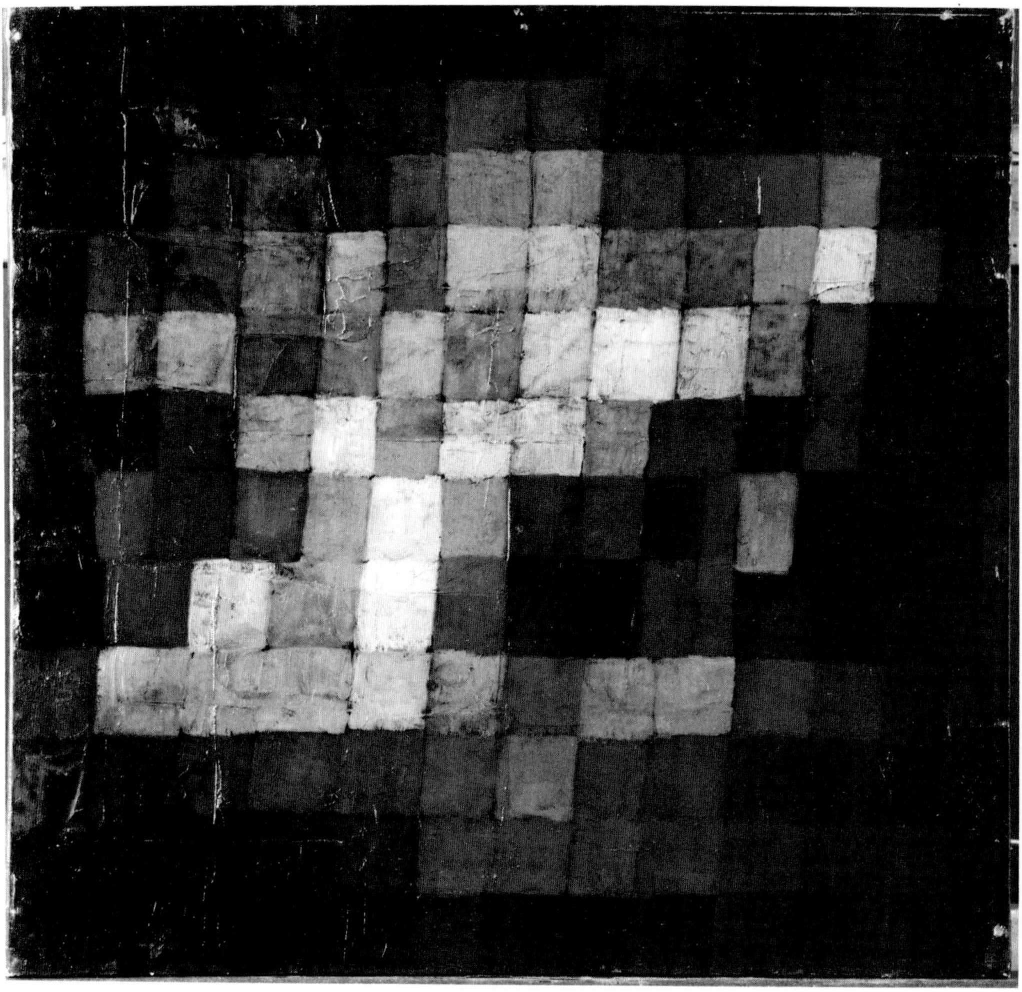

Abb. 17

Abb. 18

der Farbe, ihrem Quantum und ihrem Stellenwert. Da überstrahlen die schwarzen Bänder die zwischenliegenden weißen Felder, virtuelle Grautöne stellen sich ein, das Gitter wird durch merkwürdige Interaktionen irritiert, von unvorhergesehenen Bewegungen, die der Betrachter nicht zu steuern vermag, in einen Zustand überführt, den wir nicht (ein für allemal) „feststellen" können. Die Geometrie der Bildordnung ist nur scheinbar eindeutig. Sie bildet zeitliche Impulse aus. Die räumlichen Schnittpunkte, die ebenen, parallelen Grenzflächen erweisen sich als beweglich und verschiebbar – räumliche und temporale Ordnung verschwistern sich.

Was wir damit nur andeuten können (sich nur am Original wirklich nachvollziehen läßt), belegt zweierlei:

1. Erstens repräsentieren auch diese Bilder einen Prozeß, der im Dialog mit dem Betrachter seine Möglichkeiten entfaltet. Vorallem der asymmetrische Bau wirkt als innere Unruhe, als Triebfeder, als ein Moment der Kraft.

2. Die Gitterstruktur enthält ein temporales Gefälle. Sie ist keine Größe, mit der etwas errechnet werden soll, sie gibt vielmehr zu sehen, unter Bedingungen eines anschaulichen Ganzen. Die reine Welt dieser Gemälde bildet sich aus und bildet sich um – ohne daß es jemals möglich wäre, das Sehergebnis von der Genese zu trennen. So oft sich der Blick ins Bild auch beruhigt findet, in der Klarheit der bildnerischen Elemente zu kristallisieren scheint – immer wieder erlebt er implizite Anstöße der Veränderung, die jeweils alles verändern, was wir sehen – alles in dieser bildlichen Welt. Von einer Welt zu sprechen, ergibt sich zwanglos aus der Deutlichkeit der Glieder und Elemente, aus der sie sich fügt. Mondrian baut einen Kosmos, dessen tragende Dimensionen mit der Horizontale und Vertikale, den drei Fundamenten der farbigen Welt (in Gestalt der Primärfarben: Rot, Gelb, Blau) und der Polarität des Lichtes (zwischen Weiß und Schwarz) anzugeben sind. Seine Spiritualität und Reinheit mag, gemäß Mondrians Intention, ganz universell und zeitenthoben gedacht sein, von einem reinen Reich des Geistes, einer unverrückbaren solaren Präsenz, unterscheidet sich dieser Kosmos doch vermöge des Schattens, den die Zeit auf ihn legt. Mondrians Bilder kennzeichnet der Umschlag von Kalkül in Prozeß. Sie legen sich im Horizont der Zeit aus. Indem sie eine bildnerische Universalmathematik (eine andere mathesis universalis) entwickeln, erweist sich gerade

die Unvollendbarkeit dieses Traumes einer Vergoldung der Wirklichkeit.[44] Im Blick auf das simultane Bildganze zeigt sich die implizite Temporalität. Sie erst macht diese Bilder zu komplexen Metaphern. Sie erst dementiert den ersten Blick, der darin geometrische Kalküle oder Schemata erblickte, die allenfalls als Abbilder und Dokumente der technischen Welt einen Stellenwert haben könnten. Werk im vollen Sinne des Wortes würde man sie dann nicht nennen wollen.

Wenn der Kunstwerkaufsatz das „Ungegenständliche“ als Charakteristikum einer Welt benennt, so ist diese Hinsicht in abstrakten Bildern nicht geschenkt. Sie verschiebt sich in die Relation zwischen den Elementen. Was in Heideggers Sprache Erde meint (die hergestellt wird), ist in den puren Bildern Mondrians das anschauliche Veränderungspotential. Wer es in der Bildbetrachtung nicht wahrnimmt, ist noch gar nicht beim Bildganzen, bei seiner Werkqualität angekommen. Er verharrt in einem unangemessenen Vorstadium. Eine wichtige Pointe dieser Malerei besteht zweifellos darin, unter den festgefügtesten Bedingungen, welche sich bildnerisch überhaupt denken lassen (dem rechten Winkel und den reinen Primärfarben) jenes Potential der Veränderung ins Spiel zu bringen, seine Doppeldeutigkeit der scheinbar reinen Präsenz der Phänomene einzupflanzen. Diese minime Bewegung ist höchst bildwirksam, läßt den universellen Kosmos in sich zurücklaufen, in eine Eigenbewegung einmünden. In der äußersten Präsenz zeigt sich ein Zittern, in der Asymmetrie der Beziehungen die unausrottbare Kraft einer zeitlichen Modalität.

Wie Mondrian, so hat auch Marc Tobey seine Bildform nicht als eine abstrakte Setzung verstanden, sondern als Ergebnis einer lebenslangen Auseinandersetzung mit der sichtbaren und unsichtbaren Wirklichkeit (Abb. 9). Verschiedene Grade der Abstraktion bzw. der Verdichtung lassen sich bei beiden beobachten. Sie markieren keinen Abschied von der Realität, sondern den Versuch, sie komplexer und genauer zu begreifen. Zu diesem Erkenntnisprozeß gehört die Einsicht, daß die konventionalisierte Wahrnehmung nach dem Muster der Zentralperspektive, mit ihrer Ontologie des isolierten Auges

[44] Vgl. Jacques Derrida, Kraft und Bedeutung, in: Die Schrift und die Differenz, Frankfurt/M. 1972, S. 35 ff., der ein analoges Problem an Leibniz diskutiert.

(„Augpunkt“) und einer im Bilde entworfenen Distanz, die im Fluchtpunkt kulminiert, ein historisch höchst bedingtes Modell der Erkenntnis repräsentiert. Jenseits der Perspektive und jenseits der ihr korrespondierenden Idee des Bildes als offenes Fenster ging es um neue Versuche, zu formulieren, was „ist“. Tobey hat an diesem globalen Prozeß der Moderne anteil.

Im Hinblick auf die Frage der bildbegründenden Macht der Zeit sollen nur wenige Gesichtspunkte angedeutet werden. In den sechziger Jahren spielt in der Arbeit des Künstlers eine Bildform eine Rolle, die sich als Textur umschreiben läßt. Sie ist Gewebe und Text gleichermaßen. Das Bild „Dry Forest“ (1965) gibt davon einen authentischen Eindruck. Ein dichtes Gefüge farbiger Linien weist auf eine Art des Schreibens, die sich nicht der Buchstaben, sondern ganz offenbar graphischer Mittel bedient. Wir wissen, daß Tobey die Kalligraphien fernöstlicher Kunst faszinierten, von daher mag er Anregungen genommen und seiner Eigenart anverwandelt haben. Er reagiert damit freilich vor allem auf die europäische Tradition, deren Idee des Bildbaues er die konkurrierende einer Bilderschrift entgegensetzt. Ihr Ziel ist nicht an sprachlicher Aussage orientiert, sondern an visueller Dichte. Tobey möchte keinen literarischen Text illustrieren, sondern selbst einen anschaulichen Bildtext hervorbringen. Mit dem Schreiben (der Schrift) ist der Gedanke der Bewegung eng verbunden, freilich nicht nach Zeilen und einer einlinigen, gerichteten Temporalität, deren Schema der Leser folgt, wenn er den fortschreitend entwickelten Sinn dechiffriert. Auch die graphische Physiognomie des einzelnen Zeichens verändert ihr Aussehen und ihren Stellenwert. Aus der organisierten Bewegung auf der Fläche, aus dem Nacheinander der Zeichen, wird eine ungerichtete Gesamtbewegung des ganzen Bildes. An ihr sind eine Fülle möglicher Leserichtungen beteiligt, die den simultanen Zustand einer Bewegtheit herbeiführen. Der Übergang von sukzessiven Einzelbewegungen auf der Fläche zur simultanen Gesamtbewegung der Fläche kennzeichnet die ikonische Differenz des Gemäldes. Dieser Kontrast beschreibt kein Zur-Ruhe-kommen, sondern eine Transformation im Charakter der Zeit. Wenn wir das Bild als eine Textur beschreiben können, zu der sich die Elemente verdichten, dann ist damit eine temporale Modalität mit paradoxen Eigenschaften im Blick. Wenn alle einzelnen Bewegungszustände in eine Gesamtbewegtheit einmünden, dann darf man sie eine auf Dauer gestellte Veränderung nennen. Der impressionistischen Momentaneität vergleichbar, hat Bewegung allein dann ein „Sein“, wenn sie an einem simultan erfaßten Zeitzustand abgelesen werden kann. Winzige Zeitimpulse verdichten sich zu einer stehenden Fläche, deren Präsenz aus nichts anderem, denn der Interferenz von Einzelveränderungen besteht. Wenn wir die zerfallende Existenz des jeweiligen Bildpartikels (tache, Graphem odgl.) als Betrachter kaum wahrnehmen, noch viel weniger bestimmen können, dann besitzt doch die simultane Einheit aller dieser Ereignisse eine unabweisbare Gegenwart. Gleichwohl: die Summe aller Momente ist nicht unangefochtene Dauer. Eher könnte man sagen: die bildliche Präsenz resultiert aus einer Fülle von Absenzen. In der Gegenwart des Bildes fließen Ströme der Zeit. Tobey hat damit eine Deutung von Natur unternommen. Er versteht sie nicht als die Summe dessen, was dem Auge gegenübersteht, sondern als etwas „Ungegenständliches“: „When we can find the abstract in nature, we find the deepest art.“[45] Das bedeutet aber auch, daß das, was „Sache“, und was die Auffassungsqualitäten des „Beobachters“ sind, nicht mehr voneinander getrennt werden können. Ob die Natur Seele hat, oder ob die menschliche Seele ihrerseits an Natur grenzt – dies läßt sich als Alternative nicht kennzeichnen. Eine Ahnung von Identität ist im Spiel, die Tobey in seinen Bildern erkundet. „Dry Forest“ meint in diesem Sinne nicht nur eine einzelne Stimmung in ihrer affektiven Färbung, sondern das Ineinander von Seele und Natur.

VI

Die Charakteristik einiger moderner Bilder im Hinblick auf ihre Zeitverfassung bereichert unsere Vorstellung von dem, was Werke sind. Eine Theorie des Werkes in der Moderne war damit sowenig beabsichtigt wie eine hinreichende Erörterung ihrer geschichtlichen Position. Immerhin ist unser Sinn dafür gewachsen, in Bildern wie denjenigen von Cézanne oder Mondrian nicht (nur) Verkörperungen eines Zeitgeistes, sondern epochale Eröffnungen zu vermuten,

[45] Marc Tobey, in: Katalog M. Tobey (Galerie Beyeler), Basel 1970, Text gegenüber Abb. 57.

die das, was das Zeitalter bewegt und bestimmt, in ein neues Licht tauchen. Die Grenzen des Werkbegriffes wären unter den Herausforderungen der Moderne weiter zu diskutieren. Die ätzende Probe auf seinen Bestand hat mit den gewählten Beispielen allenfalls begonnen. Eine Fülle gattungsüberschreitender Artefakte wäre zu diskutieren. Es ist aber deutlich geworden, daß eine temporale Bestimmung des Werkbegriffes offen ist für sehr verschiedene und individuelle Phänomene. Die Grenze liegt vermutlich dort, wo eine zeitlich determinierte Werkeinheit nicht mehr zustande kommt.

Die Übersetzung von Heideggers Werkkonzept in analytische Kategorien kunstgeschichtlicher Art vernachlässigt zweifellos mache Facette seines Denkens. Wie weit die Kontinuität seiner Intention festgehalten ist, wie weit nicht, ist zweifellos weiter zu verhandeln. Es stellt sich auch die Frage, ob die Geschichte der Seinsvergessenheit im Sinne Heideggers mit einer elaborierten Geschichte der Kunst einfach zur Deckung zu bringen ist. Zumindest gibt es Anzeichen dafür, daß die Kunst ein eigenes historisches Profil besitzt, das nicht aus der Zeit ist, aber doch nicht einfach die Verlängerung bzw. Illustration einer Geschichte des Denkens. Die Welterzeugung der Künste und die Welt der technischen Zivilisation, die Geschichte des „Dichtens“ und des „Denkens“ sind in ihrer Beziehung noch aufzuklären. Ein zukünftiges Gespräch zwischem dem, was Heideggers Kunstwerkaufsatz (im Kontext seiner anderen Schriften zur Kunst) besagt, und dem, was die Kunstgeschichte an Einsichten und Argumenten aufzubieten hat, müßte darüber allererst Aufklärung bringen. Ein solches Gespräch könnte sich an dem orientieren, was Heidegger zum Standard wissenschaftlichen Denkens in „Sein und Zeit“ sagte: „Das Niveau einer Wissenschaft bestimmt sich daraus, wie weit sie einer Krisis ihrer Grundbegriffe fähig ist.“[46] Das Verständnis der modernen Kunst gibt mannigfachen Anlaß dazu, Voraussetzungen und Grundlagen zu klären.

[46] Sein und Zeit, a.a.O., S.9.

Vom Löffelschnitzen, von der Verwirrung der Bilder und einer Theorie vom Berge

ROBERT KUDIELKA

Es gibt Gespräche, die gehen in der Stille vor sich, ohne daß ein Wort verlautete oder ein Partner zugegen wäre. Deswegen mag es zuzeiten so scheinen, als ob sie überhaupt nicht existierten oder nicht wirklich Gespräche seien. Wer mit wem in dieser Abgeschiedenheit spricht, ist in der Tat schwer zu sagen; aber wiederum auch nicht rätselhafter als der Umstand, daß wir, um ein Gespräch mit einem anderen Menschen zu führen, nicht notwendig der Kenntnis unseres Gegenübers bedürfen. Im Gegenteil, allzu große Vertrautheit kann dem Gespräch sogar abträglich sein. Auf jeden Fall scheint es sich bei der stillen Zwiesprache, in der Hören und Sprechen fast ununterscheidbar ineinander verschlungen sind, nicht um ein sogenanntes Selbstgespräch zu handeln. Denn die seltsame Verabredung des Geistes kommt offenbar am ehesten zustande, wenn er sich gerade nicht auf sich selber wendet, sondern von etwas Anderem fordern läßt - vorzugsweise von sehr äußerlichen Dingen. Je offener der Blick nach außen gewandt und dort zwar in Anspruch, aber nicht in Beschlag genommen wird, desto zwangloser und ruhiger läßt sich das verborgene Gespräch an. Sein liebster Aufenthaltsort ist daher auch nicht, wie man gerne glauben möchte, das philosophische Wandeln in Hallen und Hainen; geschweige denn der intellektuelle Müßiggang, das Flanieren im Gewirr der Städte. Das sind nur Notunterkünfte, wenngleich unentbehrliche. Unter den großen Metaphysikern hat allein Nikolaus von Kues gesehen, daß das unwillkürliche Zwiegespräch des Geistes am besten bei den handwerklichen Künsten aufgehoben war. „In dieser meiner Kunst", erklärt der Löffelschnitzer in dem Dialog *Idiota de mente* dem Philosophen, „suche ich das, was ich will, im Bilde auf und lasse den Geist weiden, tausche Löffel ein und erquicke den Körper. So erreiche ich freilich in genügender Weise alles, dessen ich bedarf" (*in hac mea arte id, quod volo, symbolice inquiro et mentem depasco, commuto coclearia et corpus reficio; ita quidem omnia michi necessaria, quantum sufficit, attingo.* Liber de mente, cap. I, 115 v.).[1]

Der Schlüsselsatz lautet *symbolice inquiro*: „Ich suche (das, was ich will) auf symbolische Weise, gleichnishaft auf." Die Übersetzung von *symbolice* durch „im Bilde" ist freilich genauer, weist sie doch auf den spezifischen, in der Philosophie einzigartigen Begriff vom „Bild", den der Generationsgenosse Masaccios und Rogier van der Weydens in diesem Dialog entfaltet, voraus. Ein Löffel ist offensichtlich nicht das, was ein Mensch in Wahrheit will; so etwas braucht er nur gelegentlich. *Erubeo*, „ich erröte", sagt der Redner, der den Philosophen dem Löffelschnitzer zuführt, deswegen auch, als sie den Handwerker in seinem „kellerartigen Raum" *(subterraneum quendam locellum)* bei der Arbeit vorfinden. Wie kann ein Mensch sein Leben mit einer derart geringen, der Größe des Menschen spottenden Fertigkeit hinbringen? Andererseits versteht der Philosoph, wie der Fortgang des Gespräches zeigt, auch nicht sehr viel mehr, als bei Gelegenheit kontroverse Allgemeinheiten aus der Schultradition zum besten zu geben. Denn die Einsicht in das eigentliche Ziel des Daseins, die der Glaube in der Offenbarungswahrheit finden mag und die die metaphysische Spekulation in einer logischen Übersteigerung zu erlangen suchte, scheint aus der fest im Augenpunkt des Betrachters fundierten Perspektive des Renaissanceindividuums schlechthin unerschwinglich geworden. Auf der Schwelle des Quattrocento, im Zwiespalt zwischen der Alten Welt und der fortan sich in unaufhörlichen Erneuerungen fortzeugenden Neuzeit, hat Nikolaus von Kues mit unerhörter Schärfe die radikale Relativität des exakten, messenden und vergleichenden Denkens gesehen. Jedes Maß, das der Mensch feststellt, besteht nur in der Proportion zu ihm selber und ist daher von vornherein auf Überschreitung angelegt. Das Größte kann immer noch größer, das Kleinste endlos viel kleiner gedacht werden. Die maßgebliche Instanz, die der

[1] Der Text wird zitiert nach der Edition des „Liber de mente" im Anhang des Buches von Ernst Cassirer, *Individuum und Kosmos in der Philosophie der italienischen Renaissance* (1927), Darmstadt, 2. Aufl. 1963, S. 204–297. Die Seitenangaben entsprechen der Paginierung der lateinischen Handschrift.

Löffelschnitzer *exemplar* nennt, kann folglich nicht mehr als „Idea" im Sinne Platons, als die Sonne der Wahrheit, auf die wir hinzublikken gehalten sind, vorgestellt werden. Das Urbild ist entweder jeder direkten Vorstellung entzogen, oder es ist kein Urbild. Das heißt, das Höchste, das jeder Anschauung voraus und zugrunde liegt, hat gerade nicht die Verfassung eines Bildes. Der göttliche Geist, wer oder was immer er sein mag, ist im Denken des Nikolaus von Kues die unanschauliche Einfaltung *(complicatio)* aller Dinge, von denen der menschliche, als ein Bild von Gottes Geist, sich ein Bild zu machen vermag.

Der metaphysische Rang der Unterscheidung, daß das Urbild aller Bilder der Dinge seinerseits nicht wiederum bildhaft vorgestellt werden kann, wird nur noch übertroffen durch den Freimut, mit dem der Cusaner dieses Paradox als eine Krux des philosophischen Diskurses eingesteht. Der Löffelschnitzer weiß mehr als der Philosoph, weil er nicht *nur* wissen will, nicht unverwandt auf das Höchste blickt, als könnte es je in irgendeiner Form vorgestellt werden, sondern in der Zuwendung zu seinem Handwerk gelassen der ursprünglichen Verborgenheit der Wahrheit entspricht. Die vertrauten Schritte und Griffe seines Metiers verrichtend, hält er mitten in einem Zwiespalt, der die Logik schwindeln macht, unaufgeregt inne. *Mentem depasco*, „ich lasse den Geist weiden", lautet der Kehrsatz, der dem indirekten Aufsuchen der Wahrheit, der *inquisitio symbolica*, erst den gehörigen Sinn gibt. Das echte Handwerk erschöpft sich gerade nicht in der Fertigung seines Produkts. Die *ars*, die sich im Bereich ihres Vorgehens auskennt, nährt und unterhält den Geist, indem sie ihn nicht fesselt, sondern frei, seinem eigenen Momentum überantwortet, den gewohnten Verrichtungen beiwohnen läßt; und nur insofern der Geist in dieser Zweisamkeit verhält, in jeder Absicht zugleich abgewandt, ist das Handwerk in der ihm gemäßen Weise, stetig und achtsam, bei der Sache. Denn im Weiden des Geistes bei der Arbeit erinnert und bewahrt der Löffelschnitzer das Geheimnis der Schöpfung. Das Gebilde, das er hervorbringt, ist weder in der Natur vorgebildet noch urbildlich im Geiste Gottes angelegt. Der Gott, der denkend schafft, braucht keinen Löffel; und die formale Ähnlichkeit der schöpfenden Hand, der Zunge oder der Muschel, erschließt noch nicht das Proportionsgefüge, in dem ein Löffel besteht. Das Vorbild, dem er nachgebildet wäre, ist schlechthin nicht ersichtlich. Andererseits scheint dieses Ding auch wiederum nicht willkürlich erzeugt. Der Löffel ist sowenig die freie Erfindung, das autonome Konstrukt irgendeines Menschen, wie er ein bloßes Abbild von etwas ist. Obwohl sein Inbegriff beim besten Willen nicht ausfindig zu machen ist, scheinen die mannigfachen Formen und Funktionen des wunderbar trivialen, allen Völkern und Kulturen bekannten Gerätes doch in einer Art Urform, die - wenngleich nicht vorstellbar - immerhin vermutbar ist, zu konvergieren. Die Vielfalt der Manifestationen läßt eine Identität, die an sich nicht erkennbar ist, zumindest „wiedererkennen": das Unersichtliche in seiner Verhülltheit sichtbar werden. Das heißt, Löffelschnitzen, diese bescheidene, nach modernen Begriffen kläglich „entfremdete" Spezialistenfertigkeit, ist ein Gewerbe von höchster metaphysischer Brisanz: ein Gleichnis, das spiegelbildlich die Differenz, in der die Welt im ganzen besteht, zu verstehen gibt. So, wie im Bilde des Löffels etwas von dem Urbild, das selber nicht bildhaft ist, widerscheint, so mag die ursprüngliche Anwesenheit des verborgenen Gottes in seiner Schöpfung zu denken sein. Das zu sehen verlangt freilich mehr, als der Glaube und die Vernunft zusammen beizubringen vermögen - nämlich ein Verständnis vom *Bild*, das dem christlichen Gedanken der Offenbarung ebenso fremd ist wie der platonischen Ideenlehre; und der Cusaner weiß das. Der Abstieg in den „kellerartigen Raum" des Handwerkers ist mit Bedacht dem Höhlengleichnis Platons nach- und entgegengestellt. Der Philosoph braucht das *exemplum* des Löffelschnitzers, um wenigstens ein Bild davon zu geben, wie das Höchste *(exemplar)* im eminenten Sinne Bild - *als* Verborgenes *in* seiner Verborgenheit *sichtbar* - sein kann.

Die Einzigartigkeit dieser Zuwendung der Philosophie zu den Künsten besteht indes nicht allein darin, daß hier die traditionelle Sachwalterin der letzten Wahrheiten um ihres eigensten Interesses willen bei einer *ars mechanica* vorspricht. Der ungewöhnliche Bildbegriff gewinnt seine volle Bedeutsamkeit überhaupt erst dadurch, daß er in seiner eigentümlichen Bauform, rittlings über der Grenze der Disziplinen, selber noch einmal der gewundenen Logik seiner Aussage entspricht. Weder unmittelbar aus der metaphysischen Überlieferung schöpfend noch geradewegs auf die Zweckbestimmung des Handwerks zielend, gibt Nikolaus von Kues Auskunft über einen Schatz, der mitten unter dem Spannungsbogen seiner Philosophie verborgen liegt: die Wurzel des europäischen Bildproblems.[2] Der Wahrheit im Bilde nachspürend, handelt er selber indirekt, *symbolice*, von der Wahrheit des Bildes. In der spekulativen Figuration seines Denkens klingen, mit noch nie zuvor gehörter und nie wieder erreichter Klarheit, die drei unentwirrbar ineinander verflochtenen Grundmotive des Bilderwesens an: die Erinnerung seiner ältesten Herkunft, die Gefahr seiner nächstliegenden Irreführung und das Maß seines höchsten Gelingens.

Für die Reinheit der Resonanz ist entscheidend, daß der Anstoß unmittelbar von der Erschütterung des philosophischen Wahrheitsbegriffes der *adaequatio*, der Angleichung des Intellekts an die Sache, ausgeht. Wenn die höchste Instanz unerkennbar, der Vergegenwärtigung durch den Menschen entzogen ist, dann muß die Erkenntnis durchweg das Maß der absoluten Gegenwärtigkeit entbehren. Das heißt, die volle Genauigkeit *(praecisio)* ist dem menschlichen Erkennen von vornherein versagt. Nikolaus von Kues zieht deshalb mit Bedacht den Begriff der *assimilatio*, der „Anähnlichung", dem der Angleichung vor. An sich ein gravierender Eintrag für das philosophische Selbstverständnis, eröffnet die Verweigerung der *praecisio* jedoch zugleich eine neue Hinsicht auf die Künste. Stets unter dem Gesichtspunkt der Nachahmung diskutiert, galt das Verfahren der *ars* in der Tradition unumstritten, wenngleich mit unterschiedlicher Gewichtung, als eine unvollkommene Form der Angleichung an die Wahrheit. Demgegenüber erschließt das Zurückweichen vom Anspruch der *adaequatio* auf das Maß der *assimilatio* unversehens die Möglichkeit, den anderen, positiven Sinn der *imitatio* zu sehen. Die Entdeckung, daß das Vorgehen des Handwerkers nicht auf der Vergegenwärtigung *von Etwas* – einer gegebenen Anschauung oder maßgeblichen Idee – beruht, stellt eine sachgemäße Korrektur der platonischen Kunstauffassung dar, die erst aus der Einsicht in die Verborgenheit des Urbildes möglich wurde. Der Löffelschnitzer bringt sein Werk hervor, indem er schrittweise und umsichtig stets von neuem das Verfahren seiner Kunst „nachahmt": die bewährten Gänge wiederholt und dabei dem Wechsel der Aspekte und Anfor-

[2] Von der Schlüsselrolle des Cusaners für das Verständnis des europäischen Bildproblems handelt das Eingangskapitel der Dissertation von Dieter Rahn, *André Masson. Raumdarstellung und Zeitbezug in der Malerei.* Tübingen 1978, S. 24–58.

derungen in der Zeit gebührend Beachtung schenkt. In dieser Übung scheint er der präzisen Kenntnis seines *exemplar* nicht nur nicht bedürftig – im Gegenteil, der Mangel an Gewißheit verbürgt, genau umgekehrt, gerade die Sorgfalt seines Vorgehens, die Unerschöpflichkeit seines Tuns und die Genügsamkeit seines Daseins. Deswegen kann sein Werk für den Philosophen zu einem Bild der *assimilatio*, der Wahrheitsfindung schlechthin werden. Denn so wenig wie Löffelschnitzen an ein Bild Gottes, ein Bildnis von ihm oder auch nur an ein von ihm gebildetes Ding, heranreicht, so weit scheint diese Kunst doch über ein bloßes Bild *für* ihn – im Sinne der stellvertretenden Repräsentation seiner Existenz – hinauszugehen. *Symbolice*, d.h. nicht eigentlich als Gerät genommen, sondern *wie* ein Bild betrachtet, läßt der Löffel *etwas von* Gott selber, nämlich das verborgene Wesen seiner Wahrheit sehen.

Damit scheint freilich die spezifische Kompetenz, das bemessene Selbstverständnis des Handwerkers bedenklich weit überschritten, ohne daß die Philosophie ihrerseits dabei mehr gewönne als ein Beispiel für ihre eigene Bestimmung. Doch der Eindruck, als ob dieses Bild der *ars* lediglich im Auge eines philosophierenden Löffelschnitzers bestünde, hält sich nur solange, als die Beziehung, die der Cusaner zu denken sucht, allein von ihren beiden Fußpunkten her gesehen wird. Es mag noch vier Jahrhunderte gedauert haben, ehe ein Künstler das zwischen die Disziplinen fallende Bild tatsächlich gemalt hat; und der Preis für diese *réalisation* der Kunst *als* Theorie wird der Einsturz der beiden Grundpfeiler des zierlichen Bogens, der *ars* und der Metaphysik gleichermaßen, gewesen sein. Nichtsdestoweniger ist der schemenhafte Umriß des entlegenen Ortes, an dem sich der sonderbare Gedanke des Nikolaus von Kues erfüllen sollte, bereits in der Werkstatt des Löffelschnitzers erkennbar. Die Zukunft beginnt im Spiegel der Erinnerung. Scheinbar nur auf das Verhältnis von Urbild und Abbild gerichtet, führt das Gespräch seine Teilnehmer unwillkürlich über einen vergessenen Weidegrund. Während vordergründig einem neuen Verständnis vom Bild *(imago)* das Wort geredet wird, klingt beiläufig – unberufen aber unverkennbar – das älteste mit an: εἰκών – der griechische Name für Bild.[3]

[3] Den Anstoß zu dieser Besinnung auf die vor-philosophische Bedeutung von „Bild“ verdankt der Verf. einem kurzen Abschnitt in Martin Heideggers Aufsatz *Spra-*

Der Sinn dieses Wortes, das für Bildwerke wie für die Ähnlichkeit überhaupt gebraucht wurde, ist durch Platons Begriffe für das wahre Gesicht der Dinge, εἶδος und ἰδέα, nachhaltig verdeckt worden. Die Sache hingegen, die gemeint war, wurde zwar von der byzantinischen Malerei bewahrt - aber in einer höchst verschlossenen, hermetischen Form. Die Unnahbarkeit der Ikone bezeugt vornehmlich den privativen Sinn der ikonischen Bildauffassung, der in dem Stammwort εἴκειν - „zurückweichen, nachgeben, einräumen" - angesprochen ist. Der andere, gegenläufige Aspekt, daß dieses Zurückweichen ja zugleich eine Möglichkeit der Wahrnehmung einräumt, scheint in die europäische Logik versprengt worden zu sein. So ist das Eigenschaftswort εἰκός in der Tradition des aristotelischen Organons durchaus als ein Begriff für das Wahrscheinliche bekannt; aber die lateinische Übersetzung *verisimile*, „dem Wahren ähnlich", betont wiederum unüberhörbar den Abstand zum Wahren. Selbst der späte Versuch Vicos (in der Universitätsrede *De nostri temporis studiorum ratione* von 1708), der Einschränkung einen positiven Sinn abzugewinnen, bleibt weitgehend im Aufweis der praktischen Vorzüge des *verisimile* befangen. Wenn das Wahrscheinliche von vornherein als Annäherung an das Wahre verstanden wird, dann scheint sein Wahrheitsgehalt unweigerlich mit dem Makel des Zurückbleibens behaftet. Wie also mögen der Entzug und das Zugeständnis der Wahrheit, Entrückung und Ähnlichkeit im Bild zueinander gehört haben? Der Philosoph der „Anähnlichung" an die verborgene Wahrheit Gottes hilft, das Stichwort, das die ikonische Bildauffassung zu erschließen erlaubt, zu finden. Wenn nämlich dem obersten Prinzip selber der Charakterzug des *Zurückweichens* zukommt, dann ist Scheinbarkeit keine bloß vorläufige, defizitäre Form seiner Gegenwart, sondern die eigentümliche Art und Weise, wie die Wahrheit dem Menschen zugeeignet ist - und das etymologische Rätsel ein fremdartiger aber wohllautender Dreiklang: das Zurückweichen der Wahrheit (εἴκειν) - im Bilde (εἰκών) - die Gewähr des Wahrscheinlichen (εἰκός).

che und Heimat (1960). In: *Denkerfahrungen 1910–1976.* Frankfurt a. M. 1985, S. 103. - Zu Heideggers Auseinandersetzung mit dem Bildbegriff vgl. Gerhard Faden, *Der Schein der Kunst.* Würzburg 1986, S. 89–92.

Der ferne Anklang scheint umso bemerkenswerter, als er ein unmittelbares Echo in der Malerei der Frührenaissance findet. Bei allen offenkundigen Unterschieden haben die Madonnenbilder Cimabues, Giottos und Masaccios doch einen Zug gemeinsam, der in keiner Weise durch die Kategorie der Repräsentation erfaßbar ist. Der Versuch, die hieratische Präsenz dieser Tafeln allein aus der Perspektive der Veranschaulichung zu deuten, sei es als idealisierende Überhöhung, sei es als leibhafte Manifestation, oder gar als ein Mittleres zwischen beiden Tendenzen, versieht sich an der stupenden Nüchternheit der Darstellungsweise. So malt niemand, der auf die *potestas*, die Macht des Auftretens, abhebt. Die *Maestà* von Santa Trinita, die *Madonna d' Ognissanti* und die Pisa-Madonna gewinnen ihre Hoheit vielmehr aus der *majestas*, der Würde des Zurückweichens, die der Anschauung überhaupt erst das Maß von Nah und Fern, d.h. einen Ort in der Spannweite der Welt gibt (Abb. 10). Nichts wird vermenschlicht, nichts vergöttlicht. Völlig unabhängig von ihrer kultischen Bedeutung lassen diese Tafeln noch heute eine gewaltige Ferne in ihrer Entrücktheit gleichsam aus der Nähe, aus ihrer Zukehr zum Menschen sehen.

Eigentümlicherweise hat Nikolaus von Kues diese hohe Bestätigung seines am Handwerk entwickelten Bildbegriffes jedoch selber nicht im Blick gehabt. Die ikonische Gegentendenz in der Darstellung wird bis zu Tizian und Rembrandt das bestgehütete Geheimnis der Malerei bleiben; mehr noch, die abgewandte Seite der Bilder wird in dem Maße dunkler und rätselhafter werden, wie das goldene Zeitalter der Bildkunst fortschreitet. Denn das Bild der europäischen Malerei entspringt nicht einfach der Wiederbelebung und Entfaltung der ältesten Bildauffassung; die treibende Kraft seiner Entwicklung ist vielmehr eine mächtige, zu immer neuen Antworten herausfordernde Anfechtung, die der Bildkunst zuletzt sogar die Existenz streitig machen sollte. Die aber hat der Cusaner wiederum so genau gesehen, daß er vorab bereits den abschlägigen Bescheid aussprach. So versteigt sich der Löffelschnitzer an einer Stelle zu einem Vergleich, der eher die Belastung des Philosophen als den Stolz des Handwerkers bekundet: die Kunst des Löffelschnitzens und Töpferns sei höher einzuschätzen als die des Malers oder Bildhauers. „Denn, wenn auch der Bildhauer oder Maler die Vorbilder *(exemplaria)* von den Dingen, die er darzustellen bemüht ist, hernimmt, so ich doch nicht, der ich aus Holz Löffel und Schalen und Töpfe aus Lehm erzeuge *(educo)*; denn darin ahme ich keine Gestalt irgendeines natürlichen Dinges nach; Formen von solcher Art nämlich wie die der Löffel, Schalen und Töpfe werden allein durch die menschliche Kunst vollbracht *(perficiuntur)*. Daher ist meine Kunst weitaus vollkommener als die der Nachahmung von geschaffenen Gestalten *(figurarum creatarum)*, und darin der unendlichen Kunst ähnlicher" (Liber de mente, cap. II, 116 v.).

Da hat sich für einen Augenblick der überirdische Glanz der Metaphysik in das Kellergemach gesenkt und nicht nur dem Löffelschnitzer die Sinne verwirrt. Denn die theologisch-philosophische Vorstellung, die dem Vergleich der Künste zugrunde liegt, zeigt Gott in einer anderen Weise, als ihn die *ars* des Löffelschnitzens zu verstehen gibt: nämlich im Bilde der *ars infinita*, der Idee der Schöpfung aus dem Nichts, von der her die Natur im ganzen, als geschaffene, ihr Wesen und im Hinblick auf die der Mensch, als schaffendes Geschöpf, seine besondere Auszeichnung inmitten der Schöpfung empfängt. Die Herkunft und Eigenart solcher Ideen hat Martin Heidegger in der Schrift „Platons Lehre von der Wahrheit" (Gesamtausgabe, Abt. I, Bd. 9) aufgedeckt. Obwohl kein εἶδος im eigentlichen Sinne, verdankt die „Idee" der *ars infinita* ihre Existenz und ihre Funktion einem Sehen, das Platon im „Höhlengleichnis" zu Beginn des siebten Buches des „Staates" eigens begründet und in seiner Bewegungsform durchsichtig gemacht hat. Der Weg aus der Schattenwelt der Höhle ins Licht der ἰδέα, des wahrhaften „Aussehens" der Welt, verdeutlicht nicht nur die mühsame Erziehung des Menschen zur Erkenntnis, sondern bricht zugleich einer neuen Auffassung von Wahrheit die Bahn. Indem das Geschehen der Umkehr, die Abwendung von den Schemen des Scheinwissens und die Zuwendung zu den schwankenden Gestalten der Erfahrung, sukzessive verblaßt über dem steten Aufgang der Sonne der Erkenntnis, verengt sich der Blick auf einen einzigen Fluchtpunkt und die einfache Hinsicht auf das „Hellste" (φανότατον) gewinnt unaufhaltsam die Oberhand über den plastischen Sinn für die abgewandte Seite jedes Anblicks, das Verhältnis von Offensichtlichkeit und Verborgenheit, dem Heidegger mit der buchstäblichen Übersetzung des griechischen Wortes für Wahrheit, ἀλήθεια, durch „Unverborgenheit" energisch Nachdruck verleiht. „Die ἀλήθεια kommt unter das Joch der ἰδέα"

(a. a. O., S. 230). Die Quelle des Lichts wird zum Maßstab des Erkennens, d. h. die Wahrheit wandelt sich zur Richtigkeit des Sehens. „An der ὀρθότης, der Richtigkeit des Blickens, liegt alles. Durch diese Richtigkeit wird das Sehen und Erkennen ein rechtes, so daß es zuletzt geradeaus auf die höchste Idee geht und in dieser ‚Ausrichtung' sich festmacht" (ebenda). Damit aber ist die Bühne freigegeben für „Ideen" von der Art der „unendlichen Kunst" Gottes, die nicht mehr, wie Platons „Idee des Guten", eigens erschaut werden müssen, sondern als Offenbarungswahrheit geradewegs ins Auge gefaßt werden können. Denn sobald die höchste Idee effektiv um der Regelung der Richtigkeit der menschlichen Anschauungen willen gesucht wird, springt sie in eine Vielfalt von „Ideen" auseinander – deren „Güte" sich letztlich danach bemißt, wie durchschlagend, umfassend und gründlich sie die Welt ins Lot zu richten vermögen.

Die Anrufung der Allmacht des Schöpfergottes durch den Handwerker ist demnach weniger absonderlich, als es zunächst den Anschein hat. Im Unterschied zum indirekten Aufsuchen der Wahrheit im Bilde des Löffelschnitzens dient der Vergleich mit der alle Anschauung überragenden Idee der *creatio ex nihilo* vornehmlich dem Zweck, eine Besonderheit des Handwerks eigens hervorzukehren und vorteilhaft ins Licht zu setzen. Die Gestalt des Löffels ist anscheinend, anders als die Motive der Malerei und Bildhauerei, vor der Erschaffung durch den Menschen nicht existent. Das leuchtet unmittelbar ein – und genau in diesem selbsterzeugten Wetterleuchten der Erkenntnis liegt die Macht und die Gefahr des „Ideenblicks" (Heidegger); verleitet er doch dazu, überall nur noch das „Hellste", in diesem Falle das Licht des Schöpfertums, in seiner Helligkeit zu sehen. So hat selbst die ausgeprägte, in der Philosophie einmalige Kenntnis der zeitgenössischen Malerei den Cusaner nicht davor bewahrt, im Hinblick auf die Bildkunst das platonische Mißverständnis der μίμησις nachzureden. Als ob die Künste der Malerei und Bildhauerei jemals *exemplaria* in der Natur vorgefunden hätten (von höheren, philosophischen Sphären einmal ganz zu schweigen)! Auch in ihren „realistischen" Formen hat die Bildende Kunst Europas zu keiner Zeit, und am allerwenigsten in der italienischen Renaissance, direkt die Natur nachgeahmt, sondern immer nur – darin der Praxis des Löffelschnitzens durchaus verwandt – die *Kunst*, der Natur ähnliche Gestalten hervorzubringen, geübt, d. h. die *exempla* durch

Nachahmung gepflegt und gegebenenfalls durch neue Kunstmittel bereichert und vervollkommnet. Das ist ein ganz erheblicher Unterschied, der nicht nur die Bildkunst anders dastehen läßt, sondern am Ende, wie die Maler der klassischen Moderne des 19. Jahrhunderts, die tatsächlich *sur le motif* zu Werke gingen, bewiesen haben, sogar die allzu offensichtlichen Vorstellungen von der *Natur* zu erschüttern vermag.

Diese Unstimmigkeit im Ansatz des Vergleichs zu bemerken, ist eine Sache; eine andere hingegen, zu sehen, daß der Irrtum der betörenden Evidenz des Werturteils, das sich darauf gründet, keinerlei Eintrag tut. Die Irreführung ist so mächtig, daß sich in den folgenden Jahrhunderten selbst die Bildende Kunst ihr nicht entziehen konnte; hat sie doch gerade die sichtbare Realität voll auf ihrer Seite. Sobald das Augenmerk ausschließlich, ohne der heimlichen Weide des Geistes zu achten, auf den unmittelbaren Vordergrund der *ars* gerichtet wird, erscheinen umgehend zwei bekannte Phantome der Neuzeit am Horizont: das ausdrückliche Geltendmachen des Wertes der Arbeit und die Faszination am Neuen, Noch-Nicht-Dagewesenen. Ist das Hervorbringen von etwas, das in keiner Anschauung gegeben ist, denn nicht in der Tat *mehr* als die Wiedergabe von bereits geschaffenen Gestalten *(figurarum creatarum)*? *Placet idipsum*, „das versteht sich von selbst", bestätigt der Philosoph den auf Abwege geratenen Löffelschnitzer. Verkürzt man den Sinn des Handwerks auf die Vergleichbarkeit seiner Produkte mit anderen Produkten unter dem Gesichtspunkt der absoluten, von nichts bestimmten und auf nichts angewiesenen Schöpfungstat Gottes, dann ist das Argument vollkommen plausibel. Einen Löffel hervorzubringen, ist so gesehen eindeutig kreativer, als den Baum, aus dessen Holz er geschnitzt ist, darzustellen. Nur ist in dieser Hinsicht eigentlich nicht mehr der Löffel im Blick – und wohl auch nicht Gott, die Natur und die Verschiedenheit der Künste, sondern etwas Anderes, das selber neu, jedenfalls so noch nie dagewesen ist. Statt dem Widerschein eines Geheimnisses, der indirekten Zusage des verborgenen Ursprungssinnes der Schöpfung im Bilde des Löffels nachzusinnen, läßt sich der Geist des Löffelschnitzers unmittelbar durch ein Bild von der Macht der Kunst überhaupt, die im Erzeugen *(educere)* von nicht vorhandenen Dingen zum Vorschein zu kommen scheint, blenden. Damit wird die Bedeutung der Grenze des praktischen Bescheidwissens, die Gewähr der Zuständigkeit, die dem Handwerk jeweils erst die besondere Bewandtnis seines Vollbringens *(perficere)* eröffnet, kurzerhand zugunsten einer allgemeinen Vorstellung von Produktivität unterschlagen, und das Genügen des Löffelschnitzers an seinem Tun beginnt merklich zu wanken. Als schiere Repräsentation menschlicher Ingeniosität und Schaffenskraft ist ein Löffel ja doch ein bißchen wenig. Die großzügige Dreingabe von Schalen und Töpfen spricht für sich – und verdeutlicht zugleich, wie unbekannt und in ihrer Tragweite noch unabschätzbar die Implikation des verwegenen Vergleichs, der wie ein Irrlicht durch die Werkstatt des Löffelschnitzers geistert, für den Cusaner gewesen ist. Die Ausrichtung der Künste an der Idee des Schöpfertums, die zunächst nur die Bildende Kunst ins Hintertreffen zu bringen scheint, deutet eine Möglichkeit der Entfesselung des menschlichen Geistes an, die schließlich dem Handwerk selber den Garaus machen sollte: das wissenschaftlich-technische Projekt der Neuzeit, die Welt im ganzen „neu", d.h. allein aus dem Vermögen und Ermessen des Menschen heraus ins Bild zu setzen.

Ehe das Weltbild der Neuzeit in Angriff genommen werden konnte, bedurfte es jedoch des Umbruchs der strengsten Fassung des Geistes in seine schärfste Waffe. Gerade die bedrohliche Nähe in der Hervorkehrung des Schöpferischen hilft, den gewichtigen Vorbehalt, der dem Fürsprecher der *ars* die Dimension der Technik verbarg, in seiner ganzen Feinheit und Verletzlichkeit zu sehen. Eigentlich schöpferisch ist der menschliche Geist im Verständnis des Cusaners nämlich nur – als zählender. Die Lehre von der Zahl ist das Herzstück seiner Philosophie, der Kammerton, der den beiden flüchtigen Anklängen, der Erinnerung der ältesten Bildauffassung und der Vorahnung des Weltbildes der Neuzeit, das Maß gibt, sowie der Schlußstein, in dem der Bogen zwischen der Metaphysik und der Kunst kulminiert. Einzig in der Zahl scheint der Geist ein vollkommenes, präzises Wissen zu besitzen. Denn im Zählen baut er sich aus sich selber auf. Das grandiose sechste Kapitel des Dialogs zeigt, wie jede Zahl in einem dreifachen Verhältnis besteht, das die innere Bauform des Geistes darstellt: sie ist das Eine *(unum)*, das jeweils in zweierlei Hinsicht, als einzelnes *(singulariter)* und als ein und dasselbe *(unum et idem)*, existiert, weil der Geist, der zählt, in jeder Vereinzelung zugleich einig mit sich ist. Zählen heißt, einzelne Einheiten von Ein- und Demselben erschaffen. Die „aus sich selber zusammengesetzte Zahl" *(numerus ex se ipso compositus)* ist daher ein echtes Bild der Einheit von Gottes Geist. Aber eben auch nur - ein Bild. Die Kehrseite der reinen *compositio* wird umgehend sichtbar, wenn die Zahl direkt auf Gottes Schöpfung angewandt wird. Dann nämlich erweist sich das präzise Wissen des menschlichen Geistes als höchst bemessen, weil es aus sich heraus nicht zu erkennen vermag, weshalb überhaupt Vielfalt, der Übergang von Einem zum Anderen ist; und nicht vielmehr nur der Fortgang von Einem zu Einem. „Bei schärferer Betrachtung wird man daher finden, daß die Vielfalt der Dinge *(pluralitas rerum)* nichts anderes sei, als eine Art Erkenntnis des göttlichen Geistes" (cap. VI, 121 r.).

Damit bleibt die Bedeutung der Zahl jedoch nicht etwa auf ein bloßes Spiel des Denkens mit sich selber beschränkt. Die strikte Unterscheidung zwischen dem präzisen Bild im Geiste und dem eigentümlichen Dasein der Dinge führt vielmehr gerade auf die Spur der besonderen Art von Wissen, die das Handwerk einmal gewesen ist. Alles andere als blind, hat der Löffelschnitzer ja doch etwas im Blick, wenngleich nichts vom Schlage der Entwürfe, die vor Augen stehen. *Proporcio est locus forme*, lautet seine ebenso schlichte wie sybillinische Auskunft: „Die Proportion ist der Ort der Form" (cap. VI, 120 v.). Der Ort - und nicht die Regel. Der Unterschied, daß das Maßverhältnis eines Löffels eben kein Maßstab im Sinne eines Moduls oder Prototyps ist, dem der Schnitzer sein Werk anpaßte, ist entscheidend. Ständig Maß nehmen und nachmessen zu müssen, kennzeichnet das Vorgehen des Dilettanten, in dessen Machwerken niemals der Glanz des *exemplar* aufscheint. Das Maßverhältnis ist vielmehr der gegenständlich nicht faßbare Ort, den es mit jeder Form von neuem wiederzufinden gilt: „gleichsam die Eignung der spiegelhaften Oberfläche zur Rückstrahlung des Bildes" (*quasi aptitudo superficiei specularis ad resplendenciam ymaginis*, loc. cit.). Die Eignung - und nicht etwa die Ursache. Denn die spezifische Proportion des Löffels, die Möglichkeit des Gelingens seiner Gestalt, wurzelt in einer praktischen Umschichtung der mathematischen Grundverfassung des Denkens. Auch wenn er nicht zählt, scheint der menschliche Geist dreifach zugange. Der Löffelschnitzer bereitet der Form den Ort, indem er, statt nur auf das Resultat seines Tuns zu achten, den Geist beiläufig auf seiner schönsten Weide, dem

Felde der reinen Beziehungen, spielen läßt; und umgekehrt, allein deswegen, weil er dieser entrückten Harmonie nachsinnt, ist er in der Lage, die Entstehung der Form in der Weise zu leiten, daß er ohne Emphase dem Eintreten eines erstaunlich zuverlässigen Wunders entgegensieht: dem Zustandekommen eines Gebildes, das sowohl der präzisen *compositio* des Geistes genügt als auch in der Vielfalt der Dinge seinen Ort hat.

Für die Philosophiegeschichte mag die Lehre von der Dreieinigkeit des Geistes in der Zahl als ein letzter Höhepunkt der Zahlenspekulation gelten. Seine eigentliche Bedeutung zeigt das Konzept der „aus sich selber zusammengesetzten Zahl" jedoch erst im Hinblick auf die Geschichte der Kunst. Mit der Bestimmung der Mathematik als Schöpfungsgleichnis und der nüchternen Einsicht in die innere Bemessenheit ihrer Präzision erweist sich Nikolaus von Kues als ein echter Zeuge des Aufbruchs der europäischen Bildkunst zu Beginn des Quattrocento, als ein Weggenosse Masaccios und der großen Flamen. Denn ein Jahrhundert nach Giotto bekamen diese Maler das Bildproblem in einer neuartigen, nur von dem Philosophen des Löffelschnitzers durchdachten Zuspitzung zu fassen. Die Bildform Giottos war und ist ohne Nachahmung geblieben, weil sie kein Prinzip erkennen läßt, sondern ihre Einheit und Selbständigkeit allein der absoluten, sich selber tragenden Relativität aller Orte und Funktionen innerhalb der Abmessungen der Fläche verdankt. Das heißt, die Proportion bei Giotto ist noch eindeutig vor-mathematisch.[4] Dagegen steht die Revolution der Malerei im ersten Drittel des 15. Jahrhunderts ganz im Zeichen der mathematischen Konstruktion eines projektiven, auf einen Fluchtpunkt hin ausgerichteten Bildraumes. Daß der Anstoß dazu ursprünglich von einem Architekten, Filippo Brunelleschi, ausging, unterstreicht nur, wie allgemein das Bedürfnis, die Welt vom Gesichtspunkt des Menschen her zu vergegenwärtigen, gewesen ist. Selbst die Architektur wandelte sich zur Bildkunst. Der grundlegende, die Renaissance radikal gegen die Neuzeit

[4] Die Bestimmung „vor-mathematisch" widerspricht nicht Theodor Hetzers Begriff des Mathematischen bei Giotto (in *Giotto. Grundlegung der neuzeitlichen Kunst* (1941). Mittenwald – Stuttgart 1981). Die Differenzierung beruht vielmehr gerade auf Hetzers Beobachtung, daß das Mathematische bei Giotto noch nicht das Kalkül des Bildes im ganzen bestimmt, sondern durch das Architektonische und das Ornamentale aufgewogen wird.

im engeren Sinne abgrenzende Vorbehalt, den der Cusaner zu verstehen gibt, zeigt sich jedoch unmittelbar daran, daß die führenden Maler der Zeit die Zentralperspektive mit erstaunlicher Zurückhaltung eingesetzt haben. Entweder wird, wie bei Masaccio, der Vordergrund durch die plastische Figuration massiv gegen den Sog der Perspektive befestigt, oder der Fluchtpunkt wird mit Bedacht verhüllt. So ist die Auflösung der Konvergenz der Fluchtlinien in einem offenen, zirkulären Hof geradezu ein Echtheitskriterium, das ein Original Jan van Eycks oder Rogier van der Weydens von einer einschlägigen Werkstattkopie zu unterscheiden erlaubt.[5] Die Annahme, daß diese Künstler das neue Mittel eben noch nicht gemeistert hätten, scheint angesichts der Entstellungen, die seine blinde Beherrschung hervorgerufen hat, beinahe ehrenrührig. Vielmehr scheint das Auge der Maler den Scharfsinn des Philosophen bestätigt zu haben: Die *praecisio* des mathematischen Kalküls und die Vielheit der Erscheinung sind unmittelbar nicht vereinbar. Masaccio hat den positiven Sinn dieser Abweichung sogar in einem poetischen Gleichnis zum Ausdruck gebracht (Abb. 11). Die „Trinität" in der Kirche Santa Maria Novella (Florenz), das Alterswerk des Siebenundzwanzigjährigen, zeigt Gott Vater, wie er von hinten, vor einem perspektivischen, von Brunelleschi entworfenen Kassettengewölbe, das Kreuz des Sohnes mit beiden Armen hält. Aber dieser Haltende erscheint nicht in der Flucht des menschlichen Gesichtspunkts. Seine Gegenwart im Bild ist gleichsam exterritorial, eine vollkommen flächige Epiphanie, die ihre ikonische Distanz dadurch gewinnt, daß sie die absehbare Ferne der mathematischen Konstruktion durch ihre unberechenbare Nähe unterbricht.

Die Tatsache, daß die Malerei im Fortgang des Quattrocento diesen Vorbehalt zunehmend vernachlässigt hat, spricht keineswegs gegen seine Verbindlichkeit. Im Gegenteil, die durch Leone Battista Albertis Schrift *De pictura* (1435, ital. 1436) bestärkte Tendenz, die Zentralperspektive voll durchzukonstruieren, hat das Problem lediglich dahin verlagert, daß nunmehr die eigentliche Gegeninstanz der *praecisio* im Bild, die Gegenwart der Farbe, gesteigerte Bedeutung

[5] Ein Beispiel dafür ist der Echtheitsnachweis eines lange für eine Werkstattkopie gehaltenen Bildes in der Berliner Gemäldegalerie durch Rainald Grosshans, *Rogier van der Weyden. Der Marienaltar aus der Kartause Miraflores*. In: Jahrbuch der Berliner Museen, N.F. Bd. 23. Berlin 1981, S. 49–112.

gewann. Die Diskrepanz, daß die Ebenen der Farbe in der Wahrnehmung nicht den projizierten Positionen im geometrischen Raum entsprechen, ist das Dilemma der Malerei im Ausgang des Quattrocento, in dem sich eine neuerliche Umwälzung, die Entstehung des koloristischen Bildtypus der Venezianer, ankündigt. Damit wäre die Grenze der Zuständigkeit des Löffelschnitzers eigentlich erreicht gewesen, das Maß seiner Lehre erfüllt – wenn die *inquisitio symbolica* nicht noch ein unerwartetes Nachspiel gehabt hätte. Es gehört zu den tiefsten Irritationen der Beschäftigung mit dem europäischen Bildproblem, daß der Beginn der eigentlichen Neuzeit im 17. Jahrhundert unwillkürlich den Eindruck erweckt, als sei dies alles schon einmal dagewesen, wenn auch nur *symbolice*, im Bilde der Malerei. Das wissenschaftlich-technische Zeitalter scheint mathematisch auch in dem weitesten Sinne, daß es eine längst bekannte und in ihrer Beschränktheit hinlänglich durchschaute Sichtweise unmittelbar dazu heranzieht, eine unbekannte Wirklichkeit zu erweisen.

Die Grundzüge hat Martin Heidegger in dem Vortrag „Die Zeit des Weltbildes“ (Gesamtausgabe, Abt. I, Bd. 5) dargestellt. Sobald der Mensch das, was er will, geradewegs aufzusuchen und in die Tat umzusetzen unternimmt, wird die Welt zum Bild, zum Gegenstand und Produkt seines Wollens. Die *inquisitio directa* braucht die Frage nach dem Ziel des menschlichen Wollens gar nicht mehr eigens zu stellen, weil sie im Ansatz bereits beantwortet ist: durch die Zurichtung der Welt zum Welt*bild*. „Das Weltbild wird nicht von einem vormals mittelalterlichen zu einem neuzeitlichen, sondern dies, daß überhaupt die Welt zum Bild wird, zeichnet das Wesen der Neuzeit aus“ (S. 90). In dieser Konstellation verliert die Unterscheidung zwischen der präzisen Selbstentfaltung des Geistes und der Vielfalt der Dinge ihren Sinn. Die *praecisio* wird im Zuge des wissenschaftlich-technischen Vorgehens vielmehr als Exaktheit, als Maß der Übereinstimmung des Verfahrens mit seinen grundlegenden mathematischen Hypothesen, geradezu zum Gütezeichen der systematisch betriebenen Bildproduktion. „Nur was dergestalt Gegenstand wird, *ist*, gilt als Seiendes“ (S. 87). Doch die Ausforschung und Verwirklichung der Welt als Bild rechnet nicht mit dem Gegenzug: der Wiederkehr der *pluralitas rerum* in Gestalt einer ebenso aufdringlichen wie fadenscheinigen Bilderwelt. Denn wo der Mensch ständig zur Repräsentanz, zur Wiedererkenntnis und Legitimation seiner selbst in den

Bildern seines Wollens aufgerufen ist, verwildert nicht nur die abgeschiedene Weide des Geistes zum Hinterland unproportionierter Ansprüche und Träume; je weiter die Vergegenständlichung der Dinge fortschreitet, desto schleierhafter und abweisender wird obendrein das Bild, auf das sie zuzusteuern scheint. Das Staunen vor der Anwandlung des Verborgenen weicht dem Befremden angesichts der Abtrünnigkeit des Sichtbaren. Das Bild des Löffels verschwindet in der anonymen Zirkulation des Kapitals, und der Körper ermattet im Konsum einer Produktion, die ihn verschleißt. Die Not der Technik ist der Überfluß, der das Genügen zunichte macht. „Ach, das Greuliche ist überall, es ist im Flauen wie in der übertriebenen Energie", schreibt der Wegbereiter der modernen Malerei, Eugène Delacroix, im Jahre 1862 (Brief an Colonna di Castiglione, 13. Juni 1862).[6] Diesem Bild der Zeit ist kaum etwas hinzuzufügen. Knapp ein Jahrhundert später hat Martin Heidegger die Anschauung der avancierten Wissenschaft, wonach der Mensch im modernen Weltbild am Ende nur noch sich selber begegne, lediglich ein wenig philosophischer zurechtgerückt: *„Indessen begegnet der Mensch heute gerade nirgends mehr sich selber, d.h. seinem Wesen"* (Die Frage nach der Technik, 1953).[7]

Die Fremde ist jedoch nicht nur die Gegenwelt der Heimat. Schon in der ersten Stunde der Neuzeit hat die Malerei gezeigt, daß die Fremde zugleich ein Ort der Einkehr sein kann. Es macht den Rang von Künstlern wie Velazquez, Poussin und Vermeer aus, daß sie in der Perspektive der *inquisitio directa* die Wahrheit des Löffelschnitzers wiederzufinden verstanden. Dabei ist die Kehre Vermeers besonders spitz: dermaßen rigoros wie er kann ein Maler wohl nur rechnen, wenn ihm der Sinn präzise nach anderem steht. Vermeer ist der Meister der *distractio inquisitiva*, der konstruktiven Zerstreuung des vorstellenden Blicks. So zeigt das Bild „Die Musikstunde" (1662–65; The Queen's Gallery, London) anscheinend nur ein bekanntes Genremotiv: ein Interieur mit einer Frau und einem Mann am Virginal (Abb. 12). Selbst der Inhalt scheint durch die teilweise verdeckte, aber hinlänglich identifizierbare Inschrift auf dem Deckel

[6] „Hélas! l'horrible est partout: il est dans le fade comme dans l'énergie exagerée." In: E. D., *Correspondance générale.* Bd. 4, Paris 1938, S. 319.

[7] Martin Heidegger, *Vorträge und Aufsätze.* Teil I. Pfullingen, 3. Aufl. 1967, S. 27.

des Instruments von vornherein klargestellt: MUSICA LETITIAE CO(ME?)S / MEDICINA DOLOR(IS?). „Die Musik ist die Begleiterin der Freude, das Heilmittel des Schmerzes.“ Aber das Gemälde veranschaulicht nicht einfach die amouröse Zweideutigkeit der Musik; weit gefehlt.[8] Hier wird vielmehr das Sehen selber in einem Rhythmus von offensichtlichen Verheißungen und freundlichen Abweisungen gewiegt, der eine alte Liebe wachwerden läßt.

Die Mittel sind, für sich betrachtet, vollkommen durchsichtig. Aufgrund des nahen Augenpunktes springt der Blick zunächst weit in die Tiefe, auf den nach rechts versetzten Fluchtpunkt der Perspektive zu. Durch die Rückenansicht der Frau vor dem Virginal verdeckt, scheint das Zentrum dort zu liegen, wo ihre Hände die Tastatur berühren. Der Spiegel an der Wand darüber enthüllt indes, daß der Schwerpunkt des Motivs nicht im Fokus des Betrachters liegt. Der Kopf der Frau ist, ohne daß sie aufblickte, dem Mann auf der rechten Seite des Instruments zugewandt, der wiederum abwesend in ihre Richtung starrt, als würde er einem fernen Klang nachlauschen. Sobald dieses unausdrückliche Zusammenspiel erkannt ist, tritt ein zweites, von der perspektivischen Ordnung abweichendes Register des Bildes aus der Verdeckung. Die gesamte Fläche scheint nach der Regel des Goldenen Schnittes so aufgeteilt, daß der vertikale Schnitt, der durch die linke Spiegelkante führt, die intime Szene gegen die größere linke Seite des Bildes absetzt, während die horizontale Achse, die mit der Oberkante des Instrumentenkastens zusammenfällt, die latente Handlungsebene zwischen den Figuren unterstreicht. Doch nicht genug. Im linken oberen Kompartiment dieser von mannigfachen Parallelen gestützten Flächenordnung liegt der Ursprung der Farblegende des Bildes. Ein doppelstöckiges Fenster im Hintergrund wirft von der Seite zwei Bahnen kontrastierenden Lichtes, ein warmes, ockerfarbiges, und ein kühles, bläuliches, an die Rückwand des Raumes, aus denen stufenweise, in einer langsamen, der perspektivischen Flucht entgegenwirkenden Kadenz die Hauptakkorde der Farbe entwickelt werden. Das Kolorit steigt zunächst in den Lokalfarben des Virginals, der Kleidung der Spielerin

[8] Die Forschung zu Vermeers „Musikstunde“ wird zusammenfassend diskutiert in dem Katalog *Von Frans Hals bis Vermeer*, Staatliche Museen Preußischer Kulturbesitz. Berlin 1984, S. 328–330.

sowie des Stuhles und der Baßgeige am Boden hinter ihr zu einem strahlenden Dreiklang von Gelb, Rot und Blau auf, ehe die Brillanz der Buntfarben, nicht ohne noch einmal in dem Teppich, der den Tisch rechts vorne bedeckt, flüchtig aufzublinken, in einem moosgrünen Halbschatten versinkt. Dieser wiederum durchwaltet die gesamte untere Proportion der ebenmäßigen Teilung. Von links unten, der Fensterwand entlang, dringt er unauffällig in gelblichen und bläulichen Nuancen über die Rückwand bis zu dem männlichen Zuhörer vor. Die merkwürdig erregt verharrende Gestalt erscheint wie eingekreist, umgarnt von dem stumpfen Grün, das ihr an den Fingern, den Ärmeln und der Schärpe hochkriecht und das wallende Haupthaar mit einem matten Schein überfliegt. Rechts dahinter ist im knappen Anschnitt der Teil eines Bildes sichtbar. Kenner mutmaßen, daß es sich dabei um eine Darstellung der *caritas Romana* handelt: der von Valerius Maximus berichteten Geschichte, wie Pero ihren alten Vater Cimon, der im Gefängnis auf seine Hinrichtung wartete, vor dem Verhungern bewahrte, indem sie ihm heimlich die Brust gab.

Das Bild im Bild gibt, wenn die Zählung vollständig ist, neben der motivischen, der perspektivischen, der dramatischen, der planimetrischen und der chromatischen Ordnung eine sechste Lesart des Gemäldes zu erkennen. Aber der verhohlene Wink ist wohl kaum der Schlüssel, der das Rätsel zu entziffern erlaubt, sondern eher eine weitere Ebene in dem Kristallgitter, in das der Maler dieses oberirdische Gemach verschließt. Die präzisen Irreführungen vervielfachend und ineinander verschränkend, schafft er ein luzides Gehäuse, in dem die älteste Bildauffassung geradezu Beweiskraft gewinnt. Die *caritas mathematica* Vermeers scheint ein Komplement zum *amor intellectualis dei* Spinozas. Der Lehrsatz 7 des II. Teils der *Ethica more geometrico demonstrata* lautet: „Die Ordnung und Verknüpfung der Ideen ist die selbe wie die Ordnung und Verknüpfung der Dinge." Vermeers „Musikstunde" hingegen demonstriert nicht, sondern gibt einer äußersten Wahrnehmung Raum: In der Verknüpfung der voneinander abweichenden präzisen Ordnungen, die das Bild ist, wird die Entsprechung, in der das Denken und die Dinge zueinander gehören mögen, vernehmbar.

Vermeer ist nach seinem Tode vergessen worden. Erst Mitte des 19. Jahrhunderts wurde er wiedererkannt; und es ist sicher kein Zufall, daß sein Entdecker, Bürger-Thoré, ein kritischer Advokat Delacroix' gewesen ist. Die Zeit war reif für den stillen Antipoden der *inquisitio directa*, als „das Greuliche“ überall sichtbar wurde: „im Flauen wie in der übertriebenen Energie“. Denn die Zurichtung der Welt zum Bild vollendet sich in der Auflösung jeglicher Bestimmtheit des Bildes, in der Vernichtung von Gegenwärtigkeit überhaupt durch den ständigen Prozeß der historischen und technischen Aktualisierung von allem und jedem. Die Erfahrung, daß der jeder Begrenzung entwachsene, allein sich selber überantwortete Wille zwar mancherlei bewirken, erzeugen und verschaffen kann, aber aus sich heraus nicht in der Lage ist, ein Bildwerk zustande zu bringen, muß Delacroix besonders hart getroffen haben; war er doch ein Willensmensch von formidablem Zuschnitt. Sein *ennui* ist daher auch nicht bloß die bekannte *maladie du siècle*, sondern ein Trauma, das tiefer reicht als die großen Philosopheme seiner Zeit, die kontroversen Entwürfe Schopenhauers und Hegels, indem es den inneren Widerspruch der Subjektivität als zwei Seiten ein und desselben, spezifisch modernen Dilemmas entblößt: die bloße Abdikation des Wollens, das „Flaue“, genügt sowenig wie die „übertriebene Energie“, die reine Selbstbestätigung des Willens im Tätigsein überhaupt. Der gerade Weg verfehlt die Kunst, weil er das Dasein versäumt. In dieser Not, blockiert zwischen zwei Irrwegen, hat sich Delacroix eine Art Selbstanweisung zurechtgelegt, deren runder Sinn fast ein wenig betulich anmuten könnte, sosehr erinnert sie an die Ökonomie des Löffelschnitzers; wenn sie nicht zugleich, von einem Künstler aufgestellt, auf eine radikale Absage an das Schöpfertum hinausliefe. „Man muß unbedingt von der Arbeit zur Muße übergehen, und umgekehrt; sie erscheinen dann gleichermaßen angenehm und heilsam“ (Brief an Madame de Forget, 25. Aug. 1854).[9]

Die Zucht des Artisten, sich selber wie ein unbekanntes Wesen behandeln zu können, war der erste Schritt der Einkehr. Den anderen hat Delacroix selber nicht mehr getan, obwohl er ihn, wie die intensive Auseinandersetzung mit den Farbphänomenen der Natur in seinem „Journal“ zeigt, unwillkürlich im Blick gehabt hat. Zusehr stand

[9] „Il faut passer absolument du travail au repos réciproquement: ils paraissent alors également agréables et salutaires.“ In: E. D., *Correspondance générale*. Bd. 3, Paris 1937, S. 221.

der Verehrer von Rubens und Veronese wohl noch im Banne des großen, heroischen Sujets, um das heilsame Gegenbild des Dilemmas der Subjektivität zu erkennen. Die motivische Konsequenz der Not hat vielmehr Hölderlin ausgesprochen. Der Dichter der Dichtung „in dürftiger Zeit", wenn die Götter fern sind und in der Fremde schon fast die Sprache verloren ist, hat in einer denkwürdigen Weise die Wendung vorausgeahnt, welche die Maler der klassischen Moderne im letzten Drittel des Jahrhunderts vollziehen sollten. Es liest sich im nachhinein beinahe wie ein Rückblick auf die Zukunft, wenn Hölderlin am Ende des Gesangs „Versöhnender, der du nimmergeglaubt" (Zweite Fassung) vom Menschen, unvermittelt abbrechend, sagt:

> „das unscheinbare aber, das nächste gewann er zuletzt,
> die liebste"

Wer oder was „das unscheinbare", „das nächste", „die liebste" sei, wird nicht gesagt; wohl mit Bedacht. Die direkte Anrede und Berufung der „Natur" benennt schon lange nicht mehr, wovon sie eigentlich spricht. Die Natur gilt als das schlechthin Gegenwärtige und Offensichtliche, das sich unmittelbar annehmen, als Widerstand bis zu einem gewissen Grade meistern, als vorhanden voraus- und in Geschichte umsetzen läßt; daneben mag sie, wie es die Kunst der Malerei für Jahrhunderte getan hat, auch noch in Bildwerken gepflegt werden. Aber all dies scheint letzthin nur möglich, weil die Natur von Anbeginn, wenn auch stets widerspenstig, „die liebste" gewesen ist: „das nächste", das jeder Anschauung zuvorkommt; „das unscheinbare", das vor unserem Blick zurückweicht. Die Schonung, die der Mensch genießt, ist unerklärlich, aber nicht unaufweisbar. Die Beweisführung blieb freilich der Malerei vorbehalten. Als die Maler der Moderne des 19. Jahrhunderts, angewidert vom Flauen und Übertriebenen der Geschichte, erstmals ungeschützt, das selber historisch, akademisch gewordene Bescheidwissen der *ars* verschmähend, vor die Natur traten, mußten sie erfahren, daß das Sichtbare nur deswegen offenkundig scheint, weil es in sich verhüllt ist. Denn der Versuch der Darstellung entdeckt, daß nichts in der Domäne des Augenlichts einfach dieses oder jenes ist, sondern alles aus einer Beziehung von Hier und Dort existiert, in einem Zusammenhang, der als ganzer nicht offenbar ist. Verborgenheit ist kein Gegensatz zur sichtbaren Welt, sondern ein Grundzug ihres Daseins. Die Natur läßt sich daher nicht anders als indirekt, *symbolice* darstellen: durch ein Äquivalent, das der sichtbaren Proportion von Gegenwart und Verhüllung entspricht.

Die Wendung zur Natur hat in einer noch nie dagewesenen Ursprünglichkeit den Kunstcharakter des Bildes aufgebracht. Alle Protagonisten der klassischen Moderne sind sich dessen bewußt gewesen. Aber einer, Paul Cézanne, hat darüber hinaus die Zumutung, die diese Wendung für das Selbstverständnis des Menschen bedeutete, gespürt und stumm, Bild für Bild, ausgetragen; bis die Frucht des einsamen Zwiegesprächs reif war. Im Jahre 1901 hatte Cézanne einen jungen Maler namens Charles Camoin, der einen Teil seiner Militärdienstzeit in Aix verbrachte, kennengelernt und Vertrauen zu ihm gefaßt. Als er ihn nach über einem Jahr der Trennung zufällig in Marseille auf der Straße wiedersah, trat er auf ihn zu und sagte, noch ehe er ihn begrüßte: „Tout est, en art surtout, théorie développée et appliquée au contact de la nature." So hört es sich wohl an, wenn ein Berg sein Schweigen bricht. Die Äußerung war Cézanne so wichtig, daß er sie postwendend – mit Brief vom 22. Februar 1903 – noch einmal bestätigte. Dabei hob er *„en art surtout"* hervor; und fügte hinzu: „Dies ist der richtigste Brief (la lettre la plus juste), den ich Ihnen bisher geschrieben habe. – *Credo.*"[10]

Der Satz ist gefügt wie die Bilder. Alle Ebenen sind durchgängig aufeinander bezogen, aber ohne erkennbare Grundlage. Die Proportion Cézannes ist nach-mathematisch. „Alles ist ... Theorie." Das ist keine theoretische Aussage, geschweige denn selber eine Theorie, sondern eine Feststellung des Wesens von Theorie. Die Welt geht im Schauen auf. Der Mensch ist – im Sinne der vorphilosophischen Bedeutung, nach der θεωρία einmal der Name für die „Festgesandtschaft" war – zum Schauen der Dinge bestellt. Allein die Augen aufzuschlagen, genügt indes nicht. Der offene Blick bleibt leer und blind, solange er nicht weiß, wohin er blickt. Man sieht nur, was man weiß. Mit dieser Einsicht hatte die eigentlich philosophische Theorie begonnen. Ihre Anwendung auf die Natur, die Überprüfung und Er-

[10] Paul Cézanne, *Correspondance.* Recueillie, annotée et prefacée par John Rewald. Nouvelle édition, revisée et augmentée. Paris 1978, S. 293. – Die Interpretation des Satzes von Cézanne fußt auf dem Kommentar von Walter Hess im Anhang des von ihm herausgegebenen Bandes *Cézanne. Über die Kunst.* Mittenwald 1980, S. 93–137.

weiterung des Gewußten durch die methodische Vergegenständlichung der Erfahrung, kennzeichnet den Übergang zur wissenschaftlichen Theorie der Neuzeit. Dabei gerät jedoch zunehmend in Vergessenheit, daß das solchermaßen begründete und entwickelte Bild der Welt aus sich heraus eine eigene Form von Blindheit erzeugt. Die wissenschaftliche Theorie verdeckt, was sich der Vergegenwärtigung notwendig entzieht: daß sich die Natur überhaupt nur deswegen als Gegenstand herbeiläßt, weil sie dem Menschen das volle Maß ihrer Gegenwärtigkeit erspart. Das bloß theoretische, durch seine eigenen Vorgaben verschleierte Sehen ist daher ebenso irreführend, wie das reine Blicken unzulänglich. Es bedarf vielmehr eines Handelns, das „im Kontakt mit der Natur" die gegenständlichen Anschauungen selber noch einmal umbricht, dahingehend, daß die Wahrnehmung offen für das Geheimnis der Erscheinung wird. Dazu aber scheint die Malerei wie keine andere Tätigkeit berufen. Die Verwirklichung der Wahrnehmung des Verborgenen in der Verhüllung des Sichtbaren ist die *réalisation*, die Cézanne als seinen Auftrag ansah. Er malt nicht, was er sieht, sondern um das Sehen in ein Verhältnis zu der Zurückgenommenheit der Natur, die jeweils erst die Möglichkeit des Anblicks gewährt, zu bringen. Jedes Bild setzt ein Schauen, „angewandt und entwickelt im Kontakt mit der Natur", ins Werk, das im allerstrengsten Sinne „Theorie" ist, denn es bringt nichts hervor, außer daß es den Dingen jene Proportion des Daseins zurückgibt, an der sich die direkte Vergegenständlichung versieht. Deswegen gipfelt der „richtigste Brief" in dem Zusatz *„vor allem in der Kunst"*, der den Grundsatz „Alles ist ... Theorie" sperrt und zugleich beschließt.

Die Theorie des Malers führt den Gedanken des Löffelschnitzers zu einem Ende, das Nikolaus von Kues sicher nicht geahnt hat: nämlich aus der Kellerwerkstatt ins Freie. Cézanne findet das, was er will, ebenfalls gleichnishaft, im Bilde der Natur auf. Aber in seiner Kunst ist der Umbruch, der das Suchen erst fündig werden läßt, selber Thema des Bildes. Fern der Welt, die dem Zuspruch eines verborgenen Gottes anheimgegeben war, entgilt er das fehlende Maß durch die Arbeit an der Proportion des Sichtbaren. In dem Ingrimm, der die *réalisation* des Malers leitete, scheint die Enttäuschung, daß die großen Fragen des Menschen in der Zeit der wissenschaftlich-technischen Antworten nur noch stumm, durch das Eingeständnis der Ratlosigkeit bezeugt werden können, in doppelter Weise verwunden: durch das Begnügen mit dem Unscheinbaren und durch eine eigentümliche Vorliebe für die karge, abgekehrte Seite der Natur. Anders als Monet, der das Geheimnis unter unseren Augen hervorkehrt und die Verschleierung in ihrer Schleierhaftigkeit rühmt, betont Cézanne gerade den abwesenden Zug im Antlitz der Erscheinung. Einerlei, ob es sich um Dinge, Menschen oder eine Landschaft handelt – die Motive erscheinen im Bild stets merkwürdig „gebirgig", d.h. gewaltiger als ein einzelner Gegenstand je sein kann, und dennoch unaufdringlich, abgewandt in ihrer Gegenwart (Abb. 13). Die ungewöhnliche Proportion ist wohl kaum dem Berg, der unübersehbar vor der Türe des Malers stand, anzulasten; eher umgekehrt: weil Cézanne bis zuletzt von der Verzweiflung, seiner selbst nicht mächtig zu sein, beirrt wurde, deswegen scheint ihm der Gebirgszug der Montagne Sainte-Victoire zum Inbild des massiven Entzugs, der das Dasein im ganzen durchzieht, geworden zu sein. Dieses Inbild wird freilich nie direkt dargestellt, weder als Ausdruck des Schmerzes noch als Zeichen des Trostes. Vor dem Motiv scheint der Ingrimm des Malers vielmehr in dem Maße still geworden zu sein, wie die Empfindungen ihre Farbe und ihren Ort in der Fläche fanden. Die ungeheure Festigkeit, mit der sich die Bilder über einer grundlosen Tiefe schließen, ist die Chiffre der Einkehr, die Cézannes Kunst, als ein Bild des Aufsuchens, der Zeit vorenthält. Während sich das Auge an den zarten Brechungen und abrupten Übergängen der Farbsätze weidet, versammelt sich der Geist vor einer undurchsteigbaren Steilwand, die dem Denken eine noch unbekannte Übung abverlangt: Wahrzuhaben, was es heißt, hier, auf der Erde, zu sein.

Lichtung und Verbergung in Werken der Malerei

LORENZ DITTMANN

Das die neuzeitliche Malerei bestimmende Phänomen des Helldunkels ist in seinem Wesen unerkannt.

Jahrhundertelang wurde das Bildlicht als „Beleuchtungslicht", das Bilddunkel als „Schatten" aufgefaßt. Wolfgang Schöne konnte sich in seinem grundlegenden Werk „Über das Licht in der Malerei" für die Definition des neuzeitlichen Bildlichts auf *Leonardo* berufen: „Die in der Kunstwelt des Beleuchtungslichts maßgeblichen Begriffe für Licht und Schatten hat Leonardo eindeutig bestimmt. Nehmen wir als Beispiel eine auf einem Tische liegende Kugel, die von einer Kerze seitlich beleuchtet wird. Leonardo bezeichnet die Lichtquelle der Kerze als ‚luce' (das ursächliche Leuchtlicht) und das Licht der beleuchteten Kugelseite als ‚lume' (appliziertes Licht, Körperlicht). Die entsprechende Unterscheidung trifft er beim Schatten: den Schatten, der an der beschatteten Kugelseite haftet, nennt er den ‚primitiven Schatten' (ombra primitiva, Körperschatten), den anderen Schatten, der von diesem aus die Luft füllt und auf den Tisch schlägt, den ‚abgeleiteten Schatten' (ombra derivativa, Schlagschatten)." Andere Sätze Leonardos lauten: „‚Der Schatten ist Verminderung des Lichtes.' ‚Beleuchtet-Sein heißt Teilhaben am Leuchtlicht.' ‚Der Schatten gehört seiner Natur nach der Finsternis an, das (applizierte Licht (lume) ist von der Natur des Leuchtlichts (luce). Der eine (ombra) verbirgt, das andere (lume) zeigt ...' Die in diesen Bestimmungen Leonardos enthaltene Betonung des Dualismus von Leuchtlicht und Finsternis und seine Unterscheidungen zwischen lux (Leuchtlicht, Lichtquelle) und lumen (appliziertes Licht, Körperlicht) sowie zwischen primitivem Schatten (Körperschatten) und abgeleitetem Schatten (Schlagschatten) gelten für die Epoche des Beleuchtungslichts ..."[1]

[1] Wolfgang Schöne, Über das Licht in der Malerei, Berlin 1954, S. 83, 84.

Hegels Ästhetik[2], die „letzte und größte Ästhetik des Abendlandes“[3], dachte Beleuchtungslicht und Schattendunkel aus dem „wesentlichen Princip der Malerei“, der Darstellung der „inneren Subjektivität in ihrer Himmel und Erde umfassenden Lebendigkeit der Empfindung, Vorstellung und Handlung, in der Mannigfaltigkeit der Situationen und äußeren Erscheinungsweisen im Leiblichen.“ Diesem „wesentlichen Princip“ entspricht das „sinnliche Material“ der Malerei, zieht diese doch „die räumliche Totalität der drei Dimensionen“ zusammen und macht so „die Fläche zum Element ihrer Darstellungen“, denn solches „Vermindern der drei Dimensionen zur Ebene liegt in dem Princip des Innerlichwerdens, das sich am Räumlichen als Innerlichkeit nur dadurch hervortun kann, daß es die Totalität der Äußerlichkeit nicht bestehen läßt, sondern sie beschränkt.“

Auch das Bildlicht faßte Hegel demgemäß unter den Aspekten des „Innerlichwerdens“, der „Subjektivität“ und der „Gegenständlichkeit“: Das „physikalische Element“, dessen sich die Malerei bedient, ist „das Licht als das allgemeine Sichtbarmachen der Gegenständlichkeit überhaupt“. „Im Licht beginnt die Natur zum erstenmal subjektiv zu werden und ist nun das allgemeine physikalische Ich, das ... die bloße Objektivität und Äußerlichkeit der schweren Materie aufhebt, und von der sinnlichen, räumlichen Totalität derselben abstrahieren kann. Nach dieser Seite der *ideelleren* Qualität des Lichts wird es zum physikalischen Princip der Malerei.“ Den Zusammenhang von „Subjektivität“ und „Gegenständlichkeit“ erläuterte Hegel so: „Das Licht als solches nun aber existirt nur als die *eine* Seite, welche im Principe der Subjektivität liegt, nämlich als diese ideellere Identität. In dieser Rücksicht ist das Licht nur das Manifestiren, das sich jedoch hier in der Natur nur als das Sichtbarmachen *überhaupt* erweist, den besonderen Inhalt aber dessen, was es offenbart, außerhalb seiner als die Gegenständlichkeit hat, welche nicht das Licht, sondern das Andere desselben und damit dunkel ist. Diese Gegenstände nun giebt das Licht in ihren Unterschieden der Gestalt, Entfernung usf. dadurch zu erkennen, daß es sie bescheint, d.h. ihre

[2] Zitiert nach: Georg Wilhelm Friedrich Hegel, Vorlesungen über die Ästhetik, Dritter Band (Gg. Wilh. Friedr. Hegel, Sämtliche Werke, hrsg. von Hermann Glockner, Bd. 14), Stuttgart 1954, S. 12, 19, 23, 24, 25, 64, 25/26, 26, 62.

[3] Martin Heidegger, Nietzsche, Erster Band, Pfullingen 1961, S. 100.

Dunkelheit und Unsichtbarkeit mehr oder weniger aufhellt, und einzelne Theile sichtbarer, d.h. als dem Beschauer näher, hervortreten, andere dagegen als dunkler, d.h. als von dem Beschauer entfernter, zurücktreten läßt. Denn Hell und Dunkel als solches, insofern nicht die bestimmte Farbe des Gegenstandes dabei in Betracht kommt, bezieht sich überhaupt auf die Entfernung der beschienenen Objekte von uns in ihrer specifischen Beleuchtung. In diesem Verhältniß zur Gegenständlichkeit bringt das Licht nicht mehr das Licht als solches, sondern das in sich selbst schon partikularisirte Helle und Dunkele, Licht und Schatten hervor, deren mannigfaltige Figurationen die Gestalt und Entfernung der Objekte von einander und vom Beschauer kenntlich machen. Dieß Princip ist es, dessen sich die Malerei bedient, weil die Besonderung von Hause aus in ihrem Begriffe liegt."

So gehört in der Malerei „das Helle und Dunkele mit allen seinen Gradationen und feinsten Übergängen selber zum Princip des künstlerischen Materials und bringt nur den absichtlichen Schein von dem hervor, was Skulptur und Baukunst für sich real gestalten. Licht und Schatten, das Erscheinen der Gegenstände in ihrer Beleuchtung ist (in der Malerei) durch die Kunst und nicht durch das natürliche Licht bewirkt..."

Licht, das als „das erste Selbst der Natur", als das „allgemeine physikalische Ich" der inhaltlichen Hauptbestimmung der Malerei als Darstellung und Medium „fürsichseiender Subjektivität" entspricht, blieb jedoch auch bei Hegel „Beleuchtungslicht", das die dunkle Gegenständlichkeit bescheint und damit sichtbar macht; es blieb nach dieser Hinsicht Element der Mimesis und des künstlerischen Scheins. Beleuchtungslicht befähigt die Malerei, „in absichtlichem Schein" das hervorzubringen, was Skulptur und Baukunst „für sich real gestalten", befähigt sie, natürliche Beleuchtungswirkungen wiederzugeben: „Das Tageslicht, Morgen-, Mittags-, Abendlicht, Sonnenschein oder Mondlicht, klarer oder bewölkter Himmel, das Licht bei Gewittern, Kerzenbeleuchtung, beschlossenes, einfallendes oder gleichmäßig sich verbreitendes Licht, die verschiedenartigsten Beleuchtungsweisen verursachen hier die allermannigfaltigsten Unterschiede."

Erst für die Konstitution der Farben akzentuierte Hegel – in Übernahme Goethescher Gedanken – andere Aspekte von Licht und Dunkel: „In diesem Verhältniß bleiben ... beide Principe nicht etwa selbständig, sondern setzen sich als Einheit, als Ineinander von Licht und Dunkel. Das in dieser Weise in sich selbst getrübte, verdunkelte Licht, das aber ebenso das Dunkle durchdringt und durchleuchtet, giebt das Princip für die Farbe, als eigentliches Material der Malerei." Aber auch Farbe wurde von Hegel im Hinblick auf die Darstellung von Gegenständen und auf das Empfindungsvolle verstanden: „Gestalt, Entfernung, Abgrenzung, Rundung, kurz alle Raumverhältnisse und Unterschiede des Erscheinens im Raum werden in der Malerei nur durch die Farbe hervorgebracht, deren ideelleres Princip nun auch einen ideelleren Inhalt darzustellen befähigt ist und durch die tieferen Gegensätze, die unendlich mannigfaltigen Mittelstufen, Übergänge und Feinheiten der leisesten Nüancirung in Rücksicht auf die Fülle und Besonderheit der aufzunehmenden Gegenstände den allerbreitesten Spielraum gewährt." Erst „die Malerei (bringt) durch den Gebrauch der Farbe das Seelenvolle zu seiner eigentlich lebendigen Erscheinung..."

In *Leonardos* Konzeption sind Licht und Dunkel keine gleichwertigen Pole. Licht bezeichnete Leonardo als das „Geistige", Dunkel als das Körperliche: „Der Schatten leitet sich her von zwei einander unähnlichen Dingen, das eine von diesen ist körperlich, das andere geistig (spirituale). Das Körperliche ist der dunkle, Schatten tragende und verursachende Körper, das Geistige ist das mitgeteilte Licht."[4]

War nun bei Leonardo das „Geistige" auch nichts Transzendentes mehr, sondern „Kraft", so klingen in solcher Unterscheidung doch noch Ideen antiker und mittelalterlicher *Lichtmetaphysik* nach[5], Vorstellungen und Ideen, die in mythische Traditionen zurückreichen, in der philosophischen Spekulation durch Platon begründet und in der Folge vielfältig variiert worden sind, mit unterschiedlichen Korrelationen des Intelligiblen und des Sinnlichen.[6] – In der neuzeitlichen Metaphysik ist schließlich, mit Hans Blumenberg gesprochen,

[4] Leonardo da Vinci, Das Buch von der Malerei, Nach dem Codex Vaticanus Urbinas 1270, herausgegeben, übersetzt und erläutert von Heinrich Ludwig (Eitelbergers Quellenschriften für Kunstgeschichte, Bd. XV–XVII), Wien 1882, Abschnitt 547.

[5] Vgl. hierzu: Moshe Barasch, Light and Color in the Italian Renaissance Theory of Art, New York 1978, S. 54–57.

[6] Vgl. etwa: W. Beierwaltes, C. v. Bormann, Licht. In: Historisches Wörterbuch der Philosophie, Bd. 5, Darmstadt, Basel 1980, Sp. 282–290.

„so viel transzendentes Licht auf das Subjekt ‚übergegangen', daß es ‚selbstleuchtend' geworden ist ... Die Lichthaftigkeit des menschlichen Geistes zeigt sich gerade daran, daß eine Analyse und ihr nachfolgende Ausschaltung von Verdunkelungen und Fehlleitungen dieses Lichts als die neue Aufgabe der philosophischen ‚Methode' begriffen wird."[7]

Ideen der Lichtmetaphysik wirkten fort in der neuzeitlichen Kunsttheorie, bei Marsilio Ficino, bei Federico Zuccari und Giovanni Paolo Lomazzo[8], und noch Philipp Otto Runge konnte, inspiriert durch Gedanken Jakob Böhmes, formulieren: „Das Licht ist das Gute, und die Finsternis ist das Böse ...; das Licht können wir nicht begreifen, und die Finsternis sollen wir nicht begreifen ..."[9]

„Licht" wurde in solchen Auffassungen zum Inbild des Höchsten, das „Dunkel" blieb unbegriffen, oder es wurden ihm negative Konnotationen zugesprochen. Das für die neuzeitliche Malerei konstitutive Helldunkel bleibt damit unerkannt. Es entzieht sich auch den in der Hegelschen Ästhetik entwickelten Gedanken, die das Licht als das „Subjektive" der Natur verstanden und es in Relation zur „Gegenständlichkeit" brachten.

So ist die kunsthistorische Interpretation auf andere Denkwege verwiesen, Wege, die nicht die der „Ästhetik" sind.

Voraussetzung dazu sind die streng phänomenologisch orientierten Forschungen von Ernst Strauss, die das Helldunkel der Malerei aus seiner Bindung an „Beleuchtungslicht" und Schattengebung, aus der Relation von Licht und „Gegenstand" und damit auch aus der Kategorie der Nachahmung von empirisch Vorhandenem lösten: „Die Natur kennt das Helldunkel nicht. Sie kennt wohl den allmählichen *Übergang* des Hellen zum Dunkeln: als Dämmer, Halbdunkel oder Zwielicht, als den Zustand also, in welchem beide Phänomene

[7] Hans Blumenberg, Licht als Metapher der Wahrheit, Im Vorfeld der philosophischen Begriffsbildung. In: Studium Generale, 10. Jg., 1957, Heft 7, S. 432–447, Zitat auf S. 445.

[8] Vgl. Erwin Panofsky, Idea, Ein Beitrag zur Begriffsgeschichte der älteren Kunsttheorie, 2. verbesserte Auflage, Berlin 1960, S. 30 f., 47 ff. – Götz Pochat, Geschichte der Ästhetik und Kunsttheorie, Von der Antike bis zum 19. Jahrhundert, Köln 1986, S. 240 f., 302.

[9] Zitiert nach: Heinz Matile, Die Farbenlehre Philipp Otto Runges, Ein Beitrag zur Geschichte der Künstlerfarbenlehre, Zweite, verbesserte und vermehrte Auflage, München, Mittenwald 1979, S. 130.

nicht mehr (resp. noch nicht) in ihrer vollen Kraft in Erscheinung treten, sondern ab- (resp. zu-)nehmen in dem Maße, wie eines sich in das andere verwandelt. Das gestaltete Helldunkel der Malerei aber, zumindest zur Zeit seiner vollkommenen Ausbildung im 17. und 18. Jahrhundert, stellt gerade das Gegenteil eines solchen Zustands dar: in ihm wird gesammelte, meistens sich graduell vorbereitende Helligkeit und in sich selbst versinkendes Dunkel in all seinen Stadien zwischen Trübe und Finsternis gleichzeitig zur Anschauung gebracht. Sein Licht und seine Finsternis stehen im Verhältnis polarer Spannung zueinander oder durchdringen sich wechselseitig ... Nur so konnte sich die gestaltende Phantasie der neuzeitlichen Malerei das ausschlaggebende künstlerische Mittel zur *Entrückung* ihrer Bildwelt schaffen, das wirkungskräftig genug war, um den zutiefst übernatürlichen Charakter einer Kunst zu bestimmen, die sich doch scheinbar gerade durch ihre bewußte Berufung auf die Daten der Sichtbarkeit von der Malerei des Mittelalters wie der der Moderne unterscheidet."[10]

Ist das, was hier mit Begriffen wie „Entrückung" und „übernatürlicher Charakter" angedeutet wird, einem umfassenderen Denkhorizont einzugliedern? Aussagen *Martin Heideggers* sollen dazu einen Weg bahnen.[11]

[10] Ernst Strauss, Zu den Anfängen des Helldunkels (1959), wiederabgedruckt in: Ernst Strauss, Koloritgeschichtliche Untersuchungen zur Malerei seit Giotto und andere Studien, herausgegeben von Lorenz Dittmann, München, Berlin 1983, Zitat hier auf S. 49. – Dazu auch: Verf., Farbgestaltung und Farbtheorie in der abendländischen Malerei, Eine Einführung, Darmstadt 1987.

[11] Vgl. hierzu vor allem: Werner Marx, Heidegger und die Tradition, Eine problemgeschichtliche Einführung in die Grundbestimmungen des Seins, Stuttgart 1961 (S. 243: „Erst Heidegger hat die traditionelle ‚Lichtmetaphysik' wirklich überwunden. ..", ähnlich S. 150/151, 189). – Dieter Sinn, Heideggers Spätphilosophie. In: Philosophische Rundschau, 14. Jg., 1967, S. 81–182. – Walter Biemel, Martin Heidegger, Reinbek bei Hamburg 1973, S. 79–97. – Dieter Jähnig, Die Kunst und der Raum. In: Erinnerung an Martin Heidegger, hrsg. von Günther Neske, Pfullingen 1977, S. 131–148. – Friedrich-Wilhelm von Herrmann, Heideggers Philosophie der Kunst, Eine systematische Interpretation der Holzwege-Abhandlung „Der Ursprung des Kunstwerkes", Frankfurt a. M. 1980. – Gerhard Faden, Der Schein der Kunst, Zu Heideggers Kritik der Ästhetik, Würzburg 1986.
Annemarie Gethmann-Siefert glaubte, für die Beurteilung des Bezugs der Kunstwissenschaft zum Denken Heideggers auf jede Erörterung von Werkanalysen verzichten zu können. So wurde sie weder den kunsthistorischen Versuchen noch dem Denken Heideggers gerecht. (Annemarie Gethmann-Siefert, Martin Heidegger und die Kunst-

Die Abhandlung „Der Ursprung des Kunstwerkes“[12] faßt das Werk als „Gegeneinander“, als „Streit von Welt und Erde“ (S. 37, 38). Der Begriff „Welt“, „seit jeher einer der hermeneutischen Leitbegriffe Heideggers“, erhält nun im Begriff der „Erde“ einen „Gegenbegriff“.[13] Was „Erde“ meint, sei mit einigen Zitaten angezeigt: „Die Erde ist das, wohin das Aufgehen alles Aufgehende und zwar als solches zurückbirgt. Im Aufgehenden west die Erde als das Bergende“ (S. 31). „Das Tempel-Werk ... läßt, indem es eine Welt aufstellt, den Stoff nicht verschwinden, sondern allererst hervorkommen und zwar im Offenen der Welt des Werkes: der Fels kommt zum Tragen und Ruhen und wird so erst Fels; die Metalle kommen zum Blitzen und Schimmern, die Farben zum Leuchten, der Ton zum Klingen, das Wort zum Sagen. All dieses kommt hervor, indem das Werk sich zurückstellt in das Massige und Schwere des Steins, in das Feste und Biegsame des Holzes, in die Härte und den Glanz des Erzes, in das Leuchten und Dunkeln der Farbe, in den Klang des Tones und in die Nennkraft des Wortes. – Wohin das Werk sich zurückstellt und was es in diesem Sich-Zurückstellen hervorkommen läßt, nannten wir die Erde“ (S. 35). „Die Farbe leuchtet auf und will nur leuchten. Wenn wir sie verständig messend in Schwingungszahlen zerlegen, ist sie fort. Sie zeigt sich nur, wenn sie unentborgen und unerklärt bleibt. Die Erde läßt so jedes Eindringen in sie an ihr selbst zerschellen“ (S. 35/36). „Offen gelichtet als sie selbst erscheint die Erde nur, wo sie als die wesenhaft Unerschließbare gewahrt und bewahrt wird, die vor jeder Erschließung zurückweicht und d.h. ständig sich verschlossen hält... Die Erde ist das wesenhaft sich Verschließende. Die Erde her-stellen heißt: sie ins Offene bringen als das Sichverschließende. – Diese Herstellung der Erde leistet das Werk, indem es sich selbst in die Erde zurückstellt. Das Sichverschließen der Erde aber ist kein einförmiges, starres Verhangenbleiben, sondern es entfaltet sich in eine unerschöpfliche Fülle einfacher Weisen und Gestalten“ (S. 36). – „Die Welt ist die sich öffnende Offenheit der weiten Bahnen der einfachen und wesentlichen Entschei-

wissenschaft. In: Heidegger und die praktische Philosophie, hrsg. von A. Gethmann-Siefert und Otto Pöggeler, Frankfurt a. M. 1988, S. 251–285).

[12] Zitate nach: Martin Heidegger, Holzwege, Frankfurt a. M. 1950.

[13] Hans-Georg Gadamer in seiner Einführung zur Reclam-Ausgabe des Kunstwerk-Aufsatzes, Stuttgart 1960, S. 108.

dungen im Geschick eines geschichtlichen Volkes. Die Erde ist das zu nichts gedrängte Hervorkommen des ständig Sichverschließenden und dergestalt Bergenden. Welt und Erde sind wesenhaft voneinander verschieden und doch niemals getrennt. Die Welt gründet sich auf die Erde, und Erde durchragt die Welt. Allein die Beziehung zwischen Welt und Erde verkümmert keineswegs in der leeren Einheit des sich nichts angehenden Entgegengesetzten. Die Welt trachtet in ihrem Aufruhen auf der Erde, diese zu überhöhen. Sie duldet als das Sichöffnende kein Verschlossenes. Die Erde aber neigt dahin, als die Bergende jeweils die Welt in sich einzubeziehen und einzubehalten" (S. 37).

Solche Sätze erlauben die Folgerung, das Helldunkel der Malerei sei, in seiner je besonderen thematischen Gestaltung, eine der Weisen des „Streites von Welt und Erde". Das Offene „einfacher und wesentlicher Entscheidungen" stellt es zurück in das „Leuchten und Dunkeln der Farbe", es zeigt das Licht als Licht, manifestiert das Dunkel als Dunkel – und das Wechselspiel beider. So wird es eine Weise der Einrichtung von Wahrheit ins Werk. „Wahrheit west nur als der Streit zwischen Lichtung und Verbergung in der Gegenwendigkeit von Welt und Erde" (S. 51).

„Der Bereich des ‚Verborgen-Unverborgen' ist uns", schrieb Heidegger an anderer Stelle[14], „unmittelbar vertrauter und zugänglicher als das, was uns die sonst geläufigen Titel veritas und ‚Wahrheit' sagen. Streng genommen können wir uns bei diesem Wort ‚Wahrheit' nichts denken und noch weniger etwas ‚anschaulich' vorstellen. Wir müssen vielmehr sogleich eine irgendwoher entlehnte ‚Definition' der Wahrheit zu Hilfe rufen, um dem Wort eine Bedeutung zu geben..."

Unterschiedliche Weisen von „Lichtung und Verbergung" in der Malerei seien an fünf ausgewählten Werken kurz erörtert.

In *Tizians* nach 1570 entstandener *„Dornenkrönung Christi"* (Alte Pinakothek München, Öl/Leinwand, 280×182 cm, Abb. 14)[15] stellt

[14] Heidegger, Parmenides (Heidegger, Gesamtausgabe, II. Abt., Bd. 54), Freiburger Vorlesung Wintersemester 1942/43, hrsg. von Manfred S. Frings, Frankfurt a. M. 1982, S. 19.

[15] Vgl. dazu auch: Verf., Bemerkungen zu Tizians „Dornenkrönung Christi" in der Münchener Alten Pinakothek: Farbgestaltung als „Rationalisierung ‚mythischer' Form". In: Diversarum Artium Studia, Beiträge zu Kunstwissenschaft, Kunsttechnolo-

sich das weltgeschichtliche Geschehen der Passion Christi zurück in die Festigkeit der Bildordnung, die Dichte des Grundes, die Materialität der Farben. Groß und nah ragen die Gestalten vor uns auf und sind gleichwohl entrückt in die Ferne eines Reliefbildraumes.[16] Christus, der die Mitte des Bildes bestimmt, wird halb verdeckt von einem dunkelfarbig-prächtig gekleideten Mann, der schnell die Stufen hinaneilt, der Peinigung des Erlösers Einhalt gebieten möchte[17], aber mit seinen Bewegungsimpulsen Glied des Gefüges der auf Christus eindringenden Richtungen bleibt. Christus entzieht sich weithin der Verdeckung, er weicht zurück, birgt sich in seinen eigenen Ort: Die Kurve seines Passionsmantels, der sich um seine Schultern legt, bleibt unüberschnitten, unverdeckt auch führen die beiden weißlichen Faltengrate des Mantels vom Knoten zum Arm. Dennoch bekundet sich eine Besonderheit dieses Bildes in der Verdeckung des Lichtes Christi durch die Dunkelheit eines Menschen. Kann sich der Betrachter mit dieser Gestalt identifizieren, sind wir es, die, wenn wir uns Christus nähern, ihn halb verdecken, halb verstellen? Einer unmittelbaren Identifikation widersprechen die Stäbe, die der Junge hält und die diese Gestalt an ihrem rechten Bein abschirmen. – Christus entzieht sich in sein Licht und seine eigene, von keiner äußeren „Beleuchtung“ bewirkte Dunkelheit. Es ist eine bräunlich-schwärzliche Dunkelheit, verwandt dem Braungrau des dunklen Grundes, das sich gliedert in einen wärmeren Ton des Stufenbaus, einen kühleren, graueren der Rustika-Mauer, einen wiederum wärmeren, rotbräunlich-schwarzen des Torbogens und den bläulichgrauen kühlen Ton des Himmels. Himmel und „Erde“ – die Christus umfangende, gefangenhaltende Architektur – sind so in *eine* in sich bewegte Dunkelheit gefaßt, die sich je anders ins Hellere öffnet, in den Stufen, in den gelblichgrauen Flecken der Mauer, den grauweißlichen Säumen der Wolken. Das Dunkel bildet den bedrohlichen Ort der Passion Christi. Aber auch das gelbrötliche, ockerfarbene Inkarnat Christi

gie und ihren Randgebieten, Festschrift für Heinz Roosen-Runge, hrsg. von W. Engelhart und G. Kempter, Wiesbaden 1982, S. 127–145.

[16] Vgl. E. Strauss, Koloritgeschichtliche Untersuchungen, S. 66 u. passim.

[17] Im Katalog der Venezianischen Gemälde des 15. und 16. Jahrhunderts, bearbeitet von Rolf Kultzen mit Peter Eikemeier, Bayrische Staatsgemäldesammlungen, Alte Pinakothek, München 1971, Textband S. 183, wird diese Gestalt als der von Pilatus' Frau ausgesandte Bote (nach Matthäus 27, 19) angesprochen, doch legt der Evangelientext eine derartige Identifikation nicht nahe.

wird, überflort von schwarzgrauen Schatten, aus dem Grund entlassen, wenn auch anders als die bräunlichen Inkarnate der Schergen, nicht kontinuierlich wie diese. Ein feiner Lichtsaum trennt den Passionsmantel links von der Dunkelheit des Grundes. Christus hat das Dunkel in sich aufgenommen, angenommen, jedoch verwandelt in die Bestimmtheit seines Leibes, seiner Gestalt. Dunkel, das Medium der Bedrohung, der Fremde, der Feindlichkeit, der Be-irrung, wird in Christi Gestalt zum Ort des Sich-Entziehens, des Schutzes, der Unberührbarkeit. Ähnlich erscheint das Licht in sich gespalten. Christus versammelt das Licht des Bildes, im Weiß seines Mantels und der Lichthaftigkeit seines Inkarnats. Ihm kontrastiert das unruhig flakkernde, fahle, ausgezehrte, das graugelblich-weiße, rosatonige Licht des Leuchters. Das Scheinhafte, Un-heimliche dieses Lichts wird Inbild der Gestimmtheit dieses Ortes, hat teil an dessen verhehlendem, feindlichem Dunkel. Christus aber nimmt das Dunkel an, verwandelt es, offenbart Licht als das ihm Eigene.

Geschieht in Raffaels ‚Sixtinischer Madonna' „das Scheinen der Menschwerdung Gottes"[18], so geschieht in Tizians ‚Dornenkrönung' das Scheinen der Passion Christi – als Lichtung und Verbergung. Dunkel wie Licht werden Medien der „Irre"[19], ein anderes Dunkel und ein anderes Licht, die gleichwohl dem selben Grund entwachsen[20], machen das Geheimnis Christi kund. Das menschliche Leben Christi, sein Leiden und sein Tod stehen selbst unter dem Signum von Lichtung und Verbergung.[21]

Rembrandts „Himmelfahrt Christi" (1636, Alte Pinakothek München, Öl/Leinwand, 92,7×68,3 cm, Abb. 15) zeigt eine Dunkelheit, die viel tiefer und räumlicher wirkt als die in Tizians Bild, ein Licht,

[18] Heidegger, Über die Sixtina. Zitiert nach: Heidegger, Denkerfahrungen 1910–1976, Frankfurt a. M. 1983, S. 71.

[19] Vgl. Heidegger, Vom Wesen der Wahrheit, 3. Aufl., Frankfurt a. M. 1954, S. 22.

[20] Theodor Hetzer sprach von der „Potentialität" der Farbe bei Tizian (Hetzer, Tizian, Geschichte seiner Farbe, 2. Aufl., Frankfurt a. M., S. 52–56, 166). Angemessener als dieser „metaphysische" Begriff wäre ein Wort wie „Wachsen". „Man übersetzt φύειν oft und auch richtig mit ‚wachsen', aber man vergißt dabei, dieses ‚Werden' und ‚Wachsen' griechisch zu denken als ein Hervorgehen aus der Verborgenheit des Keimes und der Wurzel im Dunkel der Erde an das Licht des Tages" (Heidegger, Parmenides, S. 211).

[21] Vgl. Heidegger: „Die *Offenbarkeit* Gottes, nicht erst Er selbst, ist geheimnisvoll" (Vorträge und Aufsätze, Pfullingen 1954, S. 197).

das heller scheint. Auch sind Dunkel und Licht strenger geschieden, stehen in stärkerer Spannung zueinander, sind zugleich aber gleitender, fließender verbunden als dort. Die tiefste, schwärzlichgraue Dunkelheit verdichtet sich in der Wolke. Dunkel ist selbst Grund, kein Bildgrund „dahinter" kommt mehr zur Geltung. Über dem Horizont rechts, über seiner Stadtsilhouette lichtet sich das Dunkel ein wenig ins Graue. Der olivbräunliche, schwärzlich überflorte Erdboden, mehr in Aufsicht gegeben, stellt den Berg dar, von dem Christus aufgefahren ist, zu dem die Jünger hinaufdrängen, aus der Tiefe und aus der schwärzlichen Dunkelheit der Erde. Aber dies Dunkel entbirgt sich selbst dem Licht. Mild, wie durch Schleier hindurch, leuchten die Inkarnate der Jünger auf. Je anders wenden sich die Apostel dem Licht zu: Der vordere, der mit den ausgebreiteten Armen, bindet sich mit seinem von schwärzlichgrauen Schatten verhüllten Rötlichton an das Olivgrün des Bodens, in welchem ein warmes Licht der Erde aufscheint, aus sich selbst, nicht beleuchtet vom Licht des Himmels. Das blauschwarze Gewand des betenden Jüngers hinter ihm wirkt wie eine Verdichtung der Dunkelheiten aller Menschen. Das Leuchten seines Antlitzes und seiner Hände antwortet dem himmlischen Licht. Der Himmel selbst ist in eins Lichtung und Verbergung. Eher als das Dunkel, das um die Jünger ist, wirkt das der Wolke als verdeckende, dichte Finsternis. Durch dies materiehafte Dunkel der Wolke dringen die Engelsputten zu Christus vor. Christus steht fest auf der Wolke, die als ein kompakter Sockel von Engelsputten nach oben, himmelwärts, geschoben wird: Leibhaft wird Christus in den Himmel aufgenommen – leibhaft, aber verklärt im Licht. Nicht strahlt er selbst Licht aus, vielmehr öffnet er sich dem von oben, von der Taube des Heiligen Geistes herabströmenden Licht. Gleichwohl leuchtet das Licht Christi, gebunden an das gelbliche Weiß seines Gewandes, heller als das Himmelslicht. Denn dieses hält sich zurück, bleibt in der gelblichen Glorie des Heiligen Geistes milde verhüllt, als würde es, unverborgen, die Fassungskraft der Menschen übersteigen. So kann dies verhüllte, verborgene Himmelslicht ein Echo finden im halbdunklen, olivbräunlichen Licht der Bergkuppe. Im Lichte Christi erfüllt sich das Bild, aber Christus weist auf ein sich verbergendes höheres Licht, von dem er sein helleres empfängt. Die dunkle Erde findet selbst den Weg zu einer verhüllten lichthaften Entbergung: Das weltgeschichtliche Geschehen der Himmelfahrt Christi bringt Erde und Himmel ins Wechselspiel von Lichtung und Verbergung.

Im Lichte Christi erfüllt sich das Bild. Dies Licht ist uns näher als die (räumlich nähere) Dunkelheit der Wolke und der Erde. Christi Licht *kommt* und entbirgt uns Christus als in den Himmel Auffahrenden. Das milde verhaltene Scheinen des Gloriolenlichts und der kühlbläuliche Saum eines überirdischen Lichts um die Gestalt Christi lassen das hellere, strahlende Christuslicht uns nahekommen. Das Bild selbst wird zum *Geschehen* der Entbergung, nimmt uns mit hinein in dies Geschehen. Der Horizont des Betrachters liegt in Höhe der Wolke, auf der Christus steht. Von ihr aus blicken wir zu Christus auf und herab zur Erde und zu den Jüngern. So sind wir selbst – mit unserer eigenen Schwere und Dunkelheit (aber unter Ausschaltung realer Maßstäblichkeit) – hineingenommen in das Geschehen der Auffahrt zum Himmel. Diese Bezugnahme erklärt umgekehrt eine für die neuere Kunst ungewöhnliche ikonographische Besonderheit des Bildes, daß nämlich Christus nicht aus eigener Kraft, sondern mit göttlicher Hilfe, mit Hilfe der Engel, in den Himmel aufgenommen wird.[22] So wird religiöser Gehalt subjektiv erlebbar. Dies und die gesteigerte „Gegenständlichkeit" der Figuren sind Züge einer metaphysisch-ästhetischen Haltung.[23] Aber darin geht das Bild nicht auf, denn „Erlebnis" und „Gegenständlichkeit" gründen in dem alles umfassenden Geschehen von Lichtung und Verbergung, einem Geschehen, das sich dem unmittelbaren „Erleben" und der „Vergegenständlichung" entzieht.

Die Verwandlung des neuzeitlichen Helldunkels in eine „rein koloristische Erscheinungsform" war die „epochemachende Leistung

[22] Vgl. Alte Pinakothek München, Erläuterungen zu den ausgestellten Gemälden, München 1983, S. 420.

[23] Vgl. Heidegger, Nietzsche, Erster Band, S. 91 ff. In „Die Zeit des Weltbildes" schrieb Heidegger: „Eine dritte gleichwesentliche Erscheinung der Neuzeit liegt in dem Vorgang, daß die Kunst in den Gesichtskreis der Ästhetik rückt. Das bedeutet: Das Kunstwerk wird zum Gegenstand des Erlebens, und demzufolge gilt die Kunst als Ausdruck des Lebens des Menschen" (Holzwege, S. 69). Andererseits stellte Heidegger fest: „Die geschichtliche Tatsache, daß jede wahre Ästhetik, z. B. die Kantische, sich selbst sprengt, ist das untrügliche Zeichen dafür, daß einerseits das ästhetische Fragen nach der Kunst nicht zufällig, daß es aber andererseits auch nicht das Wesentliche ist" (Nietzsche, Erster Band, S. 154). Um wieviel mehr entziehen sich die Werke großer Kunst dem metaphysisch-ästhetischen Vorstellen!

der letzten zehn Schaffensjahre Cézannes"[24] – epochemachend deshalb, weil hier, nach der impressionistischen Verklärung der Farben im Licht, das Dunkel wiederum Einzug hielt in die Malerei. „Lichtung" und „Verbergung" bestimmen – in einer tiefgreifenden Umwandlung, ja Umkehrung – nun wieder maßgebende Werke der Malerei. Dies begründet, im Blickfeld des hier erörterten Zusammenhangs, eine innere Nähe des Denkens Heideggers zur Kunst *Cézannes*.[25] In Cézannes *„Montagne Sainte-Victoire, vue des Lauves"* (1904/06, Kunstmuseum Basel, Öl/Leinwand, 60×72 cm, Abb. 16) schließen sich dunkelgrüne, blaugrüne und einzelne rotbraune Farblagen in dichter Stufung zu tieffarbiger, verhaltener Dunkelheit zusammen, die mit breiter Bahn im linken Bildviertel aufsteigt und auf der rechten Bildhälfte in der weiten Ebene bis nach vorne sich ausbreitet. Sie rahmt ein helles Zentrum, geteilt in das kühle Bläulich des fernen Berges und den warmen, ockerfarbenen Lichtbereich der Erde. Ein Licht der Erde antwortet so dem Licht des in den Himmel aufsteigenden Berges. Dessen Blau spiegelt sich in der Ebene und wird aufgenommen in einzelnen bogigen Streifen des Himmels – der im übrigen aus mannigfach gestuften kühlen Grüntönen, aus Grauviolett und gebrochenem Bläulich besteht –, es setzt aber schon ganz „vorn" im Bilde ein, in einer schmalen Bahn am linken unteren Bildrand. In „Spiegelungen" findet dies Bild seine Eigenart, in Wiederholungen, Angleichungen und Umkehrungen: Mit Grünstufen spiegelt die Erde sich im Himmel, Licht sammelt sich im Erdbereich. Die Erde verschließt sich in Dunkelheit und öffnet zugleich sich dem Licht. Der Himmel erscheint in nur verhaltener Helligkeit und ist in deren Modulation selbst dem Geschehen von Lichtung und Verbergung anheimgegeben. Der lichte Berg spiegelt und verbirgt sich, mit umgekehrter Bewegungsrichtung, in der zentralen Dunkelheit der Ebene. Auf seine Weise versammelt dies Bild „Erde und Himmel, die Göttlichen und die Sterblichen bei sich"[26], versammelt sie als „Spie-

[24] Strauss, Koloritgeschichtliche Untersuchungen, S. 183.

[25] Vgl. Heidegger, Denkerfahrungen, S. 163 – Heinrich Wiegand Petzet, Auf einen Stern zugehen, Begegnungen mit Martin Heidegger 1929 bis 1976, Frankfurt a. M. 1983, S. 148–152. – Günter Seubold, Der Pfad ins Selbe, Zur Cézanne-Interpretation Martin Heideggers. In: Philosophisches Jahrbuch, 94. Jg., 1987, S. 64–78. Seubolds Auffassung jedoch, die ältere Kunst habe „ein definites Seiendes (Mensch, Landschaft ...) immer nur im Horizont von Seiendheit" dargestellt (S. 69), ist unrichtig.

[26] Heidegger, Bauen Wohnen Denken. In: Vorträge und Aufsätze, S. 153.

gel-Spiel": „Jedes der Vier spiegelt in seiner Weise das Wesen der übrigen wider. Jedes spiegelt sich dabei nach seiner Weise in sein Eigenes innerhalb der Einfalt der Vier zurück."[27] Wie kein früheres Werk der Malerei spiegelt Cézannes „Montagne Sainte-Victoire" die Erde in den Himmel, den Himmel in die Erde, spiegelt die „Sterblichen" - aber als die „Abwesenden", nur in ihren Dingen, in Haus und Feld und Straße Gegenwärtigen -, spiegelt die „Göttlichen" - auch sie als die Abwesenden -, im fremden, kühlen Licht des Weiß, das vom Berggipfel widerstrahlt. Das Weiß trennt ein „Abstandskontrast" von den übrigen Farben, eine „unüberbrückbare Distanz zwischen der Buntheit der Bildfarben und seiner Unfarbigkeit".[28] Nirgendwo kehrt es wieder. In solchem Abstand, solcher Einzigartigkeit vermag es auf den Bereich der „Göttlichen" zu weisen. Die Vielfalt der Spiegelungen ermöglicht sich aus der „Einfalt", der Gemeinsamkeit der Farben. Deren Element sind die „taches colorées", die großen, klar gestuften Farbflecken. Sie geben nichts Einzeldingliches wieder, gleichwohl sind sie keine abstrakten Setzungen, sind vielmehr, gesättigt von Anschauung, „Äquivalente"[29] für Dingliches, das sich in ihnen birgt und verbirgt. Wie Blätterdickicht offenbaren sie Wachstum, Rhythmik, Leben, ein „Hervorgehen aus der Verborgenheit des Keimes und der Wurzel im Dunkel der Erde an das Licht des Tages".[30] Ihr Ort ist die Ferne.[31] Aber deren Farbe, das Blau, gewinnt mit der Tieffarbigkeit der Spätwerke einen neuen Charakter, wird Farbe eines verhüllten Lichts. Aus der Dunkelheit, aus den großen und darin nahen „taches colorées" leuchtet es auf, „nähert das Ferne und zwar als das Ferne".[32] Dies Nähern, das „die Ferne wahrt", ist als „die eigentliche und die einzige Dimension des Spiegel-Spiels der Welt"[33], als Lichtung und Verbergung in der Gemeinsamkeit der Farben das Geschehnis dieses Bildes.

Paul Klee schrieb 1915 in sein Tagebuch: „Das Herz, welches für diese Welt schlug, ist in mir wie zu Tode getroffen. Als ob mich mit

[27] Heidegger, Das Ding. In: Vorträge und Aufsätze, S. 178.
[28] Strauss, Koloritgeschichtliche Untersuchungen, S. 183.
[29] Vgl. Strauss, Koloritgeschichtliche Untersuchungen, S. 169.
[30] Heidegger, Parmenides, S. 211.
[31] Vgl. Kurt Badt, Die Kunst Cézannes, München 1956, S. 62 und passim.
[32] Heidegger, Das Ding. In: Vorträge und Aufsätze, S. 176.
[33] Heidegger, Das Ding. In: Vorträge und Aufsätze, S. 180.

‚diesen‘ Dingen nur noch Erinnerungen verbänden... Ob nun der kristallinische Typ aus mir wird? ... Man verläßt die diesseitige Gegend und baut dafür hinüber in eine jenseitige, die ganz ja sein darf... Je schreckensvoller diese Welt (wie gerade heute), desto abstrakter die Kunst, während eine glückliche Welt eine diesseitige Kunst hervorbringt.“[34] Bricht hier eine Ahnung davon auf, daß Angst Grund des Infragestellens alles Seienden ist? „Die Hineingehaltenheit des Daseins in das Nichts auf dem Grunde der verborgenen Angst ist das Übersteigen des Seienden im Ganzen: die Transzendenz.“[35]

Mit solcher Distanz zum „diesseitig“-Seienden und der Rücknahme von „Erleben“ geht bei Klee einher eine vertiefte Analyse und Mathematisierung der Gestaltungsmittel. In dieser Mathematisierung darf ein verborgener Zusammenhang zum „Wesen der Technik“[36] gesehen werden. Sie erfaßt auch Klees Helldunkelgestaltung.[37] Notizen in Klees Tagebüchern von 1908 und 1910 lauten: „Außer der konstruktiven Bildgestaltung studierte ich die Tonalitäten der Natur durch Summieren von Lage auf Lage verdünnter schwarzer Aquarellfarbe. Jede Lage muß gut eintrocknen. Auf diese Weise entsteht eine mathematische Hell-Dunkel-Proportion ...“ „Die Lichtform. Damit meine ich die Umrechnung der Helldunkel-Ausdehnung nach dem Gesetz der Breitung belichteter Flecken ge-

[34] Paul Klee, Tagebücher 1898–1918, herausgegeben und eingeleitet von Felix Klee, Neuaufl. Köln 1979, S. 323. – Klee stand mit solchen Gedanken offenbar unter dem Eindruck der 1908 erschienenen Dissertation von Wilhelm Worringer „Abstraktion und Einfühlung“, wo es heißt: „Während der Einfühlungsdrang ein glückliches pantheistisches Vertraulichkeitsverhältnis zwischen dem Menschen und den Außenwelterscheinungen zur Bedingung hat, ist der Abstraktionsdrang die Folge einer großen inneren Beunruhigung des Menschen durch die Erscheinungen der Außenwelt und korrespondiert in religiöser Beziehung mit einer stark transzendentalen Färbung aller Vorstellungen. Diesen Zustand möchten wir eine ungeheure geistige Raumscheu nennen. Wenn Tibull sagt: primum in mundo fecit deus timor, so läßt sich dieses selbe Angstgefühl auch als Wurzel des künstlerischen Schaffens annehmen“. (Zitiert nach dem Neudruck München 1948, S. 27. – Vgl. hierzu Christian Geelhaar, Paul Klee und das Bauhaus, Köln 1972, S. 24 ff.).

[35] Heidegger, Was ist Metaphysik? (1929), 7. Aufl. Frankfurt a. M. 1955, S. 38. – Vgl. auch Sein und Zeit, § 40; – Kant und das Problem der Metaphysik, (1929), 2. Aufl., Frankfurt a. M. 1951, S. 214 f.

[36] Vgl. Heidegger, Die Frage nach der Technik. In: Vorträge und Aufsätze, S. 29.

[37] Vgl. dazu: Strauss, Zur Helldunkellehre Klees (1972), wiederabgedruckt in: Koloritgeschichtliche Untersuchungen, 2. Aufl., S. 227–239.

genüber mathematisch gleich dunkeln Flecken..."[38] In seiner Bauhauslehre unterschied Klee eine „natürliche Ordnung" als das „natürliche Ineinanderströmen der Helldunkel-Tonalitäten, ein Vibrato zwischen Hell und Dunkel", von der „künstlichen Ordnung", die „analytische Gliederung zur Meßbarkeit von Hell und Dunkel" ist.[39] Mit solcher „Rationalisierung" ist die Helldunkelgestaltung in eine neue Dimension versetzt. Gleichzeitig aber ging es Klee um einen spannungsvollen Ausgleich, um ein „Kampfspiel" von Licht und Dunkel: „In der Natur hat Weiß sicher an Ursprünglichkeit der Aktivität den Vorrang zu beanspruchen... Was für die Natur gelten mag, die superiore Aktivität vom weißen Pole her, darf uns nicht zu einer einseitigen Anschauung verleiten. Denn ohne Kampf geht's auch da nicht ab, weil Weiß an sich nichts ist, sondern nur in seiner Auswirkung mit Gegensätzen zur Kraft wird. So arbeiten wir denn nicht nur mit heller Energie gegen gegebenes Dunkel, sondern auch mit schwarzer Energie gegen gegebenes Hell."[40]

Dem entsprach Klee[41] in seinen Werken. Klees *„Alter Klang"* von 1925[42] (Kunstmuseum Basel, Öl/Karton, 38×38 cm, Abb. 17) läßt aus kühler schwarzblauer, schwarzgrauer, schwarzroter Dunkelheit in mannigfaltigster Stufung Farblicht aufsteigen. Es kulminiert vertikal in Klängen aus Zitrongelb, Lachsrosa, Weißlichgrün, Ockerrosa, mit horizontaler Breitung in Violettgrau, Zitrongelb, Grüngelb, darüber in Rosaweißlich und Lachsrötlich, so daß eine diagonale Helligkeitsbahn nach oben rechts die tiefen und mittleren Farbdunkelheiten durchquert. In unaufhörlicher Modifikation bewegen sich die Farben, kein Ton gleicht dem andern. Die „reinen Farben" empfand

[38] Klee, Tagebücher, S. 242, 254.

[39] Paul Klee, Das bildnerische Denken, Schriften zur Form- und Gestaltungslehre, hrsg. und bearbeitet von Jürg Spiller, Basel, Stuttgart 1956, S. 8, vgl. auch S. 10.

[40] Paul Klee, Unendliche Naturgeschichte, Prinzipielle Ordnung der bildnerischen Mittel, verbunden mit Naturstudium, und konstruktive Kompositionswege, Form- und Gestaltungslehre Band II, hrsg. und bearbeitet von Jürg Spiller, Basel, Stuttgart 1970, S. 303. – Vgl. auch: Das bildnerische Denken, S. 423.

[41] Zu Heideggers Bewunderung der Kunst Klees vgl. Petzet, Auf einen Stern zugehen, S. 154–159.

[42] Vgl. dazu auch: Eva-Maria Triska, Die Quadratbilder Paul Klees – ein Beispiel für das Verhältnis seiner Theorie zu seinem Werk. In: Ausst. Kat. Paul Klee, Das Werk der Jahre 1919–1933, Gemälde, Handzeichnungen, Druckgraphik, Kunsthalle Köln 1979, S. 45–78.

Klee als „eine jenseitige Angelegenheit".[43] Dies „Jenseitige", der „Himmel" spiegelt sich in den Dunkelstufen, leuchtet aus dem Dunkel, wird von Dunkel überflort. Die „Göttlichen" spiegeln sich darin als die Abwesenden. Die „Erde" zeigt sich als das aus dem Dunklen Gebaute. Aus der Dunkelheit auftauchend erscheint es als boden- und schwerelos, als schwebend. In solchem Schweben vergegenwärtigt es den schwerelosen Klang, „keine spezielle Musik", sondern „einen alten Klang" überhaupt.[44] So ist das Werk ein Bild der Erinnerung, der „Versammlung des Andenkens". „Alles Andenken an das Gedenkbare wohnt selber bereits in jener Versammlung, durch die im voraus alles geborgen und verborgen ist, was zu bedenken bleibt."[45] Lichtung und Verbergung finden hier ihr anschauliches Wesen im so gedachten Andenken. Doch schwingt darin, – mehrfältig ist auch dieses Bild, wie jedes Werk von Rang –, zugleich „Alter" als Vergänglichkeit mit, und so „Andenken" an die „Sterblichen" in ihrer Entsprechung zu den „Göttlichen", zu „Erde" und „Himmel".

Tritt bei Klee der „Erdgedanke" hinter „dem Weltgedanken zurück"[46], so fühlt sich *Emil Schumacher* „der Erde näher als den Sternen".[47] Der „Erde" ist Schumachers Werk nah verbunden, der „Erde" in der mannigfaltigen Bestimmung Heideggers. Auf Erde und deren Farbe Braun nehmen viele Bilder Schumachers unmittelbar Bezug. Dem „Erdhaften" im umfassenden Sinn des Kunstwerk-Aufsatzes aber gehören auch die künstlerischen „Materialien" an, die Farben, der Bildgrund, die „Collage"-Elemente: Blätter, Stroh, Lappen, Drähte, Netze. „Erde" ist das Dinghafte des Werks, sein gelassenes Insichruhen, das Schumachers Bilder auszeichnet. Beim Bild „*Atlanta*" von 1987 (Öl/Holz, 170×125 cm, Abb. 18) erscheint selbst die Himmelsfarbe Blau in ihrer Dichte und Schwere „erdhaft". Schwarz, das sich in Dunkelstreifen verdichtet, ist dunkle Materie, kohlig-stumm hier, dort lackartig aufglänzend, durch Bräune erwärmt hier, kühler dort. Aber Blau ist zugleich immaterielle Dunkel-

[43] Klee, Das bildnerische Denken, S. 469.

[44] Felix Klee – Protokoll eines Interviews. In: Paul Klee und die Musik. Ausst. Kat. Schirn Kunsthalle Frankfurt a. M. 1986, S. 214.

[45] Heidegger, Was heißt Denken? Tübingen 1954, S. 97.

[46] Klee, Tagebücher, S. 353.

[47] Die Zitate Schumachers nach: Emil Schumacher, Arbeiten auf Papier 1957–1982, Kunstmuseum Hannover mit Sammlung Sprengel etc. 1982, S. 38, 41.

heit und als solche die „ins Dunkel geborgene Helle“[48], das Dunkle, das „das Licht bei sich“ behält, das Dunkle als „das Geheimnis des Lichten“.[49] Wie in mittelalterlichen Glasfenstern – bei welchen Blau nicht selten Farbe des Lichtes ist[50] – leuchtet es auf, im Kontrast zu den Schwarzbahnen, die wie Schwarzlot wirken. Gegen das aufscheinende Weiß der rechten oberen Bildecke aber wird es wieder zur Dunkelheit. Dies in seiner Einfachheit Mehrfältige, das sich beim Blau als Lichtung und Verbergung zeigt, wiederholt sich in allen Dimensionen des Bildes. So begegnet uns das Bild im Frontalanblick und wie von oben gesehen. So sind die Schwarzbahnen Zweig und Balken, Flußbett und Furche und Erzader im Erdinneren, das zugleich Ort als „Ab-grund“ wird. So werden Tektonik, befreit vom Mathematischen, und Wachstum eins. Ferne wird Nähe: aus unbestimmbarer Tiefe nähert sich uns das Blau, Raumtiefe wird „greifbare, tastbare Nähe: der Bildraum ... drängt nach vorn. Raumweite: Linie, die den Raum beschreibt“ (Schumacher). Im Wechselspiel von Linienwerk und Farbe nähert das Bild Weite, Ferne und Tiefe. Es wird Geschehnis, zugleich steht es still in sich. Mitten im Fortschritt der Technik lassen Werke wie dieses „die im Ding nähernde Nähe von Welt“[51] erscheinen, lassen das „Spiegel-Spiel“ erscheinen in der Entgegnung von dunkelleuchtendem Blau und „erdhaftem“ Schwarz mit lösendem, befreiendem Weiß als einer Dimension der abwesenden „Göttlichen“, im Aufsteigen und Sinken des Linienwerks als einer „Form, die das Leben enthält“ (Schumacher) und die eben deshalb den „Sterblichen“ zugehört. Formen und Farben tragen Spuren der Verletzung, des Schicksals, sind geprägt von Widerstand und Schmerz – des Künstlers wie des Dinglichen. Darin aber gewinnt das künstlerische Tun erst seine Sprache. „Ich habe erfahren“, schrieb Schumacher, daß das Material „weiser ist als alle Berechnungen“. So wird der Künstler, werden wir mit ihm, zu „Be-Dingten“[52], werden der Unverfügbarkeit des Dinglichen inne. Künstlerisches Schaffen

[48] Heidegger, Unterwegs zur Sprache, Pfullingen 1959, S. 44.

[49] Heidegger, Grundsätze des Denkens. In: Jahrbuch für Psychologie und Psychotherapie, 6. Jg., München 1958, S. 40.

[50] Vgl. Louis Grodecki, Le vitrail et l'architecture au XIIe et au XIIIe siècles. In: Gazette des Beaux-Arts, 36, 1949, S. 5–24.

[51] Heidegger, Die Technik und die Kehre, Pfullingen 1962, S. 44.

[52] Heidegger, Das Ding. In: Vorträge und Aufsätze, S. 179.

ist Einstimmung in das Unverfügbare. Der Künstler muß dem entsprechen, was das Bild will, dem künstlerischen Willen glückt dann das Höchste, wenn er sich löst und still wird.[53] „Muß das Werk nicht als Werk in das dem Menschen nicht Verfügbare, in das Sichverbergende zeigen, damit das Werk nicht nur sagt, was man schon weiß, kennt und treibt? Muß das Werk der Kunst nicht das beschweigen, was sich verbirgt, was als das Sichverbergende die Scheu wachruft im Menschen vor dem, was sich weder planen noch steuern, weder berechnen noch machen läßt?“[54] Schumachers Bild zeigt in das nicht Verfügbare, in das Sichverbergende.

Auf je eigene Weise öffnen die betrachteten Werke der Malerei in ihrer „Lichtung“ und „Verbergung“ das Geviert von „Erde und Himmel, Göttlichen und Sterblichen“. Ihre Abfolge entspricht dem Entzug des „vorgestellten“ Gottes. Aus der „Erde“, aus dem Dinghaften muß ein neuer, ein anderer Bezug gewonnen werden – in der „Offenheit für das Geheimnis“, als der Haltung, „kraft deren wir uns für den in der technischen Welt verborgenen Sinn offen halten.“[55] Werke der Malerei des 20. Jahrhunderts weisen in dies „Geheimnis“, in diesen „verborgenen Sinn“.

[53] So Emil Schumacher in einem Gespräch mit dem Verfasser am 16. März 1988 in Hagen. „Ich will ein rotes Bild malen, aber es wird ein gelbes. Ich möchte ein helles Bild malen – aber immer wieder wird es ein dunkles“. (Schumacher) – Schumachers Bilder entstehen, ohne vorbereitende Skizzen, in Konzentration auf das „innere Bild“ und aus dem Wachsen der Werke selbst.

[54] Heidegger, Die Herkunft der Kunst und die Bestimmung des Denkens. In: Denkerfahrungen, S. 148.

[55] Heidegger, Gelassenheit, Pfullingen 1959, S. 26.

… Voir sous le voile de l'interprétation …
Cézanne et Heidegger

FRANÇOIS FÉDIER

J'ai sous les yeux le texte des premières paroles qu'a prononcées Martin Heidegger le 20 mars 1958 à l'Université d'Aix en Provence.

… Pourquoi parlé-je ici, à Aix en Provence?
J'aime la douceur de ce pays et de ses villages
J'aime la rigueur de ses monts.
J'aime l'harmonie des deux
J'aime Aix, Bibemus, la Montagne Sainte Victoire
J'ai trouvé ici le chemin de Paul Cézanne, auquel, de son début jusqu'à sa fin, mon propre chemin de pensée en une certaine mesure correspond.
J'aime ce pays avec sa côte marine: il s'y annonce en effet la proximité du pays grec.
J'aime tout cela parce que je suis convaincu qu'il n'y a pas une seule œuvre essentielle de l'esprit dont les racines ne plongent dans un sol original sur lequel il s'agit de tenir debout.

C'est Heidegger lui-même qui met en rapport „le chemin de Cézanne" – le chemin de la peinture – et son propre „chemin de pensée".

Y a-t-il entre la peinture et la pensée une *harmonie* comparable à celle où s'unissent la douceur du pays et la rigueur des monts? Il y a en tout cas, dit Heidegger, une correspondance. Plus précisément: le chemin de pensée, *dans une certaine mesure*, correspond au chemin de peinture.

La première question qui se pose (celle qui décide de toute la suite) porte sur ce qu'entend Heidegger par *chemin*. Ce mot a-t-il un sens précis, ou bien n'est-il qu'une sorte de métaphore? (Cette question est critique en ceci que, dès le départ, elle engage la réflexion dans un sens qui nécessairement va donner le ton à toute la recherche).

Si le nom de *chemin* n'est qu'une „métaphore", quel est donc son sens propre? Je crois qu'on s'accordera à reconnaître comme *chemin* la trace visible d'un mode d'existence tout à fait spécifique à l'être humain: aller faire l'expérience de quoi que ce soit. Partir à la recherche. Essayer de voir. Le sens propre du mot n'est nullement la voie de communication. Pour qu'il y ait des voies de communication, il faut d'abord partir à l'aventure.

Il y a cheminement lorsqu'un être humain, voyant s'ouvrir un espace, entreprend d'y aller et venir, puis perçoit une orientation qui va désormais guider sa progression. Progression est un mot trompeur, car il se peut qu'elle soit ce qu'il y a de plus difficile à désigner réellement comme *pas en avant.* Si le mot n'était galvaudé, il faudrait parler ici de „quête". Pour tenter au moins de fixer provisoirement le type de mouvement en jeu, disons qu'il est déterminé de plus en plus visiblement par ce qui est à son origine – autrement dit, pour revenir à la locution de Heidegger, il y a *chemin de pensée* si la pensée est en mouvement de telle sorte que le propos de la pensée, ce à propos de quoi il y a pensée (c'est-à-dire „compensation", ou mieux encore allégeance), se met à être de plus en plus saisissable.

Ne peut-on dire de même: il y a *chemin de peinture* dès lors que la peinture fait apparaître de plus en plus lisiblement le pourquoi de la peinture?

Est-ce exagération d'entendre le mot de Cézanne

J'aime énormément la configuration de mon pays

prononcer le sujet de sa peinture?

Heidegger en tout cas a connu ce mot de *configuration.* Pour essayer de l'entendre avec les mots de sa langue, il en a proposé la traduction suivante: *Gestalten-Einklang,* l'unisson ou l'unisonnance des figurations. Il traduit ainsi par deux mots le mot unique de „configuration".

*

La configuration de mon pays pourrait être reconnue comme le sujet de sa peinture, si tous les tableaux de Cézanne visent à la faire paraître. Pour arriver à *voir* cela, il faut impérativement faire un premier pas sur le chemin de Cézanne, dont parle Heidegger.

Essayons: le pays que Cézanne nomme „son" pays, c'est bien en un sens le pays aixois – mais en un autre sens c'est un pays purement mental, un pays essentiellement volumineux et vertical, dont la Montagne Sainte Victoire, dans son propre ciel, serait comme le solide parfait.

J'aime énormément la configuration de mon pays. Ce pays, c'est bien celui où Cézanne vit. Mais *vivre*, pour Cézanne, c'est avant tout peindre, amener à prendre figure picturale précisément la „configuration de ce pays".

Au début de son allocution d'Aix, où il répète six fois le verbe „j'aime", Heidegger évoque la douceur de ce pays et la rigueur des monts, et il insiste: „j'aime l'harmonie des deux". Cette *harmonie* ne serait-elle pas la configuration même du pays, telle que Cézanne la nomme ailleurs „le chef-d'œuvre de la nature" ou „le tableau de la nature"? Là non plus aucune métaphore: le pays où il peint s'offre en tableau, est un chef-d'œuvre. Pour ne pas manquer l'essentiel de ce que dit ici Paul Cézanne, prenons seulement garde à ceci: l'œuvre peinte, le tableau réalisé n'est jamais, en un sens difficile à penser, ce qui est en premier. Primordialement, il y a „le tableau de la nature". Or comme la „nature" nous comporte, nous sommes partie prenante au sein du tableau de la nature. De multiples manières, nous interférons avec ce *tableau.* L'une des plus passionnantes est de *faire paraître* le tableau.

Même quand nous ne le savons pas, nous existons.

Nous existons en rêve.

Mais la plus grande part de notre existence a lieu en veille. Nous percevons, c'est-à-dire nous sommes au contact de ce qui *est.* Nous savons, ou plutôt, suivant Heidegger, nous entendons quelque chose à ce que c'est qu'*être.*

Cela, cette entente, il se trouve qu'elle demande de nous quelque chose. Nous avons à manifester notre entente de l'être. La manifestation immémoriale de ce pouvoir qui signe l'humanité de l'homme comme existence est la possibilité de la parole. Heidegger écrit (*E. I.* t. 5, p. 366): … *„l'être a la parole, dans les modalités les plus diverses, partout et toujours, en traversant toute langue".* Il dit bien „toute langue", *alle Sprache* (et non *Sprachen,* les possibilités de langue au pluriel, les langues).

Heidegger évoque ici une langue, ou plutôt une langue *unique,* la singularité de toute langue: la possibilité de toute parole. C'est à travers *elle* que parle l'être.

Il y a un signe de l'unité du genre humain: la multiplicité des langues, et l'axiome: „toute langue parlée est traduisible (à l'intérieur de limites certes variables) en toute autre". Car si toute langue est traduisible, c'est parce qu'au premier chef toute langue est traduction. Traduction de sens.

En français, ce mot est plus riche que l'allemand *Sinn.* Sens veut aussi bien dire la signification que la direction. Aller à gauche, c'est aller dans un certain sens. Aller et venir, c'est non seulement alterner des mouvements, mais renverser des directions. Ces directions sont expérimentables. Par exemple les directions de l'espace. Nous les constatons. „Haut"-„bas", „gauche"-„droite", „devant"-„derrière", ces déterminations qui n'existent pas sans l'homme, ne sont pourtant nullement une création humaine. Elles sont plutôt l'articulation primaire de la spatialité géodésique au sein de laquelle existe un être humain.

Parlant du chemin de Cézanne, Heidegger évoque une existence picturale. Non pas la biographie d'un peintre, mais l'itinéraire dans lequel sa peinture - peut-être même *la* peinture - parvient à se manifester.

Si nous suivons notre conjecture, et que la „configuration de mon pays" soit bien le sujet de la peinture de Cézanne, comment comprendre ce mot de *configuration*? Ne peut-on pas l'entendre comme une harmonie de figurations, ou de figures. Quelles figures? Heidegger distingue: „la douceur de ce pays et de ses villages" (soit le pays comme habité par l'être humain) et „la rigueur de ses monts", c'est-à-dire la Nature comme *terre.* Dans la peinture de Cézanne règne aussi entièrement que possible une loi d'harmonie qui devient visible suivant une grande variété de modes. Par exemple: la réduction du spectre des couleurs autour d'une polarité vert-ocre. Si nous examinons la distribution de cette palette, ce qui frappe c'est la densité des deux pôles. Ocre saturé, c'est-à-dire contenant les terres jaunes et rouges; vert émeraude foncé, constitué de couleurs non terrestres (bleu du ciel, jaunes et rouges du couchant, vert végétal).

Regardons une aquarelle de Cézanne. Par exemple celle qui est reproduite à la page 55 de *l'Univers de Cézanne* (Michel Hoog, dans la collection Cabinet de Dessin, Scrépel, Paris, 1971):

Le pays de la Sainte-Victoire. La palette est encore plus restreinte; bleu/jaune/vert/brun, sans oublier la base incolore (?) de la feuille de papier. Il s'agit toujours du seul et même bleu, plus ou moins dilué dans l'eau; c'est la couleur la plus uniformément présente sur toute la surface. Lui fait contraste un jaune à la limite de l'ocre et du jaune, et qui jouxte parfois, bien qu'en moindre quantité, les touches, les traits ou les surfaces bleues.

Qu'on me permette de me limiter à un seul phénomène pictural (je cherche en effet non à exposer la peinture de Cézanne, mais à comprendre la correspondance entre la peinture et la pensée).

La bande supérieure de l'aquarelle, celle qui s'étend au-dessus des deux points les plus élevés du „paysage" (le sommet d'un arbre et le sommet de la Montagne), qui donc s'insinue *derrière* l'arbre et *derrière* la Montagne – bref le „ciel", est distribué, quant à la couleur, de la manière suivante: depuis le bord supérieur et selon une presque sinusoïde, le papier est teinté d'un bleu extrêmement délavé, suivant un ensemble de surfaces courbes. Nuages sur le ciel. Le ciel, quant à lui, est incolore – ou plutôt: le papier lui-même, sans couleur, s'imagine devenant diaphanéité pure.

Du point du vue figuratif: il y a, de part et d'autre du milieu de l'aquarelle (marqué, en haut, par le sommet de la Montagne et, en bas, par la concentration la plus vive de couleurs), le ciel qui se déploie à peu près selon deux losanges (formés par les deux pentes de la Montagne et les deux grandes courbes des masses de nuages). Le tout est légèrement déséquilibré, en pente vers la droite, si bien que le ciel penche à droite jusque vers le milieu de l'aquarelle.

Examinons quelque-uns des phénomènes picturaux que découvre ici Paul Cézanne.

D'abord, la couleur est abstraite de toute désignation immédiate. Ainsi, le ciel n'est pas bleu. La couleur bleue, dans l'aquarelle, est ainsi dé-naturalisée, ou dé-réalisée (ôtée de toute fonction „réaliste"), de sorte que *bleu* ne montre plus ce qui est „bleu", mais montre la *couleur* dans la situation extrême que désigne le propos: *„au fur et à mesure que l'on peint on dessine; plus la couleur s'harmonise, plus le dessin se précise."* Ainsi, le peintre entreprend-il de traiter la question de la couleur en termes de *luminosité*, ou mieux encore, en termes de lumière.

Qu'est-ce que la lumière – singulièrement pour Cézanne? D'abord elle est un phénomène très concret, dont le peintre constate les phases. Ainsi R.P. Rivière et J.F. Schnerb, dans leur article *L'atelier de*

Cézanne (reproduit dans *Conversations avec Cézanne*, ed. Doran, Macula, Paris, 1978), notent-ils: „Dès dix heures, le matin, il s'arrêtait de peindre: *Le jour baisse*, disait-il." Il s'agit de la lumière du jour, non de la lumière du soleil, même si la seconde est un mode de la première (et un mode tel qu'à partir de dix heures du matin *le jour baisse*). Or, Cézanne note: *„On ne fait pas la lumière, on la reproduit."* Le secret de cette reproduction – la *réalisation* – consiste dans une modulation où le rapport des tons a lieu selon une loi d'harmonie.

Cézanne a nettement mis en garde contre les „théories" littéraires, les „causeries sur l'art" qui sont (écrit-il à Emile Bernard, le 26 mai 1904) „presque inutiles". C'est pourquoi il nous faut redoubler d'attention chaque fois que Cézanne *parle* de son art. Non que ce qu'il dit serait la clef. Jamais, devant un tableau, la „clef" ne provient d'ailleurs que du tableau lui-même. Mais c'est bien Cézanne qui a écrit au même Emile Bernard (23 octobre 1905): *„Je vous dois la vérité en peinture et je vous la dirai."* Or comment parle-t-il de la mauvaise pente de tout art?

L'art se transforme terriblement comme aspect extérieur et revêt trop une petite forme très mesquine, en même temps que l'inconscience de l'harmonie se révèle de plus en plus par la discordance des colorations mêmes, ce qui est plus malheureux encore, par l'aphonie des tons.

Le propre d'une pente, cela s'apprend quand on la remonte. L'art (peut-on assurément affirmer) s'accomplit dans une grande forme, du même coup que la conscience de l'harmonie se révèle de mieux en mieux par la polyphonie des colorations mêmes – et, merveille des merveilles: par la modulation des tons.

Cézanne, parlant des tons picturaux, les transpose en tons musicaux. Il donne à entendre à celui qui n'aurait pas encore vu la lumière picturale, qu'il peut l'imaginer comme espace de toutes les modulations sonores, ou silence.

L'art est avant tout *conscience de l'harmonie*. Or, dit Cézanne, l'inconscience de l'harmonie provoque l'*„aphonie des tons"*. Si nous entendons bien, cela signifie que l'harmonie est le principe sans la présence de quoi les tons ne peuvent pas être ce qu'ils sont, à savoir des modulations. Autrement dit: la grande forme est, dans l'ordre du visible, la *réalisation* consciente de l'harmonie qui est première par rapport à toute réalisation. Lumière mentale. Lumière du jour mental.

Ce qui ne veut surtout pas dire: lumière dans la tête. Le peintre de la réalisation est un peintre „réaliste". Seulement, un phénomène comme le jour peut rester inaperçu, un phénomène comme l'harmonie demeurer inconscient. Avoir la sensation du jour, ou réaliser l'harmonie, pour le peintre, c'est chaque fois être présent, exister, prendre sa part, correspondre au phénomène en lui donnant lieu. Dans ses lettres à Emile Bernard, Cézanne ne cesse de revenir à une sorte de foyer d'évidence, où la formulation cerne, à la limite du communicable, „*la vérité en peinture*". Ecoutons ainsi un extrait de la lettre du 23 décembre 1904:

Voici sans conteste possible – je suis très affirmatif: – une sensation optique se produit dans notre organe visuel, qui nous fait classer par lumière, *demi-ton ou quart de ton les plans représentés par des sensations colorantes. (La lumière n'existe donc pas pour le peintre.) Tant que, forcément, vous allez du noir au blanc, la première de ces abstractions étant comme un point d'appui autant pour l'œil que pour le cerveau, nous pataugeons, nous n'arrivons pas à avoir notre maîtrise,* à nous posséder. (Correspondance, ed. John Rewald, Grasset, Paris, 1937, p. 269.)

Commençons par la parenthèse „*La lumière n'existe donc pas pour le peintre*" – car il ne faudrait pas la comprendre à l'envers. Cézanne ne fait que redire ce que nous avons noté plus haut: „*On ne fait pas la lumière, on la reproduit.*" Pour comprendre la formulation nouvelle, il suffit de songer à ce qui existe pour le peintre: les „*sensations colorantes*"! Voilà en effet ce que le peintre manifeste en posant ses touches (Vollard a décrit la lenteur avec laquelle Cézanne plaçait les tons). Voilà ce qu'il s'agit pour lui de *réaliser* – tâche factivement effrayante, si l'on se remémore que jamais il n'y a une sensation seule, mais que chacune met en résonance potentielle l'entièreté de toutes les sensations optiques possibles. Or c'est à partir des sensations colorantes qu'a lieu, pour le peintre, la lumière. Cézanne le dit en toutes lettres à Emile Bernard (Lettre du 23 octobre 1905: ... „*les sensations colorantes qui donnent la lumière ...*"). Non que le rapport couleur-lumière soit tel que la lumière dépende des couleurs. C'est l'inverse qui est la vérité. Mais, pour le peintre, c'est la couleur qui existe. Il ne peut avoir souci que d'une seule chose, la couleur, comme *coloration.* Si nous avions un reste d'incompréhension, le terme d'„aphonie" (dans la lettre à Zola du 27 novembre 1884) devrait dissiper toute équivoque. Une coloration n'est réalisée qu'à partir du moment où elle cesse d'être aphone, c'est-à-dire quand elle trouve (ou mieux: retrouve) sa voix, au sein du concert des colorations dont l'harmonie globale n'est plus que lumière. Si bien que la lumière est première par rapport à toute coloration, de sorte que Cézanne cesse de peindre dès que le jour baisse.

Il y a donc une différence entre la „sensation optique" et la „sensation colorante": la „sensation optique" contient dans l'indifférenciation ce que nous pouvons appeler, avec les termes de la tradition académique, la couleur et la valeur. Or ce qu'il y a de remarquable chez Cézanne, c'est que tout son effort de peintre consiste à quitter le point de vue de la valeur comme échelle graduée entre un noir et un blanc *abstraits*, pour atteindre un point d'appui plus solide, c'est-à-dire *concret*, qui interdise désormais toute défaillance dans la maîtrise où seulement il nous est possible de *nous posséder*.

Le concret, c'est la couleur. Plus exactement: la couleur est concrétion. Dans l'étonnant dialogue de Joachim Gasquet (Première partie *Le motif*, in *Conversations avec Cézanne*, Paris, 1978, p. 112), se trouve une phrase que Gasquet met dans la bouche du peintre: „*La couleur est le lieu où notre cerveau et l'univers se rencontrent.*"

Ce n'est d'ailleurs pas le seul lieu. Mais pour le peintre qu'est Cézanne, c'est bien l'unique lieu. Le cerveau de l'homme constitue la logique. L'univers seul n'est pas autre chose qu'un chaos. L'œuvre du peintre: composer un tableau par la couleur.

Cézanne écrit le 26 mai 1904 à Emile Bernard: „*Le littérateur s'exprime avec des abstractions tandis que le peintre concrète, au moyen du dessin et de la couleur, ses sensations, ses perceptions.*" Le verbe transitif „concréter" signifie: rendre concret, rendre solide. Donc rendre solides ses sensations. Pourquoi Cézanne ajoute-t-il „ses perceptions"? Sensations et perceptions sont liées. Une perception est une sensation conçue, et concevoir la sensation, c'est être encore plus fortement „*sous le coup*" de la sensation, l'éprouver davantage, entendre sa voix.

Comment la sensation se concrète-t-elle? Lorsqu'elle permet de percevoir le tableau de la nature. Plus un tableau que peint Cézanne fait voir le tableau de la nature, plus il est exemplairement *réalisation*. Afin de mieux entendre encore ce que c'est que la réalisation pour Cézanne, écoutons comment l'un des témoins les plus attentifs, Karl Ernst Osthaus, rapporte les propos du peintre:

„Il devenait communicatif et commençait à développer ses pensées sur la peinture ...: ‚*Le principal, dans un tableau*, disait-il, *est de trouver la juste distance. La couleur avait à exprimer toutes les ruptures dans la profondeur* ...' Et ce disant ses doigts suivaient les limites des divers plans sur ses tableaux. Il montrait exactement jusqu'où il avait réussi à suggérer la profondeur et où la solution n'était pas encore trouvée; ici la couleur serait restée couleur sans devenir expression de la distance. Son propos était si convaincant, si vivant, que je ne me souvenais pas avoir aussi bien éduqué mon œil en si peu de temps."

L'aphonie des tons, c'est quand la couleur reste uniquement couleur. La couleur retrouve sa voix quand elle exprime la distance. Mais tout cela n'a de sens qu'en présence d'un tableau de Cézanne.

L'aquarelle que nous regardons produit un effet de distance, c'est-à-dire d'espace tout à fait singulier. L'extrême restriction du spectre coloré, l'importance de la surface non-peinte instaurent une tension simplifiée, d'autant plus facile à lire: trois pôles de couleur ocre (le plus important à gauche, au milieu; en mélange, en bas au milieu; trois touches à droite au milieu). Le vert et le brun, en bas au milieu. Partout ailleurs, le bleu – également présent là où il y a le plus d'ocre.

L'œil apprend à voir: il suit les indications des touches. Par exemple: repérer les couleurs identiques, les itinéraires de couleurs, les tracés des coups de pinceaux. Percevoir les rapports de couleur, la densité des masses de couleurs, l'équilibre de ces saturations par rapport au vide derrière elles.

Emile Bernard, dans ses *Souvenirs sur Paul Cézanne* (*Conversations avec Cézanne*, p. 59), décrit le travail du peintre à l'aquarelle: „Sa méthode était singulière, absolument en dehors des moyens habituels et d'une excessive complication. Il commençait par l'ombre, et avec une tache qu'il recouvrait d'une seconde plus débordante, puis d'une troisième, jusqu'à ce que toutes les teintes, faisant écran, modelassent, en colorant, l'objet." Modeler est bien le but. Rendre le volume dans l'espace. Mais Cézanne note tout aussi précisément: „*On ne devrait pas dire modeler, on devrait dire* moduler." Car il s'agit ici d'espace pictural, qui est exhibé grâce aux multiples rythmes que la disposition des „taches", ou des „teintes" compose.

Comment Cézanne fait-il apparaître l'espace? D'une manière essentiellement alchimique ou pour tout dire poétique. Rien que par la couleur, elle-même gouvernée par un système prodigieusement complexe de *rapports de couleurs*. Ce que Cézanne nomme *logique*, il nous faut impérativement l'entendre comme l'ensemble des ordres d'articulation possibles. Chacun de ces ordres est un déploiement de liberté c'est-à-dire d'absolue singularité. L'espace pictural, en aucune façon, ne peut être directement rapporté à l'„espace réel". C'est au contraire l'espace pictural qui rend possible la manifestation de l'espace comme espace. K. E. Osthaus a raison quand il constate que son œil *s'éduque* à voir comment chez Cézanne la couleur, la variation consciencieuse de la couleur, le tissu des couleurs et de leurs subtils rapports – font surgir un pur espace.

L'alchimie est une opération de transmutation. Ce qui est transmuté, ici, c'est la couleur. Comment la couleur donne-t-elle lieu à du spatial?

Il est impossible de répondre à cette question sans rencontrer le cœur de toute la vie artistique de Cézanne. Quant à le dire, ce cœur, seul le peintre lui-même en a été capable: ce sont toutes ses œuvres, une à une, dans l'étonnant site que rassemblent les allées et venues (les réussites et les échecs) sur le chemin de la peinture. Mais nous pouvons détecter un précieux indice de l'art cézannien, dans ce fait lisible comme la signature du peintre: nulle part, il n'est plus possible de distinguer rien comme „tout" ou bien comme „partie". Pas de détail. Une touche est déjà tableau entier, et le tableau entier est comme le monde.

*

Martin Heidegger n'a semble-t-il guère vu Cézanne avant les toutes premières années de l'après-guerre. Dans son livre qui apprend tant de choses essentielles sur Heidegger *(Auf einen Stern zugehn / La marche à l'étoile – Rencontres avec Heidegger)*, Heinrich Wiegand Petzet situe en 1947 le premier entretien consacré expressément à Cézanne. C'est probablement le travail à la commémoration du 20ème anniversaire de la mort de Rilke qui a décisivement aiguillé l'attention du philosophe sur Cézanne. Très peu de temps après, Heidegger a l'occasion d'étudier des œuvres de Cézanne chez Ernst Beyeler, le prestigieux marchand de tableaux de Bâle, auquel le lie une amitié de plus en plus confiante.

Le travail explicite par lequel Heidegger a engagé sa pensée vis à vis de l'art commence toutefois en 1935 avec la conférence sur *l'Origine de l'œuvre d'art.* Origine, en un sens absolument non-causal. Lieu-origine. *Topos.* La réponse de Heidegger: l'œuvre d'art met en œuvre la vérité. Origine de l'œuvre d'art: le lieu où se met en œuvre la vérité. Autrement dit: l'œuvre elle-même, à condition qu'elle *contienne* l'origine de toute œuvre, ce pour quoi mise en œuvre a lieu.

Dans la conférence de 1935, Heidegger prend comme exemple d'œuvre un temple grec. Il n'est, dit-il, à l'image de rien. C'est qu'en lui, la vérité est *à* l'œuvre. A la page 50 de la conférence (E. I. t. 5, p. 50), on peut lire: „Vu que fait partie de la manière d'être de la vérité le fait, pour elle, d'aller s'instituer dans l'étant, pour ainsi y être enfin vérité – il y a donc bien dans la manière d'être de la vérité ce *trait se rapportant à l'œuvre* (*Zug zum Werk*: cette attirance vers l'œuvre) en tant qu'il est une des possibilités, pour la vérité, d'être elle-même étante au milieu des étants."

Dès 1935, la vérité est entendue comme *Lichtung.* Le mot a été rendu jusqu'ici par *clairière,* ou *éclaircie.* Ces traductions sont loin d'être insignifiantes. Pourtant, comme *Lichtung,* dans le travail incessant qu'a été celui de Heidegger jusqu'à sa mort, est l'un de ces termes qui ne cesse de s'enrichir en résonances, il est à la fois prudent et judicieux d'écouter attentivement ce que Heidegger arrive à dire de la *Lichtung,* au plus loin en avant sur son chemin de pensée. Ainsi, par exemple, explique-t-il en 1964: „Le mot allemand ‚Lichtung' est linguistiquement un emprunt au français *clairière* ... La clairière dans les bois s'expérimente par contraste avec la forêt épaisse ... Le substantif *Lichtung* remonte au verbe *lichten.* L'adjectif *licht* est le même mot que *leicht* [léger]. *Etwas lichten* [lever quelque chose] signifie: le rendre léger, le libérer, l'ouvrir, p. ex. rendre en un endroit la forêt libre d'arbres. Ce libre espace venu à être ainsi, c'est la *Lichtung.* Ce qui est allégé, au sens de libre et ouvert n'a rien en commun, ni linguistiquement ni quant à ce qu'il en retourne essentiellement, avec l'adjectif *licht* qui signifie *clair.* Voilà ce qu'il s'agit de ne pas perdre de vue pour garder l'hétérogénéité de *Lichtung* et de *lumière.*"

Il est donc important de proposer une autre traduction française, pour *Lichtung,* que „clairière" ou „éclaircie". Ne serait-ce que pour marquer qu'en tout état de cause, la *Lichtung,* telle que la pense Heidegger, est un phénomène plus original que toute éclaircie. Avons-nous un verbe français qui dise ce que dit en allemand le verbe *lichten*? Sans aucun doute. C'est *alléger*. Mais notre langue, qui n'est pas moins discriminative que toute autre, distingue du verbe *alléger* un verbe *allégir*, dont l'éventail de sens est particulièrement subtil. Alors qu'alléger signifie soulager d'une partie d'un fardeau, *allégir* précise comment a lieu l'allègement: de manière globale, en sorte que le dictionnaire Bescherelle, par exemple, le définit ainsi: „diminuer en tout sens l'épaisseur, le volume d'un corps". Tel est le sens technique, en usage dans les Arts et métiers. Il n'y a pas de substantif féminin formé à partir du verbe. Mais le poète sait employer le verbe non pas en allégeant, mais en allégissant le sens. Robert Marteau *Voyage en vendée* (Hautécriture, Poitiers, 1985, p. 7): „Tout temple a été bâti selon cet ordre, et que tu l'assièges de l'extérieur ou de l'intérieur, tu te confrontes à la preuve que la matière dont il se constitue a été allégie de même qu'édifiée par mode vibratoire."

La matière dont se constitue tout temple (et „temple" est le nom propre de l'œuvre en ceci qu'elle contient l'absolument autre qu'elle-même, soit son origine) est une matière *allégie*. Matière décomposée, excavée, transmutée en sorte qu'elle n'est plus matière inerte, mais matière clamante. L'espace au sein duquel cesse toute aphonie, l'espace libre et ouvert, voilà ce que Heidegger nomme *Lichtung*.

La terminaison de ce mot le rend actif. On est ainsi tenté de recourir au mot *allégeance*, attesté dans le sens d'une compensation de la pesanteur. Dans le *Trésor de la langue française* est mentionné le substantif masculin „un allégi", avec le sens d'*évidement*. Pourquoi ne pas forger le substantif féminin singulier *l'allégie* pour dire, mieux qu'avec *allégeance*, le libre espace au sein duquel tout ce qui est entre en présence et fait apparition mondialement?

Heidegger, donc, très tôt après la fin de la guerre, rencontre l'œuvre de Cézanne. Il la regarde avec son optique et sa logique. A la fin du cours par lequel Heidegger a repris son enseignement (XIème séance de *Was heißt Denken?*), il est question d'une montagne: „Nous portons attention à présent à une montagne, non pas dans l'optique de sa structure géologique, ni dans celle de sa situation géographique, mais uniquement en regardant sa présence." Comment ne pas remarquer que pour voir cette présence l'étude des *Montagnes Sainte-Victoire* peut être salutaire.

Il se trouve qu'à la fin de sa vie Heidegger a écrit un texte intitulé *Cézanne*. C'est le cinquième morceau de la série *Gedachtes* (Pensivement), écrit en 1970 pour René Char. Il s'agit de trois phrases, dont voici la deuxième:

„Dans l'œuvre tardive du peintre, la duplicité du présent et de la présence est devenue simplicité unie, elle est „réalisée" et du même coup surmontée, transmutée en une identité très secrète."

Duplicité traduit le mot *Zwiefalt*, qui n'a aucune acception péjorative. Par „duplicité", il faut entendre l'être-double. De fait, la duplicité dont parle ici Heidegger est celle de l'*étant*, à la fois nom et verbe, à la fois quelque chose qui est *et*, à même cette chose et pour elle, le fait qu'elle soit. Duplicité n'a de sens que relativement à *simplicité*.

Parlant ainsi de l'œuvre tardive de Cézanne, Heidegger la prend et la comprend à partir de la „réalisation" – qu'il interprète comme *simplification* de la duplicité. Simplification n'est peut-être pas le bon mot, dans la mesure où la simplicité n'est pas obtenue au terme d'une réduction. Dans la simplicité, la duplicité n'est pas abolie. Cézanne lui-même déclare: „*Quand la couleur est à sa richesse, la forme est à sa plénitude.*" Telle est l'*identité* dont parle Heidegger: si la couleur est allégée de son aphonie, du même coup le dessin donne lieu à une forme riche et précise.

Dans un commentaire écrit en 1974, Heidegger ajoute:

„Ce que Cézanne nomme *la réalisation* n'est autre que le présent faisant apparition dans l'allégie de la présence – et à vrai dire de telle sorte que la duplicité des deux est surmontée dans la simplicité du pur rayonnement de ses tableaux."

Ce texte reprend les mêmes termes que celui de 1970, mais dans une articulation légèrement différente. Le propos reste le même, tout aussi déconcertant au premier abord. En effet, Heidegger expose ce que signifie la *réalisation* cézanienne à l'aide des mots de sa propre pensée.

Le présent – *das Anwesende*: dans la pensée ultime de Heidegger, ce mot est beaucoup plus parlant, ou mieux: il est écouté avec une bien plus grande attention que celle avec laquelle nous entendons habituellement les mots de nos langues. *Das Anwesende*, participe présent du verbe *anwesen*, signifie la modalité selon laquelle tout ce qui est, que nous le sachions ou non, vient nous concerner: en tant que *prae-s-ens*, c'est-à-dire en tant que *venant être auprès de* ...

Notre langue a la particularité d'entendre fortement dans le mot de *présent* quelque chose de mouvementé, pour peu que nous songions au fait que la première signification du „présent" est bien: ce qui est offert. S'il est possible à ce mot de charrier une telle signification, c'est parce que tout présent est en réalité offrande, en quoi s'approche ou se donne quelque chose qui nous concerne au premier chef.

Quant à l'offrande elle-même, ou dimension rythmique au sein de laquelle a lieu l'approche de ce qui vient être, Heidegger la nomme *Anwesen* – présence, ou plus explicitement, dans le texte de 1974: *Lichtung des Anwesens*, allégie de la présence. La présence, qui rend possible toute approche, n'est telle que grâce au pouvoir qu'elle a d'*allégir*. La présence allégit tout ce qui s'offre en elle; n'oublions pas le sens qu'a dans notre langue le verbe allégir, à savoir: rendre léger par un allègement entier, par une suspension en tout sens de la pesanteur. Dans l'allégie de la présence, tout ce qui s'offre entre proprement dans une très étonnante dimension de lévitation.

Heidegger, oui, regarde la peinture de Cézanne avec son optique et sa logique à lui. Il n'est d'ailleurs pas humainement possible d'arriver à voir quoi que ce soit autrement. Mais alors le Cézanne que voit Heidegger est-il encore Cézanne? En d'autres termes: Heidegger ne voile-t-il pas, par son approche du peintre, ce que fut et demeure Cézanne?

Si nous cherchons à résumer l'interprétation que Heidegger donne du chemin de Cézanne, il faut dire ceci: il va et vient dans un pays dont la topologie se précise à mesure que le cheminement parvient à son terme. Ce terme, il est possible de le cerner – dans l'interprétation de Heidegger – grâce à l'idée de *surmontement*. Heidegger emploie de fait dans les deux textes que nous avons cités le verbe *verwinden*. Peu importe la nuance décisive qui sépare en allemand (et chez Heidegger en particulier) *verwinden* de *überwinden*. L'essentiel est de bien voir que *verwinden* est le mot par lequel Heidegger désigne, sur son propre chemin de pensée, la tâche dont il reste à s'acquitter, au moment présent de l'histoire humaine: non pas quitter la métaphysique, mais penser de telle sorte que nous en soyons quittes; non pas la laisser ou la délaisser, mais bien l'honorer de notre plus haut souci, quitte à reprendre tout son questionnement d'une manière encore plus instante.

Si nous entendons bien Heidegger, Cézanne est un peintre historial, chez qui s'accomplit la mutation même de notre temps.

Comment nommer cette mutation? Heidegger pour sa propre part ne parle généralement que de „nouveau commencement". Cézanne n'est guère plus explicite. Ils évitent tous deux de recourir au terme qui s'offre de lui-même pour qualifier la seule nouveauté possible – sans doute parce que, pour l'un comme pour l'autre, l'essentiel n'est justement pas la nouveauté pour la nouveauté.

Ce terme pourtant s'impose. C'est celui de *moderne*. Mais non dans le flou commode où chacun peut écouler n'importe quoi et même son contraire (ne voit-on pas pulluler sous nos yeux, au-delà du „moderne", les figures bigarrées de la „post-modernité" – comme si ce mot pouvait avoir le moindre sens, tant que la *modernité* n'est pas entendue comme ce qu'elle est?).

Moderne n'a pas attendu notre temps pour avoir un sens parfaitement traditionnel. Est moderne en toute rigueur ce qui n'est pas antique. Aussi faut-il pouvoir définir ce qui est antique.

Hölderlin a consacré l'énergie de sa pensée à fixer dans sa déroutante asymétrie l'opposition de l'antique et du moderne. Impossible d'exposer ici dans toute sa finesse l'entente du moderne chez Hölderlin. Nous ne retiendrons d'elle qu'un trait (mais précisément dans tout ce qui est moderne, un seul trait contient en son intégralité ce dont il ne peut plus désormais être une partie): le moderne est un nouveau rapport au monde, ou plus exactement: un rapport explicite au monde. Ce rapport est tel que désormais il n'est plus possible à un être humain de penser le monde sans expressément mettre en jeu son propre rapport au monde.

Ainsi que Heidegger le déclare en de nombreux endroits, il n'est nullement nécessaire que soit terminologiquement fixée la situation nouvelle. L'essentiel demeure que l'homme de ce temps l'expérimente et qu'il en pense, c'est-à-dire en *réalise* les implications.

Cézanne, manifestement, est le peintre qui unifie toutes les questions picturales en les reprenant à partir de la couleur. Il ne s'agit pas là d'une simplification. Dans la couleur et avec elle, Cézanne atteint le point germinal où la peinture entière trouve à se mettre en jeu originalement.

De même, Heidegger, désignant la parole comme foyer unique de la pensée, n'opère nulle réduction, mais pose à neuf la question de la pensée.

La pire des méconnaissances consisterait ici à ne pas voir que ces deux opérations – et en général tout effort pour accéder à la modernité – obéissent à une nécessité urgente. Car le rapport du monde moderne au monde ancien est lui-même un rapport moderne. Ce qui veut dire: non pas mesurable selon l'antique différence de l'avant et de l'après. Nous vivons en effet au sein de la scission que Heidegger nomme „duplicité", alors même que cette scission a commencé de rendre toute existence en elle impossible. D'où la passion avec laquelle un homme comme Heidegger a étudié Cézanne: il a vu dans son œuvre l'étonnante confirmation de la nécessité où nous sommes de changer tout ce qui nous paraît être l'héritage le plus solide du passé – non pas pour „faire du neuf", mais bien pour être fidèles à l'origine-même dont nous nous réclamons.

Un propos nous est rapporté de Heidegger, qui donne un éclaircissement précieux sur le rapport du philosophe au peintre (Hartmut Buchner, *Fragmentarisches*, in *Erinnerungen an Martin Heidegger*, Neske, 1977, p. 47): „Si seulement quelqu'un était capable de penser comme Cézanne peignait – avec une *telle* immédiateté!"

Immédiateté est pris ici dans son sens philosophique, et signifie: „sans intermédiaire", „sans moyen terme". Le mode selon lequel Cézanne peint est encore une fois appréhendé avec les outils de la pensée. Mais cette saisie est toute orientée vers le cœur du travail cézannien, lui qui consiste – cette fois avec les mots de Cézanne – à *réaliser ses sensations*. Peindre immédiatement, c'est ne plus rien faire d'autre que déployer l'espace de la couleur.

Comment *penser* immédiatement? Voilà bien la question que le cheminement de Heidegger a dégagée de plus en plus lisiblement. Sur son chemin, le philosophe s'est vu tout à coup encouragé de manière inattendue par l'œuvre de Cézanne. Tout comme Cézanne lui-même, Heidegger n'a cessé d'hésiter et de douter: avait-il réussi le passage décisif à „l'autre commencement"? Tout comme lui, il s'est engagé dans ce passage sans espoir de retour.

Pour nous, la correspondance de la peinture et de la pensée ne peut plus faire de doute. Sans recourir à aucune forme d'analogie, il est cependant possible de repérer ce qui, entre elles, ressortit à une symétrie. Ainsi pouvons-nous, pour prendre nos marques, poser la question critique: à quoi correspond, dans l'espace de la pensée, ce qui sur le chemin de Cézanne est apparu comme la sensation colorante?

Répondre à cette question comme il faut, dans la mesure où cela nécessite une expérience de la pensée, nous fait d'un coup sortir de l'ancien monde, nous libérant pour celui d'où Cézanne et Heidegger, ensemble avec les autres vrais et rares *modernes* (la „constellation ... à laquelle nous donnons figure", selon les mots de Hölderlin), nous encouragent à sauter.

„Assurer aux poètes une existence dans la cité“ (Hölderlin)

FRANÇOIS VEZIN

I

Du Bellay est dans la littérature française un cas tout-à-fait exceptionnel. Sa réputation de *grand* poète est aussi évidente, aussi solidement établie que celle de La Fontaine ou de Vigny, elle n'a vraiment rien à craindre de la „concurrence“ de Ronsard. Mais elle a cette originalité merveilleuse de reposer à peu près toute entière sur un seul sonnet que tous les français connaissent et savent souvent par cœur. Quatorze vers suffisent à cette Odyssée angevine pour faire l'unanimité! On n'imagine pas un français qui ne l'aime pas, de même qu'il n'existe pas de gens qui n'aiment pas Mozart.

Le premier vers, si net dans l'attaque, si mélodieux dans son expansion, s'inscrit sitôt lu dans la mémoire et n'en sort plus jamais. Il ne cesse dès lors de chanter comme la cigale de Mandelstam et d'enchanter. C'est certainement l'exemple le plus *français* qu'on puisse donner du „dit“ unique d'un poète (au sens où Heidegger a pu parler du „dit“ de Trakl), car le goût populaire est ici sans défaut: il n'est pas évident que les plus grandes réussites de Hugo, de Mallarmé ou d'Eluard atteignent cette qualité ni qu'elles suscitent cette ferveur. Ce sonnet rallie les cœurs par son émouvante simplicité, son inépuisable fraîcheur. On ne lui résiste pas. Nombreux sont les français que *Phèdre* a ennuyé, qui n'ont pas lu *le Rouge et le Noir,* gens qui ne lisent jamais de poésie, et qui le portent vraiment dans leur cœur où *il leur parle* de toute son „humanité“. Ici n'entre pas le tapage qui entoure la Joconde ou la Marseillaise: „Le poème ne rompt pas le silence. Il le porte à sa plénitude.“

Un exemple aussi parfait de la *magie* d'un poème ne se trouve pas souvent. Où voit-on avec une pareille clarté que „le parlé à l'état pur est le poème“?

II

Mystère de *l'architecture*: la corniche du Palais Farnèse se nourrit de ciel, tandis que le portique du Monument Victor-Emmanuel l'obstrue!

La force de Borromini et du Bernin, c'est le rapport direct – lyrique et tendu au possible – qui met aux prises dans leurs œuvres la terre et le ciel. On le voit des pentes de la via delle Quatre Fontane où, en un délicat contre-point, la pyramide curviligne et la coupole en ellipse échancrée horizontalement et verticalement de San Carlo poursuivent avec le ciel un vibrant dialogue que le passant ne surprend qu'avec peine. Mais place Saint Pierre son regard n'embrasse pas seulement une fois pour toutes la catholicité en sa base et son sommet, il s'emplit de toute la majesté de l'expression „bénédiction *Urbi et Orbi*"; et certes, jamais la théâtralité italienne et baroque n'a été à ce point suspendue à un geste!

Découvrir quelle merveille unique est Sant'Ivo della Sapienza, seule le pouvait sans doute une époque comme la nôtre: démunie en fait de terre et de ciel mais paradoxalement férue de „décollage vertical". A deux pas de la piazza Navona où leur gigantomachie joyeuse trouve pour s'éployer un stade à sa mesure, la chose n'en est évidemment que plus commotionnante. Faut-il continuer? Dire encore que le Palais Barberini n'est pas construit à flanc de colline, mais à flanc de ciel? et que c'est ce qui rend ses sous-bassements tellement impressionnants?

Génie d'un lieu: avant eux, les architectes du Panthéon et du Colisée.

C'est cette force-là qui fait défaut à Rome depuis maintenant trois siècles, comme le Monument Victor-Emmanuel en apporte – a contrario – la massive confirmation.

Anmerkungen

– Titel: „... den Dichtern ... eine bürgerliche Existenz zu sichern ...“. *Anmerkungen zum Œdipus,* 1.

– Joachim du Bellay (1522–1560), in Liré (Anjou) geboren, hat 1558 in Rom sein Hauptwerk, die Sonetten-Sammlung *Les Regrets,* (*Die Sehnsüchte,* lat. *Desideria*) geschrieben. Heimweh und Enttäuschung sind seine Lieblingsthemen. In Rom, schreibt Michel Deguy, hat er nur eine Abwesenheit (nämlich die der berühmten antiken Stadt) festgestellt. In *Les Regrets* findet man das Sonett Nr. 31:

„Heureux qui, comme Ulysse ...“ (Selig der, wie Odysseus ...),

das alle französischen Schüler auswendig kennen.

– „Le poème ne rompt pas ...“, Jean Beaufret, *Le Poème de Parménide* (1955), p. 8.

– „Le parlé à l'état pur ...“. „Rein Gesprochenes ist das Gedicht“. M. Heidegger, Gesamtausgabe XII, S. 14.

– „La corniche du Palais Farnèse : Das Karnies des Palazzo Farnese. Im Sonett Nr. 31 der *Sehnsüchte* spricht du Bellay von „der kühnen Stirne der römischen Paläste“ (... des palais Romains le front audacieux).

– F. Borromini (1599–1667) und „Le Bernin“ (G. L. Bernini, 1598–1680) sind die zwei größten Baumeister der römischen Barockzeit.

On the Meaning of Music and its Place in Our World

JOSEPH J. KOCKELMANS

I

From time immemorial music has been closely related to social phenomena such as ritual, official ceremony, public festivities, and recreation. It was assumed then, both in the East and in the West, that music through its rhythm and melody somehow addresses itself immediately to man, while enhancing his participation in these phenomena.

Yet it is very difficult to say what music is. It always has been difficult to do so. Already Aristotle (*Politics,* 1339 a 14) was fully aware of this. It is equally difficult to say what the precise place of music is in our world. Obviously, it was never the intention of reflecting thinkers to claim that works of music have no meaning; to the contrary, it is clear that it is very meaningful for human beings to concern themselves with „good" music. The point merely is that it is difficult to articulate conceptually what the meaning of music is and what place it occupies in our world. This is true even if one were to limit the discussion, as I plan to do, to the great works of music composed in the West since the late Renaissance.

Particularly since the time of Kant has it become commonly accepted that what music „communicates" does not seem to belong to the domain that can be articulated *conceptually*. When I listen to Mozart's Haffner symphony I am convinced that I am participating in a very important event. Yet I also find it very difficult to specify this meaning. Listening to the work I enjoy this music and often I am deeply moved by its festive mood, its beauty, and joy. If asked what it is that moves me I can never point to „clear and distinct ideas," even though in some cases I may be able to articulate what I thought I had been experiencing, while listening to this great symphony. Yet even in those cases I am aware of the fact that most other human beings would not agree with my „interpretation." Still I am convinced that most people who listen to the same symphony with me would agree that they, too, engage in a very meaningful event, even though they, too, appear to be unable to specify precisely what it is that affects them so deeply.

Yet if music is to have meaning and also a place in our world, it must somehow be possible to explain and articulate in what this meaning and place consists. It is widely accepted by all leading philosophers of our Western tradition that at one time music had a world-constituting „function." At one time it was „instrumental" in making available to a people a world in which they could dwell as humans. To be sure, music was never able to constitute a world for a people all by itself alone and independently of the other arts and of other „dimensions" of the world. Yet together with the other arts and together with religion and „science" music had at one time a world-founding „function."

It should be noted here that taken in the strict sense, music obviously has no function beyond itself. A work of music is not like a tool or a piece of equipment which has its function from the goal for which it was manufactured. Thus one cannot truly judge a work of music on its effectiveness; rather one must judge it on its „inner perfection," its „meaningful or significant form," its outward appearance as it affects us „by means of our senses." This is the reason why I usually speak about the meaning or the place of music in our world.

Be this as it may, since the time of Hegel the thesis that music, too, had a world-founding function has been maintained for the Greek world and also for certain other worlds, such as the medieval world; yet this thesis is definitely denied by most philosophers for the modern world, and a fortiori for our contemporary world.

Up until the 18th century music played in the West virtually the same role in the world as it had done in the Greek world. In the Greek world music was an essential factor in the process in and through which the Greeks founded and maintained their world effectively. With poetry, ritual, dance, architecture, sculpture, and painting music contributed to the world in which the Greeks lived.

In the Christian world, music continued to play such a role, not only in the liturgy of the Church, but also in the numerous festivities that surrounded the life of the community throughout the entire year and at every important communal occasion. There was music for the Church, but also music for banquets, dances, processions, celebrations, and entertainment and enjoyment. Music always played this part in harmony with the artistic use of language, in ritual, and liturgy, as well as in harmony with some of the other arts.

During the entire period between 700 B.C. and 1700 A.D. the distinction between music and „art music“ was never made and the term, „the fine arts“ would not develop before the 18th century. Yet during that period, and particularly since the Renaissance, very important developments have taken place which in the long run would contribute to the need for that distinction: the development of polyphonic music, measured music, rhythmic modes, instrumental music, vocal music for several voices, the creation of large orchestras and choirs, the development of various new kinds of musical instruments, and obviously the development of different kinds of works of music as well as different schools and trends. It is these developments themselves that eventually led to the need to make a distinction between art music and „other“ music. Similar developments took place in the other arts as well, and from their history it is clear that these developments were prompted by many „extrinsic“ factors. In view of the fact that these developments are intimately connected with the main theme of this essay, I have decided to dwell briefly on the origin of the idea of „fine art“ and the isolation of the arts from religion, morality, and „science.“

As we all know, the term „art“ received its present meaning in the 17th and 18th centuries; since that time the term is used predominantly to refer to the „fine arts“ and thus to literature, the visual and plastic arts, and also to art music. The expression „modern art“ is usually used for the period in Western art which roughly covers the past 200 years. This period can be characterized not by any specific movement, attitude, or theory, but rather by the fact that a plurality of movements, attitudes, and theories began to develop. This phenomenon was connected with the fact that the arts no longer stood in close relationship with the actual life of the community, and with the Church and the courts in particular.

Before 1750 no one had ever seriously doubted or questioned the meaning of the arts because it was always assumed that its meaning consists in the specific contribution the arts make to the life of the community. After 1750 this situation changed.

It is also characteristic for the modern era that the artists themselves began to concern themselves with a possible justification for their professional activities as well as for the art works they produced. For the latter were from now on assumed to have no meaning and function beyond themselves at all.

The modern conception of art and art work developed also in close connection with two other, equally modern phenomena: the development of the philosophical discipline „aesthetics," and that of the *sciences* of the arts. When our Western world began to break up, and the arts became separated from social life taken as a whole, much in the same manner in which the sciences became isolated from religion, morality, and philosophy, one began to see the creation of a number of art works which did not seem to have any specific relation to the communal world, insofar as they were no longer related to important events in the life of the community. It is understandable that in this context the meaning of works of art became problematic and why more and more scholars concerned with philosophy, on the one hand, and hermeneutics and critique, on the other, began to focus on works of art and also on works of music in an attempt to explain precisely what works of art are as such, and what their place in the world could be (philosophical aesthetics), and whether works of art indeed are the kinds of things that are open to scientific research (the sciences of the arts). What has been said here about the arts holds to some degree also for musical works (Kockelmans, 1982, pp. 127–135).

In the philosophical discussion about the meaning of art in our world Schiller's *Letters on the Aesthetic Education of Man* has played an important part. These *Letters* had a deep influence on German Idealism in general and on Schelling and Hegel in particular. Under the influence of these *Letters* Schelling and Hegel considered the arts to be a basic pillar of the Greek *polis* as well as of the German State. Still in 1817 Hegel defended this view and held that art (intuition), religion (feeling), and knowledge (science) are essential for the State. Thus these three elements of the life of the State must have an essential function in the *education* and formation *(Bildung)* of the citizens. Hegel then also still agreed with Schelling that the State would not be able to fulfill this task of education, if it were not to create the proper institutions for this purpose (Gethmann-Siefert, 1986, pp. 66–67).

In Jena, Hegel gradually began to realize that the arts play a different role in the lives of different peoples and at different periods in the life of each of them. This explains why after 1818 Hegel rejects that Greece must be taken as a paradigm for the German State, as both Schelling and Hölderlin had suggested. He then begins to defend the view that the arts have no longer an *essential* function or role in the State, parallel to the one it once held in Greece. Thus in his view it makes no sense to try to revive the Greek ideal of the *polis* as well as that of the Greek arts, because in the modern State the arts have a completely different function, in view of the fact that the State must now rest mainly on „science" and religion (Gethmann-Siefert, 1986, pp. 67–69).

These new ideas of Hegel were at first not well received. In 1820 aesthetic interest was in Berlin and many other German cities still at the heart of public life. At that time the German people had little interest in politics, and religion had for them become a matter of the private individual and his life, not of the State's public life. One considered works of art of prime importance for the education and formation of the people and, therefore, created a great number of new institutions for the arts: museums, concert halls, academies, and artistic societies. In these years Schelling still maintained the view that the modern State, too, must be built upon the arts. Hegel, on the other hand, rejected this view and began to defend his „famous" thesis concerning the end of great art. In his view, institutions devoted to the arts hinder the citizens' enlightened education which should focus on science and religion (Gethmann-Siefert, 1986, pp. 65–66, 70–71).

Be this as it may, in his later works Hegel developed the view that the arts have only a *partial* function in the modern State. The arts no longer found religion and, thus, they no longer found the State. The partial function of the arts in the modern State consists in this that they must prepare the individual citizen and help him have a proper representation of God, and to take part successfully in the official acts of cult. On the other hand, in the State itself the arts have only an illustrating function; they no longer have a founding or a critical function (GS, 6). It follows from this position that at that time Hegel held the view that the arts have also lost their privileged position in man's education and formation. The idea of an aesthetic education is even to be rejected altogether (Gethmann-Siefert, 1986, pp. 70–73).

Although Hegel thus gives to the arts only a limited function and a place of secondary importance, he nonetheless was convinced that the arts must have a more important place than the one which some of his friends and students were trying to reserve for them. Whereas some of his students thought that the arts have an important function in the *emotional* education of the German bourgeois, Hegel himself saw the role of the arts in the task they have in the transformation of the German bourgeois into a genuine world citizen. This explains why Hegel was more interested in Goethe's *West-Östliche Divan,* than he was in his *Faust.* For in his view the *Faust* does not open a new future for the arts in the modern State, whereas the *Divan* shows, in what sense art still has an important, albeit also limited or partial, function: it helps transform the common citizen from being a simple bourgeois to becoming a world citizen (Gethmann-Siefert, 1986, pp. 94–102).

The reason why I have dwelled briefly on Hegel's view is due to the fact that Hegel began a philosophical discussion on the place of art in our world that today is still very much alive. (See for instance the publications by Lukács, Adorno, Habermas, Zuckerkandl, Hindemith, Heidegger, Pöggeler, Gethmann-Siefert, Arendt, a. o.) Thus today we still find people who share Hegel's view that the arts have lost their constitutive place in our scientific and technological world; on the other hand, there are also people who inspired by Romanticism feel that only from the arts somehow a genuine renewal of our modern world can be expected in view of the fact that the arts constitute one or even *the* power that is to save us from the danger of the onesided scientization and technologization of our world.

If we now turn to music in particular it will be clear that the developments that have taken place in modern music have contributed much to the fact that music in particular seems to have lost its basic function in our world. This is due not only to the fact that most contemporary music of high aesthetic quality cannot be appreciated by most people, due to lack of *Bildung* on their part, but above all to the fact that modern electronic equipment has led to a complete „privatization" of music for most people. Music is for the vast majority of people no longer part of a social event, but rather an event of personal privacy and intimacy; to listen to music one separates himself from the community and listens to music in complete isolation. The situation created by these developments can be looked at and evaluated from different points of view. I shall not discuss the enormous economic dimension of the issue but limit myself to those elements which are essential to art music. One could then say, for instance, that whereas formerly only those people could form an actual part of the audience who were actually copresent with orchestra and choir in space and time, there today the audience of a well-performed work of music is virtually unlimited in space and time: one can listen to this work all over the world and one can still listen to it many generations later.

Obviously, the great works of music will be performed time and again in a new way in view of the fact that each world will interpret a great work in its own way, and perform it with instruments and with the help of auditory means whose perfection is now in many instances much greater than that of the instruments and means with which the relevant works were performed originally. One can have different opinions about such modern performances of great works of our heritage; yet the fact itself cannot be denied, I think.

On the other hand, music is for most people today no longer a social event in the normal sense of the term, but rather a strictly private affair. One sees this most clearly on campuses of large universities when between classes numerous students move from one room to the next listening to music with the help of earphones. I do not know what most of these students listen to, but it seems reasonable to assume that most of them will not be listening to the „great works" of our Western heritage. We may also assume, I think, that part of the music one listens to is of minimal aesthetic quality. Yet this does not change the fact that today numerous people continue to buy records and tapes of music of the highest aesthetic quality and listen to this music daily „in the privacy of their homes" and cars.

Summarizing we can say that in our world the place of music is substantially different from that which it once occupied in Greece or in the Middle Ages. On the one hand, great works of music have now become available potentially at least to literally everybody. Before the development of our modern electronic equipment only very few privileged people were able to listen to a symphony by Beethoven. Today everyone who has the desire to do so will find a way to achieve this goal. On the other hand, music has also to a large extent for most people lost its „public" and social function, which at first it found in the temple or the church, at the king's court, at national events, at important family events (birth, wedding, death), at important festivities, including banquets and dances. One now listens to a „Requiem" when one „feels like it," and one does not do so to mourn the death of a great person. We listen to Bach's „Hohe Messe" when we are „in the mood for it," not because we want to take part in the official liturgy of the Church.

The danger of losing oneself in empty generalizations in this area is obviously very great. Yet it is puzzling to realize that today perhaps more people directly and in person take part in the live performance of great works of art music than ever before. This is so not only for music destined for the liturgical use in numerous churches, but also for all other music usually performed in concert halls. And this fact notwithstanding, it is true also that the vast majority of people appears to prefer to listen to music in private, at home, in the car, where they have the time to do so, and when they are „in the proper mood" to undergo its moving influence. But all of this, finally, still says very little about what then the *actual* place of music in our contemporary world has come to be. Precisely what is it that music today contributes to our world and the lives we live there? Before I turn to these questions, I must first say something about the meaning of music as a fine art.

II

Music „as a language of affections, ... communicates universally according to the laws of association the aesthetical Ideas naturally combined therewith. Now these aesthetical Ideas are not concepts or determinate thoughts" (Kant, 218). In this passage Kant expresses an opinion about music which has had a long and venerable tradition that, in a certain sense, reaches back as far as Plato and Aristotle. The basic thesis of Kant's theory, namely that music is the language of the emotions, was the *dominant* one in the 18th and 19th centuries and was defended by a great number of authors from Mattheson to Wagner. Among the philosophers who have subscribed to this view one finds Rousseau, Kant, and Schopenhauer.[1]

In my opinion Kant improved the „classical" theory of music substantially by integrating it into a general theory of the fine arts which itself, in turn, is part of his overall theory concerning our judgments of taste. A similar remark can be made for Schopenhauer, although he tries to define the meaning of music with reference to the primordial Will. For Schopenhauer music must be described as a perfectly universal language whose distinctness surpasses even that of the perceptible world. Music records the most secret history of the Will and, thus, pictures all that which reason collects under the wide and negative concept of feeling, but which it cannot understand through its abstract concepts. Thus music is the language of feeling and passion, as words are the language of reason (Schopenhauer, I, 330–335).

The idea underlying this conception of music is still being defended by a great number of authors today, even though most of them are now aware of the severe criticism which this view has evoked since the middle of the 19th century.[2] However, the thesis that music is the language of the emotions is not always interpreted in the same manner by the various authors who have defended it. The following interpretations can perhaps be distinguished here:

1) Music *represents or expresses* certain emotions, namely those which the composer (and/or performer) experienced before or during the process of composition or performance.

2) Music *evokes* emotions such that:
   a) these emotions are similar to the ones the composer or performer experienced;
   b) these emotions are not related to the emotions of the composer or performer;

[1] Rousseau, 65–83; Kant, 184–248; Schopenhauer, I, 330–346, III, 231–244.
[2] Cooke, IX-XIII, 1–33; Langer 1942, 213–224; Meyer, VII–X, 1–35.

c) these emotions were those which the composer intended to evoke, even though he may not have experienced them at the time of composition.

3) Music is the language which only our emotions *„understand.“*

Of these different interpretations the last one is obviously the most intriguing. For it is not clear how a man can understand something by „undergoing“ an emotion. Secondly, it is not clear what it then is that is so understood; for if a composition is to have a meaning which is not strictly inherent in the musical structure of the work itself, its own inner perfection so to speak, then there is to be something to which the work points and which it tries to reveal by presenting it. Yet it is not at all evident what this could be. Finally, it is difficult to understand precisely in what sense music can be called a language. I plan to return to these problems later, but let us first listen to those who oppose this view.

One of the best known critics of the theory that music is the language of our emotions was Eduard Hanslick who in *The Beautiful in Music* tried to refute what he called this „romantic conception of music.“ The basic thesis of Hanslick is not that music is absolutely destitute of feeling, but rather that the office of music is not to *represent* or *express* feelings. The beauty of a musical composition is specifically musical in the sense that it is inherent in the combination of musical sounds and, thus, is independent of all alien and extra-musical notions (Hanslick, 11–15).

The most important contemporary proponent of the thesis that music should not be understood as the language of the emotions is in my view Paul Hindemith. He, too, does not deny that there is a close link between music and emotion, and feels that if our emotions would not respond to music, musical sounds would be senseless. Yet this does not at all entail that for that very reason music should be conceived of as being the language of the emotions. For it can easily be shown from the viewpoint of the composer, the performer, and the listener that a work of art music does not express the emotions of the composer or performer, and that it does not arouse real feelings or emotions in the listeners, either. Furthermore, due to the absence of any stable connotation in its message of sound, music does not and cannot have the properties of a real language (Hindemith, 20–49).

One of the most striking achievements of Langer has been that she has been able to successfully overcome the sterile alternative between music as the language of the emotions and music as pure form totally unrelated to a man's life. In her view music is to be treated as a phenomenon of meaning rather than as a pleasurable experience; thus works of music are to be understood in terms of the concept of significant form. The question then is the following: If forms by themselves are to be significant and must be so in order to be artistic, what kind of meaning do significant forms then express? This question must be asked because significant forms do not convey propositions as word symbols do (Langer 1942, 204–206).

In trying to find an answer for this question, Langer first points out that the musical structures bear a close logical similarity to the forms of human feeling. The pattern of music is the pattern or logical form of sentience worked out in pure, measured sound and silence. In other words, music is a tonal analogue of emotive life. The existence of such a formal analogy based on a congruence of logical structure is the prime requisite for the relation between a symbol and whatever it is to mean.

In her attempt to determine the nature of the intimate relation between music and the life of feeling, Langer points out that the function of music is not to stimulate feeling, but to *express* it. Furthermore, music is not the symptomatic expression of feelings that overwhelmed the composer or performer, but a symbolic expression of sentience as the composer *understands* it. It bespeaks his imagination of feelings rather than his own emotional states and, thus, expresses what he knows about the inner life. The author readily admits that there are many difficulties involved in the assumption that music is a symbol, because we tend to identify all symbols with linguistic symbols, and to carry the characteristic of the latter over into our conceptions of the former. Yet music is not really a language and its meaning is something different from linguistic meaning.

Music, like language, is indeed an articulate form. And yet it is not a language of feeling because its elements are not words. Since there is no meaning assigned to its basic constitutive parts, music lacks one of the basic characteristics of language. Langer calls music „an unconsummated symbol" because the symbolic relationship is in this case not fulfilled in and through reference. Yet music has import and this consists in the pattern of sentience, i.e., the pattern of life as it is *felt* and directly known. Thus, Langer finally concludes, music is a significant form and its significance is that of a symbol, a highly articulated sensuous object which, by virtue of its dynamic structure, can express the form of vital experience which language is not capable of conveying. Feeling, life, motion, and emotion constitute its vital import. The basic concept in reflections on music, therefore, is the articulated, but non-discursive form having import without conventional reference, and therefore not presenting itself as a symbol in the linguistic sense of the term, but rather as a significant form in which the significance is not logically discriminated, but is felt as a quality rather than recognized as a function.[3]

Zuckerkandl has critized Langer for the fact that her theory still shares with the two older theories which it tries to overcome, their basic *psychological* assumptions. Music is a symbol and what it symbolizes is the inner life of a *psyche*. Furthermore, in his opinion, Langer's theory does not really *explain why* it is that one and the same work of art music, exactly performed in the same manner under the same circumstances (for instance by means of records), on different occasions can articulate feelings in more than one way, even though Langer explicitly acknowledges the fact.

It seems to me that one cannot meaningfully answer this question without explicitly appealing to the typical manner in which moods present us with meaning. Could it perhaps be the case that musical works do not articulate moods, but rather the meaning that they offer to us. Or are we perhaps to say that music *articulates* neither the moods nor their meaning, but rather *presents* both in their intimate interwovenness and, in this sense, is what Langer calls a significant form? To find an answer to these questions we must now turn to a brief reflection on emotions and particularly on that type of emotion which one encounters in music, namely the moods.

[3] Langer 1942, 204–206; Langer 1953, 26–32.

III

Although moods, strictly speaking, cannot be called intentional phenomena (Strasser, 109–114), it is nonetheless true also that there is a close relationship between mood and meaning. When I am in a state of fear I usually can point to some person, thing, or event that brought me into this frame of mind. On the other hand, when I find myself in a certain mood I usually am unable to indicate *concrete* things or events that could account for my being in that particular disposition. Yet moods, too, are phenomena of meaning and the meaning which they make present to those who „have" them, is intimately related to both the self and the world in which the self finds itself (Strasser, 114–117). The first philosophers who, as far as I have been able to discover, adopted this point of view and made it pertinent to reflections on music were Hegel and Schopenhauer. Their opinions on this matter differ in many important respects, and this is, to a large extent, the consequence of the fact that they were formulated from the perspective of two irreconcilable philosophical systems. Yet through their reflections there runs a thread that contains a clue which may help us to find an acceptable way to relate music and mood, a way that can actually be borne out by the experiences we have with works of art music.

For Schopenhauer the phenomenal world and music are two different expressions of the same Will. Music, if regarded as an expression of the inner nature of the world, is in the highest degree a universal language. In this regard music resembles numbers and geometrical figures which are the universal forms of all possible objects of experience (Schopenhauer, I, 339).

Whoever gives himself up entirely to the impression of a symphony seems to see all the possible events of life and the world take place in himself; yet if he reflects, he can find no likeness between the music and the things that passed before his mind. The reason for this is that music is not a copy of the phenomena, but a copy of the *world* as Will. Thus we may call the world both embodied will and embodied music (Schopenhauer, I, 342). Music seems to us to speak of other and better worlds than ours (Schopenhauer, III, 244). Schopenhauer, therefore, attributes to the musical genius the task of disclosing the deepest mysteries of the will and its experience such that this disclosure at the same time is *the revealment of a world* (Schopenhauer, I, 336, 339).

For Hegel, every art is to portray the Spirit in a presence which is adequate for it (Hegel, II, 888). In so doing each art chooses its own means of sensuous expression. Music employs a material which, for our apprehension at least, is without stability and which immediately vanishes after it has arisen. Music comes into being by the obliteration of the whole of matter and space (with which architecture, sculpture, and to some degree painting are concerned) and, thus, by the complete withdrawal of both the inner life and its expression into subjectivity. Since the continuously flowing and moving sound is the material of music, music cannot present forms of a variegated world of objects; it does not present things; what alone is fitted for expression in music is the object-free inner life. The chief task of music, therefore, is to make resound, not the objective world of things but, on the contrary, the manner in which *the inmost self* is moved to the depth of its conscious soul (Hegel, II, 888–889).

And yet in order to be a genuine art, music, too, must grasp and express some specific subject matter; it must vivify some content in the inner life, but it must do so not in the way in which this happens when the content is presented to consciousness as a general idea (poetry), or when, as a specific external shape, the content acquires through art its appropriate appearance (sculpture, painting). The difficult task assigned to music is to make the inwardly veiled life and energy of the self resound on its own account in tones. Thus music must conceive its subject matter in the form of inwardness; and as such it can adopt every content that can enter the inner life, provided it can be clothed in the form of feeling.

In every feeling the subject has some objective content, but it lets this content remain in the immediate self-sufficiency of the self. Feeling remains the shrouding of the content. All feeling from jubilation to sorrow and grief is feeling in regard to some subject matter. Thus even though here, too, there is a distinction between the self and its object, in feeling this distinction is not yet made explicit; the thing felt is still interwoven with the inner feeling as such, without any separation between them (Hegel, II, 894–903).

Thus in music the self is not only gripped in some particular part of its being or simply through a specific content; in its simple self and in the very center of its spiritual existence, the self as such is elevated by the musical work and activated by it. This fact is intimately related with the inherently temporal character of both the self and the musical work. Since time provides the essential element in which sound gains existence with respect to its musical value, the musical work sets the self in motion by its own temporal movement and rhythm.

Yet music is much more than just abstract sound in a temporal movement; what is needed in addition is a certain content and thus it is still to be explained how it is possible for notes and chords to be the developed and artistic expression of feeling. Feeling has a content; it is the feeling of something; yet notes as such have no content and as such they are not the sound of anything. Thus music must make the notes and chords capable of assimilating and expressing an inner life (Hegel, II, 903–910). Each note and chord has its relatively independent existence; it is as such something complete in itself. Yet it has its definiteness and meaningful sound and its temporal duration only in relation to other possible notes or chords. The relationship between them does not belong to the notes and chords by their very nature; it proceeds from the composer and exists only for the performers and listeners; and it is established on three different but related levels: the level of beat and rhythm, the level of harmony, and above all the level of melody (Hegel, II, 910–912).

Thus in Hegel's view music is to present something and it must present this artistically. What is so made present has two intimately related sides: the inner meaning of the work and the corresponding revelation of self in and through feeling. In works of art music the meaning and the feeling must be connected with *the deepest things* in a man's life. A great composer must immerse his own art entirely in such a „thing" and in it alone, and he cannot limit himself to having familiarized himself with only a subjective feeling of it. Then the work will have the power of making it possible for the listener to live through the inmost meaning of the same „thing," immerse himself in it with his whole heart so that now „the thing itself" becomes in him something feelingly apprehended in a manner which excludes everything else (Hegel, II, 933–937).

The positions defended by Schopenhauer and Hegel appear at first sight at least to be contradictory insofar as Schopenhauer conceives of music as the art that is to present the world, whereas Hegel sees music as the revealment of self. Yet on closer inspection, the opposition between these two views is by no means as radical as it seems to be at first sight. For one should realize that as far as music is concerned, the self to which Hegel refers cannot possibly be identified with Kant's *personalitas transcendentalis*; on the other hand, it is impossible to identify Schopenhauer's world with the totality of all things-in-themselves, as he explicitly states. Thus the self about which Hegel speaks is not at all a closed consciousness and Schopenhauer's world is one that immediately relates to a „subject," thought as Will. I do not wish to pursue the relationship between Hegel and Schopenhauer in greater detail here. Instead I wish to place the two „elements" to which both point in their discussion of music, in the perspective of the hermeneutic phenomenological conception of the relationship between self and world. It seems to me that from this perspective it will be possible to both „overcome" and „maintain" the positions held by Hegel and Schopenhauer and perhaps to show the „truth" of these two views.[4]

For if the mode of Being characteristic of man is understood, not in terms of a closed consciousness, but rather as openness and, thus, as Being-in-the-world, whose essence consists in ek-sistence, then the selfhood of the self can be understood as transcendence, taken in the sense of the basic constitutive moment of man's Being which „happens" prior to all actual behavior and involvement (Heidegger, 1969, 35–105, passim). Furthermore, it cannot be understood either in terms of the modern subject-object-relationship of classical epistemology. As transcendence the human self surpasses neither a boundary in which as a subject it would have to remain (immanence), nor a gap which separates it as a subject from all other beings as objects. That toward which the surpassing takes place is not an object, some form of objectified being; what is surpassed is rather every thing which can become unconcealed to the human self as well as the being that man himself is. Thus that toward which the human self transcends is the world. This is why transcendence can be defined as Being-in-the-world.

[4] For what follows see Kockelmans 1978, and Heidegger 1962, 364–380.

As a constitutive component of man's own mode of Being, world is not used to signify the entirety of all natural things (the natural concept of world taken in the ontic sense), nor to signify the community of men (the personal conception of world). Rather, the expression ‚world' refers here to the totality of meaning by means of which and in terms of which man gives to himself the capacity of understanding those things he can behave towards, and how he can behave towards them. In other words, by moving from things toward the world, man temporalizes himself as a self. In and through transcendence he brings the world before himself in order that he can relate to things from within the midst of things. Man throws a world over things so that they can manifest themselves as what they are. Man lets world come-to-pass and through the world he provides himself with an original view which, although not grasped explicitly, nonetheless serves as a model for all manifest things. There is no way that a thing or even the totality of all ontic things as a whole could ever become manifest, if they could not find the oportunity of entering a world. No thing can ever manifest itself, except insofar as this aboriginal happening which we call transcendence comes to pass, i. e., insofar as a being of the character of Being-in-the-world breaks into the realm of beings. And what we call freedom is at root no more than the transcendence in and through which man surpasses things toward world (Kockelmans 1978, 143–146).

This line of thinking suggests that what music reveals is neither the self nor the world, both taken in isolation, but rather the self's surpassing of things toward the world, or perhaps better the world as that toward which the self can possibly surpass things. Most authors have claimed that this revealment has the character of being an expression; for Langer it is an *articulation.* Yet it seems to me that from the data to which they appeal one cannot legitimately draw the conclusion that music *expresses* or *articulates* moods, nor that it *expresses* or *articulates* what moods make present. Furthermore, these claims can in my opinion not be verified on the basis of the experiences which we have with works of art music either. What a careful observation of my experience with a work reveals is rather that in and through the work as a „significant form" music brings me in a definite mood which offers me a possible world or a new perspective on the world in which we live. By *presenting* this world, the work invites me to enter it and make it into my own; it invites me to temporarily „leave“ the everyday world and „live“ for some time in the possible world presented by the work; it invites me to move into that world and *find myself* there as *attuned* in such and such a manner, depending on the composition involved. Since the orientation toward world is constitutive for the mode of Being of man, he finds himself constantly in a world attuned in some manner, even though he may often be in a „neutral“ mood. The work of art music retunes him, as it were, and thus opens him up for the world that is its own. Yet we still must try to answer a basic question that is implied in the preceding reflections. How can we explain the precise manner in which in the *musical* work, the world and the self are related to one another?

It has been said from time immemorial that the musical work discloses a world through an appeal to man's emotionality. In the preceding pages we have attempted to show that the term ‚emotionality‘ is not to be taken here as referring to specific emotions of joy, sorrow, or grief which people have, but rather to moods. Now it is not at all easy to say clearly what the ontological structure of mood precisely is, because our thematic knowlede of everything that is intimately connected with man's emotional life is, as we have seen, conceptually vague (Heidegger 1962, 172–182). Yet it can be said nonetheless that a mood communicates to us something about our own mode of Being in relation to the world in which we *find ourselves*, i.e. find our own self. It is then still difficult in each case to determine why one is disposed or tuned in a determinate way, and precisely what this disposition tells us about ourselves and about the world in which we find ourselves. Yet basic moods do inform a person about his position in the midst of things and fellowmen in the world. How is one to articulate this in greater detail?

Different elements can be distinguished here. First, in and through his mood man is aware of his own Being, of the fact that he is. Without freely having chosen it, man is, finds himself to be in a given world. Furthermore, in his mood man not only becomes aware of the fact that he is, but also of the fact that he has to be there, that his being is to be realized in that world by himself as a task; that in that world he still has to realize himself as a self. Furthermore, the determinate mood in which a man finds himself depends on the modalities of his involvements with things in the world. Thus a man's mood is an implicit, but continuous, „judgment" regarding his own self-realization. Whoever „feels good" has adopted a positive attitude in regard to the world as well as to the self that in that world he has become. Hence a man can be disclosed to himself in a more primordial way by mood than by theoretical reflection. However, if the mode of Being that is characteristic of man is Being-in-the-world, then mood discloses to man not only his own self, but also the world, other human beings, and things. Thirdly, in his concern with things, man encounters these things as emerging from the horizon of a referential totality. But this is possible only if this totality has first been somehow disclosed to man beforehand. Precisely because this referential totality has been disclosed to man beforehand, is it possible for him to encounter things as such. This prior disclosedness of world is constituted by one's mood. Thus the fact that man is openness in the direction of the other in the world is given to him in the most original manner through that fundamental feeling of his own „Being there."

The composer creates a musical work in such a way that it itself can disclose a possible world to anybody who will encounter it when the work is being performed. While it is being performed the work sets up a world „out of" the sounds of the earth. The world that has so been set up invites the listener to enter it and find himself there properly attuned to the things which this world lets be. Leaving behind the entire material and spatial domain and moving into the essential temporal character of both sound and self, the composer and the performer grant measured tones and chords the possibility to follow each other in orderly fashion and so to sound well on the level of the tones' rhythm, melody, and harmony.

From the preceding it is clear why, *in the final analysis,* music is not a language. For the basic function of language is the articulation of a meaning which is already present. Since this articulation is inherently finite, it is always an articulation from a perspective. This perspective consists in the manner in which the totality of all possible meaning has been presented as world. Now it is precisely the function of the musical work to present such a world, as a world which opens up possibilities for all those who are willing to encounter the work. A language articulates meaning from the perspective of a given world; the musical work opens up such a world and, in this way, contributes in its own way to the coming to pass of truth.

This also explains why music taken as a work of art does not ask for an interpretation on the part of the listener. When we listen to a work of art music we do not feel the urge to give an interpretation of it or of its meaning. We feel rather impelled to accept what is being presented through the work and this is a possible world. I feel impelled to enter this world and find myself properly attuned to the possibilities which this world offers me. (It is obviously still correct to say that the performer must interpret the musical *score*.)

In the *Introduction* to this essay it was observed that in most civilizations, and in the West until the late Renaissance, music has always been an inherent part of a much more encompassing whole in which it was intimately related to other social phenomena. It was mentioned there also that in that situation the meaning and place of music were much less problematic than they are in our present situation. As long as music is closely related to the entire life of a community, music is an integral part of a world in which language and myth have their proper functions, also. In such a setting language and myth can articulate certain „things“ that music cannot articulate, in that it must limit itself to presenting a possible world which as such, as we have seen, precisely is the condition for a possible articulation and interpretation of meaning. On the other hand, language in some vital respect cannot always do its work if man does not find himself properly disposed toward the whole whose elements language is to articulate. Both Schopenhauer and Nietzsche have stressed the point that the intimate relation between music and world explains the fact that suitable music played to any scene, action, event, or surrounding can disclose to us its most secret meaning in that it brings us „in the proper mood.“[5] The issue here is obviously not that music would not have meaning independent of the other social phenomena, but rather that music *presents* meaning in such a manner that it leaves room for other phenomena which are capable of *articulating* meaning. Precisely because music merely presents a possible world and, thus, does not articulate the meaning of the things and events that may manifest themselves in the world, is it that music gives the „earth“ *its own*

[5] Schopenhauer, 399; Nietzsche, 124–128.

typical chance to tower up within each work, and to the truth the necessary medium in which it can establish itself and come to pass as such.

IV

We must finally return one more to the question implied in the title of this essay: what is the meaning of music and its place in our world? To some degree one could perhaps say that this meaning and this place are the same as those of all other arts. This may be so up to a point; yet such an answer is still little illuminating. Whatever the position of drama and poetry may be in our world, and whatever may be the case for architecture and painting, music still finds itself in a very peculiar position due to the fact that music for the greater part has achieved a universality not equalled by the other arts and, on the other hand, has found its place mainly in the life of the isolated, private, individual.

The question of the meaning of music and of its place in our world is one about the „function" music has in the constitution and development of our world. This „function" is one that must be discovered by means of a careful analysis of the experiences of those who form a people. To understand the question one must begin, I think, by realizing that since time immemorial one has recognized peoples by their music: there is Chinese music, Indian music, Indonesian music, various forms of African music, and so on. In our Western world there furthermore is Greek music, Roman music, the music of the early Christian Church, Renaissance music, Baroque music, classical music, romantic music, etc. Since 1750 or so we speak about Western music whose development begins in the Renaissance. Thus there are different forms of music for different peoples and there are different kinds of music for the same people at different times of its historical development. The latter is certainly the case for our Western world; perhaps it is even characteristic for the Western world that its music reflects in its changing forms the gradual development of the world from a very simple, religious, harmonious, and ordered world to an ever more complex, pluralistic, secular, confusing and often chaotic world, all processes of rationalization that have played an important role in this development notwithstanding. But let us focus now on the main issue.

It cannot be denied that today great works of music can be heard by almost everyone everywhere all over the world through radio, tapes, records, and disks. As a matter of fact, more human beings listen today to works composed by Mozart, Beethoven, Brahms, Wagner, Bach, Händel, etc., then ever before. Everyday millions of people listen to great works of music. Yet extremely few people go to concerts. Although the numbers of people who actively take part in a live performance is relatively small as compared with the people who listen to music via electronic means, in absolute terms this number is still much and much greater than it has ever been during the lifetime of the great composers. Music is present in our world. This is true for jazz, popular music, folk music, religious music, and many other kinds of music, some of which are of no aesthetic value, whereas others are very fine works of art. But this is true also for „great" works of music, composed by the greatest composers of our Western tradition since the Renaissance.

Although music is indeed manifestly present in our world, in the sense that almost everyone listens to music, or even actively takes part in the performance of music, and also in the sense that one finds music almost always from morning to night, it nonetheless is true also that the place of music in our world is a rather peculiar one. Our world is not at all musical in any definable sense of the term. Our world is a scientific and technological world. It is substantially a hard, ugly, tense, serious, and frightening world, in which as far as the public dimension of it is concerned there is virtually no place for music in general and certainly not for „great" art music. Music is not a *constitutive* factor of this world, nor is it an *essential* part of it. If we carefully look at our social, public world we must admit that music has lost its place in the world completely. Music today is neither world-founding, nor world-developing, it neither founds and institutes religion, nor does it help form a national consciousness (Hegel). Today we cannot imagine that someone will write for our world what the Romantics once wrote about the Greek world.

And yet this cannot possibly be the whole picture. There must be some other dimension to the issue, because it simply cannot be denied that music is present everywhere and that it does play an important part in our lives. It may be true that today music does not play this part in the public dimension of our lives; yet it is true also that it influences each of us individually deeply and in a manner that is very important to us. Music today may not found our world; yet it certainly makes our world into a place where humans indeed can still dwell as humans, „poetically.“ Music is today unable to change or alter our public technological world, which is governed exclusively by economic standards and rules; yet it makes our having to live in such an unhuman world at least tolerable. Furthermore, there is a very peculiar durability to a work of art which, as we have seen, has an inherently temporal character. It takes a certain amount of time to listen to a great work of music and one can return to it time and again. In a rapidly changing world which often makes little sense to people, and in which one is constantly confronted with new possibilities and options, music remains one of the durable and stabilizing factors. Whatever every new day may bring, we can be certain that our music will be there when we finally get home, rest, and enjoy life and „feel“ that, everything else notwithstanding, life is still worth living. Music is obviously not the only such factor or element. Luckily there are many others as well; they constitute the whole of those precious moments in which humans can be together as humans.

In the music which to us is always accessible at any moment we need it, and to which we can return time and again we find the possibility of recognizing something „eternally“ human in our human condition. At times it may be frightening to be human, it may be true that our mode of existence is basically dramatic, yet there are also many moments in which it appears to be good to be human, and in which there is ample room for joy, „rapture,“ and ekstasis. It is particularly in these moments that man transcends himself and reaches out far beyond the things of his everyday concern.

Hegel was convinced that eventually religion would completely take over the place of the arts in our world. More than 150 years after his death it is clear that Hegel was mistaken in this belief, because this is true neither for the great institutionalized religions nor for the rational religion Hegel had in mind. Religion, too, has lost its place in the public world. There are striking parallels here between religion and music: both have left the public world and have found in many instances a durable place in the „heart“ of the individuals who strongly are convinced that they more than anything else make this world livable, endurable, enjoyable. But let me limit myself here to music.

When we speak about the privatization of music in the contemporary world, which is mainly due to many new technical, electronic inventions, then we do not mean to say that the basic „function" of music is one that extends only to the individual listener; rather we mean to say that the work of music has an important „function" in regard to the world of that individual, to *our* world which we share, and of which music is still an „invisible" part. It is music that for me and others makes the world, our world, a livable world, a dwelling place where humans can still be at home. Music helps us maintain a homeland for us humans here on earth.

That earth becomes world and the world a habitable dwelling place for humans is in part still due to the arts in general, and to music in particular. We make our earth a dwelling place by work, specifically by our works of art. It is through our work and effort that our civilization or culture has been developed. The art works and among them the great works of music are the durable witness of the „spirit" that „animates" our world. Without them our world could not maintain itself as a genuine dwelling place for humans.

Yet we have also seen that today we live in a very complex and fragmented world. In this world „great" works of art music do have an important place. Yet the vast majority of people appear to have turned to other forms of music, to any kind of music that soothes their troubled and often unbridled hearts. This situation is obviously not ideal in view of the fact that there is quite a bit of music that has no aesthetic dimension and quality at all. That there is a very liberal pluralism in the world of music is unavoidable and understandable in our contemporary world. Yet it seems to me that it should still be possible to bring all people to the point where they at least can make a distinction between „good" and „bad" music, between „worthwhile" and „worthless" music, between music that is world-forming and music that is world-destroying, music that elevates and enlightens and music that pulls down and obscures. I am aware of the fact that the dividing line in each case cannot always be drawn clearly, and also of the fact that it will not be easy to achieve universal agreement on such matters. Yet it seems to me that our „educational system“ that is very onesidedly oriented toward science and technology, is to be blamed for this deplorable situation.

It should be understood that it is not my intention to claim that the overall situation today would be worse in this regard than it may have been in the past. I merely claim that our world could have been a much better world to live in than it actually is, if all people would have received the kind of education and formation (*Bildung*) to which they can make a legitimate claim. In my view there is wisdom in the positions of Plato and Aristotle according to which there is a kind of music that from a communal point of view, from the viewpoint of the well-being of the *polis,* is counterproductive. One cannot and should not abolish or prohibit such music; yet one should help people to become attuned to that kind of music that opens up the „serious“ world in which human beings who according to their very nature ought to strive to become „serious“ and moral persons, can feel at home and in which they can enjoy life to the highest degree.

Literature

Adorno, Theodore W.: Aesthetic Theory, trans. C. Lenhardt. London 1984.

Adorno, Theodor W.: Philosophie der neuen Musik, Frankfurt 1975.

Allemann, Beda: Hölderlin und Heidegger, Zürich 1956.

Arendt, Hannah: Lectures on Kant's Political Philosophy, ed. R. Beiner. Chicago, 1982.

Arendt, Hannah: The Life of the Mind, 2 vols. London 1978.

Arnoux, Georges: Musique platonicienne: âme du monde, Paris 1960.

Cooke, Deryck: The Language of Music, London 1964.

Gethmann-Siefert, Annemarie: Die Funktion der Kunst in der Geschichte (Hegel-Studien, Beiheft 25), Bonn 1984.

Gethmann-Siefert, Annemarie: „Die Rolle der Kunst im Staat. Kontroverses zwischen Hegel und den Hegelianern“, in Welt und Wirkung von Hegels Ästhetik, ed. Annemarie Gethmann-Siefert and Otto Pöggeler (Hegel-Studien, Beiheft 27), Bonn 1986, pp. 65–102.

Gethmann-Siefert, Annemarie: „Welt und Wirkung von Hegel's Ästhetik“, in Welt und Wirkung von Hegels Ästhetik (Hegel-Studien, Beiheft 27), Bonn 1986, pp. V–XLVI.

Habermas, Jürgen: The Theory of Communicative Action, 2 vols. Boston 1981.

Hanslick, Eduard: The Beautiful in Music, trans. G. Cohen, New York 1891.

Hegel, G. W. F.: Aesthetics: Lectures on Fine Art, trans. T. M. Knox, 2 vols. Oxford 1975.
Heidegger, Martin: Being and Time, trans. J. Macquarrie and E. Robinson, London 1962.
Heidegger, Martin: Erläuterungen zu Hölderlins Dichtung, Frankfurt 1963.
Heidegger, Martin: Unterwegs zur Sprache, Pfullingen 1958.
Heidegger, Martin: The Essence of Reason, trans. T. Malick, Evanston 1969.
Hindemith, Paul: A Composer's World: Horizons and Limitations, Gloucester, Mass. 1969.
Kant, Immanuel: Critique of Judgment, trans. J. H. Bernard, London 1914.
Kelkel, A.: La légende de l'être: Langage et poésie chez Heidegger, Paris 1980.
Kiralyfalvi, Bela: The Aesthetics of György Lukacs, Princeton, 1975.
Kockelmans, Joseph: Heidegger on the Self and on Kant's Conception of the Ego, in: Elliston, F., ed.: Heidegger's Existential Analytic, The Hague 1978, 133–156.
Kockelmans, Joseph: „On Art and Language," in Philosophie et Langage, Bruxelles 1982.
Langer, Suzan: Feeling and Form: A Theory of Art, New York 1953.
Langer, Suzan: Philosophy in a New Key: A Study in the Symbolism of Reason, Rite and Art, Cambridge 1942.
Lévi-Strauss, Claude: Myth and Meaning, New York 1979.
Meyer, Leonard: Emotion and Meaning in Music, Chicago 1970.
Nietzsche, F.: The Birth of Tragedy, trans. W. Haussman, New York 1964.
Pöggeler, Otto: Die Frage nach der Kunst. Von Hegel zu Heidegger, Munich 1984.
Rousseau, J.-J.: Musique, in: Dictionnaire de Musique, Œuvres Complètes, vol. 14, Paris 1825, 64–83.
Sachs, C.: The Rise of Music in the Ancient World: East and West, New York 1943.
Sartre, Jean-Paul: The Emotions: Outline of a Theory, trans. B. Frechtman, New York 1948.
Schönberg, Arnold: Style and Idea, ed. L. Stein, New York 1975.
Schopenhauer, Arthur: The World as Will and Idea, trans. R. Haldane and J. Kemp, 3 vols., London 1948.
Strasser, Stephen: Das Gemüt, Freiburg 1956.
Weber, Max: The Rational and Social Foundation of Music, trans. Don Martindale, Johannes Riedel and Gertrude Neuwirth. Carbondale Ill., 1958.
Zuckerkandl, Victor: Sound and Symbol, trans. W. T. Trask and N. Guterman, 2 vols., New York 1956–1973.
Zuckerkandl, Victor: The Sense of Music, Princeton 1959.

Denken, Dichten: Literaturtheoretisch

BEDA ALLEMANN

I

In den frühen Lyceums-Fragmenten Friedrich Schlegels findet sich die Forderung: „Poesie und Philosophie sollen vereinigt sein."[1] Zwei Jahre später, nämlich 1799, notiert sich sein Freund Friedrich von Hardenberg: „Dichtkunst ist wohl nur – willkührlicher, thätiger, produktiver Gebrauch unsrer Organe – und vielleicht wäre Denken selbst nicht viel etwas anders – und Denken und Dichten also einerley."[2] Was Friedrich Schlegel zugleich als historischen Befund und als Programm einer spezifisch modernen Poesie formuliert, was Novalis vorsichtiger erwägt und gleichsam nur auf Probe festhält (die Belege dafür ließen sich vermehren), eröffnet auf dem Höhepunkt des frühromantischen Symphilosophierens eine Fragestellung, die nach fast zwei Jahrhunderten ihre subkutane Virulenz noch lange nicht eingebüßt hat und sich nach wie vor nicht leicht ausloten läßt.

Oder nehmen die Reflexionen Schlegels und Hardenbergs etwa schon die Antwort vorweg auf die bekannte Selbstkritik Nietzsches aus jener *späte[n] Vorrede (oder Nachrede)* zur zweiten Auflage seiner *Geburt der Tragödie aus dem Geiste der Musik*, wonach sie hätte singen sollen, diese „neue Seele" – und nicht reden? Aber was heißt für Novalis *Dichten*, was heißt *Denken*, und keineswegs zuletzt: was heißt hier *einerley* und *vereinigt sein*?

Martin Heidegger[3] hat, wir wissen es, auf seine Weise die Problematik dieser Bezüge mit zunehmender Insistenz verfolgt. Das Wort aus den Empedokles-Entwürfen Hölderlins über die nachbarlichen Stämme, die einander unbekannt bleiben, hat er als Hinweis aufgefaßt, um Verwandtschaft und Differenz zwischen Dichten und Den-

[1] Lyceums-Fragment 115; vgl. Friedrich Schlegel, Kritische Ausgabe, Bd. II, 161.

[2] Novalis, Schriften, Bd. III, 563.

[3] Die Werke Heideggers werden zitiert nach der jeweiligen Einzelausgabe, unter gleichzeitigem Verweis auf die bereits erschienenen Bände der Gesamtausgabe (im folgenden GA).

ken zu verdeutlichen[4]. Auch bot sich die Stelle vom Beginn des Patmos-Gesangs an über die Liebsten, die nahe wohnen, auf getrenntesten Bergen:

So gieb unschuldig Wasser,
O Fittige gieb uns, treuesten Sinns
Hinüberzugehn und wiederzukehren.

Es versteht sich, daß solche Hinweise auf poetische Thematisierungen der Problematik diese selbst nicht literaturtheoretisch auflösen oder gar beseitigen, im Gegenteil: sie können sie nur dringlicher zum Vorschein kommen lassen. Heidegger hat später seine Hinwendung zur Dichtung Hölderlins als einen Umweg bezeichnet. Die Bemerkung darf offenbar so wenig pejorativ verstanden werden wie die Rede von den Holzwegen. Um- und Holzwege führen ins Unbegangene, sie sind dem Denkansatz Heideggers wesensnotwendig.

Wie aber verhält sich eine andere, nämlich die wissenschaftliche Befassung mit Literatur und Dichtung zu einem Denken auf Um- und Holzwegen? Herausgefordert fühlen muß sie sich allemal, nachdem doch der wichtigste Umweg im Werk Heideggers, der mit der Erläuterung poetischer Texte verbundene, über ihr eigenes Terrain, ihr sogenanntes Gegenstandsgebiet führt. Wie verhält sich aber, und zwar diesseits aller denkbaren Interpretationsdifferenzen und methodischen Einwände, speziell die Allgemeine Literaturwissenschaft, der dem eigenen Selbstverständnis zufolge die Ausarbeitung einer stichhaltigen Literaturtheorie obliegt und die zunächst einmal, vor allen weitern Detailerörterungen, am unmittelbarsten betroffen sein müßte, zu der Herausforderung des Denkers?

Sie kann das Gespräch verschmähen und sich dabei sogar auf Heideggers Satz stützen: „Die Wissenschaft denkt nicht", der bei dem Zürcher Kolloquium vom 6. November 1951 mit Studenten und Professoren der philologischen Fächer und der Philosophie für einige Bewegung sorgte[5]. Es ist indes wohl eine Frage des erkenntnistheoretischen Temperaments, ob die Literaturwissenschaft tatsächlich von dem Angebot Gebrauch machen will, sich in der Dimension des Denkens für unzuständig zu erklären und den Dialog somit folgerichtig zu verweigern, oder aber, und wie weit, sie sich im Gegenteil

[4] *Aus der Erfahrung des Denkens*, Pfullingen 1954, 25; GA XIII, 85.
[5] Vgl. dazu jetzt GA XV, 434.

auf Heidegger und das Problem von Dichten und Denken einläßt, auf die Gefahr hin, sich einen Schritt weit über die Ränder des durch philologische Tradition abgesicherten Bereichs hinaus vorzuwagen, worin sie sich von Hause aus zuständig weiß.

Geht sie das Risiko ein, wird sie sogleich auf die populären und in der Literaturwissenschaft seit ihrem Bestehen gern für bare Münze genommenen Polarisierungen zu verzichten gezwungen, die fein säuberlich das *Denken* dem Begriff, dem Verstand, der ratio, der expliziten Aussage, das *Dichten* aber der Bildhaftigkeit und der Metapher, dem Gefühl und der Stimmung, der Irrationalität und dem in ihr Ungesagten, dem Inkommensurablen zuordnen. Bloß aus der Luft gegriffen sind diese Distinktionen gewiß nicht, es eignet ihnen sogar etwas ganz unmittelbar Einleuchtendes, mindestens im Denkhorizont und Kontext der neuzeitlichen Objekt-Subjekt-Schematik. In offener oder verdeckter Form gilt die Auffassung bis heute: es diene begriffliches Denken der objektiven Faktenfeststellung, dichterische Rede dagegen der doch eher subjektiven Erfahrung von Welt.

Im Zug der nach Kriegsende überfälligen Irrationalismus-Kritik war es für eine Weile üblich, hierzulande von *kognitiver Poesie* zu sprechen und sie zum förmlichen Programmpunkt nach dem „Kahlschlag" auszurufen – im Widerspruch zu den alten und gefühlsseligen Konnotationen, mit denen der Begriff der Dichtung nun einmal behaftet ist. Doch hat das im öffentlichen Bewußtsein auf Dauer die bequeme und eigentümliche Form von hergebrachter Gewaltentrennung zwischen Denken und Dichten kaum zu verändern vermocht. In Wirklichkeit ist selbst die anspruchsvolle Terminologie der heutigen Literaturwissenschaft und ihrer spezifischen Theoriebildung aufs beste dazu geeignet, die alten Vorurteile weiter zu befestigen, zumal man sich inzwischen aus dem natürlichen Bedürfnis heraus, über eine handliche Definition des kategorialen Grundcharakters poetischer Texte zu verfügen, auf den Begriff der *Fiktionalität* zur Bezeichnung eben dieser Grundcharakteristik geeinigt zu haben scheint. Auch für diesen Terminus gilt, daß er dem gesunden Menschenverstand ohne weiteres einleuchtet[6].

[6] Zur Kritik an dem Begriff vgl. Odo Marquard, *Kunst als Antifiktion – Versuch über den Weg der Wirklichkeit ins Fiktive*, und: *Das Fiktive als ens realissimum*, beides

Bei genauerem Hinsehen aber wäre jene reflektiertere Formel von einer kognitiven – das heißt ausdrücklich, wenn auch keineswegs immer thematisch – auf ein Erkenntnisinteresse bezogenen Poesie durchaus geeignet gewesen, wenn sie nicht nur als Gegenschlag im Horizont der überlieferten Polarisierungen verstanden wird, die Aufmerksamkeit auf den springenden Punkt zu lenken, auf den Sachverhalt nämlich des die Differenz von Dichten und Denken übergreifenden Vermögens menschlicher Welterfahrung. Dieses läßt sich mit der Maxime aus Gottfried Benns *Ptolemäer* kurz und prägnant umschreiben: „Erkenne die Lage."[7] Da dieser poetische Imperativ sehr viel mehr im Auge hat als nur die jeweils vorgegebene, beschränkte und in diesem Sinn aktuelle Situation, die auch mit andern, nicht zuletzt wissenschaftlichen Mitteln zu erkennen wäre, richtet sich die Aufforderung nach Erkenntnis der Lage primär an das Denken und an die Dichtung als die beiden Instanzen, die in der ausgezeichneten Weise – um es mit Hilfe einer Tautologie anzudeuten – „in der Lage sind", nach Maßgabe ihrer ohne Trübung oder Ablenkung durch partikulare Interessen (also „interesselos" im Sinne Kants) auf Weltorientierung bezogenen Sehkraft, die je schon gegebene Lage *tel quel* und von den fundamentalen Bedingungen ihrer Möglichkeit her zum Vor- und Augenschein zu bringen.

In dieser alle Erfahrung fundierenden Fähigkeit, Weltorientierung überhaupt erst zu schaffen, vorgängig des mehr oder weniger selbstverständlichen in-der-Welt-sich-Zurechtfindens, das darauf beruht, daß man sich immer schon irgendwie, sei es mit noch so viel kritischer Distanz, in ihr zurechtgefunden und eingerichtet hat, kommen Denken und Dichten, und nur sie, überein. Dieser Gemeinsamkeit gegenüber erscheint selbst die zwischen ihnen bestehende Differenz als eine sekundäre – ja sogar tertiäre, wenn sie so einleuchtend, aber auch hilflos formuliert wird, wie es üblich ist. Der Sachverhalt enthebt uns nicht der Aufgabe, diese Differenz genau so zu bedenken wie die Übereinstimmung. Er rückt diese Aufgabe erst in ihr rechtes Licht, denn die Unzulänglichkeit der an der Oberfläche liegenden Unterscheidungen zwingt sie uns auf.

in: Funktionen des Fiktiven (= Poetik und Hermeneutik X), hg. von Dieter Henrich und Wolfgang Iser, München 1983, 35–54 bzw. 489–495.

[7] Gottfried Benn, Gesammelte Werke in vier Bänden, II, 232.

Die kognitive Gemeinsamkeit von denkerischer Reflexion und dichterischem Entwurf kann noch von einer anderen Seite her auf den Nenner gebracht werden. Dieser Aspekt unterstützt die Suche nach einer stichhaltigeren Antwort, erschwert sie indes zugleich: es ist die *Sprache*, die im einen wie im andern Bereich, in dem des Denkens wie dem der Dichtung, auf ihre alles entscheidende Weise ins Spiel kommt. Sie konstituiert, über die tertiären Unterschiede hinweg, das gemeinsame Feld des denkerisch-dichterischen Sprachspiels, das menschlicher Erkenntnis zugrundeliegt.

So betrachtet ist die Frage nach der Differenz zwischen Dichten und Denken in erster Linie nicht eine Frage differierender Erkenntnisvermögen, die an ihnen beteiligt sind, sondern eine solche der Sprechweise, oder mit Wittgensteins Ausdruck: des Sprachgebrauchs. Die tieferdringende Sehkraft und Einsicht in die Lage, die den Bereichen von Dichten und Denken eignet, ist primär Sprachkraft, in einem über Artikulationsvermögen und bloße Redegewandtheit hinausreichenden Sinn.

Es kann sich im vorliegenden Zusammenhang nicht darum handeln, die schwierige Differentialdiagnose vollständig durchzuführen oder auch nur wirklich in Angriff zu nehmen. Ich beschränke mich darauf, die Voraussetzungen einer solchen Analyse von der Seite der Literaturtheorie her zu skizzieren, im Sinn eines knappen Aufrisses.

II

Die Sprache ist für Denken wie für Dichten zunächst einmal dieselbe. So entspricht es ihrem in beiden Bereichen, sei es auch auf unterschiedliche Weise, intensivierten Gebrauch. Es ist deshalb unumgänglich, trotz ihrer Komplexität, die Frage nach der Sprache als solcher zu stellen, um damit sich des umfassendsten Problemhorizonts zu versichern, in dem das Verhältnis von Denken und Dichten überhaupt zu lokalisieren ist. Die maßgebende Grundbestimmung findet sich in *Sein und Zeit*, sie geht von der Feststellung aus:

„Am Ende muß sich die philosophische Forschung einmal entschließen zu fragen, welche Seinsart der Sprache überhaupt zukommt. [...] Wir besitzen eine Sprachwissenschaft, und das Sein des Seienden [i.e. der Sprache], das sie zum Thema hat, ist dunkel; sogar der Horizont ist verhüllt für die untersuchende Frage darnach. [...] Die philosophische Forschung wird auf „Sprachphilosophie" verzichten müssen, um den „Sachen selbst" nachzufragen, und sich in den Stand einer begrifflich geklärten Problematik bringen müssen."[8]

Diese Problematisierung des Seins der Sprache, die über das durchschnittliche Reflexionsniveau von Sprachphilosophie und -wissenschaft hinauswill, ist bereits in jener Marburger Vorlesung *Prolegomena zur Geschichte des Zeitbegriffs* vom Sommersemester 1925 deutlich genug exponiert, die für den Nachvollzug der Genese von Heideggers Denkansatz von besonderer Bedeutung ist[9].

Es ergibt sich aus dem Ansatz von *Sein und Zeit* zwangsläufig, daß Heidegger die Frage nach dem Sein der Sprache mit der Analyse des Daseins als der ontologischen Instanz verbindet, die sich einerseits Welt erschließt und sich zugleich in ihrem In-der-Welt-sein versteht. Dieser Konnex mag sich im Gesamtzusammenhang der existenzialanalytischen Exposition der Seinsfrage fast von selbst einstellen, aber an ihn zu erinnern ist von Bedeutung für jede Vergewisserung über den Ausgangspunkt in der Erörterung des Bezugs zwischen Dichten und Denken im Werk Heideggers. Es erklärt sich von ihm aus leichter, daß vorerst ins Zentrum der Frage nach dem Sein von Sprache das Existenzial des *Verstehens* rückt.

Im vorliegenden Zusammenhang ist dieser Sachverhalt vor allem deshalb nicht zu übergehen, weil sich damit gleichsam hintenherum, auf dem Weg über die ontologische Existenzialanalyse, wiederum eine Möglichkeit zu eröffnen scheint (doch ist zu betonen: *scheint*), gerade auch aus der philologischen und sprachphilosophischen Tradition heraus den Anschluß zu finden an Heideggers Frage nach dem verborgenen Sein der Sprache.

[8] *Sein und Zeit*, Halle 1927 (im folgenden SZ), 166; GA II, 221.

[9] Der vollständige und ursprüngliche Vorlesungs-Titel ist: *Geschichte des Zeitbegriffs. Prolegomena zu einer Phänomenologie von Geschichte und Natur.* Vgl. GA Bd. XX, bes. 361–376: *Rede und Sprache.* Von den terminologischen Verschiebungen kann hier abgesehen werden, die sich im Bereich der Existenziale von *Entdecktheit* und *Entschlossenheit* bis zur Fassung der entsprechenden Paragraphen in *Sein und Zeit* noch einstellen, und auf die das Nachwort der Herausgeberin der Marburger Vorlesung aufmerksam macht.

Der Schein verstärkt sich dadurch, daß in *Sein und Zeit* sehr ausdrücklich der Zusammenhang von *Verstehen und Auslegung*[10] entwikkelt wird (Auslegung als entwerfende Ausbildung des Verstehens, Aussage als ihr abkünftiger Modus), wobei diese Termini, in ihrer herkömmlichen Bedeutung verstanden, leicht die Vormeinung auslösen können, es gehe hier um eine philosophische Diskussion der überlieferten *ars interpretandi*, zumal an einer vielzitierten (und von Heidegger selbst typographisch durch Sperrung hervorgehobenen) Stelle das Problem des (hermeneutischen) *Zirkels* mit der sprichwörtlich gewordenen Wendung angesprochen ist, es gelte nicht, ihn zu vermeiden, sondern auf die rechte Weise in ihn hineinzukommen[11]. Zur Vorsicht mahnen müßte in diesem Zusammenhang allerdings schon die Tatsache, daß Heidegger von sich aus dem Begriff der Hermeneutik hier eher auszuweichen sucht[12].

Mit dieser Bemerkung ist auch schon die zentrale Frage berührt, ob die ontologisch orientierte Existenzialanalyse von *Sein und Zeit* nicht einer eigenen, von allem überlieferten Sprachgebrauch sich gerade auch terminologisch klar unterscheidenden Sprechweise bedurft hätte, um im landläufigen Sinn und von vornherein „unmißverständlich" zu sein. Genügt zu diesem Zweck die wiederholte Aufforderung, die existenzielle sei von der existenzialen Analyse zu trennen? Mindestens die erste Phase der Aufnahme von Heideggers Denkanstößen in der Öffentlichkeit könnte in dieser Hinsicht skeptisch stimmen, war sie doch weithin geprägt durch den damals aktuellen Versuch, Heideggers Ansatz zeitgeschichtlich in die Strömungen des europäischen Existenzialismus seit dem spätern Schelling und Kierkegaard einzuordnen[13].

Doch das Sprachproblem, soweit es durch Heidegger nicht nur radikal thematisiert wurde, sondern zugleich in einer andern, aber doch nicht weniger folgenschweren Weise sein eignes Werk in Atem hielt, besitzt einen noch tieferen Hintergrund. *Sein und Zeit* kann in dieser Hinsicht geradezu, wie schon die vorausgegangene und zu-

[10] SZ, Paragraph 32; GA II, 197–204.

[11] SZ 152f.; GA II, 202f.

[12] Vgl. indes SZ 158; GA II, 210.

[13] Im *Brief über den Humanismus*, ausgelöst nicht zuletzt durch Jean-Paul Sartres Essay *L'EXISTENTIALISME EST UN HUMANISME* (1946), ist Heidegger selbst, ohne allzuviel Erfolg, dieser Tendenz entgegengetreten.

grundeliegende Marburger Vorlesung, als das Vorhaben verstanden werden, noch diesseits der konkreten Frage nach dem Zusammenhang von Sein und Zeit überhaupt erst einmal die Terminologie und damit in letzter Konsequenz sogar erst die „Sprache“ zu schaffen, in der die Seinsfrage als Frage verständlich zu machen wäre.

Die spezifischen Schwierigkeiten, die mit diesem Vorhaben zwangsläufig verbunden waren, mögen sich in dem immerhin auffallenden Sachverhalt spiegeln, daß das Problem des Seins der Sprache, das aus dem Kontext der Seinsfrage als solcher in keiner Weise auszuschließen war, vorerst aus dem Horizont einer Analyse der Alltäglichkeit des Daseins entfaltet wird, also durch Einzelanalysen der Phänomene von *Gerede*, von *Neugier*, von *Zweideutigkeit*[14].

Es wäre nun sicher falsch, in diesen an sich geläufigen Phänomenen der alltäglichen Rede nur gewisse defiziente Modi des Seins der Sprache sehen zu wollen. Heidegger verwahrt sich ausdrücklich gegen den naheliegenden Verdacht, den Terminus *Gerede* in seiner pejorativen Bedeutung zu gebrauchen. Seine eigene Bergründung für die Hinwendung der Analyse zur Alltäglichkeit der Rede und ihrer Verhaftung in der *Öffentlichkeit des Man* lautet positiv, die eigene Interpretation habe „in gewisser Weise die Alltäglichkeit des Daseins aus dem Auge verloren“ im Zuge ihres Rückgangs auf die existenzialen Strukturen der Erschlossenheit des In-der-Welt-seins, so daß sie jetzt den „thematisch angesetzten phänomenalen Horizont wieder zurückgewinnen“ müsse[15]. Dem ist aus dem Kontext der ontologischen Existenzialanalysen in *Sein und Zeit* überhaupt nicht zu widersprechen.

Aber haben wir uns damit nicht sehr weit wegbegeben aus dem Umkreis der Frage nach *Dichten* und *Denken*, ja befinden wir uns im Bereich der *alltäglichen Rede* nicht förmlich am Gegenpol zur Sprache von Literatur und Poesie, die im betonten Gegensatz zur jedermann geläufigen Sprechweise gemeinhin doch als die gehobene, mindestens abgehobene – und auch noch im Zeichen der nicht mehr schönen Künste jedenfalls als die von der Norm abweichende Rede verstanden wird? Literatur und Dichtung sind nichts Alltägliches, wenn sie auch im Zeitalter der Medienherrschaft oft genug der Ver-

[14] SZ Paragraphen 35–37; GA II, 222–232.
[15] SZ 166f.; GA II, 221.

marktung ausgesetzt sind, als wären sie es. Worin auch immer ihre Aufgabe gesehen wird, ob in der althergebrachten Lobpreisung der Welt oder aber im ebenso altehrwürdigen Protest gegen alles Bestehende, ihr Leitprinzip ist nicht der durchschnittliche Sprachgebrauch, sondern dessen Exorbitanz.

Doch ist zu beachten, daß die auf das Sein der Sprache verweisende und bezogene Analyse in *Sein und Zeit* ausdrücklich eben auch den abkünftigen Verstehens-Modus der *Aussage* einbezieht, und dieser ist nach der seit jeher geläufigen Auffassung keineswegs auf die alltägliche Rede beschränkt, vielmehr werden auch literarische und poetische Texte durchaus unter dem Aspekt ihres Aussagecharakters verstanden, selbst wenn dafür heute lieber der Terminus der *message* oder *Botschaft* eingesetzt wird. Darauf ist zurückzukommen, ebenso auf die kommunikationstheoretischen Implikationen einer Literaturtheorie, die sich unter dem im Grunde recht undefinierten Namen einer Texttheorie begreift.

Vorerst ist indes noch, mindestens stichwortartig, auf einige andere, keineswegs weniger zentrale Aspekte des Denkens Heideggers hinzuweisen. Der komplexe Bezug zwischen Dichten und Denken, Denken und Dichten ist ohne sie weder in seiner Bedeutung für Heideggers eigenes Seinsverständnis, noch in seiner Tragweite für eine literaturtheoretische Reflexion zu verstehen, die auf ihre Weise mehr sein möchte als die Applikation von Theoremen, die aus ganz andern, sei es auch für das heutige Wissenschaftsverständnis durchaus benachbarten disziplinären Zusammenhängen stammen wie denen der Informationstheorie, der Semiotik oder der strukturalistischen Linguistik.

Es ist hier zunächst der Begriffskomplex von *Geschichte* und *Geschichtlichkeit* ins Auge zu fassen. Während der junge Heidegger selbst sich im Vorwort zur Dissertation noch als der Anlage nach „unhistorischen Mathematiker" bezeichnet hatte, tritt in der Ankündigung der erwähnten Marburger Vorlesung der Terminus *Geschichte*, sei es auch zusammen mit dem der *Natur*, als einer der Leitbegriffe der phänomenologischen Analyse auf. „Unhistorisch" bleibt der Geschichts-Begriff Heideggers allerdings bis zuletzt – und sogar mit sich verschärfender Tendenz – in der genauen Hinsicht, daß Heidegger ihn entschieden vom neuzeitlichen Historismus mit dessen spezifisch historistischem Geschichtsbegriff abzusetzen sucht.

Der bewußt provozierende Satz Heideggers, daß Geschichte selten ist, bezeichnet die Kluft auf eine fast schon drastische Weise. Überliefert ist auch Heideggers Bemerkung, wonach es selbst Literaturgeschichte allenfalls einmal, nämlich in der Abfolge der drei attischen Tragiker Aischylos, Sophokles und Euripides gegeben habe.

Welches Kriterium aber liegt in Wahrheit der in dieser Art „seltenen“ Geschichte und Literaturgeschichte zugrunde? Die zünftige Geschichtsschreibung wird nicht um den Verdacht herumkommen, hier liege ein in extremer Weise elitäres Geschichtsbild vor, das nur die absoluten Höhepunkte gelten lassen und von einer historischen Kontinuität, die dem Anspruch solch ausgewählter Gipfellagen naturgemäß nicht genügen kann, buchstäblich nichts wissen wolle. Ein exklusives Geschichtsbewußtsein also, wie es einst der Kreis um Stefan George pflegte?

Doch dieser Verdacht schließt zu kurz. Es handelt sich bei der Erinnerung an die Seltenheit von Geschichte keineswegs um eine Art von Wasserscheu gegenüber ihrer durchschnittlichen Buntheit, Vielfalt und Unüberblickbarkeit, wohl aber um den Versuch einer Rückbesinnung darauf, was Geschichte, diesseits der Abläufe und sogenannten Entwicklungen *ist.* Im Dienste von tatsächlich, nicht nur dem antiquarischen Anschein nach *geschichtlicher* Erkenntnis der Lage bleibt sie unentbehrlich. Auch läßt diese Besinnung sich nicht leisten durch bloße Weitergabe der längst zum Gemeinplatz gewordenen Einsicht, daß im Vergleich zu den noch intakten bürgerlichen Bildungsinstitutionen von einst das Geschichtsbewußtsein in den modernen Kulturgesellschaften im Schwinden begriffen sei, so daß von seiner förmlichen Krise gesprochen werden müsse.

Es geht um mehr als um eine Bewußtseinspräsenz von geschichtlichem Material. Wo dieses nur noch den Status eines Bildungsgutes aufweist, ist der geschichtliche Bezug ohnehin längst fraglich geworden, und die Erfahrung lehrt, daß man aus der in dieser Weise bloß noch gewußten Geschichte nichts mehr zu lernen vermag. Die Weltgeschichte ihrerseits der letzten beiden Jahrhunderte, eines Zeitalters des voll erblühten Historismus in den Geistes- und Sozialwissenschaften, wäre sonst wohl etwas anders verlaufen.

In bestimmten aktuellen Strömungen, die sich vorderhand noch mit dem Verlegenheitspräfix *post-* zu bezeichnen pflegen (wie poststrukturalistisch, postmodern) ist inzwischen, und nicht zuletzt aufgrund direkter und indirekter Anstöße aus dem Denken Heideggers, die Einsicht latent vorhanden, daß es so oder so nicht nur mit der bisherigen Art von Geschichtsverlauf, sondern schlechthin mit dergleichen wie „Geschichte" im alten Sinn dieser Vokabel, wohl zu Ende sei.

Im vorliegenden Zusammenhang stellt sich wiederum die Frage, was das noch mit dem (wiewohl geschichtlichen) Bezug zwischen Dichten und Denken zu schaffen habe. Aber eben der Sachverhalt, daß dieser Bezug nicht nur ein eminent sprachlicher, sondern ein ebenso ausgezeichnet geschichtlicher ist, verlangt von einer auch nur einigermaßen hinreichenden Reflexion auf ihn, daß sie die Krise und die Problematik eines vom neuzeitlichen Historismus geprägten Geschichtsbegriffs mit einbezieht.

Eine dritte und letzte Kontext-Frage, die sich an das Geschichtsproblem anschließt, aber nur noch in Kürze berührt werden soll, betrifft den Zusammenhang zwischen Dichten, Denken und dem Wesen der *Technik.* Vom aristotelischen Begriff einer *poietike techne* her betrachtet scheint es nahezuliegen, wenigstens auf der Seite der Poesie an einen spezifisch „technischen" Aspekt zu denken, der die Verfahren ihrer Herstellung, zugleich aber in einem umfassenderen Sinn ihren Werk-Charakter überhaupt zu erhellen vermöchte. Mit ihm befaßt sich denn auch jener traditionelle Zweig des theoretischen Umgangs mit der Dichtung, der sich einst *Poetik* nannte und inzwischen in seiner leicht modernisierten Form als *Poetologie* bekannt ist.

Dem steht entgegen, daß jener andere, weil spätneuzeitliche Begriff der Technik, der seinerseits längst zu dem der Technologie avanciert ist, kaum mehr eine Berührung mit der Poesie hat, sofern Gedichte nicht gerade als durch Textverarbeitung maschinell produzierbar vorgestellt werden – eine technologische Rechnung mit dem sogenannten „Sprachmaterial", die allein schon in dem vergleichsweise noch harmlosen Bereich der maschinellen Übersetzung unserer Umgangssprachen nicht recht aufgehen wollte.

Viel näher scheint konventionellerweise dem heutigen Verständnis eine absolute Opposition und Unvereinbarkeit von Technik und Dichtung zu liegen, etwa im Sinn der vieldiskutierten *Two Cultures*-Theorie. Die Stelle aus Hölderlins Elegie *Brod und Wein* mit der Frage: *und wozu Dichter in dürftiger Zeit?* hat Heidegger in den Titel eines seiner Vorträge gesetzt, der nicht zuletzt vom Wesen der neuzeitlichen Technik handelt[16]. Aus dem Werk Hölderlins, noch unmittelbarer aus dem Rilkes, werden dabei die Hinweise gewonnen für das *Rettende*, das Einsicht gewährt in die Lage des Weltzeitalters unter der atomaren Drohung, die doch nur Indiz ist für die Gefahr, die ausgeht von einem noch viel umfassender gedachten Totalitarismus in technologisch bestimmter Politik und Wissenschaft.

Aus einem solchen Zusammenhang der Frage nach der Technik stellt sich mit erhöhter Dringlichkeit die hier zur Diskussion stehende andere Frage nach der Funktion des dichterischen Sagens im Kontext einer denkerischen Bemühung um eben diese Erkenntnis der Lage.

III

Vorbereitet durch die *Erläuterungen zu Hölderlins Dichtung*, speziell den Vortrag von 1936 in Rom zum Gedächtnis Norbert von Hellingraths über *Hölderlin und das Wesen der Dichtung*, dem als eines seiner fünf Leitworte die Wendung aus einem Fragment Hölderlins von der dem Menschen gegebenen Sprache als *der Güter Gefährlichstes* zugrundeliegt, kommt bei Heidegger seit der Mitte des Jahrhunderts die Veröffentlichung eines Denkens über die Sprache in Gang, das nun, und im Gegensatz zur Existenzial-Analyse der Rede aus *Sein und Zeit*, mit Nachdruck die dichterische Sprache in den Mittelpunkt der Erörterung rückt, wenn auch keineswegs in der Art einer poetologischen Analyse, sondern in der davon wesentlich unterschiedenen Orientierung am Wort der Dichtung selbst, einem Königsweg also, der in der eingangs berührten Weise zugleich ein Umweg ist. Vergleichbares hatte es in *Sein und Zeit* allenfalls in der Form eines Rückgriffs auf die Cura-Fabel des Hyginus oder auch auf den *Ackermann aus Böhmen* des Johannes von Tepl als „vorontologischer Belege“ im Feld der existenzialanalytischen Konzepte von Sorge und Tod gegeben. Nun geht es um weniger und mehr.

Um weniger, da die Absicht auf Existenzial-Analyse aus *Sein und Zeit* und die damit verbundene terminologische Anstrengung zurücktritt. Zugleich um mehr, insofern die Seinsfrage unmittelbarer

[16] *Wozu Dichter?* in: *Holzwege*, Frankfurt a. M. 1950, 248–295, bes. 265–272; GA V, 269–320, bes. 287–295.

angegangen werden soll. Aber nach wie vor steht unausgesprochen das Problem der hinreichenden Definition von Sprache im Hintergrund, über die offen zutageliegende und intensivierte thematische Bemühung um das Wesen der Sprache hinweg. Diese vertiefte Thematisierung des Phänomens Sprache führt zuletzt, im Münchner Vortrag von 1959 *Der Weg zur Sprache*, auf die Formel, die dem Denken vorgibt, was ihm abverlangt wird: „*Die Sprache als die Sprache zur Sprache bringen.*“[17]

Es ist nicht möglich, hier in Form einer Abbreviatur den Weg zur Sprache nachzuziehen, der mit dieser Formel als Leitfaden begangen wird. Festzuhalten bleibt immerhin, daß die Wendung vom *zur Sprache bringen der Sprache* unter anderem auch wieder, und nicht zuletzt, auf eine Bemühung zielt, die der Aufgabe gewachsen ist, der Sprache des Denkens erst noch auf die Spur zu kommen.

Wäre dazu nur eine poetische Sprechweise im Stande? Schon im Vortrag von 1950 über *Die Sprache* heißt es dazu, daß wir gut daran tun werden, „statt nur beliebig Gesprochenes wahllos aufzugreifen, ein rein Gesprochenes zu finden.“ Und weiter: „Rein Gesprochenes ist das Gedicht.“[18] Als Vorgabe der Analyse erscheint also nicht mehr alltägliche Rede wie in *Sein und Zeit*, sondern Poesie, in diesem Falle die Dichtung Trakls. Ist gerade sie, auf der Wasserscheide zwischen europäischem Symbolismus und deutschem Expressionismus einsam lokalisiert, in besonderem Maße dazu geeignet, neben dem Werk Hölderlins und Rilkes, bis zu einem gewissen Grad auch demjenigen Johann Peter Hebels oder Stefan Georges, dem Sprachgedanken Heideggers die Stichworte zu geben? Solche Fragen sind, wie Heidegger an andrer Stelle bemerkt, im Horizont der geläufigen literaturhistorischen Hinsichten nicht zu beantworten[19]. Weit wichtiger, weil grundsätzlicher, muß tatsächlich die Frage erscheinen, ob hier ein Denker – um damit nur die virtuellen Extreme anzudeuten – passende Beispiele dichterischer Sprechweisen lediglich „herbeispielt“, oder aber und wie weit er, indem er sie auf seine Weise deutet, selbst die Dimension des Dichterischen zu gewinnen sucht. Vorderhand sei nur vermerkt, was sich eigentlich von selbst versteht: daß

[17] *Unterwegs zur Sprache*, Pfullingen 1959, 242, auch 250 und 261; GA XII, 230, 239 und 250.

[18] *Unterwegs zur Sprache*, 16; GA XII, 14.

[19] Vgl. dazu *Unterwegs zur Sprache*, 37; GA XII, 33.

Heideggers Umgang mit Dichtung in seinen *Erläuterungen* nicht mit den philologischen Maßstäben der Literaturwissenschaft gemessen sein wollen. (Noch weniger können sie dieser einen Freibrief ausstellen, es jenen mit ihren Interpretationsmethoden gleichzutun.)

Dieser Sachverhalt führt allerdings sogleich auf die Frage, die hier immer schon angesteuert wurde, was nämlich die der Wende-Konzeption des späteren Heidegger eigentümliche Aufmerksamkeit auf den verborgenen Zusammenhang zwischen Dichten und Denken zu besagen hat im Kontext einer literaturtheoretischen Bemühung aus dem Horizont der Allgemeinen Literaturwissenschaft. Diese Frage ist deshalb wichtig und zentral, weil sie hinausgeht über jene Suche nach brauchbaren Anregungen und Methodenhilfen, der die Literaturwissenschaft so eifrig obliegt. Sie ist zentral in dem besonderen Sinn, daß die in *Sein und Zeit* deutlich genug geforderte Problematisierung der konventionellen sprachwissenschaftlichen und -philosophischen Ansätze sich später immer entschiedener verdichtet zu einer Problematisierung der seit Aristoteles als selbstverständlich geltenden Orientierung der Analysen des Phänomens Sprache an der Struktur der Aussage und des Aussagesatzes und der daraus entwickelten Prädikatenlogik.

Heideggers Vorträge aus den fünfziger Jahren knüpfen unmittelbar an die Analysen aus *Sein und Zeit* an, indem sie den Begriff der *Aussage* (und seine damals entwickelte Definition als „*mitteilend bestimmende Aufzeigung*“[20] in verändertem Zusammenhang wiederaufnehmen. Er wird jetzt unter den verwandten Termini von *Ausdruck* und *Ausdrücken* an erster Stelle genannt im Hinblick auf die „gängige[n] Meinung“ darüber, was *sprechen* heiße[21]. Aber eben dieser gängigen Meinung wird nun entschieden die „älteste Wesensprägung der Sprache“ entgegengehalten[22], die mit Hilfe des rein Gesprochenen der Dichtung noch einmal vergegenwärtigt werden soll.

Es gibt naturgemäß umfassendere, wenn auch nicht so leicht terminologisch auf den Punkt zu bringende Zusammenhänge zwischen dem auf das Konzept der ontisch-ontologischen Differenz gegründeten, auf die Existenzialanalyse abgestützten Seinsfrage von *Sein*

[20] SZ 156; GA II, 208.
[21] *Unterwegs zur Sprache*, 14 f.; GA XII, 11 f.
[22] *Unterwegs zur Sprache*, 16; GA XII, 13.

und Zeit und ihrer zunehmenden Verschärfung im Zeichen der *Wende* im Denken Heideggers. Die nach seinem eigenen Urteil noch zu sehr von der Absicht auf Wissenschaft und Forschung geprägte Begriffssprache des frühen Hauptwerks wird nach Möglichkeit zurückgenommen, aber nicht in der Weise ihrer Konventionalisierung, vielmehr in der eines Anlaufs zur weiteren Radikalisierung der entscheidenden Denkansätze. Aber auch die Tendenz zur Verknappung und Vereinfachung des Wortgebrauchs ist unübersehbar, wenn im *Sprache*-Vortrag von 1950 nicht mehr von jener grundlegenden ontisch-ontologischen Differenz, wohl jedoch nun vom *Unter-Schied* die Rede ist, der in die Dimension von *Welt* und *Ding* gesetzt wird. *Sein und Zeit* hatte immerhin ausdrücklich noch vier verschiedene Welt-Begriffe unterschieden.

Die Aufmerksamkeit auf den Bezug von Welt und Ding verbindet den Vortrag mit seinem Pendant, dem Münchener Vortrag *Das Ding* aus dem selben Jahr[23], aber auch noch mit dem Wiener Vortrag von 1958 über *Dichten und Denken. Zu Stefan Georges Gedicht DAS WORT*[24]. Die letzte der zweizeiligen Strophen, aus denen das Gedicht Georges aufgebaut ist, mündet in einen Satz, der von ferne an die Form der Gnome erinnert, wie sie der altgriechischen Dichtung vertraut war.

> So lernt ich traurig den verzicht:
> Kein ding sei wo das wort gebricht.

Sentenzen dieser Art fordern die Interpretation oft genug dazu heraus, sie gleichsam zu entschlüsseln, eine Art von Lehrsatz oder Lebensweisheit aus ihnen herauszulesen. An anderer Stelle sagt Heidegger selbst über dieses Gedicht Georges: „Der Inhalt der Schlußzeile läßt sich in eine Aussage umformen, die lautet: Kein Ding ist, wo das Wort gebricht. Und: Es gebricht heißt: es fehlt. Kein Ding ist, wo das Wort fehlt, nämlich das Wort, das jeweils das Ding nennt.“[25] Und nicht viel später, im selben Kontext der Vortragsreihe im Freiburger Studium generale vom Winter 1957/58 über *Das Wesen der Sprache*, bemerkt er zu dieser Transformation der Gedicht-

[23] *Vorträge und Aufsätze*, Pfullingen 1954, 163–181.
[24] *Unterwegs zur Sprache*, 217–238, hier unter dem Titel *Das Wort*; GA XII, 205–225.
[25] *Unterwegs zur Sprache*, 163; GA XII, 153.

zeile Georges: „Wir wagten die Umschreibung: Kein Ding ist, wo das Wort fehlt."[26] Jetzt aber wird auch die Verfänglichkeit einer solch scheinbar harmlosen Umschreibung hervorgekehrt, unter Hinweis auf den eigenen, oft genug als bloße Metapher verstandenen Satz von der Sprache als dem Haus des Seins: „So vorgehend, hätten wir für einen früher einmal ausgesprochenen Satz des Denkens die schönste Bestätigung aus der Dichtung beigebracht und – in Wahrheit alles durcheinander gewirbelt. Wir hätten die Dichtung zu einer Belegstelle für das Denken herabgesetzt und das Denken zu leicht genommen [...]."[27]

Dennoch wird im zweiten Vortrag derselben Reihe das Verfahren wiederholt: „Wir schreiben den letzten Vers wieder so um, daß er fast wie eine Aussage, wenn nicht gar wie ein Lehrsatz klingt: Kein Ding ist, wo das Wort fehlt."[28] Allein aus didaktischen Gründen im üblichen Sinn läßt sich ein solches Insistieren nicht erklären. Eher schon ist zu vermuten, daß mit der Absicht, dem Kern der Sache immer näher zu kommen, die Probe aufs (bereits als untauglich erkannte) Exempel bewußt wiederholt wird. Einen solchen Vorgang im Detail zu verfolgen, könnte vor allem andern dazu beitragen, die Schwierigkeiten und Aporien, aber auch die Zielsetzung der Heideggerschen Denkbewegung im Umgang mit der Dichtung genauer zu erkennen.

Ich beschränke mich hier auf die Frage, was es mit der Umschreibung eines dichterischen Wortlauts durch Heidegger in einem Fall wie dem vorliegenden auf sich hat. Daß es nicht lediglich um das aus der alltäglichen Praxis der Literaturkritik und -wissenschaft hinlänglich vertraute Paraphrasieren und Wiedergeben der Inhalte von poetischen Texten gehen kann, liegt auf der Hand. Heidegger scheint solche Texte nicht in der geläufigen Weise umschreiben, sondern in dem genauen Sinn, den sein zuletzt angeführter Satz ohnehin nahelegt, buchstäblich *um*schreiben zu wollen.

Ebenso deutlich ist, daß solches Um-Schreiben sich eben gerade nicht mit der Übertragung in Aussagesätze zufriedengeben kann und darf. Ohne daß die einzelnen Schritte hier in ihrer Komplexität

[26] *Unterwegs zur Sprache*, 164; GA XII, 154.
[27] *Unterwegs zur Sprache*, 166; GA XII, 156.
[28] *Unterwegs zur Sprache*, 191; GA XII, 180.

referiert werden könnten, sei nur die abschließende Um-Schreibung hier wiedergegeben, auf die die Vortragsreihe *Das Wesen der Sprache* hinführt:

„Nunmehr dürfen wir, in der Nachbarschaft zum dichterischen Wort denkend, vermutend sagen:
Ein ‚ist' ergibt sich, wo das Wort zerbricht."

Der abschließende Kommentar Heideggers zu seiner Umschreibung lautet:

„Dieses Zerbrechen des Wortes ist der eigentliche Schritt zurück auf dem Weg des Denkens."[29]

Das Beispiel ist paradigmatisch für Heideggers denkerischen Umweg über die Dichtung. Was als Umschreibung des dichterischen Textes am Ende der Erörterung des Gedichts zum Vorschein kommt, ist zu verstehen allein aus dem schrittweisen Nachvollzug des Heideggerschen Gedankengangs, der hier nur gerade angedeutet werden konnte. Dieses Resultat, das sich selbst als Vermutung versteht, ist einerseits von der bloßen Paraphrase oder der schlichten Umsetzung des poetischen Wortlauts in Aussagesätze eben so weit entfernt wie andererseits von dem Anspruch, der Dichtung nun im Modus des Denkens etwa voll entsprochen zu haben. Über diesen nicht einzulösenden Anspruch sagt Heidegger im Zusammenhang derselben Vortragsreihe:

„Wir versuchten, durch eine knappe Erläuterung der vorangehenden zweimal drei Strophen auf den dichterischen Weg dieser Erfahrung [des Wortes in dem Gedicht Georges] zu blicken. Aus der Ferne nur ein Blick auf den Weg des Dichters – wir werden uns nicht einbilden, selber diesen Weg gegangen zu sein."[30]

Es darf vorausgesetzt werden, daß diese Bemerkung alles andere darstellt als nur den üblichen Bescheidenheitstopos des Interpreten im Blick auf den von ihm interpretierten Text. Es geht hier viel entschiedener um die unverkennbare und ernstzunehmende Schwierigkeit, mit der dem Denken verfügbaren Sprache in den Dialog mit einem dichterischen Wortlaut zu gelangen: *über* Dichtung zu spre-

[29] *Unterwegs zur Sprache*, 216; GA XII, 204.
[30] *Unterwegs zur Sprache*, 181; GA XII, 171.

chen, und dabei mehr als einen ersten Schritt in die angestrebte Richtung und Dimension zu vollziehen.

Man könnte den Sachverhalt wohl auch mit dem hintergründigen Satz Kafkas verdeutlichen: „Wäre nur einer imstande, ein Wort vor der Wahrheit zurückzubleiben, jeder (auch ich in diesem Spruch) überrennt sie mit hunderten.“[31] Was Heidegger als den *Schritt zurück auf dem Weg des Denkens* bezeichnet und hier mit dem *Zerbrechen des Wortes* gleichsetzt, ist aus einer nahe verwandten Erfahrung gesprochen. Den Schritt zurück bezieht er selbst sonst auf die Verwindung der Metaphysik[32] oder auf den Übergang aus der Philosophie in das *Denken des Seyns*[33]. Angesprochen ist damit die Grundfrage im Bezirk des denkend-dichterischen Sagens.

IV

Kehren wir zur Ausgangs- und Leitfrage zurück. Wo findet eine Theorie der Literatur, was immer im einzelnen unter ihr verstanden wird, noch den ihr angemessenen Ort im Spannungsfeld zwischen Dichten und Denken? Diese beiden Grundbegriffe selbst, die den polaren Gegensatz wie die Entsprechung in sich schließen, klingen in heutigen Ohren vielleicht schon unwissenschaftlich genug. Von einer Dichtungswissenschaft mag niemand mehr sprechen, seit die deutsche Germanistik mit diesem Kennwort einer höchst dubiosen Volkstumsideologie zu frönen suchte, und auch ohne diesen Schatten der Vergangenheit haftete an dem Begriff ein merkwürdiger Zwiespalt und falscher Anspruch. Ist es denn nicht ehrlicher, sich auf den viel professionelleren Namen einer Literaturwissenschaft zu beschränken, selbst wenn man die Poesie aus deren Zuständigkeit keineswegs ausschließen, allenfalls zu erkennen geben möchte, daß es auch an ihr primär der literarische und literaturhistorische Aspekt ist (ihre „Literarizität“), den man für wissenschaftlich analysierbar hält? Und welcher Philosophieprofessor würde sich heute noch, es sei denn in selbstironischer Anwandlung, einen Denker nennen? In der

[31] Franz Kafka, *Hochzeitsvorbereitungen auf dem Lande und andere Prosa aus dem Nachlaß* (Frankfurt a. M. 1953), 360.

[32] So im Brief an Buchner, in: *Vorträge und Aufsätze*, 176–179.

[33] So in: *Aus der Erfahrung des Denkens*, 19; GA XIII, 82.

Regel wird seinem Selbstverständnis die Bezeichnung Philosophiehistoriker sehr viel näher liegen.

Also doch, jedenfalls von der Seite der „zünftigen“ Wissenschaft, die glatte Verweigerung des Dialogs? Sie wäre nur solange verantwortbar, als es hier tatsächlich um reine Fragen der Wissenschaftsideologie ginge. Da es aber um sehr viel mehr geht, nämlich darum, die rechten Fragen an die neuzeitliche Wissenschaft erst noch zu stellen, kann sie selber und können ihre einzelnen Disziplinen sich ihm nicht entziehen, es sei denn um den Preis ihres primären Erkenntnisinteresses. Das gilt auch für die Wissenschaft von der Literatur und ihre(r) Theorie, und für sie kraft ihres Gegenstandsbereichs keineswegs zuletzt.

In bezug auf diesen Gegenstandsbereich teilt die Literaturwissenschaft sogar eine zentrale Fragestellung mit Heideggers Aufmerksamkeit auf die Dichtung und das Dichterische: es ist die nach der zureichenden Sprache, in der über Literatur und Poesie gesprochen werden kann. Vom laufenden Wissenschaftsbetrieb wird sie gern als Anfängerfrage beiseitegeschoben, die man mit dem Augurenlächeln des in den Kunstgriffen des Metiers Erfahrenen quittiert. In Wirklichkeit ist sie als Fragestellung unumgänglich. Wenn die philologischen Disziplinen im Hinblick auf sie nach einer praktikablen Antwort suchen, werden sie von Heidegger allerdings nichts lernen können – soviel wurde beiläufig schon festgehalten. Die fachinternen und nicht eben seltenen Methodendiskussionen aber scheinen oft eher dazu bestimmt, die Grundfrage zu verdrängen oder sie gleichsam mit Rezepturen zu beschwichtigen, als sie mit der nötigen Radikalität zu exponieren.

Es sei nicht geleugnet, daß eine Literaturwissenschaft, die sich auf diese Grundfrage erst einmal einließe, sich zu einer sehr schwierigen, mag sein zur schwierigsten Wissenschaftsdisziplin überhaupt ausgestalten müßte. Daß ihr eigner Wissenschaftsbegriff, den sie für sich in Anspruch nimmt, in fast jeder wesentlichen Hinsicht ein usurpierter ist, bildet nur das sichtbarste Handicap: diese Wissenschaftlichkeit um jeden Preis zu behaupten scheint ihr oft wichtiger zu sein, als sich über ihn Gedanken zu machen. Inzwischen mag es der Disziplin zum Trost gereichen, daß jede kritische und historische Befassung mit literarisch-poetischen Texten, welcher Methodenrichtung sie sich immer verpflichtet sieht, wenn sie nur mit einiger Sensibilität und gesundem Verstand vorgeht, schließlich doch „etwas hergibt“ – anders hätte niemand auf die Zauberformel des „Synthetischen Interpretierens“ kommen können.

Doch welches sind, diesseits solcher Aushilfe, die Hauptfragen, die sich einer auf Zukunft gerichteten Literaturwissenschaft und -theorie vor dem Bezug zwischen Dichten und Denken stellen? Sie ergeben sich aus dem versuchten Überblick, und sie sollen abschließend wenigstens skizziert werden.

Noch viel weniger als die denkerische Anstrengung des Begriffs und des Fragens wird die literaturwissenschaftliche und -theoretische Interpretation und Reflexion für sich beanspruchen können, auf ihre Weise den Weg der dichterischen Erfahrung selbst gegangen zu sein. Allenfalls darf sie hoffen, ihn ein Stück weit beschreiben zu können, erläuternd und hinweisend, deutend und aufklärend, wo immer dies erforderlich zu sein scheint, sei es, daß der Text zunächst dunkel oder unverständlich anmutet, oder sei es auch gerade dort, wo das keineswegs zutrifft und die Interpretation nur noch als ihre vornehmste Aufgabe die Erhellung der literarisch-poetischen Struktur als solcher vor sich hat. Den Gedanken, daß der Text grundsätzlich ein zu verstehender sei, auch noch jenseits und diesseits seiner Verständlichkeit im trivialen Wortsinn, wird sie nie preisgeben dürfen, aber sie wird sich fernhalten müssen von der altüberlieferten und etwas zu kecken hermeneutischen Meinung, es gelte den Autor besser zu verstehen als er sich selbst verstanden hat. Es handelt sich primär nicht darum, den Autor, sondern den Text und seine ihm eigentümliche Sprechweise zu verstehen und damit schließlich die in sie mit eingegangene Erkenntnis der Lage. Das andere wäre, wenn es als biographistisches Prinzip verabsolutiert wird, eine merkwürdige Art von Anthropomorphismus an der falschen Stelle.

Heideggers kritische Anmerkung zu der vermeintlichen Aussagestruktur von poetischen Sätzen und Texten hängt mit diesem Sachverhalt enger zusammen, als auf den ersten Blick hin sichtbar ist. Um einen vielzitierten Aussagesatz der jüngeren Vergangenheit zu variieren: die sprachliche Verlautbarung der Poesie ist nicht das Vehikel, sondern die Botschaft selbst. Und als diese Botschaft selbst ist sie keineswegs mit der grammatischen Form von Aussagesätzen zu verwechseln und, wie es so leicht geschieht, mit solchen gar schon zu identifizieren, nur weil sie in ihr möglicherweise enthalten sind.

Die Einsicht in diesen Sachverhalt wird dadurch zugleich erleichtert wie auch komplexer gemacht, daß es keineswegs nur der literarisch-poetische Sprachgebrauch ist, der die künstliche Identifikation mit der grammatischen Struktur des Aussagesatzes nicht kennt. Es ist der alltägliche und, wenn man will banalste Sprachgebrauch, auf den das genau so zutrifft: die sprachtheoretischen Untersuchungen Wittgensteins haben es ein für allemal klargestellt.

An diesem Punkt drängt sich eine Unterscheidung auf, die als eine von der Differenz her zwischen Sätzen im literarisch-poetischen Text (und Kontext) auf der einen, Aussagesätzen auf der anderen Seite geforderte unabdingbar ist – und durch die definitorische Festlegung jener Texte auf ihre Fiktionalität nur unzureichend und oberflächlich abgedeckt wird. Literaturtheoretisch läßt sie sich vorläufig auf den Begriff bringen, indem man sie *als* Differenz zwischen der Thematik solcher Texte und ihrer poetischen Funktion auffaßt. Es handelt sich dabei nicht um eine Unterscheidung zwischen poetischen und nicht-poetischen Sätzen und Texten (wie sie erfahrungsgemäß ohnehin nie einwandfrei zu treffen ist: geläufige Musterbeispiele dazu liefern gewisse Reklame-Slogans, Wortspiele oder der ganze Bereich der non-sense-Poesie), sondern um eine interne Differenz in der literarisch-poetischen Sphäre selbst. Sie öffnet sich zwischen der Struktur ihrer Texte und deren Thematik. Diese wird eben *als* ihre Thematik allzu gern und von vorn herein schon als ihre Aussage und als ihre Botschaft zugleich mißverstanden. Jede rein inhaltsbezogene Interpretation von literarischen Texten verfährt so. Aber das Remedium dagegen ist nicht, wie herkömmlicherweise zu schließen wohl nahe läge, die Betonung der *formalen* Analyse; denn wie der „Inhalt“ gehört die Form ihrerseits durchaus in die thematische Dimension der Texte. Ihre strukturale Funktion, damit aber ihre Erkenntnisfunktion in dem weitreichenden Sinn, der hier vorausgesetzt wird, liegt noch darunter, und sie ist als Poetizität der Texte nur durch einen Übergang, durch einen *transgressus* vor den Blick zu bringen.

V

Damit ist aber, und diesmal von der literaturtheoretischen Annäherung her, der kritische Punkt wiederum erreicht, an dem die Frage nach der diesem Zweck dienlichen Sprache sich unabweisbar stellt. Wenn schon die denkerische Bemühung um einen dichterischen Text, wie an dem Beispiel von Heideggers Deutung des Schlußverses von Georges Gedicht *Das Wort* zu belegen war, nicht ohne vorläufigen Rekurs auf die Transformation dieses Textes in die Struktur und auf das Niveau des Aussagesatzes zurechtkommt, wie soll dann erst eine auf ihre Begrifflichkeit verwiesene Wissenschaftsdisziplin diesen Übergang in den Bereich der poetischen Funktion und ihrer sachgerechten Analyse vollziehen? Indem sie sich etwa zum Prinzip der Dichtung über Dichtung bekennt? Dergleichen endet, man weiß es, in der überflüssigsten aller Deutungsarten, der reinen Paraphrase.

Daß somit auch hier eine Art vom Um- und Holzweg gefunden werden muß, liegt auf der Hand. Auch war das einer Literaturwissenschaft, die sich ihrer Möglichkeiten und Grenzen bewußt ist, immer schon deutlich. Doch ist es mit Bescheidenheitstopoi in ihrem resignativen Grundton nicht getan, noch weniger mit selbstherrlicher Anmaßung als der falschen Antwort darauf. Es müßte gelingen, die Schwierigkeit als Schwierigkeit fruchtbar zu machen. Das setzte voraus, daß sie zunächst einmal als solche sehr ausdrücklich zur Kenntnis genommen und nicht länger durch den literaturkritischen und -wissenschaftlichen Betrieb verdrängt würde, der sich über sie hinwegsetzt.

Sie als solche zur Kenntnis nehmen und fruchtbar machen hieße, ihren Bedingungen und Möglichkeiten, die ja auch – und nicht nur paradoxerweise – so etwas wie Chancen sind, genauer auf den Grund zu gehen. Allein schon der Sachverhalt, daß literarisch-poetische Texte nicht auf ihrem eigenen Nievau wirklich paraphrasierbar sind, müßte doch, auf dem Weg über die Frage ihrer Thematisierbarkeit schlechthin, einen Fingerzeig enthalten zur Einsicht in ihre Struktur und Funktion.

Paraphrasierbar sind solche Texte deshalb nicht, weil sie sich nicht auf das beschränken, was Schwarz auf Weiß dasteht. Nun gilt es zwar mit gutem Recht als alte Philologen-Tugend, sich in der Analyse auf das zu konzentrieren „was dasteht"; doch in dem was dasteht, geht auch jederzeit etwas vor. Dieser Vorgang ist bereits von der antiken Rhetorik auf den Begriff der durch die Rede bewirkten *Änderung der Situation* (stásis, status) gebracht worden. Er mag hier, zum Begriff der *Situationsverschiebung* erweitert, in aller Kürze zur Aushilfe dienen, um das Gemeinte zu signalisieren – ohne Rücksicht auf die rhetorisch-poetische Differenz, die dabei korrekterweise eigens zu beachten wäre.

In poetologischem Zusammenhang bildet die Situationsverschiebung, wie sie durch den Text vollzogen wird, den fundamentalen Vorgang der Erfahrung und Erschließung von Welt, von denen ein jeweils bestimmter und gegebener und als solcher erkannter Zustand stets schon die Folge, nicht der Ausgangspunkt ist. Am Ende der Lektüre ist unsere Sicht auf die evozierten Dinge und Sachverhalte eine andere als zuvor, selbst und eben dann, wenn der geneigte oder gar gefesselte Leser das nicht einmal ausdrücklich wahrnehmen sollte. Bei wiederholter Lektüre desselben Textes kann sich bekanntlich diese Verschiebung des Grundaspekts sogar schrittweise vertiefen. Von diesem Befund her, also gleichsam hintenherum, hat es sogar seinen guten Sinn, den Text besser verstehen zu wollen als der Autor selbst ihn verstanden hat. Wenn das gelingen sollte, hätte man ihn dann wirklich und endlich geschichtlich verstanden? Wie immer: man hätte den Erkenntnisvorgang, den der Text als Vorgang vollzieht, nicht nur in einen bereits vertrauten, längst vorausgesetzten historischen Kontext eingeordnet, sondern in seiner Verschiebungsfunktion begriffen und sich zu eigen gemacht. Jener kennzeichnende Effekt stellte sich ein, auf den Heidegger im Vorwort der *Erläuterungen zu Hölderlins Dichtung* hingewiesen hat:

„Daher meinen wir beim wiederholenden Lesen, wir hätten die Gedichte schon immer so verstanden."

Dem gehen im selben Vorwort die Sätze voraus:

„Was immer auch eine Erläuterung vermag und was sie nicht vermag, von ihr gilt stets dieses: damit das im Gedicht rein Gedichtete um einiges klarer dastehe, muß die erläuternde Rede sich und ihr Versuchtes jedesmal zerbrechen. Um des Gedichteten willen muß die Erläuterung des Gedichtes danach trachten, sich selbst überflüssig zu machen. Der letzte, aber auch der schwerste Schritt jeder Auslegung besteht darin, mit ihren Erläuterungen vor dem reinen Dastehen des Gedichtes zu verschwinden."[34]

Es dürfte deutlich sein, daß diese Sätze Gefahr laufen - eine Ausnahme im Werk Heideggers - noch zu harmlos verstanden zu werden, nämlich eben im Sinne jenes auch in der Literaturwissenschaft einst geläufigen Topos der Bescheidenheit, der wie immer nicht ganz wörtlich genommen sein will. Uns bestätigt die Erinnerung an die Transformation von Georges Verszeilen am Ende der Vortragsreihe *Das Wesen der Sprache* indes ebenso deutlich, was es mit dem Zerbrechen des Wortes auch hier auf sich hat und welches die Tragweite ist, die damit selbst noch dem Zerbrechen der „erläuternde[n] Rede" zukommt.

Verschwinden kann die Auslegung nicht in der Weise einer einfachen Zurücknahme oder Selbstverleugnung. Sie kann es, wenn man den Vorgang ernst nimmt, nur in der Weise des Schrittes zurück und der Heideggerschen Wende, des Abstiegs aus der Metaphysik. Als wissenschaftliche Auslegung muß sie sich, wie eingangs schon vermerkt, einen Schritt weit über die Ränder des durch philologische Tradition abgesicherten Bereichs hinaus vorwagen, worin sie zuhause ist.

Jede Disziplin, die sich als eine historisch arbeitende versteht, dürfte ein vitales Interesse daran haben, den Begriff der Geschichte und ihrer Geschichtlichkeit nicht nur als einen von selbst verständlichen in Anspruch zu nehmen und gedankenlos zu gebrauchen, sondern ihn auch seinerseits, und eben als die historische Disziplin, die sie ist, in seiner Historizität und Bedingtheit zu reflektieren. Es geht hier nicht darum, einen schlechten Kompromiß anzustreben zwischen der Anstrengung des Begriffs und ihrer Denkkraft auf der einen, den Verfahrensweisen einer wissenschaftlichen Disziplin auf der andern Seite, wohl aber um eine Vergewisserung über deren eigenen Grundansatz. Erst in dieser Dimension kann auch Literaturgeschichte sich als das konstituieren, was sie immer schon sein möchte.

Die Aufmerksamkeit hat sich in dieser Richtung vor allem auf eine vertiefte Erörterung der Geschichtlichkeit von Literatur und Poesie selbst zu beziehen. Solange Zeugnisse und Denkmäler ledig-

[34] *Erläuterungen zu Hölderlins Dichtung*, Frankfurt a.M. 1951, ^{4}1971, 8.

lich als historisches Material zur entsprechenden Aufarbeitung betrachtet werden, ist der Zugang dahin nicht zu gewinnen. Voraussetzung ist vielmehr, daß die überlieferten Texte selbst unmittelbar als die geschichtlichen Vollzüge verstanden werden, die sie sind, wenn ihre Qualifikation dazu ausreicht, und unmittelbar soll hier heißen: unmittelbar, nicht nur als deren mediale Widerspiegelung oder kommunikativer Transport. In ihrem die nur scheinbar fixierte Situation verschiebenden Vollzug eröffnen die Texte Welt: nicht als eine statisch vorgegebene und bloß noch abzubildende, sondern als eine in die temporale Spannung des Werdens im Vergehen eingelassene. Jene „Thaten in weiter Welt"[35], von denen Hölderlin als dem Inbegriff des außerpoetisch Geschehenden spricht, würden dann ihrerseits in ein anderes, erst in das rechte Licht rücken. Es käme darauf an, um den Terminus Heideggers aus dem Vortrag *Der Weg zur Sprache* zu gebrauchen, der Be-wëgung[36] auf die Spur zu kommen, die den literarisch-poetischen Zeugen eigentümlich ist und ihrer welterschließenden Kraft zugrundeliegt.

Diese Bewegung mit eigenen Worten schlicht nachvollziehen zu wollen, durch Einfühlung, oder wie die verbrauchten Ausdrücke dafür immer lauten mögen, wäre gewiß falsche Unmittelbarkeit und somit einer literaturwissenschaftlichen Bemühung von vornherein unangemessen. Aber es verspricht ein gangbarer Weg zu sein, die Bedingungen der Möglichkeit solcher Bewegung ein Stück weit literaturtheoretisch aufzuklären, um dadurch sowohl einen zutreffenderen Begriff von dergleichen wie Literatur-Geschichte zu gewinnen, als vor allem auch die unmittelbare Erfahrung im Umgang mit Dichtung – die, um überhaupt Erfahrung zu sein, notwendig stets unmittelbar sein *muß* – in wissenschaftliche Arbeit umsetzen und diese dennoch vor dem bloßen „Reden über" bewahren zu können. Ein Weg also, sich dem alles entscheidenden Transgreß zu nähern, dem Übergang in die parathematische Dimension, der zugleich ein Schritt zurück ist.

Auch für diesen komplexen und scheinbar in sich selbst widersprüchlichen Vorgang läßt sich eine Grundeinsicht Kafkas anführen,

[35] So in der Ode *Dichterberuf* v. 25 und in dem Fragment der Hymne *Wie wenn am Feiertage* … v. 30; Große Stuttgarter Hölderlin-Ausgabe, 2, 47 und 119.

[36] *Unterwegs zur Sprache*, 261, vgl. 198 und 214f.; GA XII, 249.

die das Wesentliche des dichterischen Verfahrens, sekundär aber auch das der ihm angemessenen Analyse zusammenfaßt:

„Standfestigkeit. Ich will mich nicht auf bestimmte Weise entwickeln, ich will auf einen andern Platz, das ist in Wahrheit jenes ‚Nach-einem-andern-Stern-Wollen', es würde mir genügen, knapp neben mir zu stehn, es würde mir genügen, den Platz, auf dem ich stehe, als einen andern erfassen zu können."[37]

Diese radikalste Art der Orts- und Zielbestimmung enthält die Anweisung, literaturtheoretisch gewendet, die Bedingungen der Möglichkeit des geschichtlichen Vollzugs durch den literarisch-poetischen Text in dem Spannungsgefüge zu suchen, in dem dieser immer schon steht: zwischen seiner Literalität (Buchstäblichkeit) und seiner poetischen Eröffnung von Welt, die als ontologischer Vorgang begriffen identisch ist mit der menschenmöglichen Erkenntnis der Lage.

Dichtung ist, sieht man von allem schmückenden Beiwerk ab, das ihr eine rhetorisch fundierte Poetik einst als Wesensbestimmung zuschrieb, ein recht illusionsloses Geschäft. Von der Literaturwissenschaft könnte man oft glauben, sie weiche instinktsicher der unbequemen Einsicht in diesen Befund aus. Die Erbaulichkeitsmuster ihrer Interpretationen mögen inzwischen gänzlich andere Formen angenommen haben, etwa solche der tiefenpsychologischen oder gesellschaftskritischen Art, ausgestorben sind sie damit noch lange nicht. Wird es uns gelingen, weniger genügsam zu werden und den alten Gedanken der Einheit von Dichten und Denken aufzunehmen? Der Aufriß hat versucht, unter ständigem Bezug auf Heidegger als ihrem *auctor*, einige Hinweise in dieser Richtung zu geben.

[37] Franz Kafka, *Tagebücher 1910–1923* (Frankfurt a. M. 1951), 561.

„Welteroberer" und Dichten im Werk Rimbauds

CURD OCHWADT

Dichterisches *Sehen* steht bei Rimbaud vom Beginn (1870) seiner wenigen Schaffensjahre an in der konflikthaften Erfahrung eines Hinausblickens über zeitgenössische Dichter – noch radikaler 1871 eines Verwerfens von „zweitausend Jahren ... Versemacherei" (250)[1] – und zugleich einer Bestrittenheit seiner eigenen Möglichkeit. Die vielfältigen Fragen, die dieser Sachverhalt aufgibt, können hier nicht eingehend erörtert werden. Eine knappe Anzeige nicht vieler, nur der anfänglichen Schritte, die in dieser Erfahrung auf Rimbauds frühes „Ende" als Dichter (was immer es besagen mag) hinführen, muß genügen, was zwangsläufig eine beträchtliche Verkürzung mit sich bringt.

Im Mai 1870 sendet Rimbaud Théodore de Banville, einem Herausgeber des Jahrbuchs *Parnasse contemporain*, mit der Bitte um Veröffentlichung ein langes *Credo in Unam* betiteltes Gedicht (6–11), das er „Credo der Dichter" nennt (237). Er erschrickt selbst vor diesem Anspruch, kommt aber am Briefschluß darauf zurück. Die *Parnasse*-Autoren, unter denen er gedruckt werden möchte, genügen ihm offenbar nicht hinsichtlich ihrer Selbstauffassung.

Das Gedicht geht von der „antiken Jugend" des abendländischen Menschen (Z. 10; 1871 heißt sie kurz „Griechenland") und von dem „Elend" aus (Z. 33), das ihrem Ende folgte. Seither „antwortet" nicht mehr alle „lebende Natur" dem „hymnischen Ruf" des „Gottes", sondern der Mensch selbst ist „König und Gott" geworden, „geht" aber, während er „behauptet, die Dinge zu wissen", vielmehr „mit geschlossenen Augen und Ohren" (Z. 19–21, 35 f., 33). Doch für Rimbauds Sehen hat dieser Mensch seine „Rollen ausgespielt", er „ist am Ende" (Z. 65). Das „unbesiegbare Denken" eines neu „erstehenden Menschen" wird den „Horizont" des Daseins „ergründen" und die

[1] Seitenzahlen in Klammern: Arthur Rimbaud, *Œuvres Complètes*, Paris (Bibliothèque de la Pléiade 68) 1972.

Gunst der Gottheit wird ihm „entgegenkommen“, so daß „die Welt wie eine unermeßliche Lyra schwingen wird“ (Z. 69, 72, 74, 78). Diese Vision wird auf zweifache Weise bestritten: einmal „verdeckt unsere blasse Vernunft uns das Unendliche“ (Z. 107), die Sphäre des Gottes, zum andren „entzieht der Horizont sich“ in einem „Entweichen“, dessen Bewegung aus der Sphäre des „Ewigen“ selbst herrührt (fuite éternelle Z. 110).

Im selben Jahr 1870 entsteht *Le Forgeron* (Der Schmied 15–20), eine Szene aus der Revolution von 1792. Die Rede des Schmieds an den König Louis XVI hält sich in den Perspektiven der historischen Revolutionäre, bis er über die Fortschrittszuversicht auf „das Wissen“ in der anbrechenden „großen neuen Zeit“ (Z. 137) und auf „die verheißungsvollen Lichter der Technik“ (lueurs des forges Z. 142) hinaus*sehen* muß. Plötzlich wird fraglich, wie es um das Zukünftige stehen mag: „was man noch nicht weiß, es ist vielleicht schrecklich“ (Z. 143). Der Schmied spricht weiter von dem Ziel der Revolution, doch der „erregende Traum“ eines „einfachen Lebens“ in „stolzer Arbeit“, frei, selbständig und „glücklich“ (Z. 146 f., 150, 152), einer „ruhigen Pflicht“, eines freien „Sicheinrichtens auf der Erde“ (Z. 160) wird jäh überwältigt von Zeichen an der bestimmenden höheren Sphäre des „Himmels“: all dies Ziel „ist zu klein für uns“ (Z. 161). Zweimal ruft der Schmied: „Sieh doch den Himmel an!“ (Z. 161, 163), ohne sagen zu können, was das Größere ist, das sich an ihm zeigt. Er kann nur abbrechen, aber darin ist gesagt: das obzwar aufgerufene *Sehen* des revolutionären Menschen vermag noch nicht aufzufassen, was sich am Horizont der geschehenden Revolution über ihr von dem Schmied mitgebrachtes Selbstverständnis hinaus ankündigt, welches Selbstverständnis ihm, d. h. zugleich dem Dichter, im entscheidenden *Sehen* nicht genügt.

Im Mai 1871 hat eine neue politische Revolte Rimbauds Denken mächtig angestoßen, die Pariser *Commune*, die von den Truppen der Versailler Regierung zerschlagen wurde. In zwei Briefen über „die Zukunft der Dichtung“ (250) knüpft er bei den Ausblicken der beiden Gedichte von 1870 an. „Gedichte“ „dieser Zukunft“ werden „im Wesensgrund noch ein wenig die griechische Dichtung sein“ (252). Während „die Arbeiter in der Schlacht von Paris“ (der blutigen Niederwerfung der *Commune*) „sterben“ (248), da sie zu einer helleren Zukunft im politischen Feld durchbrechen wollten, muß der Dichter zum „furchtbaren Arbeiter" werden (251, vgl. 248, 249), weil es seine Sache ist, „die blasse Vernunft, die uns das Unendliche verdeckt", zu durchbrechen und „beim Unbekannten anzukommen", dessen „Gesichte" (visions) das „neue" Dichten und dichterische Dasein ermöglichen würden (251, 252). Dazu, sagt Rimbaud, „ist es nötig, sich *sehend* zu machen" (251). Er entwirft eine „Methode" (131) des „sich *sehend* machens" vermittels einer „langen, gewaltigen und überlegten Entregelung aller Sinne", die durch „alle Formen von Liebe, Leiden, Wahnsinn", auch durch (Rausch-)„Gifte", von den leiblich angreifbaren Sinnesvermögen aus und durch ihre Steigerung in „unbekannte" Bereiche, d.h. auch im Durchbrechen bisheriger Schranken des Sehens bzw. der „Vernunft", das Sehen des Dichters zum „Ankommen beim Unbekannten" führen soll (251). In dem „Unbekannten" verbirgt sich nun, nämlich den alten 1870 gebrauchten Namen weiter ins Unbenennbare entrückt, jene Sphäre des „Himmels", dessen „Horizont" sich dem dichterischen Sehen des *Credo* „entzog" und die dem Schmied der französischen Revolution noch Unansprechbares zeigte. –

Wir können den Entwurf des sich-*sehend*-machens weder ausführlich erläutern noch den Weg verfolgen, durch den das auf ihm Erprobte sich für Rimbaud als „Maske" erweist (131). Deshalb brechen wir hier ab und springen über zum erläuternden Lesen des Gedichts, in dem das „Unbekannte", bei dessen „Horizont" Rimbaud „angekommen" ist, *gesehen* und mit dichterischem Namen gesagt ist. Das Gedicht (152)[2]:

MOUVEMENT

Le mouvement de lacet sur la berge des chutes du fleuve,
Le gouffre à l'étambot,
La célérité de la rampe,
L'énorme passade du courant,
Mènent par les lumières inouïes

[2] Der Druck in der Auflage von 1972 ist darin fehlerhaft, daß Z. 23 an Z. 22 angeschlossen ist, als hätte der Text nur drei statt richtig vier Absätze. Vgl. das Faksimile in: *Manuscrits autographes des Illuminations d'Arthur Rimbaud*, Paris (Ramsay) 1984, S. 78.

Et la nouveauté chimique
Les voyageurs entourés des trombes du val
Et du strom.

Ce sont les conquérants du monde
Cherchant la fortune chimique personnelle;
Le sport et le comfort voyagent avec eux;
Ils enmènent l'éducation
Des races, des classes et des bêtes, sur ce Vaisseau.
Repos et vertige
À la lumière diluvienne,
Aux terribles soirs d'étude.

Car de la causerie parmi les appareils, – le sang; les fleurs, le feu, les bijoux –
Des comptes agités à ce bord fuyard,
– On voit, roulant comme une digue au delà de la route hydraulique motrice,
Monstrueux, s'éclairant sans fin, – leur stock d'études;
Eux chassés dans l'extase harmonique
Et l'héroïsme de la découverte.

Aux accidents atmosphériques les plus surprenants
Un couple de jeunesse s'isole sur l'arche,
– Est-ce ancienne sauvagerie qu'on pardonne?
Et chante et se poste.

Die Übersetzung soll keine dichterische Wiedergabe sein, sondern lediglich dem Verstehen dienen:

BEWEGUNG

Die Bewegung der Windungskehren auf dem Steilufer der Gefällstufen des Flusses,
Der Abgrundsstrudel am Heck,
Die Geschwindheit des Talabfalls,
Das ungeheure Hinziehen der Strömung,
Führen durch die ungeahnten Lichterscheinungen
Und die künstliche Neuheit
Die Reisenden, umringt von den Wirbelwinden des Tals
Und des Stroms.

Das sind die Eroberer der Welt
Auf der Suche nach dem künstlichen persönlichen Glück;
Der Sport und die Bequemlichkeit des Lebens fahren mit ihnen;
Sie führen auf diesem Schiff mit sich fort
Die Formung der Rassen, der Klassen und der Tiere.
Ruhe und Taumel
Im Sintflutlicht,
An den schrecklichen Abenden des Forschungsbetriebs.

Denn aus dem Gerede zwischen den Maschinen, – dem Blut; den Blumen, dem Feuer, den Juwelen,
Aus den Berechnungen, die auf diesem flüchtigen Schiffsbord betrieben werden,
– Sieht man, rollend wie ein Deich jenseits der treibenden Wasserstraße,
Ungeheuerlich, endlos sich aufhellend, ihren Grundvorrat der Forschungsaufschlüsse;
Sie gehetzt in ausgeglichener Ekstase
Und im Heldengeist der Entdeckung.

Unter den überraschendsten atmosphärischen Zwischenfällen
Sondert sich ein Paar der Jugendquelle auf der Brücke ab,
– Ist es Wildwuchs aus alter Zeit, den man verzeiht?
Und singt und stellt sich hin.

Philologische Fragen müssen beiseite bleiben. Das undatierte Gedicht ist vermutlich nach dem einzigen von Rimbaud abgeschlossen zum Druck gegebenen Werk *Une Saison en Enfer* entstanden, wenn auch das deutsche Wort strom und die dem Englischen entlehnten Wörter sport, comfort und stock nicht zu genauerer Datierung verhelfen. Die Handschrift weist in jedem Absatz kleine Korrekturen auf, einen abbrechenden Ansatz (gestrichen), der für den vorliegenden Text aufgegeben wurde, nur in dem dritten Absatz. –

Das Gedicht ist in vier Absätze gegliedert. Der zweite ist durch eine nähere Kennzeichnung „Das sind die Eroberer ...“ mit dem ersten, der dritte durch ein begründend weiterführendes „Denn ...“ mit dem zweiten verbunden. Diese drei Absätze bilden eine in sich gefügte Einheit. Anknüpfend an die schon seltsame ‚Atmosphäre‘ der „ungeahnten Lichterscheinungen“ (Z. 5), der „Wirbelwinde von

Tal und Strom“ (Z. 7f.), des „Sintflutlichts“ (Z. 15), der „schrecklichen Abende“ (Z. 16) und ihres „Ungeheuerlichen“ (Z. 20), die die Einheit der drei ersten Absätze auszeichnet, setzt der vierte mit einer Gegenwendung ein: aus der Reichweite der bisher genannten „atmosphärischen Erscheinungen“ gesehen sind diejenigen, die das nun sich Zeigende einleiten, „im höchsten Maß überraschend“ (Z. 23), von unerwartbar anderer Art. Das ist ein unübersehbarer Bezug auf das in sich verfugte Ganze der drei ersten Absätze, darin zugleich ein deutliches Abheben von ihm. So gelesen, macht die Bewegung des Sagens durch die vier Absätze hin auf eine erste nahezu geschlossene Einheit von drei Absätzen und auf ein übergreifendes, aber in sich gegenwendiges Ganzes der vier Textabschnitte aufmerksam.

Die erste Zeile beginnt das „Geführtwerden“ von „Reisenden“ (Z. 7) auf einem „Fluß“ zu nennen, dessen „Bewegung“ in ihrem Gefälle so widersprüchlich gezeichnet ist, daß offenkundig kein realistisch gesehener, kein geographisch vorstellbarer Fluß im Blick steht. Denn lacet, mäanderartige „Windungskehren“ formt ein Fluß nur in der Ebene aus, wo sein Gefälle minimal ist, nie an einem „Steilufer“, wo er noch über Gefällstufen der „Stromschnellen“ stürzt. Das ist das Bild eines höchst befremdlichen Stroms: er bewegt sich seitlich in weit aus der Hauptfließrichtung hin und wieder kehrendem Bett, ‚kommt‘ also fast gar nicht ‚voran‘. Mäanderbiegungen eines Flusses können sich auch durch einen Sumpf oder Morast winden; dieser Strom zieht, worauf vorgreifend hinzuweisen ist, seine Kehren durch Les marais occidentaux, „Die Sümpfe des Abendlands“ (113). Die Strömung des Flusses lagert noch nicht in einem von ihr in dem tragenden Land ausgetieften Flußbett, sondern fällt in Katarakten über Felsbarrieren abwärts. Langsamkeit, zuweilen fast Stillstand des mäandernden Flusses, auf dem das „unbewegliche Holzboot“ des Dichters zum „Spielzeug im Auge düsteren Wassers“ wird (88, Z. 33f.), und Stürze des Wassers über Stromschnellen, dazu die „Geschwindheit des Talabfalls“ (Z. 3) sind nicht zu einer ‚naturnahen Anschauung‘ vereinbar. Das Sagen des Gedichts hält sich von der ersten Zeile an in einer augenfälligen Gebrochenheit des tragenden Bilds vom Schiff auf einem Strom, der Reisende dahinführt. Noch aufdringlicher wird die Widersprüchlichkeit der unvereinbaren Anschauungselemente von Gebirgsfluß und Ebenenstrom, wenn wir uns aus dem ersten Lesen vergegenwärtigen, daß in Zeile 19 „rollend wie ein Deich“ ein weiteres ‚Ufer‘element genannt ist, nicht das von Menschenhand erbaute Ufer eines Deichs, sondern in wiederum unvollziehbar gebrochener Anschauung ein „wie ein Deich Rollendes“. Wir sind nun hinlänglich davor gewarnt, von den Worten des Gedichts unsere mitgebrachte Vorstellung von Fluß, Ufer und Schiff evozieren zu lassen. Wir müssen uns sein Sagen so unverstellt als möglich aus ihm selbst begegnen lassen.

In der folgenden Zeile erfahren wir von dem Schiff, das Reisende auf dem rätselhaften Fluß trägt, nur durch den „Abgrundsstrudel am Heck“. Es beherrscht das Gewässer nicht durch ein ihm eigenes Antriebsmittel, d.h. es beherrscht Fluß und Fahrt nicht; außer Windungen und Abgrundsstrudel „führen“ die „Geschwindheit des Talabfalls“ und das „ungeheure Hinziehen der Strömung ... die Reisenden“, die dabei, wir sahen es an der widersprüchlichen Kennzeichnung des Flusses, einem ‚Ziel‘ ihrer Fahrt kaum näherkommen.

Derart geführt werden die Reisenden „durch ungeahnte Lichterscheinungen und die künstliche (chemische) Neuheit“ (Z. 5 f.). Beides gehört darin zusammen, daß es Niegeschautes, erstmals Auftretendes meldet, das nicht näher bezeichnet wird. Deshalb dürften die „Lichterscheinungen“ aus der Tallandschaft und ihrer ‚Atmosphäre‘ selbst aufscheinen , und das „Künstliche“, das chemisch Zusammengesetzte der „Neuheit“ verweist auf Menschen, die chemische Prozesse vorauszu„berechnen“ (Z. 10, 18) vermögen und auch realisieren: auf die Reisenden. Daß sie geführt werden „umringt von den Wirbelwinden des Tals und des Stroms“, die sie demnach begleiten, das kennzeichnet die Entstehung der gehäuften Windhosen; um das Schiff wird jeweils der ‚Luftraum‘ labil, die Konvektion geht von seiner Fahrt aus. Die Atmosphäre von Tal und Strom, die insoweit noch eine ‚natürliche Umgebung‘ sind, wird von der Atmosphäre des Schiffes gestört, beide Sphären widerstreiten einander; so treten „Windhosen“ auf, Wirbelwinde (die gefährlich sind und zerstören können).

Der zweite Absatz nennt die Reisenden mit einem Namen, der die Eigenart ihrer Fahrt und ihres Selbstverständnisses klärt: „Das sind die Eroberer der Welt“, die das „chemisch zusammengesetzte Glück suchen“, wie es also nach verfügbaren Einzelkenntnissen der eroberten und der noch unter ihre Herrschaft zu bringenden Welt-Dinge sowie -Elemente geplant ist. Sie besitzen das gesuchte Glück (noch) nicht, aber im Suchen schwebt es ihnen vor, ist es entworfen; sie wissen um die „Chemie", um das synthetische Verfahren, mit dem es gefunden werden soll. Wir sind gehalten zu erläutern: die Reisenden meinen den Plan und die Technik zu verstehen, womit sie das Glück herbeiführen und in ihre Verfügung bringen wollen. Am deutlichsten wird es „künstliches Glück" genannt, denn vom Dichter gesehen steht es um menschliches Glück ganz anders: es „ruft ihn beim frühen Morgenruf des Hahns, in der Matutin, beim Christus venit", und zwar „zur verzaubernden Erfahrung (étude) des Glücks, der niemand entgeht" (111), die somit nie in die Verfügung des Menschen eingeht; Glück (bonheur – Heil) ist vielmehr für „alle Wesen ein Verhängtes" (110, 111).

Von den Welteroberern dagegen wird das Glück als „persönliches" gesucht. Das kennzeichnet ihr Selbstverständnis: jeder hat mit dem Ziel der Reise nur das Erlangen des eigenen Glücks vor sich; was das Erobern der Welt darüber hinaus besagt und wie es zu einem anderen Bezug zu Welt und (anders erfahrenem) Glück sich verhält, kommt nicht in ihren Blick.

Zwei Auffassungen persönlichen Glücks „machen die Reise mit". Einmal der „Sport", der ein Spiel der Muße und darin ein Ausweis gesicherten materiellen Glücks sein kann, oder eine Anstrengung, im Wettkampf zum Glück des Erfolgs mit seinem gesellschaftlichen Ansehen zu kommen. Ferner der Rimbaud „verhaßte" (116) „Komfort", die dürftigste Deutung von Glück als bequeme Einrichtung der alltäglichen Lebensumstände. Sport und Komfort „erobern" zwar innerhalb der Welt die unablässig gesteigerte Leistungsreichweite der leiblich-seelischen Vermögen und für eine wachsende Zahl von Menschen die Befreiung oder die Verringerung von Arbeitsplagen ‚im Schweiße des Angesichts', die ein Anfangswort der orientalisch-europäischen Geschichte ins Dasein des Menschen fügte. Die hier lediglich mitreisenden sport et comfort sind jedoch nicht die sports … et comforts parfaits, der „vollkommene Sport und Komfort", die der Dichter „zu verkaufen" hat, sobald er mit dem Gedicht „Ausverkauf" (*Solde*, 145) ironisch seine dichterischen „Reichtümer" ausbietet, wie sie ihm „bei jedem Schritt entspringen"; aber sie sind Solches, „was Zeitlauf und Wissenschaft nicht zu erkennen haben" (ebd.).

Die Welteroberer „führen auf dem Schiff die Formung (Erziehung, Züchtung) der Rassen, der Klassen und der Tiere mit sich fort“. Der erobernde Zugriff ist auf die Untergruppen der Menschheit gerichtet, die Rassen, sodann auf die Klassen des historischen Sozialaufbaus. Leicht ließe sich aus zeitgenössischer Mitwelt und Literatur anführen, was Rimbaud nicht entgangen sein kann: Verneinung, im demokratischen Nationalismus, der französischen, bretonischen, arischen Rassen, die in die französische *Nation* aufgehen sollten; Sklaverei-Diskussion, Kolonialismus, Emanzipation der Juden, sozialrevolutionäre und -reformerische Systeme (Proudhon, Sozialdarwinismus, Louis Blanc usf.). Tierzucht wurde im 19. Jh. mit unter dem Einfluß des Darwinismus ausgeweitet und in den Zeitschriften, wie Rimbaud sie als Kind las, popularisiert. Doch nichts deutet darauf hin, daß nur solche historischen Vorgänge oder überhaupt sie die beiden Zeilen mitbestimmen.

Rassen, Klassen und Tiere werden im Züchtungsgriff der Eroberer *mit fort geführt*, fort aus naturhaften und historisch gewachsenen Prägungen, – aber wohin? In den Dienst an „persönlichem Glück“? Zunächst in die Gewalt der Eroberung, denn an Bord des Schiffes herrscht Gewalt: wo „alter Wildwuchs“, nicht „geformt“ oder „erzogen-gezüchtet“, sich selbständig macht, wird ihm höchstens „verziehen“, wenn er sich – was noch fraglich bleibt – auf harmlos scheinendes „Singen“ beschränkt (Z. 25 f.). Doch wer sich nicht ‚anpaßt‘, sich nicht „formen“ läßt, bleibt bedroht von der „Sozialversklavung“ (domesticité 94; esclaves 115), des „Jahrhunderts der Arbeitshände“ (94), dessen „Kanon“ sich alle „unterwerfen“ und dann „arbeiten müssen“ (98), deren „Augen“ dem „Licht“ der modernen Welt „verschlossen“ sind (97). Diese sind „Schwarze“ (ebd.), aber nicht als Afrikaner, sondern weil sie wissen, daß sie in der wesenhaften „Nacht“ dieser Welt leben. Dagegen sind die Autoritäten derselben Welt, die das nicht sehen, „falsche Schwarze“; „Kaufleute, Beamte, Generäle, Kaiser“, allen sagt Rimbaud, daß sie „Neger“ sind (ebd.), ob sie auch die Gewalt der „Weißen“ vollziehen, die sich die „Schwarzen“ „unterwerfen“ (98) und deren Land „erobern“. Dieses Verhältnis ist grundlegend für Rimbaud; der Arbeitstitel der *Saison en Enfer* war: *Livre païen*, ou *Livre nègre* (267; „Heiden-Buch oder Neger-Buch“).

Der „Schwarze“, der dies Gewaltverhältnis sieht, aber sich nicht unterwerfen *kann*, weil er der „immer selben Nacht“ (115) angehört, so wesensentschieden, daß „die Nacht in seinen Augen rollt, (sogar) bei dieser Sonne (des Tags)“ (99), wird „ins Nichts stürzen“, sobald die „Weißen“ mit dem Herrschaftsanspruch ihrer Eroberung „ausbooten“ (97)[3]. Die Unterwerfung unter diese Gewalt ist total, weshalb diejenigen Menschengruppen, die wie „Krüppel und Greise“ nicht mehr arbeiten können, in der äußersten Anerkennung dieser Welt „so sehr achtbar sind, daß sie (selbst) verlangen, verkocht zu werden“ (97). Von diesem Satz sollten wir uns im 20. Jh. nicht zu weit entfernt dünken: es ist sehr vorstellbar, daß der vom Nationalsozialismus in seiner „Erziehung der Rassen und der Klassen“ erstrebte ‚Gefolgschaftsgeist‘ eines späteren Tages von den zu „lebensunwertem Leben“ erklärten Menschen verlangt hätte, selbst ihre nützliche Vernichtung zu beantragen ... Rimbaud hat hier weiter gesehen als es im „materiellen Fortschritt“ seiner Zeit und noch der Gegenwart gewöhnlich war und ist, wo der „Fortschritt“ als „Heraufkommen eines goldenen Zeitalters“ gelten soll, während er vielmehr als „Nebel und Hilfskraft des ungeheuerlichen Rammbocks wirkte, der vierzig Jahre nach Rimbaud die Zerstörung der stolzen Türme westlicher Zivilisation in die Hand nahm“[4]. Die Unterwerfung unter Willen und Gewalt der Welteroberung „züchtet“ die „Minderrasse“ (race inférieure 95), die „alles überdeckt“, und sei es mit „falschen Himmeln“ das dennoch stets „Kostbare“ der Arbeit, die diesen Geschichtsgang trägt[5].

Mit dem ersten jetzt erläuterten Satz des zweiten Absatzes endet das Nennen der Welteroberer nach den konkreten Zügen ihres Suchens, Sicheinrichtens und der Machtausdehnung über Mensch und Tier. Im zweiten Satz ist die über ihrer Fahrt herrschende Stimmung gesagt: „Ruhe und Taumel“, die einander nicht entgegengesetzt sind,

[3] René Char hat in seinen *Réponses interrogatives à une question de Martin Heidegger* das Verhältnis von Dichtung und „Eroberung“ bei Rimbaud unter Bezugnahme auf die tragende Schicht wie folgt gezeichnet: Dans l’optique de Rimbaud et de la Commune, la poésie ne servira plus la bourgeoisie, ne la rythmera plus. Elle sera en avant, la bourgeoisie ici supposée action de conquête. *Œuvres Complètes*, Paris 1983, S.735.

[4] René Char, wie Anm. 3, S. 726.

[5] Vgl. C. Ochwadt, *Arbeit und Sprachverwirrung* (über Rimbaud), in: *Das Maß des Verborgenen*, Heinrich Ochsner zum Gedächtnis, Hannover 1981, S. 311–320.

wie es scheinen mag, sondern ineinander gehören. Die Ruhe kommt auf aus der Sicherheit der prinzipiellen Bezwingung aller in früherer Zeit eine Herrschaft der Welteroberer gefährdenden Mächte, die von der „Vernunft“ vollzogen wurde. „Seit jener Einsetzung“ des in der „Vernunft gegründeten Wissens“ zu einem „neuen Adel“, einer neuen Führungselite der menschlichen Geschichte (113, 95), ist das Fundament dieser Sicherheit so allgemein geworden, daß „Jedermann“ darum weiß und als „neuzeitlicher Prediger Salomo“ (nicht mehr sagt ‚alles ist eitel‘, sondern) proklamiert: „Nichts ist eitel, heran an die Wissenschaft und vorwärts!“ (114).

Aber der Weisheitslehrer „Jedermann“ *sagt* es trotz der Gesichertheit des vom Wissen der Vernunft geleiteten Geschichtswegs nicht, sondern er „schreit“ den Wahlspruch der modernen Welt (ebd.). *Schreit* er, weil er den „Taumel“ übergelten muß, da die gesicherte „Ruhe ... im Sintflutlicht“, das Schiff und Fahrt überflutet, mitüberflutet wird und darin untergeht? Was für ein Licht ist das, in dem auch die natürliche Prägung der Rassen, die historisch herausgebildete Gliederung der Klassen, die Naturgestalt von Tieren künstlich verändert untergehen? Grammatisch mit „im Sintflutlicht“ gleichbezogen auf „Ruhe und Taumel“ folgt, was zugleich die Art des Sintflutlichts aufklärt: „An den schrecklichen Abenden des Forschungsbetriebs“ (Z. 16).

Étude wird von Rimbaud in einer Bedeutungsweite gebraucht, die vom Dichten (251, 106, 88/111, 147), wenn es die Möglichkeiten des „Ankommens beim Unbekannten“ erprobt und mit *Études néantes*[6] umgehen sollte, über religiöse Erfahrung (saintes études 52) bis zur wissenschaftlichen Forschung erstreckt ist. Der vielfältige Wortgebrauch trifft darin zusammen, daß es jeweils um das Erschließen von zuvor Verborgenem geht. Im Dichten können es die „unbekannten“ Ursprungsrhythmen des Daseins sein (251 f.). In dichtender „Arbeit“ „werden alle Möglichkeiten des Übereinkommens und des menschlichen Bauens sich erheben. Vollkommene, unvorhersehbare (unbekannte) Wesen werden sich seinen (des Dichters) Erfahrungen darbieten“ (148). Solches „geschwisterliche Erwachen aller Kräfte ...

[6] Paul Verlaine, *Arthur Rimbaud* (1895), in: *Rimbaud raconté par Paul Verlaine*, Paris 1934, S. 106: Rimbaud s'avisa d'assonances, de rythmes qu'il appelait néants, et il avait même l'idée d'un recueil, Études néantes, qu'il n'écrivit, à ma connaissance, pas.

und ihre augenblicklichen Anwendungen“ „hat“ freilich „die Wissenschaft nicht zu erkennen“ (145). Deren Schaffen „künstlicher Neuheit“, deren „Errechnen künstlichen Glücks“ stellen sich vielmehr, gesehen aus dichterischer Besinnung, als „Unfälle technischer Zauberei“ dar (143). Schon daraus wird verständlich, weshalb *für dichtendes Sehen* die „Abende der Forschung schrecklich“ sind. „Abende“ sind es, weil die Welteroberer in ihrem „Heldengeist der Entdeckung gejagt“ sind (Z. 21 f.), was für den Dichter besagt: *verjagt* aus der möglichen dichterischen Erfahrung eines andren geschichtlichen Ursprungs und seines *Tagens.*

Gibt aber Rimbaud die Erläuterung der soirs d'étude nicht selbst im dritten Absatz, der ausdrücklich mit dem begründenden Car … (Denn) anschließt? Das Verbum zum „Denn …“ steht in der Zeile 19: Car … on voit, „Denn … man sieht, es ist zu sehen.“ Voir, *sehen*, ist das Schlüsselwort des bestrittenen dichterischen Aufbruchs seit dem „Credo der Dichter“. Nach dem Entwurf der „Methode“ des „sich *sehend* machens“ heißt es in *Le Bateau ivre*, September 1871: „Zuweilen *habe* ich *gesehen*, was der Mensch zu *sehen* (nur) *glaubte*“ (67); doch in der viertletzten Strophe muß er aus dem „*Sehen* des Inselmeers der Sterne“ wieder fragen: „Schläfst du und hältst du dich selbst verbannt in diesen grundlosen Nächten … o zukünftige Kraft?“ (69). Rimbauds erster „Abschied von der Welt“ (108) im Mai–Juni 1872 „feiert“ zwar schon die „glühende Geduld“, die auch 1873 den Ausgang der *Saison en Enfer* trägt (76–81, 117). Erst in *Mouvement* aber, wohl durch mehrere Stellen der *Saison en Enfer* aufleuchtend, „ist zu sehen“, was das dichterische Sehen bestritten hat.

„Es ist zu sehen“ – nicht Dingliches wie „Apparate, Blut“ usf., es ist auch nicht *von* Maschinen und Dingen *aus* zu sehen, was jetzt zu sagen ist, sondern „von dem Gerede aus“; nicht allein von der mehr oder minder unverbindlichen Causerie, vielmehr ferner von den exakten geistigen Operationen der „Berechnungen“ aus. Gerede und Berechnungen sind undichterische Weisen der Sprache und des Verstehens. Die „betriebenen Berechnungen“, nach dem Berechneten, ob Gegenstände, Gesetze des Gegenständlichen oder beides, nicht näher bezeichnet, haben den strengeren Charakter – als die alltägliche Verständigung –, daß es auf Präzision der Resultate und auf ihre Anwendbarkeit abgesehen ist, z. B. auf die Gestaltung von Apparaten, auf Züchtung der Tiere. Kraft der Genauigkeit der Rechnungsprozesse und -resultate stehen die Berechnungen den „Abenden des Forschungsbetriebs" nicht nur näher als das Gerede, sie sind Vollzugs- und Anwendungsweisen der Forschung. Aber nicht nur von ihnen aus, nicht nur von dem Gerede zwischen den Apparaten ihrer technischen Anwendung aus „ist zu sehen ...". Der Einschub – le sang; les fleurs, le feu, les bijoux – ist wie les appareils auf Car de la causerie parmi ... bezogen. Das sagt: Naturhaftes und Dinge wie Feuer und Juwelen, von deren Erscheinungen in Rimbauds Sprache oft das wesenhaft dichterische Sagen getragen wird, stimmen das Sprechen der Welteroberer nicht anders als Apparate und Berechnungen. Von dem zwischen diesen Dingen stattfindenden Reden aus ist nichts wesentlich Anderes, ist zumal nichts „Unbekanntes" etwa im Sinne der „zukünftigen Kraft" (s. o.) zu sehen.

„Blut, Blumen, Feuer, Juwelen": in Rimbauds Dichten strahlte von dem „Blut! Blut!" der Kämpfer und Exekutierten der Pariser *Commune* unmittelbar „die Goldflamme" auf (71), die dem „gesehenen Meer von Flammen und Rauch am Himmel" vorausleuchtete, wo „links und rechts die flammenden Reichtümer" als unermeßliche Vision des Neuanfangs einer Welt „die Schicksalsschläge donnerten" (97). Um der Heraufkunft des Neuanfangs willen hatte Rimbaud den „Industriellen, Fürsten, Senaten ... den Republiken dieser alten Welt, den Kaisern" die „rasenden Feuerwirbel" ihres Untergangs „anfachen" wollen (71). Das Feuer leuchtete seinem Sehen als vernichtendes, durch das ein zukünftig Neues sich Raum schaffen wollte, damit die „Morgenhelle" seines „Tages" aufgehen könnte. Solche Morgenhelle (aube) spiegelten „Blumen" und „Juwelen" ihm wider. In dem Gedicht *Aube* muß er zwar das Sichentziehen der erblickten und zuletzt noch „erjagten" Morgenhelle sagen, weshalb er sich schon als dem „Bettler" verwandt erfährt (140), der er später, sprachlos geworden, in *Une Saison en Enfer* sein wird (115). Doch in *Aube* „blicken" seinem Aufbruch zum „Umarmen der Morgenhelle" „die Juwelen" zu, und „das erste Geschehen in dem schon von frischen und blassen Glanzpunkten erfüllten Weg war eine Blume, die mir ihren Namen sagte" (140; vgl. *Fleurs* 141, *Barbare* 144). In *Mouvement* aber wird von „Blut; Blumen, Feuer, Juwelen" kein anderes Sagen angeregt als das Gerede, wie es auch zwischen den Maschinen stattfindet; die Art, wie zwischen ihnen gesprochen wird, verweist den Dichter nur auf das Ungeheuerliche, das „zu sehen ist ...".

„... es ist zu sehen, rollend wie ein Deich, jenseits der treibenden Wasserstraße ..." Das Französische kennt wie das Deutsche die Wendung „rollende Flut" (les flots roulant au loin, 67). Was aber „rollt wie ein Deich", was demnach eine Art Deichfunktion ausübt, jedoch nicht die mit dem Dammbau verbundene statische, das ist nicht in unmittelbarer Anschauung nachvollziehbar, es ist im höchsten Maß befremdlich. Erst von hier aus, wie oben gestreift, wird einsichtig, daß schon der erste Absatz mit der widersprüchlichen Ansage von Windungskehren, Steilufer und Stromschnellen begann. Das Gesehene ‚ist' kein Deich, es „rollt wie ein Deich": es bleibt nicht hinter dem Schiff zurück, es ist synchron mit seiner Fahrt; es ist allerorts und zu jeder Zeit das Strom und Schiffslauf deichuferähnlich begrenzende und leitende ‚Widerlager' des ‚Umlands', in dem und aus dem her „Entdeckungen" und „Berechnungen" der Welteroberer vollzogen werden.

„Es ist zu sehen ... sich aufhellend ohne Ende –": ein Federstrich schafft die vorbereitende Distanz für das Lesen, die es auf den Namen dessen führt, das von „Gerede" und „Berechnungen" aus „zu sehen ist" – leur stock d'études, „ihr Grundvorrat der Forschungsaufschlüsse". Ein anderer Übersetzungsversuch könnte lauten: „ihr Ursprungslager der Erkenntnisse".

Das germanische Wort stock, als Lehnwort aus dem Englischen im Französischen meist eingeschränkt auf die Bedeutungen „Warenbestand, Quantität bestimmter Dinge, Stammkapital", wird Rimbaud während seiner jeweils mehrmonatigen Aufenthalte in England 1872, 1873, 1874 mit der größeren Bedeutungsvielfalt bekannt geworden sein, die es in der Sprache dieses Landes hat. So mag ihm, zumal er dort Sprachunterricht gab und im British Museum Studien trieb, der Ausdruck stock of learning, stock of knowledge (Wissensschatz, Kenntnisbestand) geläufig gewesen sein, der formal dem Ausdruck stock d'études entspricht. Im Französischen verblieb das Lehnwort stock im Sprachgebrauch der Wirtschaft und des Kaufmännischen; für eine umfassende Bezeichnung verfügbaren Wissens wie im Englischen bietet es sich gewöhnlich nicht an.

Doch während stock of learning, of knowledge nur den Wissensbesitz des Einzelnen oder den der neuzeitlichen Menschheit erfaßt, sagt Rimbauds stock d'études ein ganz Anderes. Denn was „jenseits der treibenden Wasserstraße rollt", ist vom fahrenden Schiff aus hinsichtlich seines Bestimmens der Fahrt nicht zum Besitz der Eroberung zu machen. Es ist der Gewalt der Welteroberer unerreichbar. Deshalb kann nicht allein der schon eroberte und auf dem Schiff gespeicherte Wissensbesitz der Reisenden gemeint sein. Dieser wirkt zwar mit am „Aufschließen" (éclosion) der jeweiligen „Entdeckungen", wie das „Anbringen eines Bogenstrichs" des dichtenden Ich bei dem „Sehen und Hören" seines „Denkens zu dessen Aufgehen mithilft" (250). Das geschieht im „Zusammenklingen" mit dem Ursprung seines Denkens, der ein „Anderes" ist als das dichtende Ich allein und von Rimbaud in seiner vorgreifenden Darlegung nur „ICH ist ein Anderes" (JE est un autre) genannt wird (ebd.). So könnte hier zur Verdeutlichung STOCK D'ÉTUDES geschrieben werden. Denn während das „Andere", das ICH des dichtenden Ich zwar mit vielen jedoch vorüberleuchtenden Bildern und Namen in Rimbauds Dichtung genannt wird und für sein Geschick immer „zukünftige Kraft" (69) bleibt, liegt das „Ungeheuerliche" des STOCK D'ÉTUDES für diesen Dichter darin, daß mit dieser Wortprägung, wenn es so umschrieben werden darf, Grund und Maß der Forschungserkenntnisse genannt ist, mit denen „die Wissenschaft als neue Führungselite" (113) die Geschichtsbahn der Welteroberer zu leiten – nur scheint. Denn ihr „Entdecken" ist zuvor deichähnlich geleitet vom „Grundvorrat ihrer Erkenntnisse". Rimbaud sieht in diesem schwer vollziehbaren Bild gleichsam die maßgebenden Forschungsaufschlüsse selbst vor ihrer Realisierung durch die Forschung, wie sie in der Einheit eines Grundvorrats aufbehalten sind, aus ihm „ohne Ende sich aufhellend" der Entdeckung des Menschen zugemessen. Bilder, die das Gesehene als Vielheit in einer Einheit zusammenhalten, so in der einenden Gesammeltheit sehr großer Zahlen, findet Rimbaud zumal für das Zukünftige, nach dem er ausblicken mußte. So sieht er die „zukünftige Kraft", nach deren „Sich-Exilieren" er fragt, zugleich schon – entsprechend der großen Anzahl weit entfernt – flügeln im Bild einer „Million goldener Vögel" (69); weit in der Ferne vor dem Ort der zerschlagenen *Commune* sieht er „die Zukunft ihre Milliarden Tore öffnen" (48). Zu diesen Anblicken des fernen Zukünftigen steht das Bild vom gegenwärtig und ohne Ende sich aufhellenden stock d'études in einer offensichtlich analogen Form. Das Entdecken an den „Abenden der Forschung" vollzieht sich in einer gewissen Analogie zum dichtenden

„Ankommen beim Unbekannten“; die „Entdeckung“ geschieht im Übereinkommen mit dem „sich Aufhellen“ des Ursprungslagers der Erkenntnisse, wie der Zusammenklang (symphonie) des Dichtenden mit seinem ICH nur möglich ist, wenn „Es ihn denkt“ (C'est faux de dire: Je pense: on devrait dire on me pense 249).

1871, in den Briefen über Dichtung, hat Rimbaud das Entdecken in den Wissenschaften noch nicht gesehen. 1873, in *Une Saison en Enfer* sagt er, daß er „nicht etwa glaube, das Licht (des Sehens und Entdeckens) sei verschlechtert, die Art und Weise (des grundlegenden Geschehens) sei eine geringere, die Bewegung sei abgeirrt ...“ (113). Das ist zu beachten, damit bei Rimbaud nicht fälschlich eine Wissenschaftsfeindlichkeit vermutet wird. Dennoch, „seit jener Einsetzung der Wissenschaft“ (zur „neuen Führungselite“ 95) „spottet der Mensch seiner selbst“ (113), d.h. seines ursprünglich dichterischen Wesens. Das ist eine ebenso „abgefeimte wie simple Tortur“, für Rimbaud die „Quelle seiner geistigen Irrgänge“ (ebd., gedacht ist u.a. an die „Entregelung aller Sinne“ s.o., die zur Zeit der *Saison* hinter ihm liegt). Jetzt, 1873, sieht er, daß der „Geist“, der in seiner Anfänglichkeit wesenhaft dichterisch war und bleibt, „grausame Entwicklungen erlitten hat“, und zwar „seit dem Ende der Morgenfrühe“ (Orient ebd., wie es in Entsprechung zum Occident, dem derzeitigen Abendland heißt). Nun sagt er: „Mein Geist will sich absolut diese grausamen Entwicklungen zur Aufgabe nehmen“, und er bekräftigt: „Das ist es, was mein Geist will!“ (ebd.). Martin Heidegger mag bei diesem Wort gefragt haben, ob hier das Unverhoffte geschehen war, daß *ein Dichter* versuchen mußte, „in das Unheimische zu denken“, was er als Aufgabe *des Denkers* verstanden hatte (GA 4, S.129). Er hat dann weiter gelesen, daß Rimbaud die erblickte und zu übernehmen beabsichtigte Aufgabe nicht erfüllen konnte, weil „die zwei Pfennig Einsicht, die er wiedergefunden“ hatte – „das geht schnell vorbei“, sagt er bitter dazu (112), schon wieder „zu Ende sind!“ (113). Der Wirbel des „geistigen Kampfs“ in der *Saison* (117) hat ihm den Fernblick auf diese Aufgabe nur kurz gezeigt. Weitgehend vollzogen ist sie in *Mouvement*, wie es uns die Gegenbewegung des vierten Absatzes zu den drei vorhergehenden noch verdeutlichen wird.

Rimbaud hat die Einschätzung des „neuen Adels“ der Wissenschaft und Technik in der modernen Welt genau beobachtet: Sie arbeiten – zumal im 19. Jahrhundert – in einem von ihrem Tun begeisterten Selbstverständnis, einer nahezu rauschhaften „Ekstase“ (Z. 21), die als bestabgewogenes Verhältnis (harmonique ebd.) zu ihrem Dasein empfunden wird, und ihr „Entdecken“ wird hinsichtlich seiner Beziehung zur menschlichen Mitwelt als „Heldengeist“ angesehen (Z. 22), als ausgezeichnetes Vorkämpfertum. Hatte Rimbaud 1870 den revolutionär eine neue Epoche erobernden Menschen zuerst noch als „Jäger der großen Ursachen und großen Wirkungen“ angesprochen, der zum Herrscher über das „All aufsteigen“ werde (*Le Forgeron*, 19), so spricht sein Gedicht nun ironisch, denn in ihrer „Begeisterung“ und ihrem „Heldengeist“ sind sie aus der Sicht des Dichters „gehetzt“ (Z. 21). Ihr Tun handelt nicht auf die franchise première (143) oder auf „die Freiheit im Heil“ zu (99). Für diese Ausblicke des dichterischen Sehens „geht die Wissenschaft nicht schnell genug“ (113), sie „ist zu langsam“ (114), was nicht besagt, ein beschleunigtes Tempo der Forschung würde in jene „Freiheit“ führen. „Zu langsam“ meint hier: der Gang, wir können auch sagen die ‚Methode‘ der Forschung ist von einer Art, deren Vorgehen jene „Freiheit im Heil“ nie erreicht, sofern das Entdecken von Ursachen und Wirkungen sowie das „Betreiben von Berechnungen“ die Vorstellungen des erforschten Seienden und damit das Verhalten des Menschen zum Seienden bestimmen und eingrenzen. „Seit jener Erklärung des modernen Wissens zum neuen Adel ... *spottet* der Mensch *seiner selbst*, er beweist sich, was ohnehin evident ist, bläht sich auf vor Vergnügen, diese Beweise fort und fort zu wiederholen und lebt nur auf diese Weise!“ (113). Den Menschen „nur auf diese Weise leben“ zu sehen, ist für den Dichter, der auf ein dichterisches Dasein sinnen muß, eine „wirkliche Qual“ (ebd., supplice réel). Da „ein geschickhaftes Heilsverhängnis in allen Wesen waltet“ (110), mag die Entdeckung des Seienden überaus „gehetzt“ „beweisen“, was nach den Zwängen ihrer Methoden „ohnehin evident ist“, d.h. sich nicht anders zeigen kann, sie bleibt stets „zu langsam“ ...

„Gehetzt“ werden ist auch ein „verjagt“ werden, ein Vertriebenwerden. War das schon angekündigt in der Kennzeichnung, daß die Berechnungen der Welteroberer „auf diesem *flüchtigen* Schiffsbord betrieben“ werden (Z. 18)? Die Welteroberer werden sich kaum je als auf einer Flucht befindlich verstehen; eher „blähen“ sie sich vor Lust an den „Beweisen“ ihres herrscherlichen Könnens. Werden sie also vertrieben, so scheint nicht gesagt zu sein, woraus – vielleicht aber ist dies zu finden, wenn wir innerhalb der Einheit der drei ersten Absätze des Gedichts auf den ersten zurückblicken. In der „künstlichen“ – selbstgeschaffenen – „Neuheit“, durch die die Fahrt geht, ist sie – offenbar anhaltend – „von Windhosen des Tals und des Stroms umringt“. Die „Atmosphäre“ um die Fahrt ist – wir sahen es schon oben – mit „ungeahnten Lichterscheinungen“ und „Wirbelwinden“ in einem Aufruhr, der von den Welteroberern ausgeht und sie von dem namenlosen ‚Land‘ trennt, das die „treibende Wasserstraße“ mit ihrem „flüchtigen Schiffsbord“ trägt. Werden die Menschen dieser Eroberung aus dem ursprünglich tragenden ‚Land‘ vertrieben, so geht die Gefahr dieser Vertreibung auf ihr Entdecken, dieses aber auf „ihren Grundvorrat der Forschungsaufschlüsse“ zurück. – Kann in diesem „unbekannten“ Land ein „Brückenbogen“ seine Fußpunkte gründen und den Strom überspannen, der sich aus einem anderen Entdecken errichten würde?

Der vierte Absatz beginnt: „Unter den überraschendsten atmosphärischen Zwischenfällen ...“ Das Wort àccident umschließt auch: Unfall, Unterbrechung, zufällige Erscheinung usf. Die „überraschendsten Zwischenfälle der Atmosphäre“ sind ‚Unfälle‘, ‚Unterbrechungen‘ in der bisher genannten „Atmosphäre“ der Welteroberungsreise. Sie waren dort auf keine Weise zu erwarten, so umfassend geschlossen ist das unheimliche Fahrtbild der Redenden und Rechnenden bis hin zum deichartig steuernden Grundvorrat der Erkenntnisse gesagt. Was kann ihrer Atmosphäre der Wirbelwinde und des Sintflutlichts aufs Überraschendste widerstreiten?

„Ein Paar der Jugendquelle sondert sich auf der Brücke ab.“ In l'arche spricht nicht arca, die Arche (Schiff, Kasten), sondern arcus, Bogen, weil nur er mit der in den atmosphärischen Zwischenfällen angekündigten *Gegenbewegung* zu drängender Wasserstraße und gehetzten Entdeckern zusammenstimmt. Die Wortfügung couple de jeunesse ist in der französischen Dichtersprache jener Epoche hart und ungebräuchlich (im 20. Jahrhundert möchte es anders sein). In ihr treffen wir Rimbauds Schlüsselwort jeune, jeunesse, das in Analogie zum jugendlichen Lebensalter auch die Frühe des abendländischen Menschenwesens sagen kann, nach der als der „Zeit der antiken Jugend“ (7) der Dichter von 1870 an stets ausblickt: En Grèce ... vers et lyres *rythment l'action* (250; Mai 1871). Noch im „geistigen

Kampf" (117) durch die „Hölle" der „modernen Welt" bleibt dieser Ausblick unverändert: „Jene Reinheit der antiken Völker, was bedeutet die für meine Vision!" (113; 1873).

Im Prosagedicht *Angoisse* fragt Rimbaud der eigenen „schicksalhaften Unfähigkeit" als Dichter-„Arbeiter" und jenem Ausblick auf „fortschreitende Wiederherstellung der erstanfänglichen (antiken) Offenheit" nach (143); doch endet es schon mit den „Qualen" (der „Hölle" der modernen Welt) „in ihrem grausam hohlen Schweigen". Zwischen die Fragen sind Worte eingeschoben, die wie in jubelnder Hingerissenheit – und wohl deshalb in Klammern gesetzt – ohne ein Verbum ausrufen, was „höher als alle Freuden und Verherrlichungen" ist. Nach „Diamant!", dessen Anblick zu den „Juwelen" gehört (s. o.), „Liebe, Kraft!", „Dämon, Gott" heißt es zuletzt: „Jugend dieses Wesens hier: meiner selbst!" (Jeunesse de cet être-ci: moi! 143). Diese Wendung hellt auf, was couple de jeunesse besagt. Nicht das Lebensalter steht im Blick Rimbauds (was ‚zwei junge Menschen' nicht ausschließt), sondern ein Höchstes, das sogar die Nennung des „Gottes" aufnehmen kann und das Wesen des Dichters ins Eigene bringt. Der deutsche Dichter Friedrich Schiller hat auf seine Weise „die Quelle der Jugend" in einem Epigramm von 1795/96 berufen: „Glaubt mir, es ist kein Märchen: die Quelle der Jugend, sie rinnet / Wirklich und immer. Ihr fragt, wo? In der dichtenden Kunst." Wir übersetzen Rimbauds harte Wortfügung deshalb, gewiß immer noch linkisch, durch „ein Paar der Jugendquelle".

Das Paar der Jugendquelle sondert sich auf der Brücke über der Fahrt der Welteroberung und von der sie tragenden race inférieure ab. Doch wenn es auch als „Paar wesenhaften Anfangs" den „antiken Rassen" verwandt ist (113), Rimbaud hat in der Gebundenheit an die moderne Welt erkannt, „von allem Ursprung auch der Minderrasse", der race inférieure „anzugehören" (95). Aus diesem Rückbezug, der sich im Kampf um die Befreiung aktualisieren kann, aus dieser Zugehörigkeit noch im Sichabsondern entspringt die eingeschobene Frage: „Ist das alter Wildwuchs, den man verzeiht?" (Z. 25). Im Bereich des Zugriffs der „Erziehung" oder Domestizierung nach dem Glücksentwurf der Welteroberer ist solches Verzeihen nicht möglich. Das „Künstliche" der formenden Domestizierung und das sich von ihm absondernde Hören auf die Quelle eines Anfänglichen, das nicht berechnetes Gemächte der Reisenden ist, sind nicht miteinander verträglich. Die Welteroberung muß Herrschaft über das Ganze der Welt wollen; „sinnvolle Revolten“ werden „blutig niedergemacht (154; vgl. das ganze Gedicht *Démocratie*). Die Welteroberung geschieht in einem „Jahrhundert der Arbeitshände“, in dem „die Hand mit der Feder denselben Wert hat wie die Hand am Pflug“; weshalb der Dichter sagen muß: „Ich werde niemals meine Hand anlegen können“ (94). Absonderung aus dem Herrschaftsbereich der Welteroberung und vollends Singen aus einer nicht von dort beherrschten oder berechneten Quelle sind Wildwuchs, als solcher gefährdet und bedroht. Die Antwort des Dichters, der eher „diesen Kontinent verlassen“ wird (97), wie Rimbaud es 1880 faktisch getan hat, als sich unterwerfen, lautet knapp: „Die Domestizierung führt zu weit“ (domesticité 94)[7].

Das „Singen und Sichaufstellen“ des Paars der Jugendquelle ist nicht nur Gegenbewegung zum Gehetztsein der Welteroberer, nicht nur Innehaben eines eigenen Orts auf der Brücke über den Strom – einer Brücke, die freilich nur ‚steht‘, solange das Paar singt –, es ist zuvor ein Heraustreten aus den Sprachen des Geredes sowie der betriebenen Berechnungen. Die Bewegung dieses Tuns ist dichterisch. Gesungen werden fraglos nicht die „bearbeiteten Volkslieder“ (95), über die man auf dem Schiff verfügt, denn sie sind „für die Seele“, was ebenso „die Philosophie“ ist, nämlich „letzte Wegzehrung“ (ebd.). *Was* und wie das Paar singt, ist am Beschluß dieses Gedichts schon darin gesagt, daß es in seinem Rückbezug auf die gehetzten Welteroberer sich auf der Brücke über ihnen hinstellt: sein dichterisches Sehen wahrt das Ganze des in *Mouvement* Gesagten und singt seinen Anblick. An seinem Standort ist dies Paar frei, die „Wahrheit“ (117) des Ganzen von Strom, Schiff, Welteroberung mit ihrem Gewalttun, der undichterischen Sprachen des Geredes und der Berechnungen, von Ruhe und Taumel, Gehetztsein und Heldengeist zusammen mit dem Geführtwerden der Fahrt durch die Entdeckungen aus dem sie vorgebenden Grundvorrat der Forschungsaufschlüsse zu

[7] Der „Abschied“ (*Adieu* 115–117) des Dichters Rimbaud war keineswegs ein Abschied von den Menschen, die Welteroberung und Domestizierung tragen (müssen). Von 1870 bis zur *Saison en Enfer* geht der ausnehmende Bezug des *Dichters* zu *den Arbeitern* durch die erhaltene Werkhinterlassenschaft. In dieser Hinsicht ist *Bonne Pensée du Matin* (76, 107) das sprechendste Gedicht, vgl. die Erläuterung, wie Anm. 5, S. 314–320.

sehen und zu sagen. Die in der Gegenwendung des vierten Absatzes gegen die Einheit der drei ersten Abschnitte vollzogene innere „Bewegung" des Gedichts ist die eines Ein- und Zurückschwingens des gesagten undichterischen Geschichtsganges der Welteroberung in das dichtende Sehen und Singen auf dem Brückenbogen. –

Abschließend *eine Erinnerung*. Martin Heidegger, auf *Mouvement* aufmerksam geworden, sagte, als ein Gespräch (1954) oberhalb Zähringens auf den stock d'études führte, in einer plötzlichen Erregung, die ihn seinem bis dahin kommentierenden Begleiter das Wort abschneiden ließ: „Da ist das Wesen der modernen Technik gesehen!" Die ungewöhnliche Erregung entstand mit, aber nicht allein aus einer Ungeduld, weil sein Begleiter zunächst das Wort étude in Rimbauds Gebrauch schrittweise erläutern wollte und dabei nicht sah, daß der außerordentliche Leser Heidegger das Entscheidende schon für sich gefunden hatte. Seine Bewegung war auch daraus zu verstehen, daß er 1953/54 den Vortrag *Die Frage nach der Technik* vor größeren Hörerschaften gehalten und 1954 in den *Vorträgen und Aufsätzen* sowie im *Jahrbuch der Münchener Akademie der Schönen Künste* publiziert hatte. Bedenken wir, daß er darin mit dem „Ge-stell" das Vor-Wort zu dem Gedanken des „Ereignisses" mitgeteilt hatte, so mochte es ihn, der erst seit 1953 Rimbaud las, wohl stark anrühren, zu eben dieser Zeit in der Dichtung des Nachbarvolks auf eine gewisse Verwandtschaft des Sehens zu treffen – um nicht zu sagen: auf eine vorläuferhafte Nachbarschaft zum eigenen Denken.

Auf der Suche nach „einem anfänglicher (als im „Bestellen" gemäß dem „Ge-stell") gewährten Entbergen" (*Vorträge und Aufsätze* 1954, S. 42) ist Heidegger manchem Werk von Kunst und Dichtung begegnet, das sein Denken angesprochen hat. Aber, ohne der einen Bemerkung auf einem Spaziergang Verbindlichkeit beilegen zu wollen, es mag nicht oft geschehen sein, daß ihm ein Autor in den Blick kam, dessen Gedicht die in das Wesen der Technik gehörende Wissenschaft sagt und sie in ihrer Konstellation mit einem Dichten zeigt, das seine Bestimmung und seinen Weg unter dem Wink des griechischen Anfangs gesucht hatte. –

Wir werden gut tun, Rimbauds stock d'études nicht voreilig mit dem zusammenzubringen, was Heidegger unter dem Namen des Gestells für das Wesen der Technik gedacht hat: jenes „Geschick der

Entbergung", das „den Menschen" in der Art eines „herausfordernden Anspruchs ... dahin versammelt, alles Sichentbergende ... zu bestellen" als „Bestand" (a.a.O. S.27) für den „einen einzigen Willen zur Eroberung ... des Ganzen des Seienden" (GA 5, S.372). Der Denker suchte und fand auf einem langen Weg einen *Namen* für das Geschick, das in der neuzeitlichen Geschichte währt. Dem Dichter gab sich für das von ihm Gesehene, wie es der welterobernden Geschichte den Gang bemißt, ein *Bild*, in dem ihm die maßgebenden Forschungsaufschlüsse selbst ansichtig wurden, dem Menschen in der Einheit eines Grundvorrats aufbewahrt, aus ihm „ohne Ende sich aufhellend" entlassen und der „Entdeckung" des Menschen zugeteilt. *Name* und *Bild* sprechen auch dann nicht in derselben Weise, wenn sie aus ihrem grundverschiedenen Sprachgebrauch auf das Selbe deuten.

Zur Deutung unserer Zeit bei Kafka und Heidegger

WALTER BIEMEL

> „Beide, Dichten und Denken, brauchen einander, wo es ins Äußerste geht, je auf ihre Weise in ihrer Nachbarschaft."
>
> Unterwegs zur Sprache, GA 12, S. 163

Wenn im Dichten nicht der Ausdruck subjektiver Zustände geschieht, sondern eine Deutung der Grundbezüglichkeit des Menschen und wenn im Denken nicht Einfälle des Philosophen dargelegt werden, sondern das Verstehen der geschichtlichen Welt ausgesprochen ist, das heißt einer sich wandelnden Welt, dann kann der Versuch gewagt werden, unsere Zeit in ihrer Deutung durch den Dichter und den Denker zu fassen. Dabei gehen wir davon aus, daß beide Deutungen unabhängig voneinander vollzogen wurden. Das ist der Fall bei dem Verhältnis Kafka Heidegger. Kafka starb 1924, zu einer Zeit, da nur die Habilitationsschrift Heideggers veröffentlicht war: *Die Kategorien- und Bedeutungslehre des Duns Scotus* (1915), und die Dissertation: *Die Lehre vom Urteil im Psychologismus* (1913). In beiden Schriften ist noch nichts von Heideggers späterer Welt-Deutung sichtbar. Überdies können wir annehmen, daß Kafka diese Schriften nicht kannte. Heidegger wiederum hat Kafka nicht gelesen, wie ich aus Gesprächen mit ihm weiß. Es handelt sich also nicht darum, was immer wieder versucht wird, Quellen oder Wurzeln von Heideggers Denken aufzudecken und dadurch alles zu erklären. Wenn Gemeinsamkeiten ans Licht kommen, so einzig, weil beide unabhängig voneinander eine Deutung unserer Zeit gegeben haben, die diese Zeit trifft. Das ist ein Sachverhalt, der die Nähe von Kunst und Denken offenbart.

Dadurch soll keineswegs eine Abhängigkeit der Kunst vom Denken oder des Denkens von der Kunst behauptet werden, sondern vielmehr ihre wesentliche Nachbarschaft, ihre Nähe. Damit wird zugleich das Vorurteil erschüttert, daß die Kunst es bloß mit dem Irrealen zu tun habe und das Denken sich in den Bereich der wirklichkeitsfremden Abstraktion flüchtet – beide also nichts von der Realität wissen. Die Gemeinsamkeit von Kafka und Heidegger in bezug auf die Deutung unserer Zeit besagt keineswegs, daß wir Heideggers Denken auf diese Deutung reduzieren wollen, aber sie bildet ein wesentliches Anliegen seines Denkens, anders formuliert ein Thema, das ihm am Herzen lag.

Welche Arbeit nehmen wir bei Kafka als die zentrale Aussage zur Deutung unserer Zeit? Es ist seine letzte Erzählung *Der Bau*, im Winter 1923/24 geschrieben. Nun kann gleich eingewendet werden, das sei ein gefährlicher Ausgangspunkt. Es gibt eine Diskussion um diese Erzählung. Dora Dymant behauptet, sie habe einen Schluß gehabt – Max Brod teilte mit, er habe den Schluß nicht finden können. Dürfen wir von einem Fragment ausgehen? In der Tat ist aber diese Erzählung so vollendet und in sich abgeschlossen, wie man es sich nur wünschen kann – wenn wir bereit sind, auf das in ihr Gesagte einzugehen.

Das Merkwürdige an dieser Erzählung ist, daß wir sie dann angemessen verstehen können, wenn wir Heideggers Deutung unserer Zeit gegenwärtig haben. Das darf nicht so mißverstanden werden, als ob wir Heideggers Deutung Kafka überstülpen, d.h. aufzwingen wollten. Aber in seinen Texten zur Deutung der Neuzeit finden wir eine unglaubliche Parallele zu dem, was Kafka zur Sprache bringt. Wir wissen nicht, wie der Dichter zu dieser Einsicht gekommen ist, welche Erfahrungen zugrunde liegen und wie diese gedeutet wurden, und wollen diesbezüglich auch keine Vermutungen anstellen. Entscheidend ist, was er ausgesprochen hat und daß wir uns dem stellen. Daß uns zu dem Verständnis des Erzählten das von Heidegger Gedachte einen Zugang vermittelt, sozusagen den Schlüssel gibt, durch den wir es begreifen können, ist ein Zu-Fall, der nichts zufälliges ist, wenn die eingangs behauptete Nachbarschaft von Dichten und Denken zugestanden ist.

Zum weiteren Vorgehen einen Hinweis. Eine eingehende Interpretation des Baues kann hier nicht gegeben werden, es sei auf die Ausführungen in *Philosophische Analysen zur Kunst der Gegenwart* (Den Haag, 1968, Phaenomenologica Bd. 28) verwiesen. Wir müssen uns auf bestimmte Punkte der Erzählung beschränken. Dabei wird sich zeigen, wie sie mit Heideggers Deutung unserer Zeit in Einklang steht. Es kommt darauf an, Kafka selbst zu Wort kommen zu lassen.

Der Anfang der Erzählung sei in Erinnerung gebracht:

„Ich habe den Bau eingerichtet und er scheint wohlgelungen. Von außen ist eigentlich nur ein großes Loch sichtbar, dieses führt aber in Wirklichkeit nirgends hin, schon nach ein paar Schritten stößt man auf natürliches festes Gestein. Ich will mich nicht dessen rühmen, diese List mit Absicht ausgeführt zu haben, es war vielmehr der Rest eines der vielen vergeblichen Bauversuche, aber schließlich schien es mir vorteilhaft, dieses eine Loch unverschüttet zu lassen. Freilich manche List ist so fein, daß sie sich selbst umbringt, das weiß ich besser als irgendwer sonst und es ist gewiß auch kühn, durch dieses Loch überhaupt auf die Möglichkeit aufmerksam zu machen, daß hier etwas Nachforschungswertes vorhanden ist. Doch verkennt mich, wer glaubt, daß ich feige bin und etwa nur aus Feigheit meinen Bau anlege. Wohl tausend Schritt von diesem Loch entfernt liegt, von einer abhebbaren Moosschicht verdeckt, der eigentliche Zugang zum Bau, er ist so gesichert, wie eben überhaupt auf der Welt etwas gesichert werden kann, gewiß, es kann jemand auf das Moos treten oder hineinstoßen, dann liegt mein Bau frei da und wer Lust hat – allerdings sind, wohlgemerkt auch gewisse nicht allzuhäufige Fähigkeiten dazu nötig –, kann eindringen und für immer alles zerstören. Das weiß ich wohl und mein Leben hat selbst auf seinem Höhepunkt kaum eine völlig ruhige Stunde, dort an jener Stelle im dunklen Moos bin ich sterblich und in meinen Träumen schnuppert dort oft eine lüsterne Schnauze unaufhörlich herum."*

Das Tier stellt sein Lebenswerk vor – den Bau, den es in mühseliger, aufopferungsvoller Arbeit errichtet hat. Ein Werk, das von außen nicht sichtbar ist. Der Bau ist listig angelegt. Das große Loch, das sichtbar ist, führt zu nichts. Aber diese List ist gefährlich, da sie auf den Bau aufmerksam machen kann, und er soll ja gerade verborgen bleiben. Das listige Tier verteidigt seine Einstellung, sie entspringt nicht der Feigheit, sondern dem Streben nach absoluter Sicherheit. „... der eigentliche Zugang zum Bau ... ist so gesichert, wie eben überhaupt auf der Welt etwas gesichert werden kann." Das kennzeichnet den Grundzug der Haltung des Tieres. Aber gerade dieses Streben nach Sicherheit macht auf die Gefahr aufmerksam, daß zufällig der getarnte Eingang entdeckt werden kann. Die Folge

* Es wird nach der Schocken Ausgabe, New York 1946, zitiert, Bd. V, S. 172.

solch einer Entdeckung ist sofort vergegenwärtigt. Die Entdeckung besagt die Bloßlegung des Baues und das wieder seine mögliche Zerstörung, ja die endgültige Zerstörung. Auf dem Höhepunkt seines Lebens, auf dem das Tier seine Angst los werden sollte, durch den vollendeten Bau, hat es „kaum eine völlig ruhige Stunde". Was es sich gewünscht hat, ist etwas später ausgesprochen: „Das schönste am Bau ist aber seine Stille" (174). Was heißt das?

Die Stille ist nicht einfach Abwesenheit von Geräusch und Lärm. Die wahre Stille ist dann erreicht, wenn es einer Person gelingt, ihr Unbefriedigtsein, ihre Unruhe zu überwinden. Im Gestilltsein gelangt sie in Einklang mit ihrer Umwelt und in Einklang mit sich selbst. Im Gestilltsein erlangt sie höchste Vollendung. Im *Bau* ist aber die Ruhe nicht das Zur-Ruhe-kommen im Sinne der gestillten Vollendung, sondern das Ausbleiben einer Störung. Jedes Geräusch wird als Bedrohung empfunden, als Zeichen für die Anwesenheit eines möglichen Feindes. Das Tier sehnt sich nach der Stille und kann sie doch nur vorübergehend erreichen. Die Stille ist nicht wahres Gestilltsein, sondern vorübergehende Abwesenheit von Gefahr. Die Unruhe ist der Gegensatz zur Stille. Zwischen diesen beiden Polen bewegt sich die Erzählung, zwischen diesen beiden Grundstimmungen. „Freilich, sie (sc. die Stille) ist trügerisch. Plötzlich einmal kann sie unterbrochen werden und alles ist zu Ende."

Das listige Tier muß ständig damit rechnen, daß seine Stille durchbrochen wird. Dadurch vermag es sich gar nicht der Stille zu erfreuen. Die bestimmende Eigenschaft des auf Sicherheit bedachten listigen Tieres ist die Vorsicht, durch die jede Sicherheitsmaßnahme ständig in Frage gestellt werden muß. Die Ausführungen über die Sicherheit des Eingangs werden mit dem Bekenntnis der Unzulänglichkeit dieses Teils des Baues beschlossen, denn es soll auch sagenhafte Feinde geben, die nicht von außen kommen.

„Vor ihnen rettet mich auch jener Ausweg nicht, wie er mich wahrscheinlich übehaupt nicht rettet, sondern verdirbt, aber eine Hoffnung ist er und ich kann ohne ihn nicht leben." (174)

In dem Augenblick da sich das Tier Rechenschaft gibt, daß alle Vorrichtungen zur Sicherung des Eingangs nicht die gewünschte Sicherheit verbürgen können, klammert es sich an die Hoffnung. Die Hoffnung ist ein Zeichen der Verzweiflung an der vom Tier nicht verwirklichbaren absoluten Sicherheit. Dieses Umkippen der Sicherheitssehnsucht in Verzweiflung und Unsicherheit wird bei jedem Teil des Baues gezeigt.

Das Herzstück des Baues bildet der Burgplatz. Er ist für den Fall höchster Gefahr vorgesehen, eine mögliche Belagerung. Auf diesen Platz ist das Tier besonders stolz. Hier werden für die Zeit der höchsten Gefahr die Vorräte gehortet. Bei der Schilderung des Burgplatzes ist die Freude am Besitz unüberhörbar, zugleich auch das planende Vorausschauen und Berechnen.

„Der Platz ist so groß, daß ihn Vorräte für ein halbes Jahr nicht füllen. Infolgedessen kann ich sie wohl ausbreiten, zwischen ihnen herumgehen, mit ihnen spielen, mich an der Menge und an den verschiedenen Gerüchen freuen und immer einen genauen Überblick über das Vorhandene haben. Ich kann dann auch immer Neuordnungen vornehmen und, entsprechend der Jahreszeit, die nötigen Vorausberechnungen und Jagdpläne machen." (176)

Die Besitzeinstellung betrifft aber keineswegs nur die Vorräte auf dem Burgplatz. Das Besitzen-wollen, das Verfügen-können über ... ist die Grundeinstellung des Tieres und gehört zur Sicherheitsperspektive. Der Besitz setzt eine mühevolle Arbeit voraus, er fällt dem Tier nicht leicht zu.

„Mit der Stirn also bin ich tausend- und tausendmal tage- und nächtelang gegen die Erde gerannt." (176)

Aber auch die Präsentation des Burgplatzes endet mit der Einsicht in seine Unzulänglichkeit. Eigentlich hätten mehrere Burgplätze gebaut werden müssen, aber das überstieg die Arbeitskraft des Tieres. Schon dieser einzige brachte es an den Rand der totalen Erschöpfung. Bei der Schilderung des Eingangs und der Einsicht in seine Unzulänglichkeit hatte das Tier an die Hoffnung appelliert – jetzt beim Burgplatz appelliert es an eine gütige Vorsehung.

„Ich fühlte mich zu schwach, mir die Notwendigkeit der Arbeit zu vergegenwärtigen, irgendwie tröstete ich mich mit Gefühlen von nicht minderer Dunkelheit, nach denen das, was sonst nicht hinreichen würde, in meinem Fall einmal ausnahmsweise, gnadenweise, wahrscheinlich, weil der Vorsehung an der Erhaltung meiner Stirn, des Stampfhammers, besonders gelegen ist, hinreichen werde." (178)

Die Situation des Tieres erscheint in neuem Licht bei der Schilderung des Verlassens des Baues. Das Tier hat das Bedürfnis, von Zeit zu Zeit ins Freie zu gehen. Auch hier finden wir einen Widerspruch – einerseits den Drang zum Freien, andererseits die Unmöglichkeit, sich vom Bau wirklich zu lösen und in der Tat ins Freie zu gelangen. Wenn das Tier den Bau verläßt, gelangt es gar nicht ins Freie. Warum nicht? Weil es nun nichts anderes tut, als den Bau von außen zu beobachten, ja geradezu zu bewachen. Das Tier ist so an den Bau gefesselt, daß es den Bereich des Freien für es gar nicht mehr gibt. Das ist von Kafka deutlich ausgesprochen.

„Und so kann ich diese Zeit hier (sc. im Freien) ganz auskosten und sorgenlos verbringen, vielmehr ich könnte es und kann es doch nicht. Zuviel beschäftigt mich der Bau.“ (183)

Das auf Sicherheit gegründete, nach Sicherheit strebende Tier ist in ständiger Sorge, sich dieser Sicherheit zu versichern. Deswegen können die Sorgen um den Bau im Freien nicht aufhören, deswegen gibt es keinen Bereich des Freien.

Hier wird die Möglichkeit der Entfaltung des Bezugs zu einem anderen Tier erwogen, das, während des Aufenthaltes draußen, den Bau bewachen könnte. Aber dieser Bezug zeigt sich gleich als unmöglich. Denn der andere müßte nun seinerseits überwacht – ja der Bau müßte ihm, wenn auch nur für kurze Zeit, anvertraut werden.

„Schon dieses, jemanden freiwillig in meinen Bau zu lassen, wäre mir äußerst peinlich. Ich habe ihn für mich, nicht für Besucher gebaut ... Aber ich könnte ihn gar nicht einlassen, denn entweder müßte ich ihn allein hinablassen, und das ist doch außerhalb jeder Vorstellbarkeit, oder wir müßten gleichzeitig hinabsteigen, wodurch dann eben der Vorteil, den er mir bringen soll, hinter mir Beobachtungen anzustellen, verloren ginge.“ (188)

Das Rechnen mit dem möglichen Vorteil oder Nachteil des Vertrauens, das „Spekulieren“ mit den Freundschaftsbeziehungen, was man dabei gewinnt oder dadurch riskiert, zeigt eindeutig, daß es in dieser Position keine Möglichkeit von Freundschaft geben kann. *Vertrauen* ist für das Tier ein unverständlicher Begriff, weil ein nicht existierender Sachverhalt. Das ist aus der folgenden Stelle eindeutig sichtbar.

„Und wie ist es mit dem Vertrauen? Kann ich dem, welchem ich Aug in Auge vertraue, noch ebenso vertrauen, wenn ich ihn nicht sehe und wenn die Moosdecke uns trennt? Es ist verhältnismäßig leicht, jemandem zu vertrauen, wenn man ihn gleichzeitig überwacht oder wenigstens überwachen kann, es ist vielleicht sogar möglich, jemandem aus der Ferne zu vertrauen, aber aus dem Innern des Baues, also einer anderen Welt heraus, jemandem außerhalb völlig zu vertrauen, ich glaube, das ist unmöglich." (188)

Ein Hinweis zur Schlußphase der Erzählung. Sie beginnt mit dem Ausruf des heimkehrenden Tieres:

„Endlich werde ich ruhen dürfen." (193)

Die Dialektik des Umschlagens, des Umkippens vom Gewünschten zum Befürchteten herrscht auch hier. Denn nun setzt eine Phase der höchsten Gehetztheit ein. Durch ein „kaum hörbares Zischen" wird das Tier aus dem Schlaf geweckt. Es beginnt dem Feind, von dem es stammen muß, nachzuspüren, nachzugraben, dabei den mühsam errichteten Bau durch seine ständigen Bohrungen zerstörend. Immer neue Hypothesen stellt das Tier über den Ursprung dieses merkwürdigen Geräusches auf und muß jede Hypothese wieder verwerfen.

„... man horcht, aber das flüchtige Hinhorchen zeigt sofort, daß man sich schmählich geirrt hat, unerschütterlich zischt es dort in weiter Ferne. Und man speit das Essen aus und möchte es in den Boden stampfen und man geht zu seiner Arbeit zurück, weiß gar nicht, zu welcher." (204)

Die Verzweiflung des Tieres ist eindrucksvoll dargestellt:

„Ich verstehe plötzlich meinen früheren Plan nicht. Ich kann in dem ehemals Verständigen nicht den geringsten Verstand finden, wieder lasse ich die Arbeit und lasse auch das Horchen, ich will jetzt keine weiteren Verstärkungen entdecken, ich habe genug der Entdeckungen, ich lasse alles, ich wäre schon zufrieden, wenn ich mir den inneren Widerstreit beruhigte" (206).

*

Wer ist das Tier des Baues? Was für ein Geschehen hat Kafka in dieser Erzählung dargestellt? Immer wieder versucht man, ein bestimmtes Tier mit dem Tier des Baues zu identifizieren. Aber Kafka hat deutlich gezeigt, daß es hier um das ständig raisonnierende Tier geht – das animal rationale. Das ist die neuzeitliche Bestimmung des Menschen, die Abwandlung des griechischen zoon logon echon. Der griechische Logos wird in der römischen Übertragung zur ratio. Die ratio rechtfertigt die Existenz des Menschen. Gleich mit dem ersten Satz der Erzählung beginnt der Prozeß der Selbstrechtfertigung. Auf dem Höhepunkt des Lebens angelangt, muß dieser Prozeß einsetzen – zugleich als Rückblick und als Vorausschau. Was wir hier erfahren ist solch ein Rück- und Vorblick. Kafka spricht nicht von außen über diesen Prozeß, sondern läßt ihn aus der Perspektive des Betroffenen ablaufen. Deswegen ist die Erzählzeit hier nicht das Präteritum sondern das Präsens. Wir wohnen dem Prozeß der Selbstrechtfertigung unmittelbar bei. Die Hauptperson rechtfertigt ihr Leben vor sich selbst, indem sie das Geleistete vorführt. Das eigene Gewissen ist der unbestechliche Richter, den man nicht täuschen kann. Deswegen werden nicht nur die Vorteile angeführt, sondern auch die Unzulänglichkeiten. Ginge es darum, einen anderen zu beeindrucken, wären die Unzulänglichkeiten voraussichtlich verschwiegen worden. Aber das animal rationale rechtfertigt sein Leben vor sich selbst, und da ist es sinnlos, das Negative zu verbergen, es wird ja unmittelbar erfahren, wie wir aus dem Gang der Erzählung sehen. Und es wird deutlich, worauf seine Existenz aus ist – das Erreichen einer absoluten Sicherheit.

Der Bau ist als Instrument der Sicherung konzipiert. Deswegen ist dann die Gefährdung der Sicherheit ein Zeichen des Versagens dieses Lebens. Es geht nicht darum, daß das animal rationale auf dieses oder jenes verzichten muß, seine prinzipielle Einstellung wird von Grund auf erschüttert. Das endet konsequenterweise in der Selbstzerstörung dieser Existenz.

Bei den gängigen Interpretationen des Baues werden Vorschläge zur Deutung des Zischens gebracht, mit dem die letzte Phase der Erzählung einsetzt. Man sucht nach dem fremden Tier, dem der Bewohner des Baues zum Opfer fällt, weil in der gängigen Vorstellung der Einzelne an den Machenschaften der Feinde zugrunde geht. Aber das leichte Zischen, das an jeder Stelle des Baues gegenwärtig ist, stammt nicht von einem Feind, es ist vielmehr sein eigner Atem. Wäre ein anderes Tier die Ursache, müßte es doch an einer Stelle lauter, an der anderen leiser zu hören sein. Max Brods Bemerkung, die sich auf einen Hinweis von Dora Dymant beruft: „Die Arbeit war vollendet; es fehlt in den erhalten gebliebenen Blättern nicht mehr viel bis zum Schluß gespannter Kampfeinstellung in unmittelbarer Erwartung des Tieres und des entscheidenden Kampfes, in dem der Held unterliegen wird“ (S. 314), zeugt von einem Unverständnis dessen, was sich hier ereignet. Das Tier unterliegt nicht einem fremden, stärkeren Tier, vor ihm könnte es beispielsweise auch die Flucht ergreifen, sondern es unterliegt dem Konflikt zwischen der erstrebten Sicherheit und der erlebten Unsicherheit. Alles Raisonnieren versagt an dem unmittelbar Gelebten. Was Kafka hier zeigt, ist der radikale Prozeß der Selbstentfremdung, der viel erschütternder ist als jegliche Bedrohung von außen.

Wir sahen, wie für das animal rationale das Seiende in zwei Bereiche zerfällt, den Bereich, der durch die Sicherheitsvorkehrungen am Bau bestimmt ist, und den Bereich außerhalb des Baues, den das Tier „die Welt" nennt und der durch die Gefahr gekennzeichnet ist, die hier das Tier bedroht, da es dieser Gefahr ungeschützt durch den Bau ausgesetzt ist. Und wie dann die Gefahr keineswegs auf den Bereich außerhalb des Baues beschränkt bleibt, sondern vielmehr der Bau selbst zum Ort der höchsten Gefahr wird.

Wir sahen, wie in der Sicherheitseinstellung des Tieres kein Vertrauen mehr möglich ist, vielmehr eine totale Isolierung die Folge sein muß. Dies Fehlen des Vertrauens betrifft schließlich auch das vom Tier selbst Geleistete – es kann sich auf den Bau nicht mehr verlassen. Es bleibt – gegenüber der rationalen Planung, die jede Gefahr ausschalten sollte – schließlich nur noch die irrationale Hoffnung, das Pochen auf eine gütige Vorsehung, die gar nicht in den ursprünglichen Plan paßt.

Wir sahen weiter, wie die Reduzierung des animal rationale auf Arbeit die Folge dieser Einstellung ist. Es gibt in diesem Leben nichts anderes als ein ständiges Planen und schuften; Überprüfen und von neuem Arbeiten.

*

Um Heideggers Deutung unserer Zeit zu umreißen, ist von seiner Interpretation des Wandels des Wesens der Wahrheit auszugehen. Der Bezug des Menschen zum Seienden ist durch das jeweils herrschende Wesen der Wahrheit bestimmt und getragen. Dieses selbst gelangt jedoch nicht vor den Blick des Menschen, der sich jeweils an das hält, was ihm vermittels dieses Bezugs zugänglich wird. Es bedarf der eigenartigen Rückfrage des Philosophen, um den Bezug selbst vor den Blick zu bringen und dadurch aufzuzeigen, wie dem Menschen das Seiende zugänglich wird. Diese Fragestellung, die Heideggers Denken durchherrscht, soll hier nur andeutungsweise in Erinnerung gebracht werden. Dabei geht es besonders darum, den Wandel, der sich in der Neuzeit ereignet hat, zu kennzeichnen.

Der griechische Bezug zum Seienden ist durch das *Vernehmen* des Sich-zeigenden getragen. Das Sich-zeigende ist das Unverborgene, das der Verbergung abgerungen ist oder aus der Verbergung hervortritt. Zu dem Verhalten des Menschen im griechsichen Raum sagt Heidegger:

„Das Unverborgene kann als ein solches für den Menschen und durch den Menschen nur so entborgen werden, daß das entbergende Verhalten sich an das Unverborgene hält und mit ihm übereinkommt. Für dieses Verhalten gebraucht Aristoteles des Wort ἀληθεύειν: im erscheinen-lassenden Sagen entbergend an das Unverborgene sich halten. Dieses sich daran haltende Übereinkommen mit dem Unverborgenen heißt griechisch ὁμοίωσις – das entbergende Entsprechen, das das Unverborgene ausspricht. Dieses Entsprechen nimmt und hält das Unverborgene als das, was es ist."

(*Parmenides*, GA 54, S. 72)

Heidegger verweist darauf, daß beim Vernehmen des Seienden eine doppelte Einstellung möglich ist. Es kann auf das Erscheinen geachtet werden, wie Seiendes als Unverborgenes sich zeigt, weil das Vernehmen sich dem Unverborgenen aussetzt, oder es kann einzig und allein auf die Hinsicht geachtet werden, durch die das Vernommene zugänglich wird. Bei dieser zweiten Einstellung kommt es dann dazu, daß das Phänomen des Er-scheinens, des Aufgehens verdrängt wird. Nach Heidegger geschieht der Ansatz dazu schon bei Platon, wenn er auf die Richtigkeit des Blickens verweist, die nun entscheidend wird, die ὀρθότης. Der Zug der ὁμοίωσις, der innerhalb der Aletheia aufgewiesen werden kann, führt dann zu einer Verdrängung der Aletheia als solcher.

In seiner Platon-Deutung *Platons Lehre von der Wahrheit* versucht Heidegger zu zeigen, wie dieser Wandel schon in der Platonischen Philosophie angelegt ist.

„Die ἀλήθεια kommt unter das Joch der ἰδέα. Indem Platon von der ἰδέα sagt, sie sei die Herrin, die Unverborgenheit zulasse, verweist er in ein Ungesagtes, daß nämlich fortan sich das Wesen der Wahrheit nicht als das Wesen der Unverborgenheit aus eigener Wesensfülle entfaltet, sondern sich auf das Wesen der ἰδέα verlagert." (*Platons Lehre von der Wahrheit*, 1947, S. 41)

Das steht in Zusammenhang mit der Betonung der ὀρθότης der Richtigkeit des Blickens.

Bei der Wandlung der Aletheia zur römischen Veritas ist die ὁμοίωσις präsent im Sinne der Richtigkeit der Aussage.

„Die Richtigkeit der Aussage ist ein Sichrichten nach dem Errichteten, Feststehenden, Rechten." (*Parmenides*, GA 54, S.73)

Heidegger will zeigen, wie bei dem Übergang vom griechischen Denkraum zum römischen Vorstellen der entscheidende Wandel darin besteht, daß die Aletheia im Grunde genommen verschwindet.

„... während griechisch das ‚etwas für etwas halten' noch im Wesensbereich des Entbergens und der Unverborgenheit erfahren wird, bleibt das römisch gedachte ‚etwas für etwas halten' ohne diesen Wesensbereich. ‚Etwas für etwas halten' heißt römisch reor, das entsprechende Hauptwort lautet ratio. ... Das Wesen der Wahrheit als der veritas und rectituto geht an die ratio des Menschen über. Das griechische ἀληθεύειν, entbergen des Unverborgenen, das noch für Aristoteles das Wesen der τέχνη durchwaltet, wandelt sich in das rechnende Sicheinrichten der ratio." (op. cit. S.73f.)

Dazu gehört die imperiale Einstellung des Beherrschens und Verfügens über.

„Das ‚für-wahr-halten' der ratio, des reor, wird zum aus- und vorgreifenden Sicherstellen. Die ratio wird zur Rechnung, zum calcul. Die ratio ist das Sicheinrichten auf das Richtige." (loc. cit.)

Der Mensch als animal rationale ist durch die Macht der ratio gekennzeichnet.

„Was der Mensch aus diesem Vermögen vermag, entscheidet über sein Verhältnis zum verum und falsum. Um das Wahre als das Rechte und Richtige zu erlangen, muß der Mensch des rechten Gebrauchs seines Grundvermögens gewiß und sicher sein. Das Wesen der Wahrheit bestimmt sich aus dieser Sicherheit und Gewißheit. Das Wahre wird zum Gesicherten und Gewissen. Das verum wird zum certum. Die Frage nach der Wahrheit wird zur Frage, ob und wie der Mensch sowohl des Seienden, das er selbst ist, als auch des Seienden, das er selbst nicht ist, gewiß und versichert sein könne." (op. cit. S.74f.)

Heidegger zeigt, wie bei dieser Entwicklung die Aletheia „nicht nur verschüttet, sondern ... verbaut ist durch das riesige Bollwerk des in einem mehrfachen Sinne ‚römisch' bestimmten Wesens der Wahrheit" (op. cit., S.78).

Diese Wandlung des Wesens der Wahrheit von der Unverborgenheit zur Gewißheit findet bei Descartes ihren deutlichen Niederschlag. Descartes stellt die Frage nach dem richtigen Gebrauch der ratio. Das läßt sich weiter verfolgen über Kant bis zu Nietzsche. In der Abhandlung *Die Zeit des Weltbildes* (in *Holzwege*) erörtert Heidegger das, indem er zeigt, wie in der Neuzeit der Bezug zum Seienden durch das Vorstellen des Seienden durch das Subjekt konzipiert ist.

„Vorstellen meint hier: von sich her etwas vor sich stellen und das Gestellte als ein solches sicherstellen. Dieses Sicherstellen muß ein Berechnen sein, weil nur die Berechenbarkeit gewährleistet, im voraus und ständig des Vorzustellenden gewiß zu sein. ... Das Vorstellen ist nicht mehr das Sich-entbergen für ..., sondern das Ergreifen und Begreifen von ... Nicht das Anwesende waltet, sondern der Angriff herrscht. Das Vorstellen ist jetzt gemäß der neuen Freiheit ein von sich aus Vorgehen in den erst zu sichernden Bezirk des Gesicherten. Das Seiende ist nicht mehr das Anwesende, sondern das im Vorstellen erst entgegen Gestellte, Gegen-ständige. Vor-gehen ist vor-gehende, meisternde Vergegenständlichung."

(*Die Zeit des Weltbildes*, in *Holzwege*, S. 100)

Zugleich geschieht die Wandlung des Menschen, der jetzt als subjectum verstanden ist, d.h. als das Zugrundeliegende und das heißt zugleich das vorzügliche Seiende, durch dessen Vorstellen das Seiende gefaßt und gestellt werden kann. In der Nietzsche-Vorlesung formuliert Heidegger:

„Der Mensch ist der ausgezeichnete, allem Vor-stellen von Seiendem und seiner Wahrheit zum-Grunde-liegende Grund, auf den alles Vorstellen und dessen Vor-gestelltes gestellt wird und gestellt sein muß, wenn es einen Stand und Bestand haben soll."

(*Der europäische Nihilismus*, in *Nietzsche*, Bd. II, S. 168)

Descartes Leistung bei seinem Bestimmen des ego cogito als des fundamentum inconcussum der Wahrheit ist folgendermaßen gefaßt.

„Das ego des cogitare findet jetzt im sich sichernden Beisammen der Vorgestelltheit, in der con-scientia, ihr Wesen. Diese ist die vorstellende Zusammenstellung des Gegenständigen mit dem vorstellenden Menschen im Umkreis der von diesem verwahrten Vorgestelltheit. Alles Anwesende empfängt aus ihr Sinn und Art seiner Anwesenheit, nämlich den der Praesenz in der repraesentatio. Die con-scientia des ego als des Subjektum der coagitatio bestimmt als die Subjektivität des so ausgezeichneten Subjectum das Sein des Seienden." (*Die Zeit des Weltbildes*, in *Holzwege*, S. 102)

Wir hatten im Bau gesehen, wie das Tier ständig auf sein Tun reflektiert, wie sein Sprechen ein Ausdruck dieser Reflexion ist. Auch das finden wir in Heideggers Deutung der Neuzeit.

„Subjektität, Gegenstand und Reflexion gehören zusammen. Erst wenn die Reflexion als solche erfahren ist, nämlich als der tragende Bezug zum Seienden, erst dann wird das Sein als Gegenständigkeit bestimmbar.
Die Erfahrung der Reflexion als dieses Bezugs setzt aber voraus, daß überhaupt der Bezug zum Seienden als repraesentatio erfahren *ist*: als Vor-stellen. Dieses kann jedoch nur geschicklich werden, wenn die ἰδέα zur perceptio geworden ist. Diesem Wandel liegt der Wandel der Wahrheit als Übereinstimmung zur Wahrheit als Gewißheit zugrunde, worin die adaequatio erhalten bleibt. Die Gewißheit ist als die Selbstsicherung (Sich-selbst-wollen) die iustitia als Rechtfertigung des Bezugs zum Seienden und seiner ersten Ursache und damit der Zugehörigkeit in das Seiende. Die iustificatio im Sinne der Reformation und Nietzsches Begriff der Gerechtigkeit als Wahrheit sind das Selbe.
Dem Wesen nach gründet die repraesentatio in der reflexio. Deshalb wird das Wesen der Gegenständigkeit als solcher erst dort offenkundig, wo das Wesen des Denkens als ‚Ich denke etwas', d. h. als Reflexion erkannt und eigens vollzogen wird."

(*Überwindung der Metaphysik*, in *Vorträge und Aufsätze*, S. 85)

Aus dieser gewandelten Deutung der Wahrheit und des Wesens des Menschen ergibt sich die Forderung, daß alles Seiende dem Willen des Menschen unterstellt wird. Diesen Willenszug in der neuzeitlichen Metaphysik hat Heidegger von Leibniz über Kant zu Nietzsche deutlich herausgestellt, das braucht hier nicht eigens ausgeführt zu werden. Die vehemente Kritik dieser Selbstdeutung und Selbstverwirklichung des neuzeitlichen Menschen findet ihren Ausdruck in folgender Kennzeichnung:

„Nicht die vielberedete Atombombe ist als diese besondere Tötungsmaschinerie das Tödliche. Was den Menschen längst schon mit dem Tod und zwar mit demjenigen seines Wesens bedroht, ist das Unbedingte des bloßen Wollens im Sinne des vorsätzlichen Sichdurchsetzens in allem."

(*Wozu Dichter?*, in *Holzwege*, S. 271)

Der Prozeß der neuzeitlichen Metaphysik, der in Nietzsche und seiner Deutung des Seienden als Wille zur Macht seinen Höhepunkt und sein Ende findet, zeigt zugleich die radikale Wandlung der ursprünglichen Aletheia zur Richtigkeit als Instrument der Sicherung.

„Indem der Wille zur Macht seine äußerste, unbedingte Sicherheit erlangt, ist er als das alles Sichernde das einzig Richtende und also Richtige. ... In dieser Selbstsicherheit des Willens zum Willen ist das anfängliche Wesen der Wahrheit verloren. Die Richtigkeit des Willens zum Willen ist das Un-Wahre schlechthin. Die Richtigkeit des Un-Wahren hat im Umkreis des Willens zum Willen eine eigene Unwiderstehlichkeit. Aber die Richtigkeit des Un-wahren, das selbst *als dieses* verborgen bleibt, ist zugleich das Unheimlichste, was sich in der Verkehrung des Wesens der Wahrheit ereignen kann. Das Richtige meistert das Wahre und beseitigt die Wahrheit. Der Wille zur unbedingten Sicherung bringt erst die allgemeine Unsicherheit zum Vorschein."

(*Überwindung der Metaphysik*, in *Vorträge und Aufsätze*, S. 88)

Das trifft genau den Zustand, der im *Bau* geschildert ist, den Höhe- und Endpunkt der künstlerischen Darstellung ausmacht.

Wenn Kafka seine Erzählung mit „Ich" beginnt, so ist das ganz konsequent. Dieses „Ich" ist nicht ein bestimmtes Individuum, das wir zu identifizieren versuchen müssen, sondern es ist der neuzeitliche Mensch. Um Heidegger zu zitieren:

„Das Wesen der Ichheit, metaphysisch gedacht, besteht ... darin, daß das Ich alles übrige Seiende sich zum Gegenüber und Gegenstand und Gegenwurf (Objekt) macht. Das Wesen der Ichheit (Egoität) hat darin seine Auszeichnung, alles Seiende als das Gegenständliche und Gegenstehende seines Vorstellens zu erfahren und in solcher Weise gerade in das Ganze des Seienden vorzugehen, dieses sich vorzugeben als das, was es zu meistern gilt."

(*Parmenides* GA 54, S. 203)

Die Gegenüberstellung des von Kafka in seiner Erzählung Gezeigten und des von Heidegger in seiner Deutung der Metaphysik gedachten ist so frappierend, daß es gar nicht nötig ist Parallelen zu finden. Wir haben hier ein und dasselbe Phänomen von zwei Blickpunkten aus, von dem der künstlerischen Einsicht und dem des denkerischen Erfassens. Der auf Sicherheit und Sicherung, Beherrschung und Meisterung des Seienden zielende Umgang mit dem Seienden und das Umschlagen in totale Unsicherheit, Ungewißheit, Bedrohung und schließlich in die absolute Entfremdung ist beiden Darstellungen gemeinsam. Der Zustand im Bau ist durch folgende Charakterisierung Heideggers auch getroffen:

„Da aber die Leere des Seins, zumal wenn sie als solche nicht erfahren werden kann, niemals durch die Fülle des Seienden auszufüllen ist, bleibt nur, um ihr zu entgehen, die unausgesetzte Einrichtung des Seienden auf die ständige Möglichkeit des Ordnens als der Form der Sicherung des ziellosen Tuns." (*Überwindung der Metaphysik*, in *Vorträge und Aufsätze*, S. 95)

Wir können auch darauf hinweisen, wie das, was Heidegger als das Wohnen des Menschen denkt, sein Heimischwerden, Kafka als Unheimlichkeit im Sinne des Unheimischen darstellt. Es gibt für das animal rationale keinen wohnlichen Aufenthalt. Alle Versuche, durch ein konsequentes Weiterführen der Technik zur beruhigenden Sicherheit zu gelangen, sind Illusionen.

„Was den Menschen in seinem Wesen bedroht, ist die Meinung, das technische Herstellen bringe die Welt in die Ordnung, während gerade dieses Ordnen jeden ordo, d.h. jeden Rang in die Gleichförmigkeit des Herstellens einebnet und so im vorhinein den Bereich einer möglichen Herkunft von Rang und Anerkennung aus dem Sein zerstört.
Nicht erst die Totalität des Wollens ist die Gefahr, sondern das Wollen selbst in der Gestalt des Sichdurchsetzens innerhalb der nur als Wille zugelassenen Welt." (*Wozu Dichter?*, in *Holzwege*, S. 272)

Bei dieser Gegenüberstellung der dichterischen Deutung unserer Zeit und ihrem denkerischen Erfassen wird deutlich, wie das letztere aufzuzeigen bestrebt ist, wie es zu dem jetzigen Zustand gekommen ist, die geschichtliche Dimension einholt. So erscheint in Heideggers Darstellung die Technik als die vollendete Metaphysik (vgl. vom Verf. *Metaphysik und Technik bei Heidegger*, Bonn 1988).

Die Übereinstimmung von Kunst und Denken in der Auslegung unserer Zeit soll zur Besinnung anregen und aufmerksam machen auf die Zwiesprache zwischen Dichten und Denken, denn in beiden finden wir eine Einsicht über den Menschen und seinen Stand in der „Wahrheit" – sein Verhältnis zum Sein.

RENÉ CHAR

†

Aisé à porter

Aisé à porter

RENÉ CHAR

I

Martin Heidegger est mort ce matin. Le soleil qui l'a couché lui a laissé ses outils et n'a retenu que l'ouvrage. Ce seuil est constant. La nuit qui s'est ouverte aime de préférence.

Mercredi, 26 mai 1976.

II

Il faut vivre Arthur Rimbaud, l'hiver, par l'entremise d'une branche verte dont la sève écume et bout dans la cheminée au milieu de l'indifférence des souches qui s'incinèrent; la bouilloire, de son bec, dessinant la soif. Le désert ergoteur, par la porte ouverte, pointe son index avant d'être une fois encore arrêté par l'immuabilité trompeuse du garde-feu qui rend l'écriture si précise, mais vaine jusqu'au point noir. C'est toujours le jeune pâtre Euphorbos, qui découvre nu, sur le rocher, l'enfant Œdipe abandonné aux aigles; et, ignorant l'oracle, l'emporte tout rêveur contre lui jusqu'à Corinthe.

(Œuvres complètes 1983, S. 725–726)

– – – – – – – – – – – – – –

René Char, 1987 eingeladen, sich an der Gedächtnisschrift zu Martin Heideggers 100. Geburtstag zu beteiligen, ließ sich von der gewählten Thematik sowie von dem voraussichtlichen Teilnehmerkreis berichten und sagte zu, einen Beitrag zu erwägen. Schon damals erschwerten gesundheitliche Beeinträchtigungen ihm vieles, und im Dezember 1987 begann die Krise, die zu seinem Tod am 19. Februar 1988 führte. Zur Ausarbeitung eines Textes ist er nicht mehr gekommen.

Zu Aisé à porter *von René Char*

Aisé à porter I hat René Char am Todestag Martin Heideggers geschrieben. Aisé à porter II ist nicht datiert. Die Einzelausgabe erschien in Alès, été 1979, bei P. A. Benoît. Wie ist es zu verstehen, daß der zweite Text für den ersten Blick keinen Bezug auf Heidegger zu haben scheint, daß er jedoch von Rimbaud, der Wüste und dem griechischen Hirten Euphorbos bei seiner Rettung des ausgesetzten Kindes Ödipus spricht?

Die Verbindung zwischen Aisé à porter I und II, mit ihr die Verbindung des zweiten Textes zu Heidegger liegt darin, daß Aisé à porter II ein Nach-Wort zu dem Gespräch über die Dichtung ist, das Heidegger mit Char, ausgehend von einem Autor seiner eigenen, der französischen Sprache geführt hat. Heidegger, „unterwegs zur Sprache" beständig „das Wort einer wesentlichen Dichtung suchend" (GA 52, S. 7), hat bei der ersten Einladung Chars in die Provence 1966 sogleich ein Gespräch über Rimbaud erbeten. Es war die erste persönliche Begegnung seit dem Kennenlernen in Paris 1955, nachdem beide bishin nur im Briefwechsel, im Lesen und Zusenden von Schriften sowie durch Vermittlungen Jean Beaufrets miteinander verkehrt hatten. Das Seminar, das 1966 in Le Thor gehalten wurde (eine Sitzung im Hause Chars), war zunächst nicht beabsichtigt gewesen. Aber auf das Gespräch über Rimbaud war Heidegger vorbereitet, es war ein Hauptwunsch bei diesem Besuch, für sein Denken (im „noch verhüllten Dichtungscharakter" GA 13, S. 84) vermutlich das dringlichste Anliegen, das er aus seiner Werkstatt mitbrachte. Einen wie ausgezeichneten Platz Rimbaud in Chars dichterischer Welt hat, wußte er seit langem, nicht zuletzt aus der umfangreichen Einführung Chars zu den Œuvres d'Arthur Rimbaud (Club français du Livre 1957), die Heidegger von ihm erhalten hatte.

Seit der wohl ersten Berührung mit Chars Dichten in der Zeitschrift Confluences in jenem Heft (Nr. 2, März 1945), das Jean Beaufret ihm mit seinem ersten Aufsatz A propos de l'existentialisme gesandt hatte (R. C., Partage formel, ebd. S. 172–177), hat Heidegger gesehen, daß Char der von ihm am Dichten Hölderlins und Rilkes erörterten Notwendigkeit, „Dichter in dürftiger Zeit ... müssen das Wesen der Dichtung eigens dichten" (GA 5, S. 272; vgl. „Dichter des Dichters" GA 4, S. 47), auf seinem eigenen Weg entgegengekommen war. Es ist in Frankreich später gang und gäbe geworden, ihn einen poète de la poésie zu nennen (vgl. u.a. Roger Payet-Burin, R.C., poète de la poésie, Paris 1985). Dies kann hier nicht näher ausgeführt werden.

Wo Heidegger die von Hölderlin in seiner Epoche erfahrene „dürftige Zeit" der „Götterlosen" (StA 2, S. 94), der „Schatten, herzlos" (ebd. S. 95), als „Leere der Seinsverlassenheit" darstellt, „innerhalb deren der Verbrauch des Seienden für das Machen der Technik, zu der auch die Kultur gehört, der einzige Ausweg ist, auf dem der auf sich selbst erpichte Mensch noch die Subjektivität in das Übermenschentum retten kann" (Vorträge und Aufsätze 1954, S. 91), hat er auch den planenden Griff des alles „verrechnenden" Macht„instinkts" im „Übermenschentum" nach der Dichtung gestreift. „Der Schrifttumsführung im Sektor ‚Kultur' (des Machens der Technik) entspricht in nackter Konsequenz die künstliche Schwängerungsführung." ... „Der Bedarf an Menschenmaterial unterliegt derselben Regelung des rüstungsmäßigen Ordnens wie der Bedarf an Unterhaltungsbüchern und Gedichten..." (a.a.O. S. 95). Die eher beiläufige Bemerkung zeigt gleichwohl, daß Heidegger die oppresseurs der poésie des 20. Jahrhunderts nicht fremd waren, von denen Char in den Heidegger zugeeigneten Impressions anciennes spricht (Œ. C., S. 743), auch wenn er sonst meist auf Hölderlins Wort „dürftige Zeit" aus dem Jahr 1800 zurückgreift. Deshalb war es für ihn keine Überraschung, sondern vielmehr mutatis mutandis ein Wiedererkennen, wenn er auf Chars Aphorismus XXII aus Moulin premier traf: Le poète devance l'homme d'action, puis le rencontrant, lui déclare la guerre. Le parvenu s'était au moins promis, lui, de s'assister dans ses combats périlleux! (Œ. C., S. 67). Die deutliche Abhebung der Eigenständigkeit des „Dichterberufs" von dem Anspruch des „Mannes der Tat" - oder der Technik des Übermenschentums –, der in seinen „Kämpfen" von dem Dichter „unterstützt werden", also einen Vorrang vor ihm haben will, läßt an Schärfe nichts zu wünschen übrig.

Bei diesen Blicken auf die Dichtung und die „Aktion" sowie auf die Frage des Vorrangs zwischen ihnen ist Rimbaud nahe, der in einem von Heidegger immer wieder studierten Brief über die Dichtung (15. Mai 1871) gesagt hat: En Grèce ... vers et lyres *rythment l'Action.* Dieser Rückblick auf das Griechenland diente ihm dazu, den „Dichterberuf" (fonction ebd.) in seinem Bezug auf *l'Action* klarer darzustellen. Aber Rimbauds Dichten konnte dies *rythmer l'Action* nicht wie 1871 entworfen erneuern. Es erfuhr die „dürftige Zeit" Hölderlins als die „Hölle" der „modernen Welt"; diese Erfahrung ist 1873 in dem Werk Une Saison en Enfer ausgekämpft und angeeignet. Heidegger, der Nachkommende, hatte Rimbauds Geschick eines „Dichters in höllischer Zeit" als ganzes vor Augen, das dieser im Brief von 1871 noch nicht in allen Hinsichten gesehen hat. Deshalb kam er zu seinem Gesprächspartner mit der Frage nach einem andren Wort aus demselben Brief Rimbauds: La Poésie ne rythmera plus l'action; elle *sera en avant.*

Von Jean Beaufret übersetzt, – doch hat Char Heidegger wiederholt schon ‚aus der Sache' verstanden, bevor Beaufret übersetzte, – sprach Heidegger im Hause Chars zwei Stunden in eindringlichster Weise über Rimbaud, die Char sehr stark gepackt hat. Die Erinnerung an dies Gespräch hat ihn bis in die letzte Lebenszeit beschäftigt, und er bedauerte, daß Jean Beaufret keine Aufzeichnungen von ihm gemacht zu haben scheint.

Was Heidegger 1966 vorgetragen hat, ist uns nicht bekannt; die im Prospekt seiner Gesamtausgabe enthaltenen Angaben lassen eine schriftliche Ausarbeitung nicht erwarten. Rimbaud vivant (GA 13, S. 225–227) hat er erst 1972/73 geschrieben, reichlich sechs Jahre später. Dieser Text ist zu kurz, um als repräsentativ für Heideggers frühere Ausführungen angesehen zu werden. Das schließt nicht aus, daß seine Fragen nach dem *en avant* Rimbauds schon 1966 in manchen Hinsichten des Textes von 1972/73 dargelegt worden sein können. Allerdings sagte er am 2. Januar 1973, daß er „etwas über Rimbaud und das Griechische für Char" schriebe (dies, wiewohl eine Umfrage Roger Muniers den Anlaß gab); das könnte bedeuten, daß er auf das Gespräch von 1966 zurückkommen, aber auch daß er darüber – und vielleicht über andere Kontakte – hinausgehen wollte. Chars Erinnerung zufolge ist zu vermuten, daß Heidegger damals anders als in Rimbaud vivant auf Einzelnes aus Rimbauds Dichten eingegangen ist. Solange keine Niederschrift zugänglich wird, dürften diese Ungewißheiten bestehen bleiben.

Zu beachten ist aber, daß Heideggers Fragen in Rimbaud vivant teils „fragende Antworten" auf René Char sind (s. u.); so: „Weist Rimbaud mit seinem Wort „sie wird im Voraus sein" der Dichtung *vor* allem Tun und Lassen des Menschen den Vorrang zu?" Eine andere Frage greift auf die „dürftige Zeit" der „modernen Welt der Industriegesellschaft" zurück: „gerade dann, wenn (die Dichtung) beinahe aussichtslos heute um ihren Vorrang ringt?" Zusammenhänge zwischen dem Vortrag in der Provence, den Antworten Chars (s. u.) und dem Text von 1972/73 haben sicherlich bestanden. Dennoch, obgleich die Fragen in Rimbaud vivant unbedingt zu durchdenken sind, wenn es um Heidegger und die Dichtung geht, dürfen wir nicht übersehen, daß sie nicht einfach an die Stelle seiner Darlegungen von 1966 gerückt werden können.

Char hat seine Antwort schriftlich zusammengefaßt in seinen Réponses interrogatives à une question de Martin Heidegger, sogleich während Heideggers Besuch (September 1966; Œ.C., S.734–736). In ihrer Vielseitigkeit und Ausführlichkeit eröffnen sie einen unmittelbaren Zugang in die Begegnung des Dichters mit dem Denker, und als Echo lassen sie aufklingen, was sie zusammengeführt hat. Ferner bringen sie einiges ein, was der Franzose aus der Vertrautheit mit Rimbauds geschichtlicher Welt dem Deutschen geben wollte, so den für Rimbaud mitbestimmenden Bezug auf die Pariser Commune 1871, während welcher er (nicht zufällig) den Brief über die Dichtung schrieb. Rimbaud war während ihrer Gespräche in der Provence bei weitem nicht das einzige Hauptthema. Aber Heraklit, den ‚griechischer zu sehen' als durch Yves Battistinis Übersetzung Heidegger Char geholfen hatte, oder Hölderlin, für dessen Verständnis Heideggers (übersetzte) Schriften schon Jahre vor den Lesungen in Les Busclats Char zur Hand gingen, oder Heideggers späterhin Char gewidmetes Gedicht „Cézanne" (auf die Wege des Malers ließ Heidegger sich in der Provence führen), – haben ihn nicht zu solchen Antworten bewegt wie Heideggers Darlegung zu Rimbaud. Sie traf auf einen Kernpunkt seines eigenen Dichterseins (vgl. Œ.C., S. 732). (Auf weitere Themen der Gespräche soll hier nicht hingewiesen werden.)

Chars Titel „Fragende Antworten" stellt seine Ausführungen neben das *Fragen* Heideggers. Er kommt damit dem Fragecharakter des Heideggerschen Denkens entgegen; es zeigt sich, daß ihm dessen dynamische Struktur in ihrer Notwendigkeit nicht fremd war. Denn: La réponse interrogative est la réponse de l'être. Mais la réponse au questionnaire n'est qu'une fascine de la pensée (Œ.C., S. 516). Hier wird die *fragende Antwort,* durch deren Weg allein die réponse de l'être hervorkommen kann, abgehoben gegen die Antwort auf den von einer Technik des Menschen – oder vom Wollen des „Mannes der Tat" – im Absehen auf die geforderte Kundgabe vorgeformten Fragebogen. Die Vorgabe von Richtung und Grenzen für den verlangten Antwortinhalt ist von der Art eines Vorgriffs, im Hinblick auf die Selbstentfaltung des Denkens in der fragenden Antwort von der Art eines Angriffs, eines zuvorkommenden Zwanges. Die daraufhin gegebene Antwort „ist nur eine Faschine", ein Stück wortgebündelter ‚Verschanzung', Verteidigung des Denkens, dessen Offenheit im Sein sich hinter ihr zurückhält und so durch sie verdeckt wird. Sagt Char hier auf seine Weise, sehr konzis gefaßt, wie er die von Heidegger wiederholt erläuterte „Selbigkeit von Denken und Sein" und den Einbruch der Machenschaft (des Fragebogens) in diese Selbigkeit gesehen hat? Eine Frage, der jetzt nicht nachzugehen ist. (Char mochte nicht durch von außen herangetragene politische, wissenschaftliche, literarische Fragestellungen im vorhinein festgelegt werden.)

Näherhin zum Text deutet der Titel Réponses interrogatives ... an, daß nicht nur Antworten folgen, wie ein französischer Dichter sie aus der genaueren Verwurzelung in der Dichtung seiner Sprache und in der Überlieferung seines Volks geben könnte. Es ist damit ferner gesagt, daß Heideggers Frage nicht in irgendeinem Sinn ‚abschließend' beantwortet werden kann, sondern – es ist wohl erlaubt und notwendig, mit Aisé à porter II zu sagen: „gelebt werden muß." Die dichterischen Worte Chars über die Dichtung und ihr *en avant* können insofern als Marksteine eines Mitfragens ins Offene gesehen werden.

Die Réponses interrogatives ... in der Fülle ihres Gesagten näher einzuführen oder einzeln zu erläutern, ist im hier gegebenen Rahmen nicht möglich. Sechs Worte mögen veranschaulichen, wie nahe – „nachbarschaftlich" nah – Heidegger und Char einander standen, dies aber nicht allein deshalb, weil Char Grundworte aus dem Denken Heideggers aufnimmt und, so la Maison, zugleich ins Eigene übernimmt, – womit er freilich kundgibt, wie seine eigene Sprache der des Freundes entgegenkam.

Die wenigen behelfsweise ausgewählten Worte, die folgen, genügen durchaus nicht, um einen zureichenden Einblick in das zwischen Heidegger und René Char geführte Gespräch zu gewinnen. Hierzu ist das Lesen des Ganzen unentbehrlich. Nicht herangezogene Worte sollen keineswegs als weniger wichtig angesehen werden. Char hat den oben zuerst zitierten Satz Rimbauds (... vers et lyres *rythment l'Action*) mit im Blick, der fraglos im Gespräch von Heidegger einbezogen worden war – wie in Rimbaud vivant –, in dem Druck der Œuvres complètes jedoch nicht angeführt ist.

– La poésie, sur-cerveau de l'action, telle la pensée qui commande au corps de l'univers, comme l'imagination visionnaire fournit l'image de ce qui sera à l'esprit forgeur qui la sollicite. De là, l'en avant.

– La poésie sera „un chant de départ". Poésie et action, vases obstinément communicants. La poésie, pointe de flèche supposant l'arc action, l'objet sujet étroitement dépendant, la flèche étant projetée au loin et ne retombant pas car l'arc qui la suit la ressaisira avant chute, les deux égaux bien qu'inégaux, dans un double et unique mouvement de rejonction.

– La libre détermination de la poésie semble lui conférer sa qualité conductrice. Elle serait un être action, en avant de l'action.

– La poésie ne rythme plus l'action, elle se porte en avant pour lui indiquer le chemin mobile. C'est pourquoi la poésie touche la première. Elle songe l'action et, grâce à son matériau, construit la Maison, mais jamais une fois pour toutes.

– La poésie serait de „la pensée chantée". Elle serait l'œuvre en avant de l'action, serait sa conséquence finale et détachée.

– La poésie est une tête chercheuse. L'action est son corps. Accomplissant une révolution ils font, au terme de celle-ci, coïncider la fin et le commencement. Ainsi de suite selon le cercle.

So wenige Worte es sind: gelesen etwa vom Beginn des Humanismusbriefs aus, wo Heidegger zum „Wesen des Handelns" als „Vollbringen" spricht (GA 9, S. 313), sind auch sie „Worte von René Char, die uns die Nähe des Dichtens und Denkens bezeugen", wie Heidegger im Anschluß an seine Widmung der französischen Übersetzung von „Unterwegs zur Sprache" für René Char sagte (GA 15, S. 419).

Freilich gehen sie näher auf *l'Action* ein, wie Rimbaud sie in Chars Sicht verstanden hat; ihr unauflösliches Zusammengehören wird genannt, von Rimbaud 1871 „in Griechenland" erblickt (s.o.), ein Zusammengehören, das nicht schlechthin aussetzt, wo Dichtern wie Hölderlin und Rimbaud *die Zeit nicht einräumt,* es zu „vollbringen". Heidegger hat in Rimbaud vivant darauf erwidert, indem er fragend anzeigt, durch welche mannigfaltigen Bedeutungen die Worte *l'Action* und *être en avant* sprechen können. Ferner sollten wir beim Bedenken dieses Zusammengehörens nicht außer acht lassen, daß Heidegger, zwar aus einer „Besinnung", die „einen so weiten Weg vor sich (hat), daß wir Heutigen ihn nicht durchmessen können", demnach aus einer Besinnung weit *en avant,* darauf ausblickt, „daß eh und je *die Gedanken* alles Werk und jede Tat bestimmen" (GA 13, S. 157).

Daß Chars Worte auf Heideggers Darlegung zu Rimbaud erwidern, läßt sichtbar werden, wie stark diese ihn getroffen hatte. So wird die für Char, dem die Dichtung Rimbauds Entscheidendes bedeutete, unabweisbare Notwendigkeit einsichtig, weshalb er später bei seinem Ruf an der „beständigen Schwelle" (Aisé à porter I), über die Heidegger im Tod gegangen war, aus der Erinnerung an 1966 in Aisé à porter II von Rimbaud spricht. *Den* man „leben muß" im hereingebrochenen „Winter" gleich im Kamin dem „schäumenden kochenden Saft eines jungen grünen Zweigs", um den her „die stumpfen Klötze veraschen": in der „kochenden Zweigspitze zeichnet der Durst sich ab".

Ein Text leidenschaftlicher Bejahung solchen ursprünglich leidend sich verzehrenden Dichtens wie das Rimbauds es war, zugleich ein Text, nüchtern im Wissen um die zunehmend „dürftigere Zeit", darin Erinnerung anderer Gespräche mit Heidegger über die Sorge um den Menschen, le poète (wie der Denker) étant chargé de l'humanité (Rimbaud im angeführten Brief; zitiert in Chars Réponses...). Denn „die Wüste will recht behalten" (d. h. das Verbrannte, Aschenhafte; die Wüste Nietzsches Œ. C., S. 495 f.; die Wüste Rimbauds; Chars eigener Dichtung), – „durch die offene Tür sticht sie schon mit dem Finger, bevor sie von der trügerischen Ungerührtheit des Feuerschirms noch einmal aufgehalten wird, der die gelebte Schrift so genau macht, aber vergeblich bis zum schwarzen Punkt".

Wenn der „schwarze Punkt" das Ende der dichtenden Glut Rimbauds nennt, bleibt das „vergeblich" darüber hinaus bestehen? Nicht für Rimbaud, der schon in jenem Brief sein Ende als „Zerbrechen" ahnt und sagt: „Kommen werden andere (Dichter); sie werden bei den Horizonten anfangen, wo der Vorgänger sich erschöpft hat!" (In der vorletzten Strophe des sehr bekannten Gedichts Le Bateau ivre findet sich die erschütternd zarte dichterische Entsprechung zu diesem Vorblick.) Heidegger nimmt den Satz am Beginn von Rimbaud vivant auf und leitet aus ihm her, daß auf solche „Weise ein Dichter ‚lebendig' bleibt". Er entwickelt von hier aus seine Fragen und schließt: „Sehen wir ... schon den Horizont, bei dem (Rimbaud) angekommen ist?" So blickt er über das Ende, das Char im „schwarzen Punkt" nennt, wieder in ein *en avant* eigenen Sinnes, in ein Voraus, in das „kommende Dichter" aufbrechen könnten. Und René Char?

Für ihn „wächst das Gedicht in seiner Dauer"; *das Gedicht,* auch das Gedicht Rimbauds, das in seinem wie im Gedächtnis vieler anderer dauert. In seiner Dauer steht es „aufrecht", es wird zunehmend sichtbar: Debout, croissant dans la durée, le poème... Dieser Aphorismus aus Partage formel fährt fort: À l'écart, suivant l'allée de la vigne commune, le poète, grand Commenceur, le poète intransitif, quelconque en ses splendeurs intraveineuses, le poète tirant le malheur de son propre abîme... (Œ.C., S. 168). Der Dichter ist „der große Beginner" oder, um an Heideggers Hölderlin-Erläuterung zu erinnern, der Her-vor-bringer „großen Anfangs". Als solcher „holt er das Unglück aus seinem eigenen Abgrund". Vielleicht so, vielleicht in solcher Weise „abseits", „*ist* Rimbaud leben" (C'est toujours...), seinen jugendlichen Anfang – als grand Commenceur – mitvollziehen, zugleich „*immer*" die „Entdeckung auf dem Felsen und die um den Orakelspruch nicht wissende träumerische Rettung" des „den Adlern ausgesetzten Ödipuskindes, gegen den Spruch" aus dem Wesen der „dürftigen Zeit" (so dürfen wir erläutern), um den Rimbaud im erkämpften Vollbringen seines Wegs, Heidegger und Char im Gespräch wußten, – – durch „den jungen Hirten Euphorbos, nach Korinth". –

„Leicht zu tragen", solches Kind, in solcher Rettung? Vom Leichten spricht der recht, der um das Schwere weiß, aus welchem Spruch immer, das *en avant,* im Voraus der Rettung liegt. Il faut vivre Arthur Rimbaud...

Mit Rimbaud und einem Wink zurück ins Griechenland, in dessen „großem Anfang" vers et lyres *rythment l'Action,* beschließt Chars Wort, das unschlichtbare, nur auszutragende Dichterschicksal in der

Not der „dürftigen“, mit Rimbaud „höllischen Zeit“ aufreißend, das an der „bleibenden Schwelle“ Heidegger Nachgerufene. –

Das Andenken an René Char sinnt ihm nie ohne Dankbarkeit nach; ohne seine Erinnerungen könnten die vorstehenden Hinweise nicht anzudeuten versuchen, wie die beiden Teile von Aisé à porter zusammengehören.

– – – – – – – – – – – – –

Für diejenigen, denen das Gespräch zwischen Denken und Dichten „kein Schweigen ist“, nachdem Dichter und Denker „aufgehört haben“, als Lebende und Nachlebende zu „lieben“ und miteinander „zu sprechen“, kann Aisé à porter im Sinne eines auf Albert Camus bezüglichen Wortes von Char, das Heidegger seiner Widmung der französischen Übersetzung von „Unterwegs zur Sprache“ an René Char abschiednehmend angeschlossen hat, weil es „uns die Nähe des Dichtens und Denkens bezeugt“ (GA 15, S. 419):

> Avec celui que nous aimons, nous avons
> cessé de parler, et ce n'est pas le silence.

an diesem Ort die Stelle seines nicht mehr zustandegekommenen Beitrags vertreten.

Curd Ochwadt

Personenregister

Bearbeitet von Hans-Helmuth Gander

Der Verlag dankt für die Reproduktionsgenehmigungen:

P. Cézanne „Der Gärtner Vallier“: The Tate Gallery, London – P. Cézanne „Mont Sainte-Victoire seen from the Bibemus Quarry“: The Baltimore Museum of Art: The Cone Collection, formed by Dr. Claribel Cone and Miss Etta Cone of Baltimore, Maryland. BMA 1950.196 – P. Cézanne „Montagne Sainte-Victoire vue de Lauves“: Öffentliche Kunstsammlung Basel, Kunstmuseum – A. Giacometti „Femme debout“: © VG Bild-Kunst, Bonn 1989 – A. Giacometti „Bildnis Diego“: Kunstmuseum, Bern – Giotto „Madonna d'Ognissanti“: Galleria degli Uffizi, Florenz – V. van Gogh „Alte Schuhe“: Vincent van Gogh Stiftung/Nationalmuseum Vincent van Gogh, Amsterdam – V. van Gogh „Landstraße mit Zypressen und Stern“: Kröller-Müller Stichting, Otterlo/NL – P. Klee, 1925, X 6 (236) „Alter Klang – Abstract auf Schwarz“ Gemälde, Ölfarben, Karton, original gerahmt / 38×38 cm / Sammlung Kunstmuseum Basel. © Cosmopress, Genf 1989 – P. Mondrian „Rhythmus aus schwarzen Linien 1935/42“: © VG Bild-Kunst, Bonn 1989 (Kunstsammlung Nordrhein-Westfalen, Düsseldorf) – Masaccio „Trinität“: Santa Maria Novella, Florenz – Rembrandt „Himmelfahrt Christi“: Bayerische Staatsgemäldesammlungen, München – Tizian „Dornenkrönung Christi“: Bayerische Staatsgemäldesammlungen, München – E. Schumacher „Atlanta“: © E. Schumacher, Hagen/Westf. – J. Vermeer „Die Musikstunde“: The Queen's Gallery, London.